工业和信息化部"十二五"规划教材

XIANJIN FUHE CAILIAOXUE

先进复合材料学

李贺军　齐乐华　张守阳　主编

西北工业大学出版社

【内容简介】 本书系统阐述了先进复合材料的发展历史、性能特点、制备工艺、应用领域及发展现状。全书包括绪论和10章内容,涵盖了复合材料基本理论、增强增韧机理、增强体的发展、复合材料分类、复合材料微观结构及界面理论、复合材料发展趋势等方面的内容。尤其是重点叙述了新型陶瓷基、碳基、纳米及功能复合材料等的发展现状,其中对增强增韧机理和新型制备工艺开发的思路做了重点论述。

本书可作为高等院校材料科学与工程专业高年级学生及研究生的教材,也可供从事复合材料研究与应用的人员参考。

图书在版编目(CIP)数据

先进复合材料学/李贺军,齐乐华,张守阳主编 . —西安:西北工业大学出版社,2016.12
ISBN 978-7-5612-5183-6

Ⅰ.①先… Ⅱ.①李…②齐…③张… Ⅲ.①复合材料—高等学校—教材 Ⅳ.①TB33

中国版本图书馆 CIP 数据核字(2017)第 022036 号

策划编辑:杨　军
责任编辑:胡莉巾

出版发行:西北工业大学出版社
通信地址:西安市友谊西路 127 号　　　邮编:710072
电　　话:(029)88493844　88491757
网　　址:www.nwpup.com
印 刷 者:兴平市博闻印务有限公司
开　　本:787 mm×1 092 mm　　　1/16
印　　张:25.25
字　　数:616 千字
版　　次:2016 年 12 月第 1 版　　2016 年 12 月第 1 次印刷
定　　价:58.00 元

前　言

　　与均质材料相比,先进复合材料具有许多优异的性能,如密度低、比强度和比模量高、材料结构和性能可设计等,在航空、航天、军事、能源、交通、建筑、冶金、化工等领域已成为不可替代的关键性材料。尤其是在我国大型运输机、新型航天器、高速铁路等领域,复合材料均发挥着关键作用。先进复合材料学也成为了材料科学中的一个重要分支,得到了广泛的研究。

　　先进复合材料主要包括树脂基、金属基、陶瓷基和碳基复合材料,其应用领域涉及国民经济的各个方面。随着相关工业技术及材料学科自身的发展,涌现出了越来越多的复合材料品种,如纳米复合材料、功能复合材料、仿生复合材料等。先进复合材料的发展越来越呈现出多样化和交叉学科的特色。在材料体系方面,众多新型材料的问世,为复合材料提供了品种更为丰富的增强体和基体构成成分。如碳纳米管和石墨烯被发现后不久,就被作为增强体引入复合材料中,由此也使复合材料的纳米尺度增强成为可能,进而提出了微纳多尺度增强的相关理论和技术,进一步拓展了材料“复合”的概念,使得复合化和多重界面设计成为材料设计及改性的重要途径。本书中对多尺度增强有专门论述,可为材料设计提供参考。在材料制备技术方面,复合材料的制备技术大多源于传统的均质材料的制备工艺,但是也形成了一些独具特色的制备工艺,如树脂基复合材料的预浸料成型工艺、陶瓷基和碳基复合材料的化学气相渗积(CVI)工艺等,这也丰富了材料制备技术体系。尤其是几种CVI工艺的发展历程,在材料制备工艺的发展中具有极强的代表性。本书也从工艺参数变化和分布的角度对此进行了方法论上的总结,梳理了该工艺的发展变革思路,为从事材料制备技术开发的研究者提供参考。

　　本书在对几种重要复合材料的发展、制备技术、性能及应用相关知识进行系统介绍的基础上,引出近年来复合材料领域的一些主要发展热点,如复合材料增韧、界面改性、纳米复合材料、功能复合材料等,在讲解基础知识的同时注重对知识的归纳和提炼。

　　全书包括绪论和10章内容。其中,绪论、第1章、第2章、第3章、第10章由李贺军和张守阳编写,第4章由卢锦花编写,第5章由齐乐华和周计明编写,第6章由张雨雷编写,第7章由付前刚和李伟编写,第8章由宋强编写,第9章由张磊磊编写。本书由李贺军、齐乐华和张守阳任主编。

乔生儒教授和陈强教授在百忙之中审阅了书稿，提出了宝贵的修改意见。在此对他们表示真诚的感谢！

由于知识水平所限，书中难免出现错误和不当之处，敬请读者批评指正。

编　者

2016 年 8 月

目　　录

第0章 绪 论

材料与能源是人类社会发展的物质基础和推动力,也是社会生产力进步的主要标志。其中,材料作为人类从事劳动生产的基本物质基础,是人类生存及发展的基本前提。自原始社会开始,人类社会生产力的每一次飞跃性进步都与新材料的使用密切相关,以至于现代历史学以石器、青铜器、铁器等材料的使用作为划分社会文明阶段的标志。在材料推动人类文明进步的同时,人类文明的发展与进步也对材料提出了越来越高的要求,尤其是在20世纪之后,随着社会生产力水平的快速提高和科学技术的进步,对材料的要求也越来越向高性能及功能化发展。这种社会需求反过来又推动着材料的发展与进步,产生了越来越多的新型先进材料,围绕新材料的研究与开发也成为各发达国家重点发展的领域。

人类从使用材料、创造材料,到材料科学的建立,对材料的认识方法也在同步演化和飞跃。最初,人类直接从自然界获取原始材料,如木材、石材、动物骨骼等制造工具。随着人类使用材料的经验积累及认识水平的提高,逐渐过渡到使用自然界原料创造新的材料。同时,人类对材料的认识与创造水平也随之而不断发展和进步。材料学研究的理论体系经历了不同阶段的发展——从古希腊时代哲学家们提出的一元素、三元素、五元素论到现代物理学和化学理论体系的建立,在这个过程中,材料的演变与发展推动着人类基本物质观的进化,从而推动了整个自然科学的产生与发展,最终促成了近代科学体系的建立。反过来,科学认识论的进步也直接推动了材料的发展与多样化。以自然科学理论体系为基本认识论,在材料进步需求的推动下,材料逐渐演化为一门专门的学科而存在,成为自然科学体系中的一个重要的独立分支。

与材料科学的整体发展类似,人类使用复合材料的历史远远早于复合材料学科的发展历史。将复合材料作为一个单独的材料种类进行研究,还仅仅有百余年的历史,但是复合材料已经成为现代材料学科的重要研究领域,在其发展过程中为推动社会进步和创造物质财富提供了丰富的材料资源,同时在理论上也为材料学科的发展奉献了一些独具特色的研究方法及理论模型,极大地丰富了材料科学的方法论和理论体系。当今的人类社会,在航空、航天、兵器、汽车、船舶、化工、医疗、农业、包括家庭用品等方面都已经离不开复合材料制品,而材料学科的许多理论也在复合材料的发展过程中得到了丰富与补充,促使人们对于涉及材料工艺、结构和性能等方面的现象有了更加深入和全面的理解。

0.1 复合材料的发展历史

复合材料是一类在宏观尺度上由两种或者多种不同的材料构成的具有明显界面的非均相材料,按照其性能特点可以分为各向异性和各向同性复合材料,自然界存在的天然各向异性复合材料中比较典型的例子有木材、竹子、椰子壳、贝壳、人类和动物的肌肉、指甲等等。这些材料都是由纤维和黏结纤维的基体组成的,其主要性能特点是材料的强度、模量等性能与受力方向密切相关,沿纤维方向的强度及模量一般高于其他方向上的强度及模量,称之为宏观各向异性复合材料。除了各向异性复合材料之外,自然界中也存在天然的各向同性复合材料,例如砂岩。砂岩中也包括两种以上的物质,一种为颗粒,另一种为基体。它虽然也包含了增强体与基体两种物质,但是其宏观力学性能却是各向同性的。

人类最初使用天然复合材料,主要包括木材、竹子等,而利用自然资源制造复合材料的历史则可以追溯到 6 000 年前的古代,人们使用稻草增强黏土来建设房屋以及各种建筑,甚至是城墙等防御工事。在西安半坡遗址发现的 7 000 多年前新石器时代建筑中,已经使用草混合泥制作墙壁和坯砖。3 000 年前的商代,中国人已经使用丝或者麻涂覆生漆干燥后形成整体漆器。公元前 200 年左右,罗马的 Pantheon 神庙就是用混凝土建造的,古罗马人发现火山灰具有活性,遇水凝结成坚硬的材料,在公元前 3 世纪就使用火山灰与砂石相混合制成混凝土。公元前 403—221 年的战国时期,中国人使用草拌黄泥浆筑墙。公元 5 世纪的南北朝时期,中国人已经广泛使用石灰、黏土和细砂组成的“三合土”作为建筑材料。古代蒙古人用的弓,其中承受拉应力的部件使用了木材与牛腱相黏合的结构。人们发现,与随机分布的增强体相比(见图 0-1(a)),增强体沿某一方向择优取向后(见图 0-1(b)),在该方向可获得更高的强度。这些发现都表明,人类在遥远的古代就已经懂得使用多种原料复合的方法。

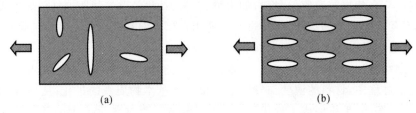

(a)   (b)

图 0-1 材料中的缺陷分布对力学性能的影响

(a)增强体随机分布,强度低; (b)增强体取向,强度较高

具有现代科学意义的先进复合材料多数是指使用合成材料制备出的复合材料,最早出现于 1907 年,Rebatsha 将石棉增强的酚醛树脂作为酸溶液的容器。1909 年发展出用酚醛树脂预聚物混合木粉、纸、布等热压成型的电木生产技术。从 19 世纪开始到 20 世纪初,随着煤炭及石油化工行业的发展,人类合成出酚醛树脂、三聚氰胺甲醛树脂、尿素树脂等热固性树脂。后来又合成了环氧树脂、不饱和聚酯树脂,使得作为复合材料基体使用的树脂品种多样化,低成本化。在增强材料发展方面,工业用玻璃纤维最初诞生于 1893 年,由 Ribi 生产。1938 年,美国 OCF 公司开始生产用作复合材料增强体的玻璃纤维。20 世纪 40 年代,美国人用玻璃纤维增强的酚醛树脂来代替金属制造飞机金属零件的模具。用玻璃纤维和室温固化型不饱和聚酯树脂来手糊成型飞机排气管。在航空领域开始了玻璃纤维增强树脂(GFRP)的大量应用。GFRP 可以成型为任意形状,且具有足够的刚性和强度,可以承受飞机高速飞行中产生的空气阻力,此外,耐腐蚀性好,即使在海上飞行,也不易被腐蚀。20 世纪 40 年代,美国和英国共同开发了先进的飞机雷达罩。在造船领域,由于 GFRP 具有良好的电气绝缘性而被美国海军用作舰艇的电气部分,而小型船只则全部用 GFRP 制成。

20 世纪 50 年代,GFRP 技术从美国向世界推广。日本从 1952 年进口玻璃纤维和不饱和聚酯树脂,开始生产少量的钓鱼竿、小型摩托车的外壳、安全帽、建筑用的 GFRP 波型瓦,后来随着合成树脂工业的发展,在汽车、电子器件、农渔业产品、建筑材料、日用品等方面,广泛使用了玻璃纤维增强的聚乙烯、聚丙烯、聚苯乙烯、ABS、聚氯乙烯、聚酰胺、PET、聚碳酸酯等复合材料。到了 21 世纪，全世界的 GFRP 复合材料的年产量约 5.5×10^6 t。

随着复合材料的广泛应用，在开发新型基体材料的同时，人类也开展了新型增强体材料的研发。20 世纪 60 年代开发了高模量、高强度的硼纤维(Tekisake 公司)、碳纤维(UCC、考托儿、罗尔斯路伊、摩尔加奈伊、东丽、东邦等公司)，70 年代开发出芳香族聚酰胺纤维(杜邦)，这些高性能纤维增强的复合材料最初主要用于航空领域，后来逐渐扩展到体育用品(网球拍、高尔夫杆、钓鱼竿、比赛用汽车、比赛用快艇等)、道路、桥梁、风力发电、石油开采、造船等领域。纵观人类使用材料的历史，最初使用的材料以天然的石器、稻草、黏土、木材、金等为主；随着技术的发展，逐渐开始出现经过简单成型加工的铜器、砖、陶等材料；随后，出现了铁器、简单的植物或动物胶、早期的水泥、玻璃等材料；到了近代，随着科学技术的迅速发展，材料品种得以快速丰富，开始出现了各种钢材、橡胶、人工合成的聚合物、波特兰水泥等与现代科学发展有着密切关联的材料；20 世纪以后，人工合成材料的发展更加迅速，诸如各种合金、合成树脂、金属陶瓷、热解陶瓷、复合材料得到了越来越广泛的应用。

20 世纪 60—80 年代，出现了硼纤维、碳纤维和芳纶纤维增强树脂，以及各种金属基、陶瓷基和碳基等复合材料，这是先进复合材料的开发时期。20 世纪 80 年代以后，复合材料不仅应用于航空航天领域，而且在各类工业领域中都得到了广泛应用，性能不断改善，新的功能性复合材料不断出现，这一时期是先进复合材料得到充分发展的时期。除了用作结构材料的复合材料之外，还出现了许多具有独特光、电、磁性能的功能性复合材料。

本书所提及的复合材料一般是指 20 世纪以后出现的，单独作为一种材料而进行研究的现代复合材料，也称之为先进复合材料。主要包括各种增强体增强的树脂、金属、陶瓷、水泥、碳材料等类型的复合材料。

0.2 复合材料的应用现状

经过了 100 多年的发展，复合材料的应用领域已经从最初的军事和化工领域扩展到了社会生产的各个角落，在当今社会中，各行各业都能见到复合材料的身影。生活中最为常见的有各种密度板家具、复合木地板、天线、玻璃钢广告牌、汽车保险杠、健身器材、复合材料钓鱼竿、复合材料自行车架等；而在工业领域，复合材料的应用遍及各个行业，如航天器、飞机、轮船、汽车、化工行业的各种容器、管道等。随着技术的进步和众多产品的更新换代，复合材料的用量有逐渐扩大的趋势。

1. 航空复合材料的应用现状

在航空工业中，复合材料具有比强度高、比模量高、力学性能可设计性强等一系列优点，是轻质高效结构设计最理想的材料。用复合材料设计的航空结构可实现 20%～30% 的结构减重，减轻的质量可以使战斗机获得更高的速度和更大的作战半径，提高其作战能力；复合材料优异的抗疲劳和耐腐蚀性，可提高飞机结构的使用寿命，降低飞机结构的全寿命成本；复合材料结构有利于整体设计和制造，在提高飞机结构效率和可靠性的同时，降低制造成本。可见复合材料的应用和发展是大幅提高飞机安全性、经济性等市场竞争指标的重要保证，复合材料的用量已成为衡量飞机先进性和市场竞争力的重要标志之一。

20 世纪 60 年代，人们用硼纤维嵌入一种环氧树脂中，得到了硼/环氧树脂复合材料。最初,复合材料主要用于航空领域中的次承力结构;随着技术的进步,复合材料逐渐被用于制造承受大载荷的主承力结构,如飞机的机翼、机身和尾翼等部件;目前人们正将复合材料用于亚声速、先进战斗机和未来超声速/高超声速飞行器中。进入 21 世纪以来,复合材料技术在军用和民用飞行器上的应用不断增加,据统计,2003—2008 年的 5 年期间,航空航天领域碳纤维(CF)复合材料用量的增长达到 123%,平均每年增长约 25%。例如美国第 4 代战斗机 F - 22 的复合材料用量达到 24%,F - 35 达到 35%,欧洲 EF - 2000 的复合材料用量高达 40%,RAH - 66 攻击直升机复合材料用量为 51%。在民用航空方面,空中客车公司研制的 A380 复合材料用量达结构质量的 25%,单机用量约 60.5 t;美国波音 787 复合材料用量达到结构质量的 50%,单机用量为 25 t。由此可以看出先进 CF 复合材料已经成为先进航空武器装备的主体材料。

军机和民机复合材料的应用均可以分为 3 个阶段,其时间段上虽有小的出入,但基本上都经历了从次承力构件—尾翼级主承力构件—机翼—机身主承力构件的发展过程,目前已成为飞机结构的主要材料(见表 0 - 1 和表 0 - 2)。

表 0 - 1　国外军用飞机上复合材料应用具体情况

机　种	国　别	用　量	应用部位	首飞时间
Rafale	法国	30%	垂尾、机翼、机身结构的 50%	1986 年
JAS - 39	瑞典	30%	机翼、垂尾、前翼、舱门等	1988 年
V22	美国	45%	机翼、机身、发动机悬挂接头、叶片紧固装置等	1989 年
F - 22	美国	25%	机翼、前中机身、垂尾、平尾及大轴	1990 年
EF - 2000	英、德、意、西	40%	机翼、前中机身、垂尾、前翼	1994 年
RAH - 66	美国	51%	机身蒙皮、舱门、中央龙骨大梁、整流罩、旋翼等	1995 年
Cy - 39	俄罗斯		机翼、进气道、机身、保形外挂架等	1997 年
F - 35	美国	35%	机翼、机身、垂尾、平尾、进气道	2000 年

表 0 - 2　部分民用客机的复合材料使用情况列表

机　型	最大起飞质量/t	结构质量/t	复合材料用量/t
Ty204(150~186 座)	93.5	29.4	3.2
Цп96(187~250 座)	230	65	4.02
B757(200 座)	115		1.4
B767(200~300 座)	187		1.5
B777(350 座以上)	230		9.9
B787(200~300 座)	247	115	
A300(251~350 座)	165	51	6.2
A310(187~250 座)	150	44.7	6.2
A320(150~186 座)	72	20.8	4.5
A340(251~350 座)	235	76	11
A380(550~990 座)	560	275	60.5

飞机和航天飞机是典型的对质量敏感的结构,表 0-3 给出了飞机质量减轻后带来的价值,在这些结构中使用复合材料能够获得很高的经济效益。而且有些先进复合材料品种本身拥有可与铝合金及钢相媲美的力学性能,表 0-4 给出了几种不同复合材料与常规金属材料的性能对比,设计人员可以根据复合材料构件在服役环境下的受力状况,采取合理的纤维排列和分布设计,在适当的方向布置纤维来承受预计的载荷,甚至可以在局部区域采取精细的设计。美国 Grumman 公司的实验战斗机 X-29A 成功使用复合材料实现前掠翼技术,前掠翼技术早在 20 世纪初就已出现,直到 20 世纪 70 年代,高强度复合材料的出现才奠定了前掠翼的实际应用基础。X-29A 中使用复合材料制成的前掠翼可在飞行中克服扭曲变形,其强度也满足使用要求,若使用金属材料则无法达到前掠翼飞机气动特性的要求。

表 0-3 飞行器结构减重带来的经济效益

飞行器种类	减重价值
小型民用飞机	$50/lb
直升机	$300/lb
先进战斗机	$400/lb
商用运输机	$800/lb
超声速和高超声速运输机	$3 000/lb
轨道卫星	$6 000/lb
同步卫星	$20 000/lb
航天飞机	$30 000/lb

注:1lb(磅)=0.453 592 4kg。

表 0-4 复合材料与常见金属材料性能的对比

材料	石墨/环氧(单向)		Kevlar/环氧(编织布)	玻璃/环氧(编织布)	硼/环氧	铝	铍	钛
	高强度	高模量						
$\dfrac{比强度}{10^6 in}$	5.4	2.1	1	0.7	3.3	0.7	1.1	0.8
$\dfrac{比刚度}{10^6 in}$	400	700	80	45	457	100	700	100
$\dfrac{密度}{lb \cdot in^{-3}}$	0.056	0.063	0.05	0.065	0.07	0.10	0.07	0.16

注:1 in(英寸)=2.54 cm。

复合材料在战斗机中的应用经过了一个曲折发展的历程,预计未来的发展状况将会发生改变。20 世纪 60 年代先进复合材料的发展,使飞机结构减重获得巨大突破。随着热固性树脂及热塑性树脂等高性能复合材料的应用,这种趋势将会继续发展。当然,使用复合材料带来的最大缺点是材料成本的上升,一般复合材料的价格高于金属材料,不仅如此,因为对新材料结构的分析、检测、取证及试验验证等的费用较高,所以复合材料结构的设计费用也很高。通过提高设计和工艺水平可以降低复合材料结构的制造、检测与维护成本,从而弥补其原材料成本相对较高的缺点。随着性能的提升和成本的降低,轻质的纤维增强复合材料在运输机中的应用越来越广泛,运输机制造商不断扩大应用范围,从开始的非关键部位(雷达罩、整流罩、舱门等),到后来的较关键的次承力结构(如飞行控制面和尾翼主结构)。因为其优异的性能及减重效果,现在的复合材料已经应用于机翼和机身等主承力结构。20 世纪 80 年代后,公务机和通用飞机全部或大部分结构采用复合材料已经成为发展趋势。

民用航空要求高效率、经济性、舒适性、便利性以及环保性能。怎样才能达到这个目标呢？答案是大量采用先进复合材料。从民用飞机发展来看，美国波音公司第一代民用客机 B707 上复合材料的用量为零。20 世纪六七十年代先进复合材料在民用飞机上的用量只有 1%～3%，像 DC-9，DC-10，MD80 和 L1011 等客机上先进复合材料的用量还只有 1% 左右，B747 飞机的先进复合材料的用量当时比较高，也只有 2%～3%。20 世纪 80 年代民用飞机先进复合材料的用量有所提高，波音公司 B757 先进复合材料的用量为 3%～4%，B767 则达到 4%～5%。欧洲空中客车公司的先进复合材料的用量比美国波音公司高，如 A300～600 达 5%～6%，A310 接近 10%，而 A320 则大于 10%。到 20 世纪 90 年代空中客车公司的 A321，A330 和 A340 的先进复合材料的用量都增长到 13%～15%，A322 则达到 15%～16%，而波音公司的 B777 为 10%～11%。这表明在 20 世纪八九十年代，先进复合材料在民用客机上的应用欧洲空中客车公司领先于美国波音公司。21 世纪以来，美国波音公司大力开展扩大先进复合材料在民用飞机上应用的研究，取得很大成绩，具体反映在最新一代的民用客机 B787 上。B787 用的材料见表 0-5，铝合金用量约占 20%，而先进复合材料的用量高达 50%。同期欧洲空中客车公司大型客机 A380 上先进复合材料的用量在 25% 左右。

表 0-5 波音 B787 飞机的材料使用简况

复合材料 $w/(\%)$	铝合金 $w/(\%)$	钛合金 $w/(\%)$	钢 $w/(\%)$	其他 $w/(\%)$
50	20	15	10	5

注：w 代表质量分数，下同。

空中客车公司研制发展两个新机种 A380 和 A400M，前者是民用客机，后者是运输机。A380 是当今世界上最大型客机，可载客 555 人，飞行距离 15 000 km，无间断直接在欧洲和亚洲之间飞行。A380 客机大量采用纤维增强复合材料，碳纤维复合材料构件包括襟翼、副翼、梁、后隔板、舱壁、地板梁、前缘、中央机翼盒、机身段、垂直稳定翼等。A400M 是新型运输机，为了大幅度增加其运载量而大量采用复合材料。A400M 采用复合材料的比例约占结构质量的 35%～40%，碳纤维复合材料构件包括稳定翼、机动翼、主翼盒等，这是首次在这么大的翼盒上采用复合材料。波音公司 B787、空中客车公司 A380 和 A400M 三个机种的复合材料的需求量约为 3 000 t/a。随这些飞机产量的提高，碳纤维复合材料的需求量将不断增长。

2. 航天及军用复合材料的应用现状

航天技术对结构材料不仅提出减重要求，还要求结构材料具有高比模量和高比强度，最好还兼具有一些特殊的功能，如防热、隔热、耐高温及耐湿热等特性，复合材料具有上述优点及性能和功能的可设计性，被大量地应用于航天工业上，而军用复合材料（尤其是战术武器用复合材料）则还要求具有较低的制备成本。

（1）在防热方面的应用。导弹、卫星及其他航天器再入大气层的防热，是航天技术必须解决的关键问题之一。由于经过高空飞行以超高速进入稠密的大气层时，飞行器周围空气受到强烈压缩，使空气温度和压力急剧升高，再入体受到严重的气动力和气动热作用，如不采取有效防热措施，将像流星一样被烧毁。早在 20 世纪 50 年代，美国就采用石棉酚醛作为烧蚀防热材料，如"丘比特"中程导弹，苏联的"东方号"飞船也用该种材料。此后广泛地使用玻璃/酚醛、高硅氧/酚醛，如美国的"MK-11A"弹头和"水星号"飞船，苏联的"联盟号"飞船，法国第一代导弹的弹头等。后来采用了碳基(碳/酚醛和碳/碳复合材料),如美国的"MK - 12A"弹头和法国的第二代导弹弹头已应用。在战术武器用复合材料方面,国内外均将高强度玻纤增强树脂基复合材料用于多管远程火箭弹和空空导弹的结构材料和耐烧蚀-隔热材料,大大减轻了武器质量,提高了战术性能,另外,一些新型的超远程火箭弹甚至使用了低成本碳/碳复合材料作为喷管材料。

(2)在卫星和宇航器上的应用。卫星结构的轻型化对卫星功能及运载火箭的要求至关重要,所以对卫星结构的质量要求很严。国际通讯卫星 VA 中心推力筒用碳纤维复合材料取代铝后减质量 23 kg(约占 30%),可使有效载荷舱增加 450 条电话线路,仅此一项盈利就接近卫星的发射费用。美、欧卫星结构质量不到总质量的 10%,其原因就是广泛使用了复合材料。目前卫星的微波通讯系统、能源系统(太阳能电池基板、框架)各种支撑结构件等已基本上做到复合材料化。在法国电信一号通信卫星本体结构中,带有 4 条环形加强筋的中心承力筒是由碳纤维增强树脂(CFRP)复合材料制成的,它通过螺栓连接在由 CFRP 制成的仪器平台上。卫星的蒙皮由 T300 CFRP 制成。由于 CFRP 的比模量高,在日本 JERS - 1 地球资源卫星壳体内部的 ϕ500 mm 的推力筒、仪器支架、8 根支撑杆和分隔环都使用了 M40JB CFRP,此外,卫星的外壳、一些仪器的安装板均采用了碳纤维/环氧蜂窝夹层结构。我国在"风云二号气象卫星"及"神舟"系列飞船上均采用了碳/环氧树脂做主承力构件,大大减轻了整星的质量,降低了发射成本。

由于 CFRP 具有质量轻、比强度高、比刚度大以及线膨胀系数小的特点,因此,大型太阳电池阵通常采用 CFRP。由德国 MBB 公司研制出并已应用于轨道试验卫星的一种刚性太阳电池阵是由 CFRP 面板、薄壁方形梁和铝蜂窝胶结而成的,面积为 11.4 m^2。应用在国际通信卫星 V 号上的太阳能电池帆板的面积为 18.12 m^2,也采用了 CFRP,每个帆板的长为 7 m,宽为 1.7 m。德国 MBB 公司研制的另外一种太阳电池阵是半刚性的,其上面的方管形桁架采用了 CFRP。

卫星上安装的大型抛物面天线等强方向天线要求在温度急剧变化的空间环境中仍然能够保持稳定的外形,这就需要采用线膨胀系数极小的材料,即材料要具有较好的热稳定性。由于 CFRP 的可设计性,可以通过选择碳纤维的单层铺设角、铺层比和铺层顺序来获得抛物面天线所要求的刚度、强度以及极小的线膨胀系数。大型抛物面天线一般采用高强度和高刚度的 CFRP 蜂窝夹层结构,能承受主动段的静、动力载荷,以及良好的微波反射。国外在卫星结构中较早应用 CFRP 的是应用技术卫星(ATS-F)上的天线支撑桁架。为了使天线支撑桁架具有较高的结构刚度和较低的线膨胀系数,采用了 8 根 CFRP 制成的 ϕ66.3 mm,长度为 4.4 m 的圆柱形支撑杆组成桁架结构。用 CFRP 制成的桁架在满足使用要求的前提下,比相同结构的铝合金桁架质量减轻约 50%。国外用 CFRP 制成卫星天线的具体情况见表 0-6。

美国 NASA 的哈勃空间望远镜中有一台叫作 FOC(FAINT OBJECT CAMERA)的相机。这是一台包括滤光镜、折叠镜、光屏以及检测器等多个通道的复杂光学系统的微弱目标相机。这些光学元件都安装在由高模量碳纤维/环氧复合材料制成的光学平台上。这个光学平台的纵向线膨胀系数为 $0\pm0.2\times10^{-6}$/℃,横向线膨胀系数为 -0.3×10^{-6}/℃,在复杂的空间环境条件下都具有非常好的尺寸稳定性。哈勃空间望远镜的主支撑结构采用了 CFRP 制成的精密桁架结构。采用桁架设计是为了使主镜和次镜能够达到间隔漂移 3 μm,偏心 10 μm,倾斜 2″的对准精度。

在"国际紫外线探测卫星"上,为了保证卫星的探测效果,经过详细的计算,要求卫星本体的轴向膨胀量小于 $2~\mu m$。常用的一些金属材料不能达到这个指标要求,因此,通过铺层设计采用了 16 根由碳纤维/环氧复合材料制成的桁架结构来支撑光学元件,不受空间温度变化的影响。

表 0 - 6 国外部分卫星天线应用 CFRP 的情况

卫星名称	天线反射器内容	所用主要材料
美国国防气象卫星	精密天线反射器	Gy - 70 石墨/环氧
ERS - 1 卫星	大型可展开式天线	碳纤维/环氧
RCA 通信卫星	整体式单壳反射器	碳纤维/环氧、Kevlar/环氧面板,蜂窝夹层结构
国际通信卫星 V 号	喇叭天线、抛物面天线、太阳电池阵基板	碳纤维/环氧面板蜂窝夹层结构
美国应用技术卫星	F 型和 G 型反射器桁架结构	Gy - 70 石墨/环氧
德国 TV - SAT 直播卫星	高精度天线塔	碳纤维/环氧
欧洲海事通信卫星	抛物面天线	碳纤维/环氧面板蜂窝夹层结构
法国电信 1 号通信卫星	抛物面天线及支架	碳纤维/环氧面板蜂窝夹层结构
日本 ETS - 6 地球同步轨道卫星	舱体、半刚性轻型太阳能帆板、天线塔	碳纤维/环氧面板蜂窝夹层结构
日本 JERS - 1 地球资源卫星	反射器桁架结构	碳纤维/环氧面板蜂窝夹层结构

欧洲空间局(ESA)新一代重力探测卫星(GOCE 卫星)中的高精度重力梯度仪要求具有较高的位置精度,要求其用于测量重力加速度的"加速度计对"固定在低热膨胀系数的支板上,因而采用了具有低膨胀系数的碳/碳(C/C)复合材料盖板与蜂窝夹层结构(见图 0 - 2)。

图 0 - 2 GOCE 卫星重力梯度仪中的加速度计对安装在超稳定 C/C 复合材料支撑结构上

在我国自行研制的卫星结构中,大量采用 CFRP 结构。因为卫星结构纯属有效载荷,减重的经济效益很大,又因其空间环境恶劣,要求卫星结构的尺寸和性能稳定、变形一致,所以在卫星的主体骨架结构、外壳结构、太阳能电池板组件、桁架结构、天线结构、仪器安装板和支架结构等都在不断扩大使用 CFRP。CFRP 在国内卫星的应用情况见表 0 - 7。

(3)运载火箭及固体火箭发动机。国外在 20 世纪 50 年代末就开始采用纤维缠绕成型的玻璃钢壳体取代钢壳,如美国的潜地导弹"北极星 A - 3"的一、二级结构质量,分别比"A - 1"的钢质发动机壳体减轻了 $50\% \sim 60\%$。后来"三叉戟Ⅰ",MX 的三级发动机壳体全部采用芳纶/环氧树脂,质量又比玻璃钢的同尺寸壳体减轻 50%。目前碳纤维复合材料发动机壳体以其优异的特性得到了较好的应用与发展,其先后成功地用于飞马座,德尔塔Ⅱ-7925运载火箭,三叉戟Ⅱ(D5)、侏儒导弹等型号。

表 0-7　国内卫星应用 CFRP 的结构件

结构件名称	最大件尺寸/mm	产品结构要素
波纹承力筒	高:1 983;锥段大端内径:1 162	碳纤维波纹筒、对接框、环框、纵桁组成
夹层结构板	1 668×158;1 250×1 985	碳纤维面板、铝蜂窝芯子
太阳电池阵基板	1 755×2 581	碳纤维网格面板、铝蜂窝芯子
连接架	2 581×750,2 581×810	碳纤维方管、钛合金接头
支架	950×2 030	碳纤维型材、铝合金接头
消旋支架	高:580;大端外径:887	8根碳纤维管(长652)、铝合金接头
电池梁	"工"字形,750×54×44	碳纤维和钛合金混杂结构
喇叭天线	高约280,大端直径约250	CFRP本体、镀铜、金等
支撑筒	高约300,大端直径约140	CFRP、双锥两端法兰

我国复合材料固体火箭发动机壳体研究制造技术起步较晚,与国外存在一定差距,但经过近40年的发展,从无到有取得了很大进步。玻璃纤维/环氧、芳纶/环氧复合材料固体火箭发动机壳体已经成功地应用到航天运载上。

我国已经在多种型号的大型运载火箭,特别是上面级结构中广泛采用CFRP,有效地减轻了上面级结构质量,对提高运载火箭发射有效载荷的能力具有十分明显的效果。CFRP在大型运载火箭的应用大致经历了由20世纪70年代的简单零部件,次承力件转化到20世纪80年代以来大型部段复杂结构,主承力结构件。CFRP在运载火箭中的具体应用实例见表0-8。

表 0-8　国内运载火箭应用 CFRP 的结构件

名　称	结构要素	应　用
卫星接口支架	碳纤维蒙皮、桁条、对接框、弹簧支架、开口加强的卫星支架	CZ-2E火箭
	碳纤维蒙皮、铝蜂窝芯子夹层结构卫星支架(1 700 mm×1 200 mm×700 mm)	CZ-3火箭
加筋壳	碳纤维蒙皮、桁条、环框、对接框、开口加强的加筋结构	火箭结构
梁	碳纤维"工"形截面整体成型	火箭结构
	碳纤维"□"形截面整体成型	仪器舱结构
"K"形梁	碳纤维工字形截面梁、构成组合梁,形成外圆直径3 000 mm	仪器舱结构
环向加强框	碳纤维帽形加强框,各类直径均可实现	箭体加筋壳结构
碳纤维筒	质量:约1 000 kg	被采用
整流罩	碳纤维蒙皮、铝蜂窝芯子构成的夹层结构。	CZ-3火箭
	直径达到4.2 m,长达11 m	CZ-2E火箭等
有效载荷支架	碳纤维蒙皮、铝蜂窝芯子夹层结构,上端ϕ2 700 mm,下端ϕ3 240 mm,高550 mm	CZ-2C/FP支承有效载荷
"井"字梁	由4根变截面"工"字形梁整体成型而成,形成外圆ϕ2 700 mm	CZ-2C/FP分配

(4)战略导弹的应用。美国已采用 JFRP 作弹头结构壳体,仪器舱、级间段等 50 多个分系统部件。据洛克希德导弹与宇航公司称,用碳纤维/环氧树脂制造的结构取代铝结构,可使结构减轻 40%。另外,复合材料导弹发射筒在战略和战术型号上被国外广泛采用,如美国的战略导弹 MX 导弹,俄罗斯的战略导弹"白杨 M"导弹均采用复合材料发射筒。由于复合材料发射筒相对于金属材料而言,结构质量大幅度减轻,使战略导弹的机动灵活成为可能。在战术领域,复合材料导弹发射筒的应用更加普遍。目前我国在某些导弹型号上也采用了复合材料仪器舱和发射筒,并取得了良好的应用效果。

3. 舰船复合材料的应用现状

鉴于复合材料优异的性能,国外先进国家对复合材料船舰的发展十分重视。早在 1946 年,美国海军就建造了长 8.53 m 的聚酯玻璃钢交通艇,开创了复合材料船舶制造的先河。接着,又相继制造了多艘长 3.66~15.24 m 的玻璃钢艇,包括登陆艇、工作船、人员交通艇、缆索操作艇、河上巡逻艇及捕鲸船等。为了加快玻璃钢船艇的发展,美国海军在 20 世纪 50 年代中期就规定 16 m 以下的舰艇必须用复合材料制造,如 1954 年开发的并于次年生产的游艇和渔船。20 世纪 80 年代末美国建造的 MHC-1 级猎/扫雷艇,20 世纪 90 年代初建成的玻璃钢沿海猎雷艇"Osprey"号,艇体均采用高级间苯聚酯树脂,并以半自动浸胶作业制造。同时期建造的长 14.3 m,船速达 60 节[①]的巡逻艇,采用了 Kevlar 增强的聚酯树脂单壳结构。1996 年建造的深潜探海艇,采用了石墨纤维增强环氧树脂的单壳结构,艇的下潜深度可达 6 096 m。美国"佩丽"号驱逐舰用 Kevlar 装甲,效果良好;美国洛杉矶级核潜艇声纳导流罩长 7.6 m,最大直径 8.1 m,均采用先进复合材料制造,性能优良。可见自 20 世纪 90 年代以来,美国的船舰已大量采用先进复合材料来制造,可以预见先进复合材料在船艇工业中将得到日益增多的应用。

欧洲的复合材料船舰工业也十分发达。20 世纪 50 年代初期,英、法、瑞典和意大利等国也开始发展复合材料造船业,自 20 世纪 60 年代中期,英国先后建成 450 吨级和 625 吨级的大型玻璃钢扫雷艇和猎雷艇后,在欧洲掀起了用玻璃钢制造猎扫雷艇的热潮。英国国防部舰艇处发表了推荐采用玻璃钢作为舰艇结构材料的文件,英国船舶登记局颁布了劳氏船级社关于 6~36 m 长玻璃钢船技术规范。如今国外主要船级社都颁布了有关复合材料船的入级和建造规范。20 世纪 90 年代,英国在船舰中采用了更多的先进复合材料,如用碳纤维-玻璃纤维混杂增强材料建造的"亚宾吉-21"号摩托艇,刚度提高,减重 30%;长 9 m 的"施培正"号巡逻艇采用 Kevlar-49 增强复合材料取代玻璃钢艇壳,减重 20%,航速提高 1.7 节;用 Kevlar-49 复合材料制造的巡逻艇,艇体重量比铝合金减少 5 t。意大利玻璃钢游艇虽起步较晚,但技术非常先进。自 20 世纪 80 年代中期建成 Lerici Ⅰ 型硬壳式猎雷艇后,相继开发了 Lerici Ⅱ 型和 Lerici Mk Ⅱ 型猎雷艇。瑞典在 1974 年建成了第一艘以 PVC 泡沫塑料为芯材的玻璃钢夹层结构扫雷艇"Viksten"号,至 20 世纪 90 年代初已建成 7 艘大型(M80)Landsort 级夹层结构猎扫雷艇,此外还利用夹层结构技术建造多艘大型 TV171,TV172 和 CG27 型海岸巡逻艇。特别是 1991 年研制成功了世界上第一艘复合材料隐形试验艇"Smyge"号,采用碳纤维与玻璃纤维混杂复合材料技术和 PVC 泡沫夹心结构建造,提高了速度和隐形性,集先进复合材料技术、夹层结构技术、隐身技术及双体气垫技术于一身,堪称当代世界高科技舰船。

---

① 1 节=1 海里/时,1 海里(n mile)=1 852 m。

苏联从 20 世纪 50 年代起批量生产玻璃钢救生艇并开始制造游艇;1959 年建成了长 32.5 m 的玻璃钢内河油轮;1970 年建成 24.6 m 长的小型玻璃钢反水雷艇"Yevgenya"号,除装备本国军队外,还先后出口国外,至 1990 年已出口约 50 艘;1989 年起批量建造 Lida 级玻璃钢沿海猎雷艇。

日本是亚洲复合材料船舰制造大国。1953 年日本开始建造玻璃钢船,1960 年游艇和快艇便步入市场并举办了东京游艇展览会,20 世纪 60 年代中期开始建造高性能船、赛艇和豪华游艇,20 世纪 70 年代日本玻璃钢渔船进入大发展时期,每年新增 1.8 万艘且向大型化发展,至 1993 年已达 32.77 万艘。

与此同时,上述各国还大力发展复合材料水下运载工具、潜艇轻外壳、水平舵、船舶及近海平台的上层建筑、桅杆、烟囱、雷达导流罩、声纳导流罩、木质船壳的护罩、螺旋桨与轴系、船用管系、通风系统、贮油舱和贮水船、舱门和舱门盖、指挥台围壳、鱼雷、水雷和扫雷具壳体等结构件。

国外纤维增强复合材料制造的船艇和船上结构件举例分别见表 0 - 9 和表 0 - 10。

表 0 - 9　国外纤维增强复合材料船艇举例

船　名	建造国及建造年份	原材料及结构
Ton 级扫雷艇 HMSWilton 号	英国,1972 年 1 月下水	Cellobond A2785CV 不饱和聚酯(BP 公司),Tyglas Y920 无碱无捻玻璃布,壳体为单层结构,铝骨架
Hunt 级猎雷艇 HMS Brecon 号	英国,1978 年 6 月下水	原材料同 HMS Wilton 号,壳体为单层结构,壳体内横向及纵向筋骨为泡沫夹层结构,凸橡接头的关键部位用钛合金螺栓加固
Hunt 级猎雷艇 HMS Ledbury 号	英国,1979 年 12 月下水	
Hunt 级猎雷艇 HMS Cattistock 号	英国,1981 年 1 月下水	
Hunt 级猎雷艇 HMS Cottesmore 号	英国,1982 年 2 月下水	
卓亚水雷艇	苏联,1971 下水	玻璃纤维复合材料单层壳体结构
Lerici 级猎/扫雷艇	意大利,1978—1987 年建成	船体用高级间苯型聚酯树脂,1 400 g/m² 无碱无捻纱布,纬向增强物织品硬壳式结构
MHC - 51 级猎/扫雷艇	美国,1988 年后建成	上层结构由间苯型聚酯树脂、粗纱布和毡构成,半自动浸胶工艺
Viksten 号近岸扫雷艇 (Gassten 级)	瑞典,1974 年建成	夹层结构,芯材为硬 PVC 泡沫,面板为聚酯玻璃纤维复合材料
(Landcort 级) 沿岸扫雷艇	瑞典,1992 年建成	上层建筑夹层结构(芯材硬 PVC,面板同艇体)
SMYGE 号 隐形巡逻艇	瑞典,20 世纪 90 年代初	舰体单板加筋(聚酯玻璃纤维复合材料)
深潜器 LR3	英国,1977 年建成	Cellbond 不饱和聚酯(BP 化学公司),无碱玻璃纤维
豪华机动游艇	意大利,1990 年 6 月下水	间苯聚酯树脂,600 g/m²,玻璃布加 Kevlar 纤维混杂织物增强复合材料,单壳结构
巡逻艇	英国,1977 年下水	Kevlar 纤维织物,聚酯树脂,单壳结构
巡逻艇	美国	Kevlar 纤维织物,聚酯树脂,单壳结构
深潜探海艇(Auss MOD2)	美国,1996 年建成	环氧树脂、石墨纤维、缠绕成型制作筒体,两端用钛合金连接环与半球形钛封头连接而成,单壳结构

表 0-10 国外纤维增强复合材料船艇构件举例

结构名称	建造国	原材料
声纳导流罩（核潜艇用罩）	美国	树脂基先进复合材料
螺旋桨	德国	桨叶由碳纤维和环氧树脂模制而成
螺旋桨	日本	不饱和聚酯树脂,缎纹玻璃布
螺旋桨	苏联	玻璃纤维织物,环氧树脂或酚醛树脂
木船包覆层	法国	不饱和聚酯树脂玻璃纤维增强塑料包覆层
尾轴轴承	英国	热固性树脂,增强材料为含有有机合成纤维的高级石棉纱,缠绕成型
潜艇指挥台围壁	美国	沃兰处理的 181 型缎纹玻璃布,不饱和聚酯,掺入 10% 柔性树脂,真空压制成型,室温固化
防护装甲	美国	环氧树脂,Kevlar 纤维布
天线罩	日本、荷兰	NDSXX6701 玻璃纤维复合材料薄板
推进轴	美国	环氧基体,碳-玻混杂纤维,缠绕成型
蓄电池箱和极板	英国、日本	耐蚀树脂无碱玻璃纤维布,模压成型

　　我国的复合材料工业从一开始起就与船艇工业结下不解之缘。1958 年上海研制成功聚酯玻璃钢工作艇,次年环氧玻璃钢汽艇在北京北海公园试航成功。这两条艇的研制成功揭开了我国复合材料船艇工业的序幕,经过 50 多年的研制开发,迄今已建造了一百多种型号的复合材料舰艇,其中最大的艇是 1974 年下水的玻璃钢港湾扫雷艇,总长 39 m。同年建成的 982 型玻璃钢边防巡逻艇,由于其性能好,又派生出多种后续改进艇型,总共建造了 200 多艘。1999 年 7 月 14 日,多对 33 m 长玻璃钢渔船下水,这是我国在"九五"期间继 24 m 玻璃钢渔船研制成功后又一种自行设计制造的大型玻璃钢渔船。该船的建造成功标志着我国的玻璃钢渔船设计制造水平又上了一个新台阶,接近国外 20 世纪 90 年代初的水平,同时也为我国玻璃钢渔船的进一步研究开发及产业化开创了新局面。深圳自 1981 年以来,已生产了多艘款式多样的豪华游艇,销往美国和亚太地区,尤其是以"吉普赛"命名的游艇已跻身世界名牌游艇之列。由于 1992 年在深圳蛇口举办第二届国际高性能船舶会议(HPV'92)的推动,广东地区出现了高速船制造热,生产了 100 客位的高速船,1995 年又建成 160 客位和 225 客位的高速双体气垫船,并与法国合作开发双体风帆机动游艇。20 世纪 90 年代初期东莞研制了长 11 m 的碳-玻混杂纤维先进复合材料四人皮艇。广州研制出 112-D 小型先进复合材料高速全垫升气垫船,推动了复合材料船舶技术的发展。1999 年,我国设计制造了竹纤维增强聚酯复合材料登陆舟,该舟采用 RTM 工艺成型,并在抗洪救灾中发挥了很好的作用。此外,我国还生产了大量的复合材料工作艇和全封闭式耐火救生艇。我国已建造各种复合材料船艇并已出口亚太地区和美国。我国研制建造的典型复合材料船艇举例见表 0-11。

表 0-11　我国纤维复合材料船艇举例

船舶种类、型号或船名	建造年份	原材料、成型工艺及结构形式
鲁威渔 1703 渔船	1999 年 7 月下水	树脂:外层(厚 2 mm)用 S-688 间苯聚酯,里层(厚 10 mm)用 S-588 邻苯聚酯。增强材料:外层用厚 0.8 mm,重 770 g/m² 无捻粗砂方格布,中间层用 450 g/m² 无捻粗纱短切毡,内层用厚 0.8 mm,重 770 g/m² 方格布。单板壳体,手糊成型
982 型高速巡逻艇	1974 年 5 月下水	船体及上层建筑材料为玻璃纤维复合材料,树脂为 198 不饱和聚酯树脂,用 0.2～0.5 mm 厚的无碱无捻粗纱方格布增强。骨架用 6101 环氧树脂,梯形截面,芯材为硬 PVC 泡沫塑料。单板壳体,手糊成型
7102 港湾扫雷艇	1974 年 5 月下水	198 不饱和聚酯树脂,增强材料为 0.4～0.6 mm 无碱无捻玻璃纤维布和 0.21 mm 斜纹无碱布,后者经 A151 处理,单层结构壳体手糊成型
7221GRP 双体气垫船 (当前我国最大沿海高速客船)	1995 年下水	船壳采用 189 聚酯树脂和 300 g/m² 及 600 g/m² 无碱无捻玻璃纤维布,平板龙骨部分用 Kevlar 纤维布,手糊成型。甲板、舱壁及上层建筑则采用法国产 NIDA-Core 聚丙烯蜂窝芯材的夹层结构
北海 56 双桅帆船	1996 年下水	单板结构,船体用无捻粗纱方格布和短切毡增强,以 189 不饱和聚酯树脂为基体树脂,手糊成型。甲板采用蜂窝夹芯结构,上层建筑亦采用 189 聚酯树脂和无捻粗纱方格布
112-D 小型高速全垫升气垫船	1995 年建成	艇体由 E51 环氧树脂和碳纤维与玻璃纤维混杂增强材料构成。采用整体共固化工艺建造。龙骨由贯通艇长的 6 根夹层结构纵桁,贯通艇宽 13 根夹层结构主横肋和 139 根横肋以及上、下板构成面板兼作艇底板,纵桁与主横肋板格空框内用阻燃闭孔聚乙烯泡沫填充夹层结构
四人皮艇(运动赛艇)	1987 年底建成	蜂窝夹层结构艇体。蒙皮为碳纤维与玻璃纤维混杂增强环氧树脂复合材料,芳纶纸蜂窝为芯材
登陆舟	1999 年建成	用竹纤维作增强材料,不饱和聚酯树脂(通用型)作基体,用 RTM 工艺成型。单壳结构
BH-F7.0A 型自由降落式救生艇	20 世纪 90 年代中期建造	189 不饱和聚酯树脂或 TM-107 聚酯(阻燃型),增强材料 W2-570(570 g/m²),W2-600(600 g/m²)方格布和 300 g/m² 及 450 g/m² 短切毡,单壳结构,手糊成型
ISLand Gypsy57 英尺豪华游艇	20 世纪 90 年代初建成	

注:纤维复合材料船体结构大抵有单壳加筋结构、夹层结构、硬壳式结构、波型结构及其混杂结构。目前我国用得最多的是单壳加筋结构,近几年也采用了一些夹层结构,硬壳结构目前只建造一个立体舱段。硬壳结构抗爆性能好,是建造纤维复合材料猎/扫雷艇艇体的理想结构。

除复合材料船艇外,我国也同时研制开发了许多复合材料船艇构件。20 世纪 60 年代末研制成功了复合材料声纳导流罩并应用于潜艇,由于其综合性能超过金属导流罩,因此很快推广到其他舰艇上应用。"八五"期间研制并成功应用于大型船舶的碳-玻混杂纤维增强的先进复合材料声纳导流罩,预计将向更大型化方向发展和应用。20 世纪 80 年代后期研制开发了复合材料雷达天线罩、水雷壳体并投入使用。20 世纪 90 年代又研制成大型水面舰的复合材料桅杆、舱口盖、舵门、炮塔和上层建筑等。表0－12列出了我国纤维复合材料船艇结构举例。

我国复合材料船艇工业的飞速发展对船艇入级和产品的标准化、规范化提出了要求,自20世纪70年代以来我国已制订了一系列的复合材料船艇的技术、工艺标准,我国复合材料船舰制造技术与标准正在逐步与国际接轨。

表0－12 我国纤维复合材料船艇构件举例

结构名称	原材料及成型工艺	性　能
潜艇指挥台围壁	307不饱和聚酯树脂或634环氧树脂加199不饱和聚酯树脂,0.21 mm斜纹E玻璃布,A172处理,手糊成型	质量轻,耐腐蚀
声呐导流罩	307聚酯,0.21 mm斜纹E玻璃布,A172处理;3200或3201乙烯基酯树脂,高强玻璃布;3201树脂,碳纤维玻璃纤维混杂增强先进复合材料,手糊成型	质量轻,易成型,耐腐蚀,透声性能好
防发射护板	BX－38环氧树脂,0.21 mm斜纹E玻璃布,手糊成型	质量轻,防火效果好
雷达罩	DAP树脂,0.21 mm斜纹E玻璃布,手糊成型	
艇用天线绝缘子	丁苯树脂,0.21 mm斜纹E玻璃布,手糊成型	耐腐蚀,质轻,绝缘性能良好
水雷壳体	双酚A型环氧树脂,氨酚醛树脂高强玻璃纱。筒体缠绕成型,雷头和隔板模压成型,最后将三者与金属件胶合而成	质量轻,耐腐蚀
水面舰船用舱室封面板	氨酚醛树脂,无碱玻璃纤维布带加强筋组成的夹层结构	质量轻,耐腐蚀
扫雷具用浮体	浮体用不饱和聚酯树脂,爆破筒用环氧树脂,无碱玻璃纤维纱、无碱玻璃纤维布和无碱玻璃纤维带,手糊浮体,缠绕筒体	质量轻,耐腐蚀
深水鱼雷仪器舱	环氧618,无碱玻璃纤维,缠绕成型	质量轻,耐腐蚀
炮塔	不饱和聚酯树脂,无碱无捻粗纱方格布,手糊成型	质量轻,耐腐蚀
深潜器非耐压壳	189不饱和聚酯树脂,无碱玻璃纤维布,手糊成型	质量轻,耐水性好
舰用天线支架质量轻	3200乙烯基酯树脂,高强玻璃布,手糊成型	耐腐蚀
玻璃纤维增强塑料螺旋桨	不饱和聚酯树脂或环氧树脂,0.1 mm平纹、0.21 mm斜纹玻璃布,0.3 mm无碱无捻纤维玻璃布,直径500～1 780 mm。手糊成型	质量轻,装卸方便,耐海水腐蚀,抗冲击强度高,可提高航速,减少船舶振动,节约大量黄铜
螺旋桨	玻纤增强尼龙610粒料,注射成型	成型周期短,成本低,油耗少
尾轴包覆	6101环氧树脂,固化剂乙二胺,50～120 mm宽,0.2～0.4 mm的玻璃布带。手糊成型	效果好,未发现裂纹、脱落、分层、锈蚀、显著变脆等现象
木船包覆	糠醇树脂、环氧酚醛树脂或不饱和聚酯树脂、平纹、斜纹或无碱无捻纤维玻璃布,手糊成型	不渗漏,船体外壳木质得到保护,无海生物附着。增加船体强度及抗沉力。但成本高,内舱木材易烂,船体受荷载变形、有剥落现象

4. 复合材料在汽车领域的应用现状

汽车工业是现代工业中首先形成全球产业的典型代表,汽车正向着轻量化发展,要求节省燃油,提高时速,增加耐用性,舒适性和安全性,正越来越多地采用新型材料,其中玻璃钢复合材料已成为重要的车用材料。因此轻量、节能一直是国际汽车工业的主题。早在 20 世纪 70 年代初期汽车工业就开始使用。

进入 20 世纪 80 年代,福特、雪铁龙等著名汽车制造厂商投入了大量人力、物力,深入开展复合材料技术在汽车工业的广泛应用研究,极大地推动了复合材料在汽车上的应用。复合材料也从制备简单的汽车非承力零件进入制备承力构件这一时期,复合材料高性能汽车板簧、驱动轴及全复合材料车身技术的厂家获得了成功并投入应用。进入 20 世纪 80 年代中期后,世界著名汽车厂商竞相在汽车结构上广泛采用复合材料,如目前引进的北京吉普、富康、福特及雪佛莱(子弹头)等车型均有较多的复合材料承力件运用。

玻璃钢复合材料具有加工能耗低,轻质高强,设计自由度大,不锈蚀,成型工艺性好等优点,因此是汽车工业以塑代钢的理想加工材料,轻质高强是玻璃钢复合材料的最大优点。近些年世界环境法规要求越来越严,客观上也促使汽车越来越多地采用复合材料,在西欧甚至全世界,增强热固性塑料的发展低于纤维增强热塑性塑料(如 GMT 等),其原因在于纤维增强热塑性塑料可回收,重复利用和不污染环境。基于此纤维增强热塑性塑料是复合材料的重要发展方向,欧洲的纤维增强热塑料性塑料的增长率比玻璃钢高一倍。面对资源和环境等问题的严峻挑战,推进汽车轻量化以降低油耗,一直是汽车工业重要的研究课题。传统的汽车车身材料处于以薄钢板为主的单一状态,不能适应人们追求高速与轻量化的要求,为减轻其质量,改善风阻系数和降低油耗,许多汽车厂家都积极研究和利用新材料以达到上述要求。据报道,汽车质量减少 50 kg,1 L 燃油行驶距离可增加 2 km;汽车质量减少 10%,燃油经济性可提高 5.5%。国内外车身轻量化的研究方向是开发具有较高强度的轻质高性能新材料及设计新的轻量化结构,以塑代钢是实现轻量、节能的最佳途径之一,它也进一步推动了玻璃钢复合材料技术的发展及其在汽车零部件中的应用。从国内外汽车应用材料看,汽车使用复合材料是必然趋势。

1994 年全世界玻璃钢产量为 3.5×10^6 t,其中汽车用玻璃钢接近于 1.2×10^6 t,是玻璃钢最大的应用领域。1995 年 SPI 发表的资料表明,美国汽车用玻璃钢已达 4.5×10^5 t,占美国玻璃钢总产量的 30% 左右。汽车制造业也是欧洲玻璃钢的最大市场,1995 年汽车玻璃钢用量达 40 多万吨,其中轿车、轻型商业车用量占 75%,其余用于重型卡车、公共汽车。1999 年美国陆上运输用途的玻璃钢产量 5.6×10^5 t,广泛用于福特、宝马、奔驰、奥迪等轿车。欧洲汽车用复合材料按工艺分布排列,玻纤增强热塑性塑料(FRTP)占 42%,SMC/BMC 占 26%,RTM/RIM 占 11%,其他占 21%。热塑性复合材料的产量主要取决于运输市场,该市场的占有率约为 46%。电气/电子、器材/设备和其他市场的占有率分别为 21%,16% 和 17%。

欧洲的纤维增强热塑性塑料比美国发展快。自 1993 年以来,欧洲对汽车用热塑性复合材料需求量猛增,1993 年汽车用热塑性复合材料的产量仅为 9.2×10^4 t,1994 年增加了 25%,产量达到 1.15×10^5 t,其市场占有率分别为聚酰胺(PA)59%、聚丙烯(PP)16%、聚乙烯(PE)

14%、聚苯乙烯(PS)14%、聚碳酸酯(PC)3%,其他 4%。1995 年欧洲运输市场的树脂基复合材料总产量为 4.5×10^5 t,热塑性复合材料产量约 $(1.95 \sim 2.00) \times 10^5$ t,占 42%,其中聚酰胺复合材料占 59%,聚丙烯占 22%,聚对苯二甲酸丁二醇酯(PBT)/聚对苯二甲酸乙二醇酯(PET)占 10%,聚碳酸酯占 1%,其他占 8%。汽车制造业是欧洲增强塑料的最大市场,在欧洲汽车用纤维增强热塑性塑料占的比率更大。例如汽车用 GMT(纤维毡增强热塑性塑料)竟占 95%。本世纪初,欧洲 FRTP 保险杠销售量为 1.3×10^5 t/a。

目前,汽车复合材料的平均用量已经超过整车质量的 20%。用于制作内装饰件有仪表盘、车门内板、后护板、车内顶、座椅、发动机罩、盖板等;外装饰件有保险杠、档泥板、导流罩等;功能与结构件主要有天然气气瓶、油箱、风扇叶片、油气踏板、空气滤气罩等,其中大部分是采用玻璃钢制成。美国复合材料的应用不断扩展,产量逐年增加。美国 50% 以上的汽车用玻璃钢部件为 SMC 制品,目前实用化的 SMC 汽车部件已有 375 种。SMC 汽车部件是 20 世纪 90 年代美国最成功的复合材料产品之一。

我国汽车复合材料的大规模应用始于引进车型上,也在自主开发的一些车型上得到发展,尤其在近几年来取得了长足进步,但总体来说与发达国家尚有距离。近年来,复合材料在国内轿车和 SUV 车型中的最新应用实例分别见表 0-13 和表 0-14。

表 0-13　复合材料在国内部分轿车车型中的最新应用实例

汽车制造商	车　型	汽车复合材料部件实例
一汽大众	奥迪 A6	后保险杠背衬、后备胎箱、车灯反射罩以及前端支架和前端底板衬里、发动机罩板等
	宝来系列	前端支架
	迈腾系列	备胎仓
一汽轿车	红旗系列	后保险杠背衬、后备胎箱、尾翼
海南马自达	马自达 6	长玻纤增强聚丙烯注射成型的前端模块和车门模块载体
上海大众	帕萨特 B5	蓄电池托架、发动机罩板、前端底板衬里以及车灯反射罩
	桑塔纳 3000	车灯反射罩
	POLO 系列	发动机底护板
	途安系列	前端支架
上海通用	别克 GL8 系列	前保险杠缓冲器支架
	凯悦、君悦系列	天窗板,以及后靠背骨架总成、前保缓冲器支架
上汽汽车	荣威系列	底部导流板
南汽名爵	名爵跑车 MG7	车顶骨架
东风雪铁龙	富康两厢	上扰流板、中扰流板
	标致 206,307 系列	前端支架、翼子板
北京现代	索纳塔、伊兰特系列	前保缓冲器支架
北京奔驰	300C 系列	油箱副隔热板
奇瑞汽车	东方之子	前保缓冲器支架

表 0 - 14 复合材料在国内部分 SUV 车型中的最新应用实例

汽车制造商	车型	汽车复合材料部件实例
北汽制造	勇士系列	前后保险杠、左右风窗铰链装饰板、蓄电池托架、发动机罩盖、左右翼子板、车顶等
北汽福田	冲浪系列	扰流板、牌照灯支架、左右护板、左右轮眉、左右后保包角等
郑州日产	锐骐系列	顶饰件总成、中隔窗、双开式后门
江铃陆风	大陆风系列	后导流板、尾翼及大包围部件等
	小陆风系列	车顶骨架
保定长城	赛弗、赛骏、赛影系列	扰流板、左右护板、左右轮眉、涉水器等
河北中兴	富奇 6500	前保险杠、发动机盖板
长丰猎豹	猎豹系列	扰流板

随着国民经济的高速发展带来的市场驱动载货车产量的不断攀升,玻璃钢/复合材料在载货车中取得了突破性的应用。近几年来,国内新老汽车制造商相继推出新的中/重型载货车车型,这些都成为汽车复合材料应用的新亮点与增长点,表 0 - 15 列出了一些具体的应用实例。

表 0 - 15 复合材料在国内部分中/重型载货车车型中的最新应用实例

汽车制造商	车型	汽车复合材料部件实例
一汽集团	解放奥威(J5P)	前保险杠、前围面板、左右侧围护板、导流罩等
	解放 J6 系列	前保险杠、前围面板和导流罩、驾驶室顶盖等
东风公司	153 改型(P210 驾驶室)	轮罩、水箱面罩、护风罩、进气管以及 FRP 导流罩等
	天龙系列	前保险杠、前围面板和导流罩等
东风柳汽	新霸龙系列	前面板、前保险杠、脚踏板及座下护板总成、翼子板、前角板、前车门内外饰板、风窗上/下饰板等
	乘龙系列	面板、保险杠、上围板、前围板、举升电器罩盖、左右脚踏板、脚踏板座下护板总成等
中国重汽	豪泺系列	前端面板、左右导风罩、后翼子板、门下装饰板、侧护板,以及驾驶室顶盖总成、导流罩等
	金王子系列	面罩、保险杠、翼子板、导风罩、踏板
	黄河少帅	保险杠、翼子板、内衬板、挡泥板、导风罩
	华沃系列	前端面板、左右角板与 A 立柱和左右挡风板、脚踏板、门下装饰板、侧护板等
陕汽	德龙系列	面罩、保险杠、脚踏板、牌架板、左右护栏板,导流罩等
	德御系列	面罩、保险杠总成及左右翼子板装饰罩、前翼子板(左右件)、轮罩、脚踏板,导流罩与导流板等
上汽依维柯红岩	霸王、T 霸系列	散热器面罩、脚踏板,以及导流罩、导流板等
北汽福田	欧曼 H2,ETX 系列	前翻转盖板、保险杠、翼子板,以及导流罩、导流板、侧裙板、脚踏板、副轮罩等
上海汇众	大通系列	保险杠、粗滤器、仪表盘及左右挡泥板、装饰板、驾驶室护板等
北方奔驰	北奔、铁马系列	保险杠、脚踏板、前围面板,导流罩
洛阳福赛特	福德重卡	面罩、保险杠等

玻璃钢/复合材料在国内大型豪华客车中继续得到进一步的拓展应用,几乎囊括所有厂家的所有车型,如郑州宇通、厦门金龙、苏州金龙、西安西沃、上海申沃、上海双龙、安徽安凯、北京客车、神马巨鹰、深圳尼普兰、中通客车、桂林大宇、亚星-奔驰、丹东黄海、天津伊利萨尔、北方尼奥普毫、金华青年等。涉及应用部件有前后围、前后保险杠、翼子板、轮护板、踏步围板、行李箱门板、裙板(侧围板)、后视镜、仪表板、仓门板、空调顶置壳体等。由于此类客车部件类多、较大、量小,一般采用手糊/喷射或 RTM 工艺成型。另有部分座椅采用 SMC,RTM 或手糊工艺制作,如申沃客车座椅、双龙巴士连体座椅等。一些长途旅游客车或房车,其卫生间都采用手糊 FRP 制作。在中型客车中,玻璃钢/复合材料也有进一步的应用。如南京依维柯都灵 V 系列车的 SMC 豪华面罩、电动门总成、三角窗总成、后行李厢门总成和 BMC 前大灯和雾灯、FRP 后围总成等。近年来,玻璃钢/复合材料在微型客车领域应用有所增加,而且有应用 SMC,RTM 工艺逐步替代传统手糊工艺的趋势。

5、复合材料在其他领域的应用现状

(1)火车和铁路。随着列车速度的不断提高,火车部件用复合材料来制造是最好的选择。复合材料在铁路运输中可用于客车车厢、车门窗、水箱、卫生间、冷藏车保温车身、运输液体的贮罐、集装箱及各种通信线路器材等的制造,某些特殊部位如高速列车的刹车制动片以及受电弓等承受高速摩擦的部件则使用了 C/C 复合材料,另外,为满足铁路建设对新技术的需求,复合材料轨枕也得到了广泛的研究和应用。

(2)建筑和国民公共建筑。建筑是复合材料的第二大用户。在建筑工业中,复合材料广泛应用于各种轻型结构房屋、大型建筑结构、建筑装饰及雕塑、卫生洁具、冷却塔、贮水箱、波形瓦、门及窗构件、水工建筑和地面等。碳纤维复合材料作为基础结构的加固修补,近年来已显示了较大的市场。

玻璃纤维增强的聚合物基复合材料(玻璃钢)具有力学性能优异,隔热、隔声性能良好,吸水率低,耐腐蚀性能好和装饰性能好的特点,因此,它是一种理想的建筑材料。在建筑上,玻璃钢被用作承力结构、围护结构、冷却塔、水箱、卫生洁具、门窗等。

用复合材料制备的钢筋代替金属钢筋制造的混凝土建筑具有极好的耐海水性能,并能极大地减少金属钢筋对电磁波的屏蔽作用,因此这种混凝土适合于制造码头、海防构件等,也适合于制造电信大楼等建筑。

复合材料在建筑工业方面的另一个应用是建筑物的修补,当建筑物、桥梁等因损坏而需要修补时,用复合材料作为修补材料是理想的选择,因为用复合材料对建筑物进行修补后,能恢复其原有的强度,并有很长的使用寿命。常用的复合材料是碳纤维增强的环氧树脂基复合材料。

(3)化学工业。在化学工业方面,复合材料主要用于制造防腐蚀产品。聚合物基复合材料具有优异的耐腐蚀性能。例如,在酸性介质中,树脂基复合材料的耐腐蚀性能比不锈钢优异得多。用复合材料制造的化工耐腐蚀设备有大型贮罐、各种管道、通风管道、烟囱、风机、地坪、泵、阀和格栅等。

(4)运动与娱乐器件。运动器件如高尔夫球棒、网球拍、羽毛球拍、雪橇、曲棍球棒、钓鱼竿、自行车、摩托车、休闲船、赛艇、水上滑行车、雪板等均可用复合材料制造,复合材料运动器件和娱乐器件行业在美国已形成工业的重要部分,收入达到几十亿美元。

(5)机械工业。在机械制造中,复合材料的用途很广,如风机、叶片、造纸机械配件(打浆机部件、吊辊和案辊)、柴油机部件、纺织机械部件、化纤机械部件(过滤器、离心罐、套片等)、煤矿机械部件、泵、铸模、食品机械部件、齿轮、法兰盘、皮带轮和防护罩等。

用复合材料制造叶片具有制造容易、质量轻、耐腐蚀等优点,用复合材料制造齿轮同样具有制造简单的优点,并且在使用时具有较低的噪声,特别适用于纺织机械。

(6)消费产品。复合材料在消费用品方面应用比较广,涉及缝纫机、门、浴缸、桌椅、计算机、打印机等,主要为短纤维增强复合材料,用模压、注射模压、RTM 和 SRIM 方法成型。

(7)电子电气行业。树脂基复合材料是一种优异的电绝缘材料,在电子电器工业中,复合材料用于生产层压板、覆铜板、绝缘管、电机护环、槽楔、绝缘子、路灯灯具、电线杆、带电操作工具等。

(8)风力发电。风力发电装置的关键是转子,转子的关键则是叶片。复合材料在风力发电上的应用,实际上主要就是在风力发电转子叶片上的应用。风力发电转子叶片占风力发电整个装置成本的 15%～20%,制造叶片的材料工艺对其成本起决定性作用,因此,材料的选择,制备工艺优化对风力发电转子叶片十分重要。

风力发电转子叶片用的材料根据叶片长度不同而选用不同的复合材料,目前最普遍采用的是玻璃纤维增强聚酯树脂、玻璃纤维增强环氧树脂和碳纤维增强环氧树脂。从性能来讲,碳纤维增强环氧树脂最好,玻璃纤维增强环氧树脂次之。随叶片长度的增加,要求提高使用材料的性能,以减轻叶片的质量。采用玻璃纤维增强聚酯树脂作为叶片用复合材料,当叶片长度为 19 m 时,其质量为 1 800 kg;长度增加到 34 m 时,叶片质量为 5 800 kg;如叶片长度达到 52 m,则叶片质量高达 21 000 kg。而采用玻璃纤维增强环氧树脂作为叶片材料时,19 m 长叶片的质量为 1 000 kg,与玻璃纤维增强聚酯树脂相比,可减轻质量 800 kg。同样是 34 m 长的叶片,采用玻璃纤维增强聚酯树脂时质量为 5 800 kg,采用玻璃纤维增强环氧树脂时质量为 5 200 kg,而采用碳纤维增强环氧树脂时质量只有 3 800 kg。总之,叶片材料发展的趋势是采用碳纤维增强环氧树脂复合材料,特别是随功率的增大,要求叶片长度增加,更是必须采用碳纤维增强环氧树脂复合材料,玻璃纤维增强聚酯树脂只是在叶片长度较小时采用。表 0-16 给出了当叶片长度不同时,采用的材料与质量的关系。

表 0-16 叶片长度和质量的关系

叶片长度/m	不同材料叶片质量/kg		
	玻纤/聚酯	玻纤/环氧	碳/环氧
19	1 800	1 000	
29	6 200	4 900	
34	5 800	5 200	3 800
38	10 200		8 400
43	10 600		8 800
52	21 000		
54			17 000
58			19 000

参 考 文 献

[1] 松井醇一. 复合材料产业的历史与展望[J]. 纤维复合材料, 2001(3):56-57.

[2] Daniel Gay, Suong V Hoa. Composite materials design and applications [M]. BocaRaton:CRC Press, Taylor & Francis Group, 2007.

[3] 张建春. 复合材料的最新进展与应用[J]. 产业用纺织品,2003, 21(3): 11-14.

[4] 黄发荣,等. 先进树脂基复合材料[M]. 北京:化学工业出版社, 2008.

[5] Alan Baker, Stuart Dutton, Donald Kelly, et al. Composite materials for aircraft structures [M]. Reston, Virginia:American Institute of Aeronautics and Astronautics, Inc, 2004.

[6] 黄汉生. 复合材料在飞机和汽车上的应用动向(一)[J]. 高科技纤维与应用,2004, 29(5):15-23.

[7] 黄晓燕, 刘源, 刘波. 复合材料在舰船上的应用[J]. 江苏船舶,2008,25(2):13-17.

[8] 黄伯云, 肖鹏, 陈康华. 复合材料研究新进展[J]. 金属世界,2007,2:46-48.

[9] 林芸. 复合材料的发展及应用研究[J]. 贵阳金筑大学学报,2003, 51(3):105-108.

[10] 田治宇. 颗粒增强金属基复合材料的研究及应用[J]. 金属材料与冶金工程,2008,36(1):3-7.

[11] Narottam P Bansal. Handbook of ceramic composites[M]. Boston:Kluwer Academic Publishers, 2005.

[12] 梁春华. 纤维增强陶瓷基复合材料在国外航空发动机上的应用[J]. 航空制造技术, 2006,3:40-45.

[13] 柴枫. 陶瓷基复合材料的研究进展[J]. 口腔材料器械, 2003 ,12(1): 25-28.

[14] 刘雄亚, 郝元恺, 刘宁. 无机非金属复合材料及其应用[M]. 北京:化学工业出版社, 2006.

[15] 刘文川, 邓景屹. C/C材料市场调查分析报告[J]. 材料导报,2000,14(11):65-67.

[16] 黄世峰, 徐荣华, 刘福田. 水泥基功能复合材料研究进展及应用[J]. 硅酸盐通报, 2003(4):58-63.

[17] 李克智, 王闯, 李贺军. 碳纤维增强水泥基复合材料的发展与研究[J]. 材料导报, 2006, 20(5): 85-88.

[18] 益小苏, 张明, 安学锋,等. 先进航空树脂基复合材料研究与应用进展[J]. 工程塑料应用,2009, 37(10): 72-76.

[19] 牛春匀. 实用飞机复合材料结构设计与制造[M]. 北京:航空工业出版社,2010.

[20] 赵稼祥. 民用航空和先进复合材料[J]. 高科技纤维与应用,2007, 32(2): 6-10.

[21] Eirc Greene Associates. 舰船复合材料[M]. 赵成璧,唐友宏,译. 上海:上海交通大学出版社, 2013.

[22] 蔡斌. 复合材料在船艇工业中的应用[J]. 功能高分子学报,2003, 16(1): 113-119.

[23] 何东晓. 先进复合材料在航空航天的应用综述[J]. 高科技纤维与应用,2006,31(2):

9 - 11.

[24] 李威，郭权锋. 碳纤维复合材料在航天领域的应用[J]. 中国光学，2011，4（3）：201 - 212.

[25] 朱则刚. 车用玻璃钢复合材料的应用技术拓展新天地[J]. 橡塑资源利用，2009，4：33 - 38.

[26] 郑学森. 国内汽车复合材料应用现状与未来展望[J]. 玻璃纤维，2010，3：35 - 42.

[27] 赵稼祥. 复合材料在风力发电上的应用[J]. 高科技纤维与应用，2003，28（4）：1 - 4.

[28] 陈祥宝，张宝艳，邢丽英. 先进树脂基复合材料技术发展及应用现状[J]. 中国材料进展，2009，28（6）：2 - 12.

[29] 徐新禹，李建成，邹贤才，等. GOCE 卫星重力探测任务[J]. 大地测量与地球动力学，2006，26（4）：49 - 55.

[30] 李克行，彭冬菊，黄城，等. GOCE 卫星重力计划及其应用[J]. 天文学进展，2005，23（1）：29 - 39.

[31] Michael Fehringer, Gerard Andre, Daniel Lamarre, et al. A jewel in ESA's crown - GOCE and its gravity measurement systems [J]. ESA Bulletin - European Space Agency,2008(133):14 - 23.

[32] 高禹，王钊，陆春，等. 高性能树脂基复合材料典型空天环境下动态力学行为研究现状[J]. 材料工程，2015，43（3）：106 - 112.

[33] 林刚，申屠年. 全球碳纤维及其复合材料市场现状和展望[J]. 高科技纤维与应用，2015，40（2）：1 - 22.

[34] 姚雨辰. 高分子复合材料应用及研究现状分析[J]. 合成材料老化与应用，2015，44（4）：119 -121.

[35] Wahid Ferdous, Allan Manalo, Gerard Van Erp, et al. Composite railway sleepers — recent developments, challenges and future prospects [J]. Composite Structures, 2015, 134(15): 158 - 168.

第1章　先进复合材料概述

1.1　先进复合材料的概念

在科学层面准确定义复合材料的概念，需要对材料科学涵盖的领域进行分类，常见的材料科学研究主要涵盖材料的制备工艺、微观结构和性能三个方面。材料一般从这三个方面作相应的分类：以制备工艺为基准的分类，如铸铝、锻铝、淬火钢、热解碳等，材料名称中就含有体现工艺特征的词汇；按照性能的不同，材料可以分为结构材料与功能材料；按照结构可以分为均相材料、多相材料，单晶材料，多晶材料等。

复合材料学科同时涉及了工艺、性能和结构三个方面。在工艺方面，根据材料的组成和用途不同，复合材料的制备工艺具有多样化、复合化的特色。在性能方面，复合材料综合多种材料的性能优点，获得最佳的综合性能。在结构方面，复合材料由两种或两种以上的材料复合而成，具有多相结构。

对于复合材料来说，其产生和使用的历史悠久。"复合材料"的概念也随着材料的发展而不断得到丰富和完善，尤其是随着近几年纳米材料的发展，逐渐兴起的纳米复合材料、原位复合材料等都在不断地改写着"复合材料"这一概念的外延。目前复合材料的定义中比较全面的是在《材料科学技术百科全书》中的定义，即复合材料是由有机高分子、无机非金属或金属等几类不同材料通过复合工艺组合而成的新型材料。它既保留原组分材料的重要特色，又通过复合效应获得原组分所不具备的性能。它可以通过材料设计使各组分的性能互相补充并彼此关联，从而获得更优越的性能，与一般材料的简便混合有本质区别。

对于"先进复合材料"，主要是指随着现代科技的发展而出现的各种含有增强体的复相材料，S. T. Peter 在其主编的 *Handbook of composites* 中这样定义"先进复合材料"：Modern structural composites, frequently referred to as "advanced composites", are a blend of two or more components, one of which is made up of stiff, long fibers, and the other, a binder or "matrix" which holds the fibers in place. 这种定义把复合材料仅限于纤维（或者扩展为一维材料）增强的复合材料，这一定义具有显著的时代特色，体现出复合材料的发展与高性能纤维的发展关系越来越密切。因此，为了凸显复合材料中的"复合"与"增强"作用，可以对先进复合材料给出这样一个定义：先进复合材料是在原有的单一材料的基础上，以原有材料为基体，通过一定的工艺手段在基体材料中增加增强相，使材料展示出新的性能，这种由增强相与基体相构成的材料就称为先进复合材料。

复合材料的表述一般采用"增强体/基体"格式表达，例如碳纤维/环氧树脂，表示碳纤维增强的环氧树脂；也可用简写，例如 C/C 表示碳纤维增强的碳基复合材料，C/SiC 表示碳纤维增强的 SiC 基体。

1.2　先进复合材料的分类

1.2.1　按照增强体的存在形态分类

先进复合材料的主要相结构包括增强体和基体,如果以增强体的存在形态为标准,则先进复合材料可以分为以下 5 种:

1)颗粒增强复合材料;

2)短纤维(晶须)增强复合材料,即非连续纤维增强复合材料;

3)连续纤维增强复合材料;

4)层状复合材料;

5)纳米材料增强复合材料。

1. 颗粒增强复合材料

复合材料的增强原理就是以增强体为主要承载单元,如图 1-1 所示,基体在增强体之间起传递应力的作用。因此,复合材料的整体性能主要取决于增强体的种类及其排列方式。其中,颗粒增强复合材料是由颗粒状的增强体,如沙石、滑石粉、炭黑、碳化硅、氧化硅粉等,实现增强的。沙石常用于建筑行业,是混凝土(主要成分为水泥、沙石、水)的重要成分,也是最常见的颗粒增强复合材料。

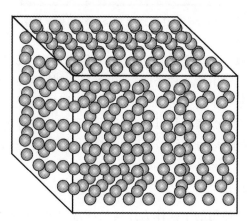

图 1-1　颗粒增强复合材料结构示意图

在塑料工业中,滑石粉、高岭土、碳酸钙、炭黑、气相二氧化硅等都是常见的塑料配方中的成分。在树脂成型过程中添加这些硬的无机颗粒,可以有效提高材料的强度、模量、韧性以及硬度。有时候甚至可以使材料出现原本不具备的特殊性能,例如,复合型导电高分子材料就是常用炭黑填充树脂,使本来不导电的树脂具备了导电性能。陶瓷材料生产中也常常使用颗粒增强以提高陶瓷的某些性能,例如,部分稳定的氧化锆颗粒增强的氧化铝,可以有效提高氧化铝陶瓷的韧性。

使用颗粒增强后,原本各向同性的基体材料依然保持着各向同性的性能特征。因此颗粒增强复合材料可以像普通均质材料那样,机械加工不会破坏材料的原有性能。而且,作为增强相的颗粒,能够在基体成型过程中直接添加,例如大多数颗粒填充增强塑料的成型工艺中,颗粒是在混料过程中直接作为成分之一而混入原料的。良好的工艺性使得颗粒增强复合材料获得了广泛应用,使其成为常规的材料品种之一。

2. 非连续纤维增强复合材料

非连续纤维增强的复合材料使用短切纤维或者晶须材料为增强体,其特征是,增强体的形状为具备一定长径比的纤维状材料(见图1-2),一般短纤维的长度很少超过10 mm。短纤维增强复合材料一般被认为是各向同性材料,纤维随机排布取向。界定短纤维增强复合材料的标准是纤维的长度是否小于构件最薄处的厚度。以板状复合材料为例,如果纤维的长度大于板的厚度,则纤维会优先沿板的层面方向排列,这样板的平面方向和厚度方向的纤维排列数量会产生较大的差别,导致板的性能出现各向异性。因此,短纤维或者晶须增强复合材料的一个重要的性能特点,就是增强后的材料性能依然显示为各向同性。

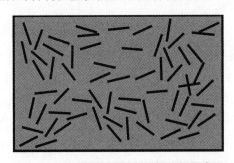

图1-2 短纤维增强复合材料结构示意图

常见的非连续纤维增强复合材料,如20世纪70年代之前多数农村的土墙,使用的就是稻草增强的泥土。家具市场上常用的各种密度板,由木屑和树脂复合而成,由于其具备良好的力学性能和低的成本而取代原始木材成为制作家具的主要原料。因为短纤维增强复合材料仍然具备各向同性的性能特征,因此,密度板可以被切割加工做成各种形状的家具,而不降低其性能。在塑料行业中,短切纤维早已广泛应用于增强塑料,尤其是短切玻璃纤维,已经是众多塑料制件的常规填料之一。

3. 连续纤维增强复合材料

连续纤维增强复合材料使用的增强体为连续长纤维,生活中最常见的连续纤维增强复合材料有天然木材、竹子,人工合成材料有各种复合材料层压板。其结构特点是纤维都是沿着一个或者几个有限的方向连续排列;性能特点是各向异性,材料沿不同的方向承载能力不同。因此连续纤维增强复合材料具备性能的可设计性,可以根据构件的实际承载状况,设计纤维的排列方式,以最低的成本获得需要的性能。在平行于纤维方向,连续纤维的增强效果优于颗粒和短纤维的增强效果,可以获得更加优异的力学性能,但是其性能对纤维缺陷比较敏感。复合材料在成型之后,应尽量避免或减少机械加工,因为机械加工切断纤维会导致材料性能的降低。为了保证构件具有较高的力学性能,多数的连续纤维增强复合材料的成型与构件的成型是同步的,例如各种航空复合材料(以碳纤维增强的环氧树脂用量最大),卫星天线罩等。

按照纤维排列方式的不同,连续纤维复合材料可以有多种结构,如单向纤维增强复合材料、二维叠层复合材料层压板、三维编织复合材料和蜂窝夹芯结构复合材料等。此处简单介绍前三种。

(1)单向纤维增强复合材料。如图 1-3 所示,复合材料内的纤维沿着同一个方向排列。

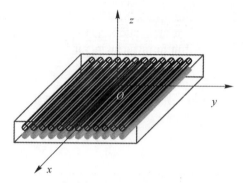

图 1-3　单向纤维增强复合材料结构示意图

(2)二维叠层复合材料层压板。这种层压板最常见的有两类,一类如图 1-4 所示,它由多层单向纤维复合材料叠层而成,每一层内的纤维沿一个方向排列,但是不同层间的纤维排列方向不同。另外一类是在同一层内就存在两向排列的纤维,如图 1-5 所示,也就是以两向编织的纤维布作为增强体。根据不同的承载要求,纤维布的编织结构可以设计成多种,如图 1-6 所示为常用的三种纤维布编织结构。

(3)三维编织复合材料。纤维可按照设计好的方向进行编织,以获得三维多向的增强效果(见图 1-7),这种增强体结构的复合材料多用于航空航天领域。

图 1-4　两向纤维正交铺层增强层压板结构示意图

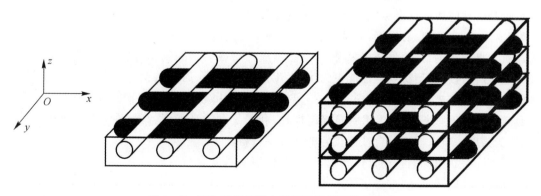

图 1-5　两向编织纤维布铺层层压板结构示意图

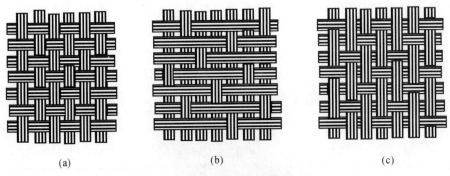

图1-6　几种纤维布的编织结构示意图

(a)平纹；　(b)缎纹；　(c)斜纹

图1-7　几种典型的三维编织纤维结构示意图

4. 层状复合材料

除了颗粒、纤维状的增强体之外，常用的还有层状增强体，例如减振用钢-树脂层状复合板是由两层深冲薄钢板中间夹一层树脂组成的新型结构材料。它类似"三明治"结构——以减重为目的的层状复合板，树脂层厚度为 0.2～0.4 mm，以减振为目的的减振用钢-树脂(厚0.05 mm)层状复合板，主要用于汽车、矿山、高级家电及办公机械工业等。将钢板与高聚物材料通过压制或轧制方法使之复合，发挥两者各自的特长，制得具有高强度和良好减振性能的层压复合材料，用于铁路、汽车、建筑等领域，已收到很好的减振降噪效果。

金属层状复合材料是由两层或两层以上不同性能的金属复合而成的。通过对层板组分的合理选择以及采用适当的加工工艺，可以获得满足不同需要的层状金属复合材料。例如，铝、不锈钢是两种应用广泛但性能差异比较大的金属材料：铝的密度小，导电性和导热性优良，塑性好，易加工，耐腐蚀，易焊接，经济实惠；不锈钢耐腐蚀性、抗氧化性好，强度高，但是其价格较为昂贵。将不锈钢、铝两种金属复合于一体，组成两层或多层的复合材料，就是将两者的优点集中起来，使这种新型材料的性能更为优越、用途更为广泛，而且造价更为低廉。室内给水系统的铸铁管道越来越多地被铝塑管替代，铝塑管中的金属起增强作用，而塑料外层则可以防锈而且美观。建筑领域中广泛使用的塑钢板材，利用了钢的高强度、高韧性和聚合物的耐腐蚀性，成为强度、韧性、外观综合性能优异的低成本材料。

受贝壳层状组织具备高韧性特点的启发，仿生层状复合材料就是利用了金属的高强度和树脂的高韧性的特点，通过一定的工艺将它们合成为一整体，实现优势互补。这样，与单一的金属材料相比，既提高了综合机械性能又减小了比重。这类轻质高性能的复合材料对汽车工业、航天航空、建筑等行业有着举足轻重的意义。在陶瓷领域，开展了仿贝壳结构的陶瓷研究，变陶瓷的整体结构为层状结构。这种层状结构类似于贝壳中宏观层的一级薄片。目前主要有弱界面、强界面及强弱界面结合的层状陶瓷，通过界面设计，可显著提高陶瓷的韧性。

5. 纳米材料增强复合材料

纳米材料增强复合材料（简称为纳米复合材料），是继纳米材料问世之后，出现的复合材料新品种，目前正处于快速发展阶段。纳米复合材料中，至少有一种相的一维尺寸小于 100 nm，例如，当纳米材料为分散相，有机聚合物为连续相时，就是聚合物基纳米复合材料。纳米复合材料由两相在纳米尺寸范围内复合而成。增强体与基体之间的界面面积非常大，产生理想的黏结性能，具有较高的增强效果。其中，聚合物基无机纳米复合材料不仅具有纳米材料的表面效应、量子尺寸效应等性质，而且还综合了无机物的刚性、尺寸稳定性和热稳定性及聚合物的韧性、加工性和介电性能，从而产生了许多特异的性能。

1.2.2　按照增强体的化学组成分类

如果按照增强体的化学组成，可将复合材料分为以下几类：
1）玻璃纤维增强复合材料；
2）碳纤维增强复合材料；
3）有机纤维增强复合材料；
4）金属纤维增强复合材料；
5）陶瓷纤维增强复合材料；
6）陶瓷晶须增强复合材料。

按照这种分类方法，随着纤维技术的发展，新的纤维品种问世，复合材料的品种将越来越多。其中，最为常用的纤维是玻璃纤维、碳纤维、Kevlar 纤维等。玻璃纤维以其低成本的优势在树脂基复合材料中获得了最为广泛的应用。碳纤维和 Kevlar 纤维的成本较高，多用于航空、航天及军事领域。民用领域常用碳纤维制造一些高档消费品，如高尔夫球杆、高档羽毛球拍、高档自行车架都使用了碳纤维增强树脂基复合材料。

1.2.3　按照基体种类分类

按照基体的种类，复合材料大致可以分为以下几类：
1）树脂基复合材料；
2）金属基复合材料；
3）陶瓷基复合材料；
4）碳基复合材料。

按照基体类型分类是科研领域中最常用的复合材料分类方法，主要是因为虽然复合材料的力学性能主要取决于纤维性能，但是复合材料的成型工艺则主要取决于基体材料。对于材料研究者来说，最为关注的是成型工艺，所以在材料研究领域，主要以基体为标准对复合材料进行分类，并依此来划分复合材料的研究方向。

1.2.4 按照用途分类

若以用途为标准进行分类,则复合材料可以分为结构复合材料与功能复合材料。这种分类方法与常规材料相似,结构材料主要起承载作用,而功能材料则具有特定的光、电、声、磁等性能。

1.3 复合材料的研究方法

1.3.1 整体研究方法

随着材料科学的发展和不断完善,现代材料科学研究逐渐形成了工艺、结构、性能、应用四大要素,而对于材料科学研究者来说,最重要的是工艺、结构和性能三大要素。这三个要素之间的关系研究贯穿了材料科学领域,复合材料研究从宏观上与材料科学的整体研究方法一致,但是在细节上,又有着自身的特色,主要表现在以下几方面。

1. 工艺研究

按照成型原料的状态可以把常用的材料成型使用原料分为固体、液体、气体。其中,固体主要包含粉体、弹性体和塑性体。其成型主要涉及烧结、凝固、塑性变形、化学反应、液体流动、气体流动、相变、扩散等过程。使用粉体成型的工艺主要是烧结工艺,被广泛应用于陶瓷、粉末冶金和聚四氟乙烯的构件制造。以塑性体为原料的成型工艺主要是金属塑性成型工艺。以液体为原料的成型方法主要有金属凝固成型、热塑性聚合物的凝固成型、玻璃凝固成型等。以气体为原料的成型工艺则主要是物理气相沉积和化学气相沉积工艺。

复合材料的成型依据其基体的不同而选择与该基体种类相对应的成型方法。但是复合材料中增强相的形状、含量、排列方式、表面状态不仅会影响性能,也对复合材料的制备工艺提出不同的要求。主要表现为:①如何选取合适的增强相;②增强相的排列、含量等参数都对应于不同的成型工艺参数,甚至是不同的成型工序。

以热塑性树脂基复合材料的模压成型工艺为例,随着增强体的形态不同,有不同的混料工艺。如果使用短纤维及颗粒作为增强体,由于增强体本身不连续,不用考虑加工过程中增强体的破坏,则可以使用常见的挤出混炼工艺进行混料;如果使用连续纤维作为增强体,为了保持纤维的连续性,避免纤维在混料过程中的破坏,一般采取溶液(或熔体)浸渍工艺。

对于陶瓷基和碳基复合材料的化学气相渗积(CVI)工艺来说,多数情况下先成型增强体,而后对增强体进行渗积致密化,随着增强体形态的不同,需要考虑不同的模具设计方法,甚至需要考虑改变 CVI 工艺的种类。同时,即使是对于同种 CVI 工艺,随着增强体含量(体积分数)的不同,也需要使用不同的工艺参数(如温度、流量、压力),以保证沉积物能够充分渗透进入增强体内部,获得具有足够密度的复合材料。

2. 组织结构研究

复合材料的微观组织结构主要由三种相构成,即基体相、增强体相、界面相。其中,随着增强相种类的增加以及基体相的复合化,还可以进一步对基体相和增强相进行划分。这些相结构的形成机理各不相同,而且都会对最终的材料性能产生重要的影响。与均质材料相比,复合材料中多了增强体相与界面相(尤其是界面相)。不同的界面结构会导致复合材料不同的破坏方式,因此界面结构和细观力学研究已经成为研究复合材料破坏方式和破坏机理的重要环节。几乎所有与复合材料相关的微观结构研究都会涉及界面结构的研究,这也是复合材料微观结构研究的一大特色。

3. 力学性能研究

复合材料的破坏行为与均质材料完全不同,在基体中加入增强相之后,能改变基体材料原有的破坏行为,往往会使基体材料的破坏方式从脆性破坏转变成具有一定韧性的破坏。材料的强度、韧性、疲劳性能都发生较大的变化。因此在研究复合材料破坏的过程中,需要使用与均质材料不同的研究方法。另外由于复合材料含有多相结构,在制备过程中,需要控制的工艺参数更多,增强体、基体、界面等对复合材料的影响机理复杂,导致结构控制和性能控制更加困难。对于科学研究来说,某个性能指标的影响因素越多,则该性能越难以控制,其可能的分散性就会比较大,因此复合材料的性能分散性通常大于对应的均质材料。研究复合材料力学性能时,需要使用统计学规律,并且需要更多的实验样品,测量更多的数据。

4. 物理性能研究

复合材料的物理性能取决于其相结构,在基体中加入增强体之后,会产生新的物理性能,例如在水泥中加入碳纤维,就能使水泥导电。因此可以采用加入增强体的方式,为材料带来更多的新性能。在聚合物中加入导电的增强体,如碳纤维、石墨、炭黑,就可以使本来不导电的聚合物转变为导电材料。与均质材料相比,复合材料研究为材料的功能化拓展提供了更多的途径。

5. 基本数学模型和分析方法

针对不同的研究目的,复合材料研究可以建立不同的数学模型,而不同的模型对应着不同的分析方法,从而可解决不同的科学问题。以材料的尺度划分为例,不同尺度的数学模型对应于不同的分析方法和描述对象,之所以是多种理论及模型并存,正是源于这样一个基本分析出发点,即不同的研究目的对应于不同的分析方法,因此也就产生了大量的数学模型。

在复合材料力学中,研究宏观的应力应变分布最常用的模型是将基体材料与纤维看作一体,纤维与基体共同构成一个微元体,以这个微元体为基本单位进行分析,此时界面不作为一个单独的相考虑,而是将其包含在微元体本身的属性之中。而在研究复合材料破坏机理时,却将纤维与基体分开来研究,尤其是对界面作用的研究。此时的界面又可以分为多种尺度的界面,例如对于层压板复合材料来说,按照界面的尺度可以把界面分为三个层次的界面,即层间界面、束间界面、单根纤维与基体间的界面。不同尺度的界面划分,又对应了不同的破坏机理,不同尺度的界面起的作用也各不相同。当分析材料破坏中的裂纹扩展宏观过程时,层间界面往往是裂纹在宏观上发生偏转的转折点,同时也是应力应变曲线变化趋势发生重大变化的转折点,而分析复合材料增韧机理的时候,束间界面和单根纤维与基体间界面又起了重要作用。

如果按照从宏观到微观的尺度进行划分,复合材料中存在材料的多尺度复合。以上述的层压板复合材料为例,其中就存在纤维与基体之间的复合、纤维束与基体间的复合、层压板与基体间的复合。界面结构的划分也是多尺度的,存在层压板的宏观层间界面、层压板内纤维束与基体间的界面、纤维束内单根纤维与基体间的界面。对于增强体与基体之间的复合工艺来说，则存在多种尺度的混合均匀性问题，包括纤维布在材料中的分布均匀性，纤维束在材料中的分布均匀性，单根纤维与基体混合的均匀性。各种尺度的均匀性对相应的工艺提出不同的要求，为了解决这些均匀性问题，采取的工艺手段也各不相同。从力学性能及破坏机理角度来说，影响复合材料性能及破坏方式的结构尺度也各不相同，从整体上影响材料破坏方式的是宏观纤维束的分布和结合方式，微观上影响材料韧性的则是单根纤维与基体之间的界面。对于物理性能来说，不同尺度的材料结构均会对材料的性能产生不同机理的影响作用。

综上所述，在复合材料研究中，除了考虑通常的材料科学研究方法之外，尺度是一个重要因素，需要针对不同的工艺、结构、性能方面的研究目的，在不同的尺度上，建立不同的模型进行研究，而针对不同的模型又有不同的理论可以使用。但是如果基本模型的建立尺度不合理，通常会导致将简单的问题复杂化，难以获得理想的结果，有时候甚至会产生误导。这样获得的结果往往具有很大的迷惑性，看似逻辑正确，而实际上没有实用意义，其根本原因就是研究尺度混乱。

1.3.2　复合材料性能调控的研究方法

1. 基于材料性能调控的一般性原则

材料设计是复合材料中独特的研究领域。复合材料由增强体与基体构成，因此其性能存在较大的可变性。所谓可设计性实际上是指一种相对可设计性，并不存在绝对可设计的结构及配方。相比于均质材料，复合材料增加了增强相，影响性能的结构及工艺因素随之增加，导致性能的可调整范围扩大，因此复合材料相比于均质材料的可设计性提高。

性能调控的前提是在某种材料体系、结构及工艺参数方面存在人为的可控性，也就是材料性能随材料体系成分、结构及加工工艺等的变化规律及变化范围已知，倘若这个变化范围较大，例如某复合材料的纤维含量为 $0 \sim 60\%$ 的范围内，其弯曲强度随纤维含量在 $100 \sim 300$ MPa范围内变化，则说其纤维含量的变化范围是 $0 \sim 60\%$，而强度变化范围则是 $100 \sim 300$ MPa。如果其制备工艺参数能够人为调控的范围较大，则意味着其工艺参数及结构可以根据性能要求而实现一定程度的可设计性。可设计性的基本前提就是工艺参数的可调控性与相应的性能可变性。这种可调控性与可变性是相对的。为了论述方便，首先定义两个量：可调范围和可调精度。可调范围是指性能指标及其影响因素的变化范围，可调精度是指性能指标的变化量与对应的某影响因素变化量之比的倒数。后者可以称为该性能指标对该因素的可调精度。显然这个比值越大，就意味着相同变化量的性能指标对应的工艺参数变化量越大。对于工艺控制来说，要求将性能指标的变化量限定在一定范围，以保证制备材料的性能稳定性。性能指标对应的工艺参数可调精度越大，就意味着在允许的性能变化范围内，工艺参数的允许变化范围越大，参数控制的严格性较为宽松，则性能调控越容易实现，调控精度越高。因此，相同的指标变化范围下，结构或者工艺参数的变化范围决定了调控精度，性能的可变性决定了复合材料设计的性能可调范围，而可调精度则反映了性能随可控因素而变化的精度。因此，当研究材料设计的时候，首先要明确的是材料性能的可调范围及可调精度。

要明确材料性能调控中性能的可调范围及精度，就必须研究材料的性能与结构、成分、制备工艺之间的关系。这个关系可以通过实验研究获得，也可以通过理论计算获得，通常的获得方式是理论计算与实验相结合,以实验来校正理论计算结果。同时,材料性能的可调性也与材料成分、结构、工艺的标准化及可控性相关。与可调性相似,这种可控性也包括两个方面的内容,即可控范围及可控精度,也就是总体制造工艺中的各个因素的可控范围及精度。其中包括材料结构的可调整性,材料配方的可调整性,材料制备工艺的可选择性,工艺参数的分类及其可控性。

在工艺因素中,影响因素可以分为可量化和不可量化因素。可量化因素属于有明确测量规范的量,如温度、压力、浓度等,因此其可调性涉及的主要问题就是测量结果的变化范围及变化精度。不可量化因素虽然不能以数字进行表达和测量,但是也应该有相关的控制标准,否则不可量化因素就可能成为不可控的因素。材料加工工艺中的不可量化因素有工装、模具的形状、大小及种类,纤维种类的选择,纤维的排列方式,纤维的表面状态等。这些只能使用文字描述,不能使用数字进行描述。

对于复合材料的性能调控来说,设计的前提就是找出材料性能随着各种工艺因素变化而变化的范围及精度。范围是比较容易确定的,精度往往较难确定。为了寻找材料性能随工艺因素而变化的精度,首先要把各种因素的变化按照尺度进行分类,明确各种工艺因素与材料性能之间的相互关系;然后逐步增加变化精度,直到最后只剩下高精度的定量因素;这样通过多步骤、多尺度的规范化,就能够寻找出材料性能随各种工艺因素在各种尺度变化下的定性及定量变化规律,最终确定材料设计的精度及范围。总体的原则是先定性后定量,定性规范化,定量则包含参数的变化范围及变化精度。

按照上述的原则,可以将复合材料的设计规范为以下几个步骤:

1)复合材料基体及纤维种类对性能的影响规律及其可调性(定性规范化)。

2)复合材料纤维排列方式对性能的影响规律及其可调性(定性规范化)。

3)复合材料纤维排列角度对性能的影响规律及其可调性。

4)复合材料的加工工艺类型对性能的影响规律及其可调性(各种工艺对导致的性能变化范围,属定性的大尺度影响)。

5)复合材料纤维的含量对性能的影响规律及其可调性(纤维是影响性能的主要因素,因此这是对性能产生大尺度影响的变化因素)。

6)复合材料加工工艺中不同的工装夹具及模具类型对性能的影响规律及其可调性。

7)复合材料中各组分的具体种类选择对性能的影响规律及其可调性。

8)复合材料中各组分的相对含量对性能的影响规律及其可调性。

9)复合材料的制备工艺参数对性能的影响规律及其可调性。

这些可调整因素就决定了材料的最终性能,各个层次的可调性也存在差异,复合材料力学仅仅是可调整的一个方面,仅仅按照复合材料力学的方法进行材料设计,获得的可调性精度必然不高。因此,为了使材料性能调控规范化,明确可调性的范围及精度是必要的。

复合材料的最大特征是其多相结构(包括增强相和基体相),由于材料性能(主要是力学性能)主要取决于增强体的性能(增强体的种类、排列方式、含量对材料性能的影响作用最显著),因此其总体设计原则是将增强体首先按照不同的尺度进行划分,比如纤维布、纤维束、纤维。然后依据构件在实际使用中的综合环境因素选择增强体类型,进而按照所受应力状况选择增强体的宏观排列方式(一维、二维或者三维排列)。在此基础上,根据应力分布状况设计具体的纤维束排列方向,这一步的设计中就出现了单向、两向乃至多向纤维增强复合材料的种类划分与选择。再进一步考虑使用何种纤维束（例如选择 1 K，3 K 或 6 K 纤维束）。在实际设计过程中，不仅仅要考虑复合材料的应力环境，还需要综合考虑其工艺性和经济性。工艺性主要是指增强体的结构要易于实现复合材料构件的成型，经济性则主要是指增强体要易于获得。宜尽量选取已经普遍商业化的增强体以降低增强体的制备成本。

2. 复合材料结构的尺度划分

影响复合材料性能的主要因素包括结构和工艺两个大方面，按照前述对于复合材料结构尺度的划分方法，可以把影响性能的结构因素按照其尺寸进行尺度划分。例如纤维布增强复合材料板，从固体力学角度可以将其分为 3 个尺度层次，即一次结构、二次结构和三次结构。其中，一次结构是指由纤维束及其束内填充的基体复合而成的单束纤维增强复合材料，二次结构是指由纤维布层与该层内填充的基体复合而成的单层复合材料，三次结构是指由单层复合材料层叠而成的层合体。在这三个层次中，建立的模型分别为：在一次结构中，纤维是增强体，纤维之外的基体都是基体相；在二次结构中，可以把纤维束及其内部的基体都看作增强体；在三次结构中，纤维布及其内部的基体都被当作增强体。因此结构因素中包含了三个尺度的结构因素：纤维束的种类（比如单束纤维中所含纤维数）、纤维布的种类（纤维束的排列方式）、纤维布的铺设方式。纤维体积分数也就需要相应分解为单束纤维束内的纤维体积分数、单层纤维布内的纤维体积分数和纤维束体积分数、整个复合材料内的纤维体积分数和纤维布的体积分数。其中纤维束的体积分数可以被定义为在单层纤维布增强复合材料中，将单束纤维及其内部的基体都视为增强体而计算出的增强体体积分数。纤维布的体积分数可以定义为在层合板复合材料中，将纤维布及其内部的基体都视作增强体而计算出的增强体体积分数。这样，整个复合材料的结构就以分析层次的不同而建立了不同的模型，基于不同的模型就有了不同的结构参数，基于不同的结构参数，就产生了不同层次的材料设计结构参数。这也是复合材料区别于均质材料的一大特色，由于增强体与基体的差别而产生了独特的力学分析模型和材料设计结构参数。再找出这些结构参数与性能的变化精度及范围，就可以实现结构上的材料设计。根据不同的结构尺度划分，相应的设计理论依据就包含了微观力学和宏观力学两种理论体系。

1.3.3 复合材料设计

纤维复合材料的设计与常规材料设计完全不同。复合材料是由两种或两种以上的物质，以物理结合的方式组成的，它们各自保持自己原有的性能，这一特点就使它的性能行为和特征像结构物一样，可以根据其组分性能和组分的组合情况（即细观结构、组分含量、铺设方式等）进行分析和预测。反过来说，可以像设计结构物一样，通过选择组分以及其组合情况，来设计具有所需要性能的复合材料。复合材料不仅为设计人员提供了极大的设计空间，也可以使复合材料的材料随结构设计而变化。根据结构各部位不同受力状态，不同性能要求，做出不同的材料设计。

复合材料设计的水平与发展受制于复合材料科学本身以及材料科学的水平与发展，在不同的历史时期，复合材料设计的内涵是不同的。早期的复合材料设计主要是经验设计。在金相显微镜出现以前，人们无法了解材料内部的组织结构，此时的复合材料设计也就不可能进入到组织层次设计的阶段。X 射线晶体学的创立使人们对材料结构的认识进入到了相结构层次，随之材料设计上升到相结构阶段。原子结构被揭示和量子力学的建立使人们对材料结构的认识由相结构层次向原子结构层次深入,材料设计也随之向原子结构层次深入。有了透射电镜和高分辨电镜以及场发射电镜对复合材料界面结构的观测分析,使人们对界面行为有了纳米尺度以内的了解。利用会聚束/电子衍射、同步辐射连续 X 射线测量界面残余应力和采用脱黏技术对界面力学性能的测试,推动了复合材料微结构与宏观力学性能之间定量关系的建立。特别是计算机技术的发展和应用,给复合材料设计注入了巨大的活力,使复合材料的结构分析、建模计算和模拟物理化学行为成为可能,并取得令人瞩目的成绩。运用分子动力学对复合材料界面的微观计算机模拟,使人们对界面的精细物理化学变化有了更深层次的了解,推动了复合材料界面结构设计的发展。1984 年美国陆军科研局率先研制出智能复合材料后,立即引起世界各国的高度重视,纷纷开展智能材料的研究,智能复合材料的设计随之开始。后来人工智能开始应用于复合材料设计,大量的材料设计专家系统被建立,形成了复合材料设计/制造一体化的系统工程,复合材料设计进入了飞速发展的阶段。

1.3.3.1　复合材料设计的过程

实际复合材料的设计需要考虑的因素是多方面的,如实际工作的力学、热学、电磁学、光学、化学以及生态环境,材料在使用中发挥的作用,外观的美观性,制备和使用成本等都是需要综合考虑的因素。一般来说,复合材料结构设计大体可以分为以下步骤:

(1)综合分析复合材料的使用需求,这种分析往往涉及很多学科。其中,技术方面涉及力学、热学、电磁学、光学、化学以及生态等环境,需要用相应的学科理论进行分析;技术经济学方面涉及复合材料的制备和使用成本;社会学方面涉及材料的社会效益和环境影响分析;艺术学方面涉及材料结构给人带来的视觉感受和使用环境中的审美取向等因素。

(2)根据使用需求的分学科分析结果,确定复合材料构件的大体形状,选取原材料,也就是决定使用何种增强体和基体材料。

(3)根据构件的形状及选取的基体和增强体种类,决定使用何种工艺进行材料成型。

(4)基于前面的步骤,确定增强体的结构形式,以使用需求和成型工艺为依据,设计增强体的具体结构。

(5)材料成型工艺设计与优化。参照第一部分介绍的原则,依据工艺参数与材料性能之间的关系、工艺参数与性能的可调范围与精度,进行工艺参数优化设计,获得需要的材料性能。

(6)工艺制备实验验证。按照所设计的复合材料结构及工艺,制备出复合材料样件;进行性能测试、微观结构表征,验证设计的结构和工艺的合理性;按照实验结果,修正原有的设计依据。

(7)材料的实际应用检验。将制备出的复合材料构件在实际应用环境下,进行性能考核,综合分析该材料的结构和工艺设计是否符合使用要求。根据使用效果,进一步修正原有的设计依据。

1.3.3.2　复合材料设计的发展现状

一般认为复合材料的宏观性能同其细观结构存在两大类关系。一类是材料的细观结构在外部关系作用下不发生演变(如只产生弹性变形而不发生破坏),这样可以根据给定的微结构对复合材料宏观性能进行预报。基于宏细微观力学的定量化分析方法则是有效解决这一问题的有力工具。如自洽方法、等效夹杂方法、微分法、Hashin - Shtrikman 变分法等理论已经在复合材料性能预报上取得了很大成功,如对晶须和颗粒增强的金属基、陶瓷基复合材料的复合材料弹性模量热物理性能的预报等基本上可满足工程要求。以前,复合材料设计主要是针对结构复合材料的变形力学行为而进行的结构设计和组元设计,形成了以变形力学为主体的较为成熟的复合材料力学。由于有机复合材料相对其他复合材料而言发展较早,也较成熟,复合材料设计在有机复合材料的组元和结构设计方面应用最多,也较为成功。随着纤维增强金属基和陶瓷基复合材料的快速发展,相应的细观力学在对这些复合材料的强度、韧性和模量预报方面也取得了长足发展。另一类是材料的细观结构随外部载荷而发生演变(如发生破坏),如复合材料在外载作用下,发生基体开裂、界面脱黏、纤维断裂以及在裂纹尖端附近形成微裂纹区和相变区等,进而改变了裂纹尖端附近的应力场,引起材料的强度、韧性等宏观性能发生变化。

由于复合材料组分在细观与微观结构层次上性能的随机性,导致细观结构演化的随机性,又增加了人们预报复合材料有效性能的难度。宏观断裂力学的成熟和完善,细观力学的迅速发展,又促使了复合材料力学向断裂力学方向发展。特别是细观力学应用于复合材料中,出现了宏、细、微观结合的复合材料断裂力学,使复合材料的研究和发展上升到一个新的高度。借助现代先进仪器对复合材料断裂行为进行多层次和多尺度的实验研究,使人们认识到断裂行为是由宏、细、微观诸层次下多种破坏机制相耦合而发生和发展的,认识到宏观偶然发生的灾难性断裂行为是由微细观尺度内确定的力学过程所制约的。借助计算机开展的单向纤维增强复合材料的拉伸断裂的数值模拟工作,系统地考察了纤维强度及其统计分布、界面结合强度、纤维对裂纹的反射作用、纤维与纤维之间的交互作用对复合材料强度和韧性的影响。对界面力学和应用分子动力学对界面微细结构的研究,使复合材料界面设计的研究由定性阶段上升到定量阶段。对于精细结构陶瓷,人们在 20 世纪 80 年代提出了应力诱发相变体膨胀增韧力学模型和应力诱发微裂纹增韧的力学模型;而后又提出了体膨胀与切应变复合增韧模型;应用细观力学对相变与微裂纹复合增韧陶瓷的扩展裂纹 R-曲线也进行了定量的计算机模拟;人们同时对纤维、晶须和延性颗粒增韧陶瓷也建立了相应的桥联增韧力学模型,在纤维的桥联机制和拔出机制复合增韧模型化、晶须的桥联机制与裂纹偏转机制复合增韧模型化、晶须的桥联与拔出机制、裂纹偏转机制复合增韧模型化以及延性颗粒桥联与相变复合增韧模型化等多种机制复合增韧陶瓷的复合增韧模型化方面也做了大量研究工作。对陶瓷扩展裂纹尖端区的相变、桥联和微裂纹过程的细观力学研究使得结构陶瓷的增韧理论和韧性指标发生了深刻的变化。对金属基复合材料变形断裂时的微结构中位错的萌生与增值、孔隙的演化、细观结构对宏观力学性能影响以及界面结合强度对复合材料断裂行为等模型化的研究,使得金属基复合材料的强韧化理论蓬勃发展。

借助细观力学,人们得以定量地模拟复合材料延性断裂和脆性断裂过程,进而解析多种以往难以阐明的基本破坏过程;把复合材料宏观性能同其细观结构联系起来,在此基础上精确设计细观结构;通过细观力学这一中枢环节的沟通可为结构材料的强韧化设计产生创新和定量的理论学说,同时又促使人们开展对复合材料宏细微观断裂力学的研究。复合材料力学能对复合材料宏细微观各层次多尺度范围内的变形、损伤和断裂各阶段进行力学分析,并建立相关的力学模型,为复合材料设计打下坚实的理论基础,推动复合材料设计、复合材料科学和技术的发展。

复合材料本身就是一种结构,一种可设计的材料,具备了将材料科学和产品有机结合的能力,即具备了设计/制造一体化的条件,促使复合材料朝设计/制造一体化方向发展。计算机技术给复合材料设计、制造带来了巨大活力。应用计算机模拟技术,对复合材料实施优化设计、性能分析、工艺过程的监控和仿真,对材料承载受力破坏过程进行计算机模拟,获得难以用传统实验得到的一系列信息,并配以适当的验证实验来检验模型,可节约研制费用,缩短研制周期。再得利于实验技术和监控手段的发展,都促使复合材料设计进入到材料设计/制造一体化的新阶段。

如某战术导弹端头帽的研制,要求其防热/透波/抗烧蚀;为降低成本和减少加工,还要求一次成型。材料设计人员清楚端头帽的工作环境,对复合材料特性和成型工艺有一定的了解,工艺人员也充分理解设计意图,从工艺方法上千方百计满足设计要求。在研制中,材料结构设计人员和材料工艺人员密切配合,充分利用复合材料可设计性的特点,按端头帽性能要求,精心进行选材分析和结构分析,并精心控制复合材料制造工艺,从成型工艺上保证了端头帽一次整体成型。试车结果显示,以短纤维增强的熔石英复合材料端头帽,完全达到防热/透波/抗烧蚀的性能要求,并且是一次成型,充分体现了材料设计/制造一体化的思想,也显示了材料设计的指导意义。

由于计算机技术的发展及其在材料科学中的应用,促使人们依据材料科学的知识系统把大量丰富的实验资料贮存起来,形成可供参阅的综合数据库,并将已得到的科学知识、经验、规律构成知识库,逐步形成材料设计专家系统,目前国内外对材料设计专家系统这方面的工作开始予以高度重视,并相应建立了一批材料设计专家系统。

1. 纤维复合材料的优化设计

复合材料的一个主要优点是它的可设计性,结构设计师可以根据结构的受力状况在设计结构的同时也进行材料设计,充分利用它的优点,而回避它的缺点。通过选择组分材料(纤维和基体)并根据复合材料的受力状况对纤维进行铺设,选择铺层角度、铺设顺序与铺层层数,以达到优化设计和等强度设计的目的。通常,单向纤维复合材料沿纤维方向具有高强度,而其横向强度则较小。根据这个特点,结构设计师们总是把纤维方向设计为第一主应力方向。例如,开采石油的玻璃钢抽油杆的最主要受力(或唯一受力)方向是轴向,于是制造抽油杆时将绝大多数玻璃纤维沿轴向布置。与此对照,离心式碳纤维/环氧复合材料铀分离机的圆柱桶状转子所受最大应力是环向应力,所以,碳纤维总是多沿环向布置。对于飞机机翼和直升机旋翼这些受力复杂的构件,常采用层合板结构,层合板(又称叠层板)复合材料通过铺层方向、铺层顺序、铺层厚度(层数)的变化可提供丰富灵活的可设计性。一般的叠层板复合材料有如下本构关系:

$$
\begin{bmatrix} N_i \\ M_i \end{bmatrix} = \begin{bmatrix} \boldsymbol{A}_{ij} & \boldsymbol{B}_{ij} \\ \boldsymbol{B}_{ij} & \boldsymbol{D}_{ij} \end{bmatrix} \begin{bmatrix} X_j \\ k_j \end{bmatrix} \tag{1-1}
$$

式中,N_i 和 M_i 分别为板中面内力和截面弯矩;X_j 和 k_j 分别是中面应变和板面曲率;$\boldsymbol{A}_{ij}$,$\boldsymbol{B}_{ij}$,$\boldsymbol{D}_{ij}(i,j=1,2,6)$ 分别是面内拉伸刚度矩阵、拉弯耦合刚度矩阵与弯曲刚度矩阵。

所谓"超混杂复合材料"是先进航空复合材料优化设计的突出例子,由复合材料与金属板复合而成。例如,芳纶复合材料与铝板复合成的 ARALL,碳纤维与铝的层压板 CALL,以及维尼纶纤维/铝的 VIALL 和玻纤/铝的 GLALL(或 GLARE)都是超混杂复合材料。这类层合板,薄铝板在外层,不仅具有强度大、刚度大的优点,而且其耐疲劳性能与抗冲击性能好。其中

ARALL 与 GLARE 已商品化,两种 ARALL 已分别被采用制造 Fokker-50 型飞机下翼和 Douglas 飞机公司的 C-17 军用飞机大开口舱门,其耐疲劳性能与抗冲击性能好。此外,国际上已采用 ARALL 制造防弹头盔。

2. 复合材料的界面设计

界面性能对复合材料综合力学性能影响极大,通过改善界面性能可以大大提高复合材料综合力学性能,这就是"界面工程"。复合材料种类很多,有树脂基、金属基、陶瓷基和碳基复合材料。界面设计或界面工程内容很丰富、很复杂。界面对材料强度与韧性的影响极大,一般来说,界面结合强度越高,复合材料的模量越高。而界面强度对复合材料的强度和韧性的关系却不这么简单,譬如,聚合物基复合材料界面强度提高有利于复合材料强度的提高;而金属基复合材料则不同,如碳/铝材料,当界面强度适度时复合材料强度最大,而界面反应太大,界面强度变大,复合材料强度变低。这是由于太大的界面反应,损伤了纤维强度。为克服这一问题,在增强剂上涂层以改善界面浸润性又可防止过分反应。例如,C/Al 复合材料在碳纤维表面涂 Ti-B 层,在 C/Mg 复合材料涂 SiO_2,对 B/Al 用 SiC 涂层。研究表明,对 T300 碳纤维表面用化学气相沉积(CVD)法涂上 C-Si-O 涂层(呈梯度变化),可大大改善 C/Mg 界面性能。关于界面强度对韧性的影响,情况更为变化多样。无论何种基体,适当的界面强度给出最优的材料韧性。复合材料主要的细观增韧机理为"界面脱黏""裂纹桥联""纤维拔出"和"裂纹拐折"等。高的断裂强度与高的断裂韧性往往是两个相互矛盾又相辅相成的参数,二者的恰当匹配是提供最优材料设计的途径。为了获得适当的界面强度,采用对莫来石纤维表面进行双涂层处理,使纤维易于从莫来石基复合材料中拔出,提高复合材料的断裂能。

对纤维进行表面处理是改善界面性能的最重要、最常用的方法。熟知的界面黏结理论如下:①表面形态理论(或称机械结合理论);②官能团理论;③表面能理论。提高界面结合强度的方法很多,对于玻璃纤维通常需要进行表面处理,以增强界面结合强度,改善防水性。常用的偶联剂为有机硅烷和甲基丙烯酸氧化铬。对于碳纤维表面通常有以下几种方法:①氧化法。其中有气相法(氧气,臭氧等氧化剂)、液相法(HNO_3 等强氧化剂)。②涂层法。又分有机涂层和无机涂层。③净化法。采用热解法将纤维表面净化。对某些颗粒复合材料,增加界面柔性层,减小应力集中,往往起到提高断裂韧性也不减小其强度的作用,例如,用橡胶涂层玻璃珠增强聚丙烯就是一个成功的实践。受生物材料的启发,人们尝试了复杂的仿生界面设计。例如,在研制碳纤维增强金属基复合材料时,构造了多层逐步过渡的界面,包括由纤维到基体的 pyc/AlN/Al,pyc/TiN/Ti,这里 pyc 是热解碳。

3. 复合材料的仿生设计

生物材料从本质上讲就是复合材料,日久天长的自然进化使得生物材料具有最合理、最优化的宏细观结构,并且,它具有自适应性和自愈合能力,在比强度、比刚度与韧性等几个方面的综合性能上总是最好的。所以,研究生物材料可以为材料设计提供灵感与方法。1992 年 *SCIENCE* 杂志发表了题为"新的材料加工战略:仿生学方法"的文章,提出"采用生物学原理研制新型材料",指出很多生物组织是由生物矿物质复合材料构成的。生物生长过程中控制矿物的形成和生长以及复合材料微结构的发展,生命系统制造生物复合材料主要通过如下三个原则:①将"生物矿物化(Biomineralization)"过程限制在特定的子单元内;②产生具有一定大小和方向的特定矿物质;③将很多微小子结构组合在一起,形成完全设计好的宏观结构。这一过程简称为"生物矿物质化"过程。当然,目前人们对生物矿物化过程的研究还很不成熟,但参照已知的生物材料生长原则,研制工程材料已取得实质性进展。以下列举几个仿生设计的例子。

(1)珠母贝材料的细观结构研究及仿贝壳材料研制。珠母贝材料是公认的轻质高性能生物材料,它的结构与纤维复合材料不同,是由"砖"和"泥浆"堆砌而成的。"砖"就是多角形霰石(aragonite)平板晶体,主要成分是矿物质 - 碳酸钙,体积分数约为 95%;"泥浆"由多糖(polysaccharide)与蛋白质微纤维组成,体积分数仅为 5%。在贝壳生长过程中,将霰石(碳酸钙)沉淀在有机质基体上,形成层状结构。断裂试验和断裂表面分析表明,这种贝壳的平行于横断面的断裂面呈阶梯状,比平行于多角形霰石小板表面的断裂面曲折得多。它的主要韧性机制是裂纹拐折、纤维拔出和基体桥联,霰石(aragonite)晶体片的滑动与有机体的塑性变形是它的主要塑性机理,它有很好的断裂韧性。

(2)仿竹复合材料的研制。竹子是应用很广的生物材料,它轻且强度高,结构上有明显特点,纤维均沿轴向排列,芯部有中空部分,纤维沿壁厚方向由里至外逐渐加密。这样大多数纤维分布在竹杆外侧,对抗弯性能十分有利,符合优化设计原理。

(3)仿骨设计。骨骼也是符合优化设计原理的生物复合材料。它除了具有像竹子的外强里弱结构外,骨骼的两端都有哑铃状粗大的圆头。应力分析表明,端部圆头具有增加抗拉性和与肌肉联结的效能,不仅增加抗拉强度,也增加断裂韧性。试验表明,哑铃状短纤维比平直短纤维复合材料具有较高的抗拉强度与断裂韧性。

(4)仿根设计。植物的根系具有多重分叉形。试验表明,带根状端部的纤维比平直端部纤维较难从基体中拔出。简单的力学分析可以证明,根状纤维比平直纤维具有较小的应力集中。有人设计研制了分形树(fractal tree)状的增强纤维,并研究了不同等级分形树增强相的增强效能。

(5)螺旋状纤维束增强复合材料。受生物材料细观结构的启发,用螺旋状纤维束制作增强树脂的复合材料,其断裂韧性比常规平直纤维束的高很多。其加工方法:在用纤维束制作预浸带(prepreg)之前,先将纤维束加捻,使其成螺旋状,再按常规方法制成预浸带。

4. 机敏材料(智能材料)设计

当前材料科学领域内的一个非常活跃的领域是机敏材料(smart material),或称智能材料(intelligent materials),其主要的应用领域是航空与航天,制成所谓智能结构。机敏材料是国际上最早出现的术语,后来我国学者常称为智能材料。其实,当前此类材料还远未发展到"智能"水平,称为机敏材料与机敏结构(也称为自适应材料和结构)更合适。机敏材料有很多种类,这里仅作如下简要叙述。

(1)形状记忆复合材料。形状记忆合金具有随温度与应力变化发生可逆相变(马氏体相变)的性能,在相变后其刚性、电阻、内摩擦、声发射性能均将发生变化,这些可用来作为检测结构损伤的信息源。另外,将 1% 的钛镍(NiTi)合金丝(SMA)埋设于环氧树脂中制成型状记忆复合材料(Shape Memory Composite, SMC),当机构发生裂纹时,裂尖附近的 NiTi 丝伸长,电阻率增大,发出信号,可以对裂纹或损伤进行自诊断。此外,可以通过电流加热使 SMA 产生形状记忆收缩力,从而减小应力集中,使裂纹自愈合。再者,SMA 可被用于振动控制以及抗低速冲击设计。1970 年美国将 SMA 用于制造宇宙飞船天线,先在地面室温下把它折叠成 5 cm 以下的球状体,送入太空后利用太阳能使温度达到 77℃,球状合金丝打开恢复成抛物面形状。SMA 除 NiTi 合金外还有 CdAgCu 合金。形状记忆合金的本构关系相当复杂，大量试验研究和理论工作正在进行。

(2)压电材料与铁电材料。压电材料与铁电材料具有电-力互偶效应，即在应力作用下会产生电压，反过来受电压作用时能产生应力(与应变)。这种性能可用来制造成"传感器"或"驱动元件"。例如，在纤维表面粘上一层聚偏二氟乙烯(PVDF)压电薄膜，PVDF 可将结构变形转化成电压，控制振动。再如，将锆钛酸铅(PZT)颜料与双酚 A 型环氧树脂配成涂料，涂在复合材料梁上可达到消振、除噪的目的。

(3)光纤机敏材料。光导纤维径细、质轻、柔韧性好，集传感器与传输元件于一身。它具有响应频带宽、速率高、抗电磁干扰、有良好耐高温及抗腐蚀等优点。可用来测温度、应变和外力。具体应用如下：①光纤损伤感知元件。将光纤置入结构内，可检测损伤的发生与扩展，Hofer 在飞机的长桁与蒙皮之间埋入光纤，检查胶结质量和失效情况；Measures 将光纤检测技术用于 DASH－8 飞机上，检查机翼前缘蒙皮的损伤情况。②光纤传力元件。飞机飞行中外力随时发生变化，利用高双折射光纤作为敏感元件，光纤在横向力作用下两正交偏振基模之间产生互偶效应，采用光外差干涉技术及光程扫瞄探测系统可确定横向力的分布与大小。③光纤应变传感器。其原理为光纤受拉伸后拉伸应变与光纤中布里渊频移变化成正比。④光纤温度传感器。在航天飞机复合材料蒙皮内埋入光纤网络，可测蒙皮温度分布。⑤光纤神经网络系统。把光纤排布成网络系统，与高速电子计算机相联，当结构发生大损伤或裂纹后光纤信号发生变化，甚至中断，计算机对信号处理，判断损伤的位置与大小，以便作出应用的处置。光纤网络与计算机网络联用制成用途多样的神经网络系统，可用于空间飞行结构振动控制。

(4)碳纤维复合材料的损伤自诊断。碳(石墨)纤维复合材料(CFRP)在外力作用下电阻增大，通过电阻变化可预测 CFRP 结构的损伤。周期性外力作用下初期电阻呈线性变化，当载荷达到某一定值时电阻出现非线性，材料接近破坏时电阻急剧上升。

机敏材料与结构在航天技术中有极大的应用前景，空间飞行器有如下特点：①结构轻且尺寸大，总体刚度小，容易振动。②结构精度高，尺寸稳定性要求高，例如 2～10 m 的大型结构要求位移精度不超过若干微米。③运行速度高，经常要调整轨道，避让其他飞行物，易造成振动。④在孤立环境中的航天飞机与人造卫星等大型复合材料构件，常规无损检测难以实施，微小裂隙的累积可能导致灾难性破坏。利用机敏材料自诊断与自适应特性控制振动，防止裂纹扩展，对空间结构意义重要。压电材料、电流变体材料将用来减震与除噪，光纤网络将用于诊断损伤分布与损伤程度。由于机敏材料具有自适应特性，近年兴起的"神经网络"技术在机敏结构故障诊断与结构自适应调整等方面作用相当引人注目。机敏材料与结构的日益受人关注，促进了机敏材料的学术研究的兴旺。

5.微结构及应力设计

微结构对材料力学性能影响极大，含非晶相(玻璃相)的三晶窝点(triple pocket)往往是孔洞与裂纹萌生之源。郭景坤研究了陶瓷与复相陶瓷的微结构、晶界对陶瓷材料力学性能的影响，并提出晶界应力设计原理与意义。晶界与相界应力系内应力，它是由于不同相材料具有不同的热膨胀系数和模量，因加工温度变化造成的。

测量界面应力的试验手段有拉曼光谱法和荧光光谱法。在应力集中区光谱有峰值，应变变化时荧光光谱峰发生偏移。有的论文采用微波处理法调整界面残余应力的研究。由于各组分材料对微波吸收快慢不同,温度变化快慢不同,可通过不同加热历程,达到消除有害残余应力的目的。例如,20% $Si_3N_4-TiC_p$ 复合材料在 2.45GHz 微波炉中处理,表观温度为 800℃,保温 5min,使抗弯强度由 551MPa 提高到 684MPa。

6. 材料的分子设计

材料成分与分子结构对材料宏观力学性能影响的重要性是人所共识的,改变材料成分与分子结构以获得高性能材料称为材料的分子设计。近年来人们越来越注意采用混杂基体制造复合材料。例如,通过热塑性树脂和热固性树脂的共混得到半互穿网络(SIPN)结构,可有效地提高其与纤维界面的黏结强度;聚砜树脂(PSF)与碳纤维界面黏结性能差,采用双乙炔端基砜(ESF)与聚砜共混形成 SIPN 就可以提高界面黏结性能。还应指出,原位复合材料(in situ composites)亦属此类。这里具有刚性链的热致液晶高聚物和热塑性树脂熔融共混,在流动中热致液晶高分子刚性链被取向,冷却时以超分子水平凝聚成微纤状微区,这种材料又称分子复合材料。

在复相陶瓷的制备过程中,也不乏在分子层次对材料进行设计的例子。通过对氮化硅陶瓷的分子设计,可以得到由 T 相与 U 相构成的复相陶瓷,U 相为针状,对等轴状的 T 相基体起增强增韧作用。这种陶瓷的微结构可以设计和控制,其强度与断裂性能与 U 相的含量形状比关系很大。此外,通过对陶瓷先驱体(precursor)的组成与结构设计,得到纳米尺度分子级复合的陶瓷材料。例如,通过在有机硅先驱体中加入其他金属元素及化合物(Ti,Ta,W,Mo,Si,TiB_2 等)热解时得到复相陶瓷,如聚碳硅烷(PCS)＋钛酸丁酯反应,制备含钛的聚碳硅烷先驱体,经交联、裂解得到 SiC(Ti)复相陶瓷。

7. 计算机辅助设计

近年来,计算机辅助设计在材料设计方面的应用越来越受到重视,已逐渐开始这方面的实践。计算机模拟在材料设计中有很大作用,现在已建立了材料设计“专家系统”和“数据库”,主要模拟材料结构与性能之间的关系,也可模拟工艺与性能之间的关系。以颗粒(或晶须、短纤维)增强复合材料为例,分散相、基体与界面层的物理性能(模量和强度)、热性能(热膨胀系数与热导系数)和分散相的几何性状(长细比)、大小、分布等参数对复合材料宏观性能的影响可以利用计算机模拟;建立合理模型,根据这些参数预测材料宏观行为,如等效模量、屈服应力、破坏强度、破坏概率、裂纹扩展路径、温度应力等,同时可以评价各参数对材料性能的影响。在日本,材料工作者对功能梯度材料(functional graded materials)进行模拟,以寻求热应力小的界面材料梯度。这对材料设计师理性地选择材料组分与成型工艺大有裨益,避免研制中的盲目性。

当然,目前还存在较大的困难,主要是对复合之后各组分材料的性能不能准确了解。一般来说,组分材料在复合后由于耦合效应所致,力学性能都发生变化,我们只知道它们复合前的性能,很难准确获悉复合后的情况。再者,界面层(包括梯度材料)的性能更是重要的,然而,界面层的性能至今仍不能准确测定。所以,目前计算机辅助设计还处于试验阶段,必须与微观和宏观力学试验相结合才能为材料设计师提供可靠信息。此外,材料微结构与残余应力对材料强度与断裂性能有大的影响,这是不争的事实,但是,现在尚缺乏定量化的分析,对此认识大多停留在定性上或概念上。

1.4　复合材料的性能特点

复合材料的性能特点主要包括以下几项。

（1）比强度、比模量大，密度低。先进复合材料中，树脂基复合材料、陶瓷基复合材料、碳基复合材料本身就具有低密度的特点，其中的纤维和基体的密度均较低，而由于纤维的增强作用，材料的强度和模量大大提高，因此比强度和比模量也就较高。由图1-8可看出多数纤维增强环氧树脂的比强度与比模量高于铝合金和低碳钢的比强度和比模量。对于金属基复合材料而言，金属本身的密度较高，但是由于掺入了低密度的纤维增强体，材料密度大大降低，同时，纤维的加入有效提高了材料的强度及模量，进而大大提高了金属的比强度和比模量。因此在对质量有着严格要求的航空航天领域，先进复合材料获得了广泛的应用。表1-1给出了部分飞机构件使用复合材料后减轻的结构质量。

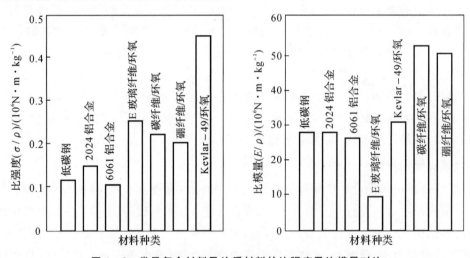

图1-8　常见复合材料及均质材料的比强度及比模量对比

表1-1　部分飞机构件使用复合材料后减轻的结构质量

构件名称	铝合金设计质量/kg	复合材料设计质量/kg	质量变化/kg
翼梁	220	157.5	−62.5
肋	67.9	58.4	−9.5
蒙皮	87.5	61.7	−25.8
口盖	18.5	16.6	−1.9
其他	28.7	15.4	−13.3
合计	422.6	309.6	−113

（2）耐疲劳性能好。由于复合材料中含有大量的增强体，同时也引入了界面相，复合材料中疲劳裂纹的扩展必须在不同的相结构中进行，因而有效阻碍和减缓了疲劳裂纹的扩展。复

合材料受交变载荷时表现出对缺口不敏感,就是由于缺口根部形成损伤区,缓解了应力集中。

(3)减震性好。复合材料是一种多相材料,含有基体、增强体、界面等多种相结构,不同的相结构都可以对吸收震动能量有一定的贡献,可以通过多种机理来吸收震动能量,因而可以具有比均质材料更好的减震功能。

(4)安全性好。由于引入了基体、增强体、界面等多相结构,使复合材料在承受破坏的时候,裂纹必须穿过多种相结构才能使材料失效,因此复合材料不易发生瞬间的快速断裂,延长了材料破坏的进程,从而保证了在使用中能够有足够的时间去发现缺陷,提高了材料使用的安全性。

(5)多功能性。相比于均质材料,复合材料具有更加复杂的结构和组分,因此也就可以引入多种功能。例如,水泥基复合材料就可以在普通水泥的承载功能之外,通过纤维增强体的加入,一方面提高材料的强度,另一方面也为材料提供了一些特殊的物理性能,如导电、导热性能等。而树脂基体,本身就存在复合型导电高分子材料,也就是在原本不导电的聚合物基体中加入导电的炭黑、碳纤维等,使得材料具有导电性能。

(6)具有良好的加工工艺性。增强体的加入,可使材料的加工工艺性能得到改善。例如,对于多数树脂基体来说,在加工过程中,增强体除了能够改善性能之外,还能起到调整树脂黏度,树脂流变性等功能,使得材料能够在一些比较简易的环境下加工成型。比如对于常见的玻璃钢材料,由于纤维的加入,材料流变性改善,甚至可以用手糊成型。当然,有时增强相的加入也会带来一些新的工艺问题,例如增强体与基体之间的混合均匀性问题就是需要在材料成型时重点考虑的工艺问题。

与均质材料相比,复合材料具有上述的性能优点,但是同时由于复合材料是多种材料的复合,因此往往也会产生一些新的问题,带来新的缺点。表 1-2 列出了复合材料常见的性能优、缺点。

表 1-2　复合材料的性能优、缺点

优　点	缺　点
减重(高的比强度和硬度)	原料和工艺成本较高
沿纤维方向承载性能优越	横向强度较低
纤维之间的应力传递良好	基体较弱而且脆
长寿命	废弃物处理及再利用困难
由于零件数减少而降低制造成本	连接困难
高的导电和导热性能	某些基体会发生环境降解
性能可设计	性能分散性大

复合材料的性能受其成分及制备工艺的影响而有很多变化,其中,力学性能主要取决于增强材料的种类、排列及含量,耐高温及耐腐蚀性能取决于增强体与基体材料的耐热性及耐腐蚀性。由于加入了增强体,目前常用的增强体密度较低,典型的如碳纤维、有机纤维、玻璃纤维等,密度均远低于金属材料,因此复合材料与常用的金属材料相比,具有低密度的特点,这对于减重要求极高的航空工业来说,是极具吸引力的。常用"比强度"(比强度定义为材料的强度与密度之比)来表征材料的强度和重量对其使用性能的综合影响。图 1-9 所示为常见材料在不

同温度下的比强度对比图,从图中可以发现多数复合材料的比强度高于均质钢和铝。因此,复合材料在航空工业中的应用非常普遍。

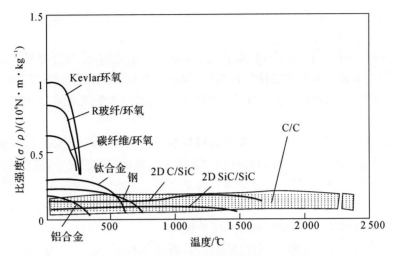

图 1-9　多种材料的比强度随温度变化对比

复合材料的各种性能特点在实际工程中具有重要的实际意义。表1-3列出了不同的复合材料性能特点对应的不同应用优势。表1-4列出了某些应用领域中使用复合材料后的性能或成本变化。

表 1-3　复合材料的性能特点及其对应的应用领域

性能特点	使用的材料	应用领域
质量轻,高强度,高硬度	硼纤维、碳纤维、Kevlar 纤维增强复合材料	军用飞机,高性能商用飞机
低热膨胀系数	高模量碳纤维复合材料	航天器中具有高精度要求的部件,如卫星天线、光学部件
优异的环境适应性	玻璃纤维增强的不饱和聚酯、双酚 A 型不饱和丁二酸酯	石化工业中的耐化学腐蚀管道、容器
低惯量,快速启动,低变形	高性能碳纤维/环氧	制备薄膜或者纸用的回转体
质量轻,较高的损伤容限	高性能碳纤维或玻璃纤维/环氧	绿色环保汽车的 CNG 罐、卡车或者公交车的环保系统
可再生的复杂表面	高性能碳纤维/环氧	高速飞行器,难成型的金属表面
耐疲劳	碳纤维/环氧	网球、壁球等的球拍
原始森林保护	Kevlar 碳纤维复合材料	采用纤维板替代木材
减少传动的中间环节,在潮湿环境下工作	高强度碳纤维/环氧	冷却塔的传动部件
耐弯曲、扭转性能及良好的回弹性能	碳纤维/环氧	高尔夫球杆,钓鱼杆
对射线的透过性能	碳纤维/环氧	X 射线设备
防撞击性能	碳纤维/环氧	赛车

续 表

性能特点	使用的材料	应用领域
质量轻,耐高频振动	碳纤维/环氧	汽车及工业传动部件
耐水性	玻璃纤维/聚酯	造船
运输及操作方便	碳纤维或者玻璃纤维/环氧	地震后的简易房建设

表 1-4　某些应用领域中使用复合材料后的性能或成本变化

应　用	原来使用的材料及成本	使用复合材料后
化工用 65 m³ 蓄水池	不锈钢　成本:1	成本:0.53
化工行业的烟囱	钢,成本:1	成本:0.51
硝酸蒸汽密封垫片	不锈钢,成本:1	成本:0.33
直升机水平尾翼	轻合金+钢(16 kg),成本:1	碳/环氧(9 kg),成本:0.45
直升机绞盘支撑	焊接钢结构(16kg),成本:1	碳/环氧(11kg),成本:1.2
直升机发动机轮轴	(质量:1)成本:1	碳/Kevlar/环氧(质量:0.8),成本:0.4
集成电路生产的 X-Y 台面	铸造铝合金,生产速率:30 片/h	碳/环氧蜂窝夹层结构,生产速率:55 片/h
绘图板的滚筒	绘图速度:15~30cm/s	Kevlar/环氧:40~80 cm/s
焊接机器人的头	铝合金,重 6 kg	碳/环氧,重 3 kg
纺织机器的杆件	铝合金,生产效率:250 shot/min	碳/环氧,生产效率:350 shot/min
飞机的地板	质量:1,成本:1	碳/Kevlar/环氧,质量:0.8,成本:1.7

从表 1-3 和表 1-4 的这些数据可以看出,使用复合材料的一个重要优点就是可以大幅度降低成本,因此,在多种应用领域中,复合材料的用量有逐渐扩大的趋势,原本使用金属材料的某些构件,越来越多地被复合材料构件所代替。从代表高技术的航空、航天及军用领域,到最普通的家用门窗、羽毛球拍、自行车、下水道井盖等,在社会生活的各个领域中,复合材料都扮演着非常重要的角色。可以说,在现代社会中,先进复合材料在短短的 100 年时间里,改变了整个世界的面貌,将越来越多的钢铁构件变成了轻巧便宜的复合材料构件。因此,在传统的金属、无机非金属、有机高分子材料的分类基础上,将复合材料单独作为一种材料种类而进行研究,是材料科学进步的一个重要里程碑。可以预计,在今后的世界中,复合材料的应用必然会在更多的领域改变着人类的生活。同时,材料科学的整体发展、新材料的不断产生,也为复合材料的发展提供了越来越广阔的发展空间。材料复合化的思想,也成为材料科学研究的一个重要方法而成为开发新材料的重要精神财富。最典型的实例就是现代功能材料、纳米材料的发展,使得新的复合材料品种不断产生,其中,纳米复合材料的产生就是基于纳米材料的发展而不断得以发展丰富的新研究领域。因此可以预期,随着材料科学的发展,复合材料的种类也将会不断得到丰富,越来越多的新型复合材料将出现于人类科技发展史,为人类的生活和生存空间的拓展,提供基本的材料保障。

参 考 文 献

[1] Daniel Gay, Suong V Hoa. Composite materials: design and applications[M]. Boca Raton, Florida: CRC Press, Taylor & Francis Group, 2007.

[2] Walter Krenkel. Ceramic matrix composites[M]. Weinheim: WILEY - VCH Verlag GmbH&CO. KGaA, 2008.

[3] 胡保全,牛晋川. 先进复合材料[M]. 北京:国防工业出版社,2006.

[4] 黄发荣,等. 先进树脂基复合材料[M]. 北京:化学工业出版社,2008.

[5] 程娴,英哲,陈礼清,等. 热固树脂——K08Al 钢层状复合板的成型性及减振性[J]. 金属学报,1995,31(11):B499 - B504.

[6] 王成国,郭小燕,李木森,等. 钢板-高聚物-钢板层压复合材料的成型性研究[J]. 机械工程材料,1994,18(3):6 - 8.

[7] 邵红红,程晓农,陈光. 仿生层状复合材料研究概况[J]. 材料导报,2002,16(4):57 - 60.

[8] 周俊杰,庞玉华,苏晓莉,等. 浅析金属层压复合材料的应用现状[J]. 甘肃冶金,2005,27(2):1 - 3.

[9] 张双寅. 复合材料设计的原理与实践[J]. 应用基础与工程科学学报,1998,6(3):278.

[10] 宋桂明,周玉,雷廷权. 复合材料设计的回顾与展望[J]. 固体火箭技术,1997,20(4):53 - 60.

[11] 詹俊英. 超支化聚碳硅烷的掺杂改性及其陶瓷化研究[D]. 厦门:厦门大学,2012.

[12] 文献民,马兴瑞,王本利. 纤维复合材料设计中的可视化技术[J]. 哈尔滨工业大学学报,2000,32(5):103.

第 2 章 复合材料的力学性能及损伤机理

力学性能是影响材料应用的基本指标。力学性能达到要求,是材料在某领域得到应用的前提。即使对于以电、光、磁性能为主要应用条件的功能材料来说,仍然要具备一定的力学性能,才能在特定的工作环境中得以存在和发挥正常作用。对于复合材料来说,获得优越的力学性能是材料复合的重要目的之一。因此不可避免地要研究复合材料的力学性能及其损伤失效机理,这是掌握复合材料使用环境和使用寿命的基本理论依据。

2.1　力学分析模型的建立依据

对于均质材料来说,其微观相结构的形成多取决于材料成型过程中的热力学和动力学条件。均质材料中也存在多相结构,如单一材料中存在晶相和非晶相,合金中存在各种不同的晶型、固溶体等,这些多相结构之间结合一般较好,界面不易发生破坏,可以协同承载,各相之间的应力传递易于进行。复合材料是由增强相和基体相构成的系统,其相结构除了与成型过程中的热力学及动力学条件相关之外,主要取决于增强相在基体中的排列及分布方式。增强相与基体相之间的界面结合既存在强结合也存在弱结合,因此复合材料在破坏的过程中,显示出很多与均质材料不同的特点,比如假塑性破坏、界面破坏、纤维拔出增韧、纤维桥联增韧、裂纹偏转增韧等,这些都是均质材料中没有出现的破坏机理。

对于复合材料力学而言,其研究主要包括微观力学(也常称细观力学)、宏观力学、断裂力学及损伤力学。本章主要采用细观力学的方法进行分析,其基本假设有以下几项:

(1)等初应力假设。基体材料和增强材料本身是均匀的、连续的、各向同性的材料,没有孔隙、裂纹等缺陷,纤维平行等距地排列,其性质和直径也是均匀的。纤维和基体的初应力相等且为零。不考虑制造过程引起的热应力。

(2)变形一致假设(整体性假设)。认为复合材料所承受的载荷,由增强材料和基体材料共同承担。纤维与基体牢固地黏结在一起,形成一个整体,在受力过程中,纤维与基体界面不产生滑动,即变形一致。

(3)线弹性假设。在弹性范围内受载时,纤维、基体和复合材料的应力与应变均呈线性关系,服从胡克定律。

(4)不考虑泊松效应。在讨论纵向受力时,不计纤维和基体因泊松比不同引起横向变形不同而产生的影响。

2.2 复合材料力学基础知识

2.2.1 各向异性弹性体力学分析

由于复合材料存在以下多种结构:短纤维或者颗粒增强的各向同性复合材料、单向纤维增强复合材料、二维纤维布增强复合材料、三维编织复合材料,因此对于每一种复合材料,提取出的用于表征属性的最小结构单元是不同的。图 2-1(a) 所示的单向复合材料的最小单元提取如图 2-1(b) 所示,其中的纤维沿着 x 方向延伸,沿着 y 方向和 z 方向离散周期性排布。将这个单元视作最小单元,之后以力学量将其量化,则其量化后对应的属性有纤维体积分数、纤维排列方向、纤维模量、基体模量、复合材料模量、复合材料泊松比等。由于基本单元为各向异性,因此这些力学量本身也是各向异性的。根据图 2-1(b) 可以预见:沿 y 和 z 方向的力学量相同,而沿 x 方向的力学量与其他两个方向不同。这些属性被提取后,微观尺度的分析任务就完成了,进一步的宏观力学分析就可以直接使用量化后的力学量,而不再涉及微观尺度上的结构单元。下面使用弹性力学的基本理论对复合材进行简单的分析。

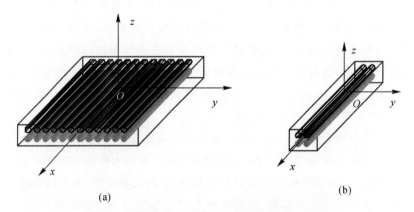

(a)   (b)

图 2-1　单向复合材料结构及其最小单元示意图

(a)纤维排列示意图;　(b)结构单元示意图

虽然单向复合材料具有各向异性,但是通过对微观尺度离散结构单元的分析,将各种结构要素量化之后,在宏观其空间各点的力学量和结构参数可以视作相同,也就可以视作符合弹性力学中的连续性假设,因此可以使用弹性力学的一般方程进行应力和应变描述。按照弹性力学的规范,在三维直角坐标系中,一点的应力状态可以用下面六个分量描述:

$$\sigma_{11},\sigma_{22},\sigma_{33},\sigma_{23},\sigma_{13},\sigma_{12}$$

该点的应变状态也可以用下面六个分量描述:

$$\varepsilon_{11},\varepsilon_{22},\varepsilon_{33},\varepsilon_{23},\varepsilon_{13},\varepsilon_{12}$$

按照胡克定律,应变和应力之间成线性关系,其关系用张量表示为

$$\varepsilon_{ij}=\varphi_{ijkl}\times\sigma_{kl} \tag{2-1}$$

式(2-1)对应的矩阵形式即为

$$
\begin{bmatrix} \varepsilon_{11} \\ \varepsilon_{22} \\ \varepsilon_{33} \\ \varepsilon_{23} \\ \varepsilon_{13} \\ \varepsilon_{12} \\ \varepsilon_{32} \\ \varepsilon_{31} \\ \varepsilon_{21} \end{bmatrix}
=
\begin{bmatrix}
\varphi_{1111} & \varphi_{1122} & \varphi_{1133} & \varphi_{1123} & \varphi_{1113} & \varphi_{1112} & \varphi_{1132} & \varphi_{1131} & \varphi_{1121} \\
\varphi_{2211} & \varphi_{2222} & \varphi_{2233} & \varphi_{2223} & \varphi_{2213} & \varphi_{2212} & \varphi_{2232} & \varphi_{2231} & \varphi_{2221} \\
\varphi_{3311} & \varphi_{3322} & \varphi_{3333} & \varphi_{3323} & \varphi_{3313} & \varphi_{3312} & \varphi_{3332} & \varphi_{3331} & \varphi_{3321} \\
\varphi_{2311} & \varphi_{2322} & \varphi_{2333} & \varphi_{2323} & \varphi_{2313} & \varphi_{2312} & \varphi_{2332} & \varphi_{2331} & \varphi_{2321} \\
\varphi_{1311} & \varphi_{1322} & \varphi_{1333} & \varphi_{1323} & \varphi_{1313} & \varphi_{1312} & \varphi_{1332} & \varphi_{1331} & \varphi_{1321} \\
\varphi_{1211} & \varphi_{1222} & \varphi_{1233} & \varphi_{1223} & \varphi_{1213} & \varphi_{1212} & \varphi_{1232} & \varphi_{1231} & \varphi_{1221} \\
\varphi_{3211} & \varphi_{3222} & \varphi_{3233} & \varphi_{3223} & \varphi_{3213} & \varphi_{3212} & \varphi_{3232} & \varphi_{3231} & \varphi_{3221} \\
\varphi_{3111} & \varphi_{3122} & \varphi_{3133} & \varphi_{3123} & \varphi_{3113} & \varphi_{3112} & \varphi_{3132} & \varphi_{3131} & \varphi_{3121} \\
\varphi_{2111} & \varphi_{2122} & \varphi_{2133} & \varphi_{2123} & \varphi_{2113} & \varphi_{2112} & \varphi_{2132} & \varphi_{2131} & \varphi_{2121}
\end{bmatrix}
\times
\begin{bmatrix} \sigma_{11} \\ \sigma_{22} \\ \sigma_{33} \\ \sigma_{23} \\ \sigma_{13} \\ \sigma_{12} \\ \sigma_{32} \\ \sigma_{31} \\ \sigma_{21} \end{bmatrix}
\qquad (2-2)
$$

基于弹性力学中的剪应力对称原理 —— $\sigma_{kl}=\sigma_{lk}$，则有

$$\varphi_{ijkl}=\varphi_{ijlk}$$

根据剪应变对称原理 —— $\varepsilon_{ij}=\varepsilon_{ji}$，则有

$$\varphi_{ijkl}=\varphi_{jikl}$$

这样，式(2-2)中的 9×9 系数矩阵可以简化为一个 6×6 的系数矩阵，其中的独立变量也就只剩下 36 个，即

$$
\begin{bmatrix} \varepsilon_{11} \\ \varepsilon_{22} \\ \varepsilon_{33} \\ \varepsilon_{23} \\ \varepsilon_{13} \\ \varepsilon_{12} \end{bmatrix}
=
\begin{bmatrix}
\varphi_{1111} & \varphi_{1122} & \varphi_{1133} & 2\varphi_{1123} & 2\varphi_{1113} & 2\varphi_{1112} \\
\varphi_{2211} & \varphi_{2222} & \varphi_{2233} & 2\varphi_{2223} & 2\varphi_{2213} & 2\varphi_{2212} \\
\varphi_{3311} & \varphi_{3322} & \varphi_{3333} & 2\varphi_{3323} & 2\varphi_{3313} & 2\varphi_{3312} \\
\varphi_{2311} & \varphi_{2322} & \varphi_{2333} & 2\varphi_{2323} & 2\varphi_{2313} & 2\varphi_{2312} \\
\varphi_{1311} & \varphi_{1322} & \varphi_{1333} & 2\varphi_{1323} & 2\varphi_{1313} & 2\varphi_{1312} \\
\varphi_{1211} & \varphi_{1222} & \varphi_{1233} & 2\varphi_{1223} & 2\varphi_{1213} & 2\varphi_{1212}
\end{bmatrix}
\times
\begin{bmatrix} \sigma_{11} \\ \sigma_{22} \\ \sigma_{33} \\ \sigma_{23} \\ \sigma_{13} \\ \sigma_{12} \end{bmatrix}
\qquad (2-3)
$$

根据弹性形变的虚功原理，则有

$$\varphi_{ijkl}=\varphi_{klij}$$

最后，系数矩阵的变量减去 15 个，只剩下 21 个独立变量，再引入剪应变的表达式，即

$$\gamma_{23}=2\varepsilon_{23}, \quad \gamma_{13}=2\varepsilon_{13}, \quad \gamma_{12}=2\varepsilon_{12}$$

因此，式(2-3)可改写为

$$
\begin{bmatrix} \varepsilon_{11} \\ \varepsilon_{22} \\ \varepsilon_{33} \\ \varepsilon_{23} \\ \varepsilon_{13} \\ \varepsilon_{12} \end{bmatrix}
=
\begin{bmatrix}
\varphi_{1111} & \varphi_{1122} & \varphi_{1133} & 2\varphi_{1123} & 2\varphi_{1113} & 2\varphi_{1112} \\
\varphi_{1122} & \varphi_{2222} & \varphi_{2233} & 2\varphi_{2223} & 2\varphi_{2213} & 2\varphi_{2212} \\
\varphi_{1133} & \varphi_{2233} & \varphi_{3333} & 2\varphi_{3323} & 2\varphi_{3313} & 2\varphi_{3312} \\
\varphi_{1123} & \varphi_{2223} & \varphi_{3323} & 2\varphi_{2323} & 2\varphi_{2313} & 2\varphi_{2312} \\
\varphi_{1113} & \varphi_{2213} & \varphi_{3313} & 2\varphi_{2313} & 2\varphi_{1313} & 2\varphi_{1312} \\
\varphi_{1112} & \varphi_{2212} & \varphi_{3312} & 2\varphi_{2312} & 2\varphi_{1312} & 2\varphi_{1212}
\end{bmatrix}
\times
\begin{bmatrix} \sigma_{11} \\ \sigma_{22} \\ \sigma_{33} \\ \sigma_{23} \\ \sigma_{13} \\ \sigma_{12} \end{bmatrix}
\qquad (2-4)
$$

式(2-4)即为各向异性材料的应变与应力关系式，其中，关系式等号右边由系数构成的 6×6 矩阵称为柔度矩阵。反过来，若把应力放在左边，应变放在右边，仍然可以得到一个具有相似结构的应力与应变关系，称为刚度矩阵。柔度矩阵与刚度矩阵互为逆矩阵，其独立变量均为 21 个。根据实际分析对象的结构特点，还可以进一步简化式(2-4)中的柔度矩阵，减少独立变量，最重要的依据就是材料结构的对称性。

如果材料中存在对称面，则弹性常数将会减少，以 $z=0$ 平面为对称面的时候，则所有与 z

轴正方向有关的常数,必须与 z 轴负方向相关的常数相等,因此剪应变分量 ε_{23} ,ε_{13} 仅与剪应力分量 σ_{23} ,σ_{13} 有关,则弹性常数变为 13 个。单对称材料的应变与应力关系可以表示为

$$
\begin{bmatrix} \varepsilon_{11} \\ \varepsilon_{22} \\ \varepsilon_{33} \\ \varepsilon_{23} \\ \varepsilon_{13} \\ \varepsilon_{12} \end{bmatrix} = \begin{bmatrix} \varphi_{1111} & \varphi_{1122} & \varphi_{1133} & 0 & 0 & 2\varphi_{1112} \\ \varphi_{1122} & \varphi_{2222} & \varphi_{2233} & 0 & 0 & 2\varphi_{2212} \\ \varphi_{1133} & \varphi_{2233} & \varphi_{3333} & 0 & 0 & 2\varphi_{3312} \\ 0 & 0 & 0 & 2\varphi_{2323} & 2\varphi_{2313} & 0 \\ 0 & 0 & 0 & 2\varphi_{2313} & 2\varphi_{1313} & 0 \\ \varphi_{1112} & \varphi_{2212} & \varphi_{3312} & 0 & 0 & 2\varphi_{1212} \end{bmatrix} \times \begin{bmatrix} \sigma_{11} \\ \sigma_{22} \\ \sigma_{33} \\ \sigma_{23} \\ \sigma_{13} \\ \sigma_{12} \end{bmatrix} \qquad (2-5)
$$

随着材料对称性的提高,独立常数的数目逐步减少,有两个正交的材料性能对称面($z=0$,$y=0$),则对于和这两个相垂直的平面也有对称面(第三个)正交各向异性,那么柔度矩阵的独立变量剩余 9 个,即

$$
\begin{bmatrix} \varepsilon_{11} \\ \varepsilon_{22} \\ \varepsilon_{33} \\ \varepsilon_{23} \\ \varepsilon_{13} \\ \varepsilon_{12} \end{bmatrix} = \begin{bmatrix} \varphi_{1111} & \varphi_{1122} & \varphi_{1133} & 0 & 0 & 0 \\ \varphi_{1122} & \varphi_{2222} & \varphi_{2233} & 0 & 0 & 0 \\ \varphi_{1133} & \varphi_{2233} & \varphi_{3333} & 0 & 0 & 0 \\ 0 & 0 & 0 & 2\varphi_{2323} & 0 & 0 \\ 0 & 0 & 0 & 0 & 2\varphi_{1313} & 0 \\ 0 & 0 & 0 & 0 & 0 & 2\varphi_{1212} \end{bmatrix} \times \begin{bmatrix} \sigma_{11} \\ \sigma_{22} \\ \sigma_{33} \\ \sigma_{23} \\ \sigma_{13} \\ \sigma_{12} \end{bmatrix} \qquad (2-6)
$$

如果材料中每一点都有一个方向的力学性能都相同,则称其为横观各向同性材料,柔度矩阵仅有 5 个独立变量(见式(2-7))。最具代表性的就是单向纤维增强复合材料(见图 2-2)。

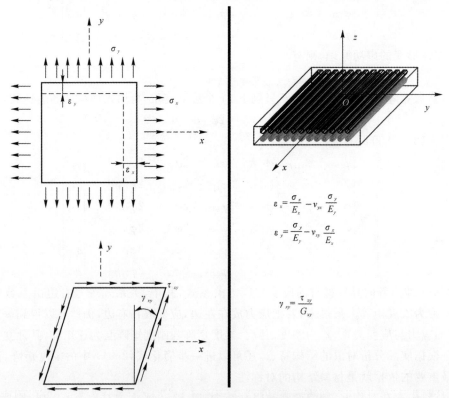

$$\varepsilon_x = \frac{\sigma_x}{E_x} - v_{yx}\frac{\sigma_y}{E_y}$$

$$\varepsilon_y = \frac{\sigma_y}{E_y} - v_{xy}\frac{\sigma_x}{E_x}$$

$$\gamma_{xy} = \frac{\tau_{xy}}{G_{xy}}$$

图 2-2 单向复合材料的力学模型示意图

$$\begin{bmatrix} \varepsilon_x \\ \varepsilon_y \\ \gamma_{xy} \end{bmatrix} = \begin{bmatrix} \dfrac{1}{E_x} & -\dfrac{\nu_{yx}}{E_y} & 0 \\ -\dfrac{\nu_{xy}}{E_x} & \dfrac{1}{E_y} & 0 \\ 0 & 0 & \dfrac{1}{G_{xy}} \end{bmatrix} \times \begin{bmatrix} \sigma_x \\ \sigma_y \\ \tau_{xy} \end{bmatrix} \tag{2-7}$$

式(2-7)中独立的弹性常数有以下五个：

两个拉伸模量参数：E_x，E_y。

两个泊松比：ν_{xy}，ν_{yx}。

一个剪切模量：G_{xy}。

它们之间存在如下关系：

$$\nu_{xy} = \nu_{yx} \frac{E_x}{E_y} \tag{2-8}$$

对于各向同性材料，其代表材料属性的最小周期性排列单元是微积分中的无穷小空间。这个单元具有如下属性：无限连续性、各向同性和无限的变形连续性。为了便于使用直角坐标分析，一般用方形空间来表达这样的单元，如图 2-3 所示。其应变与应力的关系可以进一步简化为

$$\begin{bmatrix} \varepsilon_x \\ \varepsilon_y \\ \gamma_{xy} \end{bmatrix} = \begin{bmatrix} \dfrac{1}{E} & -\dfrac{\nu}{E} & 0 \\ -\dfrac{\nu}{E} & \dfrac{1}{E} & 0 \\ 0 & 0 & \dfrac{1}{G} \end{bmatrix} \times \begin{bmatrix} \sigma_x \\ \sigma_y \\ \tau_{xy} \end{bmatrix} \tag{2-9}$$

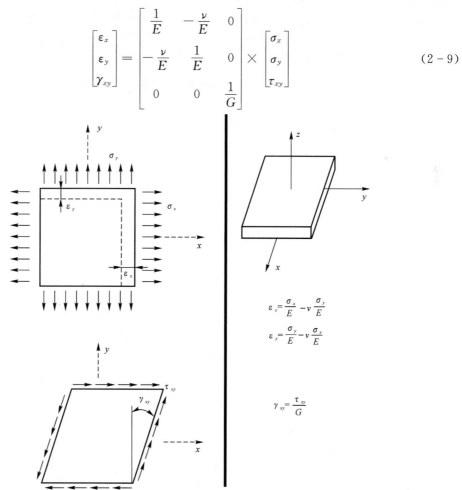

$$\varepsilon_x = \frac{\sigma_x}{E} - \nu\frac{\sigma_y}{E}$$

$$\varepsilon_y = \frac{\sigma_y}{E} - \nu\frac{\sigma_x}{E}$$

$$\gamma_{xy} = \frac{\tau_{xy}}{G}$$

图 2-3　各向同性材料的应力与应变关系示意图

式(2-9)中有三个常数:拉伸模量 E、泊松比 ν、剪切模量 G,它们之间存在如下的关系:

$$G = \frac{E}{2(1+\nu)} \qquad (2-10)$$

因此,对于各向同性线弹性材料,其弹性形变的独立参数仅剩下两个,即 E 和 ν。

各向异性复合材料与各向同性材料的这种区别也导致它们在形变上有着很大的差异。图 2-4 所示为两种材料受力后的变形差别。

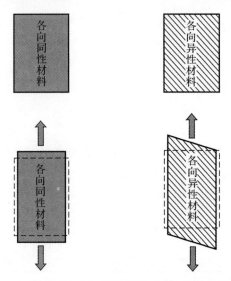

图 2-4 各向同性材料与各向异性材料受单向拉伸时的形变示意图

从上面的分析可以看出,复合材料中应力、应变的分析方法依然沿用的是弹性力学的基本理论。与均质材料不同的是,均质材料中提取的最小属性单元模型是可无限细分的均匀空间,而复合材料中提取的基本单元模型是带有方向性的属性空间体。其他类型的复合材料,如二维叠层复合材料、三维编织复合材料,依然采用这种分析方法,所不同的只是各自的基本单元模型。在分析过程中,基本单元模型的差别就产生了某些参数(模量、泊松比等)取值或者表达方式的差别。

2.2.2 强度准则与破坏

强度准则是根据实验结果或者一系列假设得到的复合材料破坏所遵循的规律,是材料失效的判据,目前对复合材料有多个强度准则可用来判定单层板的破坏,常用的一些破坏准则有最大应力准则、最大应变准则、Tsai-Hill 准则、Hoffman 准则以及 Tsai-Wu 准则。这些准则通常反映为一个强度比指标,即强度准则中单层板强度与作用应力之比,它可表示为

$$R = \frac{\sigma_i^f}{\sigma_i} \quad (i=1,2,3,\cdots,6) \qquad (2-11)$$

式中,σ_i 为作用应力的分量,σ_i^f 为该应力分量对应的强度;$\zeta = 1/R$ 称为应力比。当 $R>1$(即 $\zeta<1$)时,表明未达到破坏;当 $R<1$(即 $\zeta>1$)时,表明已经超过强度准则。强度比不仅可以用于判断材料是安全或者失效,还可以定量预测材料的安全储备。

2.3　复合材料的增强原理

2.3.1　颗粒增强原理

一般认为颗粒增强复合材料中颗粒的补强作用存在两种机理：弥散增强原理和颗粒增强原理。

1. 弥散增强原理

弥散增强原理与金属材料的析出强化机理类似，都是用位错绕过理论解释的，当复合材料承受载荷而使颗粒之间的基体产生剪切应力的时候，剪应力通过位错运动得以释放，而颗粒的存在则起阻止位错运动的作用。在剪应力 τ 的作用下，位错的曲率半径为

$$R = \frac{G_m b}{2\tau} \tag{2-12}$$

式中，G_m 为基体剪切模量；b 为柏氏矢量。若颗粒间的距离为 D，当剪应力大到使得位错曲率半径 $R = D/2$ 时，基体发生位错运动，复合材料产生塑性变形，此时的剪应力即为屈服强度。根据式（2-12），则屈服强度为

$$\tau_c = \frac{G_m b}{D} \tag{2-13}$$

由于颗粒在复合材料中均匀分布，颗粒间的距离就取决于颗粒的体积分数和颗粒大小。根据几何关系可知，颗粒的体积分数越大，直径越小，则颗粒间的距离越小，由式（2-13）可知，对应的屈服强度也就越高。因此，颗粒尺寸越小，体积分数越高，则强化效果越好。

2. 颗粒增强原理

在颗粒增强复合材料中，虽然载荷主要由基体承担，但颗粒起到约束基体变形和位错运动的作用，在载荷作用下，基体内的位错滑移在基体与颗粒界面上受到阻碍，从而在此界面上产生应力集中，其数值为

$$\sigma_i = n\sigma \tag{2-14}$$

式中，σ 为无应力集中区的应力；根据位错理论，应力集中因子 n 为

$$n = \frac{\sigma D}{G_m b} \tag{2-15}$$

将式（2-15）带入式（2-14）得

$$\sigma_i = \frac{\sigma^2 D}{G_m b} \tag{2-16}$$

如果颗粒发生破坏产生裂纹时的应力为颗粒强度 σ_p，令 $\sigma_p = \dfrac{G_p}{c}$，其中，$G_p$ 为颗粒的剪切模量，c 为常数，则有

$$\sigma_i = \frac{G_p}{c} = \frac{\sigma^2 D}{G_m b} \tag{2-17}$$

因此，颗粒复合材料的屈服强度可以表达为

$$\sigma_y = \sqrt{\frac{G_m G_p b}{Dc}}$$ (2-18)

因为颗粒在复合材料中均匀分布,所以颗粒尺寸越小,体积分数越高,则颗粒间的距离 D 越小,根据式(2-18),复合材料的屈服强度也就越高。

2.3.2 纤维增强原理

复合材料与均质材料的最大区别就是相结构,复合材料由至少两种材料构成。材料破坏就是材料中产生新的相 —— 裂纹,材料的连续性被裂纹切断。在数学上,如果把材料等同为一个空间,这种破坏就是空间的连续性被打破,在连续体中出现了不连续界面。

在制备过程中,材料的缺陷不可避免,破坏过程往往始于这些缺陷,材料中的缺陷就是材料力学性质的不连续区,造成个别区域的不连续性被放大,最终导致材料宏观上出现大的不连续 —— 断裂。从这个角度来说,材料在承载的过程中,必须具备强的分散应力的能力,通常称其为协同承载能力。获得这种能力的主要前提就是材料各部分之间能够顺利的传递应力。通过力学分析可知,这就是材料力学性质的均匀性和连续性。某些力学性质的不均匀区,如裂纹尖端、几何形状的突变区域等常常被称作应力集中点,易导致破坏的发生,就是因为这些区域力学性质出现不连续,不能通过应力传递有效分散应力。

复合材料属于非均质材料,导致其力学性质不连续的因素更多,除了均质材料中可能含有的缺陷之外,还有增强体的加入而带来的界面区缺陷,或者界面本身的黏合强度问题。这些都制约着复合材料中的应力传递能力。但是由于增强体的增强作用更加显著,因此其力学性能通常高于对应的均质材料。而界面缺陷带来的力学性质不连续在降低应力传递能力的同时,也降低了裂纹扩展能力,导致材料韧性的提高。

复合材料的增强效果受多种因素的影响,在设计复合材料的时候需要综合考虑这些因素,才能以最低的成本制造出符合使用要求的复合材料构件。其增强效果主要受纤维种类、纤维长度、纤维排列方向、纤维含量、基体种类、基体含量、基体相结构、界面结合状态等因素的影响。如果单纯从力学角度来分析,则影响复合材料增强效果的主要因素就包括纤维排列方向、纤维模量、纤维强度、基体强度、基体模量、纤维与基体的相对含量、基体与纤维的界面黏合强度等因素。其中,由于纤维与基体的相对含量会影响复合材料的制备工艺,从而最终对界面黏合强度产生影响,这是两个具有交互作用的影响因素。

2.3.2.1 纤维增强复合材料中某些重要参数的定义

在纤维增强复合材料中,描述复合材料的主要结构参数有纤维质量分数,纤维体积分数和表观密度。

纤维质量分数(w_f):每单位质量的复合材料中所含纤维的质量。其表达式为

$$w_f = \frac{复合材料中的纤维质量}{复合材料总质量}$$ (2-19)

相应地可以定义基体质量分数为

$$w_m = \frac{复合材料中的基体质量}{复合材料总质量}$$ (2-20)

因此就有

$$w_m = 1 - w_f \qquad (2-21)$$

纤维体积分数:单位体积的复合材料中所含纤维的体积。可以用下式表示:

$$\varphi_f = \frac{复合材料中的纤维体积}{复合材料总体积} \qquad (2-22)$$

相应地可以定义基体体积分数为

$$\varphi_m = \frac{复合材料中的基体体积}{复合材料总体积} \qquad (2-23)$$

当复合材料中没有缺陷的时候,基于纤维体积分数和基体体积分数的定义就有

$$\varphi_m = 1 - \varphi_f \qquad (2-24)$$

纤维或者基体的体积分数与质量分数之间可以通过密度进行换算,这里忽略推导过程,直接给出质量分数与体积分数之间的关系式,即

$$\varphi_f = \frac{\dfrac{w_f}{\rho_f}}{\dfrac{w_f}{\rho_f} + \dfrac{w_m}{\rho_m}} \qquad (2-25)$$

$$w_f = \frac{\varphi_f \rho_f}{\varphi_f \rho_f + \varphi_m \rho_m} \qquad (2-26)$$

式中,ρ_f 为纤维密度;ρ_m 为基体密度。

表观密度就是复合材料的总质量与总体积之比。在没有缺陷的情况下,表观密度与纤维及基体密度之间存在如下关系:

$$\rho = \rho_f \varphi_f + \rho_m \varphi_m \qquad (2-27)$$

如果存在孔隙缺陷,则表观密度测量值常常小于式(2-27)的计算值。

2.3.2.2　纤维排列方向对复合材料增强效果的影响

复合材料中含有基体相与增强相,其中,增强相主要起到承载的作用,复合材料的设计应当力求所受的应力多数由增强相承担,因此增强体结构应该是依照受力状态设计。例如,对于承受单向拉伸载荷的构件,复合材料最好是采用纤维增强,同时纤维沿应力方向铺设,纤维的排列是一维的,这样就能产生最大的增强效果。如果复合材料在一个平面内受多个方向的拉应力,则纤维的铺设方向就是平面多向铺设,其排列方式是二维的。如果复合材料承受的应力是三维的,则纤维的排列也设计成三维的,即常用的穿刺纤维布或者三维编织的纤维。

可以用一个简单的例子来说明纤维排列方向与应力方向之间的关系。以单向纤维增强复合材料为例,分析以下两种极端情况:材料沿纤维方向受拉应力(见图 2-5(a))和材料沿垂直于纤维方向受拉应力(见图 2-5(b))。

图 2-5(a)(b)所示的两种极端情况实际上相当于并联和串联。图 2-5(a)相当于纤维与基体并联,图 2-5(b)相当于纤维与基体串联。并联组元的最终效果取决于最强的组元,因此这时候承载能力最强的组元决定了整体承载能力,一般情况下,纤维的强度远高于基体,因此纤维就可以充分发挥增强作用。

对于图 2-5(b)所示的纤维与基体的串联,总体的效果最终取决于最薄弱的环节,类似于在化学反应动力学理论中多步串行反应的反应速率决定于速率最慢的一步反应。因此在这种

承载的情况下,复合材料的最终强度就取决于纤维、基体和界面中的最弱一个环节。由于复合材料中还存在一个界面相,如果界面黏合强度较低,则界面相就很可能成为材料失效的决定环节,充当了材料缺陷的作用,反而降低了材料的强度。

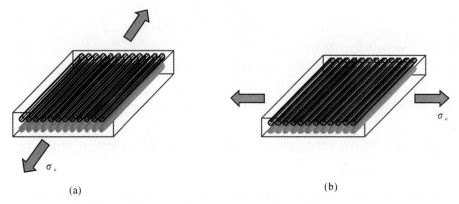

(a) (b)

图 2 - 5   单向纤维增强复合材料承受平行及垂直于纤维方向的拉应力示意图
(图中 σ_c 为复合材料所受平均应力)
(a) 平行; (b) 垂直

2.3.2.3   纤维强度及模量对复合材料纵向增强效果的影响

复合材料的增强效果除了与纤维方向有关外,还与纤维的力学属性相关。纤维的力学属性主要包括纤维的强度和模量,假设界面黏合良好无缺陷,以单向纤维增强复合材料承受沿纤维方向的拉应力为例(见图 2 - 5(a)),复合材料强度与纤维及基体强度之间存在如下数学关系:

$$\sigma_c = \sigma_f \varphi_f + \sigma_m \varphi_m \tag{2 - 28}$$

由于单向纤维增强复合材料承受拉应力时,复合材料、纤维、基体的应变相同,因此式(2 - 28)两边同时除以应变就有

$$E_c = E_f \varphi_f + E_m \varphi_m \tag{2 - 29}$$

由于复合材料、纤维、基体的应变相同,因此就有如下关系:

$$\sigma_c / E_c = \sigma_f / E_f = \sigma_m / E_m \tag{2 - 30}$$

$$\sigma_f / \sigma_m = E_f / E_m \tag{2 - 31}$$

式中,σ_c 是复合材料的强度;σ_f 是纤维强度;φ_f 是纤维体积分数;σ_m 是基体强度;φ_m 是基体体积分数;E_c 是复合材料的模量;E_f 是纤维的模量;E_m 是基体的模量。

从式(2 - 31)可以看出,纤维与基体承担的应力之比正比于它们的弹性模量之比,因此为了提高纤维的承载比例,充分利用纤维的强度,通常使用高模量的增强纤维。

2.3.2.4   纤维体积分数对复合材料纵向增强效果的影响

在复合材料中,纤维的承载比例随着纤维体积分数的增大而增大,这可以用下面的推导来说明,仍然以图 2 - 5(a)所示的受力状况为例。

当图 2-5(a)中的复合材料承受单向拉伸载荷的时候,复合材料中纤维与基体的承载比可表达为

$$\frac{P_{\mathrm{f}}}{P_{\mathrm{m}}} = \frac{\sigma_{\mathrm{f}}}{\sigma_{\mathrm{m}}} \frac{A_{\mathrm{f}}}{A_{\mathrm{m}}} = \frac{E_{\mathrm{f}}}{E_{\mathrm{m}}} \frac{\varphi_{\mathrm{f}}}{\varphi_{\mathrm{m}}} \tag{2-32}$$

式中，P_{f} 是纤维承受的载荷；P_{m} 是基体承受的载荷；A_{f} 是在垂直于纤维方向上的界面上纤维的面积分数；A_{m} 是在垂直于纤维方向上的界面上纤维的面积分数。

由式（2-32）可知，纤维与基体承受的载荷比正比于其模量与体积分数，因此纤维的体积分数越大，其承载比例越高。提高纤维的体积分数有利于充分发挥纤维的增强效果。但是受制备工艺的限制，纤维的体积分数也有最高限制，复合材料中的纤维要靠基体黏合在一起才能起到协调承载的作用，如果没有基体传递应力，则纤维之间就无法实现协调承载，复合材料中的纤维承载能力也就大大降低。因此纤维的体积分数不能过高，必须有适当的基体对纤维提供足够的黏合力以实现纤维之间应力的顺利传递。纤维／基体承载比与纤维／基体弹性模量比以及纤维体积分数之间的关系如图 2-6 所示。

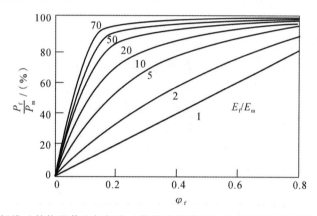

图 2-6　纤维／基体承载比与纤维／基体弹性模量比以及纤维体积分数之间的关系

2.3.2.5　单向复合材料纵向强度分析

为了简化理论分析，以断裂应变作为判断复合材料断裂破坏的准则，分以下两种情况进行分析。

1. 基体断裂应变大于纤维断裂应变

当基体断裂应变大于纤维断裂应变时，假设以应变是否超过断裂应变作为材料断裂的判断依据。如果纤维体积分数足够大，以至于纤维断裂后，基体不能继续承受剩余的载荷，发生断裂。则复合材料断裂时的载荷为断裂时纤维承受载荷与基体承受载荷之和，根据式（2-28），有如下关系：

$$\sigma_{\mathrm{sc}} = \sigma_{\mathrm{sf}} \varphi_{\mathrm{f}} + \sigma_{\mathrm{sfm}} (1 - \varphi_{\mathrm{f}}) \tag{2-33}$$

式中，σ_{sc} 是复合材料强度；σ_{sf} 是纤维强度；σ_{sfm} 是对应于纤维断裂应变时的基体应力。

如果纤维体积分数较小，以至于在材料纵向受力时，基体依然承受大量载荷，那么纤维断裂后，基体依然能够继续承载，基体应变可以进一步发展，直到基体超过断裂应变而断裂。此时复合材料的强度为

$$\sigma_{\mathrm{sc}} = \sigma_{\mathrm{sm}} (1 - \varphi_{\mathrm{f}}) \tag{2-34}$$

式中，σ_{sm} 是基体强度。式（2-33）和式（2-34）分别对应于纤维体积分数高和低的情况，显然，

这两式的适用标准是哪一种情况计算出的应力小，就以该式为标准。因此当这两式计算出的强度相等的时候，就是纤维体积分数的临界值，也就是纤维控制复合材料断裂的最小体积分数，即

$$\varphi_{fmin} = \frac{\sigma_{sm} - \sigma_{sfm}}{\sigma_{sf} - \sigma_{sfm} + \sigma_{sm}} \qquad (2-35)$$

2. 基体断裂应变小于纤维断裂应变

此种情况多见于某些陶瓷基复合材料及 C/C 复合材料。仍然分为纤维体积分数高和低两种情况进行分析。

当纤维体积分数较高时，如果应变超过基体断裂应变，基体发生断裂，由于纤维体积分数高，纤维可以继续承载，直至纤维最终超过断裂应变而断裂。这时复合材料的断裂强度就是纤维断裂时的复合材料平均应力，即

$$\sigma_{sc} = \sigma_{sf}\varphi_f \qquad (2-36)$$

当纤维体积分数较低时，如果应变超过基体断裂应变，基体发生断裂，由于纤维体积分数较低，纤维不足以继续承载而发生断裂。此时复合材料的纵向断裂强度就是断裂时的平均应力，可以表示为

$$\sigma_{sc} = \sigma_{smf}\varphi_f + \sigma_{sm}(1 - \varphi_f) \qquad (2-37)$$

式中，σ_{smf} 对应于基体断裂应变时的纤维应力。

当由式(2-36)与式(2-37)计算出的强度相等时，对应的纤维体积分数就是纤维控制复合材料断裂的最小纤维体积分数，即

$$\varphi_{fmin} = \frac{\sigma_{sm}}{\sigma_{sf} - \sigma_{smf} + \sigma_{sm}} \qquad (2-38)$$

2.3.2.6　基体强度、基体模量对复合材料增强效果的影响

一般认为，在复合材料中纤维起承载作用，基体起传递应力的作用，使得纤维之间能够协调作用，在承载的时候，纤维之间能有效地传递载荷，进而将应力分散到整个材料中的所有纤维，实现纤维之间的协同承载。

实际应用中，复合材料构件经常会承受较为复杂的应力分布状态，即使是在承受单一载荷的情况下，随着材料内部不同区域结构的不同，也会产生较为复杂的应力分布状态，基体也不可避免地要承受部分应力。伴随着加工工艺中可能出现的缺陷及材料组分的分布不均匀等问题，应力的分布会更加复杂，这就导致基体承受较大应力的可能性增加。因此在复合材料中可以通过材料设计在宏观大尺度上使纤维承受主要的应力，而制备工艺的局限及受力环境的复杂性等因素又不可避免地出现在局部微观区域内基体承受较大应力的可能性。基体的强度与模量也就对复合材料的力学性能产生一定的影响。

从宏观上来说，若为如图 2-5(a) 所示的理想情况，按照式(2-31)，纤维与基体承受的应力之比就是模量之比。但是在实际中，不可避免的会在材料局部的微区内出现图 2-5(b) 所示的受力情况，这时候，纤维与基体承受的应力就是相同的，基体的模量决定了复合材料的模量，基体的强度决定了复合材料的强度。通常在复合材料中会出现的受力状况是图 2-5(a) 与图 2-5(b) 所示方式的混合方式，或者是介于两者之间的方式，因此基体材料也是决定复合材料中缺陷多少的关键因素。

2.3.2.7　基体与纤维的界面黏合强度对复合材料增强效果的影响

复合材料中纤维与基体之间存在一个界面区,该区域是材料内的一个特殊区域,其结构与基体、纤维都不同,因此被单独作为一个新相进行研究,那么就把复合材料分为三个独立的相,即纤维、基体、界面。界面区对复合材料性能的影响较为复杂。从增强角度来说,好的界面黏合,高的黏结强度将有利于纤维与基体之间的应力传递,使材料整体在承载的时候,能够有效分散应力至材料的整体;界面黏合差的时候,界面易出现脱黏,从而导致界面破坏,此时界面的作用就相当于缺陷,界面在材料中起到缺陷的作用。

从增韧角度来说,界面黏合的优劣会影响复合材料的破坏方式。对于黏合较好的界面,材料的整体承载能力虽然较强,但是抵抗裂纹扩展的能力大大降低。界面黏合越好,则材料的整体性越强,整体材料的力学性质比较均匀一致;然而,一旦局部出现裂纹,裂纹就能在一个均匀的空间中扩展,导致材料发生脆性破坏。而对于界面黏合较差的复合材料,各区域之间的协调能力较差,整体承载能力有所下降,但是材料整体的抗裂纹扩展能力却可以大大提高。同样在复合材料中,界面结合较弱时,就会在材料中产生不同层次的缺陷,这些缺陷把材料划分为多个不同性能的区域,使得裂纹在扩展过程中必须经历不同的扩展阶段,这样就大大降低了裂纹的扩展速度,有效提高了材料抵抗裂纹扩展的能力。

2.3.3　短纤维增强原理

在短纤维增强复合材料中,短纤维在复合材料内随机分布和排列,因此得到的复合材料在宏观上是各向同性材料。当纤维和基体种类及比例相同时,其强度低于单向纤维复合材料的纵向强度,高于其横向强度。因此建立短纤维复合材料的本构方程可以直接按照各向同性复合材料处理,而分析短纤维增强复合材料的细观力学时,则要将纤维的受力情况进行单独建模分析。由于纤维在复合材料中随机取向分布,任取其中一根纤维的微元体(见图 2-7),分析其受力情况。当其受力平衡时,有如下关系:

$$\frac{1}{4}\pi d^2 \sigma_f + \pi d \tau \mathrm{d}z = \frac{1}{4}\pi d^2 (\sigma_f + \mathrm{d}\sigma_f) \qquad (2-39)$$

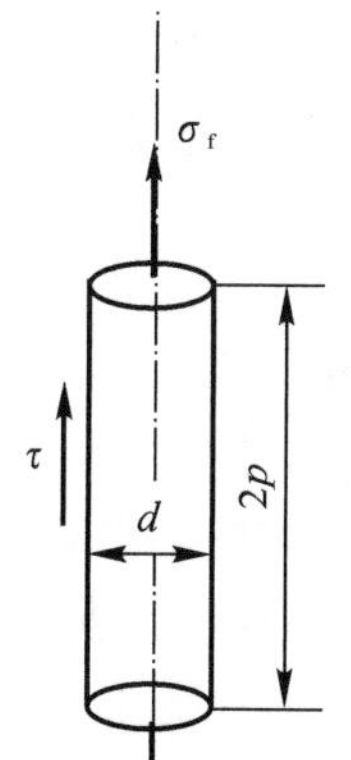

式中,σ_f 是纤维上与端头距离为 z 的某处轴向正应力,是 z 的函数;τ 为纤维上与端头距离为 z 的某处界面剪应力;d 是纤维直径。合并后即为

$$\frac{\mathrm{d}\sigma_f}{\mathrm{d}z} = \frac{4\tau}{d} \qquad (2-40)$$

图 2-7　短纤维微元件

积分后得

$$\sigma_f = \sigma_{f z=0} + \frac{4}{d}\int_0^z \tau \mathrm{d}z \qquad (2-41)$$

在实际应用中,由于纤维端头处的应力集中常常导致端头界面脱黏或者基体屈服,因此 $\sigma_{f z=0}$ 这一项常常可以忽略,式(2-41)就变成

$$\sigma_f = \frac{4}{d} \int_0^z \tau \mathrm{d}z \qquad (2-42)$$

因此只要知道了界面剪应力 τ 随 z 的分布情况,就可以解出式(2-42),得到纤维正应力的分布情况。

为了定性分析短纤维增强复合材料中沿纤维轴向的应力分布规律,假设一种最简单的情况:基体为理想塑性体,则沿纤维长度方向界面剪应力为一常数,其值等于基体剪切屈服应力 τ_m,对式(2-42)积分可得

$$\sigma_f = \frac{4\tau_m z}{d} \qquad (2-43)$$

对于短纤维,最大正应力发生在中部($z = l/2$,l 为纤维长度),此处的情况是

$$\sigma_{fmax} = \frac{2\tau_m l}{d} \qquad (2-44)$$

纤维的承载能力存在一个极值,这个极值就是相应的连续纤维复合材料中的纤维应力值,也就是短纤维复合材料的纤维正应力必然小于或等于同样情况下单向纤维复合材料纵向拉伸时的纤维正应力。根据混合法则,这个应力可以通过式(2-30)解出,为

$$\sigma_{fmax} = \frac{\sigma_c E_f}{E_c} \qquad (2-45)$$

合并式(2-44)和式(2-45)可得

$$\frac{l}{d} = \frac{\sigma_c E_f}{2 E_c \tau_m} \qquad (2-46)$$

这样解出的长度 l 就被称为载荷传递长度,用 l_f 表示。可以看出,l_f 与外加应力有关。

设纤维的拉伸强度为 σ_{sf},当纤维承受的最大拉应力等于纤维强度时,纤维发生断裂,由式(2-44)得到此时的纤维长径比为

$$\frac{l}{d} = \frac{\sigma_{sf}}{2\tau_m} \qquad (2-47)$$

这个长径比称为临界长径比。在纤维直径一定的时候,对应于临界长径比的长度称为临界纤维长度,用 l_c 表示。它是载荷传递长度 l_f 的最大值,达到这一长度,纤维的强度才能充分发挥。有时也把载荷传递长度称为无效长度,因为在这段长度上,应力是逐渐增大直到达到最大值,即这段长度的纤维承受的应力小于最大值,不能充分发挥承载能力。图2-8所示为给定复合材料应力下,沿纤维长度方向上的纤维正应力和界面剪应力分布示意图。

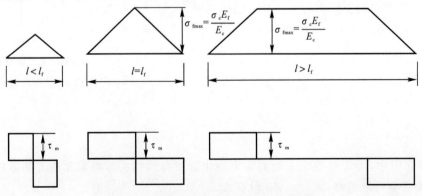

图 2-8　纤维应力与界面应力分布示意图

图 2-9 所示为大于临界长度 l_c 时纤维应力随复合材料应力增加发生的变化。在纤维两端头附近,纤维承载应力小于最大应力,这部分的承载能力较弱,因此增大纤维长度,有利于提高纤维承载能力。当纤维长度大于临界传递长度时,短纤维的增强效果就比较接近连续纤维复合材料。

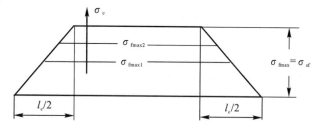

图 2-9　大于临界长度 l_c 时纤维应力随复合材料应力的增加而发生变化

2.4　复合材料的力学性能特点

2.4.1　复合材料的力学性能概况

描述复合材料的力学特征需要首先明确复合材料与均质材料的差异。常用的弹性力学原理对材料是普遍适用的。弹性力学的主要原理就是把材料的力学性质看作是一个连续场空间,然后以这个连续场为基本数学模型,以胡克定律为基本工具,建立弹性力学基本方程。方程中有些变量为力学量,有些变量为材料属性量,其中力学量主要是应力、应变,材料属性量主要包括弹性模量、泊松比等。

弹性力学中的材料属性量,则随着材料的不同而不同。均质材料是各向同性的,因此这些材料属性就是标量。弹性力学的弹性模量、泊松比等物理量在均质材料中通常是常数,是可以用一个数字进行描述的。所以各向同性材料的模量及泊松比就可以简化为一个变量。

多数复合材料属于各向异性材料,其材料的多种属性如模量、泊松比等等在不同的方向上存在不同的取值,因此不能像均质材料那样使用一个变量描述这些材料属性,而必须使用矩阵的方式进行表达。

如前所述,复合材料中的力学问题基本解决方法仍然是使用弹性力学方程,但是在复合材料中存在材料尺度的问题。

对于颗粒增强的复合材料,只需要把颗粒与基体看作一个最小微元体,也就是将颗粒的直径与颗粒间距离的和作为最小微元体,就可以使用各向同性材料的弹性力学方程进行描述。

对于存在不同尺度复合的复合材料来说,必须按照尺度的大小顺序进行描述。2.1 节中已经详细阐述了单向纤维增强复合材料的基本模型及其对应的应力与应变关系,其中涉及的尺度有两个层次,即微观的纤维离散周期排列模型和宏观的连续体模型。而对于更为复杂的复合材料(二维乃至三维)来说,可能存在的复合尺度会增加。例如层压板复合材料,就存在以下三个尺度的复合:

1)层间的复合;

2)层内纤维束之间的复合；

3)纤维束内纤维与基体之间的复合。

这三个层次的复合就对应了四种尺度的模型。首先是最宏观的连续体模型,在这个模型中可以使用弹性力学进行应力、应变分析,其余的三个较为微观的尺度模型则是为了分析宏观材料的力学性质而建立的。在层间复合尺度上建模,就是考察层间复合属性,其中的弹性模量及泊松比都是属于整个复合材料的。这个模型的最小微元应该是单层板厚度(包括纤维与基体)。层内纤维束之间的复合,在这个尺度下建立模型,取的微元体就是层内单束纤维束及其束内和束间的基体,其弹性模量及泊松比就是属于这个微元体的。纤维束内是纤维与基体之间的复合,微元体就是单根纤维与束内单根纤维之间的基体。不同层次下的模型对应了不同的分析目的。

当采用数学模型进行描述时,微元体的取法就决定了最终获得的数据是微元体内的平均值,因为数学上的微元体本身就表示在此微元体内所有的属性均相同,也就是可以忽略不同的一个最小单元,在现实中则是一种平均的存在。

基于微元体的数学及现实意义,复合材料力学中的微元体取法随着复合尺度的不同而不同,取决于希望获得应力分布尺度。需要考察的应力分布尺度越小,意味着需要了解的信息越详细,则考虑的微元体尺度就可能越多;需要考察的尺度越大,则意味着需要考察的信息就相对较粗泛,需要考虑的微元体就越少,可能仅仅使用一种模型就可以描述了。

综上所述,复合材料力学的模型建立必须充分考虑复合材料中的复合尺度,在不同复合尺度下的各向异性程度及方式也是不同的,材料的属性会随着尺度的不同而不同,这也是由复合材料结构带来的一种特色。

正是由于复合材料存在多尺度的复合问题,其增韧机理也与尺度息息相关,下面以复合材料损伤破坏中比较典型的假塑性断裂为例进行介绍。单向纤维增强C/C复合材料与二维碳布增强复合材料,同样是1K碳纤维增强的C/C复合材料,其断裂模式为截然不同的两种——脆性断裂和假塑性断裂,其载荷-位移曲线如图2-10和图2-11所示。图2-10所示的曲线对应于单向纤维增强的C/C复合材料,可以看到在达到最大载荷之后,曲线直接下降,意味着材料在达到最大承载载荷后,裂纹快速扩展材料失效,发生突然断裂,这样的断裂方式吸收能量少,属于脆性断裂。图2-11所示的载荷位移曲线对应于二维碳布增强C/C复合材料,其载荷位移曲线特征:达到最大载荷之后,随着应变的发展,载荷呈现逐步的阶梯形下降。这意味着在达到最大载荷之后,材料并没有立即发生破坏,而是仍然有一定的承载能力,应变可以继续发展,直到断裂。这种断裂方式与典型的脆性断裂方式不同,有些类似于塑性材料的断裂行为,但是碳纤维及基体碳都是没有塑性变形能力的材料,因此这种行为一般被称为"假塑性断裂"。

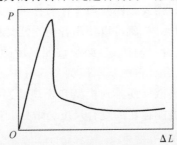

图2-10　单向纤维增强C/C复合材料弯曲载荷-位移曲线(三点弯曲,沿垂直于纤维方向加载)

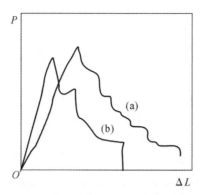

图 2 - 11　不同纤维体积分数的二维碳布增强 C/C 复合材料弯曲载荷-位移曲线

（三点弯曲，垂直于碳布方向加载）

（a）纤维体积分数为 40.7%；　（b）纤维体积分数为 46.6%

同样是 C/C 复合材料，单向 C/C 复合材料与二维碳布增强 C/C 复合材料仅仅因纤维排列方式不同，就导致其断裂方式完全不同，这体现的正是复合材料结构的多尺度特色。对于单向纤维增强 C/C 复合材料，其纤维结构较单一，均匀分布在整个材料内，沿着相同的方向排布，因此只存在一种尺度的复合，即纤维与基体间的复合。而二维碳布增强复合材料，则存在纤维布的层间复合、纤维束与束间基体、纤维与基体之间三个尺度的复合。

二维碳布增强 C/C 复合材料发生假塑性断裂，其原因与三个尺度的复合密切相关，尤其是宏观的层间复合，在这个尺度上，每一层碳布与其自身内部填充的基体是一个复合单元。由于裂纹在扩展过程中的转折，当试样沿垂直于纤维布方向受到弯曲载荷时，在最大拉应力点，沿着垂直于纤维布方向首先产生裂纹；当裂纹扩展到层间，遇到下一层碳布的时候，由于整个碳布与其自身内部的基体构成一个宏观的复合单元，导致层内与层间性质完全不同，裂纹会改变原来的方向而沿着层间扩展；扩展一段之后，又在弯曲应力的作用下进入下一层复合单元；之后，又沿着层间扩展，这样得到的断口就是一个台阶形断面（见图 2 - 12），相应的载荷位移曲线就是台阶形下降。由于在这个过程中裂纹受到碳布层的阻挡而转折，因此增大了裂纹扩展路径，吸收了裂纹扩展能，提高了断裂韧性。

（a）　　　　　　　　　　　（b）

图 2 - 12　二维碳布增强 C/C 复合材料弯曲断裂裂纹扩展 SEM 图

单向纤维增强 C/C 复合材料只有一个尺度的复合，即纤维与基体的微观复合，理论上裂纹遇到纤维会发生裂纹偏转而产生裂纹偏转增韧。但是，就尺度而言，材料的破坏有如下机制：

1)材料在承载过程中,应力增大到一定阶段,会产生大量微裂纹,这些微裂纹量少,裂纹面积小,扩展能量低,不足以令载荷-位移曲线发生变化,因此这个阶段的载荷位移曲线始终近似于线性关系。在这个阶段,细小的纤维(直径数微米)可以对裂纹产生阻挡作用,令裂纹偏转。

2)载荷增大到一定程度,达到最大载荷,意味着裂纹也长大到足以改变载荷-位移曲线的程度,载荷-位移曲线开始下降。这个阶段的裂纹已经是大裂纹,就尺度而言,已经不是纤维所能阻挡的了。因此达到最大载荷之后,裂纹迅速扩展,发生突然断裂。

从上面的对比可以看出,二维碳布增强的C/C复合材料由于存在碳布层间的宏观复合,使碳布层可以阻挡大裂纹,导致裂纹偏转,从而产生假塑性破坏。而在单向纤维增强C/C复合材料中,只存在纤维与基体的微观复合作用,纤维不足以阻挡大裂纹,使得裂纹直接贯穿材料,断面平整(见图2-13),因而依然是脆性断裂模式。

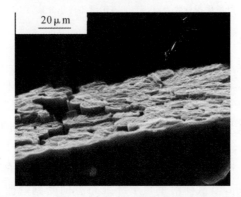

图 2-13　单向 C/C 复合材料弯曲断口 SEM 照片

从这里的分析也可以得到一个重要启示:复合材料的结构单元是多层次的,随着分析对象的不同而有所差异,不能简单地把复合材料当作纤维与基体两种相复合,在分析不同的材料性能的时候,需要使用不同的相结构划分方法。例如,分析微裂纹扩展的时候,可以认为复合材料增强体是纤维,基体相就是填充基体。而分析大裂纹扩展(这往往才是真正影响载荷位移曲线形状的裂纹)的时候,却要将复合材料认定为增强体是纤维束及束内的基体,束间基体才是基体相;或者认为纤维布与层内的基体构成增强相,而层间基体是基体相。这样的分析才能有针对性的灵活解释复合材料各种性能特征。

2.4.2　复合材料的损伤机理

复合材料的损伤按照来源可以分为制造损伤和使用损伤两类。使用损伤可由多种载荷作用引起,例如静载荷、交变载荷和冲击载荷等。按照损伤的结构特点(见图2-14)分类,主要分为以下4种类型:

1)基体开裂;

2)界面脱黏;

3)层间开裂;

4)纤维断裂。

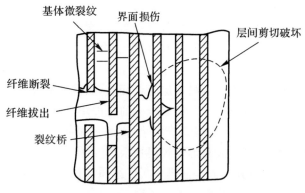

图 2 - 14　复合材料损伤机理示意图

这些损伤机理往往同时发生作用而形成综合损伤,随着损伤区域和尺寸的逐渐增大,宏观裂纹扩展,最后达到材料的宏观破坏失效。因此,复合材料的破坏过程是原始缺陷、微小损伤、逐渐积累,进而裂纹扩展为宏观裂纹,直到断裂。

复合材料破坏的特点包括以下几项。

(1)不同的纤维分布对缺陷的敏感性不同。复合材料中纤维是主要承载组分,纤维的分布方式影响了复合材料整体的缺陷敏感性。连续纤维增强的单向复合材料,在沿纤维方向载荷作用下,受力情况如图 2 - 15(a)所示,如果纤维和基体间的界面结合较弱,而纤维强度较高,则板边缺口附近的应力集中引起界面沿纤维方向脱黏,导致缺陷张开钝化,减轻应力集中;而当承受垂直于纤维方向的载荷时,就没有这种效应,裂纹很容易沿原来方向扩展,如图 2 - 15 (b)所示。

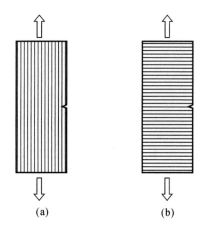

(a)　　　　　　　　(b)

图 2 - 15　不同的纤维分布下的缺陷敏感性示意图

(2)破坏方式多样化。复合材料由损伤至断裂,主要有两种模式。一种是固有缺陷较小,随载荷增大引发更多的缺陷、扩大损伤范围导致材料破坏,这种方式称为整体损伤模式。另一种是当缺陷裂纹尺寸较大时,由于应力集中造成裂纹扩展,这种裂纹扩展导致破坏的模式称为裂纹扩展模式。在材料破坏过程中,既可以是这两种模式的单独作用,也可以是这两种模式的综合作用,而往往最先出现的是整体损伤模式,之后,一旦某些大裂纹尺寸超过临界值,就出现裂纹扩展模式的破坏。

（3）层合板的多重开裂。层合板复合材料的初始裂纹产生和扩展很复杂，以正交铺层复合材料为例进行说明，当沿其中某一纤维排列方向受力时，会在另一纤维方向产生横向裂纹，之后，随着裂纹扩展和数量增多，某些裂纹会转向而沿受力方向扩展，最后导致纤维断裂、层合板层间开裂而破坏。

（4）对于复合材料中最常用的复合材料层合板而言，分层损伤是最主要的损伤方式，产生分层的原因是在层合板自由边（以及带孔的层合板的孔边）附近出现层间应力。

复合材料损伤的检测方法包括超声波 C 扫描，渗透剂增强的 X 射线图像、激光全息、红外热像、面内或影像云纹、声发射、裂纹复形及揭层技术等。

以上对于复合材料损伤的分析依然是建立在纤维与基体复合的尺度上的。事实上，复合材料的损伤过程随着载荷的不同、材料结构的不同，而有多尺度的损伤。纤维断裂、纤维拔出、界面损伤等损伤机理中，都存在多尺度的对应问题，比如纤维束断裂、纤维束拔出、纤维束间界面损伤、层间界面损伤、层间断裂等多尺度的损伤机理。

2.4.3 复合材料的疲劳

复合材料与金属材料的结构构造不同，疲劳机理也不相同，疲劳性能有很大差异。总的说来，复合材料抗疲劳破坏性能优于金属材料，图 2-16 所示为两者的对比。

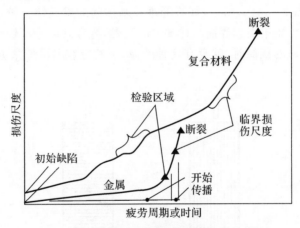

图 2-16 复合材料与金属的疲劳特征对比

复合材料在疲劳过程中，尽管初始损伤（如纤维断裂、脱黏、基体断裂、脱层等）尺寸远大于金属材料中的初始缺陷尺寸，但其疲劳寿命却高于金属材料。复合材料疲劳损伤是累积的，在破坏之前，损伤已有了较大的发展。而金属材料疲劳损伤的累积却很隐蔽，破坏有很大的突发性。金属材料在交变载荷作用下往往出现一个单一的疲劳主裂纹，这一主裂纹控制着最终的疲劳破坏；对于复合材料，疲劳破坏很少由单一裂纹控制，而往往是在高应力区出现较大规模的损伤，这些损伤包括界面脱黏、基体断裂、纤维断裂、脱层等。

2.4.3.1 疲劳性能及其影响因素

工程中一般采用 $S-N$（应力-寿命）曲线来描述材料的疲劳性能。对于复合材料疲劳性能研究的最基础工作是测定它在各种不同受力状态下的 $S-N$ 曲线，如拉-拉疲劳，拉-压疲劳,压-压疲劳。图 2-17 所示为三种玻纤/环氧树脂复合材料拉-拉疲劳的 $S-N$ 曲线。大量试验表明,复合材料没有明显的疲劳极限,需要定义一个"条件疲劳极限",一般指定循环次数 N 为 5×10^6 或 10^7 时试件不破坏时所对应的应力为条件疲劳极限。

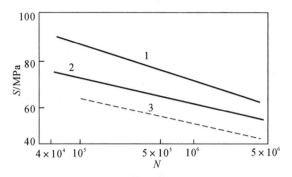

图 2-17　三种玻纤/环氧复合材料的拉-拉疲劳 $S-N$ 曲线

复合材料疲劳寿命与疲劳极限有很大的分散性。由于碳纤维和玻璃纤维强度的分散度分别为 10% 和 15%,环氧树脂强度的分散度也有 10%,因而复合材料疲劳性能分散度就更大。工程上要求做疲劳试验的试件最少为 $10\sim15$ 个。

影响复合材料疲劳寿命的因素主要有以下几项。

(1)平均应力和应力循环特征。平均应力 $\sigma_m=\dfrac{1}{2}(\sigma_{max}+\sigma_{min})$ 和应力循环特征 $R=\sigma_{min}/\sigma_{max}$ 对疲劳性能影响很大。一般采用 $S-S$ 曲线表示它们的影响。

图 2-18 所示为三种不同基体正交玻纤/环氧树脂层合板的 $S-S$ 曲线,表明了不同基体(脆性与耐温性)对不同 R 值时的复合材料疲劳性能的影响。

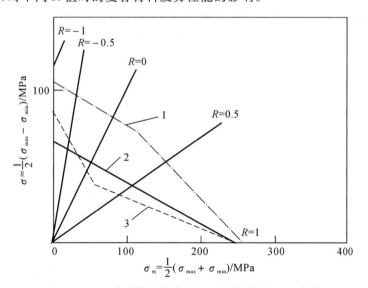

图 2-18　三种玻纤/环氧树脂正交层合板的 $S-S$ 曲线

(2)加载频率。加载频率对疲劳寿命有显著影响,尤其是纤维体积分数比较低、破坏由基体控制的复合材料,基体的黏弹性和复合材料的损伤将引起温度升高而使基体性能降低。这类材料对加载频率、速率是十分敏感的。例如 AS3501 - 6 石墨/环氧树脂[±45]₂s层合板试样,频率为 0.1 Hz 时的疲劳寿命是1 Hz时的 2 倍。

(3)组分材料与铺层方式。不同组分材料参数和铺层方式对疲劳性能有明显影响,这主要是不同铺层使损伤扩展、分层扩展过程不同造成的。

(4)缺口。对于金属材料,缺口对疲劳性能影响很大。但是对于复合材料,受交变载荷作用时却表现出对切口的不敏感性。这主要是因为在切口根部形成一个损伤区域缓和了应力集中,疲劳过程中,该损伤区继续扩展并同时松弛了切口根部的应力集中。

(5)环境温度与湿度。温度与湿度不但影响材料本身的强度,而且影响其残余应力状态,这样自然要对疲劳性能产生影响。

2.4.3.2 复合材料疲劳寿命的预测

预测复合材料的疲劳寿命,有以下三种理论模型。

1. 疲劳裂纹扩展速率

线弹性断裂力学认为,决定疲劳裂纹扩展的是应力强度因子的幅值 ΔK,Paris 由此得出下述公式:

$$\frac{\mathrm{d}a}{\mathrm{d}N} = C_0 \, (\Delta K)^n \tag{2-48}$$

式中,$\mathrm{d}a/\mathrm{d}N$ 为疲劳裂纹扩展速度;C_0 为材料常数;n 为扩展指数。

式(2-48)是针对金属材料疲劳裂纹扩展的,它对复合材料基体(树脂等)和短纤维复合材料也适用。然而对于其他连续纤维或织物增强的复合材料,预制了切口的试件在疲劳过程中并不以主裂纹扩展的形式,而以损伤区扩展的形式产生破坏。虽然有人采用柔度的增量来表示当量裂纹长度的增加,实验的结果也表明 Paris 公式的近似适用性,但是,对于一个没有预制切口的试件,在其疲劳破坏中观察不到主裂纹的形成和扩展,而以损伤的形式扩展。因此,用疲劳裂纹扩展速率的方法来预测寿命是困难的,应采用累积损伤理论。

2. 累积损伤理论

Miner 从数学上定义,材料在应力水平 σ 下的疲劳寿命为 N,当在此应力水平 σ 下受载 n 周时,材料的损伤为 $D=n/N$。显然 $D=1$ 时材料破坏。在幅值变化的交变应力作用下,Miner 的线性累积损伤理论认为,当

$$\sum_{\sigma_i} D_i = \sum_{\sigma_i} \frac{n_i}{N_i} = 1 \tag{2-49}$$

时材料发生破坏。式中,n_i 表示在第 i 个应力水平 σ_i 作用的应力循环周数;N_i 为该应力水平下的疲劳寿命;$\sum\limits_{\sigma_i}$ 表示对整个过程中所有 σ_i 水平对应的周数求和。

若已经测得材料的 $S-N$ 曲线以及载荷谱,则可预测何时发生破坏。某些试验表明复合材料不完全遵守这一规律。

3. 剩余强度理论

材料损伤随疲劳周数增加而发展,材料是由于内在缺陷的发生与发展而破坏的,而这些缺陷的发生与发展,取决于载荷、环境等外在因素。就材料整体而言,缺陷可以采用累积损伤 D 来表征。另外,使材料破坏的临界载荷随裂纹长度的增加而降低。从累积损伤的观点来看,材

料的强度是随着累积损伤 D 的增大而降低的。

基于上述假定,剩余强度理论认为,在外加交变载荷作用下,由于损伤 D 的扩展,材料的强度由其静强度 $R(o)$ 下降到剩余强度 $R(n)$,一旦外加载荷的峰值 S_{max} 达到材料的剩余强度 $R(n)$,材料便破坏。

以上只是这一理论的基本思想,要利用这一理论进行疲劳寿命的预测,从数学上看还需了解损伤 D 的演化规律、剩余强度与损伤的关系等。

参 考 文 献

[1] 肖纪美. 材料的定义及材料学的划分[J]. 材料科学与工程学报,2006,24(4):481-483.

[2] 沈观林. 复合材料力学[M]. 北京:清华大学出版社,1996.

[3] 冯小明,等. 复合材料[M]. 重庆:重庆大学出版社,2007.

[4] 尹洪峰,任耘,罗发. 复合材料及其应用[M]. 西安:陕西科学技术出版社,2003.

[5] 石荣,李贺军,侯向辉,等. 界面结构对一种单向碳/碳复合材料断裂的影响[J]. 西北工业大学学报,1997,15(4):658-661.

[6] 侯向辉,李贺军,刘应楼,等. 单向碳/碳复合材料 ICVI 致密化机理研究[J]. 西北工业大学学报,1999,17(2):221-225.

[7] 王汝敏,郑水蓉,郑亚萍. 聚合物基复合材料[M]. 北京:科学出版社,2012.

[8] 卢子兴,杨振宇,李仲平. 三维编织复合材料力学行为研究进展[J]. 复合材料学报,2004,21(2):1-7.

[9] 冯鹏,陆新征,叶列平. 纤维增强复合材料建设工程应用技术[M]. 北京:中国建筑工业出版社,2011.

[10] 张克实,庄茁. 复合材料与黏弹性力学[M]. 北京:机械工业出版社,2012.

第3章 复合材料增强体

增强体是复合材料中对性能影响最大的结构因素,常见的复合材料增强体包括纤维、晶须、颗粒、纳米管/线等。其中纤维、晶须和纳米管/线属于各向异性增强体,颗粒则是各向同性增强体。随着材料科学的快速发展,复合材料增强体的类型也越来越丰富。古代人们使用稻草、毛发、麻、砂石等天然物质作为增强体,后来逐渐使用人工合成的增强材料如合成纤维和粉体作增强体。到了21世纪,随着纳米材料的迅速发展,纳米材料正在成为一种新型增强体,从更加微观的尺度上对复合材料起增强作用。纳米材料也可归结为两类,即各向异性的纳米管/线和各向同性的纳米颗粒。

按照纤维的形态可以把纤维分成纳米纤维、晶须和通用纤维。常见的通用型纤维有碳纤维、玻璃纤维、硼纤维、有机纤维、碳化硅纤维等。晶须有碳化硅、氧化铝、氮化硼等。纳米纤维中最常见的是碳纳米管、碳化硅纳米线等,而且随着技术的进步,其品种正逐渐增多。按照纤维存在于材料中的形式可以把纤维分为短切纤维和连续长纤维。

颗粒的种类则更多,多数的材料都可以制成颗粒而存在。常见的增强颗粒多数为无机物颗粒,例如炭黑、氧化硅、氧化铝、氧化锆、高岭土、碳化硅、氮化硼等。颗粒的存在方式主要是离散地分布于基体材料中,颗粒的增强效果常常与颗粒的种类、形状、含量相关。

3.1 颗粒增强体应用简介

颗粒增强体由于其种类繁多而得到广泛应用,多数的树脂制件中存在颗粒增强,在聚合物领域把这种材料称为增强塑料或者增强橡胶。常见的塑料及橡胶制品中大多含有颗粒增强相。由于聚合物工业中本身就大量使用无机粉料如炭黑、气相 SiO_2、碳酸钙、滑石粉等作为填料,因此,也常常把含有无机颗粒聚合物塑料制品区分为颗粒增强与颗粒填充聚合物。其中颗粒填充聚合物,颗粒在材料中主要起占据体积、改变加工过程中的流动性、使材料保持一定形状的作用,在聚合物中被大量使用。各种灌封胶大量使用气相 SiO_2,就是利用了气相 SiO_2 的触变性,使得施工过程中,胶易于固定在某些复杂形状的固体表面。除此之外,有些填充还能使材料出现新的性能,例如炭黑的填充就可以使不导电的聚合物材料出现导电性能。

颗粒增强体,多数使用高强度、高模量、耐热、耐磨的陶瓷和碳素颗粒,如氧化铝、氧化锆、碳化硅、石墨等;可以用来增强的基体包括聚合物、金属、陶瓷、碳、水泥等。例如,在铝合金中加入 $w=30\%$ 的氧化铝颗粒,拉伸强度在 $300℃$ 下仍然可达 $220MPa$;在 SiN 陶瓷中加入 $w=20\%$ 的 TiC,可以使韧性提高 5%。有些韧性延性粒子也可以作为增强相来改变基体的韧性,如在 Al_2O_3 中添加 W,Mo,Co,Ti,Cr 等等,可以有效提高 Al_2O_3 陶瓷的韧性。表 3-1 给出了几种基于 Al_2O_3 陶瓷的颗粒增强材料的性能。

表 3-1　几种基于 Al_2O_3 陶瓷的颗粒增强材料的性能

主要物理机械性能	冷压烧结	热　压	热　压	热　压	热　压
	Al_2O_3	Al_2O_3+Mo	Al_2O_3+TiC	$Al_2O_3+ZrO_2$	Al_2O_3+SiC 晶须
密度/$(g \cdot cm^{-3})$	3.4～3.99	5.0	4.6	4.5	3.75
抗弯强度/MPa	280～420	900	800	850	900
硬度(HRA)	91	91	94	93	94.5
导热系数 $\overline{W \cdot cm^{-1} \cdot s^{-1} \cdot ℃^{-1}}$	0.04～0.045	0.33	0.17	0.21	0.33
平均晶粒尺寸/μm	3.0	3.0	1.5	1.5	3.0

部分稳定氧化锆(PTZ)具有独特的相变增韧机制,可以用于其他陶瓷材料的增韧,如氧化锆增韧氧化铝(ZTA),氧化锆增韧莫来石(ZTM),氧化锆增韧氮化硅、碳化硅等都取得了一定的效果。其中增韧氧化铝效果最为显著,因为氧化铝热膨胀系数大,弹性模量高,烧结冷却后对氧化锆颗粒的束缚作用强,四方相氧化锆颗粒可以更多更有效地保留下来,增韧效果也比较明显。表 3-2 给出了氧化锆增韧陶瓷与未增韧陶瓷的断裂韧性对比。

表 3-2　添加氧化锆增韧前、后的部分陶瓷断裂韧性对比　　　　单位:MPa·$m^{\frac{1}{2}}$

材　料	Al_2O_3		Si_3N_4		SiC
	烧　结	热　压	烧　结	热　压	热　压
未填充	4	4～5	4～5	5～6	4～5
$\varphi=15\%～25\%$ ZrO_2 填充	12	13～14	7	9	9

注:φ 代表体积分数,下同。

因此添加颗粒,可以提高陶瓷材料的强度、硬度,也可以提高其韧性,根据不同的性能要求,使用不同的增强颗粒和成型工艺即可实现强度或者韧性等指标的提高。

颗粒增强金属基复合材料中应用较多的是颗粒增强的铝基和镁基复合材料。在颗粒增强金属基复合材料中,颗粒主要有两大类——硬质的陶瓷颗粒和软质的石墨颗粒。陶瓷颗粒的强度和硬度较高,用于增强金属基体后可以显著提高材料的强度和抗变形能力。与普通合金相比,硬质陶瓷颗粒也使金属基复合材料的耐磨性提高,并且热膨胀性能也明显改善。近年来,以 SiC,Al_2O_3 等硬质陶瓷颗粒增强的铝基复合材料,由于具有优异的耐磨性、高强度、低密度、良好的尺寸稳定性和高温性能,成为了理想的并最具前途的新型结构材料。SiC 颗粒成本低廉、来源广泛,使得 SiC 颗粒增强铸铝基复合材料成本较低,制造工艺简单,容易规模化生产,和普通铸造铝合金一样可重熔铸造成型。业已证明,它们可通过现有的各种铸造工艺如砂型、金属型、熔模铸造、压铸、消失模等方法生产复合材料铸件,因而对 SiC 颗粒增强铝基复合材料的研究也越来越受到重视。表 3-3 列出了 SiC 增强铝基复合材料与单纯铝合金的性能对比,可见,增强颗粒的加入明显地提高了材料的屈服强度和弹性模量。对颗粒增强铝基复合材料的研究,目前主要集中在材料制备、力学性能、磨损、疲劳、断裂以及蠕变等特性上。这类铝基复合材料主要用于制作航空、航天结构件,电子壳体和基板,以及汽车发动机和制动零件。

软质颗粒一般都是很好的润滑体,软质颗粒增强的铝基复合材料具有好的减磨和减振性能,主要用于制作发动机的缸套,轴瓦以及各种机座。

颗粒增强镁基复合材料的添加颗粒主要包括硅化物、碳化物、氧化物、氮化物、金属以及准晶等,通过硬质颗粒增强,可以有效提高镁合金的强度、硬度和耐磨性。

表 3-3　20%(质量分数)SiC 颗粒增强 Al356 基复合材料和 Al356 的室温力学性能

材　　料	抗拉强度/MPa	屈服强度/MPa	弹性模量/GPa	伸长率/(%)	断裂应变/(%)
Al356	276	200	75.2	6.0	
20%SiC/Al356	319	290	98.9	1.4	0.78

3.2　碳纤维的制备工艺、结构及性能特点

碳纤维是指纤维中含碳量为 95% 左右的碳纤维和含碳量为 99% 左右的石墨纤维,其直径通常为 0.005～0.010 mm,自 20 世纪 60 年代开始被商业化生产,以其质量轻、高强度、高模量的性能而在航空、航天、建筑、汽车等行业获得了大量应用。1880 年美国爱迪生首先将竹纤维碳化成丝,作为电灯泡内的发光灯丝,这是人类历史上的第一根碳纤维。而真正可用作增强体的高性能碳纤维则是 1957 年由美国联合碳化物公司的 Dr. Roger Bacon 将人造丝热解制备而成,1959 年生产出模量约为 40 GPa、强度约为 0.7 GPa 的碳纤维。1965 年该公司又用相同原料于 3 000℃ 高温下延伸,开发出丝状高弹性率石墨化纤维,其弹性模量约为 500 GPa,强度约为 2.8 GPa。聚丙烯腈(PAN)基碳纤维的生产始于 1962 年,日本大阪工业材料研究所以聚丙烯腈为原料,采用碳化工艺制备出高性能的碳纤维,其含碳量约为 55%,弹性模量为 160 GPa,强度为 0.7 GPa。东丽公司也以 PAN 纤维为原料,开发了高强度碳纤维,弹性模量约为 230 GPa,强度约为 2.8 GPa,并于 1966 年起达到每月量产 1 t 的规模;同时开发了碳化温度 2 000℃ 以上的高弹模量碳纤维,弹性模量约 400 GPa,强度约为 2.0 GPa。1963 年,日本的大谷杉郎以沥青为原料制备出碳纤维。20 世纪 70 年代以后,碳纤维向高强度与高模量发展,生产碳纤维的主要前驱体有聚丙烯腈、沥青和人造丝。

碳纤维种类分类有许多方法,可按照原料、特性、处理温度与形状来分类。若依原料,可分为纤维素纤维基,包括人造丝(rayon)基、木质(lignin)基、聚丙烯腈(polyacrylonitrile)基、沥青(pitch)基、酚树脂基与气相生长碳纤维等六种。若依性能则分为普通碳纤维、高强度高模量碳纤维与活性碳纤维等三种。强度在 1 200 MPa 以下,模量在 100 GPa 以下的纤维称为普通碳纤维;强度大于 1 500 MPa,模量大于 170 GPa 的纤维称为高强高模碳纤维。

若按照加工处理温度分类,则可将碳纤维分为耐焰质、碳素质与石墨质等三种。耐焰质碳纤维的处理加热温度为 200～350℃,可供作电气绝缘体;碳素质碳纤维的处理加热温度为 500～1 500℃,可用于电气传导性材料;石墨质碳纤维的处理加热温度在 2 000℃ 以上,除耐热性与电气传导性提高外,亦具自润滑性。

若按碳纤维制品之形状分类,可将碳纤维分为棉状短纤维、长丝状连续纤维、纤维束(tow)、织物、毡与编织长形物等。

3.2.1　聚丙烯腈前躯体制备碳纤维方法

聚丙烯腈前躯体制备碳纤维的主要工艺流程如图 3-1 所示。

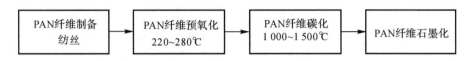

图 3-1　PAN 前躯体制备碳纤维工艺流程示意图

用于 PAN 纤维的 PAN 树脂玻璃化温度约为 120℃，其分解温度低于玻璃化温度，因此，一般会在低于玻璃化转变温度的时候发生分解。PAN 纤维的制备一般使用湿纺或者干纺，通常使用 PAN 的极性溶液为原料进行纺丝，用于制备碳纤维的聚丙烯腈纤维含有 6%～9% 的其他聚合单体，如甲叉丁二酸（ $HO-\overset{O}{\underset{\parallel}{C}}-CH_2-\overset{O}{\underset{\parallel}{C}}-\overset{\parallel}{\underset{CH_2}{C}}-OH$ ）、丙烯酸、甲基丙烯酸、甲基丙烯酸盐、溴代乙烯等。这些添加物会导致 PAN 的玻璃化温度降低，影响聚合物的反应能力，从而影响最终的纤维制品性能。PAN 纤维的纺丝多用溶液湿纺，采用 10%～30% 的 PAN 或者 PAN 共聚物的溶液，溶剂为极性溶剂，如硫代硫酸钠、硝酸、N,N 二甲基乙酰胺。湿纺工艺过程如图 3-2 所示。

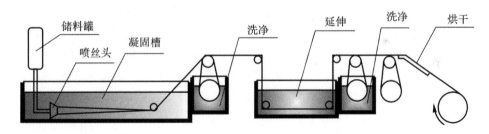

图 3-2　PAN 纤维的湿纺工艺示意图

PAN 混合液过滤后进喷丝头挤出到凝固槽。凝固液可使用多种溶液，例如硫代硫酸钠的水溶液，N,N 二甲基乙酰胺的水溶液，N,N 二甲基乙酰胺的乙二醇溶液，N,N 二甲基甲酰胺的乙二醇溶液。可以通过调整工艺参数控制纤维的形成速率，这些参数包括溶液浓度、凝固液的浓度和温度、牵引速率、挤出速率等。

预氧化也称为稳定化（stabilization of PAN precursor fiber），主要发生的是脱氢、环化、氧化等反应。其工艺装置如图 3-3 所示。

预氧化的作用是使 PAN 纤维中的分子结构发生交联，使已经形成的分子结构和纤维取向被固定下来。为了达到这个目的，PAN 纤维预氧化采用的温度约为 230～280℃，气氛为空气，在这个过程中需要一直施加一定的张力，以保证纤维的取向。

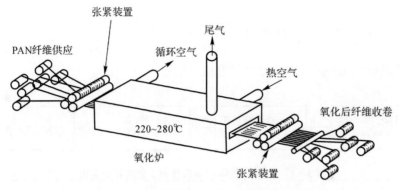

图 3-3 PAN 纤维的预氧化工艺装置示意图

预氧化之后是碳化阶段,碳化是指在惰性气体气氛中,温度范围为 1 000～1 500℃的条件下对纤维进行热处理。在这个阶段,大量非碳原子被脱除挥发,且主要以甲烷、氢气、氰化氢、水、一氧化碳、氨气等气体的方式被脱除挥发出去(见图 3-4)。纤维质量减少 55%～60%;纤维直径减小,一般来说,直径 35μm 的纤维会在取向阶段减小至 10.5μm,在碳化阶段将进一步收缩至 7μm。PAN 基纤维在制备过程中的直径减小更加剧烈,导致 PAN 基碳纤维的直径小于沥青基碳纤维。提高碳化温度会影响纤维的强度与模量,一般来说,PAN 基碳纤维的强度、模量与碳化温度之间存在图 3-5 及图 3-6 所示的关系。从图 3-5 中可以看出,在低于 1 500℃的温度下碳化,纤维强度随碳化温度的升高而增大;在高于 1 500℃下碳化,纤维强度与碳化温度之间的关系较复杂;在 1 500℃附近纤维强度会随温度升高而有所下降。由图3-6可以看出:在 2 500℃以内,纤维的弹性模量一直随碳化温度升高而升高。

根据图 3-6 所示的模量与碳化温度之间的关系,可以认为,为了获得高模量的碳纤维,需要使用较高的碳化温度。因此为了获得高模量的碳纤维,经常会在碳化阶段之后增加一个工序——石墨化。石墨化是指在惰性气体(如 Ar)保护下,在张力作用下,于 2 000～2 500℃下对纤维进行高温热处理,使得纤维中的非碳原子进一步脱除,石墨片层排列更加规则,获得更加接近于石墨结构的碳原子排列结构,获得高模量和高的导电性能。

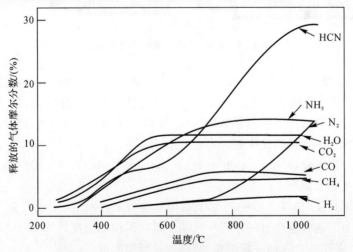

图 3-4 PAN 在不同温度下裂解释放的气体

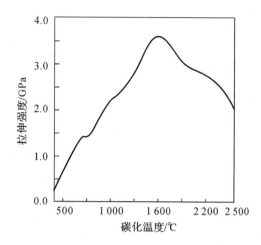

图 3 - 5　纤维强度与碳化温度之间的关系

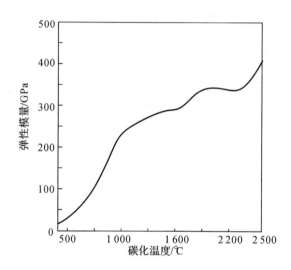

图 3 - 6　纤维模量与碳化温度之间的关系

　　经碳化反应之后,纤维已具有近似于石墨的微晶结构,通过石墨化阶段可以进一步增大微晶尺寸,使得碳纤维结晶更完整,一般温度控制在 2 000～2 500℃ 范围,有时甚至高达 3 000℃。当碳纤维的温度在 1 800～3 000℃ 范围时,可以利用电流流过碳纤维来提高其结晶的完整性。碳纤维在热处理期间,利用某些金属氧化物如氧化铬(CrO)、二氧化锰(MnO_2)、氧化钒(VO)和氧化钼(MoO)作催化剂,可以加速微晶的长大。经过石墨化的碳纤维以高模量著称,通常也被称为石墨纤维。碳纤维的溴化反应可以明显提高纤维强度。硼蒸气的加入可增加碳纤维的模量,原因是硼原子不仅可增加碳纤维的结晶度,并且在碳纤维内起到固溶硬化的作用,从而可以阻碍微晶的剪切变形而使纤维保持较高的模量和强度值。

　　在 PAN 基碳纤维的生产过程中,发生的主要化学反应为

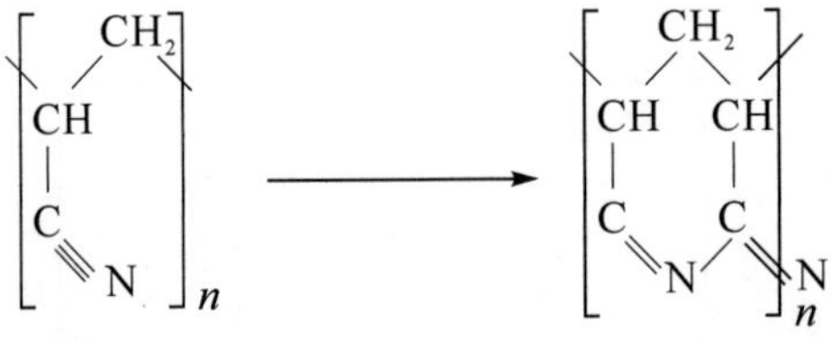

$$（R3-1）$$

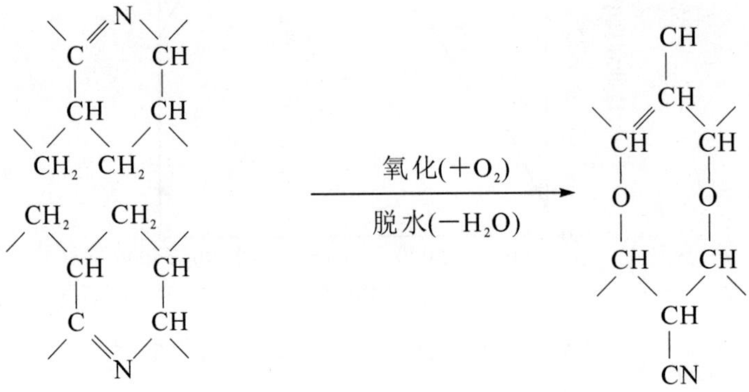

$$（R3-2）$$

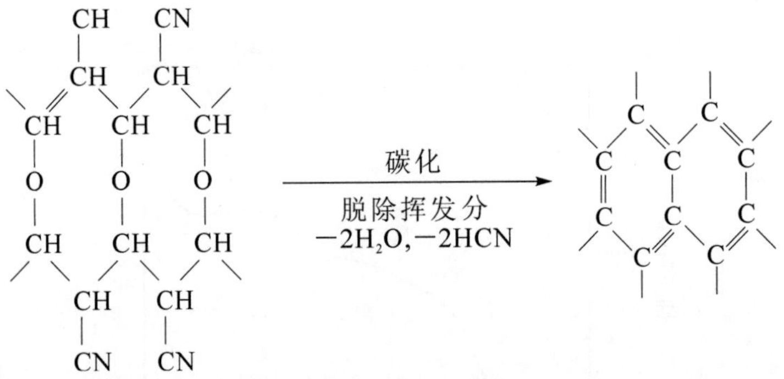

$$（R3-3）$$

其中,式(R3-1)、式(R3-2)两步发生在预氧化阶段,主要是碳纤维的环化、氧化和脱氢的反应;式(R3-3)发生在碳化阶段,是脱除非碳原子,形成类似石墨结构的过程。

Diefendorf 和 Tokarsky 等人在 20 世纪 70 年代研究了 PAN 基碳纤维的微观结构,认为PAN 基碳纤维的结构起源于 PAN 纤维。它首先是一种纤维状的结构,但同时也显示出碳纤维芯部与表面附近的结构有很大不同。1995 年,Huang 与 Yang 使用拉曼光谱再次确认了这种被称为"皮芯"的结构。Johnson 和 Endo 使用大角度 X 射线衍射研究碳纤维晶体结构,研究表明,PAN 基碳纤维中不存在规律的三维有序性。径向与周向的小角 X 射线衍射及透射电镜研究结果表明,碳纤维的外表面附近的晶体间存在针状缺陷,片层取向平行于表面,但是在芯部,Johnson 发现片层出现大量的折叠现象,折叠角度通常超过 180°。基于这些研究结果,Johnson 提出了如图 3-7 所示的碳纤维结构模型。该模型清楚显示:纤维表面附近的石墨片层平行于纤维表面排列;越靠近纤维芯部,石墨片层的折叠越严重。

研究显示,在 PAN 基碳纤维中石墨微晶片层的折叠与层间的交叠非常普遍,使得微晶间的距离远大于理想石墨结构,被称为乱层石墨结构。这些乱层石墨结构微晶的取向基本上沿原来的 PAN 纤维的取向方向,即平行于纤维轴向,但是并不是严格地平行,常常出现错排缺陷(见图 3-8(a))。当沿纤维轴向施加拉应力时,微晶会沿轴向平行排列,但是这种排列会被层间的交叠错排缺陷所制约(见图 3-8(b));当应力足够大时,错排的微晶发生断裂以释放应力(见图 3-8(c))。如果这种缺陷破坏足够多,裂纹就可以在微晶间传播,进而导致纤维断裂。因此一般认为,这种微晶片层间的缺陷极大地影响了碳纤维的强度和断裂方式,甚至可以说是起决定性作用。

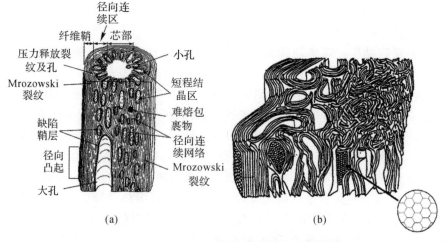

图 3 - 7　PAN 基碳纤维的微观结构模型图

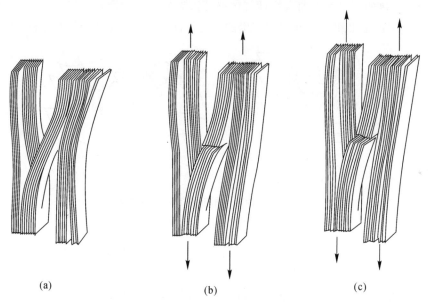

图 3 - 8　纤维微晶片层缺陷对纤维破坏的影响过程示意图

3.2.2　沥青基碳纤维的生产工艺及微观结构

3.2.2.1　沥青基碳纤维的生产工艺

中间相沥青是生产沥青基碳纤维的前驱体。中间相沥青是由多种多核芳香烃构成的液晶态物质,其特点是在 400～410℃保温时可形成液晶态的有序排列结构,其纺丝工艺采用熔融纺丝。沥青价格低廉,是制备低成本碳纤维的重要前驱体。由于前驱体及工艺的不同,获得的碳纤维结构及性能都与 PAN 基碳纤维不同。

1. 中间相沥青的准备

1965 年 Brooks 和 Taylor 发现在沥青液相碳化初期有液晶状各向异性的小球体生成,该小球体即是沥青中间相球体,这为研究中间相沥青奠定了基础。中间相沥青的原料为含芳香烃较高的沥青,在 400～410℃保温 40 h 形成了中间相结构,其中含有中间相和小分子,小分子的存在可以降低沥青的黏度。煤焦油沥青获得的中间相沥青是高度芳构化的(见图 3 - 9 (a)),而石油沥青获得的中间相沥青具有更加复杂的结构(见图 3 - 9(b))。自 20 世纪 60 年代以来,中间相沥青一直是碳材料科学界的研究热点之一,特别是 1970 年,美国联合碳化物公司的 L. S. Singer 开发出可纺性好的中间相沥青后,制备低灰分、低软化点、低黏度、中间相含量高、可纺性好的中间相沥青成为研究者的共同目标。最初,石油和煤化工副产品是制备中间相沥青的主要原料。1977 年,Lewis 发现,如果在热处理过程中加入搅拌工艺,则可以降低中间相沥青的相对分子质量,并且形成一种中间相沥青与各向同性沥青的乳液,使得该沥青更有利于纺丝。1978 年,Lewis 在热台显微镜上发现了中间相的可溶热变特征,并认定中间相可以包括不溶于溶剂的高相对分子质量组分及可溶的低相对分子质量组分。Lewis,Chwastiak 以及 Hoover 等人用热台显微镜研究中间相小球的生成、成长和融并等过程。1980 年,Chwastiak 发现,热处理过程中通入惰性气体搅拌液态的中间相沥青可以获得 100% 中间相含量的沥青,避免了由于多相组分并存而产生的稳定性问题,使得这种沥青更有利于纺丝。

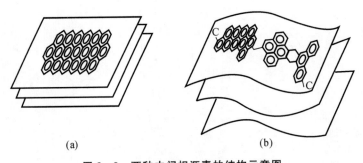

图 3 - 9 两种中间相沥青的结构示意图
(a)煤焦油沥青获得的中间相沥青; (b)石油沥青获得的中间相沥青

Diefendorf 和 Riggs 于 1980 年发展了一种新的中间相沥青制备方法——溶剂萃取法,使用苯、甲苯等溶剂对中间相沥青进行提纯,去除小分子,获得具有较高相对分子质量的中间相沥青,该沥青可在 230～400℃下保温 10 min 就全部转变为中间相结构。1991 年,Thies 等人发明了一种新的溶剂萃取工艺,使用了超临界流体,首先把中间相沥青溶于甲苯等溶剂,然后在超临界状态下,溶液被分馏,根据压力和温度的不同,最后获得具有极小相对分子质量分布的中间相沥青,它可以 100% 转化为中间相结构。Lewis 和 Mochida 先后以纯芳烃(萘、甲基萘及蒽等)为原料通过催化聚合制备出优质的合成中间相沥青,使中间相沥青的研究和应用进入了一个新阶段。其中,Mochida 采用强 Lewis 酸(如 HF - BF$_3$)为催化剂,使萘或者甲基萘催化反应,可以获得 100% 的中间相产品。

根据目前的研究结果,中间相沥青的形成机理如下:在 350℃以下,芳烃性重质油(相对分子质量为 400～600)如石油沥青、煤沥青等多环芳烃有机物首先形成各向同性的塑形体(母体);然后在 350℃以上较高温度下,经历热解、脱氢、环化、芳构化、缩聚等一系列化学反应,逐步形成相对分子质量大的具有圆盘形状的多环缩合芳烃平面分子,多环芳烃大分子通过 P - P

电子力和范德华力促使其聚合而从母体中形成晶核。这个过程在初期是可逆的,一旦形成核,便从周围母体中吸引组分分子而逐渐长大,此后的长大则不可逆。晶核中分子排列整齐,大致沿与赤道相平行的方向堆砌,并具有流动性,所以也称为液晶。初生的液晶只有百分之几微米,当其长到 $1/10\mu m$ 左右时,才能被放大率为 1 000 倍的偏光显微镜观察到;当其长到 5 μm 以上时,逐渐形成圆球形,以保持最小的表面积,处于热力学稳定态,故得名小球体,即中间相小球体。中间相小球体吸收母液中的分子后不断长大,在已有球体长大的同时,还不断有新球体产生,它们之间相互吸引,逐渐靠拢而发生融并,由单球变为复球,复球遇到复球,又合并为更大的复球,其直径可达 2 000 μm。小球体大到一定程度,直到最后球体的表面张力难以维持其原状,众多的球体合并到一起之后,球体逐渐解体,成为一团一片,这种由沥青小球体解体之后形成的物质,通常为非球中间相-广域流线型、纤维状或镶嵌型中间相。从物相角度来看,中间相球体的生成过程是物系内各向同性液相逐渐变成各向异性小球体的过程;从化学角度来看,它是液相反应物系内不断进行着的热分解和热缩聚反应达到一定程度的产物。该物质是介于各向同性流体与结晶固体之间的流动中间相,是由相对分子质量为 2 000 左右的多种片状稠环芳烃组成的混合物,它是沥青在生成半焦过程中一种过渡的中间产物,是与沥青原相有区别的另一物态,即中间相沥青。

2. 中间相沥青的纺丝

用于纺丝的中间相沥青必须是易于软化并且具有良好的流动性,这样才可以保证在熔融状态下易于纺丝。图 3-10 所示为典型的纺丝设备示意图。

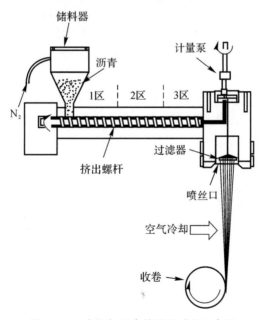

图 3-10　中间相沥青的纺丝过程示意图

如图 3-10 所示,原料沥青以固体碎片的方式置于储料器中,通过储料器下端的螺杆来输送沥青至计量泵。螺杆分为三个区域,分别对应了三个温度段,而且在靠近计量泵一侧的螺杆具有最低的间隙用以对熔融的沥青加压。逐渐升高温度,使沥青被加热到熔融状态,间隙变小可以增加液体沥青的流动压力。在升温与加压的过程中,沥青被旋转的螺杆送到计量泵,计量泵用来调整和稳定液体沥青的压力。然后在压力作用下,沥青被送至纺丝组件,在纺丝组件中有一个过滤器用以滤掉某些细小的颗粒。沥青从纺丝组件出来之后通过一个多孔板,最后从这些孔隙出来并被冷空气快速冷却成固态丝状,继而被收集而成沥青纤维。这个过程看似简单,而实际上过程中的各个阶段均须严格控制参数。任何参数的微小变化都有可能严重影响沥青纺丝的最终质量。图 3-11 所示为各种参数的微小变化对最终获得的纤维拉伸强度的影响。因此在沥青纤维的制造过程中参数的精确控制就成了关键要素。

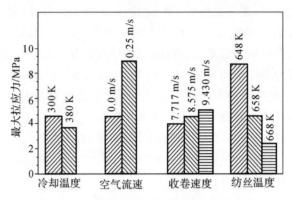

图 3-11 工艺参数变化对纤维强度的关系

3. 中间相沥青纤维的预氧化

纺丝后的沥青中,各种组分的分子高度取向。预氧化的目的在于将沥青纤维的分子结构固化,以避免随后的热处理中出现分子取向的变化。沥青纤维的预氧化与 PAN 类似,也是在预应力的作用下使用空气加热预氧化,温度一般为 $230\sim280℃$。预氧化反应速率受温度、氧气浓度、沥青分子结构的影响。一般认为,在预氧化初期,沥青纤维的质量有所增加,会和氧生成酮、醛和羧酸等含氧有机物,放出水。随着温度的升高,纤维开始放出 CO_2,质量减少。通常预氧化是整个沥青基碳纤维生产过程中最慢的一个阶段,大约要进行 $30~\text{min}\sim2~\text{h}$。

4. 中间相沥青纤维的碳化

沥青纤维预氧化之后的下一个工序是碳化,与 PAN 基纤维类似,碳化阶段是在预应力的作用下,在惰性气体气氛中进行高温热处理,处理温度一般为 $1~500\sim3~000℃$。在这个阶段,非碳原子被脱除,但是由于中间相沥青本身含碳量达 90%,而在预氧化阶段获得的氧仅有 $6\%\sim8\%$,因此沥青基碳纤维在碳化阶段的残碳率会高于 PAN 基纤维 $70\%\sim80\%$。其碳化收缩比 PAN 纤维低,举例来说,如果要获得直径 $10~\mu m$ 的碳纤维,需要用直径 $12~\mu m$ 的沥青基纤维进行碳化,但是要用直径 $15~\mu m$ 的 PAN 基纤维碳化。与 PAN 基碳纤维类似,提高碳化温度会提高石墨微晶的取向度和规整性,最终提高碳纤维的模量。

3.2.2.2 沥青基碳纤维的微观结构

沥青基碳纤维的微观结构受制备工艺的影响,可以出现图 3-12 所示的几种微晶排列。图 3-12 所示是纤维的横截面结构示意图,这些微观结构的形成直接源于纺丝阶段液晶前躯体流过毛细管时的分子取向(除非在预氧化阶段发生了分子的松弛重排)。早期的沥青基碳纤维微观结构为图 3-12(a)(b)所示的两种,其中图 3-12(a)所示结构的形成机理可以用图

3-13来描述。图 3-12(c)所示随机排列结构可以通过在纺丝阶段打破螺杆挤出的流动稳定性来获得。微观结构会极大地影响最终的石墨化度。正是由于沥青基碳纤维的微观结构比PAN 基碳纤维的微观结构更加规整、结晶度更高,它也就拥有了更高的弹性模量。但是这也使得沥青基碳纤维对缺陷更加敏感,因此中间相沥青基碳纤维的强度一般低于 PAN 基碳纤维的强度,而其模量高于 PAN 基碳纤维的模量(见图 3-14)。

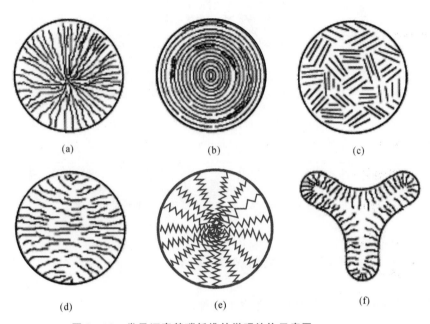

(a)   (b)   (c)

(d)   (e)   (f)

图 3-12 常见沥青基碳纤维的微观结构示意图

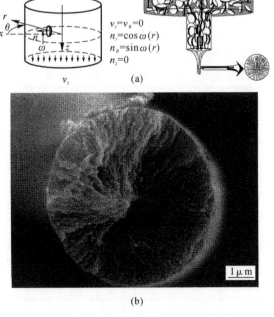

(a)

(b)

图 3-13 沥青基碳纤维微观结构形成机理示意图

(a)沥青通过喷丝嘴结构示意图; (b)碳纤维断口 SEM 照片

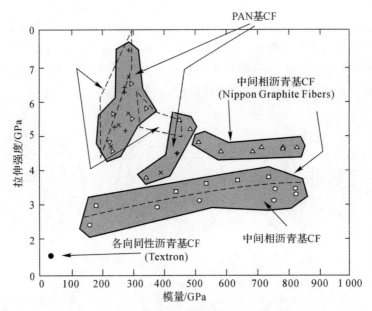

图 3 - 14　PAN 基与沥青基碳纤维的性能特点对比

3.2.3　碳纤维的性能特点及分类

按照性能的不同,碳纤维可分为以下几种:

1)高模型(HM fiber),模量>500 GPa;

2)高强型(HT fiber),强度>3 GPa;

3)中模量(IM fiber),强度:100~200 MPa,模量:100~500 GPa;

4)低模量纤维(LM fiber),模量:100~200 GPa;

5)一般级,(GP fiber),强度<1 GPa,模量<100 GPa。

其中一些常见纤维的性能见表 3 - 4。

表 3 - 4　常见碳纤维的类型及其性能

性　能	高模 Ⅰ 型	高强 Ⅱ 型	中模 Ⅲ 型
密度/(g·cm^{-3})	1.9	1.8	1.8
拉伸模量/GPa	276~380	228~241	296
拉伸强度/MPa	2 415~2 555	3 105~4 555	4 800
断裂应变/(%)	0.6~0.7	1.3~1.8	2.0
热膨胀系数/(10^{-6}·mm^{-1}·K^{-1})	−0.7	−0.5	N/A
热导率/(W·m^{-1}·K^{-1})	64~70	8.1~9.3	N/A
电阻率/(μΩ·m)	9~10	15~18	N/A

全世界碳纤维中约 85％来自 PAN 基,而约 15％来自于沥青基及人造丝基。在生产高强度纤维时,其母材主要来自于 PAN,而生产高模量碳纤维时则以沥青为主。

日本是碳纤维商业化生产的发源地,所以早期日本是碳纤维生产的主要国家,其产量占全世界总产量的 60％以上。而碳纤维的主要消费国是美国,全世界约 60％碳纤维供应美国使用。这主要是因为美国在发展航空、航天及军事领域的庞大需求。因此,美国的许多大公司也投资生产,据分析,1996—2000 年世界碳纤维的需求年均增长率约为 9％;而 2001—2003 年碳纤维的需求年均增长率超过 12％。2005 年以来,随着航空、航天、军事、建筑等行业的快速发展,碳纤维向众多民用领域的扩展,国际上出现了碳纤维供不应求的局面,全世界许多国家皆竞相投资或扩充产能。表 3 - 5 给出的是 2007/2008 年度全球 PAN - CF 生产厂家及产能分布,表 3 - 6、表 3 - 7 给出的是一些主要牌号及其性能。

表 3 - 5　2007/2008 年度全球 PAN - CF 生产厂家及产能分布　　　　单位:t

生产能力			2007 年			2008 年		
			新增产能	原产能	总产能	新增产能	原产能	总产能
小丝束 正规丝束 1K 3K 6K 12K 24K	东丽 Toray	日	2 200	6 900	13 900	400	7 300	17 900
		法 Soficar	800	3 400		1 800	5 200	
		美 CFA	0	3 600		1 800	5 400	
	东邦 Toho	日	0	3 700	9 100	2 700	6 400	11 800
		德	0	3 400		0	3 400	
		美	0	2 000		0	2 000	
	三菱	日	2 200	5 400	7 900	0	5 400	7 900
		美 Grafil	0	2 000		0	2 000	
		欧洲 SGL	500	500		0	500	
	台塑	台湾地区	1 100	2 950	2 950	2 200	5 150	5150
	美 Hexcel	美	650	3 250	3 250	0	3 250	3 900
		西班牙	0	0		650	650	
	Cytec	美	0	1 900	1 900	0	1 900	1 900
	小计		7 450		39 000	9 500		48 500
	×产量系数 0.7				27 300			33 985
大丝束 48K 80K 320K	美 Zoltek	欧洲	2 000	6 000	8 500	2 000	8 000	10 500
		美	0	2 500		0	2 500	
	美 Carbon Fiber Tech Aldila/SGL. J. V		0	1 000	1 000	0	1 000	1 000
	欧洲 SGL		0	2 000	2 000	4 000	6 000	6 000
	小计		2 000		11 500	6 000		17 500
	×产量系数 0.7				8 050			12 250
小丝束＋大丝束	总计　×产量系数 0.7				35 350			

表 3 - 6   日本东丽公司航空用碳纤维性能列表

CF 型号	规　格	抗拉强度/MPa	抗拉摸量/GPa	类　别
T300	1K 3K 6K 12K	3 530	230	标准抗拉摸量
T300T	3K 6K 12K	4 210	230	
T400H	3K 6K	4 410	250	
T700G	12K 24K	4 900	240	
T800H	6K 12K	5 490	294	中等抗拉摸量
T800S	24K	5 880	294	
T1000G	12K	6 370	294	

表 3 - 7   主要商业化生产 PAN 基碳纤维的力学性能

生产商	纤维的商品牌号	拉伸强度/MPa	弹性模量/GPa	断裂延伸率/(%)
Hercules Inc(U. S. A)	AS - 4	4 000	235	1.60
	IM - 6	4 880	296	1.73
	IM - 7	5 300	276	1.81
Toray Indust(Japan)	T300	3 530	230	1.50
	T800H	5 490	294	2.10
	T1000G	6 370	294	2.40
	T1000	7 060	294	1.00
	M46J	4 210	436	0.60
	M40J	2 740	392	0.70
	M55J	3 920	540	0.70
	M60J	3 920	588	1.72
Amoco Corp(U. S. A)	Thomel T600	4 160	241	1.72
	Thomel T700	3 720	248	1.83
Toho Beslon(Japan)	HTA - 7	3 840	234	1.64
	ST111	4 400	240	1.80
Mitsubisthi Rayon(Japan)	Purofil T1	3 330	245	1.40
	Purofil M1	2 550	353	0.70

3.2.4　碳纤维复合材料的应用

　　2006 年全球碳纤维市场需求为 $2.8×10^4$ t 左右。1996—2002 年,我国碳纤维消费量年均增长超过 20%,近年来消费需求增速约 18%,2010 年消费量约 7 800 t,约占世界总消费量的 16%。

　　碳纤维的主要应用领域为航空、航天、军事、运输、汽车、建筑、运动器材等领域,其中航空航天领域的应用最普遍。这些应用均利用了碳纤维的特殊性能,这些性能特点及其对应的应用领域见表 3-8。

表 3-8 碳纤维的性能特点及其对应的应用领域

性　能	应用领域
1.高比强度,良好的韧性,低密度	航空、航天、公路、海运、运动器材
2.良好的尺寸稳定性,低热膨胀系数,低烧蚀率	导弹、航空刹车、航天器天线及支撑结构件、大型望远镜,光具座,高频通讯的波导支架
3.良好的震动阻尼性能,强度和韧性	声频设备、高级音响喇叭、拾音器、机械手
4.良好的导电性	汽车遮光罩、新型工具、电器设备的外壳和支架、电磁干扰和屏蔽、电刷
5.优异的生物惰性,X射线穿透性	假肢、手术及X射线设备、人体植入物、腱和韧带的修复
6.抗疲劳性,自润滑,高阻尼	纺织机械
7.良好的化学稳定性,耐腐蚀性能	化学工业、核工业、阀门、密封件、泵组件
8.电磁性能	大型发电机紧扣环、辐射装置

3.3　硼纤维的制备工艺、结构及性能特点

3.3.1　硼纤维简介

硼纤维是重要高科技纤维之一,是一种复合纤维。通常它是以钨丝和石英为芯材,采用化学气相沉积(CVD)法制取。1958 年,C. P. Talley 首先用 CVD 成功制得高模量硼纤维。20 世纪 50 年代末用 CVD 方法得到了高强度高模量的硼纤维及硼/环氧复合材料,并进行了硼纤维增强金属(主要是铝)的全面研究。20 世纪 60 年代中期,研究工作主要侧重于硼纤维制造技术。20 世纪 70 年代,硼/铝复合材料的研制与应用工作取得巨大进展。

硼的晶体结构主要有两种,即菱形六面体和四方晶系,其中菱形六面体更为常见。硼纤维实际上是以底丝(如钨丝、碳丝、铝丝)为芯、表层为硼的皮芯型复合纤维,直径有 100 μm、140 μm 及 200 μm,密度为 2.30~2.65 g/cm³,强度为 3.2~5.2 GPa,模量为 350~400 GPa,主要的制备方法是 CVD 法,此外包括卤化物还原法和有机硼化合物热解法。

3.3.2　硼纤维的制备方法

1.卤化物还原法

卤化物还原法以氢气为还原剂,通过将三氯化硼还原成硼沉积在炽热又移动的钨丝表面上而制得。由于硼在常温下为惰性物,但高温下易与金属反应,因此需在其表面上涂覆 SiC 层,称为 BOSiC 纤维。其用途为金属和树脂基复合材料增强剂。

目前,制取硼纤维主要有以下四种方法:

1)氢化硼 B_2H_6 的热解；

2)卤化硼的氢还原；

3)有机硼化物的热解；

4)熔融硼直接拉丝。

其中用于工业生产的主要是卤化硼的氢还原法，即利用氯化硼与氢气的高温还原反应制取硼纤维的 CVD 法。其基本化学反应为

$$2BCl_3+3H_2 \longrightarrow 2B+6HCl\uparrow \tag{R3-4}$$

硼纤维一般采用 CVD 法生产。作为芯材，通常使用直径仅为 $12.5\mu m$ 的钨丝，通过反应管由电阻加热，三氯化硼（BCl_3）和氢气的化学混合物从反应管的上部进口流入，被加热至 1 300℃左右。经过化学反应，硼层就在干净的钨丝表面上沉积，制成的硼纤维被导出，缠绕在丝筒上。HCl 和未反应的 H_2 及部分 BCl_3 从反应管的底部出口排出，BCl_3 经过回收工序可再生利用。生产的硼纤维大致有 3 种，即丝径分别约为 $75\ \mu m$，$100\ \mu m$ 和 $140\ \mu m$。丝径大小可通过牵引速度来控制。虽然目前已经发展了多种硼纤维制备方法，但 CVD 法依然是最经济的方法。典型的 CVD 法工艺过程如图 3-15 所示。

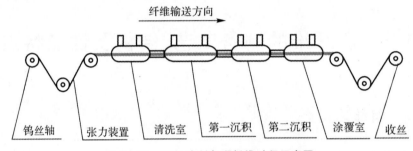

图 3-15　CVD 法制备硼纤维过程示意图

（1）钨丝的清洗。拉制的商品钨丝表面有一层石墨乳润滑剂，为了除去表面的油污及润滑剂，并将直径控制在 CVD 工艺要求的范围内：该商品钨丝需预先在 NaOH 溶液中用电解抛光的方法进行减径和清洗（经电化学方法处理后的光亮钨丝，直径一般在 $12\sim13\ \mu m$ 范围内）。然后进入清洗室，用直流高压在氢气中加热到 1 200℃左右，以便还原在储存过程中钨丝表面可能形成的氧化物。再进入第一沉积室。

（2）第一沉积室。在第一沉积室发生硼钨反应，生成 WB，W_2B_5，WB_4 等金属间化合物。同时硼向钨中扩散。当钨丝转化为硼化物时，体积膨胀。为避免因膨胀造成的内应力过大，造成纤维劈裂及芯部的微裂纹，第一沉积室温度较低，通常控制在 1 120～1 200℃范围内，使得在硼扩散及硼钨反应时，仅有少量硼沉积。

（3）第二沉积室。第二沉积室温度较高，在 1 200～1 300℃范围可得到较高的沉积速度。

（4）涂覆室。在涂覆室通入氢、三氯化硼及甲烷的混合气体，在 1 350℃左右的温度下反应生成碳化硼沉积于纤维表面。其反应式为

$$4BCl_3+4H_2+CH_4 \longrightarrow B_4C+12HCl\uparrow \tag{R3-5}$$

用纤维增强金属时，为避免因高温产生不良的界面反应，导致纤维劣化，通常在纤维表面添加涂层。通常以碳化硅或碳化硼为涂层。由 CTI 公司开发的名为 Borsic 的纤维，是在硼纤维表面包覆了一层 $1\sim2\ \mu m$ 的 SiC，而 AVCO 公司开发的硼纤维则在硼表面形成了一层 $7\ \mu m$

厚的 B_4C 层。

2. 有机硼化合物热解法

此法是将有机硼化合物如三乙基硼或者硼烷系化合物(如 B_2H_6)进行高温分解,使硼沉积到底丝上。因为其沉积温度低于 600℃,可采用 Al 丝作为底丝,所以硼纤维的生产成本大大降低,但是使用温度和性能也随之降低。

3.3.3　硼纤维的结构及性能

1. 硼纤维的结构特征

以钨芯硼纤维为例,它具有类似玉米棒子表面状态的结构,表面相对平滑,有较小的比表面积。如图 3-16 所示,纤维的横截面为复合结构,即内芯为 W_2B_5 和 WB_4,外围是硼,最外层是 B_4C,皆为规则圆形。

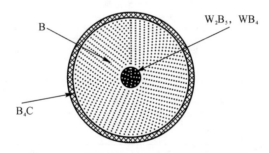

图 3-16　钨芯硼纤维的横截面结构示意图

硼纤维的质量通常根据纤维表面瘤状物的形貌来判断。所谓质量好是指其形貌应该由排列整齐、颗粒均匀的较大瘤状物构成。反之,一旦沉积过程中出现杂质,势必为硼沉积提供新的生长源并优先长大,破坏了原正常生长的瘤与瘤之间的界面,致使纤维表面形成一种变态或较大的瘤状物。

硼纤维是一种陶瓷质的脆性材料,由于种种原因,用 CVD 工艺制取的硼纤维,或多或少会出现一些不同形式的缺陷,这些缺陷在外加载荷作用下,可能成为纤维破断的初始裂纹源。其主要缺陷形式有以下几种:

(1)纤维芯部缺陷。因钨丝材质、硼沉积过程中的硼钨反应、硼纤维走丝时所加张力以及各种气体纯度、加热温度等因素,在制取的硼纤维芯部会产生一些微小的缺陷。

(2)表面沟槽。硼纤维的表面呈瘤结状,瘤结之间形成沟槽。在外加载荷的作用下,在沟槽处明显形成应力集中现象,沟槽较深处应力集中现象严重,纤维易在此处产生破断。

(3)孔洞。硼沉积过程中,在芯部与沉积层的界面处,会形成类似于孔隙的细小孔洞,这是又一类可能出现的缺陷形式。存在于沉积层中的这类细孔,呈不规则的棱形:径向尺寸为 $1\mu m$ 左右,而轴向延伸则较长,有时会弯曲,膨大。

(4)径向裂纹。这种裂纹往往从芯部径向延伸至硼沉积层的接近外表面处,其形成与硼纤维中出现的不对称的内应力有关。

(5)变态瘤。原材料不纯,在反应容器中混入杂质,或者由于工艺参数的偶然波动,均会形成不正常的瘤状物沉积或结晶瘤。

一般可通过对 BCl_3 的精馏提纯,清除 H_2 中的水分,防止与 BCl_3 形成水解产物,避免生成钨及水银的氧化物,以及提高工艺过程的自控水平等手段,使上述缺陷降至最低程度。

2. 硼纤维的性能

硼纤维具有高强度、高模量(见表 3-9~表 3-11),但密度值较小,因此比强度与比刚度高。虽然金属钨的密度远大于硼,但对于直径为 $140~\mu m$ 的钨芯硼纤维来说,钨芯所占的体积分数不足 1%,对硼纤维密度值的影响不足 10%。硼纤维在空气中低于 200℃ 热老化 1 000 h 性能不变,330℃/1 000 h 老化后强度下降 10%,650℃ 下几乎无强度。它可以作为树脂基复合材料增强体。常温下,硼纤维惰性高;高于 650℃ 条件下,硼纤维会与金属反应。硼纤维与环氧树脂、聚酰亚胺树脂的黏结性比碳纤维好。但是由于硼纤维模量高、直径大、质硬、不易编织,导致其成型性较差,在树脂基复合材料中常被碳纤维所替代,因此它主要用于金属基复合材料,如硼/铝及硼/钛复合材料。

表 3-9 硼纤维的典型性能

纤维类别	直径/μm	密度/$(g \cdot cm^{-3})$	拉伸强度/MPa	拉伸模量/GPa	热膨胀系数/$(10^{-6}℃)$
B(W 芯)	100	2.6	3 400	400	4.9
B(W 芯)	140	2.48	3 600	400	4.9
B(W 芯)	200	2.4	3 600	400	4.9
B(C 芯)	100	2.22	4 000	360	
B(C 芯)	140	2.28	4 000	360	

表 3-10 硼纤维力学性能与几种连续纤维性能的比较

纤维材料	规格	拉伸强度/MPa	拉伸模量/GPa	密度/$(g \cdot cm^{-3})$	生产厂家
B_4C 涂覆钨芯硼纤维	$\phi 140~\mu m$	3 700	400	2.5	SNPE(法)
SiC 涂覆钨芯硼纤维 (BoSiC)	$\phi 140~\mu m$	3 100	400	2.65	AVCO(美)
碳芯 CVD 碳化硅 (SCS-6)	$\phi 140~\mu m$	>4 000	400	3.0	AVCO(美)
钨芯 CVD 碳化硅	$\phi 100~\mu m$	3 350	390	3.4	SIGMA(德)
纺丝碳化硅 (NICALON)	12 μm500 根纤维束	2 800~3 000	200	2.55	日本碳素(日)
含钛纺丝碳化硅 (TYRANNO)	12 μm500 根纤维束	2 800~3 000	200	2.5	UBE(日)
高强型碳纤维(T300)	7 μm3 000 或 6 000 根纤维束	3 500	230	1.76	东丽(日)
高模型碳纤维(M40)	7 μm3 000 或 6 000 根纤维束	2 500	390	1.81	东丽(日)
FP 氧化铝纤维	20 μm210 根纤维束	1 380	380	3.9	DUPONT(美)
住友氧化铝纤维	17 μm1 000 根纤维束	1 500	200	3.2	住友化学(日)

表 3 - 11　不同类型硼纤维力学性能比较

类　别	B/W	B/C	SiC - B/W	B₄C - B/W
生产厂家	AVCO	AVCO	CTI	AVCO
直径/μm	100,140,200	100,104	100,145	145
密度/(g·cm⁻³)	2.59,2.49,2.46	2.22,2.27	2.58	2.27
抗拉强度/MPa	3 750	3 280	3 000	4 000
弹性模量/GPa	410	360	400	370

在硼纤维开发的初期,作为芯线的大多是钨丝芯线,后来从成本上考虑,多使用碳的芯线。美国的 AVCO 公司曾多年试验,在直径约 30μm 的碳单丝上沉积硼,由于沉积过程中有一定程度的伸长,造成碳丝多处断裂,使硼纤维强度明显下降。曾在碳单丝的表面涂覆一层热解石墨,试图减小碳芯的断裂倾向,但也未能得到比较理想的结果。

一般说来,影响增强纤维力学性能的主要因素有下列几个方面:纤维组分、纤维结构、制取工艺、测试方法、温度等。对于 CVD 法制取的硼纤维,还有以下几项影响因素:

(1)硼纤维缺陷与强度性能的关系。如前所述,用 CVD 工艺制取的硼纤维会出现一些缺陷,实验表明,径向裂纹和表面沟槽对硼纤维强度值影响最大。缺陷在外加载荷作用下,会成为硼纤维产生破断的断裂源。

(2)不同测量标距对硼纤维拉伸强度的影响。硼纤维中缺陷出现的位置具有随机性,但对于直径相同的同一批试样来说,被测试样的标距长短,在一定程度上反映缺陷出现概率的高低不同,也即硼纤维强度测量值与检测试样标距长度有一定的依存关系。

(3)湿度的影响。当湿度增加时,由于水蒸气的引入,提高了裂纹的应力水平,使应力集中现象加剧,从而强化了可能存在于纤维表面的微裂纹与沟槽缺陷的缺口效应。

(4)涂层的作用。当用硼纤维增强金属时,由于硼的化学活性,在复合温度下,硼与基体金属反应生成脆性相;其次硼纤维易氧化;此外,当液相复合时,硼纤维易在熔融金属中产生熔蚀现象。这些都会使材料性能明显下降。

(5)温度的影响。热暴露温度越高,硼纤维能经受的热暴露时间就越短。在空气中热暴露的作用,主要归因于硼纤维被氧化。因此,在真空环境中或惰性气体保护下,硼纤维的耐温性能大为提高。

3.3.4　硼纤维的应用

硼纤维作为复合材料增强纤维,主要用途是制造对质量和刚度要求高的航空、航天飞行器的部件。在体育用品上(如网球拍和越野雪橇)目前也利用硼纤维的独特强度和刚度加以改进扩大市场。

美国企业已把硼纤维增强金属基复合材料用于航天和航空领域(见表 3 - 12)。美国成功试制了 JT8D,JT9D,TF30,J79,F100 等发动机的风扇或压气机叶片。最成功的应用是美国在航天飞机机身上采用带钛合金端接头的硼/铝复合材料管。每架航天飞机安装 243 根不同的硼/铝复合材料管构件。全部管质量 150 kg,比用铝合金挤压件的设计节约 145 kg,相当于质量降低 44%,也节省空间,改善飞行器内部通道。

表 3-12 硼纤维在航空航天领域的应用

材　料	使用部位	减重/(%)	使用/试验情况
硼/环氧复合材料	F-14 水平安定面	19	生产、现役使用
	F-15 垂直安定面	22	生产、现役使用
	F111B 翼盒		
	直升机 CH-54B 的方向舵		
	F-4 的方向舵		
	F-5 的着陆装置门		
	T-39 的机翼箱		
	B707 的襟翼		
	B-1 的机翅纵向通材	20	生产、现役使用
硼/铝复合材料	F106 舱门	20	飞行 69.1 h,没破坏
	155 mm 火炮射弹刚性环	66	4 h 发火试验,不破坏
	JT8D 第一级风扇叶片	40	通过试验台、腐蚀及抗外来物冲击试验
	F100 第一级风扇叶片及第一级出口导向叶片	35~40	通过静载、热疲劳、试验台试验、通过抗外来物冲击试验
	航天飞机中桁架支柱等	44	现役使用

硼纤维可以用于制造 FRC(纤维-树脂复合材料),也可用于制造 FMC(纤维-金属复合材料),FMC 可在高温下使用。硼纤维的压缩强度高,BFRC 的压缩强度比 CFRC 高 1 倍,比钛合金也高很多,但硼纤维的价格昂贵,应用受限制。

3.4 碳化硅纤维的制备工艺、结构及性能特点

碳化硅(SiC)纤维是以硅和碳为主要组成的陶瓷纤维。在形态上有晶须、连续纤维两种。晶须是尺寸细小的高纯单晶,直径为 0.1~1 μm,长度为 20~50 μm。连续碳化硅纤维是一种多晶纤维,主要由化学气相沉积法(CVD)和先驱体转化法(烧结法)制得。

1966 年美国用气相法制得钨芯连续碳化硅纤维,1984 年美国报道了碳芯连续碳化硅纤维的制备。20 世纪 70 年代末日本用烧结法制得细直径、高强度、高模量的碳化硅纤维,至 1983 年,实现了连续碳化硅纤维的工业化生产,商品名为 Nicalon。20 世纪 80 年代末,美国用烧结法由沥青和硅原料制得连续碳化硅纤维,降低了成本,该纤维可用于金属基复合材料。日本于 1990 年又开发了命名 Tetolon 的碳化硅纤维。

3.4.1 碳化硅纤维的主要性能特点

目前 SiC 纤维的室温机械性能与硼纤维大致相当,但硼纤维在高于 500℃ 的氧化氛围中,

仅几分钟强度就迅速下降,在 650℃将失去所有强度。碳纤维在 400℃以上也会急剧氧化,强度大幅度下降。而 SiC 纤维的室温强度几乎可保持到 1 200℃左右,在 1 370℃左右时强度仅有 30％左右的下降。

碳化硅纤维的主要性能特点如下:

1)拉伸强度和拉伸模量高,密度低;

2)耐热性好,在空气中可长期应用于 1 000～1 100℃环境中;

3)与金属反应性小,浸润性好,在 1 000℃以下几乎不与金属发生反应;

4)纤维具有半导体性且随组成不同,其体积电阻率在 $10^{-1}～10^6$ Ω·cm 范围;

5)以先驱体法制得的纤维直径细,易编织成各种织物;

6)耐腐蚀性能优异。

3.4.2　碳化硅纤维的制备方法

3.4.2.1　化学气相沉积法(CVD 法)

CVD-碳化硅纤维的研制是为了满足高温复合材料的发展需要,是最先生产 SiC 纤维复合长单丝的方法。1972 年美国的 ACCO 公司利用硼纤维的制造技术,将 $SiCl_4$/烷烃/氢气等混合气体引入反应室,加热到 1 200℃以上,SiC 将沉积在移动的直径为 12.6μm 的钨丝或 33μm 的碳丝上,制得直径大于 120 μm 的 Si/W 或 Si/C 复合纤维。

该方法是在管式反应器采用水银电极直流加热或射频加热法,将硅烷(如 CH_3SiCl_3, CH_3HSiCl_2)或它们的混合物与氢气混合后导入反应器,在灼热的芯丝表面裂解为 SiC,并沉积在芯丝表面(见图 3-17)的方法。

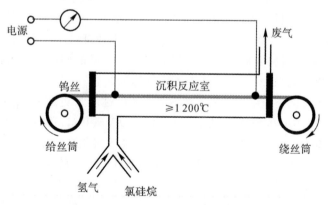

图 3-17　CVD 法制备 SiC 纤维示意图

以美国 AVCO 公司制备的碳芯碳化硅为例,其结构大致可分为四层,由纤维中心向外依次为碳芯、富碳的碳化硅层、碳化硅层及表面涂层,如图 3-18 所示。根据其表面层成分的不同,产品有 SCS-2,SCS-6 及 SCS-8 三种牌号。

SCS-2:碳化硅纤维具有 1 μm 厚的富碳层,并在涂层外表面富硅。它适用于增强铝合金制备铝基复合材料。

SCS-6：纤维表面有 3 μm 厚的富碳层，外表面富硅，且距外表面 1.5 μm 厚处硅含量达到最高值。该牌号纤维适用于增强钛合金和陶瓷。

SCS-8：该纤维有 6 μm 厚的 SiC 晶粒和 1 μm 厚的富碳涂层（外表面富硅）。它适用于制造形状复杂铝基复合材料构件。

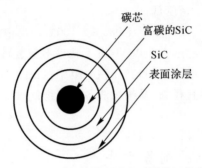

碳芯
富碳的SiC
SiC
表面涂层

图 3-18　CVD 法制备的碳芯碳化硅横截面结构示意图

研究表明，CVD 法制备连续碳化硅纤维是一个复杂的多步骤的物理化学过程，一般包括以下步骤：

1）反应气体向热钨丝表面迁移扩散；

2）反应气体被热钨丝（碳丝）表面吸附；

3）反应气体在热钨丝（碳丝）表面裂解，碳化硅晶体成核生长；

4）反应气体的分解和向外扩散。

基于以上研究，CVD 法沉积速度强烈地依赖于反应温度，反应气体的浓度、流量和流动状态以及反应气体的纯度，钨丝表面状态等因素。

同时，使用 CVD 法制备碳化硅纤维时，纤维表面呈张应力状态，从而使碳化硅纤维在外力作用时或在制备复合材料过程中与基体作用时具有表面损伤敏感性，易降低纤维强度。纤维表面越光滑，这种张应力分布就越小，性能就越好。为使纤维不受损伤，改善基体与纤维相容性，可设计理想的复合材料界面。通常在制备碳化硅纤维的同时，对纤维进行表面处理，涂覆不同厚度和不同成分的保护涂层，以适应不同基体的复合。

近年来，CVD 法碳化硅纤维 SCS-2 和 SCS-8 已逐步被更新取代，新发展开发的 CVD 法碳化硅纤维有 SCS-9A 和 SCS-ULTRA。SCS-9A 碳化硅纤维的直径比 SCS-6 的大幅度减小，仅为 ϕ79±5 μm，减小了约 40%。这种细直径的碳化硅纤维便于工艺操作，有利于制备尺寸小而外形复杂的构件。TEXTRONSYSTEMS 公司的碳化硅纤维新品种 SCS-ULTRA，其拉伸强度为老品种碳化硅纤维的 180%，提高到 6 210 MPa，拉伸模量提高 10%～35%，达 415 GPa。SCS-6，SCS-9A 和 SCS-ULTRA 碳化硅纤维的性能见表 3-13。

表 3-13　CVD 法生产的部分碳化硅纤维性能

牌　号	直径/μm	密度/(g·cm^{-3})	截面	拉伸强度/GPa	拉伸模量/GPa	热膨胀系数 $\dfrac{10^{-6}}{℃}$
SCS-6	140	3.0	圆	3.450	380	2.3
SCS-9A	79±5	2.8	圆	3.450	307	4.3
SCS-ULTRA	140	3.0	圆	6.210	415	

1. SiC 的芯材

美国 Textron 公司特种材料部是世界上唯一研制 SiC(C 芯)纤维的单位。碳芯载体是一种单丝,采用煤焦油沥青熔融纺丝工艺制备,直径为 33 μm 左右。它具有一定的强度、十分光滑的表面以及足够的均匀性和连续性,以满足高温沉积载体的特殊需要。

目前采用 CVD 法生产钨芯连续碳化硅纤维的有英国 BP 公司、法国 SVPE 公司。其商品号有 SM1040,SM1140 和 SM1240 系列。

碳丝碳化硅与钨丝相比具有密度小、成本低、避免了高温下 W 与 SiC 的反应等优点,因此 SiC(C 芯)纤维具有比强度、比模量更高、高温性能更好以及成本下降潜力更大等优点。

2. CVD 法碳化硅纤维国内研究发展情况

在国家高技术计划的支持下,中科院金属研究所开展了射频加热 CVD 工艺制备 SiC 纤维的研究工作。不同于水银电极直流加热 CVD 工艺,射频加热是一种无接触加热工艺。沉积载体丝连续通过管状反应装置,并被射频能所形成的高密度空间轴向电场加热到所需温度,与反应气体反应沉积形成连续碳化硅纤维。这种工艺避免了直流加热工艺中水银对纤维环境以及工作人员的污染和危害,同时也提供了更加均匀的加热区域,有利于提高碳化硅纤维的质量。其基本性能及与国外同类产品的对比见表 3-14。

表 3-14　国内外部分 CVD 法制备碳化硅纤维性能对比

品　种	直径/μm	抗张强度/MPa	弹性模量/GPa	密度/(g·cm⁻³)	表面涂层
SM1040	106	3 500	400	3.4	无
SM1140	107±3	3 000~3 300			富碳涂层
SM1240	101±4	3 300~3 500			C+TiBₓ 涂层
国产品牌	100±3	>3 700	400	3.4	富碳涂层

3.4.2.2　有机硅聚合物的熔融纺丝裂解转化法(先驱体转化法)

先驱体转化法是制备各种陶瓷纤维最有生命力的方法,即用有机硅聚合物,如聚碳硅烷作为先驱体,并将其纺成纤维后经低温交联处理,再进行高温裂解制得直径很细的高性能连续碳化硅纤维的方法。

1975 年,日本东北大学的矢岛圣使首先发明了先驱体法;日本碳公司受日本新技术开发事业团的委托,于 1983 年底完成连续碳化硅纤维的批量生产开发,并以商品 Nicalon 进行销售;1984 年,日本宇部兴产公司以低分子硅烷化合物与钛化合物合成有机金属聚合物,采用特殊纺丝技术,制成性能更好的含钛碳化硅纤维,称为 TYRANNO。1985 年 9 月,日本信越化公司在世界上首次实现了作为碳化硅纤维原料——聚碳硅烷的正式工业化生产,从 1985 年 11 月开始了月产 1t 的连续碳化硅纤维的正式生产。1990 年美国 DOW CORNING 公司也开始生产。

如图 3-19 所示,先驱体转换法制备碳化硅纤维的生产工艺流程为聚碳硅烷合成、通过熔融纺丝、再经过氧化法或电子束法进行不熔化处理、于惰性气体中在高于 1 000℃温度下热处理。聚碳硅烷合成时由于 Si-Si 键的重排转化和分子间的缩合反应,产物相对分子质量和熔点提高,分子柔性变差,影响可纺性。因此必须采取措施,既有效地提高聚碳硅烷的熔点又保证良好的可纺性。聚碳硅烷是一种脆性材料,呈灰黄色固体,熔点约 225℃,其熔融纺丝有较大难度,从原料到纺丝工艺要求严格控制,注意纺丝温度、进料速度、收丝速度与纺丝压力的匹配和控制。不熔化处理是聚碳硅烷分子结构中的 Si—H 键氧化形成 Si—O—Si 键,使分子间相互交联的过程,此外,还存在形成 Si—OH 基和 C═O 基的反应,后者对不熔化没有贡献,并在纤维中引入过多的氧,应尽可能加以抑制。不熔化处理是影响聚碳硅烷纤维的重要环节,必须控制好 Si—H 键反应程度。热解是在高温惰性气体下完成使有机物转化为无机物并形成 SiC 微晶的过程,纤维的密度和拉伸强度迅速提高。

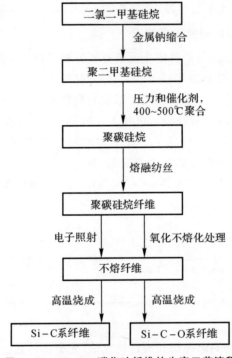

图 3 – 19 Nicalon 碳化硅纤维的生产工艺流程

1. Si - C - O 系纤维

氧化法制造的 Nicalon 纤维的组成:Si—58%,C—31%,O—11%(质量分数),称为 Si - C - O 系纤维,它们通常为无定形结构并有 2 nm 左右的 SiC 纳米晶体,其形状是由 15 μm 纤维的 500 根丝束形成的连续复丝。这样的结构无论在空气中或氩气中,800℃,1 000 h 下都是稳定的;在 1 000℃,100 h 或 1 200℃,1 h 仍能稳定;当温度＞1 400℃时,晶粒开始长大并且降解。

Si - C - O 系纤维具有如下特点:

1)低密度,高强度,高模量。

2)由于以 SiC 为主成分,耐热和耐氧化优良,即使在高温空气中也能保持高强度和高模量。在高温空气中的耐热温度:长时间工作温度可达 1 000℃,短时间工作温度为 1 200℃。

3)导电特性与半导体类似,电阻率可在 $10^{-4} \sim 10^{7}$ Ω·cm 范围内调整。

4)与树脂、金属和陶瓷的适应性良好,因此适于用作复合材料增强纤维。

2. 电子束法制备的碳化硅纤维

Si-C-O 系纤维虽然具有众多优异的性能,但是,其最高使用温度仅为 1 200℃,不能满足航空航天领域热结构材料的耐热性需求。纤维在高温下性能降低的主要由其所含的氧元素所致,在 1 300℃ 以上的高温下处理时,纤维中含的氧元素与游离碳反应而生成 CO 气体放出,由此而产生缺陷,而且 SiC 结晶粗化,降低了使用强度。为此,日本原子能研究所、大阪府立大学、日本碳素公司等通过共同研究,开发出在纤维制备过程中不导入氧元素的方法,也就是电子射线照射不熔化法。聚碳硅烷纤维在非氧化气氛中经电子照射,即可发生交联,形成不熔化丝,这种不熔化丝经过 1 500℃ 以上的高温处理,即可获得含氧质量分数低于 0.5% 的碳化硅纤维。电子束法和氧化法生产碳化硅纤维成分及结构对比见表 3-15。

表 3-15 用电子束和氧化法生产的碳化硅纤维比较

工艺方法	纤维直径/μm	每束纤维数	化学成分(质量分数/(%))		
			Si	C	O
电子束法	14	500	62.7	32.1	0.5
氧化法	15	500	58	31	11

电子束法生产的碳化硅纤维抗拉强度为 2.8~3.01 GPa,模量为 270 GPa,其中最典型的是 Hi-Nicalon,其性能均高于 Si-C-O 系纤维,且耐热性显著提高,在 1 500℃ 氩气环境下暴露试验 10 h,仍然有 2 GPa 的高强度;在氩气中于 2 000℃ 下热处理后,仍可保持其柔软形状的纤维。在 1 400℃ 氩气中热老化 2 h 后,Al_2O_3 纤维的拉伸强度降至 700 MPa 左右;用氧化法制造的 Si-C-O 系 Nicalon 纤维由于结晶生长和纤维中生成一氧化碳,室温拉伸强度降到高温时的 1/10 左右;而电子束法制造的碳化硅纤维 Hi-Nicalon 拉伸强度仍高达 2 250 MPa 左右,即使在 1 800℃ 热老化 1 h,拉伸强度仍可达到 1 000 MPa 以上。这表明用电子束法制造的碳化硅纤维具有卓越高温性能,这是其他纤维无法与之相比的。

用先驱体转化法制备的碳化硅纤维具有优异的综合性能(见表 3-16),可用于航空航天耐热结构件的增强材料。其主要性能特点如下:

(1)抗拉强度和抗拉模量高,比重小。碳化硅纤维由约 10 nm 的超微粒子组成,凝聚力大,应力沿着致密的离子界面分散,因此表现出极高的强度。

(2)耐热性优良。即使在氧化性气氛中也可在较高温度下使用,一般在 1 100℃ 左右仍能保持抗拉强度在 2.0 GPa 以上。

(3)与金属反应小。SiC 纤维在 1 000℃ 以下几乎不与金属发生反应,直到 1 100℃ 才与某些金属反应,所以是很有应用前景的金属基复合材料增强剂。

(4)具有半导体性。SiC 纤维比电阻随热处理温度上升而下降。从而可根据需要控制比电阻,其可望作为吸收电磁波的制品应用。

(5)纤维直径细,易编制成各种织物。

(6)耐化学药品性能优异。

表 3 - 16　用先驱体转化法制备的部分碳化硅纤维的性能

性　能	通用级 NL - 200	HVR 级 NL - 400	LVR 级 NL - 500	碳涂层 NL - 607
长丝直径/μm	14/12	14	14	14
丝数/束	250/500	250/500	500	500
拉伸强度/MPa	3 000	2 800	3 000	3 000
拉伸模量/GPa	220	280	220	220
伸长率/(%)	1.4	1.6	1.4	1.4
密度/(kg·m^{-3})	2 550	2 300	2 500	2 550
比电阻/(Ω·cm)	103~104	106~107	0.5~50	0.8
热膨胀系数/(10^{-6}·K^{-1})	3.1			3.1
热导率/[W·(m·K)$^{-1}$]	12			12

3.4.2.3　其他生产工艺简介

(1)活性碳纤维转化法。利用气态的 Si 与多孔碳反应转化生成 SiC 纤维。

(2)挤压法。SiC 粉在聚合物黏合剂存在下挤出纺丝,形成的细丝再烧结固化,如图 3 - 20 所示。

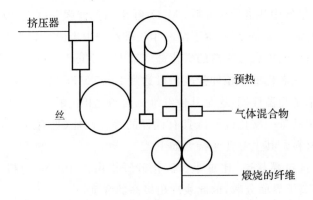

图 3 - 20　挤压法生产 SiC 纤维示意图

3.4.3　SiC 纤维的应用

SiC 纤维作为一种战略性材料主要应用于高性能复合材料的增强纤维和耐热材料。其应用从宇航、军事领域直至一般运输工业及体育运动器材等民用产品,其军事用途包括导弹卫星飞机、先进发动机以及航天飞机等。同时由于这类复合材料耐腐蚀,也可用于航海领域,例如船舶超结构体、舱板、鱼雷、水雷壳体等。民用应用方面可作为高温耐火材料,聚合物、金属和陶瓷基复合材料的增强剂等。表 3 - 17 列出了碳化硅纤维目前的应用情况,表 3 - 18 列出了碳化硅纤维未来可能的应用领域。

表 3 - 17　SiC 纤维耐热性能及应用

商品名	主要组成	最高使用温度/℃ (1 000 h 断裂强度＝100 MPa)	最高使用温度/℃ (1 000 h 断裂强度＝500 MPa)	应用领域
Nicalon NL202	Si - C - O	1 300	1 100	陶瓷基复合材料
Hi - Nicalon	Si - C	1 400	1 200	陶瓷基复合材料
Tyranno LOXM	Si - C - O - Ti	1 400	1 100	金属基复合材料
Sylramic	SiC, TiB_2	1 400	1 200	陶瓷基复合材料
SCS - 6	SiC	1 400	1 300	金属基复合材料

表 3 - 18　SiC 纤维可能的应用领域

分　类	领　域	用　途	使用形态
增强金属	航天、汽车工业	结构件及发动机零件	织物或无纺布
增强聚合物	航空、航天，运动及音响	结构件，隐身件，扬声器锥体	织物或与碳纤维混杂
增强陶瓷	汽车、冶金及机械工业热结构材料	高强度、耐高温、耐磨损、耐腐蚀、抗氧化构件，发动机部件，热交换器	编织物
其他		热防护帘，输送带，点火器	布及编织物

3.5　芳酰胺纤维的制备工艺、结构及性能特点

　　凡聚合物大分子的主链由芳香环和酰胺键构成,那么其中至少有85％的酰胺基直接键合在芳香环上,且每个重复单元的酰胺基中的氮原子和羰基均直接与芳香环中的碳原子相连接并置换其中的一个氢原子的聚合物称为芳香族聚酰胺纤维,我国将其定名为芳纶纤维。芳纶纤维有全芳族聚酰胺纤维和杂环芳族聚酰胺纤维两大类。全芳族聚酰胺纤维至少有85％的酰胺键和两个芳环相连的长链合成聚酰胺,由此类聚合物制得的纤维称为芳香族聚酰胺纤维(Aramid fiber)。此类主要包括对位的聚对苯二甲酰对苯二胺(见图 3 - 21)和聚对苯甲酰胺纤维、间位的聚间苯二甲酰间苯二胺和聚间苯甲酰胺纤维、共聚芳酰胺纤维以及如引入折叠基、巨型侧基的其他芳族聚酰胺纤维。杂环芳族聚酰胺纤维是指含有氮、氧、硫等杂质原子的二胺和二酰氯缩聚而成的芳纶纤维,如有序结构的杂环聚酰胺纤维等。其中,多数纤维分子中存在 H—O 或者 H—N 的氢键作用(见图 3 - 21),使得芳纶纤维易于结晶。

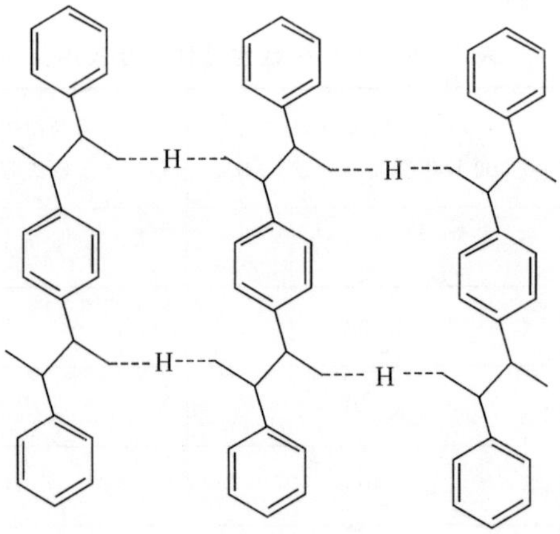

图 3 - 21　聚对苯二甲酰对苯二胺结构及分子间氢键示意图

3.5.1　芳纶纤维的发展历史

芳香族聚酰胺纤维最早开发于 20 世纪 60 年代初,1962 年美国杜邦公司率先研制出商品名为"Nomex"的间位芳纶,于 1967 年开始工业化生产;1966 年杜邦公司又研制出商品名为"Kevlar"的高性能芳纶,并于 1971 年开始工业化生产。目前全球从事芳纶 1414 生产的厂家主要有美国杜邦公司(Kevlar)、日本帝人公司(Twaron,,Teehnora)、俄罗斯耐热公司(Pyeap)等。国内外主要芳纶纤维生产商见表 3 - 19,不同芳纶纤维、玻璃纤维和碳纤维的性能对比见表 3 - 20。

表 3 - 19　国内外主要芳纶纤维生产商简表

国　别	公　司	厂　址	商品名称	产能/(kt·a^{-1})
美国	DuPont	Riehmond	Kevlar	22.5
爱尔兰	DuPont	Maydown	Kevlar	7.0
日本	DuPont -东丽	东海	Kevlar	5.0
日本	Teijin	岩围	Teehnora	0.8
日本	Teijin	荷兰	Twaron	18.5
德国	赫斯特	Kelhaim		2.0
韩国	Kolon	坤美		1.6
中国	硅谷化工	邯郸	芳纶	
中国	仪征化纤	上海		
中国	平顶山	河南		
中国	晨光研究院	成都		
中国	烟台氨纶	烟台		
中国	新会彩艳	新会		

表 3 - 20　不同芳纶纤维的力学性能及其与玻璃纤维和碳纤维的对比

纤维名称	密度/(g·cm^{-3})	拉伸强度/MPa	拉伸模量/MPa	延伸率/(%)
Nomex	1.38	6 471	17 052	22
Kevlar - 29	1.44	2 940	71 736	3.6
Kevlar - 49	1.45	2 842	108 780	2.4
Kevlar - 119	1.44	3 038	54 586	4.4
Kevlar - 129	1.44	3 332	96 530	3.3
Kevlar - 149	1.47	2 352	144 060	1.5
Kevlar - 100	1.44	2 744	60 368	3.9
芳纶 I	1.465	2 744	88 200	1.8
芳纶 II	1.44	2 548	147 000	2.0
S$_2$ 高强玻璃纤维	2.54	2 940	81 340	
碳纤维 T300	1.75	2 744	225 400	1.2

在同等质量的条件下，Kevlar 纤维强度是钢丝强度的五倍，模量比最常用的补强纤维——E 玻璃纤维强三倍(见表 3 - 20)。Kevlar 不仅能在 -196～240℃ 的温度范围内连续使用，同时还具有不易熔化，阻燃等优异性能。常见的注册 Kevlar 商品名有 Kevlar，Kevlar29，Kevlar49 以及 Kevlar129，Kevlar149 等。其中 Kevlar 主要用于工程材料的补强，如轮胎、传输带、导管、传动皮带等。Kevlar29 则大多用于绳索、绳缆、防弹纤维、包覆纤维、布、织物，以及取代石棉等多项用途。Kevlar49 则应用在比上述两种要求更高抗张模量的场合，特别是用于高分子材料补强，它还应用于飞机螺旋桨、船壳、汽车车体，乃至各种运动器材如网球拍、雪橇。

3.5.2　主要芳纶纤维品种简介

1. 聚对苯二甲酰对苯二胺(PPTA)纤维

PPTA(—[C—〇—C—NH—〇—NH]$_n$—)纤维是芳纶在复合材料中应用最为普遍的一个品种。我国于 20 世纪 80 年代中期试生产此纤维，定名为芳纶 1414(芳纶 II)。芳纶纤维具有优异的力学、化学、热学、电学等性能。PPTA 纤维具有高拉伸强度、高拉伸模量、低密度、优良吸能性和减震、耐磨、耐冲击、抗疲劳、尺寸稳定等优异的力学和动态性能，良好的耐化学腐蚀性，高耐热、低膨胀、低导热、不燃、不熔等突出的热性能以及优良的介电性能。

2. 聚对苯甲酰胺(PBA)纤维

结构式可以表示为 —[C—〇—NH]$_n$—，我国于 20 世纪 80 年代初期曾试生产此纤维，定名为芳纶 14(芳纶 I)。芳纶 I 热老化性能好，这些性能用作某些复合材料的增强体是很有利的。

3. 间位芳香族聚酰胺

间位芳香族聚酰胺-poly(m-phenylene isophthalamide)(MPD-I)纤维称为芳纶1313。其结构式为

芳纶1313纤维有着优秀的耐热性、耐焰性和纺织加工性能,虽然价格比常规纤维高出10倍,但在有特殊需要的场合,它有着不可替代的作用。芳纶1313是耐高温纤维中发展最好的一个。它的用途主要集中在用作热防护服、滤材、阻燃装饰布等的原料。以芳纶1313纤维为原料的防护服包括产业用、军用、消防用。作为滤材,芳纶1313滤布的连续最高使用温度是204℃。芳纶1313还可以造纸:一方面作为H级的耐高温电器绝缘纸,一方面用于制造蜂窝材料。目前,芳纶1313的用途不仅仅局限于产业用纺织品,还广泛应用于民用产品,如阻燃的纺织装饰材料,床上用品等。

芳纶1313纤维大分子中的酰胺基团以间位苯基相互连接,其共价键没有共轭效应,内旋转位能相对对位芳香族聚酰胺纤维低一些,大分子链呈现柔性结构,其强度及模量和通常的聚酯、尼龙相当。

芳纶1313纤维的结晶结构为三斜晶系,亚苯基环的两面角从酰胺平面测量为30°。这是分子内相互作用力下最稳定的结构。芳纶1313单元的结晶尺寸:$a = 0.527$ nm,$b = 0.525$ nm,$c = 1.13$ nm,$\alpha = 111.5°$,$\beta = 111.4°$,$\gamma = 88.0°$,$Z = 1$。c轴的长度表明它比完全伸直链短9%。亚苯基-酰胺之间和C—N键旋转的高能垒阻碍了芳纶1313分子链成为完全伸直链的构象。它的晶体里的氢键作用强烈,使其化学结构稳定,赋予MPD-I纤维优越的耐热性、阻燃性和耐化学腐蚀性。芳纶1313纤维的玻璃化温度为270℃,热分解温度为400～430℃。无论是在氮气还是在空气氛围中,400℃时纤维的失重率小于10%,427℃以上纤维开始快速分解。芳纶1313纤维有很好的耐焰性能,极限氧指数为29%。在火焰中不会发生熔滴现象,而且如果在易熔滴的化学纤维中混纺少许的芳纶1313纤维也能够防止熔滴现象。芳纶1313纤维离开火焰会自熄,在400℃的高温下,纤维发生碳化,成为一种隔热层,能阻挡外部的热量传入内部,起到有效的保护作用。芳纶1313纤维耐溶剂性能好,特别是有机溶剂;耐酸性好于尼龙,但比聚酯纤维略差;常温下的耐碱性很好,但高温下在强碱中容易分解。芳纶1313纤维的耐辐射性以及耐昆虫和细菌的腐蚀性能也很好。美国杜邦公司生产的商标为Nomex的芳纶1313纤维的力学性能和普通的服用纤维相似,具有良好的纺织加工性能。

4. 芳纶共聚纤维

采用新的二胺或第三单体合成新的芳纶是提高芳纶纤维性能的重要途径。

(1)对位芳酰胺共聚纤维。它是由对苯二甲酰氯与对苯二胺及第三单体3,4'-二氨基二苯醚在N,N'-二甲基乙酰胺等溶剂中低温缩聚而成的,共聚物溶液中和后可直接进行湿法纺丝和后处理而得各种产品。

(2)聚对芳酰胺苯并咪唑纤维。一般认为它们是在原PPTA的基础上引入对亚苯基苯并咪唑类杂环二胺,经低温缩聚而成的三元构聚芳酰胺体系,纺丝后再经高温热拉伸而成的。

3.5.3 芳纶纤维的制造工艺

芳纶纤维的制造流程如图 3-22 所示。

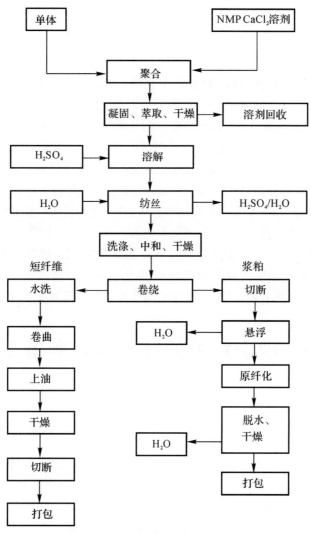

图 3-22 芳纶纤维制造流程示意图

1. 聚合

芳香族聚酰胺的合成通常采用低温溶液缩聚法,即采用反应活性大的单体如对苯二甲酰氯和对苯二胺(PPD),在非质子极性溶剂如 DMAC,NMP,HMPA 等酰胺型溶剂中,在低温条件下进行缩聚反应的方法。这种方法适合于反应活性大、热敏性高的单体,在室温以下进行反应,可以避免副反应发生,得到相对分子质量较高的聚合物。在高性能芳纶的低温聚合中,采用 NMP/CaCl₂,聚合温度低于 20℃。聚合体系必须保证无水。聚合时先将对苯二胺溶于溶剂中,在搅拌下加入等克分子比的对苯二甲酸氯,经数分钟后,体系变稠,接着反应 2 h,然后

用水进行沉析,经分离、洗涤、粉碎和干燥后,即得到需要的成纤高聚物。缩聚反应式如下:

$$n\ NH_2—\!\!\bigcirc\!\!—NH_2 + n\ Cl—\overset{O}{\underset{}{C}}—\!\!\bigcirc\!\!—\overset{O}{\underset{}{C}}—Cl \longrightarrow$$

$$\bigg[\overset{O}{\underset{}{C}}—\!\!\bigcirc\!\!—\overset{O}{\underset{}{C}}—NH—\!\!\bigcirc\!\!—NH \bigg]_n \qquad\qquad (R3-6)$$

2. 纤维成型

PPTA 纤维成型技术是典型的由刚性链聚合物形成液晶性纺丝溶液的技术,采用杜邦公司发明的干喷湿纺的液晶纺丝方法制取高强度高模量纤维,和传统的熔融纺丝、湿法纺丝及干法纺丝相比,引进了新的概念和理论基础。PPTA 不溶解于有机溶剂,但溶于浓硫酸。PPTA/H_2SO_4 溶液体系中,质量分数为 20% 的溶液在 80℃ 下从固相向列型液晶相转移,到 140℃ 时向各向同性溶液相转移。因此,PPTA 的液晶纺丝喷丝板的温度为 80～90℃,而且为了使液晶分子链通过拉伸流动沿纤维轴向取向,必须有足够大的纺丝速度。凝固液的温度应控制在 5℃ 左右,以利于 PPTA 大分子取向状态的保留;空气层的存在允许原液和凝固液的独立控制,使其保持较大的温差,有利于提高纺丝速度。纺丝原液出喷丝头后经 2cm 长的空气层,进入温度约 5℃ 的凝固浴中。初生纤维可不必进行拉伸,只需经充分水洗,并在 150℃ 的空气中进行干燥,即可得到作帘子线用的高性能芳纶。对于作复合材料的专用纤维,则需在 550℃ 及氮气保护下进行热处理,以提高纤维的弹性模量和降低其延伸度。

3.6　玻璃纤维的性能及其制备工艺

3.6.1　玻璃纤维的发展概况

早在 1864 年,G. Parry 就第 1 个用吹喷法、玻璃拉丝法将高炉渣制成玻璃纤维。此法得到的矿渣棉可用作隔热材料。但玻璃纤维真正形成现代化工业,要追溯到 20 世纪 30 年代,美国首先发明了用铂坩埚连续拉制玻璃纤维和用蒸汽喷吹玻璃棉的工艺。在此之后,世界各国相继购买它的专利进行生产,使得玻璃纤维工业得到迅速发展。玻璃纤维最早最重要的应用首推在第二次世界大战期间,采用玻璃纤维增强聚酯制成的雷达罩。发展至今,由于其特殊性能,它广泛用于石油、化工、冶炼、交通、电业、电子、通讯、航天等工业部门,以及军事工程、人民生活用品的各个领域。

3.6.2　玻璃纤维的微观结构

玻璃纤维的微观结构与玻璃的本质结构没有什么不同,同样是一种具有短距离网络结构的非晶结构,因此玻璃也称为“凝固的过冷液体”。玻璃纤维是由硅酸盐的熔体制成的,各种玻璃纤维的结构组成基本相同,都是由无规则的 SiO_2 网络所组成的。玻璃纤维的主要成分是

SiO_2，单纯的 SiO_2 是通过较强共价键相联结的晶体（见图 3 - 23（a）），异常坚硬，熔点高达 1 700℃以上，故加入 $CaCO_3$，Na_2CO_3 等以降低其熔点，加热后 CO_2 逸出，因此玻璃纤维中含有 SiO_2，CaO，Na_2O。熔融的 SiO_2 冷至熔点以下时，因其黏度非常大，液体流动性能很差，也需加入 $CaCO_3$，Na_2CO_3 等降低其黏度，利于玻璃纤维的形成。此外，还加入其他一些成分，以实现玻璃纤维的最终用途。所以，SiO_2 构成了玻璃纤维的骨架，加入的阳离子可能位于玻璃骨架结构的空隙中，也可能取代 Si 的位置。由图 3 - 23（b）可看出，玻璃纤维是典型的非晶体，微粒的排列是无规则的。图 3 - 23（c）所示为 SiO_2 玻璃与 $Na - SiO_2$ 的网络结构。

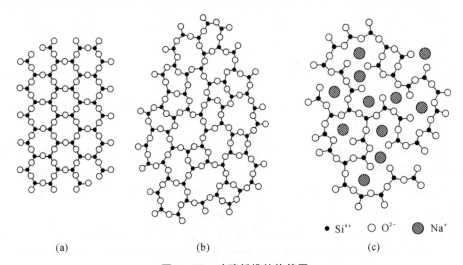

（a）　　　　　　　　　　（b）　　　　　　　　　　（c）

图 3 - 23　玻璃纤维结构简图

（a）SiO_2 晶体；　（b）SiO_2 玻璃纤维；　（c）$Na - SiO_2$ 网络

3.6.3　玻璃纤维的分类

按玻璃纤维成分中有无碱金属氧化物（主要是 Na_2O 和 K_2O），可将其分为无碱玻璃纤维、中碱玻璃纤维、有碱玻璃纤维和特种玻璃纤维 4 大类。玻璃纤维的组分不同，其性能差异很大。例如，碱钙玻璃纤维的抗拉强度为 2 500 MPa 左右，而石英玻璃纤维的抗拉强度则高达 6 000 MPa。这主要是因为玻璃纤维的强度随着玻璃软化温度的升高而增大。国际标准化组织（ISO）按其性质、用途等将用途广泛的纺织玻璃纤维分别加以命名，见表 3 - 21。

表 3 - 21　常用玻璃纤维的化学成分　　　　　　　　　　　（单位：%）

组成 ＼ 玻璃类型	A	A（加硼）	C	D	E	R	Z
SiO_2	72.5	67.5	65.0	74.0	54.5	60.0	71.0
Al_2O_3	1.5	3.5	4.0	1	14.5	25.0	1.0
Fe_2O_3		0.5		0.2	0.5	0.3	
B_2O_3		1.2	5.0	22.5	7.5		
CaO	9.0	6.5	14.0	0.5	17.5	9.0	

续 表

组成＼玻璃类型	A	A(加硼)	C	D	E	R	Z
MgO	3.5	4.5	3.0	0.2	4.5	6.0	
BaO			1.0				
ZrO_2							16.0
TiO_2					0.1	0.2	
Li_2O							1.0
K_2O		3.5	8.0	1.5	0.8	0.1	
Na_2O	1.0	13.5	0.5	1.3		0.4	11.0

E-玻璃:硅酸硼铝玻璃,含有 0.8％以下的碱金属氧化物,用途最广,原来是为电气技术的应用开发的,故用 E 标志,现在主要用于塑料的增强。

A-玻璃:有加硼或不加硼并含有 0.8％以上碱金属氧化物的碱钙玻璃,常用于对塑料的增强要求较低的场合。

C-玻璃:硼添加量高的碱钙玻璃,具有特殊的耐化学作用能力,弥补了 E-玻璃的耐酸性不足,用于防腐、表面保护、过滤技术以及蓄电池制造。

D-玻璃:高介电性能的特殊玻璃,用以制造高频技术的玻璃纤维增强塑料。

R-玻璃、S-玻璃:高温下具有高机械性能的特殊玻璃。

M-玻璃:高弹性模量的含铍玻璃。

Z-玻璃:水泥稳定性改进型玻璃,用于与水泥结合材料的增强。

由于环境保护的要求,表 3-22 中列出的某些成分,如助熔剂 B_2O_3 以及熔体均匀化用的助剂 Na_2SO_4 已逐步减少或放弃使用。

绝缘玻璃纤维主要是 SiO_2，Al_2O_3 两组分并添加助熔剂而衍生出来的。当 SiO_2 含量较高时,所加入的助熔剂含量就较高,其绝缘性能则要低些;当 SiO_2 含量较低时,其助熔剂含量就较低,其耐温性、绝缘性就好得多。

按玻璃纤维的直径大小不同,有初级、中级、高级、超级玻璃纤维之分,直径越细强度越高。增强塑料用的玻璃纤维通常选用中、高级玻璃纤维,其直径一般为 6～15 μm,纤维强度为 980～2 940 MPa。

玻璃纤维的外观是光滑的圆柱体,横断面几乎是完整的圆形。这种特性使玻璃纤维之间的机械结合力不大,不利于和树脂黏合。纺织玻璃纤维具有各种不同的长度,这些长度由加工过程所致。它的制造方法如同人造纤维的制造方法。由于玻璃长丝的扭转刚度非常大,因此,捻系数通常很低。

国内各种纺织玻璃纤维的单丝直径多为 5～9 μm,例如,无碱玻璃纤维的直径为 5～8 μm,中碱玻璃纤维的直径为 6～9 μm,高强度和高模量玻璃纤维的直径为 8 μm。目前,国外玻璃纤维单丝直径在使用上有增大的趋势,如 13～14 μm,15～17 μm 等。这样,可提高玻璃纤维产量,减少合股工序,有利于树脂浸透,效果很显著。

3.6.4 玻璃纤维的制备工艺

玻璃纤维的制造方法很多,但是总体的原理可以称为熔融纺丝,即都要使用玻璃熔体进行纺丝,各种工艺所不同的仅仅是具体实施的工艺措施。制造长丝和短纤维原则上有 3 种方法,即机械拉丝法、离心力拉丝法和流动气体拉丝法,此外还有 3 种方法中两种方法的组合。机械拉丝法广泛地用于生产玻璃长丝,而生产玻璃短纤维则主要采用离心力拉丝法和流动气体拉丝法。

1. 离心法

离心法系将玻璃置于熔炉内熔融后,使其流入设置在炉正下方的旋转容器,借离心力的作用,熔融玻璃通过容器壁上的喷丝孔,继而被吹散入空气中形成纤维的方法,其制得的纤维直径为 $3\sim15\ \mu m$。这种方法用以制造绝缘纤维和玻璃短纤维。

2. 流动气体拉丝法

(1)火焰喷射法。火焰喷射法是使熔融的玻璃从熔融槽下部的多个喷丝孔流出,得到纤维细棒状体,然后用高压火焰于垂直方向喷射,制得很细的短纤维的方法。通常制得的直径为 $3\sim6\ \mu m$,最细的为 $0.3\ \mu m$。

(2)蒸汽喷射法。蒸汽喷射法是用高压蒸汽将熔融的玻璃吹散制成纤维的方法。该法的生产成本较低,但纤维直径呈分散性,多在 $10\ \mu m$ 以上,并且纤维中混有玻璃颗粒,影响玻璃纤维的质量。此法用于制造绝缘玻璃纤维,也可用于制造纺织用短纤维。当用于制造纺织用短纤维时,在吹风喷嘴的下部喷施润滑剂,再将纤维收集在转动缓慢、稍有负压的有孔转鼓上,纤维被转鼓拉出并沿纵向取向,从而被加工成玻璃短纤维的捻线。

3. 机械拉丝法

玻璃球在拉丝炉内由电阻丝加热,使炉中的玻璃熔体维持在适于纺丝的温度和黏度,并借助自重从拉丝炉底部带有许多孔的漏板中流出,通过金属散热片熔体细流得以有效冷却,经过浸润集束器,得以上浆或浸上其他保护性液体,使长丝抱合成丝束,接下来便卷绕到拉丝机上(见图 3 - 24)。拉丝机提供将熔体细流拉伸成长丝所需的张力,拉丝速度达 $1\ 000\sim3\ 500\ m/min$,高速拉丝机能拉制成直径为 $0.004\ mm$ 的玻璃纤维。

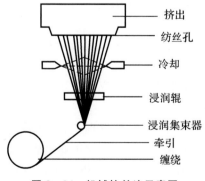

图 3 - 24　机械拉丝法示意图

3.6.5　玻璃纤维的应用

玻璃纤维增强的方式、数量和几何形状、细度、长度、在层压塑料中的排布以及塑料的选择和改性方法等的多样化,使得增强塑料制品繁多。20 世纪 50 年代欧文斯·科尔宁玻璃纤维公司(OCF)研发成功 S 玻璃纤维并成功应用到"民兵Ⅱ"洲际弹道导弹第 3 级的发动机壳体上,大大减轻了导弹质量。高强玻璃纤维具有高强、耐热、抗冲击、高透波等优异的综合性能,使得它在高性能复合材料等领域广泛应用。欧文斯·科尔宁公司(原 OCF)用高强度玻璃纤维无捻粗纱制造的 Silentex™汽车消音器系统已在丰田汽车中使用。福特工程师采用S-2玻璃纤维(一种高强度玻璃纤维)生产汽车催化反应器的密封垫。波音公司采用 S-2 纤维制造货运输送带,波音 AWAC 等多种飞机雷达罩采用了高强玻璃纤维复合材料,飞机机身、机翼外壳、飞机地板等复合材料采用 S-2 玻璃纤维增强,S-2 玻璃纤维在许多直升飞机叶片和传动件上也有应用。空客 A380 是目前航空飞机中复合材料用量最大的一种飞机,S-2 玻璃纤维增强 GLARE 板在 A380 飞机的机身外壳等部位上应用。许多防弹装甲车、防弹服中也采用高强玻璃纤维作为防弹材料,且其性价比优于芳纶纤维,也是近年来不断扩产的高强度玻璃纤维主要应用领域。在德国,纺织玻璃纤维产量中有 81% 用于塑料和其他材料的增强。在日本,多数的增强塑料使用玻璃纤维增强,用玻璃纤维增强后的聚苯乙烯系塑料,其机械性能、制品的尺寸稳定性,耐热、耐低温、耐冲击强度等都有很大的提高,广泛用于汽车部件、家用电器零件、机壳等。用玻璃纤维增强聚甲醛被广泛地代替有色金属,由于它具有很好的耐磨、减摩性能,主要用于制造传动零件,如轴承、齿轮、凸轮等,在电气工业方面,它以制作磁带录音机的飞轮轴承,以及其他精密零件。在玻璃纤维增强塑料基础上,开发了金属化玻璃纤维,其方法是在玻璃纤维增强塑料上镀上镍和铜,起到屏蔽电磁辐射的作用。当今世界,电磁对环境的污染日益严重地干扰和损害仪器和电子设备的功能。将金属化纤维加入普通玻璃纤维织物而后制成外壳,能有效地防止这种电磁干扰。

参 考 文 献

[1]　金志浩,高积强,乔冠军,等. 工程陶瓷材料[M]. 西安:西安交通大学出版社,2000,12.

[2]　吴玉锋,杜文博,聂祚仁,等. 颗粒增强镁基复合材料研究进展[J]. 稀有金属材料与工程,2007,36(1):184-188.

[3]　田治宇. 颗粒增强金属基复合材料的研究及应用[J]. 金属材料与冶金工程,2008,36(1):3-7.

[4]　李世普. 特种陶瓷工艺学[M]. 武汉:武汉理工大学出版社,2005.

[5]　张玉龙. 实用陶瓷材料手册[M]. 北京:化学工业出版社,2006.

[6]　Delhaès P. World of carbon,volume 2:Fibers and composites[M]. London:Taylor & Francis Group,2003.

[7]　李伏虎,沈曾民,迟伟东,等. 两种不同原料中间相沥青分子结构的研究[J]. 炭素技

0

术，2009，28(1)：4-8.

[8] 盛英，李克键，朱晓苏. 中间相沥青的研究及利用[J]. 洁净煤技术，2008(6)：32.

[9] Peter Morgan. Carbon fibers and their composites [M]. BocaRaton, Florida：Taylor&Francis，2005.

[10] Alan Baker，Stuart Dutton，Donald Kelly，et al. Composite materials for aircraft structures [M]. Reston, Virginia：American Institute of Aeronautics and Astronautics, Inc, 2004.

[11] 黄发荣，周燕，等. 先进树脂基复合材料[M]. 北京：化学工业出版社，2008.

[12] 陈华辉，邓海金. 现代复合材料[M]. 北京：中国物资出版社，1998.

[13] 毕鸿章. 硼纤维及其应用[J]. 高科技纤维与应用，2003，28(2)：32-34.

[14] 赵稼祥. 碳化硅纤维及其复合材料[J]. 高科技纤维与应用，2002，27(4)：15-19.

[15] 市川宏. 碳化硅纤维[J]. 特种合成纤维简报，1994，1：7-11.

[16] 钱伯章. 芳纶的国内外发展现状[J]. 化工新型材料，2007，35(8)：26-30.

[17] 毕鸿章. 芳纶纤维复合材料及其应用情况[J]. 建材工业信息，1996，3：8-9.

[18] 陈蕾，胡祖明，刘兆峰. 芳纶1313纤维制备技术进展[J]. 高分子通报，2006，6：1-8.

[19] 高启源. 高性能芳纶纤维的国内外发展现状[J]. 化纤与纺织技术，2007，3：31-36.

[20] 陈一飞. Kevlar纤维的发展及应用分析[J]. 江苏纺织，2007(8)：40-41.

[21] 杨景富，税永红. 玻璃纤维及其应用[J]. 四川纺织科技，1996(2)：9-12.

[22] 张增浩，赵建盈，邹王刚. 高硅氧玻璃纤维产品的发展和应用[J]. 高科技纤维与应用，2007，32(6)：30-33.

[23] 祖群，陈士洁，孔令珂. 高强度玻璃纤维研究与应用[J]. 航空制造技术，2009，(15)：92-95.

[24] 李承宇，王会阳. 硼纤维及其复合材料的研究及应用[J]. 塑料工业，2011，39(10)：1-4.

第4章　聚合物基复合材料

4.1　概　　述

聚合物基复合材料——Polymer Matrix Composites（PMC）是目前结构复合材料中发展最早、研究最多、应用最广、规模最大的一类。通常 PMC 按照基体类型不同,可以分为热固性树脂基复合材料和热塑性树脂基复合材料。在塑料中加入无机填料构成的颗粒增强复合材料可以有效改善塑料的外观及性能,如增加表面硬度、提高强度、减小成型收缩率、消除成型裂纹、提高阻燃性、改善外观、改进热性能和导电性等。加入颗粒增强复合材料最重要的是可在不明显降低塑料其他性能的基础上大规模降低成本。例如,许多重要的橡胶弹性体中都添加了炭黑或二氧化硅以改进其强度和耐磨性,同时保留足够的弹性;在树脂中加入金属粉或者石墨粉则构成硬而强的低温焊料或导电复合材料,在塑料中加入高含量的铅粉可起到隔音和屏蔽射线的作用;在碳氟聚合物(作为轴承材料)中加入金属夹杂物可以增加导热性、降低热膨胀系数,并大大减小磨损率。

本书中涉及的 PMC 主要指纤维增强树脂,而为各种目的加入各种填料的高分子材料(增强塑料)不在本书讨论。

4.2　热塑性树脂基复合材料

热塑性树脂基复合材料(FRPT)由热塑性树脂和增强材料组成。其中常见的增强材料已经在第 3 章进行了简单介绍,本章主要介绍一些常见的树脂基体。自 1956 年美国 Fiberbil 公司首先用玻璃纤维增强尼龙以来,国内外对各种各样的热塑性树脂都进行了研究,几乎所有的热塑性树脂都可以用作基体材料。同时,在工程塑料领域,加入增强体也成为塑料改性的常用方法之一。应用较广的树脂基体有尼龙、聚甲醛、聚碳酸酯、改性聚苯醚、聚砜和聚烯烃以及聚苯硫醚和聚醚酮树脂。而且,随着合成树脂技术的不断进步,可用作基体的树脂品种也越来越丰富。

从分子结构方面来说,热塑性树脂的分子结构为链状或带支链的链状结构,分子链之间无交联,长链分子既可以卷曲成团,也可以伸展开来,这取决于分子本身的柔顺性及外部条件。从亚微观组织结构来说,热塑性树脂可以分为晶态、玻璃态、高弹态、黏流态四种存在状态。

4.2.1　热塑性树脂基复合材料的性能特点

热塑性树脂是指分子结构为线型或支链型结构的聚合物。这种聚合物可以溶解在溶剂中,或者可以在加热时软化和熔融最终变成黏性液体,冷却后又硬化成固体。而且这种加热发生软化、熔融和冷却变硬是可逆进行的。热塑性树脂在熔融状态下的稳定性使得这类树脂易于成型加工和再生利用。

采用热塑性树脂作为纤维复合材料的基体有以下优点:

(1)断裂伸长率较大。对于链结构相同的树脂,若分子链之间发生交联,会导致其脆性增加、流动性下降、耐热性提高。因此,未交联的热塑性树脂比交联后得到的热固性树脂具有更优异的断裂韧性,其断裂伸长率可达 20%～30%,屈服应力下的延伸率大于 60%,而热固性树脂的断裂伸长率只有 0.5%～7%。

(2)热塑性树脂本身已有一定的相对分子质量和相对分子质量分布,可以直接采用模压或挤出、注射等快速成型方式。预浸料也不需要冷贮存,工艺过程不需复杂的固化和后固化过程,只是一个熔融→成型→冷却固化的过程。制造周期短,从而可大大提高劳动生产率,而且对于复杂的结构制品有非常好的整体性,损伤容易修补,零部件之间的连接可以采用多种连接方法。其废料和边角料可回收使用。

(3)部分热塑性树脂可回收使用。在要求不高的应用领域,利用热塑性树脂的凝固-熔融的可逆性,甚至可以将热塑性树脂进行回收使用。当然在这个过程中,存在发生分子降解的可能性,回收利用的次数需要加以限制。

(4)许多高性能的热塑性树脂具有较高的热形变温度,有的可高达 260℃,而且还可以在成型后采用电子束、γ 射线、等离子射线照射等方法使它们交联,从而进一步提高其耐热性。

然而作为复合材料基体使用,热塑性树脂也有缺点。例如由于基体相对分子质量高,对纤维的浸润性较差,特别是用热塑性树脂预浸料缠绕高压容器和固体发动机壳体等制品时,缠绕成型困难。热塑性树脂一般成型温度高于其流动温度,因此对于具有优异耐热性的树脂基体而言,往往需要更高的成型温度,也就意味着更高的工艺成本。

4.2.2　热塑性树脂基体的种类

根据其性能特点和应用范围,树脂基复合材料的热塑性基体可分为通用型塑料基体(如聚乙烯、聚丙烯等)和工程型塑料基体(如聚砜、聚碳酸酯等)。此处介绍几种常用的工程型塑料基体,即尼龙、聚碳酸酯、聚酰亚胺、聚砜、聚醚醚酮等。

4.2.2.1　尼龙

尼龙,又称为聚酰胺(PA),它由二元胺和二元酸缩合而成或氨基酸脱水成内酰胺再聚合而成。其命名规则也是依据胺与酸中的碳原子数,如尼龙 6、尼龙 66、尼龙 610、尼龙 612、尼龙 11、尼龙 12 等。

自 1939 年美国杜邦公司开发 PA66 成功以来,尼龙已经经过了 70 多年的发展。尼龙最早应用于纤维方面始于 20 世纪 60 年代初期,由于工程塑料取代金属的市场急速增长,各种规格的尼龙被陆续开发并应用。在当今 PA 家族中,PA6 和 PA66 42 种产品的产量占绝对优势,占 PA 总量的 80% 以上,其中又以 PA66 的产量与消耗量最大,约占 PA 总量的 50%,其次是 PA11,PA12,PA612,PA46 等。

PA 大分子的亚甲基链中央带有酰胺基团。亚甲基内旋转容易,而酰胺基是极性基团,它们分别给 PA 带来不同的性能。如亚甲基使分子的柔性增大,赋予 PA 韧性,而且亚甲基分子结构对称,这也给大分子结晶时顺利排入晶格提供了有利条件。酰胺基团上的氢原子可以和另一酰胺基团上的氮原子形成氢键,大大提高了分子之间的作用力,并使分子较为规整地排列,故 PA 易于结晶。氢键使分子的柔顺性下降,即分子内旋受阻,内聚能增大,使制品耐油性与耐溶剂性好,机械性能优异,但极性酰胺基团会导致 PA 吸湿性大。PA 具有极好的冲击韧性、耐磨性、自润滑性、较高的熔点和耐热性、良好的耐溶剂性和化学抗腐蚀性。PA 材料具有良好的力学性能。PA 的拉伸强度、弯曲强度和抗冲击强度都比较大,是综合性能优良的工程塑料材料。

PA 材料的缺点是吸湿性大和蠕变较大,可通过加玻璃纤维进行增强改性。例如,加入质量分数 $w=30\%$ 的玻璃纤维可使 PA 的拉伸强度提高 $2\sim3$ 倍,大大提高其刚性和制品尺寸稳定性,降低蠕变性。还可通过加入助剂对其进行改性,如加稳定剂提高稳定性等。在汽车发动机周边,温度高且化学物质复杂,用在此处的塑料零件,必须满足耐高温和长期耐热老化等要求。而玻璃纤维增强尼龙材料耐高温与耐老化性能好,强度、硬度和耐蠕变性能高,尺寸稳定性好,正好符合汽车零部件制造要求。PA 的种类众多,性能不尽相同,在实际使用中常使用玻璃纤维增强 PA66 或者 PA6。

尼龙还可与各种短纤维(玻璃纤维,碳纤维,芳纶纤维或其混杂纤维)制成具有良好性能的热塑性树脂基复合材料,与基体相比,复合以后材料的性能均大大提高,如尼龙 66。表 4-1 列出了不同尼龙复合材料产品的性能。

表 4-1 不同尼龙产品的性能

产品种类 / 性能参数	RC-1000 聚合物	RC-1004 $w=20\%$碳纤维	RF-1008 $w=40\%$碳纤维	RF-1008 $w=40\%$玻璃纤维	RF-混杂纤维 $w=20\%$碳纤维 $w=20\%$玻璃纤维
$\rho/(\text{g} \cdot \text{cm}^{-3})$	1.14	1.23	1.34	1.46	1.40
σ_b/MPa	81	190	270	210	230
σ_f/MPa	100	280	410	290	330
$E_W/10^4\text{GPa}$	2.6	16.4	23.4	11.0	19.2
24 h 吸水率/(%)	1.5	0.6	0.4	0.6	0.5
模塑收缩率	0.115	0.002 0 -0.003 0	0.001 5 -0.002 5	0.003 5 -0.004 0	0.002 5 -0.003 5
热扭曲温度/℃	65.6	257	260	260	260
热膨胀系数/(10⁻⁵/℃)	8.09	2.52	1.44	2.52	2.07

由于纤维本身的弹性模量和热膨胀系数差异,用碳纤维比用玻璃纤维增强尼龙制得的复合材料具有更高的弹性模量以及更小的热膨胀系数和模塑收缩率。在耐磨性方面,碳纤维和玻璃纤维混杂增强尼龙的耐磨性能优于单一纤维增强。

目前增强尼龙可用于汽车的凸轮轴齿或皮带传动装置的皮带轮,以及空气过滤器壳体、进气管、散热器水箱或油箱底壳等。

1. 耐高温尼龙的开发及应用现状

耐高温尼龙是指可长期在 150℃ 以上使用的尼龙工程塑料。耐高温尼龙具有良好的耐磨性、耐热性、耐油性及耐化学药品性,由于其大大降低了原材料的吸水率和收缩率,它还具有优良的尺寸稳定性及优异的机械强度。目前已经工业化的品种有 PA46,PA6T,PA9T 等。

1990 年荷兰 DSM 公司首次实现了耐高温尼龙 PA46 的产业化,填补了在通用工程塑料如 PA6,PA66,聚酯和超高性能材料如 LCP,PEEK,PSU 等之间的空白。自此也拉开了高温尼龙研究的帷幕。

(1)PA46。PA46 是由丁二胺和己二酸缩聚而成的脂肪族聚酰胺,其化学结构式为

$$\begin{bmatrix} & H & & H & O & & O \\ & | & & | & \| & & \| \\ -N-(CH_2)_4-N-C-(CH_2)_4-C- \end{bmatrix}_n$$

比起 PA6 和 PA66,PA46 的每个给定长度的链上的酰胺数目更多,链结构更加对称,这使得它的结晶度可以高达 70%,而且这些赋予了它非常高的结晶速度。PA46 的熔点为 295℃,未增强的 PA46 的 HDT(热变形温度)为 160℃,而经过玻纤的增强后,其 HDT 可高达 290℃,长期使用温度也达 163℃。PA46 独特的结构赋予了它其他材料无法达到的独特性能。

(2)PA6T。PA6T 是半芳香族尼龙中的典型代表,是由己二胺和对苯二甲酸缩聚而成的。纯的 PA6T 熔点高达 370℃,在这个温度下尼龙已经发生了降解,无法进行热塑成型,所以市面流通的 PA6T 均是经过与其他单体共聚后降低了熔点的共聚物或复合物。PA6T 在脂肪链的基础上引入了大量苯环,与传统的 PA6,PA66 相比,PA6T 拥有更高的玻璃化转变温度 T_g,低吸水率,尺寸稳定性以及高耐热性等。

由于 PA6T 需要引入其他单体进行共聚以降低熔融加工温度,不同的单体配比成为 PA6T 改性的关键,因此可以说,PA6T 的耐高温改性具有很大的发展空间。

(3)PA9T。PA9T 是由日本 KURARAY 公司独自开发的,以壬二胺和对苯二甲酸缩聚而成,结构式如下:

$$\begin{bmatrix} & H & & H & O & & O \\ & | & & | & \| & & \| \\ -N-(CH_2)_9-N-C-\underset{}{\bigcirc}-C- \end{bmatrix}_n$$

虽然同为半芳香性尼龙,PA9T 在加工前并不像 PA6T 一样要通过共聚改性降低熔点,纯的 PA9T 熔点为 306℃。PA9T 高的玻璃化转变温度(125℃)和高的结晶性,赋予了其在高温环境下良好的韧性。同时它还拥有其他 PA 材料无法比拟的耐化学品性能(仅次于 PPS),而其吸水率只有 0.17%,是所有 PA 当中最低的。PA9T 的综合性能无疑是传统耐热尼龙中比较好的一种,而随着生产规模的不断扩大,其成本将会接近普通 PA 的成本,因此 PA9T 是一个有很大发展潜力的品种。

(4)PA4T。作为全球领先的高温尼龙(PA46) 生产商,DSM 公司拥有全球唯一的丁二胺工业化方案。丁二胺是 PA46 合成的关键原料,这样的技术优势也使得 DSM 公司率先研发出了以此作为原料的 PA4T 产品。它具有卓越的空间稳定性,无铅焊接兼容性,高熔点,在温度上升的情况下具有很高的硬度和机械强度,且相比 DSM 公司原有的 PA46 产品,甚至是 PA9T,它显示出了超低的吸水率。PA4T 综合而又优异的性能,将会使它在今后电子电气和汽车等耐高温应用领域占据重要的份额。PA4T 的发明也是市场小型化和电子产品集中化对性能材料更高要求的体现。

(5)PA10T。曹明、章明秋等对 PA10T 的合成与共聚改性进行了系统的研究,结果显示,

纯的 PA10T 具有 319.1℃的高熔点,其优异的耐热性使 PA10T 展现出了潜在的商业价值。它具有优异的耐热性,超低的吸水率,更好的尺寸稳定性,耐无铅焊锡温度高达 280℃,优异的耐化学性能和注塑加工性能。

2. 尼龙纳米复合材料

PA 纳米复合材料是第一类工业化的聚合物纳米复合材料,蒙脱土(MMT)作为一种无机纳米填料,少量填充能大幅度提高复合材料的综合性能。黄林琳等采用熔融插层方法制备了 PA6/有机蒙脱土(OMMT)复合材料。结果表明,采用熔融插层法制得的 PA6/OMMT 插层复合材料比 PA6/Na-MMT 具有较低的热释放速率、质量损失等,即阻燃性能有较大幅度的提高,且当 OMMT 质量分数为 5%～7%时,复合材料的拉伸强度及弯曲强度达到最高值,复合材料的热稳定性随 OMMT 含量的增加而增加。

稀土是我国丰富的资源,它是很多高精尖产业所必不可少的原料。林轩等用原位分散聚合法制备了一系列稀土氧化物(La_2O_3,Sm_2O_3,Nd_2O_3,Gd_2O_3,Dy_2O_3)/增强单体浇铸 PA 纳米复合材料。结果表明,用原位分散聚合法制备 PA/稀土氧化物纳米复合材料是可行的,稀土氧化物纳米粒子均匀分散在 PA 基体中,团聚情况很少;稀土纳米氧化物没有改变 PA 的结晶形态,但使其晶格尺寸发生了一定程度的改变;稀土纳米氧化物可显著改善 PA 的力学性能,对 PA 同时具有增强和增韧的双重效果。

4.2.2.2 聚碳酸酯(PC)

聚碳酸酯(Polycarbonate,PC)于 1953 年由德国 Bayer 公司首先研制成功,并于 1958 年实现了工业化生产,1985 年世界 PC 产量已达 4×10^5 多万吨,成为仅次于尼龙(PA)的第二大工程塑料产品。PC 是一种非晶型的热塑性工程塑料,有突出的透明性、耐冲击性、尺寸稳定性。PC 的早期应用主要是利用其优良的尺寸稳定性应用于精密机械和电气电子领域,继而利用其光学特性,制作各种影碟机的光盘,使得 PC 的应用得到进一步地发展,尤其是我国光盘的实际用量已位居世界首位。当前,PC 及其与其他高聚物的共混体已广泛用于电子、电气、机械、汽车、航空航天、建筑、办公及家庭用品等诸多领域。

聚碳酸酯的聚合度从 100 到 500,工业生产的聚碳酸酯平均相对分子质量为 25 000～70 000。其典型的化学结构为

$$\left[O-\bigcirc-\underset{\underset{CH_3}{|}}{\overset{\overset{CH_3}{|}}{C}}-\bigcirc-O-\overset{\overset{O}{\|}}{C} \right]_n$$

聚碳酸酯分子主链上有苯环,限制了大分子晶内旋转,使分子呈刚性,减小了分子的柔顺性。碳酸酯基团是极性基团,这增加了分子间的作用力,使空间位阻加强,亦增大了分子的刚性。由于聚碳酸酯具有刚性的分子主链,所以熔融温度可达到 225～250℃。当温度为 145℃时,它是一种可以以非晶或半结晶形式出现的特殊高聚物,但在一般条件下它很难结晶,通常是一种非晶态高聚物。聚碳酸酯分子链中除了刚性的苯环之外,还有柔性的酯键,因而它具有优良的抗冲击性能,其值接近于酚醛和聚酯玻璃钢。其弹性模量高,受温度影响小,抗拉强度为 56 MPa,弯曲强度 $\sigma_f = 106$ MPa,和尼龙、聚甲醛相近。

聚碳酸酯可以与连续碳纤维或短切碳纤维或纤维毡制造复合材料,也可以用碳纤维编织

物与聚碳酸酯薄膜制造层压材料。由长纤维或织物增强的聚碳酸酯薄膜层叠制成的复合材料的性能比短纤维与聚碳酸酯模塑复合材料性能好。由于外力强迫取向后不易松弛,制件内常常存在残余应力不易清除现象,所以聚碳酸酯碳纤维复合材料制件常需退火处理。在一定温度退火一定时间,样品的微观结构将发生变化,力学性能将有所改善。短纤维增强的聚碳酸酯具有更优良的尺寸稳定性,可用于各种仪表中的小模数齿轮、水泵叶轮、机床齿条等耐磨受力传动件。

PC 存在熔体黏度大、加工流动性差、成型困难、容易产生应力开裂、耐溶剂性差和易降解等缺点,常用填充改性来改善其力学性能及其他性能,以扩大其应用领域。CNT 增强 PC 纳米复合材料是近年来兴起的 PC 填充改性领域的热点之一。

CNT/聚合物复合材料具有电渗流行为,加入少量的 CNT 就能大大提高复合材料的电导率。电导率的提升在很大程度上取决于 CNT 在基体中导电网络的结构,因此 CNT/PC 材料的电导率依赖于加工条件、CNT 的添加量、CNT 的解缠程度、分散性和取向度等因素。

4.2.2.3　聚四氟乙烯(PTFE)

聚四氟乙烯结构简式为

$$\left[CF_2\!\!-\!\!CF_2\right]_n$$

聚四氟乙烯是一种半结晶性高聚物,具有优异的耐热性和耐寒性(长期使用温度范围 $-195\sim250℃$),高度化学稳定性,除不能耐熔融的碱金属外,能耐各种热的强酸、强碱和氢氟酸,且具有优异的电绝缘性能。尤其是它的抗电弧性特别好,摩擦系数低,吸水性低,被称为“塑料王”。但它的缺点为机械强度和刚度较低,在外力作用下易发生蠕变,而且导热系数低,热膨胀大。为此,用碳纤维或石墨纤维增强聚四氟乙烯可大大改善其性能,可用于制造高温条件下或腐蚀性介质中工作的干摩擦零件,如活塞环、密封圈、轴承等。

4.2.2.4　热塑性聚酰亚胺(PI)

与不溶性聚酰亚胺(热固性)不同,PI 是采用酮酐、醚酐和二醚酐来代替均苯四酸二酐与二元胺反应,生成可熔性的线型聚酰亚胺,其结构为

但一般的不熔性聚酰亚胺是由四酸二酐(如均苯四甲酸二酐)和二元胺反应缩聚而成的聚合物,其结构为

其分子结构中无碳链结构,而是由杂环、苯环和氧形成主链结构,具有很好的耐热性和机械性

能。它也属于线型大分子结构,属于热塑性,但由于分子的刚性大,使其流动温度接近于分解温度,因此称之为不熔性树脂。

用于制造碳纤维复合材料的热塑性聚酰亚胺中最重要的品种是具有如下结构的 NR - 150 聚合物:

$$\left[N \underset{\underset{O}{\parallel}}{\overset{\overset{O}{\parallel}}{\underset{C}{\overset{C}{\diagdown}}}} \begin{array}{c} \\ \end{array} \underset{CF_3}{\overset{CF_3}{\underset{|}{\overset{|}{C}}}} \begin{array}{c} \\ \end{array} \underset{\underset{O}{\parallel}}{\overset{\overset{O}{\parallel}}{\underset{C}{\overset{C}{\diagup}}}} N - R \right]_n$$

热塑性的 NR - 150 树脂与热固性的双马来酰亚胺树脂(PMR)结构类似,但是 NR - 150 聚合物不存在交联反应,因此是热塑性的。

NR - 150 树脂已有系列产品,如 NR - 150A2,NR - 150B2,这些品种的树脂韧性好,有更高的热氧化稳定性。表 4 - 2 列出了 NR - 150 树脂产品性能对比。

表 4 - 2　NR - 150 树脂产品性能

性能 \ 产品类型		NR - 150A2	NR - 150B2	HMS 碳纤维/NR - 150B2
T_g/℃	280~300	350~371	350	
σ_b/MPa	23℃	113	110	870
	260℃	30		650
	316℃		31	680
E/GPa	23℃	8	6	145
	260℃	60		145
	316℃		65	138
冲击强度/(J·m^{-1})		37	43	

Torlon 是另一类聚酰亚胺,也是热塑性的。它是偏苯三酸酐和芳族二胺反应的产物,因此它的主链含芳族酰胺基和酰亚胺基,所以也叫聚酰胺-亚胺。它的使用温度比其他聚酰亚胺低,但是它具有较好的韧性和断裂伸长率,与碳纤维制成的热塑性复合材料具有较高的弹性模量,较低的热膨胀系数,且具有良好的抗疲劳性能和抗应力裂纹的能力,可以在 210℃ 下长期使用。石墨纤维/Torlon 中含纤维量为 50%,在室温下其性能如下:$\sigma_b = 169$ MPa,$E_b = 31.1$ GPa,$\sigma_w = 304$ MPa,$E_w = 24.7$ GPa。

4.2.2.5　聚砜类热塑性树脂

聚砜是指结构含有 $-SO_2-$ 链节的聚合物。1965 年以后才出现这种材料。其典型的结构式为

$$\left[\begin{array}{c} \\ \end{array} \underset{CH_3}{\overset{CH_3}{\underset{|}{\overset{|}{C}}}} \begin{array}{c} \\ \end{array} O \begin{array}{c} \\ \end{array} \underset{\underset{O}{\parallel}}{\overset{\overset{O}{\parallel}}{S}} \begin{array}{c} \\ \end{array} O \right]_n$$

其突出性能是可以在 $-100\sim150$℃ 下长期使用。聚砜结构规整,主链上含有苯环,所以玻璃化

温度高。美国联合碳化物研究所生产的聚砜 $T_g=190℃$，美国 I.C.I 的产品 $T_g=230℃$。由于聚砜分子中砜基上的硫原子为最高氧化状态，故聚砜有抗氧化的特点。即使在加热的情况下，聚砜也很难发生化学变化。在高温或离子辐射下也不致引起主链和侧链的断裂。聚砜在高温下使用仍能保持高的硬度、尺寸稳定性和抗蠕变性能。但聚砜的成型温度高达 300℃，这是制备过程中一大缺点。聚砜分子中异丙基和醚键的存在，使大分子具有一定的韧性。它耐磨性好，且耐各种油脂和酸类。

碳纤维增强聚砜材料，对宇航和汽车工业很有意义。热压成型的碳纤维增强聚砜复合材料具有优良的力学性能，如弯曲强度高达 1 443 MPa。美国波音公司可用石墨纤维/聚砜复合材料层压板取代铝合金蒙皮制造无人驾驶的靶机，可减小质量 18%，降低成本 20%，而且可很好地协调最大载荷条件。用 HM-5 石墨纤维增强聚砜、聚砜醚、聚芳砜等可以制造发动机排气导管等。

4.2.2.6　聚苯硫醚(PPS)

聚苯硫醚(PPS)属于聚芳硫醚(PAS)树脂系列，是 20 世纪 70 年代迅速发展起来的一种半结晶型工艺塑料，其组成为

$$\left[\!\!\!\begin{array}{c}\\ \end{array}\!\!\!-\!\!\!\bigcirc\!\!\!-\!\!\!S\!\!\!\begin{array}{c}\\ \end{array}\!\!\!\right]_n$$

它具有优良的耐热性、耐腐蚀性、耐溶剂性和不燃性，而且与各种填料或纤维的亲和性很好，热收缩性小，尺寸稳定性好，同时具有良好的加工性。在高温下还可通过热交联进一步改善其性能，因此它又被称为热塑性-热固性塑料。

通常生产的 PPS 相对分子质量都不高，一般为 5 000 左右，由于黏度太小，不能直接用于成型加工，为此采取了一系列交联方法，以提高 PPS 的相对分子质量。经过轻度交联处理的PPS 树脂可用于挤出或注射加工成型，并可制成纤维或薄膜。

用天然矿物填料或玻璃纤维、碳纤维增强交联的 PPS 或高相对分子质量的 PPS 可以获得性能更为优良的复合材料(见表 4-3)。由表 4-3 可知，高相对分子质量的 PPS 比通常交联的 PPS 注射样品具有更好的性能。

表 4-3　PPS 及其与短玻璃纤维复合材料注射制品的性能

样品 性能参数		交联树脂		线型高相对分子质量树脂	
		树脂	$w=40\%$玻璃纤维	树脂	$w=40\%$玻璃纤维
拉伸强度/MPa		48.3	92.4	78.7	116.0
伸长率/(%)		1.1	0.5	21	0.8
弯曲模量/GPa		3.85	11.5	3.41	12.3
弯曲强度/MPa		103.5	153.2	147.1	180.1
冲击强度/(J·m⁻¹)	缺口	1.1	4.9	1.6	6.0
	无缺口	8.2	14.2	59.4	29.4
热形变温度(18.6kg/cm²下)/℃		111	239	1.5	241
应力开裂			有		无

此外,Philips 石油公司还成功开发了 PPS 与碳纤维(AS$_4$/IM$_4$)、芳纶(Kevla-49)和玻璃纤维(S-2)的预浸料,其复合材料性能见表 4-4。

表 4-4　PPS 复合材料的性能

纤维/PPS 性能	碳纤维		芳纶 Kevlar-49	玻璃纤维 S-2
	AS$_4$	IM$_4$		
纤维体积分数/(%)	53.4	51.1	53.3	54.5
空隙体积分数/(%)	0.5	1.1	1.2	1.3
密度/(g·cm^{-3})	1.58	1.55	1.38	1.95
层压板的单层厚度/mm	0.15	0.15	0.17	0.17
拉伸强度/GPa	1.38	1.98	0.94	1.11
弹性模量/GPa	116.6	137.2	56.8	950.6
断裂伸长率/(%)	1.2	1.3	1.4	2.3
弯曲强度/GPa	1.23	1.09	0.56	0.95
弯曲模量/GPa	105.8	131.3	52.9	48.2
短梁剪切强度/GPa	0.07	0.04	0.31	0.32
断裂韧度 G_{IC}/(kJ·m^{-2})	1.13	1.39	1.01	1.75

工业上生产的 PPS 树脂多是低相对分子质量的,须经热处理交联和支化以提高相对分子质量,或同时掺加无机矿物填料或短纤维增强的粒料,用于注射或模压成型。美国 Philips 公司已有 Ryton 牌号的系列产品出售。纤维增强 PPS 复合材料具有优良的耐热性和抗腐蚀性,因此特别适用于耐高温场合和需暴露在有腐蚀性的化学介质的环境,如耐化学药品的泵、阀的部件,具有润滑性的框架,板或热交换器,油田用的机械零部件,管道连接器,压缩机零部件以及电器组件等。由于 PPS 无毒,符合与食品接触的卫生规定,含有 40% 短纤维的 PPS 复合材料已被批准用作饮用水接触的阀门、龙头和管件等。PPS 和聚四氟乙烯及石墨或其纤维制成的复合材料用于制造耐磨的轴承。我国成功地应用碳纤维增强 PPS 复合材料制造航模使用的内燃发动机地旋板,满足高速运转的要求,比原用高强合金钢地旋板具有更优异的性能。应特别指出的是,连续长碳纤维增强 PPS 复合材料不仅更轻,力学性能好,而且 PPS 本身特有的耐燃性和受热时冒烟少,使得它已被作为航空航天方面所期待的高性能热塑性复合材料的备选材料,如已用于制造飞机座椅、飞机舱门。美国 Philips 公司已销售 PPS 树脂预浸碳纤维、芳纶纤维和玻璃纤维的无纬布,宽度在 300 mm 以上,其含胶体积分数为 53±2%,厚度为 0.025 mm。此外,PPS 浸渍碳纤维还可用于缠绕小型压力容器。

4.2.2.7　聚芳醚酮类热塑性树脂

聚芳醚酮类树脂结构规整,大分子链含有刚性的苯环结构,支链具有一定柔顺性的醚键及提高分子间作用力的羰基,所以该类树脂很容易结晶,并在一定条件下可无定形化。聚芳醚酮类具有优良的机械性能和耐热性,而且热氧化性、耐辐射性和耐化学药品侵蚀等性能也很好。因此,它不仅是一类高性能工程塑料,而且是先进复合材料的理想基体,正在迅速发展。随着大分子链中不同基团(苯环、醚键、羰基)的比例和排列不同,可得到聚芳醚酮类系列品种,即聚醚醚酮(PEEK)、聚醚酮(PEK)、聚醚酮酮(PEKK)。

PEEK 由英国 ICI 公司于 1977 年开发成功并于 1980 年生产销售,商品名为"Victrex"。它是一种半结晶型热塑性高聚物,T_g 为 144℃,熔化温度 T_m 为 335℃。在 550℃才出现明显热失重,而且吸水率很小(0.14%),其最大结晶度为 48%,典型加工制品的结晶度为 20%～30%。结晶度高低主要取决于工艺过程。

无定型的 PEEK 密度为 1.265 g/cm³,结晶的 PEEK 密度为 1.320 g/cm³。PEEK 具有优异的抗蠕变性和耐动态疲劳性,而且对 α,β,γ 一类的射线具有很强的抵抗能力。

PEEK 的不足之处是加工成型温度过高(370～400℃),而且其弹性模量在 T_g 附近出现明显下降,为此开展了对 PEEK 改性的研究,如部分化学转回交联或共聚、共混等,以提高其 T_g。

用纤维增强的 PEEK 力学性能和耐热性显著提高(见表 4-5),同时发现碳纤维比玻璃纤维更能有效地提高其力学性能。

表 4-5　短纤维增强 PEEK 复合材料的性能

性　能		4520GL	4530GL	4530CA
纤维质量分数/(%)		20	30	30
拉伸强度,23℃/MPa		123	157	208
断裂伸长,23℃/(%)		2.5	2.2	1.3
弯曲模量/GPa	23℃	6.7	10.3	13.0
	250℃	1.2	2.3	3.6
热形变温度(18.6 kg/cm² 下)/℃		285	315	315

长碳纤维增强 PEEK 复合材料具有更高的强度和刚性,是用于航空航天的高性能热塑性复合材料的备选材料。英国 ICI 公司已商品化的长碳纤维增强 PEEK 的预浸料及其相应的复合材料牌号为 APC-1 和 APC-2,其性能见表 4-6。

表 4-6　APC-1 和 APC-2 树脂性能

牌　号	纤维体积分数/(%)	拉伸强度/MPa	拉伸模量/GPa	断裂伸长率/(%)	弯曲强度/MPa	弯曲模量/GPa
APC-1	52	1 830	122	1.41	1 670	120
APC-2	61	2 130	134	1.45	1 880	121

短纤维增强 PEEK 复合材料主要用于制造轴承、轴承保持器、凸轮及飞机门把手、操纵杆等,长碳纤维增强 PEEK 复合材料主要用于制造如直升飞机的尾翼等。鉴于 PEEK 的 T_g 较低(144℃),一些公司又相继开发了具有较高 T_g 的各种聚芳醚酮类耐高温树脂作为高性能纤维复合材料的热塑性树脂基体。如 ICI 公司 1986 年开发的聚醚酮(PEK)T_g 为 162℃,T_m 为 373℃,热形变温度比 PEEK 高 40℃,纤维增强 PEK 复合材料的连续使用温度可达 260℃,而且 PEK 及其复合材料具有较高的抗拉强度。美国 Dubont 公司 1987 年开发的聚醚酮酮(PEKK),T_g 为 156℃,T_m 为 338℃,其熔体黏度比 PEEK 的低,而且对剪切敏感性更高,有利于成型加工。用 PEKK 为基体树脂制得的碳纤维复合材料具有优良的综合性能。

我国也对聚醚酮类树脂及其纤维复合材料开展了大量研究和开发工作,已测试成功

PEEK,而且成功研制含有酚酞侧基的聚醚酮(PEK - C),它是一种无定型聚芳醚酮,T_g 为 225℃。

4.2.2.8 热致液晶高聚物(LCP)

LCP 是一种新型的高性能高分子材料,由于这类液晶大分子主链结构的刚性或半刚性组成单元类似棒状和分子排列的高度有序,使这类高聚物具有热力学稳定的特殊相态即呈现液晶态,即使在熔融态下也可显示出近程有序。这种主链液晶高聚物的融体在剪切力或应变流作用下,可使大分子在宏观尺寸上也有序,形成高度取向凝聚态结构。这类聚合物中紧密排列的类似于纤维态的棒状分子链起着自增强(self - renforcing)特性,不加入增强材料,其性能可相当于或超过纤维增强塑料。因此,人们又把主链液晶高聚物称为自增强的大分子复合材料。

热致 LCP 具有自增强特性,本身具有很高的强度和刚性,而且耐热性很好,其热形变温度有的可达到 355℃,其耐气候性也很好,不燃烧,抗辐射性能好,耐化学腐蚀和抗溶剂作用及介电性能都很突出。它如热塑性塑料一样具有容易加工成型等一系列优异的综合性能。它不仅是一种称为超高性能工程塑料,可制成高性能的片材、棒、管、型材、薄膜应用于各个领域,而且可作为高性能纤维复合材料新一代高性能的树脂基体。例如长碳纤维增强热致 LCP 复合材料的制备可以采用:首先将挤出成型的热致液晶共聚酯薄膜与单向排列的长碳纤维(Celion6000)制成含碳纤维 40～50(体积分数,%)、厚度为 0.007 至 0.012 cm 的预浸带;然后将其热压成层压板,可先在温度为 300～340℃,压力为 7～35 GPa 条件下把叠合的预浸带模压 10 min,再转移到冷压机加压至 69 GPa 下冷却成板。在碳纤维增强 LCP 复合材料中,LCP 基体的分子取向明显受碳纤维的影响。无论 LCP 初始分子取向如何,在与长碳纤维的复合过程中,碳纤维表面诱导 LCP 分子沿碳纤维轴取向而使 LCP 微区的稳定状态平行于碳纤维表面。碳纤维增强 LCP 复合材料还可采用真空线压成型,以聚酰亚胺薄膜作衬垫,所得的袋压制品孔隙率小于 $\varphi=0.8\%$,这种碳纤维增强 LCP 复合材料比其他树脂基复合材料具有更高的性能。此外,短纤维(如玻璃纤维或碳纤维)增强成矿物填料填充 LCP 复合材料可注射成型各种制品,并可减少制品的各向异性,提高其强度和模量,降低制品成本,特别是作为摩擦材料使用时,它具有优异的耐磨性能。

热塑性树脂基复合材料的另一个新用途是作为吸收、反射或透射电磁波材料使用,树脂基体的类型、成型工艺、基体与填料间的相互作用以及填料的类型等均对复合材料的电磁波特性有显著影响。热塑性树脂基体一般属电介质型,它们的介电性能参数各不相同,由于电介质型吸波材料吸收电磁波的主要机理是将电磁波能量转化为其他形式的能量而消耗掉,因此,一般来讲,电磁损耗角正切值 tgδ 越大越有利于吸收电磁波,介电常数 ε 和 tgδ 小的材料则适合作透波材料。热塑性树脂基复合材料在隐身技术上有着重大意义,美国先进战斗机上选用具有隐身能力的复合材料占比为 50% 左右,并且用热塑性复合材料取代了环氧基热固性复合材料。由玻璃纤维、石英纤维、Kevlar 纤维和超高强度聚乙烯纤维增强的高性能热塑性树脂基复合材料具有优异的透波性能,是制造雷达罩的理想材料;而由高性能热塑性树脂纤维和碳纤维等制成的混杂纤维增强的热塑性树脂基复合材料在结构隐身材料中也具有很大应用潜力。Philips 石油公司曾报道,使用特殊碳纤维制成的碳纤维增强热塑性树脂基复合材料对吸收电磁波非常有效,在 0.1 MHz～50 GHz 频率范围内,可使入射电磁波大幅度衰减。

4.2.3　热塑性树脂基复合材料的成型工艺

高分子基复合材料的制造与传统金属材料的制造是完全不同的。除少数材料以外,金属材料的制造基本可以说是原材料的制造。各种产品是利用原材料的金属材料经过加工而制成的。与此相比,大部分高分子基复合材料的制造,实际上把复合材料的制造和产品的制造融为一体。高分子基复合材料的原材料是纤维等增强体和高分子基复合材料,其制造主要涉及怎样把纤维等增强材料均匀地分布在基体的树脂中,怎样按产品设计的要求实现成型、固化等。因此,与金属材料的制造相比,高分子基复合材料的制造有很大的灵活性。根据增强体和基体材料种类的不同,需要应用不同的制造工艺和方法。高分子基复合材料的制造方法很多,常见的主要制造方法可以按基体材料的不同分为两大类。其一是热固性复合材料的制造方法。

1. 模压成型法

模压成型法是将增强材料的纤维和树脂等一起先放入底模,然后再加压、加热使之成型的一种复合材料的制造方法。图 4-1 所示为模压成型法的基本概念。在实际的制造过程中还需要考虑到压模的空气出口、多余纤维和树脂的出口等。此外,根据基体材料的不同,采用不同的加压、加热过程。将纤维和树脂等放入底模时,需要预成型。模压成型法的基本制造工艺如图 4-1 所示。

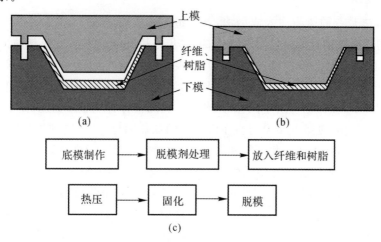

图 4-1　模压成型法的基本制造工艺

(a) 将纤维和树脂等放入底模; (b)加热、加压后成型; (c)工艺流程

模压成型法的特点是可制造纤维含量高、强度高的大型产品,可用于制造热固性复合材料和热塑性复合材料,在短纤维增强复合材料制品上用的最多。

2. 注射成型法

与模压成型法不同,注射成型法是先将底模固定、预热,然后在一定的压力条件下,利用注射机械通过一注入口将增强材料的纤维和树脂等一起挤压入模型内使之成型的方法。因此,也称其为挤压成型法。图 4-2 所示为注射成型法的基本概念。在实际的制造过程中还需考虑模型的空气出口。注射成型法不需要预成型,可用于制造短纤维增强的热固性复合材料和热塑性复合材料,特别是热塑性复合材料的产品多采用此法成型。注射成型法的特点是易于实现自动化,易于实现大批量生产,因此,汽车用短玻璃纤维增强复合材料产品多采用此成型法生产。此外,纤维和树脂的混合物在模型内的流动会引起纤维的排列、产品的强度分布不均匀。注射机的注射口和纤维的摩擦易导致磨损。

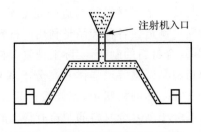

图 4-2　注射成型法的基本概念

注射成型法的基本制造工艺流程如图 4-3 所示。

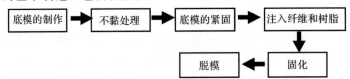

图 4-3　注射成型法的基本制造工艺

3. RTM 成型法

RTM 成型法是一种树脂注入成型法,其制造工艺主要分五步,其中前四步如图 4-4 所示:第一步是增强纤维的预成型片材的制作;第二步是将纤维的预成型片材铺设在模型中;第三步是给模型加压,使铺设的纤维的预成型片材在模型内按产品形状预成型;第四步是利用低压(约 0.45 MPa),将树脂注入模型,使树脂均匀地渗透到纤维的预成型片材中。此方法的第五步对热塑性和热固性树脂有所不同:如果使用的树脂基体为热塑性树脂,则第五步是冷却脱模;如果是热固性树脂,则第五步是树脂在模型内的加热固化。RTM 成型法与前述的注射成型法相似。但是,注射成型法是将纤维和树脂的混合物一起注入空的模中,仅适用于短纤维复合材料制品;而 RTM 成型法是先将纤维的预成型片材在模型中预成型后,注入树脂使之一体化,多用于长纤维复合材料制品。因此也称 RTM 成型法为注塑成型法。由于 RTM 成型法只需将树脂注入到模型内,因此它需要的压力比注射成型法的压力要小得多,注塑装置的成本也低得多。RTM 成型法与其他成型法相比有很多优点:成本低,产品尺寸形状稳定,质量高,可适应多种热固化树脂和热塑性树脂。

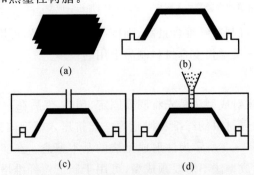

图 4-4　RTM 成型法的基本概念示意图

(a)纤维的预成型片材制作;　(b)纤维的预成型片材铺设;　(c)预压成型;　(d)注入树脂

4. 真空热压成型法

真空热压成型法是一种用于先进长纤维复合材料的成型方法。它使用未固化的碳纤维/树脂等与预制片作为原材料，然后经过铺层、真空包袋、抽真空、加热加压等过程使之成型。其基本工艺流程如图 4-5 所示。

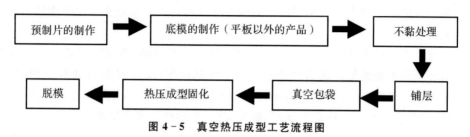

图 4-5　真空热压成型工艺流程图

4.3　热固性树脂基复合材料

热固性树脂基复合材料，是以各种热固性树脂为基体，加入各种增强纤维复合而成的一类复合材料。材料的强度、刚度主要由纤维承担，树脂起到把纤维黏结成一整体、在纤维之间传递力的作用。此外，复合材料的层间剪切强度、压缩强度、耐热、耐燃、耐老化以及成型工艺主要是由树脂所决定的。所以，对复合材料制件进行从产品设计、结构设计、材料设计到工艺设计，都必须了解树脂基体的各种性能及特点。

热固性树脂复合材料所用的树脂类型很多，早期主要有热固性酚醛树脂、糠醇树脂、聚酯树脂等。先进复合材料所用的热固性树脂主要有环氧树脂、聚酰亚胺树脂和双马来酰亚胺树脂等。

4.3.1　环氧树脂

环氧树脂是一类分子中含有两个或多个环氧集团的化合物或聚合物，典型结构有如下5种：

缩水甘油醚类：R—OCH$_2$CH—CH$_2$

缩水甘油酯类：R—COOCH$_2$CH—CH$_2$

缩水甘油胺类：R$_1$—N—CH$_2$CH—CH$_2$

线性脂肪族类：R—CH—CH—R$_1$—CH—CH—R$_2$

酯环族类：

其中前三类环氧树脂是由环氧氯丙烷与含有活泼氢的化合物如酚类、醇类、有机羧酸类、胺类等缩聚而成的。后两类环氧树脂由带双键的烯烃用过氧乙酸或在低温下用过氧化氢进行环氧化而成。

目前工业上产量最大的环氧树脂是缩水甘油醚型环氧树脂，而其中主要是由二酚基丙烷（双酚 A）与环氧氯丙烷缩聚而成的二酚基丙烷型环氧树脂（简称双酚 A 型环氧树脂）。酯环族环氧树脂也是一类重要的品种，这类环氧树脂不仅品种多，而且大多具有独特的性能，如黏度低，固化体系具有较高的热稳定性、较高的耐候性、力学性能和电学性能。

用于环氧树脂的固化剂大体分为两类：一类可与环氧树脂进行合成，并通过开环聚合使之形成体型网络结构。这类固化剂又称反应性固化剂，一般都含有活泼氢原子，在反应过程中伴有氢原子的转移，例如多元伯胺、多元羧酸、多元硫醇和多元酚等。另一类是催化型固化剂，可引发树脂分子中的环氧基按阳离子或阴离子聚合的历程进行固化反应，例如叔胺、三氟化硼络合物等。两类固化剂都通过树脂分子结构中具有的环氧基或仲羟基的反应完成固化。

1. 多元胺类固化剂

多元脂肪胺和芳香胺类固化剂使用比较普遍。伯胺与环氧树脂的反应一般被认为是连接在伯胺原子上的氢原子和环氧基团的反应，转变成仲胺。其反应式为

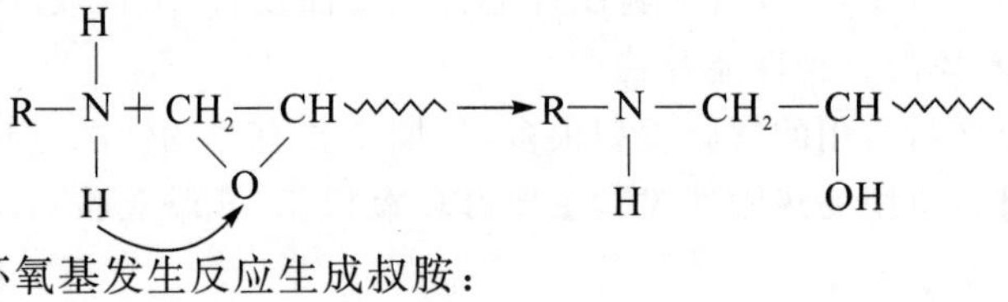

仲胺再与另外一个环氧基发生反应生成叔胺：

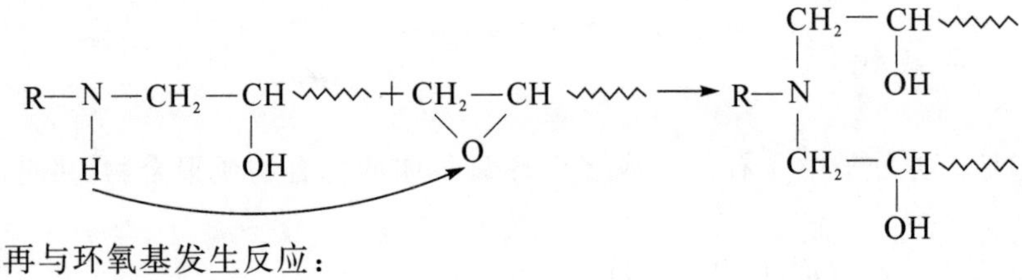

形成的羟基再与环氧基发生反应：

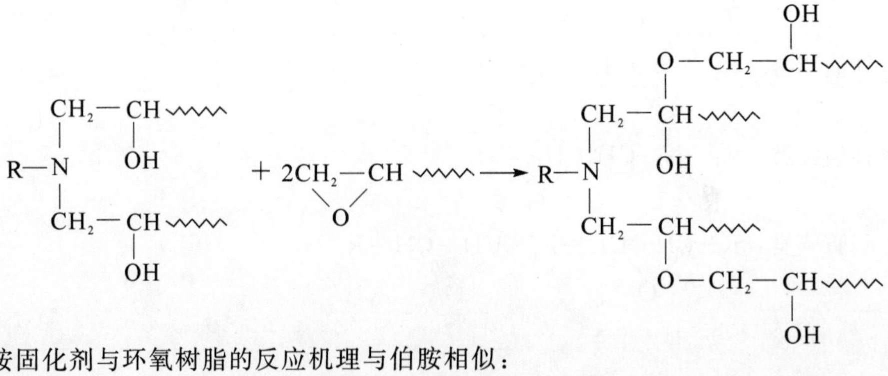

仲胺固化剂与环氧树脂的反应机理与伯胺相似：

$$R-NH + CH_2-CH\text{〜} \longrightarrow R-N-CH_2-CH\text{〜}$$

环氧基团打开后新生成的羟基与另一个环氧基反应生成醚键和新的羟基：

$$R-N-CH_2-CH\text{〜} + CH_2-CH\text{〜} \longrightarrow R-N-CH_2-CH\text{〜}$$

新形成的羟基可继续和环氧基反应,从而形成网状交联。

对于叔胺与环氧树脂的反应,虽然叔胺中没有活泼氢,但是它起催化作用,可以打开活泼的环氧基,所以是环氧树脂本身彼此聚合。

当用胺类作固化剂时,体系中加入含有—OH,—COOH,—SO$_3$H,—CONH$_2$,—SO$_2$NH$_2$,—SO$_2$NHR 基团的试剂,例如酚类、酸类、酰胺类等,都对固化反应起促进作用。

而含有—OR(R 不是 H),—COOR,—SO$_3$R,—CONR$_2$,$R-\overset{\overset{\displaystyle O}{\|}}{C}-R$,—NO$_2$基团的试剂,例如酯类、酮类等,都对固化反应起抑制作用。

脂肪族胺类最大的缺点：有较强的刺激性,对口腔、呼吸道黏膜及肺有刺激作用,接触皮肤和器官后对部分人群会出现过敏反应；固化产物较脆且耐热性差,一般用于胶黏剂领域,在复合材料方面应用不多。

芳香族胺类固化剂分子中含有稳定的苯环结构,反应活性较差,需要在加热的条件下固化,但是固化产物的热变形温度较高,耐化学药品性、电性能和力学性能等比较好。

2. 酸酐类固化剂

酸酐类固化剂使用量仅次于胺类。与胺类相比,酸酐类固化剂中的缩水甘油醚类环氧树脂具有色泽浅、良好的力学性能与电学性能以及更高的热稳定性等优点。树脂-酸酐混合物具有黏度低、适用期长、低挥发性以及低毒性等特点,加热固化时体系的收缩率和放热效应也较低。其不足之处在于为了获得合适的性能需要在较高温度下保持较长的固化周期,这一缺点可以借助加入适当的催化剂来克服。用酸酐固化的环氧树脂热变形温度高,耐辐射性和耐酸性均优于胺类固化的树脂,固化温度一般需要高于 150℃。

酸酐类固化剂不与环氧基作用。为进行反应,首先要打开酸酐的环。开环有两种方法：活泼氢开环和三级胺开环。开环后形成的酯中含有羧基就可以与环氧基酯化,而它亦可以与羟基反应。互相的交叉反应形成体型大分子结构。

常用的酸酐类固化剂包括邻苯二甲酸酐(PA)、顺丁烯二酸酐(MA)、均苯四甲酸二酐(PMDA)、四氢苯酐(THPA)、六氢苯酐(HHPA)。

3. 阴离子及阳离子型固化剂

阴离子和阳离子型固化剂属于催化型固化剂,仅起到固化反应的催化作用,这类物质主要是引发树脂分子中环氧基的开环聚合反应,从而交联成体型结构的聚合物。由于树脂间的直接反应,使固化后的体型结构聚合物基本具有聚醚的结构。这类固化剂的用量主要凭经验,由实验确定。选择依据主要是考虑获得最佳综合性能和工艺性之间的平衡。常用的是路易斯碱（按阴离子聚合反应的过程）和路易斯酸（按阳离子聚合反应过程），它们均可单独作为固化剂使用。它也可用作多元胺、聚酰胺或酸酐类固化体系的催化剂。

其中阴离子型固化剂主要有叔胺类和单官能团的仲胺。阳离子型固化剂主要包括 $AlCl_3$，$ZnCl_2$，$SnCl_4$ 和 BF_3 等，常用 BF_3 和胺类（脂肪族或芳香族胺类）或醚类（乙醚）的络合物。

4. 树脂类固化剂

含有活性基团—NH—，—CH_2OH，—SH，—OH，$-\overset{\overset{O}{\|}}{C}-OH$ 等的线性合成树脂低聚物都可作为环氧树脂的固化剂。使用的合成树脂不同，可对环氧树脂固化物的一些性能起到改善作用。常用的一些线性合成低聚物，有苯胺甲醛树脂、酚醛树脂、聚酰胺树脂、聚硫橡胶、呋喃树脂和聚氨酯树脂等。

5. 其他类固化剂

其他类固化剂主要包括双氰胺、含硼化合物、金属盐类和多异氰酸酯类等。其中最主要的是双氰胺，它尤其适用于双酚 A 型环氧树脂。根据固化剂的类型，固化工艺有高温固化、中温固化和室温固化，制得的复合材料也相应有三种不同的使用温度。如美国的 5208 环氧树脂体系属于高温固化，可在 170℃ 条件下使用（见表 4-7）。航空制件的高寿命设计，要求复合材料有高的损伤容限，随着高性能碳纤维如 T800，T1000 的出现，要求有相应的高韧性基体与之相适应。为了改善复合材料的韧性，可以对环氧树脂进行改性或在配方中引入韧性组分。这些组分有单官能团环氧树脂、各种橡胶或各种热塑性聚合物，如由具有高断裂应变系列的 3620，3632 环氧树脂体系制成的碳纤维复合材料（见表 4-8）。

尽管环氧树脂作为复合材料基体，应用最早、最广，但环氧树脂较脆、冲击后压缩性能低，耐热与耐湿热性能不高，不能适应高寿命和损伤容限设计的要求，特别是高应变碳纤维的研制成功，更迫切要求具有高应变、高耐湿热性能的树脂基体。20 世纪 80 年代末以来，对耐热性环氧树脂、高交联度环氧树脂等的研究取得了不少的进展，然而因受环氧树脂的化学结构限制，它的耐热性能一般只能适用 200℃ 以下的环境。若要求适用温度高于 200℃，则只能求助于改变主链结构的含芳杂环高分子化合物。

表 4-7　Celion 3000/5208 力学性能

测试项目	测试温度	
	23℃	177℃
拉伸强度/MPa	1 640	1 633
拉伸模量/GPa	151.0	143.0
拉伸应变/(%)	1.1	1.1
压缩强度/MPa	1 470	1 525
压缩模量/GPa	140.9	151.0
短梁剪切强度/MPa	125	>9
泊松比	0.32	
密度/(g·cm⁻³)	1.59	

表 4-8　3620,3632 单向碳纤维复合材料

性　能	3620	3632	T1000 3620	T1000 3632	T800 3620	T800 3632	T300 3620
拉伸强度/MPa			3490	3550	2950	2940	1700
拉伸模量/GPa	3.4	3.7	158	158	160	165	135
断裂应变/(%)	4.0	4.9	2.0	2.0	1.7	1.7	1.2
压缩强度/MPa			1700	1650	1600	1700	1600
层间剪切强度/MPa			110	95	120	115	125
玻璃化转变温度 T_g/℃	220	215					

4.3.2　酚醛树脂

酚醛树脂复合材料是由酚类和醛类化合物缩聚反应得到的树脂。常见的酚类化合物有苯酚、甲酚、二甲酚、间苯二酚等,醛类化合物有甲醛、乙醛、糠醛等。它们合成时使用的催化剂有氢氧化钠、氢氧化钡、氨水、盐酸、硫酸、对甲苯磺酸等。其中,最常用的酚醛树脂是由苯酚和甲醛缩聚而成的产物,简称 PF。这是最早实现工业化的一种热固性树脂。

4.3.2.1　酚醛树脂的合成

1.热塑性酚醛树脂合成

热塑性酚醛树脂是在酸性条件下,甲醛与苯酚的摩尔比小于 1 时合成的一种线性结构的树脂。它是可溶、可熔的,其分子内不含羟甲基。其反应过程如下所述。

首先是加成反应,生成邻位和对位羟甲基苯酚:

反应产物继续与苯酚发生缩合反应,生成二酚基甲烷的各种异构体:

生成的二酚基甲烷异构体继续与甲醛反应,使缩聚产物相对分子质量进一步增大,最终得到线性酚醛树脂,其结构式为

其聚合度 n 与苯酚用量有关,一般为 $4\sim12$。与热固性酚醛树脂相比,热塑性酚醛树脂大分子上不存在羟甲基侧基,因此树脂受热时只能熔融而不会交联。由于在热塑性酚醛树脂酚基上存在一些未反应的活性点,在与甲醛或者六次甲基四胺相遇时,反应条件合适时会发生缩聚,固化为网状体型结构。

热塑性酚醛树脂的缩聚反应依据 pH 值的不同,可得到两种分子结构的酚醛树脂,即通用型酚醛树脂和高邻位酚醛树脂。

通用型酚醛树脂是在强酸性条件下合成的,此时缩聚反应主要发生在酚羟基的对位,在最终得到的酚醛树脂的酚羟基邻位留下的空位多而对位少,但是酚羟基邻位活性低,对位活性较大,所以这种酚醛树脂加入固化剂后继续进行缩聚成体型结构的速率较低。

高邻位酚醛树脂是用一些金属碱盐催化剂(如含锰、钴、锌的化合物),其 pH 值为 $4\sim7$,通过缩聚反应制得的。由于此时缩聚反应主要发生在酚羟基的邻位,保留了大量活性较高的对位空位。因此未来加入固化剂后,可以快速固化,高邻位酚醛树脂的固化速率比通用型酚醛树脂快 $2\sim3$ 倍。

2. 热固性酚醛树脂合成

用苯酚与过量甲醛在碱性催化剂存在下缩聚反应可制得热固性酚醛树脂。其反应过程分如下两步:

$$\text{HOH}_2\text{C} - \underset{\underset{\text{CH}_2\text{OH}}{|}}{\overset{\overset{\text{OH}}{|}}{\bigcirc}} - \text{CH}_2\text{OH}$$

之后,羟甲基酚进一步缩聚反应,主要有如下两种:

$$\overset{\text{OH}}{\bigcirc} + \overset{\text{OH}}{\bigcirc} \xrightarrow{-\text{H}_2\text{O}} \text{HO} - \bigcirc - \text{CH}_2\text{OH}_2\text{C} - \bigcirc - \text{OH} \xrightarrow{\text{CH}_2\text{O}}$$

$$\text{HO} - \bigcirc - \text{CH}_2 - \bigcirc - \text{OH}$$

$$\overset{\text{OH}}{\bigcirc} + \overset{\text{OH}}{\bigcirc} \xrightarrow{-\text{H}_2\text{O}} \text{HO} - \bigcirc - \text{CH}_2 - \bigcirc - \text{OH}$$

这一阶段所得到的酚醛树脂为线性结构,可溶于乙醇、丙酮,称为甲阶段酚醛树脂。由于甲阶段酚醛树脂带有可反应的羟甲基和活泼氢,在合适条件下,可以继续缩聚而成为部分溶解的乙阶段酚醛树脂。乙阶段酚醛树脂的分子链上带有支链,有部分交联,结构更加复杂,呈固态、有弹性,加热只能软化,不发生熔融。乙阶段酚醛树脂中仍然有可反应的羟甲基。对其继续加热,可以继续缩聚而成为立体网状结构,成为不熔不溶的硬化固体,此为丙阶段酚醛树脂。

用乙醇将热固性酚醛树脂调制成树脂含量为 57%～62%、游离酚含量为 16%～18% 的胶液,在浸胶机上浸渍纤维或片状模塑料,烘干后得到复合材料预浸料。预浸料经模压成型后可制成层合板或者缠绕成型制成管材、型材等;也可以采用湿法成型工艺,边浸渍边固化,制成纤维增强酚醛树脂复合材料。

用同种酚与醛反应生成的初期酚醛树脂在溶剂中的溶解性相差不大,若用不同的酚与醛反应,生成的初期酚醛树脂在溶剂中的溶解性明显不同。

4.3.2.2 热固性酚醛树脂的固化

热固性酚醛树脂的热固化主要取决于制备树脂时酚与醛的比例和体系合适的官能度。由于甲醛是二官能度的单体,要制得可以固化的树脂,酚的官能度必须大于 2。苯酚、间甲酚和甲苯二酚是最常用的的原料。热固性酚醛树脂可以在加热条件下固化,也可以在加酸条件下固化。

热固性酚醛树脂及其复合材料采用热压法固化时,加热温度一般为 145～175℃。在热压过程中,产生一些挥发分,如果没有较大的压力将其排出,则或在材料内形成气孔缺陷。因此,在热压过程中,挥发分越多,温度越高,压制的压力越大。

对于热塑性酚醛树脂,如果需要进一步固化,则要加入聚甲醛、六次甲基四胺等固化剂才能使其与树脂分子中苯环上的活性点反应,使树脂固化。热固性酚醛树脂也可以用来使热塑性酚醛固化,因为其分子中的羟甲基可与热塑性酚醛中苯环上的活泼氢作用,使之交联。

六次甲基四胺固化酚醛树脂可能的机理为

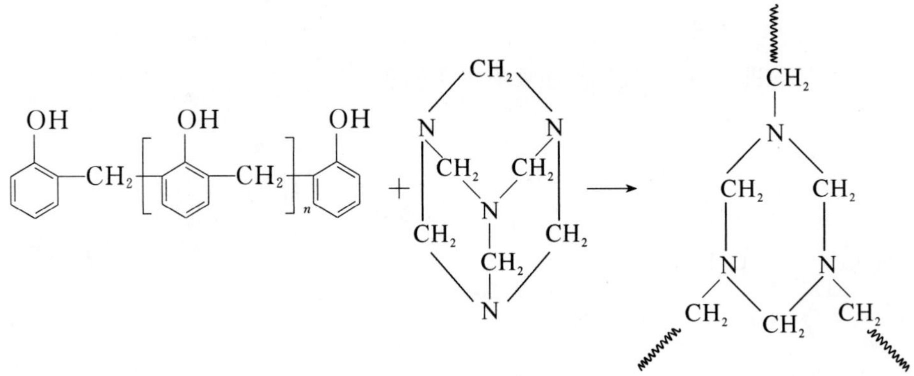

六次甲基四胺的用量一般为树脂用量的 $10\%\sim15\%$。用量不足会使制品固化不完全,或固化速率降低,同时耐热性下降;用量过多时,六次甲基四胺分解产生气泡缺陷,导致制品性能降低。

4.3.2.3 酚醛树脂的改性

通过对酚醛树脂进行化学改性,可以增加其韧性,提高其与增强材料的黏结性、耐热性和耐湿热性。酚醛树脂的改性方法主要有以下几种。

1. 封锁酚羟基

酚羟基在树脂合成中不参加化学反应,因此在树脂分子链中就留有酚羟基而容易吸水,使产品电性能和机械性能下降;同时酚羟基容易在热或紫外线作用下生成醌等物质,造成颜色的不均匀变深。封锁酚羟基可克服上述缺点,并调节树脂的固化速率。

2. 引入其他组分

可引入能与酚醛树脂反应或与它相容性较好的组分,以达到对酚醛树脂改性的目的。

(1)聚乙烯醇缩醛改性酚醛树脂。用聚乙烯醇缩醛改性酚醛树脂,是工业上应用较多的一种改性方法。用聚乙烯醇缩醛作改性剂,可提高酚醛树脂的黏结力,增加韧性,降低固化速率从而降低成型压力。酚醛树脂通常为氨水催化的热固性酚醛树脂,而聚乙烯醇缩醛分子中要求含有一定量的羟基(含量 $11\%\sim15\%$),目的是提高其在乙醇中的溶解性,增加与酚醛树脂的相容性,增加改性后树脂与玻璃纤维的黏结性,以及在成型温度下($145\sim160\,℃$)与酚醛树脂分子中的羟甲基相互反应,生成接枝共聚物。其反应式为

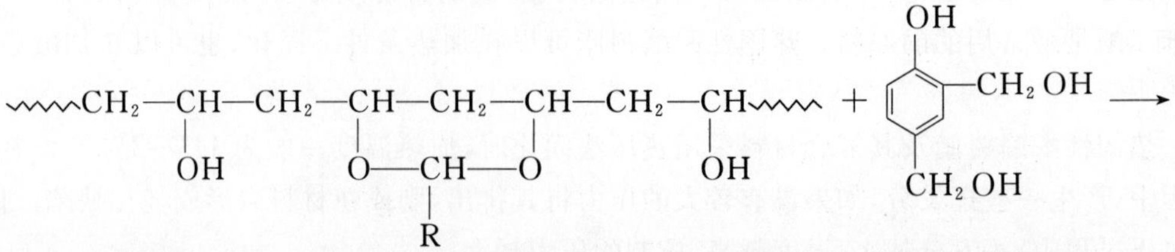

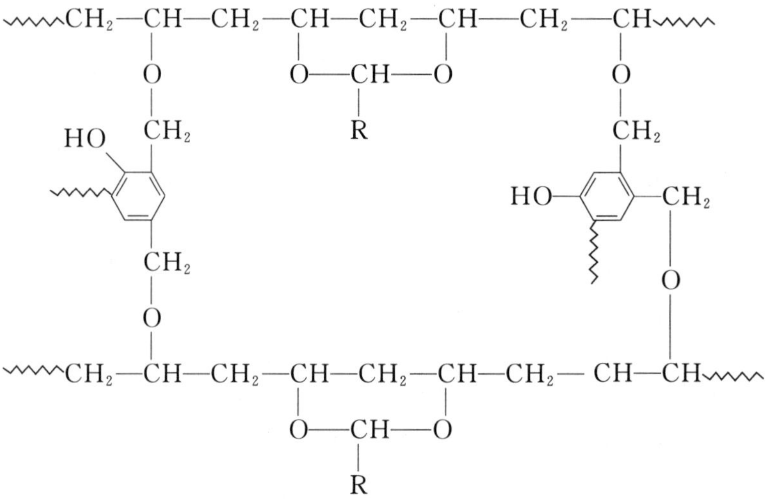

这样形成的接枝共聚物具有较好的韧性。

在聚乙烯醇缩醛中,常用耐热性较好的聚乙烯醇缩甲醛或缩乙醛以代替缩丁醛,也有用缩甲醛和缩丁醛混合缩醛的。为了提高聚乙烯醇缩醛改性酚醛树脂的耐热性和耐水性,可加入一定量的正硅酸乙酯,常用配方如下:

1)热固性酚醛树脂 135 kg;

2)聚乙烯醇缩甲醛 100 kg;

3)正硅酸乙酯 30 kg。

用无水乙醇(40%)与甲苯(60%)作混合溶剂,配制成 20%～25% 的溶液使用。正硅酸乙酯在浸胶烘干及热压过程中与聚乙烯醇缩醛分子中的羟基以及酚醛树脂中的羟甲基反应,最后进入树脂的交联结构,从而提高制品的耐热性。

(2)环氧改性酚醛树脂。用双酚 A 型环氧树脂改性热固性酚醛树脂的体系,兼具环氧树脂优良的黏结性和酚醛树脂优良的耐热性,可以看作环氧改性酚醛,也可看作酚醛改性环氧。同时,酚醛树脂也起了环氧树脂固化剂的作用,两种树脂经过化学结合形成复杂的体型结构。

酚醛树脂经环氧树脂改性后,其玻璃纤维复合材料的抗拉强度可提高 100 MPa,抗冲击强度提高了 3.5 倍。

环氧改性酚醛树脂主要用于复合材料的层压和模压制品、涂层、结构黏合剂、浇注等方面。

(3)有机硅改性酚醛树脂。有机硅树脂有优良的耐热性和耐潮性,它的黏结性较差、机械强度较低,且不耐有机溶剂或酸、碱介质的侵蚀。若使用有机硅单体与酚醛树脂中的酚羟基或羟甲基发生反应,并放出小分子产物,可以改进酚醛树脂的耐热性和耐水性,是制备耐高温酚醛树脂的一个重要途径,如用 $Si(OR)_4$ 改性的酚醛树脂制成的玻璃纤维复合材料在 200℃ 下仍有良好的热稳定性。

用不同的有机硅单体或混合单体与酚醛树脂改性,可得到不同性能的改性酚醛树脂,具有广泛的选择性。其改性方法通常是先制成有机硅单体和酚醛树脂的混合物,然后在浸渍、烘干及压制成型过程中完成上述交联反应。

用有机硅改性的酚醛树脂复合材料可在 200～260℃ 下使用,并可作为瞬时耐高温材料,用作火箭、导弹等的烧蚀材料。

（4）硼改性酚醛树脂。与氨催化酚醛树脂和氢氧化钡催化的酚醛树脂相比，硼改性酚醛树脂有较高的热稳定性，其玻璃纤维复合材料的机械强度和介电性能也比一般酚醛树脂和环氧改性酚醛树脂产品的好。

硼改性酚醛树脂的湿态性能下降较多，为了克服这个缺点，用双酚A代替或部分代替苯酚合成酚醛树脂。这种树脂可用两步法合成：首先双酚A和甲醛在氢氧化钠催化下进行缩合反应；部分脱水后，加硼酸和硼砂进行第二步反应，真空脱水，制得硼改性双酚A酚醛树脂。

硼酚醛树脂玻璃纤维复合材料具有优良的耐高温性能及烧蚀性能，是在火箭、导弹和空间飞行器等空间技术上广泛采用的一种优良的耐烧蚀材料。

（5）钼改性酚醛树脂。用金属钼的氧化物、氯化物以及它的酸类，与苯酚、甲醛反应，使过渡性金属元素钼以化学键的形式结合于酚醛树脂中，生成钼酚醛树脂，制得钼改性酚醛树脂。

钼改性酚醛树脂是一种新型耐烧蚀性树脂。热分解温度随钼含量的增加而上升，钼改性酚醛树脂的热分解温度为 460～560℃，在 700℃ 下失重率为 40% 左右。而一般酚醛树脂在 700℃时失重率 100%，硼改性酚醛树脂在 700℃下也失重率 50% 以上。用钼改性酚醛树脂制得的复合材料既具有耐烧蚀、耐冲刷性能，又具有机械强度高、加工工艺性能好等优点，可用于制造火箭、导弹等耐烧蚀、热防护材料。

（6）磷改性酚醛树脂。磷酸或氧氯化磷与酚醛树脂反应可制得磷改性酚醛树脂。磷改性酚醛树脂在氧化性介质中具有优异的耐热性和耐火焰性。

4.3.3　不饱和聚酯

不饱和聚酯（UP）是由不饱和二元羧酸（酐）、饱和二元酸（酐）与多元醇缩聚而成的线性聚合物，其分子主链既含有酯键又含有不饱和双键。因此具有酯键与不饱和双键的性质。其典型结构为

$$H{-}[O{-}R^1{-}O{-}\overset{O}{\overset{\|}{C}}{-}R^2{-}\overset{O}{\overset{\|}{C}}]_n[O{-}R^1{-}O{-}\overset{O}{\overset{\|}{C}}{-}CH{=}CH{-}\overset{O}{\overset{\|}{C}}]_m OH$$

其中，R^1，R^2 分别为二元醇和饱和二元酸中的烷基或芳基；m，n 分别为聚合度。因为其中含有不饱和双键，所以可以在引发剂的引发下，打开双键，与含有双键的聚合单体（常用苯乙烯）发生加聚反应而交联。

1. 不饱和聚酯树脂的合成

不饱和聚酯树脂的合成原料：饱和二元酸（酐）、不饱和二元酸（酐）、二元醇。

（1）饱和二元酸。主要作用是调节双键密度，增加树脂韧性，降低不饱和聚酯的结晶性，改善其在苯乙烯中的溶解性。常用的有芳香族二元酸（邻苯二甲酸酐、间苯二甲酸酐等）、脂肪族二元酸（己二酸、癸二酸等）。其中脂肪族的二元酸可以引入较长的柔性脂肪链，使分子中的不饱和双键间的间距增大，增加固化后的树脂韧性。使用一些特殊的二元酸可以获得一些特殊性能。例如，用苯二甲酸制得的不饱和聚酯固化后拉伸强度较高；用内次甲基四氢邻苯二甲酸酐可制得耐热性不饱和聚酯，其固化后热稳定性和热变形温度较高；用四氢邻苯二甲酸可改善树脂固化后表面发黏的问题；用六氯内次甲基四氢邻苯二甲酸可得到具有自熄性的不饱和聚酯。一些常见的饱和二元酸结构式如图 4-6 所示。

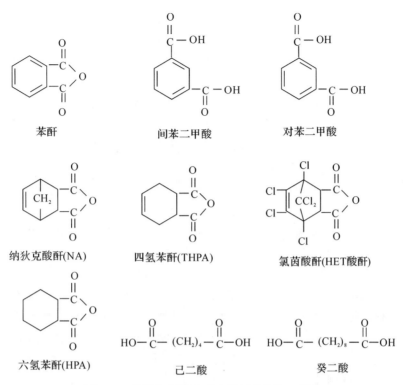

图 4 - 6　不饱和聚酯合成中常用的饱和二元酸

（2）不饱和二元酸。常用的不饱和二元酸（酐）是顺丁烯二酸酐（简称顺酐）和反丁烯二酸，其中主要是顺酐，这是因为其熔点低，反应时脱水量小，价格低廉。

（3）二元醇。合成不饱和聚酯的二元醇主要是丙二醇，因其分子对称性低，聚合之后形成的不饱和聚酯结晶性低。乙二醇则具有高度对称的结构，制得的不饱和聚酯有强烈的结晶趋势，与苯乙烯相容性差，因此需要对其中的端羟基进行酰化，降低结晶性，改善其与苯乙烯的相容性。分子中带有醚键的一缩二乙二醇或一缩二丙二醇可制备基本上无结晶的聚酯，并使不饱和聚酯的柔性增加，然而分子链中的醚键增加了不饱和聚酯的亲水性，固化树脂的耐水性降低。用 2,2'-二甲基丙二醇制得的不饱和聚酯具有较高的耐热性、耐腐蚀性和表面硬度。二酚基丙烷与环氧丙烷的加成物——二酚基丙烷二丙二醇醚的结构式为

它可制得具有良好耐腐蚀性的不饱和聚酯，但其固化速度较低，需要与丙二醇或乙二醇等小分子二元醇混合合成不饱和聚酯。在二元醇中加入少量多元醇，可以制得带支链的聚酯，提高固化树脂的耐热性与硬度。

饱和二元酸与不饱和二元酸的比例决定了合成的不饱和聚酯中双键的密度：不饱和二元酸比例高，则合成的树脂凝胶时间短，折射率及黏度低，固化后耐热性好，耐溶剂、耐腐蚀性好；饱和二元酸比例高，则固化程度降低，制品力学性能较低。

2. 不饱和聚酯树脂的固化

交联剂一般选烯类单体，交联剂同时也充当不饱和聚酯的溶剂。对它的一般要求：高沸点，低黏度，可溶解不饱和聚酯、引发剂、促进剂及染料，无毒，反应活性高，能与树脂共聚成均匀的共聚物。交联剂主要包括以下几种：

（1）苯乙烯。它是低黏度液体，能溶解不饱和聚酯、引发剂及促进剂，其双键活性大，容易与聚酯中的双键发生加成共聚，是目前不饱和聚酯中用量最大的交联剂。含量很重要，含量过多则树脂溶液黏度太低；含量少，则树脂溶液黏度较高，且固化不完全，降低树脂固化后的软化温度。

（2）乙烯基甲苯。它是邻位占 60% 和对位占 40% 的异构混合物，工艺性能与苯乙烯相似，固化收缩率低于苯乙烯，沸点高，固化后的产品柔软性好。

（3）二乙烯基苯。它在室温下即可与不饱和聚酯聚合，常与苯乙烯等混用，可以制得相对稳定的不饱和聚酯。因为苯环上含有两个乙烯取代基，交联固化后可以获得高的交联密度，固化后的树脂耐热性及硬度都高于苯乙烯固化树脂。其缺点是固化物脆性大。

（4）甲基丙烯酸甲酯。固化树脂具有低的折射率，良好的透光性；其缺点是沸点低，自聚倾向大，形成的固化产物网络结构疏松，交联度低，制品硬度低。因此，它一般与苯乙烯混用。

（5）邻苯二甲酸二丙烯酯。它的优点是沸点高、挥发性低、毒性低、固化时放热及收缩率小，缺点是黏度大、反应活性低。由于其固化产物热变形温度高、介电性好，耐老化性好，所以可用于制备耐热性好的制件。

3. 不饱和聚酯树脂的性能及用途

不饱和聚酯在固化过程中无挥发物释放，能在常温常压下成型，具有很高的固化能力，施工方便，可用手糊、模压、缠绕、喷射等工艺成型复合材料制品。此外，还发展了预浸渍玻璃纤维毡片的片材成型法（SMC）和整体成型法（BMC），不饱和聚酯制件也可采用浇铸、注塑等成型方法。在性能上，由于组成可调整，因此固化后的制品可以具备硬质的、弹性的、柔软的、耐腐蚀、耐老化、阻燃等性能。

不饱和聚酯主要用于制作玻璃钢制品，用作承载结构材料。其比强度高于铝合金，接近钢材，常用来代替金属，用于汽车、造船、航空、建筑、化工及日常生活。

4.3.4 聚酰亚胺树脂复合材料（Polyimide Composites）

聚酰亚胺（PI）树脂是以芳香族二酐和芳香族二胺为原料，经酰亚胺化反应得到的一类聚合物，其结构通式为

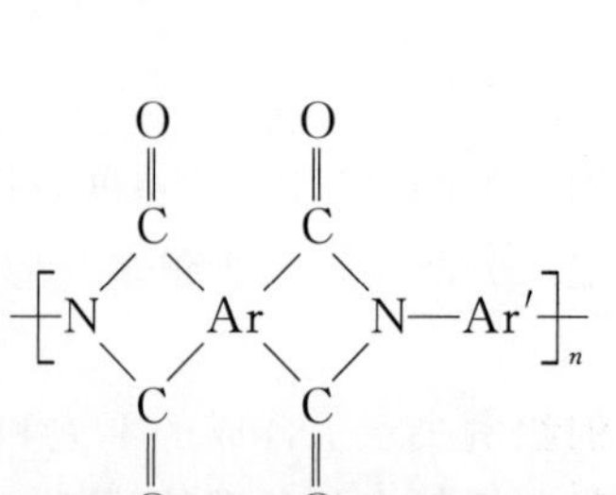

20 世纪 70 年代发展起来的耐高温芳杂环高聚物具有优良的高温物理机械性能。其中单

体原位聚合(PMR in situ Polymerization of Monomer Reactants)聚酰亚胺具有重要意义。它是由 NASA Lewis 研究中心研究出来的。PMR 是将单体反应物直接溶解于溶剂中用以浸渍纤维制备预浸料,然后在复合材料成型时,单体反应物在增强纤维表面上再原位聚合成低相对分子质量预聚物,最后通过封端基中不饱和键的加成聚合反应形成交联结构的方法。PMR 方法最大的优越性在于为一大类热氧化稳定性好而工艺性差的耐热聚合物提供了制造低孔隙率、高质量复合材料的可能性。由于 PMR 聚酰亚胺克服了传统的缩聚型聚酰亚胺成型工艺性差的弱点,因而在高技术领域中得到了广泛的应用。

聚酰亚胺是芳杂环耐高温聚合物中最早工业化的品种,也是工程塑料中耐热性能最好的品种之一,具有突出的热稳定性和氧化稳定性,以及优异的耐辐射性能、介电性能和力学性能。因此,这种树脂在航空、航天、电机电工、电子等领域具有很好的应用前景。聚酰亚胺树脂可分为缩聚型、加聚型和热塑性三种类型。其中,加聚型聚酰亚胺是热固性树脂,缩聚型聚酰亚胺的行为类似热固性树脂,固化物是不溶不熔的。

两个主要原因阻碍了传统聚酰亚胺作为结构复合材料基体的广泛应用:①交联密度高、分子链刚性大的聚酰亚胺固有的脆性,导致复合材料耐冲击性较差,热冲击时基体树脂易开裂,这种开裂使得吸湿性增大以及冷热交替时易变形。②聚酰亚胺加工性差,聚酰亚胺的加工一般需在高温(250～300℃)下进行,缩聚型聚酰亚胺还需要较高的压力。

4.3.4.1　缩聚型聚酰亚胺

缩聚型聚酰亚胺树脂的主要原料是芳香二酐和芳香二胺。缩聚型聚酰亚胺树脂的合成一般分两步:首先,二酐和二胺在室温下在极性溶剂(如二甲基甲酰胺、二甲基乙酰胺或 N-甲基吡咯烷酮等)中反应,生成可溶的聚酰亚胺预聚物。然后,通过加热或化学处理完成环化。其反应式如下:

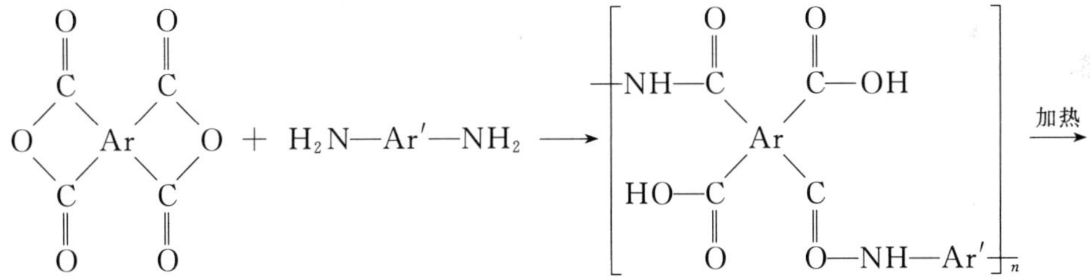

二酐　　　　　　　　二胺　　　　　　　　　　聚酰胺酸

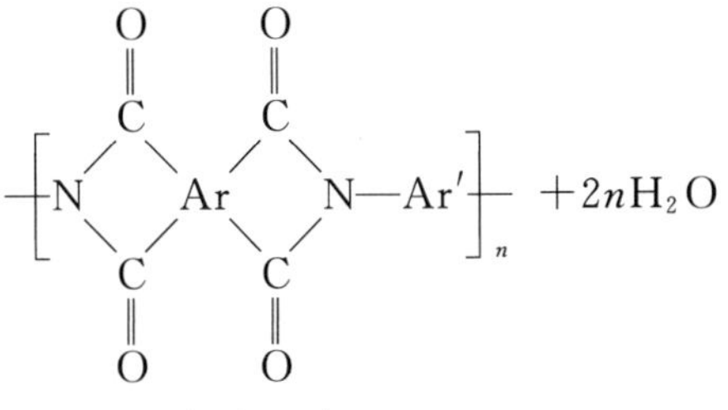

聚酰亚胺

选用不同的原料单体可以合成不同性能的聚酰亚胺,表 4-9 列出了 3,3'4,4'-二苯甲酮四酸二酐(BTDA)和各种芳香二胺合成的聚酰亚胺的玻璃化转变温度。

表 4 - 9　BTDA 和各种芳香二胺合成的聚酰亚胺的玻璃化转变温度

二胺结构	$T_g/℃$	二胺结构	$T_g/℃$
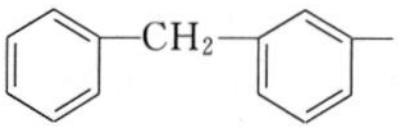 (苯-CH₂-苯结构)	232	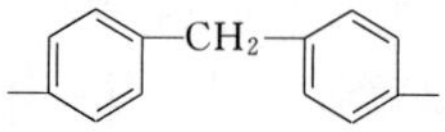 (苯-CH₂-苯结构)	284
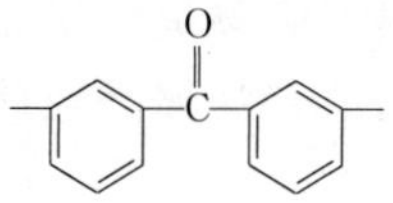 (苯-CO-苯结构)	257	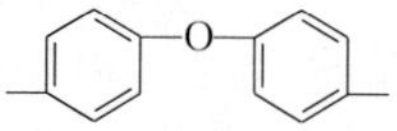 (苯-O-苯结构)	283
(对苯结构)	320	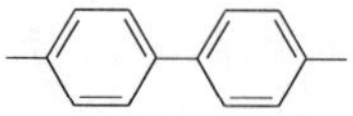 (联苯结构)	300
 (芴-CH₂结构)	320	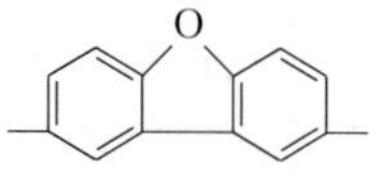 (二苯并呋喃结构)	300
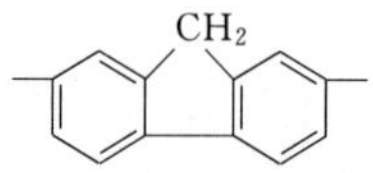		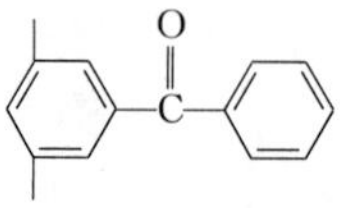 (甲基苯-CO-苯结构)	278

单体的化学结构对缩聚型聚酰亚胺热氧化稳定性有较大的影响。

(1)对苯二胺与不同的二酐合成的聚酰亚胺,其热氧化稳定性的次序如下:

均苯四甲酸二酐>3,3′4,4′-二苯甲酮四甲酸二酐>1,3-二(3,4-二羧基苯)六氟丙烷二酐>1,4,5,8-萘四甲酸二酐。

(2)均苯四甲酸二酐与不同的二胺合成的聚酰亚胺,其热氧化稳定性的次序如下:

对苯二胺>1,5-二氨基萘≥4,4′-二氨基联苯>1,4-二氨基蒽>1,6-二氨基芘。

(3)在二胺中的环取代降低了热氧化稳定性。

(4)用 $H_2N—C_6H_4—X$(X 为卤族元素)$—C_6H_4—NH_2$结构的二胺合成聚酰亚胺时,热氧化稳定性的次序如下:

$$X=单键>S>SO_2>CH_2>CO>SO>O$$

4.3.4.2　加聚型聚酰亚胺

聚酰亚胺树脂复合材料综合性能好,但是它的成型固化温度高、黏结性能低,这限制了它的应用。环氧树脂的工艺性好,但耐湿热、耐高温性又远远低于聚酰亚胺树脂。由于缩聚型聚酰亚胺在成型加工方面的局限性,限制了其在复合材料方面的应用。因此开发了加聚型聚酰亚胺。它是指端基带有不饱和基团的低相对分子质量聚酰亚胺,如双马来酰亚胺、降冰片烯封端酰亚胺、乙炔封端酰亚胺等。它成型加工时通过不饱和端基进行固化,固化过程中没有挥发性物质放出,有利于复合材料的成型加工。下面介绍几种常用的加聚型聚酰亚胺树脂。

1. 双马来酰亚胺(BMI)树脂

20 世纪 60 年代由法国首先开发的双马来酰亚胺(BMI)树脂较好地综合了聚酰亚胺与环氧树脂的优点,成为当代先进复合材料基体树脂发展的一个重要方面。BMI 树脂已有大量的品种商品化,有 10 多个公司出售 BMI 与浸料几十个牌号,有的公司产品已形成系列牌号。我国也已开展了研究,有的品种已进入应用阶段。双马来酰亚胺的一般结构式为其中，$R' = -CH_2-$，$-O-$，$-SO_2$ 或其他基团。

双马来酰亚胺是以马来酸酐和二元胺为主要原料，经缩聚反应得到的，反应方程式为

双马来酰亚胺树脂具有与环氧树脂类似的加工性能，而其耐热性和耐辐射性优于环氧树脂，同时也克服了缩聚型聚酰亚胺树脂成型温度高、成型压力大的缺点。因此，双马来酰亚胺树脂得到了迅速的发展和广泛的应用。

（1）BMI 单体的性能。BMI 单体一般为结晶固体，芳香族 BMI 具有较高的熔点，脂肪族 BMI 具有较低的熔点。从 BMI 树脂的工艺性能角度，希望 BMI 具有较低的熔点。表 4-10 列出了几种常见 BMI 单体的熔点。

表 4-10　常见 BMI 单体的熔点

R	熔点/℃	R	熔点/℃
$-CH_2-$	156～158	$-(CH_2)_6-$	137～138
$-(CH_2)_2-$	190～192	$-(CH_2)_8-$	113～118
$-(CH_2)_4-$	171	$-(CH_2)_{10}-$	111～113
$-(CH_2)_{12}-$	110～112		>340
$-CH_2-C(CH_3)_2-CH_2-$	70～130		307～309
	154～156		172～174
	180～181		307～309
	251～253		
	198～201		

大部分 BMI 单体不溶于丙酮、乙醇等有机溶剂，只能溶于强极性的二甲基甲酰胺（DMF）、N-甲基吡咯烷酮（NMP）等溶剂。

BMI 单体可通过其分子双键端基与二元胺、酰胺、酰肼、巯基、氰脲酸和羟基等含活泼氢

的化合物进行加成反应,也可以与环氧树脂、含不饱和双键的化合物(如烯丙基、乙烯基类化合物)反应,在催化剂或热作用下还可以发生自聚反应。

(2)BMI 固化物的性能。BMI 树脂的固化产物是不溶不熔的,刚性和脆性都较大,具有相当高的密度($1.35\sim1.4\text{g/cm}^3$),T_g 为 $250\sim300\text{℃}$,断裂延伸率低于 2%,BMI 树脂的吸湿率与环氧树脂相当(质量分数为 $4\%\sim5\%$),但是吸湿饱和比环氧树脂快。表 4-11 列出了常见 BMI 树脂的性能。

表 4-11 常见 BMI 树脂性能

性 能		最高值	BMI 树脂牌号
$T_g/\text{℃}$	干态	400	Kerimid FE70003
	湿态	297	Ciba-Geigy XU-295
拉伸强度/MPa	干态	90	Technochemie H795
	湿态	88	Ciba-Geigy XU-295
拉伸断裂延伸率/(%)	干态	2.9	Narmco 5245C
	湿态	3.3	Hysol EA9102

(3)BMI 树脂的改性。BMI 树脂虽然具有优良的耐热性能和力学性能,但是 BMI 树脂存在熔点高、溶解性差、成型温度高和固化物脆性大等缺点,阻碍了它的应用和发展。关于 BMI 树脂的改性研究有较多的报道,目前的研究方向仍然是增韧,其目标是更优的耐湿热性能和复合材料的冲击后压缩性能,以及好的可加工性能和更长的使用期。

文献报道的 BMI 树脂的改性方法较多,主要的改性方法有如下五种:

1)烯丙基化合物共聚改性 BMI;

2)芳香二胺化合物改性 BMI;

3)环氧树脂改性 BMI;

4)热塑性树脂增韧改性 BMI;

5)氰酸酯树脂改性 BMI。

(4)BMI 树脂的应用。由于 BMI 树脂复合材料具有优异的综合性能、原料丰富、工艺易行,20 世纪 80 年代以来,它的发展很快。BMI 树脂复合材料不仅已大量应用到航空航天飞行器的一般承力件,而且也正在应用到主承力结构,如美国的几种 F16XL 的主承力结构等。当前先进复合材料树脂的发展研究,除基体树脂化学研究外,在发展基体材料方面首推改性 BMI 树脂。BMI 树脂应用于以下各种高新技术领域:

1)航空航天领域:BMI 树脂基复合材料在航空航天领域得到了广泛的应用,如用作机翼蒙皮、尾翼、垂尾、飞机机身和骨架等。表 4-12 列出了部分 BMI 树脂基复合材料在航空航天领域中的应用情况。

2)绝缘材料:主要用作高温浸渍漆、层压板、覆铜板入模压塑料等。

3)耐磨材料:用作金刚石砂轮、重负荷砂轮等。

表 4-12　几种 BMI 树脂基复合材料在航空航天领域中的应用情况

材　　料	CAI/MPa	工作温度/℃	应　　用
T300/QY8911-1	156	150	机翼、前机身、尾翼
T300/5405	173	150	机翼
IM7/52502	179	230(干态) 194(湿态)	F-22 中机身、管道、骨架
IM7/5250-4	208	同上	F-22 机翼蒙皮、安定面等
T300/GM-300		237	航天构件

2. 降冰片烯封端聚酰亚胺树脂

降冰片烯封端聚酰亚胺树脂是指用二元胺、二元酸酐及封端单体合成的聚酰亚胺,其中主要的品种是美国 NASA 路易斯研究中心开发的 PMR 型树脂。PMR 型树脂是芳香二胺、芳香四酸的二烷基酯和纳狄克二酸的单烷基酯的甲醇或乙醇溶液。该溶液可直接用于浸渍增强材料,热使其发生亚胺化反应后制得预浸料,再经加热加压固化得到复合材料。PMR 型聚酰亚胺树脂的特点:使用低相对分子质量、低黏度单体;使用低沸点溶剂;亚胺化反应在固化之前完成,故固化时有极少的挥发物产生。用它有可能制造出孔隙率小于 1% 的复合材料。

(1)PMR 型聚酰亚胺树脂的合成。第一代 PMR 型聚酰亚胺树脂的合成所用的原料是 Nadic 二酸单甲酯(NE)、4,4'-二氨基二苯基甲烷(MDA)和 3,3'-、4,4'-二苯甲酮四羧酸二甲酯(BTDE)。反应物的摩尔比不同,所得到的预聚体的相对分子质量也不同。通过对不同配方相对分子质量(formulated molecular weight)的 PMR 聚酰亚胺及其复合材料的工艺性、热氧化稳定性和力学性能试验,筛选出最好综合性能配方是 NE,MDA,BTDE 的摩尔比为 2.000:3.087:2.087,此时得到的预聚体相对分子质量为 1 500,故称之为 PMR-15,它是第一代 PMR 中的典型代表,至今使用最为广泛。其合成反应方程式如下:

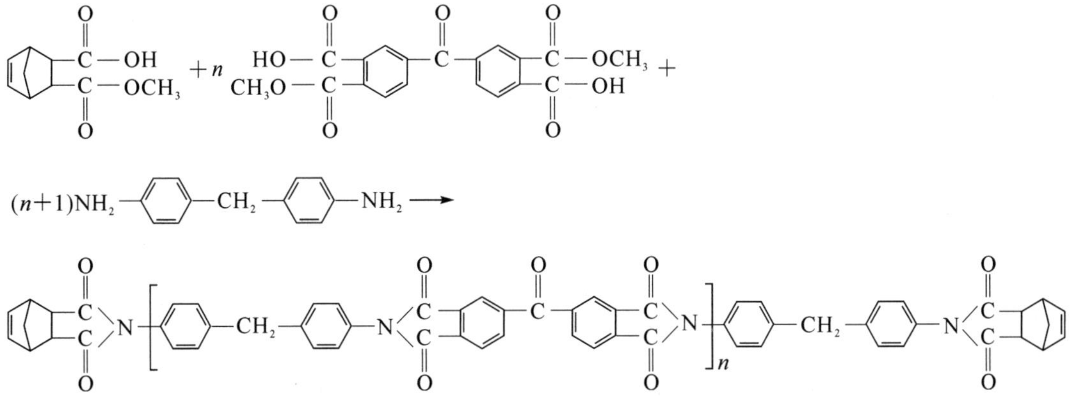

PMR-15 树脂的工艺过程:将 BTDA 和甲醇加热回流几小时,得到 BTDE 溶液,按配比将其他单体加入到 BTDE 溶液中即可得到 PMR 聚酰亚胺树脂溶液。如果 BTDA 和甲醇加热回流时间过长或 BTDE 溶液储存时间过长,会形成三甲酯或四甲酯,这将影响聚合过程中的链扩展从而使预聚体相对分子质量降低。

由于 PMR 聚酰亚胺在合成过程中不用二甲基甲酰胺、二甲基乙酰胺等极性强、价格高的有毒溶剂,而改用价格低的低毒甲醇溶剂,这改善了工艺性,降低了生产成本。由于甲醇溶剂仍对人体有害,经研究,改用了无毒的乙醇溶剂。PMR 树脂中尽管固体树脂含量可达 50% 以上,但由于其黏度低,所以仍很容易浸渍纤维制造预浸料或缠结成型。

(2)PMR 型聚酰亚胺树脂的固化。PMR-15 的固化反应是按逆 Diels Alder 反应进行的,其固化反应式如下:

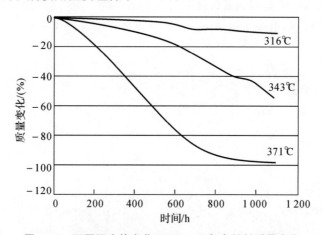

(3)PMR 型聚酰亚胺树脂的性能。

1)PMR 型聚酰亚胺树脂的热氧化稳定性。聚合物在高温下会发生交联、氧化降解等化学反应,使其性能变差,这同时也会使其物理状态发生变化,如密度增加、脆性增加。因此,聚合物的热氧化稳定性是衡量其耐热性大小的重要性能。

图 4-7 所示是 PMR-15 聚酰亚胺复合材料在不同温度下热老化后的质量损失情况。图 4-7 曲线表明,在 316℃ 下热老化 1 000 h 后,PMR-15 聚酰亚胺复合材料的质量损失仍小于 10%(质量分数),但在 371℃ 下热老化 200 h 后,其质量损失已达 20%。因此,PMR-15 聚酰亚胺复合材料的长期使用温度应低于 316℃。

图 4-7 不同温度热老化 PMR-15 复合材料质量变化

2)PMR 型聚酰亚胺的力学性能。按照 NASA 推荐的固化工艺,PMR-15 聚酰亚胺复合材料可以用真空袋热压罐法或模压成型法来制造。PMR 型聚酰亚胺树脂具有较好的力学性能,特别是在高温下具有较高的强度保留率,见表 4-13。PMR-15 固化物的密度为 1.30g/cm^3,在 343℃ 后固化以后,T_g 约为 335℃,较高的后固化温度可以得到较高的 T_g,但同时降低了层间剪切强度。层间剪切强度降低,一般认为是复合材料中的微裂纹和基体与纤维之间的热膨胀系数不同所产生的残余应力引起的。

表 4 - 13　HM - S/PMR - 15 复合材料的性能

性　能	未固化		在 343℃后固化 16 h
	25℃	316℃	316℃
弯曲强度/MPa	1 262	483	1 103
弯曲模量/GPa	185	104	173
层间剪切强度/MPa	59	22	44

为了改进第一代 PMR 型聚酰亚胺的耐热性,产生了用 4,4′{六氟代异丙撑}双邻苯基二甲酸二烷基酯(HFDE)部分或完全取代 PMR - 15 的 BTDE。这种新的 HFDE - PMR 称为第二代 PMR,有较高的热氧化稳定性,但它在 T_g 和 315℃下的初始力学性能都远远低于 PMR - 15。用对苯二胺(PPDA)替代 MDA 之后,上述性能有明显改善。目前唯一正式生产的第二代 PMR 的商品名称为 PMA - Ⅱ,其组成配方:HFDE/PPDA/NE＝$n/(n+1)/2$,其配方相对分子质量(FMW)＝1 267(n=1.67)。与 PMR - 15 相比,PMR - Ⅱ 在 315℃下具有更好的热氧化稳定性和力学性能保留率。但是由于 HFDE 的原料来源比较困难,所以 PMR - Ⅱ 至今仍然未得到广泛的应用。此外,可通过在 PMR - 15 原配方中加入少量的 N - 苯撑 Nadic 酰亚胺对其进行改性,改性后的 PMA - 15 称之为 PN - PMR。用 Celion 6000 碳纤维与 PN - PMR 复合,经 371℃固化后,可在 371℃下使用。用液体的多元芳香胺替代 PMR - 15 中的芳香二胺 MDA,可制得 LARC - 160 聚酰亚胺树脂,它具有较低的熔点,可用熔融法缠绕制备预浸料,由于不含残余溶剂,易于制得无孔隙率的复合材料。用苯胺基乙炔封端的聚亚胺树脂还有 LR600,AL600 等。

PMR - 15 聚酰亚胺固化温度很高,限制了它的应用。降低聚酰亚胺树脂固化温度的方法是选用固化促进剂或改变封端基。如用胺基苯乙烯或顺丁烯二酸酐部分取代 NE,可使 PMR - 15 的固化温度降低 50℃,但固化物的耐热性能也相应下降。

3. 乙炔基封端聚酰亚胺树脂

(1)乙炔封端聚酰亚胺的合成。乙炔封端聚酰亚胺(API)具有优异的热稳定性、介电性能和加工性能。合成 API 的主要原料有 3 - 乙炔基苯胺(APB)、芳香二胺和芳香二酐,其第一步反应制得乙炔封端醋酰胺酸,第二步反应是在甲酚溶液中加热亚胺化制得乙炔封端聚酰亚胺预聚体。反应式如下:

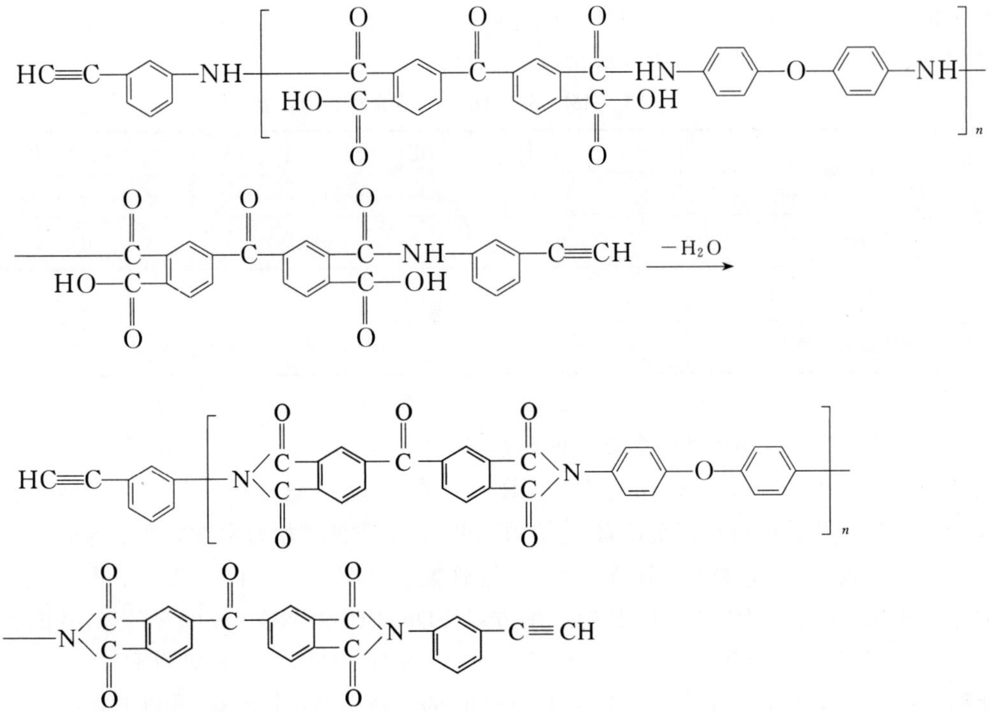

（2）乙炔封端聚酰亚胺的固化。乙炔封端聚酰亚胺的固化反应机理与固化条件有关，其可能的固化反应有以下五种：

1）乙炔基三聚反应：

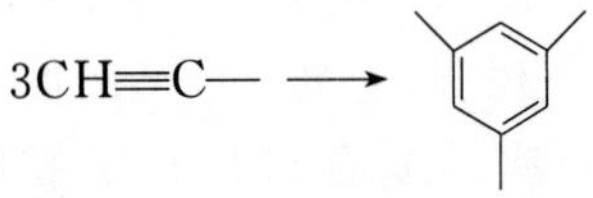

2）Glaser 反应：

$$2CH\equiv C- \xrightarrow{加热} -C\equiv C-C\equiv C- \xrightarrow{加热} 重构化和芳构化$$

3）Strauss 反应：

$$2CH\equiv C- \xrightarrow{加热} -C\equiv C-C\equiv C- \xrightarrow{加热} 重构化和芳构化$$

4）Diels-Alder 反应：

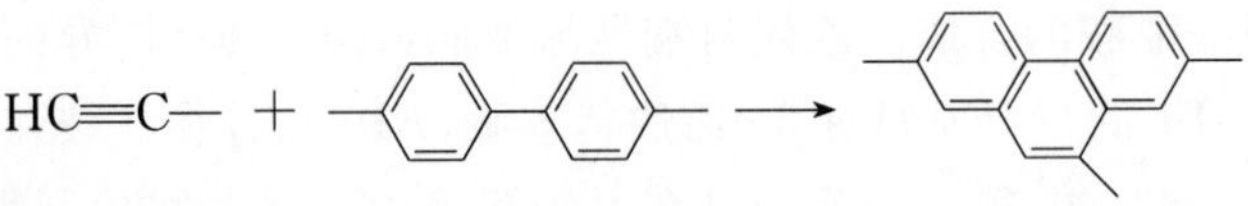

5）自由基聚合反应：

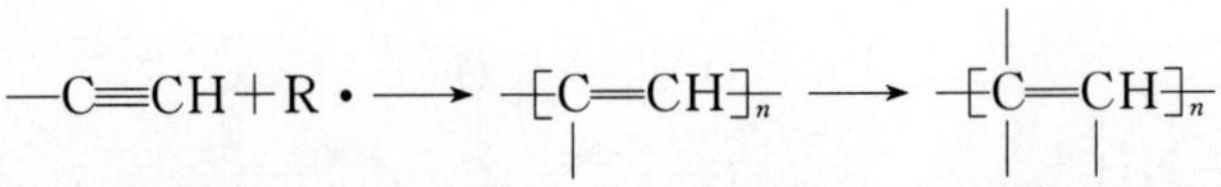

乙炔基封端模拟化合物的固化机理研究表明：在高温下，乙炔基封端树脂的固化产物主要是反式-共轭多烯；在较低的固化温度（120℃）下，在反应程度较低时形成环状三聚物，在反应程度较高时形成多烯结构。

（3）乙炔封端聚酰亚胺的性能。乙炔封端聚酰亚胺具有优异的热氧化性能和介电性能、良好的耐湿热性能，可以在 288℃ 下长期使用。Gulf 公司生产的 Thermid600 聚酰亚胺的性能见表 4 - 14。

表 4 - 14　Thermid600 聚酰亚胺树脂的性能

性　能			数　值
弯曲强度/MPa	25℃		131
	316℃		29
弯曲模量(25℃)/GPa			4.5
拉伸强度/MPa			83
拉伸模量/GPa			3.7
断裂延伸率/(%)			2
压缩强度/MPa			172
吸水率(50℃,1 000 h)/(%)			2.1
316℃老化后失重率/(%)	500 h 后		2.9
	1 000 h 后		4.4
316℃热老化 1 000 h 后	弯曲强度/MPa	25℃	92
		316℃	18
	介电常数	10 MHz	3.38
		9 GHz	3.13
		12 GHz	3.12
	介电损耗角正切值	9 GHz	0.006 8
		12 GHz	0.004 8

Thermid MC - 600 的熔融温度为 195～205℃,固化起始温度为 221℃,峰值温度为 251℃;在 246℃,15 MPa 下模压件的 T_g 为 255℃,经 371℃处理后,T_g 可提高至 350℃,该树脂的热分解温度大于 500℃。

除上述类型聚酰亚胺树脂复合材料外,还发展了热稳定络合物型聚酰亚胺,耐热可达 450～500℃的萘二酸为原料的聚酰亚胺,有半导体功能的萘二酐型聚酰亚胺、梯形高导电型聚酰亚氨基含酰胺结构的阻燃型聚酰亚胺等。

4.3.4.3　聚酰亚胺树脂复合材料的应用

聚酰亚胺树脂及其复合材料,主要应用在飞机的涡轮发动机、先进战略防御系统的热结构、宇航导弹弹体、战术导弹的天线罩及航天飞机上。如用 HTS/PMR - 15 制造的超高速发动机、压气机叶片及 F101DFE 发动机内环框圈,用 Kevlar 纤维织物/PMR - 15 制造的 DC9 飞机的减阻力整流罩等。以聚酰亚胺树脂为基体的复合材料集中应用于航空航天高性能发动机的冷端部位,如外涵机匣、叶片、中介机匣、矢量喷口调节片,以及导弹天线罩、弹体等结构。

国外 PI 基复合材料在发动机上应用的有 F404,F110 等高性能军用航空发动机及 GE100,PW4000 等民用航空发动机。在飞机某些部位上也有应用,如波音 747 的热防冰气压管道,F - 15 的襟翼,ATF 原型机机翼、肋、机翼蒙皮及 B2 轰炸机机身上的 PI 复合材料构件。此外,它在战斧巡航导弹、高速空空导弹、航天飞机等装备上也有应用。

国内对 PI 基复合材料的实际应用是最近几年才开始的,先后在火箭、导弹、航空发动机的某些部位上使用。

4.4　热固性树脂基复合材料的制备工艺

树脂基复合材料是指由树脂和纤维增强材料构成的一类复合材料,具有比强度和比刚度高、可设计性强、抗疲劳性能好、耐腐蚀性能好、便于大面积整体成型和特殊的电磁性能等独特优点。树脂基复合材料的力学、物理性能除了主要由纤维、树脂的种类及含量决定外,还与纤维的排列方向、铺层次序和层数密切相关。其优异性能必须通过成型工艺这一环节才能体现出来。要获得良好性能的制品,必须根据原材料的工艺特点、制品的尺寸和形状、使用要求条件,正确选择工艺方法和工艺参数。树脂基复合材料成型技术主要包括手糊成型、喷射成型、缠绕成型、热压罐成型、对模模压成型、预热坯料成型、拉剂成型等多种成型方法,本部分将重点介绍对模模压成型(matched die molding)、树脂注入模压(resin injection molding)、预热坯料成型(forming of preheated blank)和拉挤成型(pultrusion)工艺。

4.4.1　对模模压成型

对模模压成型是将模压料约束在两个模具型面之间形成制品形状,并加压使之固化的方法。其成型所用的模具由阳模和阴模组成。当阴、阳二模对合时,模具型面之间构成了成型制品所需要的空间。形状复杂的制品使用的对模也比较复杂,由几部分组成。模具的设计和制造是成型的重要环节之一。对模模压成型,由于所适用模料形式和状态不同,具体成型的方法种类繁多,彼此间有较大的差异,大致可以归为以下几类:

1)增强模压料模压 (reinforced molding compound);

2)毡预成型坯料模压(mat and perform);

3)冷模压(cold press molding);

4)树脂注入模压(resin injection molding);

5)泡沫蓄积模压(foam reservoir molding)。

这里主要简述在工业上占主导地位的增强模压料模压和树脂注入模压。

增强模压料模压,是将模塑(粉料、粒料或者纤维预浸料等)置于阴模型腔内,合上阳模,借助于压力和热量作用,使物料熔化充满型腔,形成与型腔形状相同制品的成型方法。在树脂基复合材料成型技术中,这种方法历史较长,在注射成型技术未被用于树脂基复合材料成型加工之前,它是树脂基复合材料制品生产的唯一方法。到了科学技术发达的今天,尽管出现了多种树脂基复合材料的成型加工技术,特别是注射成型技术,但由于树脂基复合材料的注射品级较少,且注射成型树脂基复合材料固化温度较难控制,这种方法仍然是热固性树脂和某些热塑性品种的主要成型方法。与其他成型方法相比,增强模压料模压具有如下特点:

1)工艺设备和模具简单,投资相对偏低,空间、面积占用少,工艺技术成熟。

2)制品致密,质量高,收缩率低,精度高,几何性能均匀,尺寸稳定性较好。

3)生产周期长,效率低,劳动强度大,不易实行机械化或自动化生产。

4)制品质量重复性差,对于以下制品难以成型:厚壁制品、装有细小而薄嵌件的制品、具有深孔的制品、结构和形状复杂的制品。

该成型工艺适用于热固性树脂,如酚醛、环氧、不饱和聚酯和聚酰亚胺等,以及某些热塑性制品的生产。其使用的主要设备是压机和模具。模压成型分为三个过程:①预压。主要为了改善制品质量,提高模料的适用效率。预压是将模粉或者纤维预浸料以及其他预成型织物结构等预先制成一定形状的操作过程。②预热。其目的主要是改进模料的加工性能,缩短成型周期等。它是将模料在成型前的预加热操作过程。③模压。其过程:将计量的物料加入模具腔内,闭合模具;排放气体,在规定的模料温度和压力下保持一段时间;脱模,取出制品,清理模具。

增强模压料模压包括块状模压料(BMC)也称预混料(premix)或者团状模压料(DMC)、片状模压料(SMC)、厚片状模压料(TMC)、高纤维含量模压料(HMC)和 X 线型连续纤维片状模压料(XMC)等模压工艺。这些成型方法所用压机基本相同,对模具的要求基本类似,仅仅是所用的模压料不同。无论是块状模压料还是片状模压料都是模压用纤维增强热固性树脂复合,这种复合物无须进一步固化,干燥去除挥发分,或经过其他加工处理,即可在压机上进行使用。但由于所用的增强材料的形式不同,制造工艺也各不相同,在应用范围上 SMC 更适合成型大件制品。

(1)块状模压料(BMC)。它是由所有成分通过强烈混合配制而成的。从混合器中得到的模压料呈纤维油灰状,操作者只要按照投料量称出即可使用。某些模压料可以通过装有切断工具的挤出机挤成杆状或者圆柱状模压料,以便于使用。现以玻璃纤维增强不饱和聚酯复合材料工业零部件的成型(BMC)技术说明其工艺过程。BMC 生产工艺流程如图 4-8 所示。

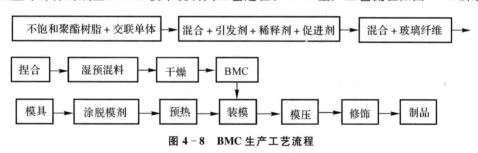

图 4-8　BMC 生产工艺流程

(2)片状模压料(SMC)。它呈片状,半黏性,可以切割、铺糊,便于模压各种形状的制品。其制造方法:在两个塑料薄膜带上连续敷涂树脂糊,再将连续纤维切断,沉积到敷涂有树脂糊的一个薄膜上,牵引薄膜使其通过一系列辊子,将切断的纤维收集在两个薄膜之间,并将树脂糊揉在纤维中,最后绕在成品的轮子上。现以玻璃纤维增强不饱和聚酯复合材料工业零部件的成型(BMC)技术说明其工艺过程。SMC 生产工艺流程如图 4-9 所示。

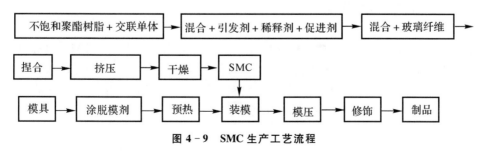

图 4-9　SMC 生产工艺流程

如图 4-10 所示,在两张玻璃纤维毡之间灌上树脂,糊料由内向外渗透,为避免糊料外流导致损失及黏附设备,在毛毡的外表衬以聚乙烯膜。挤压通过挤压辊 3 完成,它起促进浸透的作用。加热器 4 是一个低温烘箱,用以加速树脂增稠过程。

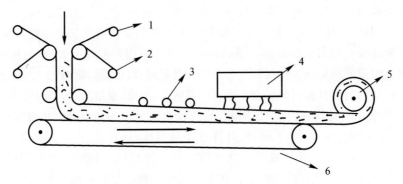

图 4-10   SMC 生产过程中的浸毯、挤压、干燥示意图

1—玻璃纤维毡卷辊； 2—聚乙烯薄膜卷辊； 3—挤压辊； 4—加热器； 5—手卷辊； 6—传送带

(3)厚片模压料(TMC)。其制法与片状模压料制法类似。如图 4-11 所示,将树脂糊夹持在两个反向旋转的辊子之间,再将切断的纤维输送到树脂糊中,通过反向旋转辊将二者混合,混合后的复合材料在二辊之间通过,沉积到两个塑料薄膜之间,经过带式或者辊式传送装置之后,即可得到确定厚度的模压料。

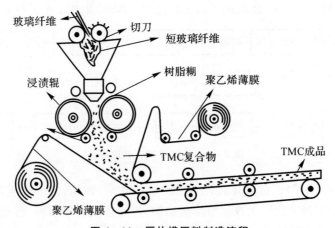

图 4-11   厚片模压料制造流程

4.4.2   树脂注入模压工艺

树脂注入模压(RIM)又称树脂传输模压(Resin Transfer Molding,RTM),也称树脂传输模塑。其工艺过程:先将增强材料铺放在模具中,再将模具闭合;之后,将树脂注入或者传输到模具中,使树脂完全浸渍密封在模具中的增强材料并固化。它是近年来发展迅速的适宜多品种、中批量、高质量先进复合材料制品生产的成型工艺。

1. RTM 工艺基本原理

RTM 属于复合材料的液体成型工艺(liquid composite molding),其工艺的基本原理如图 4-12 所示,即在一定温度和压力下,将低黏度的液体树脂被注入铺有预成型坯(增强材料)的模腔中,浸渍纤维,固化成型,然后脱模。

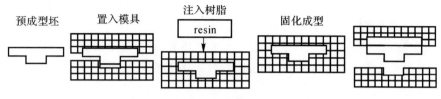

预成型坯　　置入模具　　注入树脂　　固化成型

图 4-12　RTM 工艺基本原理示意图

RTM 工艺流程包括预成型坯的加工、树脂的注入和固化(见图 4-13)。由于这两步可分开进行,所以 RTM 工艺具有高度的灵活性和组合性,便于实现"材料设计",同时操作工艺简单。为脱除模腔内的气泡,促进树脂流动和改善浸渍性,还发展了一种在注入树脂的同时抽真空的新工艺——真空辅助 RTM 工艺。

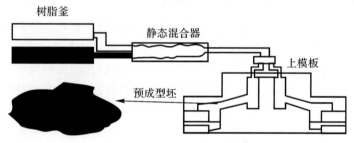

图 4-13　RTM 工艺流程图

RTM 成型工艺具有以下特点:①制品尺寸精确,外形光滑,可制造高质量复杂形状的制品;②孔隙率小,纤维含量高;③模具设计与制造容易,造价低;④成型过程中挥发分少,环境污染小;⑤模料压力比 SMC 的小,效率高,生产自动适应性强,成本低。因此专家估计,RTM 工艺将是 21 世纪复合材料行业的主导成型工艺之一。RTM 制品主要应用于建筑、汽车、容器、船舶和航空航天领域,如汽车用防护罩、赛车车架。

2. 适用 RTM 的原材料

(1)树脂。目前适用的树脂有不饱和聚酯、乙烯基脂树脂、环氧树脂、双马来酰亚胺树脂(BMI)和热塑性树脂。其中,环氧树脂具有优良的热稳定性和尺寸的稳定性、耐腐蚀性和低收缩率;BMI 具有耐高温性能,是高性能增强复合材料常用的树脂。

(2)增强材料。常用的增强材料有玻璃纤维、碳纤维、碳化硅纤维和芳纶纤维等。一般认为,宜采用长纤维或者连续纤维作为增强材料。这些纤维先通过预成型制作成片状或预成型坯形态的增强材料,再用于 RTM 工艺,目的是提高增强材料的铺模速度。增强材料预成型的加工方法有手工铺层、编织法、针织法、热成型连续原丝毡法、预成型定向纤维毡法、CompForm 法和三维编织技术等。

(3)辅助材料。辅助材料包括脱模剂、填料、促进剂和引发剂。脱模剂主要有蜡、硅及聚乙烯醇,其作用是使脱模容易,保持表面光滑度;常用填料有碳酸钙、滑石粉、氢氧化铝、玻璃微珠等,其作用是降低成本,增强刚度,减少收缩率,促进剂和引发剂有助于树脂的固化成型。

3. RTM 工艺发展中的关键技术

(1)真空辅助成型技术。真空辅助 RTM 工艺(VARTM)被称为"因改进产品质量的要求而得到普遍应用的技术",它不仅增加了树脂的传递动力,排除了模具及树脂中的气泡和水分,更重要的是为树脂在模腔中的流动打开了通道,形成了完整的通路。

(2)预成型技术。它是 RTM 工艺中的一个重要环节,对质量要求高、性能稳定、结构复杂的制品来说显得尤为重要。它大致分为五种类型:①手工铺层;②纺织法;③针织法;④热成型原丝毡法;⑤预成型定向毡法。

(3)数学模型设计技术。为优化和确定 RTM 工艺条件,以工艺过程进行模拟并建立数学模型是必要的。有人提出等温和非等温条件下的二维、三维模内流动模型,有人利用有限元方法对 RTM 成型工艺的全过程进行了数学模拟等等。模型的建立和模拟工作的开展,有助于通过均匀布置注射浇口和排气口确保树脂能够完全充模,通过模腔内的树脂的压力分布信息合适充模过程中的模具的整体性,利用充模时间的有关信息优选生产周期。

4. RTM 主要成型参数及其对成型加工的影响

(1)树脂的流动。它决定着制件质量的优劣和工艺周期的长短。树脂的流动与压力,树脂的黏度、表面张力,纤维的表面处理、排列,注口的位置、温度等多种因素有关。

(2)非均匀孔隙纤维介质中的气泡形成和排出。过多的孔隙会降低制件的断裂韧性,增大制件的环境敏感性及吸水率,加大强度性能的波动性和分散性,影响制件的可靠性,因此在工艺控制等方面应尽量使纤维束易于浸透,两相孔隙的流动差别小,形成气泡少,且易于排出。

(3)材料性能对 RTM 工艺的影响。树脂的黏度、表面张力,纤维的表面处理,纤维的排列,织物形式以及树脂对纤维的浸润性等都影响 RTM 的工艺。研究表明,当树脂具有较低的黏度时,纤维束易被浸透。纤维表面处理好,与树脂的浸润性能好及树脂的表面张力大,树脂易于渗透到纤维束,较好地排除其中的气泡,提高制件质量并缩短工艺周期。工艺中采用模具加热的方法使树脂黏度降低。

(4)注射压力。目前还没有理论表明采用何种压力为最佳。一般前期采用低压慢速注射,易减少树脂在两种孔隙中流动的差别,使纤维束得到充分浸润;后期采用高压快速注射以排除气泡。

(5)真空辅助手段。采取真空辅助手段对提高复合材料制件的强度、降低孔隙率、缩短工艺周期具有极大的意义。

4.4.3 预热坯料成型

预热坯料成型也称热成型工艺(thermoforming process)。与热固性树脂基复合材料的对模模压成型类似,它是一种快速、大量成型热塑性复合材料制品的成型方法。通常的热成型设备均可使用。加热预浸料用的炉子应能达到 $350\sim500$ ℃,预浸料在模子内不能伸长,也不能变薄。模具闭合前,预浸料要从夹持框架上松开,放至下半模具上。闭合模具时,预浸料铺层边缘将向模具中滑动,并贴敷到模具型面上,预浸料层厚度保持不变。其中一种成型工艺如图

— 144 —

4 - 14 所示。

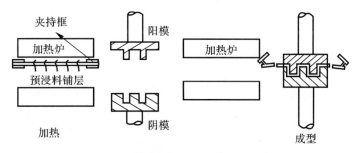

图 4 - 14　某种预热坯料成型工艺示意图

预热坯料工艺装备由以下三部分组成：

(1)预浸料夹持框架(laminate support frame)：夹持预浸料铺层送到热源中,在基体材料熔融期间,支撑预浸料层,并能快速地将熔融的预浸料层从热源转送到成型模具,放在底模上。

(2)热源(heat source)：能够快速、均匀地将预浸料铺层加热至成型温度。

(3)热成型设备(thermoformer)：能够以较快的闭模速度、足够的压力使预浸料铺层成型。

预热坯料成型的另一种技术方案如图 4 - 15 所示,它是不用阳模的真空成型(vacuum forming)。这种成型方法通常适用于成型纯塑料制品,此外也可用于成型热塑性复合材料制品。为了提高制品成型质量,也可以在预浸料铺层上加空气正压力。

由于预浸材料铺层必须向模内滑移,所以难以在预浸材料下面形成真空,而是在上面形成空气正压力。可将橡胶薄膜、铝薄膜或隔膜铺敷到预浸材料铺层的表面,以达到适当的气体密封,在隔膜上用空气或流体压力。这种成型方法也称为流体静压力成型(hydrostatic forming)或者流体成型(hydro forming)。

上述成型方法中的关键技术,是使预浸材料离开加热炉到加压成型的时间尽可能缩短。预浸材料铺层一旦离开热源就会快速冷却,如果不能快速成型就会变硬,失去铺敷性和一致性。

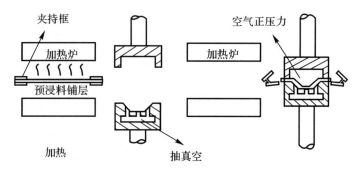

图 4 - 15　真空热成型工艺示意图

4.4.4　拉挤成型

拉挤成型是一种可以连续制造恒定截面复合材料型材的工艺方法。拉挤成型是将浸渍树脂胶液的连续纤维经加热模具拉出,然后再通过加热室使树脂进一步固化而制备具有单向高强度连续性增强复合材料型材的方法。如图 4 - 16 所示,拉挤成型机通常设置有纤维排布装置、树脂槽、预成型装置、口模及加热装置、牵引装置和切割设备等。除连续拉挤成型外,还有隧道烘炉式拉挤成型和间断式拉挤成型。

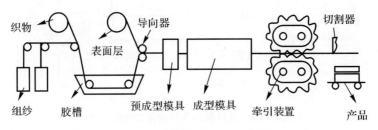

图 4 - 16　连续拉挤成型示意图

典型的拉挤成型工艺由送纱(进入拉挤机前的增强材料的处理)、浸胶(树脂浸渍)、预成型、固化成型(在拉挤机上的加热与固结)、牵引和切割工序组成,如图 4 - 17 所示。无捻粗纱从纱架引出,经过集束进入胶槽中浸胶,然后进入预成型模,排除多余的树脂并在压实过程中排除气泡后,再进入成型模,进入成型模之前可加环纤维进行横向增强。玻璃纤维和树脂在成型模中成型,通过加热炉固化,再由牵引装置拉出,最后由切割装置将其切割成所需长度的制品。

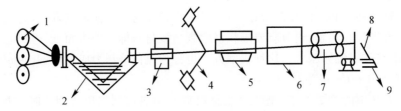

图 4 - 17　卧式拉挤成型示意图

1—纱团;　2—胶槽;　3—预成型模;　4—环向纤维增强;　5—成型模;　6—加热炉;
7—牵引装置;　8—切割装置;　9—成品

拉挤成型工艺具有如下特点:①工艺简单、高效,适用于高性能纤维复合材料的大规模生产。②能最好地发挥纤维的增强作用。在大多数复合材料的制造工艺中纤维是不连续的,这使纤维强度损失极大。③拉挤工艺自动化程度高,工序少,时间短,操作的技术和环境对制品质量影响很小,因此用同样原材料,拉挤制品质量的稳定性较其他工艺制品要高。④拉挤制品的形状和尺寸的变化范围大,尤其是在长度上几乎没有限制。⑤拉挤工艺中的原材料利用率高,废品率低。

拉挤成型的主要工艺参数有模腔温度、树脂温度、模腔压力、树脂黏度、固化速度、固化程度、牵引力和牵引速度。其中最主要的是:①模腔温度。温度过低,树脂不固化;温度过高,坯料一入模就固化,使成型牵引困难,严重时还会产生次品甚至损坏设备。②模腔压力。模腔压力是由于树脂黏性、制品与模腔壁间的摩擦力、材料受热产生的体积膨胀以及部分材料受热汽化产生的,是模腔内行为的一个综合反映参数,一般模压在 $1.7 \sim 8.6$ MPa 范围。③牵引速度。牵引速度是一个平衡固化程度和生产速度的参数。在保证固化程度的条件下应尽可能提高牵引速度。

拉挤成型需要解决三个关键技术。①树脂配方：它控制着制品的机械性能、使用温度、电绝缘性能、耐腐蚀性能、耐焰性和发烟性能。②材料的预成型：选定的增强材料和材料形式要满足机械性能、电性能和耐腐蚀性能等的要求。③温度控制。对于热固性树脂来说，要控制升温、降温速度以及固化温度。如果温度低，则基体固化不完全，产品性能不好；如果温度过高，则产生热应力开裂，降低制品的机械性能、电绝缘性能和耐腐蚀性能。

采用熔融黏度低的耐高温热塑性材料作为基体材料，是拉挤工艺的发展方向。这是因为它不仅可以改善拉挤产品的工艺性及拉挤型材的物理性能，更重要的是它还能提高复合材料的韧性和改善后成型。但采用此类材料需要注意以下事项：①应用的增强材料只限于单向预浸带或小直径预浸纱（杆状）。②预浸材料的预热和预成型时，需保证制品的整个截面上均匀加热，特别是大部件。因为在热塑性树脂拉挤中，树脂不发生化学反应，预浸料熔融和固结需要的全部能量必须从模具或者预热中得到。如果预热量不足，在模具中就不能很好的固结和成型，得到的制品性能较低。③预浸增强材料必须精确配置在必要的位置。④预浸纤维在进入模具之前被集束成较小截面的时候，预热型板件必须加热，这样才能使得增强材料易于通过。但其温度不可以达到树脂的熔点。⑤进入固结模中，模具加热预浸料达到树脂熔点以上，再冷却使之完全固结，形成制品的几何形状。模具入口端到开始固结的中心部位应有一定的锥度。⑥在树脂熔点左右，与树脂接触端的模具长度应尽量小。这是因为在熔点附近的树脂与模腔的黏附力比较大，模具太长将使牵引力增大，并使表面质量降低。

拉挤成型制品适用的原材料如下：①增强材料多为玻璃纤维及其制品，如无捻粗纱，布带和各种毡片，也可采用芳纶、碳纤维等；②树脂基体主要为不饱和聚酯树脂，其次是环氧树脂或其他改性的环氧树脂以及耐热性和韧性好的热塑性树脂，如聚丙烯聚碳酸脂等；③引发剂是引发树脂基体的交联固化反应的辅助材料，包括碳酸钙等各种填料、颜料及各种助剂；④脱模剂起润滑和脱模作用进而降低牵引的阻力，使表面光滑，常用的有硬脂酸盐和有机磷化物；⑤填料能降低树脂的成本，改善材料的某些性能，常见填料有碳酸钙、石墨、氢氧化铝、滑石等。

拉挤成型制品可以应用于体育、医学、农业和各个工业领域，是一种优良的结构和装饰材料，如杆件、平板、空心管或型材。其应用是广泛的，例如绝缘梯子架、电容杆、电缆架、电缆管等电器材料，抽油杆、栏杆、管道、高速公路路标杆、支架、衍架梁等耐腐蚀结构，钓鱼杆、弓箭、撑杆跳杆、高尔夫球拍杆、滑雪板、帐篷杆等运动器材，汽车行李架、扶手栏杆、建材、温室棚架等。

4.4.5　其他成型技术

除了上述常用的树脂基复合材料成型方法外，还有其他一些成型方法，如注射成型（injection molding）技术，反应注射成型（reaction injection molding）技术，增强反应注射成型（reinforced reaction injection molding）技术，纤维增强热塑性（FRTP）成型技术，热固性树脂旋转模塑技术，拉挤-缠绕复合成型技术和树脂基超混杂材料成型技术等。近年来随着航空工业的发展，又发展出一些独具特色的低成本成型工艺，如自动铺放技术、低温固化预浸料技术、电子束固化、新型液体成型技术、RFI 技术（树脂膜渗透成型）等。下面对这些新型工艺技术做简单介绍。

1. 自动铺放技术

自动铺放技术是近年来得到快速发展和广泛应用的自动化制造技术,包括自动铺带技术和自动铺丝技术。这两项技术的共同优点是采用预浸料,并可实现自动化和数字化制造,高效高速。自动铺放技术特别适用于大型复合材料结构件的制造,在各类飞行器尤其是大型飞机的结构制造中所占比例越来越大。其中自动铺带技术主要用于大尺寸、中小曲率的部件,如机翼、壁板构件等的制造;而自动铺丝技术主要用于大曲率部件,如机身等的制造。

(1)自动铺带技术。自动铺带的基本过程:先将带有隔离纸的单向预浸带在铺带头中切割成要求的尺寸,然后将其在压辊的作用下铺贴到模具表面,最后自动去除隔离纸。铺贴过程中为保证预浸料的黏性,必要时还可以对预浸带进行加热。该技术的关键是自动铺带机。国外从 20 世纪 70 年代中期开始研究自动铺带机,1983 年第一台自动铺带机投入商业使用,F16战斗机 80% 的蒙皮由其铺贴。但早期设备只能铺放单曲面形体,预浸带带宽仅为 75 mm,可切割角度变化范围小。随着需求的不断增加,开发出了第二代铺带机(带宽 300 mm,可铺贴大平面制件)和第三代铺带机(可以铺贴复杂双曲面)。最新的 10 轴铺带机一般带有双超声切割刀和缝隙光学探测器,铺带宽度最大可达 300 mm,生产效率达 1 000 kg/周,是手工铺贴的数十倍。

(2)自动铺丝技术。自动铺丝是将数根预浸纱用多轴铺放头按照设计要求的铺层方向和厚度,在压辊下集为一条预浸带后铺放在芯模表面、加热软化预浸纱并压实定型的技术。整个过程由计算机测控、协调完成。该技术是为克服纤维缠绕与自动铺带技术的限制而研发的,其核心技术是多丝束铺放头的设计研制和相应材料体系的开发。自动铺丝的高度自动化、落纱铺层方向准确,可实现复合材料构件快捷制造、迅速形成批量生产,具有生产速度快、产品质量稳定、可靠性高等特点,可真正实现低成本、高性能。自动铺丝技术是目前发展应用最为迅速的复合材料自动化、低成本制造技术之一,最突出的应用是在波音公司最新飞机 B787 机身的制造上。

2. 低温固化预浸料技术

低温固化预浸料的固化温度低于 100℃,固化后在自由状态下通过高温后处理可达到完全固化进而达到较高的玻璃化温度。经处理后的低温固化预浸料,其力学性能及耐热、耐老化性能与中、高温固化的预浸料相当。采用低温固化技术,可以大大降低对模具材料、辅助材料的要求;制造的复合材料的构件尺寸精度高,固化残余应力低,尤其适用于大型、复杂构件的制备;所用树脂多为环氧树脂。其核心技术主要在于潜伏性固化剂体系,预浸料既要保证足够的反应活性以便能在较低的温度下固化,又要有足够长的室温(超过 10 天)及低温(−18℃下超过 6 个月)贮存期。目前应用最多的潜伏性固化剂是采用不同方法改性的咪唑类固化剂。低温固化预浸料的发展趋势是实现不用热压罐,在真空压力下低温固化,通过控制树脂的流动性及反应特性,采用适当的预压实及固化工艺,使复合材料固化后的孔隙率与热压罐固化产品的相当。目前低温固化预浸料更多的用于复合材料工装及无人机复合材料构件的制造,部分用于复合材料构件的修补。

3. 电子束固化

电子束固化是一个利用高能、高聚集度的电子束来固化树脂基材料的过程。电子直线加速器是电子束固化技术的主要设备,用于产生一般介于 3~ 10MeV 之间的电子束能量。电子束固化通常由 2 道工序组成:第一道是铺层、压实;第二道是采用电子束辐照固化,辐照工序要求电子束穿透整个工件厚度以及任何真空袋或模具材料。电子束固化在室温下进行,消除了由于热应力而产生的部件翘曲和变形,能更好地控制外形,而且室温和真空袋的运用带来了低的加工成本;电子束固化时间很短,常为秒级至分级,降低了能耗;固化后制品的孔隙率、吸水率和收缩率都低。这是其显著的优点。另外,电子束固化与纤维自动铺放技术相结合,能成型大型整体部件,明显减少部件、紧固件和模具的数量,是复合材料结构减重的重要措施,也是降低成本的一种有效方法。但电子束固化技术目前还很少在航空领域应用。

4. 新型液体成型技术

液体成型技术是复合材料低成本制造技术发展一个最重要的方向。该技术不需要昂贵且使用、维护费用均较高的热压罐,可以高精度、稳定地成型复杂构件,构件的表面质量、尺寸精度、重复性均优于热压罐成型的构件,适于制造较大批量的复合材料构件。该技术的核心是树脂注入工艺及纤维预成型体的制造技术。初期发展的工艺是树脂转移模塑工艺(RTM),其基本原理是将预成型体放置在设计好的模具中,闭合模具后,通过正压将所需的树脂注入模具,当树脂充分浸润增强体后,加热并保持正压固化,固化完后脱模获得产品。随着不同应用的需求,后期又发展出多种树脂注入的工艺,较为成熟的主要有 VARTM(真空辅助吸入树脂的RTM 工艺)、VARI(单面模具、真空辅助吸入、真空压力固化)、SCRIMP(加入高渗透率介质促进树脂流动,其他同 VARI)及 RFI(树脂膜渗透成型)。

5. RFI 技术

RFI 即树脂膜渗透成型技术,也是液体成型技术的一种,它与其他液体成型工艺的区别是树脂预先制成膜状铺放在纤维预成型体下方,加热时树脂流动为沿厚度方向的流动,这大大缩短了流程,使纤维更容易被树脂浸润。相对于 RTM 工艺,RFI 工艺能制造出纤维含量高(70%)、孔隙率极低(0%～2%)、力学性能优异、制品重现性好、壁厚可随意调节的大型复合材料制件和复杂形状的制件,并可根据性能要求进行结构设计。RFI 工艺采用真空袋压成型方法,免去了 RTM 工艺所需的树脂计量注射设备及双面模具加工,无须制备预浸料,挥发物少,成型压力低,生产周期短,劳动强度低,满足环保要求和低成本高性能复合材料的要求。RFI 工艺是除 RTM 工艺外又一项可在航空领域推广应用的低成本制造技术。目前航空 RFI工艺中所用的基体树脂主要是环氧树脂和双马来酰亚胺树脂。

4.5　树脂基复合材料的韧化

4.5.1　聚合物基复合材料的增韧理论

由于聚合物复合材料种类繁多,包括颗粒填充和纤维增强两种聚合物基复合材料,所以影响其韧性的因素很多,诸如树脂性能,填料形状、大小和含量,树脂与增强体之间的界面形态及相容性,增强体在树脂中的分散状态等。树脂基复合材料的增韧主要通过 4 种途径实现:①基体增韧;②界面增韧;③增强体增韧;④增强体结构的优化及混杂增韧。其中基体增韧主要包括弹性体增韧和非弹性体增韧。增强体增韧包括无机粒子增韧、弹性体/无机粒子复合增韧、纤维增韧。

1. 弹性体增韧的一般理论

弹性体增韧聚合物是指树脂及其复合材料中掺杂少量弹性体而组成的共混或者复合体系，其冲击韧性大幅提高。图 4-18 所示为弹性体增韧树脂微观机理模型，关于弹性体增韧树脂的机理和模型的叙述都是围绕断裂过程中能量的耗散途径及弹性体的分散作用的。自 Merz 于 1959 年发表了第一个有关橡胶增韧塑料的理论以来，弹性体增韧理论研究进展迅速，已经提出多种弹性体增韧理论，其中较著名的有微裂纹理论、多重银纹理论、剪切屈服理论、空穴化理论和逾渗理论等。

（1）微裂纹理论。Merz 认为，许多橡胶粒子连接着基体材料中一个正在增长的裂纹的两个表面，于是在断裂过程中吸收的能量等于基体材料的断裂能和橡胶粒子断裂能之和。为了解释拉伸屈服现象，假设材料中形成了大量的微裂纹，每个裂纹中含有一个橡胶粒子，相邻微裂纹之间被一层塑料层隔开。以高抗冲聚苯乙烯（HIPS）为例，大拉伸形变可以通过微裂纹的张开、橡胶粒子的伸长以及 HIPS 层的失稳而发生。

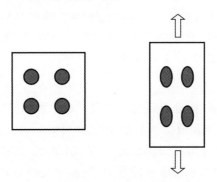

图 4-18 弹性体粒子增韧微观机理模型

Merz 指出，应力发白现象是由微裂纹引起的光散射造成的，微裂纹的张开为大应变提供了可能性，橡胶粒子的桥联作用要求其具有弹性和与基体材料良好的黏结性。

该理论假设是基于一些实验现象而提出的。但其主要缺陷是将韧性提高的原因主要归于橡胶的作用而忽略了裂纹周围基体的损伤在断裂过程中所起的作用。

（2）多重银纹理论。1956 年，Bucknall 和 Smith 观察到在 HIPS 断裂过程中基体产生大量的银纹，于是提出了多重银纹理论。多重银纹理论与 Merz 的微裂纹理论的主要不同点是多重银纹理论将应力发白现象归因于银纹而不是裂纹。该理论的基本观点是将橡胶粒子作为应力集中点，认为它既能引发银纹又能控制其生长。在拉伸应力作用下，银纹出现于最大主应变点，通常是在橡胶粒子的赤道附近；然后沿着最大主应变平面向外生长。银纹的终止是由于其尖端的应力集中降至银纹增长的临界值或者银纹前端遇到一个大的橡胶粒子或其他障碍物。冲击试验中所吸收的大量能量正是基材中大量多重银纹造成的。通过实验测定银纹的微力学性质，对银纹上的应力分布建立的模型有 Knight 模型、V-H 模型和 Kramer 模型，目前 Kramer 模型与实验值符合较好，已被广泛接受。多重银纹理论的重点是银纹的扩展与终止过程的控制，以达到能量的耗散来阻止发展成裂纹导致材料破坏。银纹的终止是多种多样的。

银纹与银纹的作用,银纹与剪切带、空洞及橡胶粒子的相遇都是有效的银纹终止手段。多重银纹理论已被许多实验所证实,它成功解释了拉伸成颈及伴有应力发白现象。

(3)剪切屈服理论。Newman 和 Strella 提出了剪切屈服理论,其主要观点是橡胶粒子的应力集中所引起的基体剪切屈服是韧性提高的原因。它可解释一些实验结果,尤其是对橡胶增韧聚氯乙烯(PVC)体系,但对其他体系中应力发白、密度变化和拉伸过程中无细颈等现象则难以解释。

在外力作用下,分散相粒子扮演着引发三维应力集中的角色,并诱发空穴化、界面脱黏、基体银纹等体积膨胀过程。因而,粒子周围的基体将产生剪切屈服。随着相邻粒子之间距离的减小,由相邻粒子引发的应力场会重叠,而令剪切屈服区进一步扩大。在此情况下,共混物将出现宏观韧性损伤,导致脆-韧转变的发生。另外,当树脂基体与橡胶粒子之间的界面黏合良好时,银纹将被橡胶粒子有效控制,以避免裂纹扩展。此时,塑料/橡胶共混体系发生脆-韧转变,其韧性显著改善。Chou 等用光学和电子显微镜研究了聚丙烯(PP)和乙丙橡胶(EPR)改性 PP 于不可逆形变区内的损伤,发现在 240℃下 PP 内控制和不可逆形变过程是银纹。而在共混物内部可观测到两种损伤区:①由于橡胶粒子的空化而形成的扩散区;②由于类银纹损伤和形变而造成的极度损伤区。Sjoerdsma 认为:应力集中区可采用等效圆来描述,而仅当剪切屈服时,才形成基体与两相邻橡胶粒子之间的重叠应力集中区;随着两相邻橡胶粒子之间表面距离(L_m)的减小,这些剪切屈服区将相互连接;存在一个阀值 L_c(临界基体层厚度),当 $L_m < L_c$ 时,共混物表现为韧性损伤,并导致脆韧转变发生,在此情况下,橡胶粒子体积分数的平方与粒径之比为常数。于是,脆韧转变的判据可以表述为

$$\frac{\varphi_f^2}{d_c} = A_T \qquad\qquad (4-1)$$

式中,d_c 为临界粒径,A_T 为常数;φ_f 为橡胶粒子体积分数。

(4)空穴化理论。空穴化是指发生在橡胶粒子与基材界面间的空洞化现象。空穴化理论是 Pearson 等在研究弹性体改性环氧树脂体系过程中提出的。后继的研究者在 HIPS 的力学测试中也发现了橡胶空穴化的现象,并指出橡胶粒子的空穴化发生在聚苯乙烯银纹化之后。

该理论认为,在外力作用下,分散相橡胶粒子由于应力集中,并引起周围基体的三维张应力,橡胶粒子通过空化及界面脱黏释放其弹性应变能。空穴化本身不能构成材料脆-韧转变,它只是导致材料负载状态从平面应变状态向平面应力状态的转化,从而引发剪切屈服,组织裂纹进一步扩展,消耗大量的能量,使材料的韧性得以提高。

应力分析结果表明,在外力作用下,由于应力集中,位于分散相粒子赤道平面的应力最大。所以,基体与填料之间的界面脱黏将率先在该平面发生,形成微孔。此外,由于分散相橡胶粒子与基体树脂之间在弹性模量和泊松比上的差异,当达到断裂应力时,空穴化现象将在橡胶粒子内发生;如果界面粘合较强,则不存在界面脱黏倾向。除了基体的银纹剪切屈服之外,这些微孔或空穴均吸收变形能或断裂能,导致脆-韧转变。此即聚合物微孔增韧,而微孔通常借助非黏合粒子产生。Bagheri 和 Pearson 采用中空塑料微球产生空穴以增韧环氧树脂。结果显示,较之相同含量的类似共混体系,中空塑料微球的使用提供了较高的屈服强度。Lazzeri 和 Bucknall 指出,形变随着橡胶粒子的空穴化开始并通过膨胀带的成长而发展,这属于结合平面剪切与垂直膨胀拉伸的空穴化平面屈服区。空穴化的产生与基体材料性能密切相关。一般说来,具有较高泊松比和较低断裂应力的分散相粒子如橡胶,应有利于聚合物共混物较低的空穴

化应变。此即橡胶改性 PP 共混物的增韧效果优于硬质颗粒填充 PP 复合材料的原因。

（5）逾渗理论。逾渗理论是处理强无序和具有随机几何结构系统的理论方法，它引入了一个明确、清晰、直观的模型来处理无序系统中由于相互联结程度的变化所引起的效应。即无序系统随着某种联结程度（密度、浓度等）增加到某一程度（称之为某一阀值）而在宏观上表现为某种行为的突然出现或者突然消失，或材料性能的急剧增大或急剧减小。研究发现，聚合物复合材料的脆-韧转变过程可用逾渗理论描述。

Wu 提出了临界基体层厚度（L_c）的概念，他将相邻粒子间的距离定义为基体层厚度（L_m），当 $L_m < L_c$ 时，材料以脆性方式断裂；当 $L_m > L_c$ 时，材料以韧性方式断裂，如图 4-19 所示。图中 a，b，c 区分别表示脆性区、脆-韧转变区和韧性区，a 区和 b 区分别对应基体产生银纹和基体发生剪切屈服，L_c 值对应于发生脆-韧转变的临界值。冲击过程中薄的基体层先屈服，厚的韧带不屈服；若厚的基体层被许多薄的基体层包围，则周围基体层由于屈服而释放三维张应力后也导致基体层的屈服。

上述弹性体增韧理论是基于橡胶改性塑料的研究建立的，尽管聚合物复合材料的增韧机理与塑料/橡胶共混体系有所差异，但在解释聚合物复合材料的增韧机理时仍有一定的借鉴意义。实际上，一些弹性体增韧理论也直接或间接地用于解释聚合物复合材料的增韧理论，如剪切屈服理论、多重银纹理论和逾渗理论等，而一些聚合物复合材料增韧理论也是基于弹性体增韧理论提出的。此外，为取得较好的综合力学性能，目前聚合物改性倾向于多相复合体系化，如塑料/弹性体/无机粒子复合材料等。

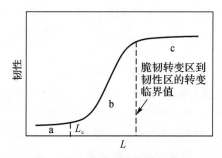

图 4-19　逾渗理论曲线示意图

2. 非弹性体增韧的一般理论

自 20 世纪 80 年代初，已有学者提出以非弹性体代替橡胶增韧塑料的思想。非弹性体粒子增韧与弹性体粒子增韧的主要区别在于：前者令基体在应力作用下发生塑性形变吸收能量，在提高材料韧性的同时提高材料的模量、强度和热变形温度；而后者在应力作用下自身发生塑性形变而吸收能量，从而显著改善材料冲击断裂韧性，但是其会消弱材料的模量、强度和热变形温度。目前，熟知的非弹性增韧理论主要有冷拉理论、应力集中效应、空洞化理论和损伤竞争理论。

（1）冷拉理论。日本学者 Kurauchi 和 Ohta 在研究聚碳酸酯/丙烯腈-丁二烯-苯乙烯共聚物（PC/ABS）、PC/丙烯腈-苯乙烯树脂（AS）共混体系的力学性能及共混物的能量吸收时发现，尽管 AS 硬而脆，ABS 软而韧，但是共混物均出现高韧性行为。该研究结果表明，在 PC/ABS 及 PC/AS 共混物中都没有银纹结构，分散相的球状结构发生了伸长形变。由此，提出了硬质有机粒子嵌入聚合物的"冷拉理论"。

　　含有分散粒子的聚合物在拉伸过程中,分散粒子的模量和泊松比(E_2,ν_2)和基体的杨氏模量及泊松比(E_1,ν_1)之间的差别,能够在分散相的赤道面产生静压力,当这种静压力大于硬质粒子塑性变形所需的临界静压力时,分散相离子屈服而发生冷拉,发生大的塑性形变,其平均伸长率达 100% 以上,吸收冲击能量,使得材料的韧性大大提高。这种类似玻璃态聚合物的冷拉形变吸收大量能量,从而使材料韧性提高,此即冷拉机理。研究表明,聚苯乙烯(PS)、聚甲基丙烯酸甲酯(PMMA)和苯乙烯-丙烯腈共聚物(SAN)等刚性粒子对具有一定韧性的聚合物也有增韧增强的作用。

　　(2)应力集中效应。无机粒子一般是非弹性硬质粒子,若硬质粒子均匀地分散在基体之中,当基体受到冲击载荷作用时,无机粒子的存在产生了应力集中效应,易引发周围树脂产生微开裂。同时,粒子之间的基体也产生了塑性变形,吸收冲击能量,从而达到增韧效果;硬质粒子的存在使基体裂纹扩展受阻和钝化,最终组织裂纹不致发展为破坏性开裂;随着粒子的粒度变细,粒子的比表面积增大,粒子与基体的接触面增大,材料在受到冲击时会产生更多裂纹和塑性形变,从而吸收更多的能量,使其增韧效果更好。

　　相对而言,硬质粒子增韧聚合物的研究起步较晚,理论研究尚不成熟。通过对微米级和纳米级无机粒子填充低密度聚乙烯(LDPE)、高密度聚乙烯(HDPE)和聚丙烯(PP)进行的大量研究,发现纳米级 SiC,Si_3N_4 和 $CaCO_3$ 都对聚合物有增强增韧的作用。无机粒子加入聚合物使基体中的应力场和应力集中发生变化。人们把无机粒子看作球状颗粒,描述了形变初始阶段单个颗粒周围的应力集中情况。若 $E_2 \gg E_1$,则认为基体对颗粒的作用力在两极为拉应力,在赤道位置为压应力,如图 4-20(a)所示。图 4-20(b)所示为沿赤道面压应力大小的分布,可见,显然靠近粒子界面最大。由于力的相互作用,颗粒赤道附近位置的聚合物基体会受到来自无机粒子的压应力作用,有利于屈服的发生。

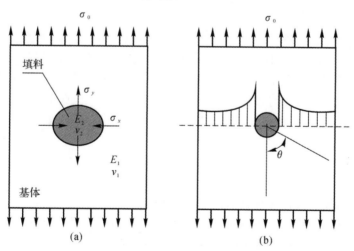

图 4-20　单个颗粒周围的应力集中图

　　(3)空洞化理论。20 世纪 90 年代后期,人们在研究 $CaCO_3$ 增韧 PP 复合材料的断裂性时,通过应用断裂力学分析能量耗散的途径,发现无机粒子加入基体中的应力场和应力集中发生的变化。如图 4-20(a)所示,树脂基体与粒子的作用力在两极为拉应力,在赤道位置为压应力。由于力的相互作用,粒子在赤道附近会受到压应力作用,有利于屈服出现。此外,由于在两极受到拉应力作用,当界面黏结性较弱时,会在两极首先发生界面脱黏,相当于使粒子周围形成一个空穴,如图 4-21 所示。因此,在本体应力尚未达到基体屈服应力时,局部点已开始产生屈服,即同样促进基体树脂屈服,而综合的效应使聚合物的韧性提高。Kim 等模仿橡胶粒子增韧塑料的空穴化机理,提出了刚性粒子必须脱黏并产生亚微米尺寸的自由体积才能增韧树脂的微观机理模型,且提出硬质粒子增韧树脂机理包括应力集中、脱黏和剪切屈服三个阶段。

另外,由单个空穴的应力分析可知,在空穴赤道面上的应力为本体应力的 3 倍。因此在本体应力尚未达到基体屈服应力时,局部已开始产生屈服,并转变为韧性破坏而使材料韧性提高。

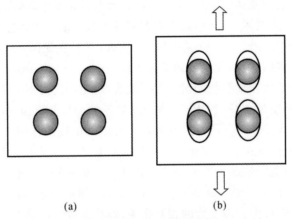

图 4-21 刚性离子增韧聚合物微观机理模型
(a)原始状态; (b)受载荷时

(4)损伤竞争理论。由热塑性塑料脆-韧转变过程的损伤机理知,损伤主要是由脆性区内银纹或微裂纹和微孔以及韧性区内的剪切屈服引起的。当屈服形变过程由剪切流动主导时,材料将在韧性区内损伤;如果屈服形变过程由银纹主导且银纹不被橡胶粒子阻碍,则材料将在脆性区内损伤。总而言之,剪切屈服的出现即为脆-韧转变点。因此,脆-韧转变是脆性断裂机制与剪切屈服机制之间的竞争。基于上述分析,损伤竞争的无因次量,即脆-韧转变的一个判据,可定义为

$$N_d = \frac{\sigma_{bc}^2}{\sigma_{yc}^2} \tag{4-2}$$

式中,σ_{bc},σ_{yc} 分别是复合材料的断裂强度和屈服强度。

与 Ludwik-Davidenkov-Orowan 理论相比较,可确定如下脆-韧转变损伤竞争判据:

若 $N_d < 1$,聚合物复合材料将以脆性模式失效;若 $N_d > 1$,则聚合物复合材料属于韧性模式失效;若 $N_d = 1$,聚合物复合材料将发生脆-韧转变。

对于硬质无机粒子填充聚合物复合材料,增韧聚合物的关键是使填料能诱发基体产生大的弹性形变或剪切屈服,以便吸收应变能,而非阻碍裂纹的扩展。换言之,这是一个如何使材料达致脆-韧转变的问题。对于大粒径硬质无机粒子填充热塑性塑料复合材料,缺陷容易在基体内形成,即便能改善复合体系的硬度和刚性,也会损害材料的强度和韧性,尤其是形状不规则的硬质无机粒子。对于小粒径硬质无机粒子填充热塑性塑料复合材料,由于小粒径硬质无

机粒子的表面缺陷相对较少且非配对原子较多,与树脂的物理或化学结合的可能性较高,所以基体与填料之间的界面黏合状态较好。此外,上述特性有助于改善粒子在基体中的分散,从而提高复合体系的韧性。

4.5.2　先进树脂基复合材料的代表性增韧技术

4.5.2.1　常见树脂基复合材料的韧性表征方法

早在先进复合材料推广应用之初,对连续纤维增强复合材料层压板的使用性能构成最大威胁的是复合材料低速冲击分层损伤以及由这个损伤带来的压缩强度的大幅度降低;同时人们还发现,造成复合材料层压板对冲击分层损伤敏感的主要原因之一是基体树脂的脆性。因此,先进复合材料的增韧就成了当时复合材料科学与工程学研究的重要命题。为了评定树脂增韧的效果,美国国家航天局(NASA)先后制定了一系列树脂韧性评价试验方法,随后又制定了复合材料 I 型(G_{IC})和 II 型(G_{IIC})层间裂纹扩展能的测试标准,其中最重要的是冲击后压缩强度的定义及其测试标准等。后来,随着复合材料用于飞机主承力结构的机翼和机身,要求复合材料的许用压缩应变从 4 000 $\mu\varepsilon$ 提高到 6 000 $\mu\varepsilon$,人们又发现,目视勉强可见的冲击损伤限制了复合材料设计许用值的提高。度量材料的韧性主要常规力学性能参数包括断裂应变能,冲击韧性 a_K,裂纹扩展能 G_{IC},G_{IIC},J_{IC} 等。

20 世纪 80 年代起,出于对先进树脂基复合材料冲击分层损伤和基体树脂韧性的关注,有关先进复合材料冲击损伤和韧性的测试、表征和分析成为当时复合材料技术研究的热点,至今不衰。其中,两个基本的概念就是损伤阻抗和损伤容限,它们的定义如下:

损伤阻抗:在结构和结构力学中,指与某一时间或一系列事件相关的的力、能量、或其他参数和所产生的损伤尺寸及类型之间关系的一个度量。如果给定材料的损伤尺寸和类型不变,则损伤阻抗随着损伤的减小而增加。对于高损伤阻抗的材料或者结构,给定的时间只会造成较小的物理损伤;而对于高损伤容限的材料或结构,尽管可以造成其不同程度的损伤,但是它们仍然具有很高的剩余功能。损伤阻抗型的材料或者结构可以是或者不是损伤容限型的。

损伤容限:在结构和结构力学中,损伤的尺寸和类型与该材料或者结构在特定载荷条件下的性能参数如强度或刚度水平之间的关系的一个量度。在结构系统中,当存在有特定或规定的损伤水平时,这个体系在指定的性能参数如幅值、时间长度和载荷类型条件下运行而不破坏。

损伤容限涉及一些因素并能用它们来表达,如该材料、结构或整个系统所承受的不同水平的载荷等;基础材料存在损伤时的工作能力,常常被称为剩余强度;材料或结构所表现出来的损伤扩展阻抗或包容能力;系统的检测和维护计划,它允许损伤被检出和纠正,并取决于对材料、结构和使用的考虑。

对给定材料或者结构的性能参数水平,损伤容限随损伤尺寸的增加而增加,这泛指对于给定的损伤尺寸,损伤容限随性能参数水平的增加而增加。

损伤容限取决于施加的载荷类型,例如压缩载荷的损伤容限通常不同于同样水平拉伸载荷的损伤容限。

损伤容限常常与损伤阻抗相混淆,损伤容限直接而且只与损伤尺寸和类型有关,而与损伤如何产生不直接相关,因此损伤容限与损伤阻抗是截然不同的。

冲击后压缩强度(CAI)为材料受冲击损伤后的压缩强度,可以此对复合材料进行如下分类:

1)脆性树脂基复合材料:CAI<138 MPa;

2)弱韧化改性树脂基复合材料:138 MPa <CAI<192 MPa;

3)韧性树脂基复合材料:193 MPa< CAI<255 MPa;

4)高韧性树脂基复合材料:CAI>256 MPa。

基于这样的分类,可以把树脂基复合材料的划代从时间上移植到性能水平上,于是,脆性树脂基复合材料为第一代,增韧改性树脂基复合材料为第二代,高韧性树脂基复合材料为第三代。

4.5.2.2 树脂基复合材料的增韧技术

在先进树脂基复合材料的增韧技术领域,人们关注的重点是理解纯树脂基体的韧性、复合材料的韧性、复合材料的冲击损伤以及复合材料的分层阻抗等性能参数之间的复杂关系。对于纯高分子的树脂基体,其结构与韧性的关系比较清楚,而对于连续纤维增强的先进复合材料,这种结构与性能的关系就不那么简单。

早在20世纪90年代中期,人们已经总结了航空复合材料增韧的3种主要方法,具体如下:

1)采用韧性较好的橡胶体系或热塑性高分子对较脆的热固性基体树脂进行共混增韧,形成共溶的均相韧化组织,或者形成第二相微结构("复相"结构),而这种第二相结构可以是离散的颗粒结构,也可以是分相所形成的新相。

2)在脆性、高强度的复合材料层间插入独立的高韧性纯热塑性树脂层或者是胶层,以提高复合材料的抗分层能力,这就是初期的"插层增韧技术"。

3)结合上述的方法1)和方法2),采用共混和层间插入相结合的方法实现既提高复合材料抗分层能力,又满足复合材料耐热的需求。这个技术的直接结果就是将韧性的颗粒混入层间的热塑性本体树脂胶层,产生了像动力公司的 T800/3900 - 2 这样的高韧性环氧树脂基复合材料。

上述3种增韧方法主要以预浸料为对象,后来低成本的液态成型技术异军突起,而液态成型技术要求所用的树脂必须具有低黏度,使得液态成型用树脂体系的化学结构和物理结构区别于预浸料树脂体系。因此在上述3种增韧方法基础上,针对液相成型专用树脂体系,又出现了一些增韧方法的变体,特别是基于增强织物预制结构或者是基于增强织物结构的增韧技术等。

1. 树脂基体的多组分增韧技术

将液体橡胶弹性体如 CTBN 或 ETBN 作为增韧剂组分加入到脆性环氧树脂中,是最早期的增韧技术。其增韧机理如图 4 - 22 所示。研究发现了橡胶颗粒空洞化和颗粒引起的屈服变形,认为由于裂纹前端应力场与弹性体固化参与应力的叠加作用,使得颗粒内部或者颗粒与基体的界面产生孔洞,造成宏观体积增加。此外,橡胶颗粒在赤道平面上的高度应力集中,可诱发相邻颗粒间的基体产生局部剪切屈服,并且这种屈服过程还将导致裂纹尖端的钝化,从而延缓和阻止材料向断裂方向发展。由于孔洞和剪切屈服的发展将大量吸收能量,树脂材料因此得到增韧。

在形貌研究方面,发现橡胶相增韧环氧树脂在固化过程中引发反应诱导相分离,得到典型的两相结构。实验结果表明,这种形貌可以大幅提高树脂基体的断裂韧性。一般认为,韧性提高的程度受分散相粒径、体积分数和分散相尺寸分布等因素的影响,其可能的增韧机理是橡胶膨胀、橡胶粒子变形架桥、剪切变形带、裂纹扩展阻止、形成孔穴、银纹化效应、橡胶撕裂以及大范围塑性变形吸收能量等。

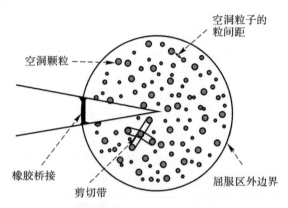

图 4-22　橡胶增韧环氧树脂的增韧机理示意图

液态橡胶弹性体增韧方法的优点是操作简单、易行;其缺点是液态橡胶的玻璃化温度较低,使得复合材料的使用温度和耐湿热性能下降,而且橡胶粒子的加入会造成机体树脂黏度增大。因此对多数高性能先进复合材料而言,橡胶弹性体增韧的方法并不可行。可以采用热塑性树脂替代橡胶弹性体。热塑性树脂增韧环氧树脂可能的机理有粒子桥联、裂纹钉扎、裂纹偏转、粒子屈服引发剪切带、粒子屈服、裂纹支化导致的微裂纹等。其增韧机理如图 4-23 所示。

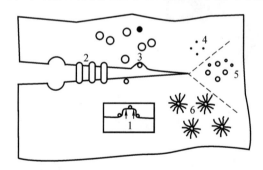

图 4-23　热塑性树脂增韧环氧树脂机理示意图
1—裂纹钉扎;　2—粒子桥联;　3—裂纹偏转;　4—粒子屈服;　5—粒子屈服诱发剪切带;　6—微裂纹

S. C. Kim 和 H. R. Brown 等在用半刚性热塑性粒子增韧环氧树脂时提出,低含量热塑性树脂及其单相结构和相反转后的连续相结构的韧性增加均来自于基体的剪切屈服。基于聚砜等耐热性树脂的弹性模量和环氧基体接近,而其伸长率远大于环氧树脂,孙以实等提出了桥联约束效应和裂纹钉锚效应:①与弹性体不同,热塑性树脂常具有与环氧树脂相当的弹性模量和远大于基体的断裂伸长率,这使得桥联在已开裂脆性环氧基体的延性的热塑性颗粒中对裂纹扩展起约束闭合作用;②颗粒桥联不仅对裂纹的前缘整体起约束限制作用,分布的桥联力还对桥联点处的裂纹起钉锚作用,从而使裂纹前缘呈波浪形的弓出状。

多组分高分子体系增韧改性机理比较经典的有化学反应诱导的失稳相分离、相反转和相粗化等。T. Inoue 系统总结了这个领域的主要成果。例如,在液体橡胶弹性体 CTBN 改性环氧体系里存在三种形貌,CTBN 颗粒以粒径均匀方式分散在环氧基体的状态,CTBN 颗粒以双粒径方式分散在环氧基体的状态和反应诱导相分离形成的双连续颗粒状态。其中,以双连续颗粒状态的韧性和综合阻尼性能最优。高分子多组分体系一旦确定,这三种状态的形成就主要依赖于化学反应诱导相分离的热力学条件和动力学条件。同理,用热塑性树脂改性热固性树脂也可以获得类似的三种形貌,其形成条件也主要依赖于化学反应诱导相分离的热力学条件和动力学条件,典型的例子就是聚醚砜增韧的环氧树脂。进一步的研究证实,这种形貌给予这个双组分材料体系最高的黏结特性。

用热塑性树脂增韧环氧树脂时,随着热塑性树脂含量的增加,两相结构随之发生变化即从富热塑性相分散在环氧连续相的海岛结构转变为环氧/热塑性树脂的双连续相结构。如果热塑性树脂含量继续增加,将发生相反转,即热塑性树脂成为连续相,富环氧颗粒分散在富热塑性树脂相当中。大量的研究工作表明,这种双连续的形貌结构非常有利于复相体系韧性的提高,例如形成一个复相体系韧性的最大值(见图 4-24)。

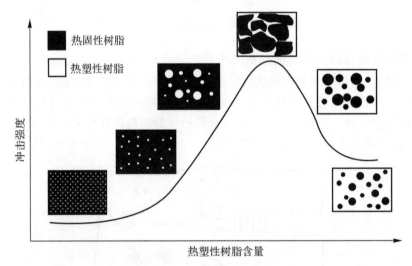

图 4-24 热塑性树脂含量、相结构以及冲击韧性之间的关系

2. 基体树脂整体增韧技术对复合材料的作用

采用高性能热塑性树脂改性基体树脂显然可以兼顾增韧和保持复合材料的耐热性能,因此,国内外复合材料学术界对此开展了大量的研究,试图把这种增韧树脂的性质转化应用到高性能复合材料上。研究工作的切入口首先选定在预浸料的复合材料上,人们同时研发了一大批增韧的复合材料材料,例如碳纤维增强的聚醚酰亚胺(PEI)增韧双马来酰亚胺树脂(BMI)。在制备碳纤维增强的层压板时发现:当这种复合材料的 G_{IC} 在 PEI 质量分数低于 30% 时,由于纤维的影响,PEI/BMI 相分离结构只在交叉处的富树脂区出现;而当 PEI 质量分数超过 30% 时,PEI/BMI 相分离不再受纤维约束,出现在复合材料任何地方,从而大幅提高了复合材料的 G_{IC}。这与 PEI/BMI 树脂本身的韧性变化规律一致(见图 4-25)。但当 PEI 的分数高于 30％时,层合板复合材料的力学性能下降明显,其原因是由于 PEI 相和 BMI 相间的黏结力较弱。后来研究发现,这种增韧方法并不能把基体树脂增韧效果显著地转化到连续纤维增强的复合材料中,大多数热固性树脂基体在增韧后,其本体树脂的断裂韧性提高几十倍,而由其组成的复合材料层间断裂韧性则提高不明显。

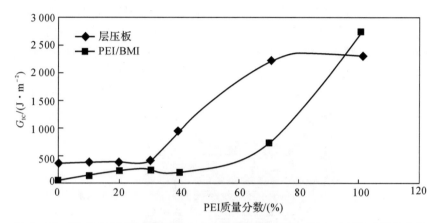

图 4-25　PEI/BMI 树脂体系与 CF-PEI/BMI 层压板 G_{IC} 随 PEI 质量分数的变化

3. 复合材料的富树脂层间增韧技术

对于复合材料层压板来说,有连续纤维增强的层称为“层内”。纤维布层间的富树脂层称为“层间”。层内具有高的纤维含量,而层间碳纤维的含量则为零,属于纯树脂区,这造成层内与层间在结构性能上的较大差异。如果复合材料层压板层间富树脂层厚度大于标准值,则称这种层间为富树脂的层间(简称 RIL)。包含 RIL 的复合材料称为 RIL 型复合材料。研究表明,RIL 型复合材料的层间裂纹扩展能 G_{IIc} 随 RIL 富树脂层厚度的增加而增加。这与铝合金层间插入柔性树脂层制备的金属-树脂叠层复合材料的 G_{IIc} 随树脂层厚度的变化规律一致。但是复合材料的 G_{IC} 并未产生这种变化规律。Carlsson 等通过建模分析认为,层间富树脂层之所以提高了复合材料对冲击损伤的抵抗力,主要是在层间的裂纹前端形成了一个较大的塑性变形区,吸收了复合材料分层的变形能。无论是热塑性还是热固性树脂,最佳的富树脂层厚度应当等于这个塑性变形区的厚度。

4. 复合材料的插层增韧技术

插层增韧可视作是富树脂层间复合材料的一个变体,“插层”更强调材料的制备技术特征。所谓“插层增韧”就是在复合材料制备过程中,在每两个热固性树脂预浸的碳纤维铺层之间插入一个独立的热塑性树脂层,如图 4-26 所示。这种插层可以是周期的,也可以是非周期的。该技术可追溯到早期在工程应用中发展的用止裂带阻止裂纹扩展的技术。受此启发,可把延展性好的柔性胶层插入容易分层的地方,以抑制复合材料层压板等结构在受面内载荷作用下自由边缘发生的分层,从而提高复合材料的分层阻抗。研究发现,热塑性树脂插入比热固性树脂插入更有效,高韧性短切纤维与胶液混合制成的插入条的抑制效果更明显。

2001 年前后,益小苏等人在层状化合层间增韧技术体系基础上,提出“离位”复合增韧的概念。在环氧树脂基预浸料等复合材料层压板的层间插入非晶态热塑性的聚芳醚酮。其结构特征是在层间引入固化化学反应诱导失稳分相的相反转、双连续颗粒薄层结构,并浅层嵌入碳纤维层内,使复合材料的韧性得到较大提升,而其他性能变化不大。从原理上说,就是将增韧相从复相基体树脂中分离,使其精确定位在层状复合材料的层间,在不改变原有热固性预浸料所有工艺优点并保持其面内力学性能不变的同时,建立起复合材料层间的特殊韧化微结构,大幅度提高复合材料的抗分层损伤阻抗,并降低成本。由于它出现在复合材料中,因此也称"复合增韧"。在技术层面,"离位"复合增韧的关键是控制热塑性/热固性复相树脂界面上的扩散和相变,以便产生高韧性、层状化的相反转复合双连续结构,即"韧化结构",同时还把这种特定的韧化结构精确地"定域"在层状复合材料的层间,不影响复合材料的面内力学性能。

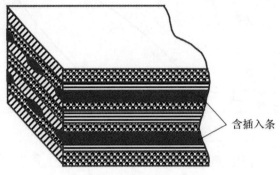
含插入条

图 4 - 26　含插入条的复合材料层压板结构示意图

参 考 文 献

[1]　张玉龙. 高技术复合材料制备手册[M]. 北京:国防工业出版社,2003.

[2]　张玉龙. 先进复合材料制造技术[M]. 北京:机械工业出版社,2003.

[3]　陈祥宝,等. 树脂复合材料制造手册[M]. 北京:化学工业出版社,2001.

[4]　《高技术新材料要览》编辑委员会. 高技术新材料要览[M]. 北京:中国科学技术出版社,1993.

[5]　赵渠森. 先进复合材料手册[M]. 北京:机械工业出版社,2003.

[6]　沃丁柱. 复合材料大全[M]. 北京:化学工业出版社,2000.

[7]　陈华辉. 现代复合材料[M]. 北京:中国物质出版社,1997.

[8]　倪礼忠,等. 复合材料科学与工程[M]. 北京:科学出版社,2002.

[9]　王荣国,等. 复合材料概论[M]. 哈尔滨:哈尔滨工业大学出版社,1999.

[10]　欧国荣,等. 复合材料工艺与设备[M]. 上海:华东化工学院出版社,1991.

[11]　李成功,傅恒志. 航空航天高性能复合材料[M]. 北京:国防工业出版社,2000.

[12]　郝元恺,肖加余. 高性能复合材料学[M]. 北京:化学工业出版社,2004.

[13]　陈祥宝. 高性能树脂基体[M]. 北京:化学工业出版社,1999.

[14]　谢鸣九. 复合材料的连接[M]. 上海:上海交通大学出版社,2011.

[15]　益小苏. 先进树脂基复合材料高性能理论与实践[M]. 北京:国防工业出版社,2011.

[16]　梁基照. 聚合物基复合材料增强增韧理论[M]. 广州:华南理工大学出版社,2012.

[17] 黄丽. 高分子材料[M]. 北京:化学工业出版社,2005.

[18] 黄发荣,周燕. 先进树脂基复合材料[M]. 北京:化学工业出版社,2008.

[19] 夏文干,蔡武峰,林德宽. 胶接手册[M]. 北京:国防工业出版社,1993.

[20] 倪礼忠,周权. 高性能树脂基复合材料[M]. 上海:华东理工大学出版社,2010.

[21] 陈宇飞,郭艳宏,戴亚杰. 聚合物基复合材料[M]. 北京:化学工业出版社,2010.

[22] 王汝敏,郑水蓉,郑亚萍. 聚合物基复合材料[M]. 北京:科学出版社,2012.

[23] 梁滨. 航空级树脂基复合材料的低成本制造技术[J]. 材料导报,2009,23(4):77－80.

[24] 李小伟,种国双. 耐高温尼龙的研究进展[J]. 化工新型材料,2009,37(8):38－40.

[25] 田永,韦俊. 车用尼龙及其复合材料的性能与应用[J]. 汽车工程师,2013(4):54－56.

[26] 罗祥. 无卤阻燃聚碳酸酯复合材料的研究进展[J]. 广东化工,2011,38(8):93.

[27] 乔晋忠,王通,酒红芳. 聚碳酸酯/碳纳米管纳米复合材料研究进展[J]. 山西化工,2010,30(6):18－22.

第5章　金属基复合材料

5.1　金属基复合材料的发展历史

随着科学技术的进步,无论是航空、航天、国防武器装备,还是汽车、电子等民用产品,都对结构材料提出了轻量化要求,以缓解越来越严重的环境污染和能源危机等问题。金属基复合材料(Metal Matrix Composites,MMCs)具有高比强度,高比模量,良好的导热性、导电性以及尺寸稳定性等优异性能,成为解决环境污染及能源危机的最佳选择。图5-1所示为铝、镁基复合材料的比强度、比模量的对比情况。早在1981年美国国防部的专家就预言,金属基复合材料用作结构材料将使工程设计发生一场变革,促使构件质量大幅减轻、强度及刚度大幅提高。从20世纪60年代末到20世纪90年代,美国国防部对金属基复合材料技术的研究发展资助逐年增加。

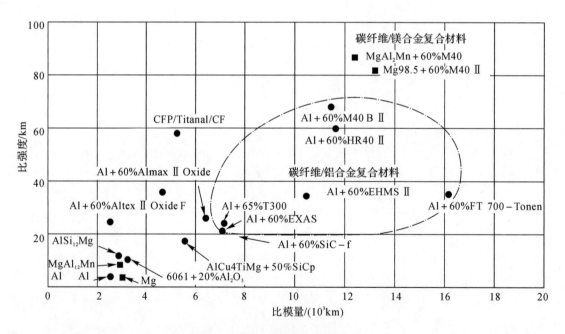

图5-1　铝、镁基复合材料的性能

本书中对金属基复合材料进行定义:金属基复合材料是在金属或合金基体中加入一定体积分数的纤维、晶须或颗粒等增强相,经人工复合而成的材料。金属基复合材料是20世纪60年代才发展起来的一种新型工程材料,它的出现弥补了聚合物基复合材料的不足。金属基复合材料品种繁多,按增强体类型进行分类可分为颗粒增强复合材料、片层状复合材料、纤维增强复合材料,按基体类型分类可分为铝基、镁基、锌基、铜基、钛基、镍基等复合材料,按用途进行分类可分为结构复合材料和功能复合材料。功能用金属基复合材料的历史较长。1920 年出现了贵金属包覆的电接点材料和用粉末冶金法烧结制备的 WC - 6% Co 的碳化钨硬质合金,20 世纪 50 年代后相继出现了黄铜/钢/黄铜硬币、铜包钢线、铝包钢线等电线结构用金属基复合材料。

　　20 世纪 70 年代早期,尽管金属基复合材料已得到一些应用,但由于当时许多发达国家出现经济危机导致各国大幅削减金属基复合材料的研发费用,所以当时复合材料技术还不很成熟。而 20 世纪 70 年代晚期,材料开发及商业化模式开始转变,人们更多地强调投资的短期回报、规避风险,使得开辟金属基复合材料新的应用领域更加困难。在此背景下,金属基复合材料的开发面临严峻挑战。直到 20 世纪 80 年代非连续增强金属基复合材料的出现才重新引起了人们对金属基复合材料的关注。

　　非连续增强金属基复合材料可用常规的成型工艺进行制备,极大地降低了制备成本,性价比较高。为此,在 20 世纪 80 年代,美国及其他一些国家通过了大型计划以资助高性能金属基复合材料的开发。美国提出了旨在发展推重比为 15～20 的高性能涡轮发动机计划(IHPTET)、国家空天飞机计划(NASP)和高速民用运输机计划(HSCT),这些计划均将发展先进高温复合材料列为重点。近 30 年来,金属基复合材料在许多领域得到了应用,克服了许多技术难题,包括增强体与基体的相容性、低成本制备工艺开发、界面特性及控制等。

5.2　金属基复合材料的制备工艺

　　金属基复合材料的制备技术应满足以下几方面要求:

　　1)增强材料按设计的体积分数均匀分布于基体中,这是金属基复合材料制备中的一大难题。增强材料表面处理、基体金属合金化以及施加适当的压力均有助于增强材料在基体金属中的均匀分布。

　　2)复合材料的性能应不低于组成相的性能,力图使增强材料与基体金属的优良性能得以充分发挥。

　　3)尽量避免增强材料与基体金属之间发生不利的化学反应,充分发挥增强材料的增强效果。为此要尽量缩短增强材料与基体之间的高温反应时间,通过提高工作压力加快增强材料与基体的浸润速度,或采用扩散黏结法等可有效控制工艺温度。

　　4)工艺简单,适于批量生产,尽量达到净成型或近净成型。

　　表 5 - 1 列出的是金属基复合材料主要制备方法及其适用范围。表 5 - 2 列出的是几种典型金属基复合材料制备工艺在某些属性方面的比较情况,可以看出粉末冶金工艺的微观均匀性及工业成熟程度最高,而流变铸造工艺的连续性最好,成本最低。

表 5-1 金属基复合材料主要制造方法及适用范围

类 别	制造方法	适用金属基复合材料体系		典型的复合材料及产品
		增强材料	金属基体	
固态法	粉末冶金法	SiC_p,Al_2O_3,SiC_w,B_4C_p等颗粒、晶须及短纤维	Al,Cu,Ti 等金属	SiC_p/Al,SiC_w/Al,TiB_2/Ti等金属基复合材料零件,板,锭坯等
	热压固结法	B,SiC,C(Gr),W	Al,Ti,Cu,耐热合金	B/Al,SiC/Al,SiC/TiC/Al,C/Mg 等零件,管,板等
	热等静压法	B,SiC,W	Al,Ti,超细合金	B/Al,SiC/Ti 管
	挤压、拉拔轧制法		Al	C/Al,Al_2O_3/Al棒,管
液态法	挤压铸造法	各种类型增强材料,纤维,晶须,短纤维,C,Al_2O_3,SiC_p,$Al_2O_3\cdot SiO_2$	Al,Zn,Mg,Cu 等	SiC_p/Al,SiC_w/Al,C/Mg,Al_2O_3/Al,Al_2O_3/Al,SiO_2/Al等零件.板,锭,坯等
	真空压力浸渍法	各种纤维、晶须、颗粒增强材料	Al,Mg,Cu,Ni合金等	C/Al,C/Cu,C/Mg,SiC_p/Al,SiC_w+SiC_p/Al等零件,板,锭,坯等
	搅拌法	颗粒,短纤维及Al_2O_3,SiC_p	Al,Mg,Zn	铸件,锭坯
	共喷沉积法	SiC_p,Al_2O_3,B_4C,TiC 等颗粒	Al,Ni,Fe 等金属	SiC_p/Al,Al_2O_3/Al等板,管坯,锭坯零件
	真空铸造法	C,Al_2O_3连续纤维	Mg,Al	零件
其他方法	反应自生成法		Al,Ti	铸件
	电镀及化学镀法	SiC_p,B_4C,Al_2O_3颗粒,C纤维	Ni,Cu 等	表面复合层
	热喷镀法	颗粒增强材料,SiC_p,TiC	Ni,Fe	管,棒等

表 5-2 不同制备工艺比较

属性	工艺方法			
	粉末冶金	共喷沉积	流变铸造	液态浸渗
微观均匀性	1	2	2	2
半连续性工艺	3	1	1	4
低成本性	4	2	1	2
工业成熟度	1	2	2	4

注:1代表最优。

5.2.1 固态制造技术

1. 粉末冶金

粉末冶金法是在固态下制备金属基复合材料的方法,其工艺过程主要包括混合、压制与烧结,如图 5-2 所示。其中基体金属粉末与增强相之间的均匀混合是制备优质复合材料的首要条件。该工艺常用于制备颗粒增强金属基复合材料,其最大优点是增强相分布均匀,除此之外的其他优点有：①大多数粉末冶金工艺是在基体合金的固相线以下进行的，因此制备温度较低，减少了增强体与基体材料之间的化学反应，避免了在界面上生成硬质化合物，制品具有较好的力学性能；②增强相的体积分数不受限制，能用于制备高体积分数的金属基复合材料；③能够制备一些其他方法无法制备的复合材料（如 SiC/Ti 复合材料）。但其工艺复杂，需要昂贵的设备，不易制备形状复杂的零件或实现规模化生产。另外，为提高材料组织均匀性和降低孔隙率，必须对复合材料进行二次热挤压变形，这使复合材料的制造工序进一步复杂化。

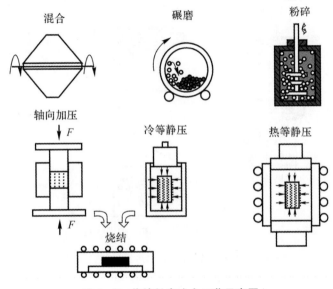

图 5-2　传统粉末冶金工艺示意图

粉末冶金法广泛应用于制造高含量及高性能颗粒和晶须增强铝基、钛基及耐高温金属基复合材料的零件，它避免了液态制备工艺中的偏析及脆性相的生成。如 $10\%TiC_p/Ti-6Al-4V$ 复合材料在 650℃时的弹性模量较纯基体材料提高了 15%，使用温度提高了 100℃。

针对粉末冶金法中存在的问题，又发展了热等压法和机械合金化法等复合材料固态制备工艺。

2. 扩散黏结法（热压和热等静压）

扩散黏结工艺是在低于基体合金熔点的适当温度下对增强材料施加高压，通过增强体与基体发生塑性变形以及扩散，将基体与增强体紧密结合，得到致密的金属基复合材料的方法。该方法能有效抑制复合材料的界面反应，解决润湿性问题，但仅能生产平板状或低曲率板等形状简单的构件。典型的例子是将 SiC 纤维与铝箔按一定方式排列和堆叠，然后在惰性气体保护下加热加压，使其结合成为一定的形状。扩散黏结过程可分为三个阶段：①黏结表面之间的最初接触，接触表面在加热加压作用下发生变形、移动和表面膜破坏；②通过界面扩散和体扩散使接触面黏结；③随着热扩散结合界面最终消失，黏结过程完成。

扩散黏结法包括固态热压工艺及热等静压工艺。热压工艺通常要求先制备纤维与金属基体构成的预制片，如图 5-3 所示，然后将预制片剪裁成所需形状并层叠在一起，最后将叠层置于模具内加热加压，制得所需的复合材料或零件。在层叠过程中根据纤维体积分数要求添加适量的基体金属箔。为保证热压产品的质量，加热加压可在真空或惰性气体氛围中进行。复合材料预制片可通过等离子喷涂法、液态金属浸渗法、离子涂覆法等工艺制备。

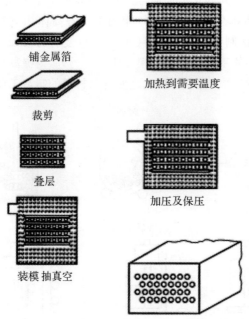

铺金属箔

裁剪

叠层

装模 抽真空

加热到需要温度

加压及保压

冷却、从模具中取出、清理成品

图 5 - 3　金属扩散黏结(固态热压)工艺过程简图

热压温度一般选在基体金属的液-固两相区。在确保能完全复合的情况下,热压温度尽量低以避免发生严重的界面反应。热压工艺的复合丝或复合织物可用液态金属浸渍法或等离子喷镀法制备。受设备和模具的限制,此法只能成型形状简单、尺寸较小的复合材料零件,制造成本较高。

热压工艺是目前制造直径较粗的硼纤维和碳化硅纤维增强铝基、钛基复合材料的主要方法,其产品如航天发动机主仓框架承力柱、发动机叶片、火箭部件等已得到应用。

热等静压法是用惰性气体加压,使工件在各个方向受到均匀压力作用的方法。热等静压适用于制备多种复合材料的管、筒、柱及形状复杂的零件,特别适用于钛、金属间化合物及超合金基复合材料。

3. 纤维金属层合板(Fiber Metal Laminates,FMLs)

纤维金属层合板是由合金薄板和纤维增强聚合物材料层组成的混杂复合结构(见图 5 - 4),由荷兰代尔夫特科技大学和荷兰国家航空航天实验室共同研发的玻璃纤维-铝层板(GLAss REinforced,GLARE)最具代表性。GLARE 层合板已经逐步应用于航空领域中,如波音 777 的货舱地板以及新型大容量客机 A380 的机身蒙皮等。GLARE 层合板凭借其优良的性能和卓越的品质成为了国内外众多航空公司与研究机构关注的焦点。其中以荷兰代尔夫特科技大学、美国麻省理工大学、美国加州大学和日本滋贺县立大学等所开展的相关研究最具代表性。

GLARE 的尺寸受到铝板宽度等因素的限制,当前板厚 0.3～0.5 mm 的铝板最宽可达 1 524 mm(对应 60 in),这使飞机制造者不得不考虑昂贵的机械连接以扩大 GLARE 尺寸。

新型交错拼接技术的出现为解决这一难题提供了新的思路,其原理如图 5-5 所示。拼接时,同层铝板间有一条窄缝,不同层铝板的接缝在不同位置,这样,这些接缝就可以通过纤维层和其他层铝板连接起来,使得制造大板成为可能。为确保载荷的安全传递,可在拼接处增加一个补强层(增铺一层金属板或一层预置玻璃纤维预浸料)。

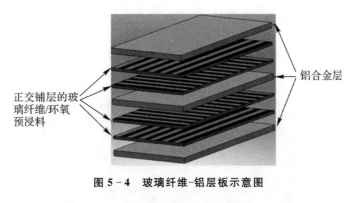

图 5-4　玻璃纤维-铝层板示意图

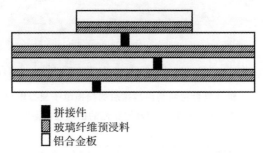

■ 拼接件
▨ 玻璃纤维预浸料
□ 铝合金板

图 5-5　GLARE 的拼接

GLARE 层板是通过压力或热压罐把干净的铝板和玻璃纤维预浸料热压成型得到的。热压之前,对金属板表面进行的处理包括以下几个步骤:碱性脱脂、把金属板放在硫酸铬中浸泡、取出后将铝板置于铬酸中进行阳极化处理、涂上丁二烯橡胶 BR127(该材料具有防腐作用)。经过处理后的金属板,更容易与纤维预浸料层黏在一起,不易脱胶。

近来实践表明,GLARE 层板也可通过树脂传递模塑工艺(Resin Transfer Molding,RTM)进行成型。该工艺以金属板形成封闭模,主要用于低黏、快干树脂在低体积分数连续增强预制体中的传递模塑成型。

5.2.2　液态制造技术

液态制造技术是指制备温度高于基体合金熔点的复合材料制备技术,是金属基复合材料的主要制造技术之一,被公认为目前最有效且经济的方法。然而该技术需要特别注意两个问题:一是增强相与熔融金属之间的润湿性,二是增强相与基体间可能的化学反应。关于第一个问题,如果浸润性较差则可能导致熔融金属不能完全浸入到增强相中,从而导致增强相与基体之间的界面减弱,而且增强相的均匀性相对较差,降低复合材料的性能。关于第二个问题,Al-SiC 是常见的铝基复合材料体系,但在高温下,Al 和 SiC 组成的增强体系是不稳定的,能够发生化学反应,有大量文献报道了反应产物对复合材料性能的影响以及它们之间的反应机理。从图 5－6 可以看出,复合材料高温暴露后,在 SiC 颗粒表面及与基体接触的界面上会出现蚀坑或不连续边缘,此即由 Al 与 SiC 颗粒发生反应所致。Al 与 SiC 之间的化学反应虽然对改善两者之间的润湿性有很大帮助,但反应产物碳铝化合物(Al_4C_3)能降低复合材料的性能。碳铝化合物的形成可通过调整合金成分、在 SiC 颗粒上涂覆隔离涂层(Al_2O_3,TiO_2,TiB_2,SiO_2,TiC,TiN,Ta 等)或牺牲涂层(Ni,Cu 等)进行抑制。

图 5－7 所示为金属基复合材料液态制备工艺的常用工艺路线,主要包括搅拌法、压力浸渗法、化学渗透法等。

图 5－6　金属基复合材料高温暴露后的扫描电子显微图(未侵蚀)
(注意 SiC 颗粒界面及暴露面的凹点及突起)

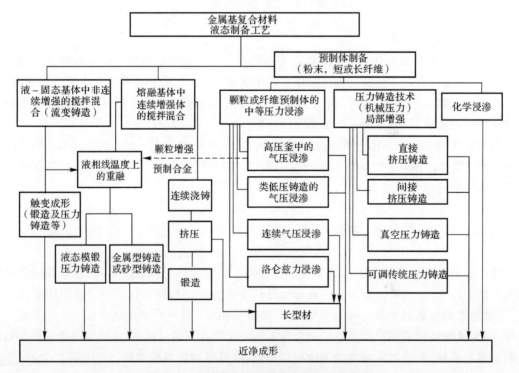

图 5－7　金属基复合材料液态制备工艺路线

1. 液态金属搅拌制造技术

液态金属搅拌制造技术是一种适合于工业规模生产颗粒增强金属基复合材料的主要方法,工艺简单,制造成本低廉。其基本原理是先将基体金属熔化,在半固态下进行搅拌,并且边搅拌边加入增强材料使其均匀分布于基体金属中,从而制备出复合材料浆料。之后可根据后继成型过程的需要,将处于液态或半固态的复合材料浆料进行铸造、液态模锻、轧制或挤压成型,从而获得金属基复合材料或制件。液态金属搅拌制造技术工艺流程如图 5-8 所示。

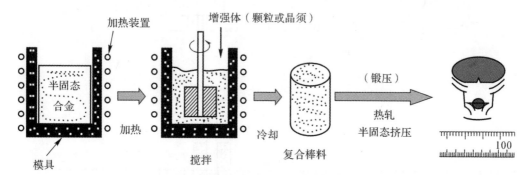

图 5-8　液态金属搅拌制造工艺示意图

液态搅拌铸造法中有以下问题需要解决:

1)颗粒的体积分数和颗粒尺寸受到限制,如果不合适,它们将不能均匀地分布于基体中;

2)强烈搅拌易造成金属的氧化和大量吸气;

3)混合均匀的熔体在停止搅拌或浇注后,在凝固过程中会发生因增强颗粒与液态金属存在密度差而导致的上浮与下沉,从而造成颗粒分布不均。

为此有必要采取有效措施防止金属氧化和吸气,避免增强体偏聚。为解决以上问题,可采取在金属熔体中添加合金元素、颗粒表面处理、复合过程的气氛控制、机械搅拌强度控制、搅拌后的停留时间与凝固速度控制以及选择适当的铸造工艺等措施。

搅拌法可用于制造颗粒细小、含量较高的颗粒增强金属基复合材料,也可以用于制造晶须、短纤维增强金属基复合材料。

根据工艺特点及设备的不同,液态金属搅拌铸造法可分为旋涡法、杜拉肯(Duracon)法及复合铸造法。高能超声辅助机械搅拌技术利用超声空化作用和声流效应能在很短时间内(几秒到几分钟)同时解决增强体与金属液体的润湿性和相容性问题,不需对增强体进行预处理即可实现均匀分散,具有广泛的应用前景。

2. 液态金属浸渗技术(渗铸法)

早在 20 世纪 60 年代就出现了对预制体气压浸渗的相关研究。20 世纪 70 年代中期,为改善浸渗效果,开始使用压力与真空相结合的浸渗方式。20 世纪 70 年代末,发现了超声对浸渗的作用。

液态金属浸渗法是指在一定条件下将液态金属浸渗到多孔增强预制体中并凝固获得复合材料的制备方法。图 5-9 所示为湿法制备预制体的示意图。该工艺必须充分考虑液态基体金属与增强材料的润湿性。当两者润湿性较好时,在较小压力下即可获得较好的浸渗效果;相反,当两者润湿性较差或不润湿时,通常需采取一些工艺措施来改善或提高液态金属的浸渗效果,如在液态金属中加入一些活性元素、对纤维进行特殊处理、浸渗时附加超声振动或采用高压浸渗等。根据浸渗条件的不同可分为自发浸渗、真空压力浸渗以及挤压铸造等工艺。

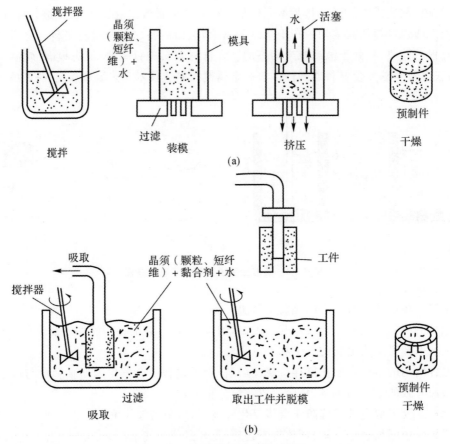

图 5-9　预制体湿法制备示意图

(a)压制成型；　(b)抽吸成型

　　液态金属向预制体中浸渗时会遇到阻力,包括毛细管力、金属黏性阻力、预制体中剩余气体受压导致的反压阻力等。

　　液态金属浸渗工艺的主要优点是工艺简便灵活、不需大的机械设备,生产成本低,不受生产规模和批量的限制。其主要缺点为产品性能一般较差,不适于制备纤维体积分数较高的复合材料,且制件形状和尺寸范围也受到较大的限制。

　　(1)自发浸渗(无外压)。20世纪80年代后期,Lanxide公司发明了一种使用特殊的渗透气氛(如 N_2,Ar)使铝合金熔体在高温加热过程中自动渗入填料(如 Al_2O_3 颗粒、SiO_2 颗粒)而形成性能优良复合材料的方法。该工艺的本质是利用在 N_2 或 Ar 气氛下使铝合金液对增强颗粒进行自润湿。这种在特定条件下,金属自发浸渗到增强预制体中的工艺称为自发浸渗工艺。常用的自发浸渗方法包括蘸液法、浸液法及上置法,如图 5-10 所示。

　　自发浸渗具有如下优点:

　　1)借助熔体与预制体接触时所受到的毛细管力,可获得致密、具有连续显微结构的制品;

　　2)预制体可预先制成所需的各种形状,渗入后制品保形性好,尺寸可精确控制,只需经简单加工即可使用；

3)制品为颗粒增强增韧复合材料,具有理想的综合性能；

4)整个工艺过程简单,成本较低。

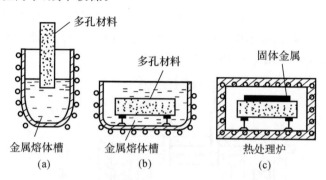

图 5-10　直接自发浸渗法制备金属基复合材料示意图
(a)蘸液法；　(b)浸液法；　(c)上置法

自发浸渗的关键是发现可实现自发浸渗的配对体系。实践表明,能产生自发浸渗的金属熔体和陶瓷的理想配对并不多。尽管如此,自发浸渗的方便与经济性仍吸引人们不断探索。通过合金化及陶瓷表面金属化等措施改善合金的浸润性。另外,自发浸渗金属间化合物制备陶瓷复合材料的研究也引起了人们的广泛关注,相关研究也显示出该方法具有较好的应用前景。

(2)真空压力浸渍法。其工艺过程:将连续长纤维或短纤维按复合材料零件所要求的纤维含量和排布方向先做成预制件,放入精密制造壳型或金属模具,在真空压力浸渍设备中加热,同时融化基体金属；当预制件加热到预定的温度,基体金属熔体也达到预定的加压浸渍温度时,通过外加惰性气体将金属液压入纤维预制件中。为了使金属容易浸渗到纤维束内,可通过纤维表面处理或基体金属合金化,以改善液态金属与纤维的浸润性。为避免发生严重界面反应,合理选择工艺参数十分重要。此法可直接制造形状复杂的金属基复合材料零件,是一种很有前景的制造方法。图 5-11 所示为用于制备金属基复合材料的热等静压设备,其工作原理为先抽真空,在金属熔化后关闭真空泵,打开压力阀使液态金属在压力作用下渗入预制体中。该装置可用于制备短纤维、晶须、颗粒及连续纤维增强的金属基复合材料,而且可以在较低压力(17 MPa)及较低温度下(液相点及近液相点)获得性能良好的复合材料制件,由此可极大减小纤维与基体间的界面反应。

国内学者设计了不同的真空压力浸渗装置,用于制备金属基复合材料。图 5-12 所示为另一种气压浸渗的示意图。

在该工艺中,熔体温度在液相点附近,远低于挤压铸造中的熔体温度,而且所施加的压力也较挤压铸造低 1~2 个数量级(浸渗压力一般低于 10 MPa),因此熔体与增强体之间的反应程度可大为减小。

(3)挤压铸造法(压力驱动)。挤压铸造法利用施加于金属液的等静压作用使金属熔体瞬间渗入到原本不能自发浸渗的增强预制体中,被认为是制备金属基复合材料最有效的方法之一,也是目前能高效率、批量生产纤维增强金属基复合材料零件的主要制造方法。其工艺过程是,先将长纤维或短纤维加入合适的黏合剂制成预制件,放入并固定在压机上已预热至一定温度的模具中,浇入液态金属,随即用压机加压(150～300 MPa),使液态金属强行渗入纤维预制件内,制成金属基复合材料零件。浸渗全过程可在几分钟内完成。液态金属在高压下凝固,使得其凝固点升高,使合金的凝固过程提前发生,从而缩短了熔融金属与纤维之间的接触时间(约 20 s),减小了两者之间发生反应的可能性,最终形成组织致密、无气孔、性能优良的零件。该方法生产效率高、成本低,可形成自动化生产线进行批量生产。用此法大批量生产氧化铝纤维增强铝基复合材料活塞就是一个成功的应用实例。

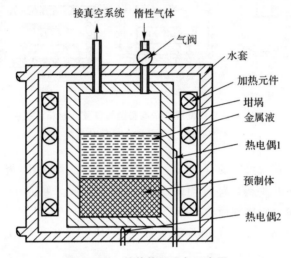

图 5-11　热等静压设备示意图

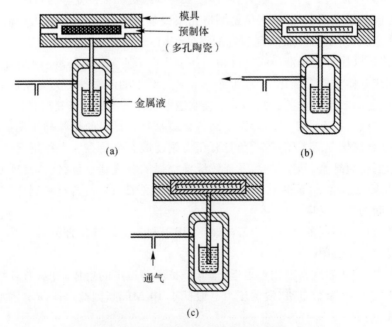

图 5-12　液态金属气压浸渗示意图

(a)置入纤维预制体、关闭冲模；　(b)抽气；　(c)加压及保压

在挤压铸造过程中,处于高压状态下的熔体与模具四周紧密接触,散热效果大大增加,易获得组织致密、晶粒细小的凝固组织,有利于提高铸件的力学性能。

图 5 - 13 所示的挤压铸造装置包括了两项技术改进,保证了挤压铸造法制备复合材料工艺的顺利进行。其一是在预制体的周围增加了一圈绝热层,减少了预制体向模具散热,从而可以采用常温模具进行加工,极大减小纤维与基体发生有害反应的概率;其二是通过在模具与基座之间增加石墨盘垫片以减小传热,改善通风条件,减小孔洞等缺陷。

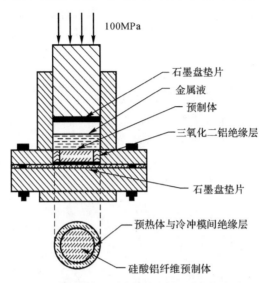

图 5 - 13   挤压铸造制备复合材料过程中模具及预制体的结构

大多数情况下,增强体并未成为熔体凝固过程中的形核点,反而成为最后凝固的部位,这一现象可通过颗粒推进理论进行解释。Uhlmann 等人在研究颗粒与平面凝固前沿的相互作用时观察到,对于每一种尺寸的颗粒,均存在一个临界凝固前沿速度,低于此速度时颗粒被向前推进,而高于此速度时颗粒即被凝固相围。由于增强体在浸渗前进行了预热,显然其凝固速度较低,因此增强体被凝固前沿向前推进,成为最后凝固部位,从而延长了等静压作用下熔体与增强体的接触时间,产生更强的界面结合。从图 5 - 14 可以看出当凝固速率较低时,SiC 颗粒被推挤到晶间,其分布是不均匀的。该工艺特别适合于由饼状纤维预制体制备纤维增强金属基复合材料。

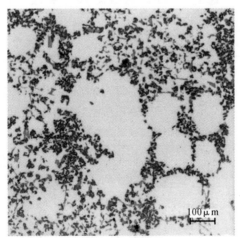

图 5 - 14   杜拉肯法制备 SiC 颗粒增强铝合金复合材料时低凝固速率下的颗粒推进效应

尽管挤压铸造法可用于制备几乎所有连续及非连续纤维增强的金属基复合材料,但应用最广的是制备氧化铝系列短纤维和晶须增强的金属基复合材料,特别是硼酸铝($Al_{18}B_4O_{33}$)晶须增强金属基复合材料,因其价格低、性能优异,倍受研究者青睐。其制品已广泛应用于汽车发动机缸套、发动机活塞、工业机器人手臂等。

(4)液态金属浸渗中临界压力的确定。文献资料中有许多经验公式或理论公式可用于计算液态金属浸渗中的临界压力。根据毛细管模型,可推导出纤维(或晶须)预制体中临界浸渗压力 p_{th} 的解析解为

$$p_{th} = 4\pi\gamma\sqrt{\frac{V_f}{1-V_f}}\frac{1}{\sqrt{0.079\ 99(DL+39.28D^2)+9.21\pi D^2}} \tag{5-1}$$

以 SiC 晶须预制体为例,当晶须直径 $D = 0.5\ \mu m$,晶须长度 $L = 25\ \mu m$,$\gamma = 0.8\ N/m$(800℃),可以计算出当 SiC 体积分数为 20% 时,预制体的临界浸渗压力为 1.67 MPa。

p_{th} 的理论值也可按照平行渗流与垂直渗流时两个临界压力的平均值进行计算。液态镁在平行于碳纤维浸渗时的最小压力可通过下式计算:

$$p_{th} = -\frac{4\sigma}{D}\cdot\frac{V_f}{1-V_f}\cos\theta \tag{5-2}$$

式中,D 为纤维直径;V_f 为纤维体积分数;θ 为液态金属与纤维之间的接触角;σ 为液态金属的表面能。

对于垂直于纤维的金属流动,其临界压力可按下式计算:

$$p_{th} = \frac{2\sigma}{\delta}\cdot\frac{\delta^*\cos(270°-\theta-\alpha_{th}^{max})}{\delta^*+1-\sin\alpha_{th}^{max}} \tag{5-3}$$

式中,σ 为液态金属的表面能;δ 为纤维间距;δ^* 为无量纲的纤维间距,定义为 $\delta^* = \delta/D$;α_{th}^{max} 为临界角度的最大值,由下式确定:

$$\cos\alpha_{th}^{max} = -\frac{\sin\theta}{1+\delta^*}\left[\cos\theta+\sqrt{(1+\delta^*)^2-\sin^2\theta}\right] \tag{5-4}$$

当纤维体积分数为 10% 时,可计算得 $\delta^* = 2$,根据式(5-4)可计算出 $\alpha_{th}^{max} = 133.1°$。

根据表5-3给出的 T300 碳纤维的相关参数,结合式(5-2)~式(5-4),可计算得平行临界压力为 0.017 8 MPa,垂直临界压力为 0.067 MPa,取其平均值 0.05 MPa。

表 5-3　T300 碳纤维预制体相关参数

$D/\mu m$	V_f	$\delta/\mu m$	TM*	$\theta/(°)$	$\sigma/(N\cdot m^{-1})$	$\alpha_{th}^{max}/(°)$
6~8	10	14	2	120	0.56	133.1

表5-4给出的是典型颗粒预制体中的临界浸渗压力。7~155 μm SiC 颗粒的预制体的临界压力为 0.2~2.2 MPa;5~20 μm Al_2O_3 颗粒的临界压力为 0.8~1.1 MPa。

表 5-4　典型颗粒预制体中的临界浸渗压力

颗粒类型	尺寸/μm	临界压力/MPa
SiC	7~155	0.2~2.2
Al_2O_3	5~20	0.8~1.1
B_4C	9	0.3~0.4
TiC	30	0.5~0.6

（5）处理渗铸问题时的一些基本原则。

1）熔融金属与增强体之间的润湿角小于 90°并非实现浸渗的充分条件；

2）浸渗前预制体中的气体需排空，以免形成气孔；

3）预制体及模具的温度要尽可能低，以减小增强体与基体之间的界面反应，限制晶粒的长大；

4）在预制体被完全浸渗后再施以高压，避免预制体被压溃；

5）高压作用能提高基体金属的凝固点，从而减小液态金属与增强体的接触时间，减小界面反应强度；

6）浸渗完成后仍建议保持足够的压力，以保证通过模壁向外进行有效散热；

7）浸渗速率与预制体预热温度、增强体体积分数及增强体尺寸强烈相关，其相关性要大于金属过热的相关性；

8）过高的压力并不能保证复合材料的性能得到有效提高，因为它们使液态金属在浸渗前出现过早凝固，促使预制体出现压溃现象；

9）对于给定的增强体-基体体系及增强体体积分数，存在优化的工艺温度（模具温度、预制体温度及浇注温度等）及压力（浸渗过程中及浸渗后施加的压力），从而制备出晶粒较细、浸渗均匀的复合材料。

3. 共喷沉积技术

喷射成型（spray forming）是 20 世纪 60 年代末由英国 Swansea 大学冶金系的 Singer 教授提出的一种快速凝固技术，经过多年发展于 20 世纪 80 年代逐渐趋于成熟。该工艺是一种在非平衡条件下将强化相粒子与金属基体强制混合来制备复合材料的工艺，兼具粉末冶金和快速凝固的优点。由于快速凝固的作用，喷射成型能有效降低增强体与基体的界面反应，而且能使增强体的分布更加均匀，所以它已成为制备金属基复合材料很有潜力的一种制备工艺，特别是对于高熔点合金更具优势。目前喷射成型主要包括来自英国的 Osprey 和来自美国 MIT 的 LDC 两大流派，就工艺成熟程度和市场占有率而言，Osprey 工艺居于明显的领先地位。将喷射成型技术应用于高性能金属基复合材料的制备，可以在很大程度上解决其他复合材料制备方法中所遇到的问题，制备出成本低、性能高的非连续增强金属基复合材料，具有很强的竞争力。

共喷沉积法是喷射成型金属基复合材料的一种方法。其工艺原理：将液态金属基体通过特殊的喷嘴在惰性气流的作用下雾化成细小的液态金属微滴，同时将增强颗粒加入，共同喷向成型模具的衬底上，凝固形成金属基复合材料，如图 5-15 所示。其实质是在喷射沉积基础上开发的一种新型颗粒增强金属基复合材料制备技术。自 20 世纪 80 年代中期以来，该工艺已成为一种非常有潜力的非连续增强金属基复合材料制备方法，该工艺能得到广泛应用的主要原因有以下几方面：

1）雾化的金属液滴在与喷射出的增强颗粒接触之前已进行了充分散热，从而极大减小增强相与基体之间发生化学反应的可能性；

2）增强颗粒可以冲入雾化金属颗粒内，因此增强相的均匀分布不再受液滴尺寸的限制；

3）整个工艺过程中发生非平衡凝固的可能性很大；

4）可用于成型高体积分数的金属基复合材料。

液态金属雾化是共喷沉积法制备金属基复合材料的关键工艺过程之一，它决定了液态金属雾化后液滴的大小、尺寸分布和冷却速度。液态金属在雾化过程中形成的液滴在气流作用下迅速冷却,颗粒越小冷却速度越快,小于 5 μm 的液滴冷却速度高达 10^6 K/s。

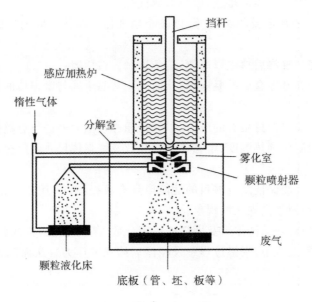

图 5 - 15　共喷沉积法工艺原理

　　为了获得颗粒均匀分布的金属基复合材料,要求在雾化金属液滴中连续均匀地加入颗粒,因此必须选择合适的加入方式、加入方向和颗粒喷射器结构,以保证复合材料组织及性能的均匀性。

　　雾化金属液滴与颗粒的混合、沉积和凝固是最终形成复合材料的关键过程之一。沉积和凝固是交替进行的,为保证沉积和凝固能顺利进行,沉积表面应始终保持一层液态金属薄膜,直至过程结束。

　　喷射共沉积是制备各种颗粒增强金属基复合材料的有效方法,一般用于制备各种金属基复合材料的坯料,然后通过二次加工获得复合材料产品,如板带和管材等。该方法改善了强化相与基体之间的结合状况,降低了基体材料与第二相颗粒之间界面浸润性要求,无不良界面反应,界面结合良好;晶粒组织细,消除了基体材料的宏观偏析;并且由于体积热收缩的差异,造成基体金属在第二相粒子周围产生压应力,增强了对第二相粒子的把持力;用该方法还可获得大直径、大厚度的复合材料。

　　Chaudhury 等设计了一种新的喷射成型装置,成功制备出 Al - TiO₂ 复合材料。在复合材料制备过程中,将铝熔体与 TiO₂ 颗粒通过两同心圆管同时引入到喷嘴出口处,随后利用惰性气体将熔融金属和增强颗粒雾化,并沉积到位于雾化器下方一定距离处的旋转铜基板上,其成型单元如图 5 - 16 所示。在传统喷射成型中需要单独的金属和颗粒喷射装置。

　　利用喷射沉积技术成型金属基复合材料的其他方法还包括预混合 MMCs 的喷射成型、层状 MMCs 的喷射成型、反应喷射成型、纤维增强 MMCs 的喷射成型等。

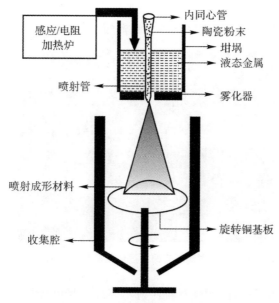

图 5 - 16　喷射成型单元示意图

5.2.3　表面复合材料技术

金属基复合材料虽然具有优良的力学性能,但增强相加入的同时会导致其塑性变差,对于表面性能及整体塑性都要求较高的场合,整体增强的金属基复合材料表现出明显不足,为此需开发表面复合材料制备技术。目前已经在铝及钛合金表面成功合成了碳化物颗粒增强的表面金属基复合材料。表层复合材料技术综合了表面涂层技术和复合材料技术的优势,可以根据零部件的不同要求,以较低成本在材料表层制备出满足高耐磨性要求、以陶瓷颗粒为增强相的复合材料,它既能充分发挥基体材料的强度、韧性优势,又能在表面获得极高的耐磨性,而且耐磨层和基体为冶金结合,从而使整体综合性能大幅度提升。

1. 激光表面处理

激光表面处理是一种常用的表面复合方法,包括激光表面熔融、激光熔覆、激光表面复合等。近年来,激光熔覆被认为是制备表面复合材料的最好方法,激光熔覆 WC 增强表面复合材料在工业领域具有广阔的应用前景。但激光熔覆的最大缺点是激光束与增强颗粒直接接触,由于温度太高而导致碳化物颗粒分解,碳化物分解后的成分进入基体导致复合表层变脆,易发生开裂现象。Dutta 等人利用激光熔融法将预沉积在铝基体表面的 SiC 薄层与熔融后的表面基体复合形成复合材料层,从而提高了其耐磨性,X 射线衍射的结果表明,SiC 颗粒在激光照射过程中部分发生分解,与基体形成 Al_4C_3 和游离 Si。Pang 等人研究了 Mo,WC 和 Mo - WC在 Ti_6Al_4V 表面的激光表面合金化行为,在 Ti_6Al_4V 表面制备出了耐磨的表面金属基复合材料涂层。复合材料涂层与基体之间属于冶金结合,其微观形貌如图 5 - 17 所示。

为了克服激光熔覆的缺点,激光熔注技术(Laser Melting Injection,LMI)应运而生。它是以激光束在基体表面产生熔池,同时将粉末注入到熔池中,激光束离开后,熔池迅速冷却凝固将注入粉末"捕获"形成熔化-注射层的技术。激光熔注与激光熔覆的本质区别为,在激光熔注过程中,外加颗粒不进入热源,这可以降低外加陶瓷颗粒分解的可能性。

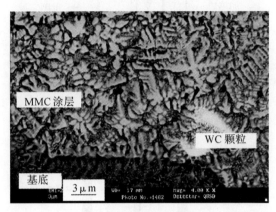

图 5-17　激光法制备的表层金属基复合材料与基体

等离子弧也可产生浅的熔池,增强颗粒注射与等离子弧给合形成等离子熔注技术(PMI)(见图 5-18),这与激光熔注技术相比可极大降低成本。等离子枪的钨极和基体产生的转移弧在基体产生熔池,同时将陶瓷颗粒注入到熔池尾部,尽可能不与等离子弧接触;等离子弧离开后,熔池迅速冷却凝固将注入粉末"捕获"形成熔化-注射层。因陶瓷增强颗粒的加入和基体的熔化过程完全分离,可以对这两个过程分别控制。

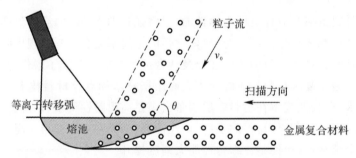

图 5-18　PMI 工艺原理图

2. 物理气相沉积(PVD)

物理气相沉积技术的主要应用领域为材料的表面改性,使工程材料除具有一定的结构及性能外,还具有各种表面性能,如耐蚀、耐磨、润滑、电磁波吸收与反射、热吸收与反射等。此外,物理气相沉积也可用于复合材料制备,即通常先利用物理气相沉积法在长纤维表面沉积 Ti-Al 以及某些高熔点基体材料;然后将具有涂层的纤维束按照一定结构铺设,并进行热压或热等静压,使其致密化。该方法制备的复合材料,纤维分布均匀,体积分数可高达 80%,图 5-19所示为利用物理气相沉积与热等静压复合方法制得的长纤维增强的 Ti 基复合材料。

尽管物理气相沉积的方法很多,如真空蒸镀、阴极溅射、离子镀等,但所有 PVD 方法都相对较慢,其中效率最高的一种方法是升华法。

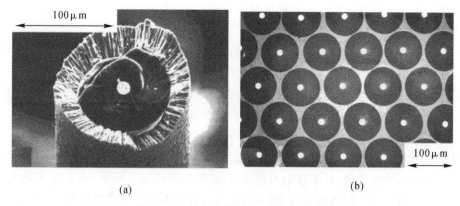

图 5 - 19 长纤维增强的 Ti 基复合材料

(a) 带有 35 μm 厚的气相沉积 Ti - 5Al - 5V 层的 TiC 单丝纤维；

(b) 含 80%（体积分数）SiC 的 Ti - 5Al - 5V 复合材料,生产工艺为将带有 8 μm 涂层厚度的单纤维丝进行热等静压

3. 热喷涂

热喷涂技术是一种重要的表面防护技术,可使普通材料获得某些特殊的表面性能,如耐磨、耐蚀、耐热、耐辐射等。热喷涂法主要包括等离子喷涂法和氧-乙炔焰喷涂法两种,制造金属基复合材料主要采用等离子喷涂法。等离子喷涂是利用等离子体产生等离子弧的高温将基体熔化后喷射到增强纤维基底上,冷却并沉积下来的方法(其原理如图 5 - 20 所示)。基底为固定于金属箔上的定向排列的增强纤维。等离子喷涂法适用于直径较粗的单丝纤维(如 B,SiC 纤维)增强铝、钛基复合材料制件的大规模生产。等离子喷涂法得到的预制片需经热压或热等静压后才能制成复合材料零件。

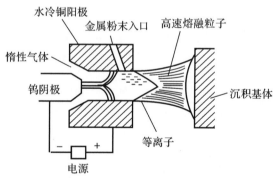

图 5 - 20 低压等离子沉积法原理图

喷射或喷涂工艺的最大特点是对增强材料与金属基体的润湿性要求低,增强体与熔融金属基体的接触时间短,界面反应少。

5.2.4 原位反应合成技术

原位反应合成技术借助合金设计,在一定条件下于基体金属内部原位反应形核生成一种或几种热力学稳定的增强相。该方法最早出现于 1967 年苏联 Merzhanov 用自蔓延燃烧反应

法(简称 SHS 法)合成 TiB_2/Cu 功能梯度材料的研究中,但作为一种新工艺是 Koczak 等于1989 年提出的。

原位反应合成技术的基本原理是根据材料设计的基本要求,选择适当的反应剂(气相、液相或粉末固相),在适当的温度下,通过元素之间或元素与化合物之间的化学反应,在金属基体内原位生成一种或几种高硬度、高弹性模量的陶瓷增强体,从而达到强化金属基体目的的。与其他金属基复合材料制备工艺相比,原位反应合成技术具有如下优点:

1)增强体的热力学稳定性好,表面洁净无污染,与基体结合良好;

2)增强体的种类、大小、分布和数量可通过合理选择反应元素进行有效控制;

3)由于可省去单独合成、处理和加入增强体等工序,所以工艺简单、成本低、易于推广;

4)在提高材料强度和刚度的同时,使材料仍具有较好的韧性和高温性能。

原位反应合成法中,增强材料可以从基体中以共晶形式凝固析出,也可以通过元素之间的反应、合金熔体中的组分与加入元素或化合物之间的反应生成。前者得到定向凝固共晶复合材料,后者得到反应自生复合材料。原位自生复合材料中基体与增强体之间的相容性好、界面干净、结合牢固,具有较优异的力学性能。按照反应原料的状态,可分为气-液反应、固-气反应、液-液反应、固-液反应、固-固反应以及固-液-气反应。表 5-5 给出的是合成铝基复合材料的原位反应合成技术举例。限于篇幅,本节拟选五种具有代表性的原位反应合成技术进行介绍,详细内容可参阅有关文献。

表 5-5　铝基复合材料的原位反应合成技术举例

	合成技术	合金体系举例	增强体尺寸
合金凝固(共晶析出)		Al/Al_4C_3	
气液反应	DIMOX™	Al/Al_2O_3	
	VLS	Al/TiC	$0.1\sim2.0\ \mu m$
液固反应	XD	Al/TiC	$>0.3\ \mu m$
	原位接触反应法	$Al/TiC, Al-Si/TiC$	$0.1\sim1.0\ \mu m$
	PRIMEX™	Al/Al_2O_3	
	常规铸造(IM)	$Al/Al_2O_3, Al/TiC$	$0.2\sim1.0\ \mu m$
固固反应	自蔓延高温合成(SHS)	Al/TiC	
	快速凝固(RS)	Al/TiC	$40\sim80\ nm$
	真空热压反应烧结	Al/TiB_2	约 $0.1\ \mu m$
	(RHIP)	Al/Al_3Ti	$40\sim100\ nm$
	机械合金化(RMA)	$Ti-Al/TiC$	$<100\ nm$
其他	RS+RMA	$Al-Fe-Ce$	$0.1\sim0.5\ \mu m$

1. 定向凝固法

对于共晶合金或偏晶合金,通过合理控制工艺参数,可使两相均匀相间,定向整齐排列。当某一相按凝固方向长成细长的晶须状时,就得到了晶须增强复合材料,这是人们最为熟知的一种原位生成工艺。由于定向凝固共晶复合材料不同相之间结合良好,故在接近共晶熔点的高温下仍能保持高强度、良好的抗疲劳性能和抗蠕变性能。如 Cu-Cr,Cu-Zr 等定向自生复合材料具有高强、高导电的综合性能;Fe－Cr－C 自生复合材料的强度高达 2 300 MPa,为普通铸造合金强度的 8 倍。

定向凝固法制备的原位自生复合材料具有优异的高温性能,但生产周期长,成本高,主要用于高温条件下工作性能要求很高的零部件,如航空发动机叶片等。另外,该复合材料的制备受合金系限制很大,只有共晶或偏晶系合金才有可能;应用此法且成分选择及增强相体积分数也有较大限制,体积分数较高时第二相不能呈纤维状,而呈片状,对性能提高不利。

2. 直接金属氧化法(DIMOX™)

让高温金属液(如 Al,Ti,Zr 等)暴露于空气中,使其表面首先氧化生成一层氧化膜(如 Al_2O_3,TiO_2,ZrO_2 等),里层金属再通过氧化层逐渐向表层扩散,暴露空气中后又被氧化,如此反复,最终形成金属氧化物增强的 MMC 或金属增韧的陶瓷基复合材料(CMC)。

DIMOX™ 技术的主要优点如下:

1)制造成本低廉,氧化气氛可以是空气,加热炉可用普通电炉;

2)产品尺寸可精确控制,几乎不必进行后续加工;

3)可以制造形状复杂的复合材料制品,或较大型的复合材料部件。

其主要缺点是体系中所生成的增强相体积分数不易控制,形态非常复杂。

3. 自蔓延高温合成法(SHS 法)

自蔓延高温合成是利用混合原料自身的燃烧反应放出热量使化学反应自发地持续进行,进而获得具有指定成分和结构产物的一种新型材料合成手段。这一技术适用于具有较高放热量的材料体系,如 $TiC－TiB_2$,$TiC－SiC$,$TiB_2－Al_2O_3$,$Si_3N_4－SiC$ 等。

反应自维持需要三个基本条件:①反应潜热应大于 167.2 kJ/mol。如对于 Ti－C 体系,反应潜热为 184.3 kJ/mol。②其中一种反应相能液化或汽化,以利于反应物向反应界面扩散。③散热(热传导和热辐射)速率应远低于热量的产生速率,以保证足够高的升温速度,使燃烧波得以稳定传播。

与传统的材料合成技术相比,自蔓延高温合成法具有如下特点:①工艺设备简单、生产周期短、效率高;②能耗、物耗低;③合成过程中极高的温度可对产物进行自钝化,同时极快的升温和降温速率可获得非平衡结构的产物,因此产物质量良好。

4. VLS 技术

该方法由 M. J. Koczak 等人发明,其工艺过程是将含有 C 或 N 的气体通入高温合金液中,使气体中的 C 或 N 与合金液中的个别组分反应,在合金基体中形成稳定的高硬度、高弹性模量的碳化物或氮化物,冷却凝固后即得陶瓷颗粒增强的金属基复合材料。

VLS 法以惰性气体为载体,将反应气体(CH_4,NH_3,N_2 等)通往含 Ti,Si 等元素的合金溶液中(Al－Ti,Al－Si,Al－Ti－Ta 等),在熔体中发生反应生成碳化物、氮化物等陶瓷颗粒,制备颗粒增强铝基原位复合材料。VLS 技术的过程参数包括反应温度、合金元素、反应气体成分等。该技术具有界面清洁、增强体颗粒细小、弥散分布及反应后熔体可通过挤压铸造等方法实现近净成型等优点。但该法反应温度高达 1 200～1 400℃(反应气体的分解温度),冷却后基体组织粗大,而且增强体的种类有限,体积分数一般不超过 15%。

5. 放热弥散法(XD 法——Exothermic Dispersion)

放热弥散技术由美国马丁玛丽埃塔实验室(Martin Marietta Laboratory)的 Brupbacher

于 1983 年发明(她同时获得专利权),它是利用放热反应在金属或金属间化合物基体中原位分散增强相(如金属间化合物、陶瓷颗粒或晶须)的原位复合技术,是典型的利用液/固相反应制备原位复合材料的方法。其原理是将生成增强体所需的两种粉末与基体粉末混合,在高于基体熔点、低于增强体熔点的温度下,对粉末混合体进行热处理。此时生成增强体的两组分在液态基体中扩散,反应析出细小的陶瓷颗粒,呈弥散分布。该工艺的实质是以熔体为介质,通过组分间的扩散反应生成合金或陶瓷粒子。用这种方法能制造 SiC,TiC,TiB$_2$,TiN 等颗粒增强的铝基、钛基、镍基及 NiAl,TiAl 等金属间化合物基复合材料。

XD 法可以控制增强体的类型、形状和体积分数,对增强体尺寸(0.2～10 mm)亦可通过改变工艺参数(如反应温度)加以控制。而且由于反应是在熔融状态下进行的,和 VLS 法一样,也可以实现近净成型。该方法特别适用于增强体和基体浸润性较好的体系。

与自蔓延合成相比,XD 技术有以下优点:

1)反应是在液态基体中进行的,因此制件致密度高;

2)无须点火引燃装置,设备简单,成本低;

3)铝基体的熔点低,一般加热到 700℃即可。

其主要缺点如下:

1)合成反应所需的原料均为粉末,受粉体供应限制;

2)工序多,周期长,需经球磨混粉、真空除气、压坯成型、反应烧结等过程;

3)不能直接浇注成型,只能制得一些形状简单的制品。

该方法通过金属氧化物(如 NiO,TiO$_2$,MoO$_3$ 和 Fe$_2$O$_3$ 等)与 Al 基体反应生成 Al$_2$O$_3$ 颗粒或晶须增强相,而且在反应后,被还原的金属还可能继续与 Al 基体发生反应生成金属间化合物,也能充当复合材料中的增强相。

6. 无压金属浸渗技术(PRIMEX™)

PRIMEX™(pressureless metal infiltration)技术与 DIMOX™技术的主要区别在于,它使用的气氛是非氧化性的。其工艺原理:基体合金放在可控制气氛的加热炉中加热到基体合金液相线以上温度,将增强体陶瓷颗粒预压坯浸在基体熔体中。在大气压力下,同时发生两个过程:一是液态合金在环境气氛下向陶瓷预制体中渗透,二是液态合金与周围气体反应而生成新的粒子。M. Hunt 将含有 3%～10%Mg 的 Al 锭和 Al$_2$O$_3$ 预制件一起放入(N$_2$＋Ar)混合气氛炉中,当加热到 900℃以上并保温一段时间后,上述两个过程同时发生,冷却后即获得了原位形成的 AlN 粒子与预制件中原有的 Al$_2$O$_3$ 粒子复合增强的 Al 基复合材料。研究发现,原位形成的 AlN 的数量和大小主要取决于 Al 液渗透速度,而 Al 液的渗透速度又与环境气氛中 N$_2$ 分压、熔体的温度和成分有关。因此,复合材料的组织与性能容易通过调整熔体的成分、N$_2$ 的分压和处理温度而得到有效的控制。

PRIMEX™技术的优点为工艺简单、原料成本低、可近净成型。用 PRIMEX™技术制备出的复合材料的导热导电性是传统封装材料的几倍,可用作电子封装材料和载体基板材料,目前正向宇航材料、涡轮机叶片材料和热交换机材料方向发展。但是由于该技术要把增强体粒子冷压成坯,金属或合金熔体在其中依靠毛细管力的作用渗透而制备金属复合材料,因此要求压坯的材质必须能够与金属或合金润湿,且要求其在高温下的热力学稳定性好。

复合材料反应合成技术可以克服常规制备技术中的诸如工艺复杂、成本高、增强体分布不均匀、界面难于控制等问题。但关于此法的许多内容目前还有待进一步研究,如工艺的完善与开发、显微组织的稳定性、化学反应控制、大尺寸复合材料制件的制备等。

5.2.5　金属基复合材料制备成型一体化技术

成型和加工技术难度大、成本高始终是困扰金属基复合材料工程应用的主要障碍之一。特别是当陶瓷颗粒增强体含量在 50% 以上时,传统的铸造及塑性加工成型几乎不可能,机械加工也十分困难。因此开发制备与成型一体化的工艺具有重大的工程意义。基于熔体浸渗的近净成型制备工艺是实现金属基复合材料制备成型一体化的最有效途径。

1. 电阻烧结工艺

电阻烧结实验装置如图 5-21 所示。在电阻烧结过程中,将粉末压块置于绝缘的不锈钢模内,然后对粉末压块通低压大电流,同时加压。由于粉末压块被电流直接加热,所以加热速率很高,烧结时间很短,在 1 s 内即可完成。由于烧结过程如此之快,故不需要控制气氛或形成真空。一般情况下,铝粉末周围会形成氧化膜,因而用常规粉末工艺烧结铝粉相当困难,然而在电阻烧结中,可利用此氧化膜达到局部快速加热的效果。Maki 等人采用该工艺成功制备出 Al_2O_{3p}/Cu 复合材料。

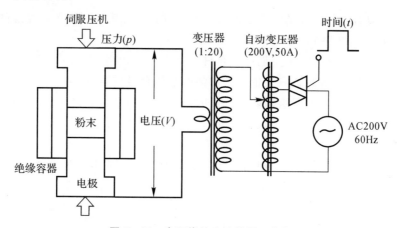

图 5-21　电阻烧结实验装置示意图

2. 真空吸渗挤压成型

图 5-22 所示为真空吸渗挤压的工艺示意图,该工艺集真空浸渗、挤压铸造以及液固挤压的特点于一体,能实现管棒类型材的一次近净成型,避免了二次加工对复合材料的损伤,减少了制备工序,降低了制造成本。其主要包括熔炼浇注、真空压力浸渗、压力下结晶凝固和挤压成型四个阶段。

在真空条件下使液态金属渗入纤维预制体中,可以有效避免液态镁合金在浇注过程中的氧化燃烧;辅助气压的压力小可以避免预制体的变形和压溃;利用液固态金属的触变特性,在挤压铸造的高压作用下可消除真空压力浸渗复合材料的孔隙缺陷;利用液固态金属变形抗力低的特点对其进行大塑性变形,可以进一步消除复合材料孔隙、界面脱黏等缺陷,实现纤维分布的重新排列,减少纤维在挤压变形过程中的折断和损伤。

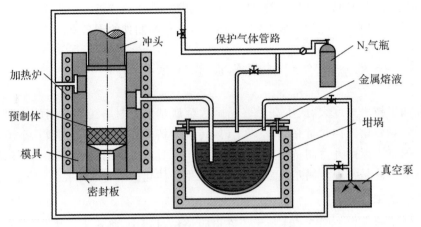

图 5 - 22　真空吸渗挤压工艺示意图

5.3　金属基复合材料的热处理

　　优化金属基复合材料性能的重要手段之一就是对其进行热处理。热处理是材料进入实用化过程中所必须面对的工程问题之一。

　　在对以连续纤维增强为主的金属基复合材料研究开发初期,人们并未对其热处理工艺给予足够重视,即使采用热处理也只是依据未增强的基体合金的常规热处理制度进行。但后期的研究发现,增强体的存在有时会对基体合金的热处理效应及过程产生显著影响。如脆性增强相加入到沉淀硬化合金后能够极大地改变基体中沉淀相的形核及生长动力学特征,从而影响到复合材料的总体性能。

　　由于非连续增强金属基复合材料的性能在很大程度上与基体的时效硬化行为有关,因此对金属基复合材料进行时效处理能够极大地改善其综合性能。金属基复合材料的时效行为在很大程度上依赖于基体材料的种类、形貌、增强相的尺寸及体积分数、基体与增强相之间的界面特征、复合材料的制备工艺路线以及时间、温度等众多因素。

　　大量研究表明,与对应的基体合金相比,金属基复合材料时效析出行为的一般特点是析出过程的步骤与顺序不变,但动力学行为表现为加速。其原因在于,由于金属基复合材料中增强相与基体热膨胀系数不同,较小的温度改变即可在基体中产生明显的热残余应力,从而使复合材料中位错密度超过未强化合金。位错密度作为异质形核点能够缩短溶质原子的扩散路径,因此金属基复合材料中沉淀相的形核及生长速度均大于未强化合金的,即缩短了相同时效温度下达到峰值强度的时效时间。

　　除常见的时效热处理外,金属基复合材料中还存在以下几种特殊的热处理制度,即淬火强化、反应热处理强化、均匀化处理及尺寸稳定性处理等。通过淬火进一步提高金属基复合材料基体的位错密度,从而达到强化的目的,是金属基复合材料所特有的一种热处理制度。表5－6给出了几种金属基复合材料的典型热处理工艺。

表 5－6 典型金属基复合材料的热处理工艺

复合材料	成型工艺	热处理工艺	峰值硬度
$Al_2O_{3sf}(\varphi=40\%)/Al-(w=7\%)Cu$	挤压铸造	535℃固溶处理 1 h,水淬,190℃时效 11 h	约 190HV
$Al_2O_{3p}(\varphi=15\%)/Al-(w=4.5\%)Cu$	搅拌铸造	540℃固溶处理 2 h,水淬,180℃时效 10～15 h	约 170～190HV
$\beta-SiC_w(\varphi=20\%)/AZ91$	挤压铸造	T4 热处理,175℃时效 40 h	约 200HV
$Al_2O_{3P}(\varphi=25\%)/2024Al$	挤压铸造	495℃固溶处理 1 h,室温水淬,175℃约保温 16 h	约 200HB
$((\varphi=12\%)Al_2O_{3sf}+(\varphi=4\%)C_{sf})/AlSi_{12}CuMgNi$	挤压浸渗	510℃固溶处理 4 h,60～70℃温水水淬,170℃沉淀硬化 6 h	164HB
Al_2O_{3sf} 或 $SiC_p/Al-4Cu-1Mg-0.5Ag$	挤压铸造	480℃/1.2 h＋500℃/2 h,冷水淬,25℃ 100 h(T4)处理后,再经 165℃ 4 h(T6)达到峰值硬度	

5.4　金属基复合材料的成型加工

5.4.1　金属基复合材料的塑性成型加工

金属基复合材料塑性成型的主要目的是致密化(消除孔隙),改变增强颗粒分布或者获得指定零件形状。对于非连续增强金属基复合材料,利用挤压、模锻、超塑成型等工艺方法制造型材和零件,是一种工业化规模生产金属基复合材料零件的有效方法。该方法生产出来的零件组织致密、性能好。然而,较之基体材料,金属基复合材料的塑性很差,室温下的伸长率一般都低于 10％,即使在高温下,其伸长率亦没有明显的提高。这使得金属基复合材料塑性成型加工困难,已成为阻碍其进一步开发应用的主要因素之一。

复合材料高温压缩变形存在明显的应变软化现象,这与压缩变形导致的增强体有序化有关。

在诸多塑性成型手段中,挤压是二次加工中最为常用的手段之一。挤压时,挤压方法、制品形状和尺寸、合金种类、模具结构与尺寸、工艺参数、润滑条件等均会影响材料在模具中的流动行为。因此,影响挤压成型性的主要因素有模具及坯料的预热温度、挤压比、挤压变形速度以及润滑剂。需要注意的是,挤压参数对复合材料成型性的影响往往不是彼此孤立的。例如,随着温度的升高,最大挤压力下降,但温度的升高也增加了润滑剂的烧蚀程度,从而导致挤压力的增加。研究表明,当挤压比大于 5 时,剪切变形才能深入到制件中心,使制件在横截面上的力学性能趋于均匀。为了获得性能均匀性较好的制件,实际生产中挤压比应控制为 5～7。

轧制也是一种常用的塑性加工方法,然而轧制过程中易引起诸如孔隙、纤维断裂甚至宏观裂纹等缺陷,而且常伴随着由于与冷轧辊接触而带来的试样温度骤降,因此很少直接将其用于复合材料试样的致密化处理中。复合材料致密化通常先进行挤压,然后再进行轧制,这样既能提高复合材料的致密度,又能进一步提高复合材料的组织均匀性。

开发金属基复合材料的超塑性成型工艺是解决其难成型问题的有效手段。目前限制超塑性成型大规模应用的原因是变形速率低,变形温度高,变形过程中材料内部出现大量孔隙。由于基体、增强体和制备工艺等的差别,不同复合材料往往在不同应变率下表现出超塑性。当应变速率小于 $0.02\ \mathrm{s}^{-1}$ 时,称为常规超塑性;当应变速率大于或等于 $0.02\ \mathrm{s}^{-1}$ 时,称为高应变率超塑性。高应变速率超塑性可望为金属基复合材料提供一个有效的近终形成型方法。高应变速率超塑性与超细晶粒尺寸有关,通常为 $5\ \mu\mathrm{m}$ 或更小。因此,高应变速率超塑性工艺与晶粒细化路径密切相关,如动态再结晶、非晶或纳晶粉末烧结、机械化合金、强烈塑性变形等。图 5-23 所示为采用形变热处理与粉末冶金相联合的方法制得的 $\mathrm{Si_3N_{4w}}/6061(\mathrm{Al-Mg-Si})$ 复合材料的微观结构。由图 5-23 可以看出,复合材料中的晶料尺寸约为 $3\ \mu\mathrm{m}$,该复合材料在 $2\times10^{-1}\ \mathrm{s}^{-1}$ 时表现出超塑性行为。

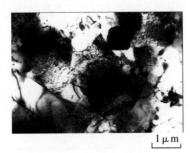

$1\ \mu\mathrm{m}$

图 5-23　$2\times10^{-1}\ \mathrm{s}^{-1}$ 应变率下表现出超塑性的 $\mathrm{Si_3N_{4w}}/6061$ 复合材料的微观组织

金属基复合材料超塑性变形是以晶界滑移为主导、多种机理共同作用的结果。目前已建立的超塑性变形机理大多是在考虑如何协调晶界滑移与转动的基础上提出的。在合金中,晶界滑移被普遍认为是超塑性变形的主要机制。与此不同,复合材料中影响超塑性的重要指标并不是晶粒度,而是增强体及其与基体之间构成的界面状态。

孔洞是细晶材料在超塑性变形中普遍存在的现象,它的形成与长大是研究材料超塑性变形的重要内容。

5.4.2　金属基复合材料的机械加工(车、铣)

尽管金属基复合材料可以不用切削加工而采用其他加工工艺制成不同精度和不同形式的制件,但是对于有较高精度要求的工件,切削加工仍然是不可或缺的。由于金属基复合材料中的增强相硬度高,传统刀具材料(例如高速钢或硬质合金)很难满足加工要求,特别是精加工时更是如此。理论分析和实验结果都证明,金属基复合材料比普通金属或合金材料更难切削;与传统基于强剪作用的材料去除理论相比,金属基复合材料的切削机理更加复杂,因为材料的去除不仅基于强剪作用,而且还基于硬质增强体与基体之间的分离作用。

传统车、铣、磨工艺一般都可用于 MMCs,但往往会遇到刀具磨损的问题,而且随着增强体体积分数和尺寸的增加,这一问题会变得更加严重。金刚石、碳化钨涂层高速钢及陶瓷是常用的切削金属基复合材料的刀具材料,研究表明,在相同切削条件下,金刚石的切削寿命超过碳化物涂层刀具寿命的 30 倍。金刚石及聚晶金刚石刀具在 $500\ \mathrm{m/min}$ 的切削速度下能有效加工 $\mathrm{SiC_p}/\mathrm{Al}$ 复合材料零件,被认为是目前切削金属基复合材料的最佳选择。最近几年,世界各发达国家和大公司争相发展新型金刚石基刀具材料,以解决金属基复合材料的切削加工难题。

对金属基复合材料切削性能的研究包括切削参数及复合材料性能对刀具磨损及其磨损机理等方面。值得一提的是,在批量生产中,刀具成本仅是构成整个切削成本的一部分。对于传统铝合金及铸铁而言,切削刀具成本占据总切削成本的比例低于 5%;对于复合材料而言,虽然刀具成本所占比例增加到 30%,但总切削成本仍可与切削铸铁相媲美,其原因在于切削金属基复合材料时可保持切削铸铁时的切削速度甚至更快。

5.4.3　金属基复合材料的连接技术

由于金属基复合材料的基体性能与增强体性能不同,使得其焊接成型成为一个难题,目前常用的连接技术包括熔化焊接、固相连接、钎焊与胶接等。表 5-7 给出的是常规 MMCs 连接技术及其优、缺点比较。

表 5-7　常规 MMCs 连接技术及其优、缺点比较

工艺方法		优　点	缺　点
熔化焊	钨极惰性气体保护焊接	在焊接时可使用金属焊丝以减少 Al/SiC 复合材料中 Al_4C_3 的产生,增加 Al/SiC 复合材料中增强粒子的湿润性	在 Al/SiC 复合材料中会产生 Al_4C_3,当使用金属焊丝时焊接强度降低
	熔化极惰性气体保护焊接	在焊接时可使用金属焊丝以减少 Al/SiC 复合材料中 Al_4C_3 的产生,增加 Al/SiC 复合材料中增强粒子的湿润性	在 Al/SiC 复合材料中会产生 Al_4C_3,当使用金属焊丝时焊接强度降低
	电子束焊	在真空环境中可高速焊接	在 Al/SiC 复合材料中会产生 Al_4C_3,焊接需要在真空环境下进行
	激光束焊	不需要真空环境即可高速焊接	在 Al/SiC 复合材料中会产生 Al_4C_3,焊接时需要有保护气体
	电阻焊	可高速焊接	有可能产生增强颗粒偏析,对焊接工作的几何形状有限制
固相连接	扩散连接	为了提高连接性能可使用中间层不发生颗粒与基体间反应	过量扩散会导致连接性能下降
	过渡液相扩散连接	为了提高连接性能可使用中间层不发生颗粒与基体间反应	有可能形成有害的金属间化合物;工作效率低,价格昂贵
	摩擦焊接	不发生颗粒与基体间反应;在热处理后可达到很高的连接强度,适合连接两种不同的材料	须去除毛刺
	磁励电弧对焊	适合连接管形工件	只能焊接限定形状的工件;焊接后须对焊接部位进行处理(内部和外部)
	钎焊	可适用于连接两种不同的材料	焊接需要惰性气体保护或真空环境
	胶粘	连接加工时所需温度相对较低	为获得较高强度须表面预处理

熔化焊接是比较常用的 MMCs 连接技术,其缺点是增强体与基体间发生化学反应、熔池黏滞性高等。目前,市场上的高尔夫球杆、自行车架的接头大都采用常规熔化焊工艺连接。固相连接尤其是摩擦焊接在 MMCs 的焊接方面具有很大潜力,由于是低温操作,极大地抑制了

界面反应的发生,熔池黏滞性也大为降低,但摩擦产生的热量会引起表面增强颗粒或增强纤维的破碎。钎焊的优点是不破坏 MMCs 材料,接头强度可达到焊接基底材料的 $80\% \sim 90\%$。胶接法目前未得到足够重视,其特点是可在室温下操作。

5.5　常用金属基复合材料

与传统金属材料相比,金属基复合材料具有较高的比强度和比刚度,而且耐磨损;与树脂基复合材料相比,金属基复合材料具有优良的导电、导热性,高温性能好,可焊接;与陶瓷基复合材料相比,金属基复合材料具有高韧性和高冲击性能、线膨胀系数小等优点。为此金属基复合材料成为航空、航天、军事等尖端科学技术领域重要的研究和开发对象。

5.5.1　铝基复合材料

铝基复合材料因其密度小、成本低且易于制造成为耐磨材料及结构材料,是最具代表性的先进材料之一。纯铝或铝合金均可作为铝基复合材料的基体,其中以铝合金作为基体的铝基复合材料居多。铝基复合材料中的短纤维增强体有氧化铝、硅酸铝和碳化硅,尤以前两者为主。Al/SiC 复合材料可通过搅拌铸造法、浸渗法及粉末冶金法等制备,已得到了广泛应用。利用搅拌铸造法制备的 Al/Al_2O_3 复合材料年产量较大。尽管碳纤维增强的铝基复合材料已得到了广泛研究,但由于碳及石墨与熔融铝之间存在高反应性,所以它仅在一些特殊领域得到了应用。

1. SiC_p/Al 复合材料

在铝基复合材料中,商业应用最广的是 SiC 颗粒增强铝基复合材料。碳化硅颗粒与铝之间具有良好的界面结合强度,铝基体经 SiC_p 增强后可以显著提高材料的弹性模量、拉伸强度、高温性能和抗磨性。例如,以 20% 的碳化硅颗粒增强 6061 铝合金,其强度由原合金的 310 MPa 提高到 496 MPa,模量则由 68 GPa 增至 103 GPa。

SiC_p/Al 复合材料的竞争实力不仅归功于其优良的性能,如高机械性能、耐磨性、低热膨胀系数及高热导率等,而且还与其制备成本较低密不可分。它可以通过与铝合金成型相似的工艺制备,因此极大降低了其制备成本。

SiC_p/Al 复合材料的高耐磨性在汽车、机械工业中有重要的应用前景,可用于汽车发动机、刹车盘、活塞等重要零件,能明显提高零件的性能和寿命,也可用于超大规模集成电路基板。

表 5-8 列出了 SiC_p/Al 复合材料与常规材料的物理性能,可以看出,复合材料的热膨胀性能、热传导率等性能占有明显的优势,这使得该复合材料用于制备尺寸稳定性要求高的零件时具有很大的竞争力。

SiC_p/Al 复合材料因具有比模量高、高温性能好、耐磨损等特点,可用于火箭、导弹构件,红外与激光制导系统构件,激光反射镜,超轻空间望远镜,精密航空电子器件封装材料,坦克履带板,以及大功率柴油发动机,汽车发动机活塞、连杆等构件。

表 5 - 8　SiC$_p$/Al 复合材料与常规材料的性能对比

性　能	A	B	420 不锈钢
线膨胀系数/×10^{-6}·K^{-1}	9.7	12.4	9.3
热导率/[W·(m·K)$^{-1}$]	127	123	24.9
弹性模量/GPa	145		200
密度/(g·cm^{-3})	2.91	2.91	7.8

注:A 是用于精密仪器的金属基复合材料,6061 - T6,40%SiC$_p$(体积分数);B 是用于光学仪器的金属基复合材料,4124 - T6,30%SiC$_p$(体积分数)。

2. SiC$_w$/Al 复合材料

SiC 晶须的密度为 3.2 g/cm^3,因此对晶须体积分数为 15%～25% 的 SiC$_w$/Al 复合材料来说,其密度为 2.8 g/cm^3 左右,具有比基体合金高很多的强度和刚度。20%SiC$_w$/6061Al 复合材料的强度为 608 MPa,模量为 122 GPa,可见其强化效果非常明显。

表 5 - 9 列出了用压铸法制造的 SiC 晶须增强不同铝合金复合材料经人工时效处理后的室温拉伸性能,可以看出,SiC 晶须的增强效果非常显著。

表 5 - 9　SiC$_w$/Al 复合材料的室温拉伸性能

	φ_w/(%)	σ_b/MPa	σ_s/MPa	E/GPa	δ/(%)
6061 Al	0	314	274	68	16.0
SiC$_w$/6061 Al	15	461	382	97	1.5
2024 Al	0	431	421	78	3.5
SiC$_w$/2024 Al	17	539	461	107	1.3
A332 Al	0	312	304	86	1.0
SiC$_w$/A332 Al	24	545	521	123	
A335 Al	0	310	236	73	6.5
SiC$_w$/A335 Al	13	519	383	97	0.7
AC8A Al	0	332	277	66	1.5
SiC$_w$/AC8A Al	17	476	404	91	1.2

Chiou 和 Chung 利用真空浸渗法在不同熔体温度下(665～720℃,铝合金液相点温度为660℃)制得了 SiC$_w$/Al 复合材料,结果表明,抗拉强度及延伸率随熔体温度的升高而降低,这是因为熔体温度的升高加强了熔体与增强体之间的反应程度,生成了碳化铝,降低了界面结合强度。图 5 - 24 所示为浇注温度分别为 720℃ 和 665℃ 时复合材料的拉伸断口形貌。从图中可以看出,在 720℃ 浇注时有晶须被拔出的现象,说明其界面结合较弱;而在 665℃ 浇注时无晶须被拔出的现象,断口显示晶须被拔断后所形成的大量韧窝。

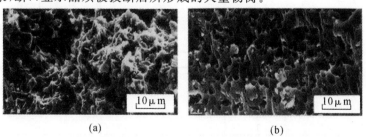

(a)　　　　　　　　　　　　　(b)

图 5 - 24　(φ=12%)SiC 晶须复合材料断口形貌扫描电子显微图

(a)浇注温度为 720℃;　(b)浇注温度为 665℃

表 5 - 10 列出了 SiC_w/Al 晶须增强金属基复合材料的室温拉伸性能。从表可见,晶须增强金属基复合材料的弹性模量 E、屈服强度 $\sigma_{0.2}$ 和抗拉强度 σ_b 与基体合金相比均有很大提高,但断裂延伸率 δ 明显下降。

由于晶须比金属具有更高的耐高温性能,因此晶须增强金属基复合材料具有很好的耐高温性能;同时金属以其良好的高温塑性,使晶须增强金属基复合材料的塑性在高温下也得到明显改善。例如,SiC_w/Al 复合材料在 $200\sim300℃$ 下的抗拉强度还能保持到其基体合金室温下的强度值,且塑性可以提高到基体合金的室温塑性。

SiC_w/Al 复合材料还具有良好的耐磨性及较低的冲击韧性,当采用一定的热循环拉伸时,它还显示出超塑性,应变可高达 300%。良好的塑性使其易于实现二次加工,常用的手段包括热挤压、热轧制和热旋轧等。二次加工可以消除复合材料中的孔隙,提高晶须分布的均匀性,因此可以在提高强度的同时明显改善复合材料的塑性。晶须增强金属基复合材料的二次加工和应用研究,在美国和日本开展较早,发展较成熟,已可将其和金属材料一样进行各种成型加工,并在很多方面得到应用。如在航天航空方面用于飞机支架、壳体和加强筋,直升飞机的构架,挡板和推杆等在汽车方面用于推杆、框架、弹簧和活塞杆、活塞环等;在体育器械方面用作网球拍、滑雪板、滑雪台架、钓竿、高尔夫球杆、自行车和摩托车车架等;在纺织业中用于制造梭子。

表 5 - 10 SiC_w/Al 复合材料的室温拉伸性能

材　料	热处理工艺	E/GPa	$\sigma_{0.2}/MPa$	σ_b/MPa	$\delta/(\%)$	n
PM5456	淬火	71	259	433	23	0.01
$\varphi=8\%\ SiC_w/5456$	淬火	88	275	503	7	0.05
$\varphi=20\%\ SiC_w/5456$	淬火	119	380	635	2	0.13
$\varphi=8\%\ SiC_p/5456$	淬火	81	253	459	15	0.07
$\varphi=20\%\ SiC_p/5456$	淬火	106	324	552	7	0.11
PM2124	T4	73	414	587	18	0.02
PM2124	T6	69	400	566	17	0.01
PM2124	T8	72	428	587	23	0.01
PM2124	退火	75	110	214	19	0.10
$\varphi=8\%\ SiC_w/2124$	T4	97	407	669	9	0.01
$\varphi=8\%\ SiC_w/2124$	T6	95	393	642	8	0.09
$\varphi=8\%\ SiC_w/2124$	T8	94	511	662	9	0.02
$\varphi=8\%\ SiC_w/2124$	退火	90	145	324	10	0.25
$\varphi=20\%\ SiC_w/2124$	T4	130	497	890	3	0.12
$\varphi=20\%\ SiC_w/2124$	T6	128	497	880	2	0.14
$\varphi=20\%\ SiC_w/2124$	T8	128	718	897	3	0.04
$\varphi=20\%\ SiC_w/2124$	退火	128	221	504	2	0.40
$\varphi=8\%\ SiC_p/2124$	T4	91	368			
$\varphi=8\%\ SiC_p/2124$	T8	87	475			
$\varphi=20\%\ SiC_p/2124$	T4	110	435			
$\varphi=20\%\ SiC_p/2124$	T8	110	573			

3. Al₂O₃sf/Al 复合材料

20 世纪 80 年代初,日本 Toyota 公司和 Art Metal 公司利用挤压铸造技术制备了氧化铝短纤维局部增强 AC8A(日本的铝合金牌号,与国内牌号 ZL108 相近)铝活塞,使活塞环槽区的耐磨性能明显改善。

图 5-25 所示为不同纤维体积分数下的 Al₂O₃ 短纤维增强铝基复合材料的室温拉伸性能。由图可知,基体材料不同,其强化效果的差距也较大,塑性较好的材料强化效果比较明显;而 ZL109 基复合材料却出现强度低于基体材料强度的现象,这与复合材料的断裂机理有关,属于界面脱黏断裂,即在较低应力下发生了界面脱黏。

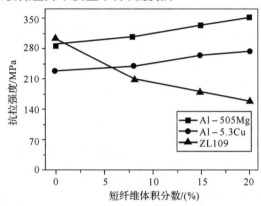

图 5-25　Al₂O₃sf/Al 复合材料抗拉强度与纤维体积分数的关系

表 5-11 列出了多晶氧化铝纤维增强铝基复合材料的性能,可以看出,氧化铝短纤维增强铝基复合材料的室温强度并不比基体的强度高,但在高温下其强度明显优于基体强度。

表 5-11　多晶氧化铝纤维增强铝基复合材料的性能

纤维体积分数/(%)	屈服强度/MPa				拉伸强度/MPa				弹性模量/GPa
	室温	250℃	300℃	350℃	室温	250℃	300℃	350℃	
0	210	70		35	297	115	70	55	71.9
5	232	112	79	54	282	134	88	63	78.4
12	251.5			68	273			74	83.0
20	282.5	196	154	110	312	198	155	112	95.2

在 Al-Si 合金基短纤维增强金属基复合材料中,当 Si 含量超过 7% 时,共晶硅与短纤维之间能形成三维混杂网络,短纤维之间通过硅桥进行彼此连接。材料的强度及稳定性与硅桥的尺寸和数量有关。图 5-26 所示为 T6 热处理状态的 α-Al 基复合材料经 25% 盐酸腐蚀后的扫描电镜图,可清晰看出由硅桥连接的三维短纤维网络结构。图 5-27 所示为 AlSi₁₂CuMgNi/Al₂O₃/15sf 复合材料的扫描电镜图。可以看出,除基体与短纤维外,复合材料中还存在共晶硅、晶间化合物及少量孔隙。

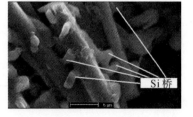

图 5-26　Al₂O₃ 纤维间的 Si 桥连接

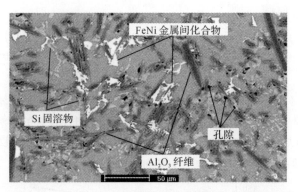

图 5 - 27 AlSi$_{12}$CuMgNi/Al$_2$O$_3$/15s 复合材料组成及界面孔洞(黑色)的扫描电镜图
α - Al(背景),共晶 Si(亮灰),含 Ni,Cu,Mg,Si or Fe,Cu,Mg,Si 等元素的主要铝化物(白色),
Al$_2$O$_3$ 短纤维(黑灰),孔洞(黑色)

5.5.2 镁基复合材料

镁密度仅是铝密度的 2/3,是最轻的金属结构材料。对于迫切要求减轻质量的航空航天领域,镁基复合材料是未来最佳的备选材料,具有很好的应用前景。尽管镁基复合材料潜力巨大,但相对于铝基复合材料而言其应用还较少。表 5 - 12 列出了碳化硅晶须加入 ZK60A 镁合金后的强化效果,可见,复合材料挤压件的拉伸强度提高了 68%,屈服强度提高了 71%,弹性模量增加了 1 倍以上。图 5 - 28 所示为压铸 SiC$_p$/AZ91 的室温拉伸性能随 SiC 增强颗粒体积分数的变化规律。

表 5 - 12 SiC$_w$/ZK60A - T5 复合材料挤压件的典型性能

材 料	屈服强度/MPa	拉伸强度/MPa	弹性模量/GPa	伸长率/(%)	热膨胀系数 10^{-6}/℃	密度 g·cm^{-3}
ZK60A - T5	303	365	44.8	11	24.3	1.83
20%SiC$_w$/ZK60A - T5	517	613	96.5	1.2	14.4	2.11

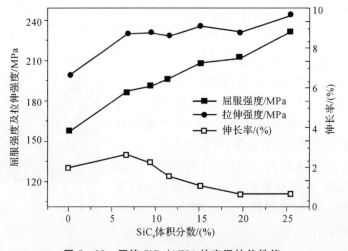

图 5 - 28 压铸 SiC$_p$/AZ91 的室温拉伸性能

近年来,对碳纤维增强镁基复合材料的研究也取得了很大进展。二维正交铺层碳纤维增强铝基或镁基复合材料层合板结构具有优异的尺寸稳定性和抗疲劳性能。其工艺过程:采用 T700 无纬布按照 0°/90°正交叠层排布成 2D 碳纤维预制体,并沿垂直于铺层方向缝合以提高其层间结合强度(图 5 - 29 所示为预制体结构示意图及实物图);然后通过挤压铸造方法将液态铝合金或镁合金浸渗到预制体内形成金属纤维层合结构。制备的板件实物如图 5 - 30 所示。由该工艺制备的 C_f/AZ91 复合材料层合板,抗拉强度达 450 MPa,弹性模量达 90 GPa,抗蠕变性能明显优异镁合金。

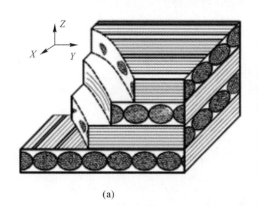 

(a)　　　　　　　　　　　　　　　(b)

图 5 - 29　2D 碳纤维预制体结构

(a)示意图;　(b)实物图

图 5 - 30　铝-碳纤维层合板

5.5.3　钛基复合材料

可用作钛基复合材料增强体的主要是 SiC 纤维以及外加或自生的颗粒碳化钛、硼化钛或碳化硅。

对钛基复合材料(TMCs)的研究远不如铝基、镁基复合材料广泛。另外,钛铝金属间化合物具有良好的力学性能和物理性能,特别是高温性能,适合于开发下一代航空航天发动机,具有很好的发展前景。

由于钛的活性高,连续纤维增强 TMCs 的复合难度较大,所以其只能采用固相扩散黏结法成型。主要制备方法包括交替叠轧法(Foil/fiber process)、等离子喷涂法、高速物理气相沉积法、电子束蒸涂法等,其中交替叠轧法最简单、工艺也最成熟。交替叠轧法是将纤维-基体-纤维交替排列,加热、加压后使其致密,然后叠轧,其成型原理如图 5-31 所示。其他几种复合工艺均是在单根纤维上涂覆均匀的基体粉末,然后将涂钛层的纤维分布均匀,进行热压或热等压成型的,如图 5-32 所示。

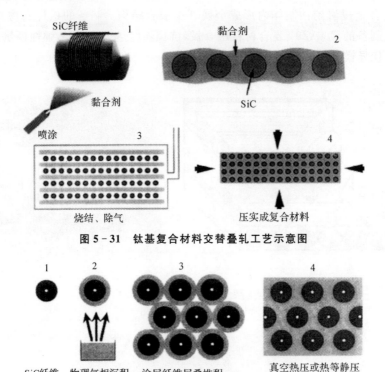

图 5-31　钛基复合材料交替叠轧工艺示意图

图 5-32　复合材料等静压成型

Dynamet technology Inc 采用冷热等静压工艺(CHIP)制备出了 Ti662/TiC/12p 复合材料。其工艺过程如图 5-33 所示,包括混粉、冷等静压、烧结及热等静压等步骤。

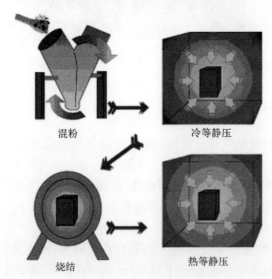

图 5-33　冷热等静压工艺

　　Ti 基复合材料在高温和低温下的断裂破坏机理是不一样的:高温下表现为增强颗粒与基体间的脱黏,而低温下则表现为增强颗粒的断裂,如图 5 - 34 所示。

(a)　　　　　　　　　　　　　　　　　　　(b)

图 5 - 34　CermeTi ® - C - 12 - 662 和 CermeTi ® - C - 20 - 662 复合材料的破坏模式

(a)850～950℃时基体与增强相间的脱黏;　(b)650～750°时增强相的断裂

5.5.4　铜基复合材料

　　纯铜及部分铜合金因具有优良的导电和导热性能,在工业及军事领域得到了广泛应用。这类材料强度普遍不高,高温下抗变形能力较差,虽然可以通过合金化或冷加工提高它们的强度,但其导电性和耐热性却受到影响,不能满足现代工业及军事装备的需求。因此高强度、高导电性的耐热铜是材料研究的重要课题。高强度、高导电性、耐热铜的关键技术是如何解决铜材强度、导电性和耐热性之间的矛盾。近年来国内外研究结果表明,铜基复合材料能有效解决这一矛盾。

　　铜基复合材料不仅具有高强度,更重要的是具有与纯铜相媲美的导电性与导热性,是一种具有广泛应用前景的导电节能新材料。例如连续碳纤维增强铜基复合材料将碳纤维的自润滑、抗磨、低线膨胀系数等特点与铜的良好导热、导电性等优点相结合,大大延长了使用寿命,提高了可靠性,广泛应用于对导电性和结构强度要求较高的领域。

　　随着机械、电子工业的发展,对这类高强度、高导电复合材料的需求越来越迫切。现有的铜基复合材料大致可分为连续纤维增强铜基复合材料和非连续增强铜基复合材料。

　　连续纤维增强铜基复合材料采用非金属或金属纤维作为增强体,经热压扩散法、熔融金属浸渗法、真空熔浸法、辊压扩散法、箔冶金法等几种制备方法进行制备,既保持了铜的高导电性和高导热性,又具有高强度和耐高温的特点。

　　非连续增强铜基复合材料的增强体通常包括短纤维、颗粒及原位法生成的增强相。短纤维及颗粒增强铜基复合材料的制备方法及原理与其他金属基复合材料的制备方法及原理类似,可参照 5.2 节金属基复合材料的制备工艺。原位自生增强铜基复合材料是一系列 Cu - X 合金经锻造、拉拔或轧制后,X 金属沿变形方向以丝状或带状分布,形成的复合材料。Cu - X 复合材料中 X 包括难熔金属 W,Mo,Nb,Ta 和 Cr,Fe,V 等元素,此类复合材料的特点是具有超高强度(最高拉伸强度可达 2 000 MPa 以上)和极高的电导率,还具有良好的耐热性及显微复合组织和晶粒取向性。

5.5.5 其他金属基复合材料

除前述几种常见的复合材料外,还有锌基、铁基、钢基、镍基、银基及难熔金属基(钨、钽、铌、钼基等)等金属基复合材料,见表 5-13。

表 5-13 其他金属基复合材料的性能及应用

	增强体	性 能	应 用	制备方法
锌基复合材料	石墨,碳纤维,碳化硅,氧化铝,钢丝等	耐磨、耐高温、抗疲劳、抗蠕变	传动齿轮、耐磨部件	搅拌铸造法、液态浸渗法、挤压铸造法和喷射沉积法
铁基复合材料	钨、钼、硼化钛等纤维,石墨、SiC、TiC、TiN、WC、VC 等颗粒	耐高温、耐磨损	轧机辊环及导向轮	粉末冶金法、搅拌铸造法和原位自生法、铸渗法及铸造烧结法
钢基复合材料	主要是颗粒,TiB_2、TiC、WC、SiC 和 VC	高温摩擦性能良好		铸造法和铸渗法
镍基复合材料	MoS_2,碳纳米管	高温力学性能良好、抗氧化和抗腐蚀	液体火箭发动机、高耐磨涂覆层	粉末冶金法、快速凝固法
银基复合材料	碳纤维,钨,氧化锌	导电性好、抗熔焊、耐磨	电触头	粉末冶金法

5.6 金属基复合材料发展趋势

美国伊利诺斯州商务通信公司发表了一份《金属基复合材料工业:21 世纪市场与机遇》的调查报告,对金属基复合材料市场做了全面分析与预测。自 20 世纪 80 年代以来,金属基复合材料一直处于快速发展中,老工艺不断改进、价格不断降低,新工艺、新技术不断涌现,应用范围不断拓展。但由于制造技术复杂和成本高昂,其应用范围仍有很大的拓展空间。为加速金属基复合材料的工程应用,有必要开展以下几方面研究工作:

(1)加深对挤压浸渗、液相烧结及粉末冶金等基础工艺的认识,以激发创新,能够对工艺进行定量模拟、优化和控制;

(2)寻求性能改进,特别是在塑性和韧性方面的改变,系统研究微观结构与性能之间的基础联系;

(3)研究高性能、低成本陶瓷增强相的制备工艺;

(4)研究焊接、机加工等复合材料二次加工工艺;

(5)针对特殊应用领域,系统深入开展铜基、镁基、铁基复合材料的基础研究。

新工艺新技术的不断涌现在新一代复合材料的制备中发挥了重要的作用。金属基复合材料的最新进展及主要发展趋势表现在以下两方面:

(1)微结构设计优化及新型复合材料开发。此类材料包括金属基梯度复合材料、微结构韧化金属基复合材料、双连续金属基复合材料、超细颗粒增强金属基复合材料、颗粒增强金属基泡沫复合材料、原位自生复合材料等。

(2)结构-功能一体化复合材料。复合材料具有多组分的特点,多功能是其发展的必然趋势。美国的军用飞机已采用结构-功能一体化复合材料制造飞机蒙皮,它不仅是高性能的结构材料,而且实现了自我保护的隐身功能。

此外,制备成型加工一体化、工艺技术的低成本化、生产的规模化和应用的扩大化以及复合材料基础理论研究等也是复合材料发展的重要方向。

为满足航空、航天等高技术领域的需要,高温金属基复合材料,特别是纤维增强高温金属间化合物基复合材料的研究将进一步加强,主要研究发展用于新型发动机高温部件的复合材料。在民用工业,特别是汽车工业中所需的金属基复合材料,以及采用常规的铸造、锻压、挤压、轧制等成熟的冶金加工方法,批量生产金属基复合材料零件的研究,将受到越来越多的重视。预计短纤维增强金属基复合材料的发展将会十分迅速,在人类能充分开发其潜能之前还有很长的路要走。

参 考 文 献

[1]　Kaczmar J W, Pietrzak K, Wlosinski W. The production and application of metal matrix composite materials [J]. Journal of Materials Processing Technology, 2000, 106(1-3): 58-67.

[2]　吴人洁. 复合材料[M]. 天津: 天津大学出版社, 2000.

[3]　李成功, 傅恒志, 于翘. 航空航天材料[M]. 北京: 国防工业出版社, 2002.

[4]　于春田, 崔建忠, 王磊. 金属基复合材料[M]. 北京: 冶金工业出版社, 1995.

[5]　Miracle D B. Metal matrix composites — from science to technological significance [J]. Composites Science and Technology, 2005, 65: 2526-2540.

[6]　Xi Y L, Chai D L, Zhang W X, et al. Titanium alloy reinforced magnesium matrix composite with improved mechanical properties [J]. Scripta Materialia, 2006, 54(1): 19-23.

[7]　于化顺. 金属基复合材料及其制备技术[M]. 北京: 化学工业出版社, 2006.

[8]　Liu B, Zhang M, Wu R. Effects of Nd on microstructure and mechanical properties of as-cast LA141 alloys [J]. Materials Science and Engineering: A, 2008, 487(1-2): 347-351.

[9]　车剑飞, 黄洁雯, 杨娟. 复合材料及其工程应用[M]. 北京: 机械工业出版社, 2006.

[10]　陶杰, 赵玉涛, 潘蕾, 等. 金属基复合材料制备新技术导论[M]. 北京: 化学工业出版社, 2007.

[11]　Torralba J M, Da Costa C E, Velasco F. P/M aluminum matrix composites: an overview [J]. Journal of Materials Processing Technology, 2003, 133: 203-206.

[12]　Sritharan T, Chan L S, Tan L K, et al. A feature of the reaction between Al and SiC particles in an MMC [J]. Materials Characterization, 2001, 47(1): 75-77.

[13]　Das S, Das S, Das K. Ageing behavior of Al-4.5wt.% Cu matrix alloy reinforced

with Al_2O_3 and $ZrSiO_4$ particulate varying particle size [J]. Journal of Materials Science, 2006, 41(16): 5402 - 5406.

[14] 王玲, 赵浩峰, 蔚晓嘉, 等. 金属基复合材料及其浸渗制备的理论与实践[M]. 北京: 冶金工业出版社, 2005.

[15] Yang J, Chung D D L. Casting particulate and fiberous metal - matrix composites by vacuum infiltration of a liquid metal under an inert gas pressure [J]. Journal of Materials Science, 1989, 24: 3605 - 3612.

[16] Chiou J M, Chung D D L. Characterization of metal - matrix composites fabricated by vacuum infiltration of a liquid metal under an inert gas pressure [J]. Journal of Materials Science, 1991, 26: 2583 - 2589.

[17] Kim S W, Lee U J, Han S W, et al. Heat treatment and wear characteristics of Al/ SiC_p composites fabricated by duplex process [J]. Composites Part B: Engineering, 2003, 34(8): 737 - 745.

[18] Zhou J, Qi L, Gokhale A M. Generation of three - dimensional microstructure model for discontinuously reinforced composite by modified random sequential absorption method[J]. ASME: Journal of Engineering Materials and Technology, 2016, 138 (2): 021001 - 021001 - 8.

[19] Canumalla S. Processing and mechanical behavior of a short fiber reinforced metal matrix composite[D]. University Park: The Pennsylvania State Universite, 1995.

[20] Ray S. Cast metal matrix composites - challenges in process and design [J]. Bulletin Material Science, 1995, 18(6): 693 - 709.

[21] Rajan T P, Pillai R M, Pai B C, et al. Fabrication and characterisation of Al - 7Si - 0.35Mg/fly ash metal matrix composites processed by different stir casting routes [J]. Composites Science and Technology, 2007, 67(15 - 16): 3369 - 3377.

[22] Vijayaram T R, Sulaiman S, Hamouda A M, et al. Fabrication of fiber reinforced metal matrix composites by squeeze casting technology [J]. Journal of Materials Processing Technology, 2006, 178(1 - 3): 34 - 38.

[23] Kaptay G. The threshold pressure of infiltration into fibrous preforms normal to the fibers' axes [J]. Composites Science and Technology, 2008, 68: 228 - 237.

[24] Uozumi H, Kobayashi K, Nakanishi K, et al. Fabrication process of carbon nanotube/light metal matrix composites by squeeze casting [J]. Materials Science and Engineering: A, 2008, 495(1 - 2): 282 - 287.

[25] Su Y-H, Chen Y C, Tsao C Y. Workability of spray - formed 7075 Al alloy reinforced with SiC_p at elevated temperatures [J]. Materials Science and Engineering A, 2004, 364(1 - 2): 296 - 304.

[26] 张济山, 熊柏青. 喷射成型快速凝固技术——原理与应用[M]. 北京: 科学出版社, 2008.

[27] Chaudhury S K, Sivaramakrishnan C S, Panigrahi S C. A new spray forming technique for the preparation of aluminium rutile (TiO_2) ex situ particle composite

[J]. Journal of Materials Processing Technology, 2004, 145(3): 385 - 390.

[28] 赵敏海, 郭面焕, 冯吉才, 等. 外加颗粒增强表层复合材料制备方法[J]. 焊接学报, 2007, 28(2): 108 - 111.

[29] Zhao M, Liu A, Guo M, et al. WC reinforced surface metal matrix composite produced by plasma melt injection [J]. Surface and Coatings Technology, 2006, 201 (3 - 4): 1655 - 1659.

[30] Dutta M J, Chandra B R, Nath A K, et al. Compositionally graded SiC dispersed metal matrix composite coating on Al by laser surface engineering [J]. Materials Science and Engineering: A, 2006, 433(1 - 2): 241 - 250.

[31] Pang W, Man H C, Yue T M. Laser surface coating of Mo - WC metal matrix composite on Ti6Al4V alloy [J]. Materials Science and Engineering: A, 2005, 390 (1 - 2): 144 - 153.

[32] 严彪, 唐人剑, 王军. 金属基复合材料先进制备技术[M]. 北京: 化学工业出版社, 2006.

[33] 吕维洁, 张荻. 原位合成钛基复合材料的制备、微结构及力学性能[M]. 北京: 高等教育出版社, 2005.

[34] 吴进明. 颗粒增强铝基复合材料的制备与性能[D]. 杭州: 浙江大学, 1999.

[35] Yu P, Deng C J, Ma N G, et al. A new method of producing uniformly distributed alumina particles in Al - based metal matrix composite [J]. Materials Letters, 2004, 58(5): 679 - 682.

[36] Maki S, Harada Y, Mori K. Application of resistance sintering technique to fabrication of metal matrix composite [J]. Journal of Materials Processing Technology, 2001, 119(1 - 3): 210 - 215.

[37] Geng L, Xu H Y, Yu K, et al. Aging behavior of Al_2O_3 short fiber reinforced Al - Cu alloy composites [J]. Transactions of Nonferrous Metals Society of China, 2007, 17(5): 1018 - 1021.

[38] Sharma M M, Amateau M F, Eden T J. Aging response of Al - Zn - Mg - Cu spray formed alloys and their metal matrix composites [J]. Materials Science and Engineering: A, 2006, 424(1 - 2): 87 - 96.

[39] Zheng M Y, Wu K, Kamado S, et al. Aging behavior of squeeze cast SiC_w/AZ91 magnesium matrix composite [J]. Materials Science and Engineering A: Structural Materials Properties Microstructure and Processing, 2003, 348(1 - 2): 67 - 75.

[40] Jiang L T, Zhao M, Wu G H, et al. Aging behavior of sub - micron Al_2O_{3p}/2024Al composites [J]. Materials Science and Engineering A: Structural Materials Properties Microstructure and Processing, 2005, 392(1 - 2): 366 - 372.

[41] Du J, Liu Y, Yu S, et al. Effect of heat - treatment on friction and wear properties of Al_2O_3 and carbon short fibres reinforced $AlSi_{12}$ CuMgNi hybrid composites [J]. Wear, 2007, 262(11 - 12): 1289 - 1295.

[42] 赵玉涛, 戴起勋, 陈刚. 金属基复合材料[M]. 北京: 机械工业出版社, 2007.

[43] Groh S, Devincre B, Kubin L P, et al. Size effects in metal matrix composites [J]. Materials Science and Engineering A: Structural Materials Properties, Microstructure and Processing, 2005, 400: 279 – 282.

[44] Zheng M, Wu K, Yao C, et al. Interfacial bond between SiC_w and Mg in squeeze cast SiC_w/Mg composites [J]. Materials Letters, 1999, 41(2): 57 – 62.

[45] Cao G H, Liu Z G. Interface investigation of BN particle and aluminosilicate short fiber hybrid reinforced Al_{12} Si alloy composite [J]. Journal of Materials Science, 2002, 37: 4567 – 4571.

[46] Mitra R, Mahajan Y. Interfaces in discontinuously reinforced metal matrix composites: an overview [J]. Bulletin of Materials Science, 1995, 18(4): 405 – 434.

[47] Vogelsang M, Arsenault R, Fisher R. An in situ HVEM study of dislocation generation at Al/SiC interfaces in metal matrix composites [J]. Metallurgical and Materials Transactions A: Physical Metallurgy and Materials Science, 1986, 17(3): 379 – 389.

[48] Prasad S V, Asthana R. Aluminum metal – matrix composites for automotive applications: tribological considerations [J]. Tribology Letters, 2004, 17 (3): 445 – 453.

[49] 张鹏, 崔建忠, 等. 铜-石墨复合材料的半固态铸造研究[J]. 复合材料学报, 2002, 19 (1): 41 – 45.

[50] Requena G C, Degischer P, Marks E D, et al. Microtomographic study of the evolution of microstructure during creep of an $AlSi_{12}$ CuMgNi alloy reinforced with Al_2O_3 short fibres [J]. Materials Science and Engineering A, 2008, 487(1 – 2): 99 – 107.

[51] Ward-close C M, Chandrasekaran L, Robertson J G, et al. Advances in the fabrication of titanium metal matrix composite [J]. Materials Science and Engineering A, 1999, 263(2): 314 – 318.

[52] Chawla N, Chawla K K. Metal – matrix composites in ground transportation [J]. JOM, 2006, 58(11): 67 – 70.

[53] Shelley J S, Leclaire R, Nichols J. Metal – matrix composites for liquid rocket engines [J]. JOM, 2001, 53(4): 18 – 21.

[54] 赵常利, 张小农. 颗粒增强镁基复合材料的研究进展[J]. 机械工程材料, 2006, 30 (7): 1 – 3.

[55] Rawal S. Metal – matrix composites for space applications[J]. JOM, 2001, 53(4): 14 – 17.

[56] Orsato R J, Wells P. The Automobile Industry & Sustainability [J]. Journal of Cleaner Production, 2007, 15(11 – 12): 989 – 993.

[57] Gallagher K S. Limits to leap frogging in energy technologies? Evidence from the Chinese automobile industry [J]. Energy Policy, 2006, 34(4): 383 – 394.

[58] Zhang Y, Lai X, Zhu P, et al. Lightweight design of automobile component using

high strength steel based on dent resistance [J]. Materials & Design, 2006, 27(1): 64 - 68.

[59]　朱士凤,宋起峰. CA1092 车身轻量化的研究[J]. 汽车工艺与材料,2002(Z1): 58 -62.

[60]　袁序弟. 轻金属材料在汽车上的应用[J]. 汽车工艺与材料,2002(Z1):21 - 26.

[61]　鲁云,朱世杰,马鸣图,等. 先进复合材料[M]. 北京:机械工业出版社,2003.

[62]　Lee H S, Jeon K Y, Kim H Y, et al. Fabrication process and thermal properties of SiC_p/Al metal matrix composites for electronic packaging applications [J]. Journal of Materials Science, 2000, 35: 6231 - 6236.

[63]　曹春晓. 一代材料技术,一代大型飞机[J]. 航空学报,2008,29(3):701 - 706.

[64]　杜善义,关志东. 我国大型客机先进复合材料技术应对策略思考[J]. 复合材料学报, 2008,25(1):1 - 10.

[65]　Russell-stevens M, Plane D C, Summerscales J, et al. Effect of elevated temperature on ultimate tensile strength and failure modes of short carbon fibre reinforced magnesium composite [J]. Materials Science and Technology, 2002, 18 (5): 501 -506.

[66]　Kainer K U. Magnesium-alloys and technology[M]. German: Wiley-VCH Verlag GmbH & Co KGaA, 2003.

[67]　许艺. $(C_{sf}+SiC_p)/AZ91$ 镁基复合材料的显微组织及性能[D]. 哈尔滨:哈尔滨工业大学,2005.

[68]　Zhou J, Qi L, Ouyang H, et al. Mechanical properties of $C_{sf}/AZ91D$ composites fabricated by extrusion forming process directly following the vacuum infiltration[J]. Advanced Materials Research, 2010, 89 - 91: 692 - 696.

[69]　周计明,郑武强,齐乐华,等. 真空吸渗挤压二维正交铺层 C_f/Al 复合材料压缩失效机制[J]. 上海大学学报:自然科学版,2014,20(1):75 - 82.

[70]　Zhou Jiming, Chen Zhe, Qi Lehua. Plastic micromechanical response of 2D cross ply magnesium matrix composites[J]. Procedia Engineering, 2014, 81: 1354 - 1359.

[71]　Mortensen A, Llorca J. Metal Matrix Composites[J]. Annual Review of Materials Research, 2010, 40(1): 243 - 270.

第6章　陶瓷基复合材料

6.1　陶瓷基复合材料的发展历史

20世纪70年代初期,陶瓷作为一种新型高温材料受到广泛的重视,这是因为陶瓷材料具有强度高、熔点高、密度低、抗氧化、耐腐蚀及耐磨损等特点,而这些优异的性能是一般常用金属材料、高分子材料及其他复合材料所不具备的。世界各国相继开展了陶瓷汽车发动机、柴油机和航空发动机等大规模高温陶瓷热机研究计划,出现了陶瓷热。但是,陶瓷材料由共价键或离子键构成,它具有本质的致命弱点——脆性,作为结构材料使用时它缺乏足够的可靠性,因此,改善陶瓷材料的脆性已成为陶瓷材料领域亟待解决的问题之一。要改善陶瓷材料的韧性,只有依靠非本质的韧化机制。要实现非本质的韧化机制,就需要将两种或者两种以上陶瓷显微结构的组元复合起来,主要包括复相陶瓷和陶瓷基复合材料(Ceramic Matrix Composites, CMC)。有学者将复相陶瓷也看作是一种陶瓷基复合材料。

早在20世纪60年代末,碳纤维增强无机玻璃基复合材料已被作为有损伤容限的材料使用,但是碳纤维在400℃左右即发生的氧化问题限制了此类复合材料的开发。20世纪70年代末和80年代初,Si-C-O系纤维的商品化促进了连续纤维增强陶瓷基复合材料的发展。但是高性能陶瓷纤维制备工艺复杂,价格昂贵,成本较高。颗粒弥散强化陶瓷基复合材料的性能虽然不如连续纤维陶瓷基复合材料的性能,但其工艺简单,易于制备形状复杂构件,在民用领域有广阔的应用前景。因晶须尺度与陶瓷颗粒尺度相近,晶须增韧补强陶瓷基复合材料,可以采用粉体烧结工艺来制备部件,工艺相对简单。这种复合材料的性能虽然比不上连续纤维增强复合材料的性能,但优于颗粒增强陶瓷基复合材料的性能。然而,陶瓷晶须价格同样昂贵,成本较高。

近20年来,从陶瓷基复合材料的制备工艺,力学性能及强韧化机理,到实际应用部件的开发,美国、日本和法国等发达国家都投入了大量的人力和财力,取得了一些突破性的进展,目前已步入实用阶段。它在航空航天器、地面燃气涡轮、轻型装甲、高速刹车、机械加工和化工等领域均有广泛应用前景。法国某制造商计划21世纪在幻影2000战斗机上安装陶瓷基复合材料高温热端部件。受美国国防部委托的国家科学研究院经过调查,在2003年发表的"面向21世纪国防需求的材料研究"报告中指出,就目前各种材料的发展状况,到2020年,只有复合材料才有潜力获得20%~25%的性能提升。其中,陶瓷基复合材料和聚合物基复合材料的密度、刚度、强度、韧性和高温性能都将取得显著的改善,因而被列为最优先研究的材料。因此,陶瓷基复合材料被美国国防部列为重点发展的20项关键技术之首。

6.2　陶瓷基复合材料的成型工艺

制备工艺对 CMC 来说是至关重要的。就目前看来,CMC 的制造方法很多,但大致可分为以下六类:①浆料浸渗-热压烧结法(slurry infiltration and hot press);②直接氧化法(direct oxidation deposition);③先驱体转化法;④化学气相渗积法;⑤反应性熔体浸渗法;⑥溶胶-凝胶法。

6.2.1　料浆浸渗-热压烧结法

料浆浸渗-热压烧结是一种传统的制备陶瓷基复合材料的方法,该方法的详细工艺过程如图 6-1 所示。即先让纤维束通过一个含有超细基体陶瓷粉末的料浆容器中使之浸渍,使陶瓷料浆均匀涂挂在每根单丝纤维的表面;然后将浸挂料浆的纤维缠绕在卷筒上,烘干、切割,得到纤维无纬布;将无纬布按所需规格剪裁成预制片;最后将预片在模具中叠排和合模后加压加温,经高温去胶和烧结后,制成陶瓷基复合材料。

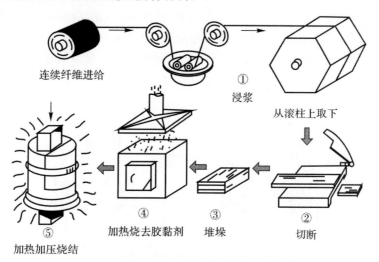

连续纤维进给　　①浸浆　　从滚柱上取下

⑤加热加压烧结　　④加热烧去胶黏剂　　③堆垛　　②切断

图 6-1　料浆浸渗-热压烧结工艺流程图

在此方法中,料浆的组成和性能至关重要。料浆中除了基体陶瓷超细粉末、载液(蒸馏水、乙醇等)和有机黏合剂外,为了改善载液与陶瓷粉末以及纤维之间的润湿性能,通常还需要加入表面活性剂。料浆中的陶瓷粉末的尺寸应尽可能细小,当粉末的粒径与纤维的直径之比大于 0.15 时,粉末就很难浸渗到纤维束内部的单丝纤维之间。为了保证粉末充分向纤维束内部浸渗,陶瓷粉末与纤维的直径比通常应该小于 0.05 为宜。纤维应选用容易分散的、捻数低的束丝。另外,在混合料浆中各材料组元应悬浮在料浆中,呈现稳定弥散分布,这可通过调整溶液的 pH 值来实现;对浆体进行超声波振动搅拌则可进一步改善粉末在料浆中的分散均匀性。

在浸渍料浆的过程中,应尽可能避免纤维损伤和裹入气泡,因为气泡往往成为陶瓷制品的裂纹源。另外,料浆中的有机黏合剂应保证能在成型结束前完全除去。

热压烧结过程中，加入少量烧结助剂，可显著降低材料的烧结温度，避免纤维和基体因烧结温度过高发生的化学反应，如在 C/Si_3N_4 体系中，加入少量 Li_2O，MgO 和 SiO_2，可使烧结温度从 $1\,700℃$ 降低到 $1\,450℃$。

料浆浸渍-热压烧结工艺的特点：①比常压烧结的温度低，且烧结时间短，由于采用热压方法进行烧结，复合材料的致密化时间仅约 1 h；②所制备复合材料的致密度和性能高，这主要因为在机械压力作用下，可促进复合材料的充分烧结，显著减少复合材料内部的残余孔隙，保障材料的力学性能。该工艺方法的不足之处：①生产效率较低，只适应于单件和小规模生产，工艺成本较高；②复合材料的结构和形状受限，由于纤维预制体是通过铺层的方法获得的，因此只能用于制备形状简单的复合材料，而且制备的材料性能具有明显的各向异性，垂直于加压方向的性能与平行于加压方向的性能有显著差别；③纤维与基体的比例较难控制，纤维不易在成品中均匀分布。

6.2.2　直接氧化法

直接氧化法(direct oxidation deposition)可以说是由料浆浸渍法演变而来的，它是通过熔融金属与气体反应直接形成陶瓷基体的一种方法。其工艺过程如图 6-2 所示。这种工艺最早是由美国 Lanxide 公司发明的，故又称 LANXIDE 法，其制品已经用作坦克防护装甲材料。此方法按部件的形状首先制备增强材料预制体，增强材料可以是颗粒或由缠绕纤维压成的纤维板等；然后在预制体表面放上隔板以阻止基体材料的生长。金属熔液一方面在虹吸作用下浸渍到预制体中；另一方面在高温下与空气中氧气发生直接氧化反应，沉积和包裹在纤维周围，进而形成陶瓷基复合材料。

图 6-2　直接氧化沉积法工艺示意图

如在空气中，熔化的铝将形成氧化铝。图 6-3 所示为液态金属的生长过程。如果要形成氮化铝，则可通过熔融态的铝与氮反应，其反应式为

$$4Al+3O_2 = 2Al_2O_3 \tag{R6-1}$$

$$2Al+N_2 = 2AlN \tag{R6-2}$$

用此法得到的最终产品是三维相互连接的陶瓷材料，其中含有 $5\%\sim30\%$ 未反应的金属。若使用增强颗粒放在熔融金属表面，则会在颗粒周围形成陶瓷。

直接氧化沉积法目前主要局限于用金属铝制备氧化铝陶瓷基复合材料，虽然通过氧化反应生成氧化物的金属很多，但是有些金属往往熔点很高或者生成的氧化物不适合用作结构陶瓷，因此该方法在实际应用中受到限制。

直接氧化法的潜在优势是工艺相对简单,成本较低。制成的部件具有良好的机械强度和韧性。其难点是难以控制化学反应而获得完全的陶瓷基体(因为总有一些残余金属存在),这将影响材料的高温性能。

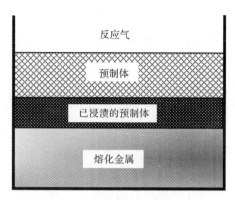

图 6 - 3　液态金属的生长过程

6.2.3　先驱体转化法

先驱体转化(Polymer Impregnation Pyrolysis,PIP)法是以有机聚合物先驱体溶解或熔化后,在真空-气压的作用下浸渍到纤维预制体内部,然后经过干燥或者交联固化,再经过高温处理使有机聚合物热解转化为陶瓷基体的方法。

先驱体转化法制备流程陶瓷基复合材料的基本工艺流程如图 6 - 4 所示,包括纤维预制体成型、先驱体浸渍液的制备及其对纤维预制体的浸渍、先驱体在预制体中的原位交联固化、先驱体高温裂解和重复浸渍-裂解(经过几个周期的浸渍裂解,直至达到所需的密度)。

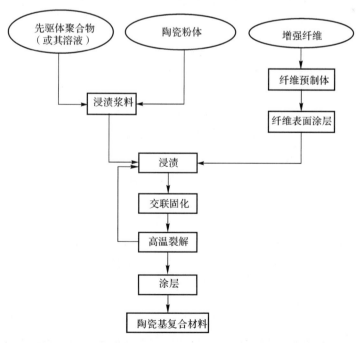

图 6 - 4　先驱体转化法制备陶瓷基复合材料的工艺流程图

该方法的主要优点是裂解温度较低,可无压烧成,对纤维的机械和热损伤程度较小,可以获得成分均匀的陶瓷基体,并能制备出形状复杂、近尺寸的复合材料构件。其主要缺点是先驱体在干燥和热解过程中,由于溶剂或低相对分子质量组元的挥发等因素的综合作用,基体会发生很大收缩而形成大量裂纹,最终影响复合材料性能,并增加制品的孔隙率。若要达到理论密度的$90\%\sim95\%$,必须经过多次浸渍和高温处理(通常达$6\sim10$次),不但制备周期长,而且反复高温处理也易损伤纤维,影响PIP工艺的实际应用。

1. 常用陶瓷先驱体种类

陶瓷先驱体根据其相对分子质量、组成和结构的不同,可表现为液态或固态。先驱体浸渍液可分为以下几种类型:

(1)纯先驱体浸渍液。当先驱体为液态且黏度较低时,可用纯先驱体作为浸渍液,如烯丙基氢化聚碳硅烷(AHPCS)和含乙烯基聚硅氮烷(HPS和HVNG),这些先驱体在常温下为液态且黏度很低,其浸渍效率高。对于某些可熔的固态先驱体,也可通过升温使先驱体熔化成液态浸渍液,再在较高的温度下浸渍。但通过升温熔化的先驱体一般黏度较大,不利于浸渍到预制件的内部,浸渍效果不理想。

(2)先驱体溶液浸渍液。将固态先驱体溶解在有机溶剂中,制得黏度合适的浸渍液,这种浸渍液可以浸渍到材料的内部,使材料的均匀性较好。

(3)先驱体加交联剂浸渍液。在纤维预制件中浸渍先驱体后,需要先驱体发生原位交联固化,交联反应一般以加聚反应为主。对于某些先驱体可采用添加交联剂的方法,使其交联反应从缩聚反应转化为加聚反应。

(4)含固态填料的先驱体浆料浸渍液。先驱体在裂解过程中将发生大的体积收缩,添加固态的惰性填料或活性填料均可有效地抑制体积收缩。例如,在聚碳硅烷溶液中加入碳化硅微粉和交联剂二乙烯苯,通过球磨制成浆料作为浸渍液,可提高先驱体裂解过程的陶瓷产率。

2. 先驱体高温陶瓷化过程及机理

纤维预制件中浸渍的先驱体经交联固化后,在真空或惰性气氛保护下加热,将发生化学键的断裂,小分子挥发物逸出,有机基团逐步消失,陶瓷基体形成。整个裂解过程包含复杂的化学和物理变化。

制备陶瓷基体的有机聚合物先驱体选用的原则:单体容易获得且价格低廉;先驱体的合成工艺简单,产率高;聚合物为液体,或可以溶解在有机溶剂中,或可以熔解;聚合物在室温下可以稳定保存;裂解过程中逸出气体少,陶瓷产率高。在陶瓷基复合材料中,最常用的有机先驱体是聚碳硅烷(polycarbosilane,PCS)和聚硅氮烷(ploysilazane,PSZ),它们通过裂解可以转化为碳化硅和含氮碳化硅。

聚碳硅烷先驱体经矢岛法合成,其相对分子质量为$1\,500\sim1\,800$,是一种松香状黄褐色脆性固体。它还是一种主链由Si和C原子相间成键的有机硅聚合物,其主要结构单元如下:

$$-CH_2-\underset{\underset{CH_3}{|}}{\overset{\overset{CH_3}{|}}{Si}}-CH_2-\underset{\underset{H}{|}}{\overset{\overset{CH_3}{|}}{Si}}-CH_2-$$

PIP法的优点:①分解反应温度在$1\,000\,℃$以下,不会过于损伤纤维的性能;②可通过设计和优化有机先驱体的组成和结构来实现陶瓷基复合材料的结构设计；③具有良好的成型性和加工性。它的缺点：①为了获得高密度的陶瓷基复合材料，需要较长时间和多次循环浸渍及分解过程，工艺成本较高；②有机先驱体热解过程中溶剂及低分子组分的挥发会导致基体材料产生较大的体积收缩，往往会伴随有裂纹等缺陷的出现。

3. 陶瓷先驱体原位交联固化机理

先驱体的交联反应可分为两类，即加聚反应和缩聚反应。加聚反应中不产生小分子，而缩聚反应中有小分子产生，在交联固化过程会出现发泡现象，从而影响交联的质量。因此，先驱体原位交联反应一般采用加聚反应。

按先驱体的分子组成、结构划分，可将先驱体分为高活性交联基和低活性交联基。高活性交联基主要指的是在分子链的支链上含有碳-碳双键基团，这类先驱体被认为是最理想的用于制备陶瓷基复合材料的先驱体，这类先驱体分子中的碳-碳双键很容易发生加聚的交联反应，主要反应式如下：

$$2 \sim\!\!\!\sim\!\!\!\sim Si-CH=CH_2 \longrightarrow \sim\!\!\!\sim\!\!\!\sim Si-CH_2-CH_2-CH_2-CH_2-Si \sim\!\!\!\sim\!\!\!\sim$$

$$(R6-3)$$

先驱体的分子链中含有多个碳-碳双键，可交联成不溶、不熔的三维网状结构的大分子，陶瓷产率一般都大于 80%。

含碳-碳双键的先驱体具有众多优点，但其合成中需要保护双键，合成难度较大，成本较高。先驱体也因为有碳-碳双键的存在，容易氧化或自聚，不可长期储存。

低活性交联基体主要是指分子中含硅氢或氮氢键的先驱体。例如，采用 Yajima 的脱氯和热解重排合成方法制备的聚碳硅烷（PCS），其分子结构如下：

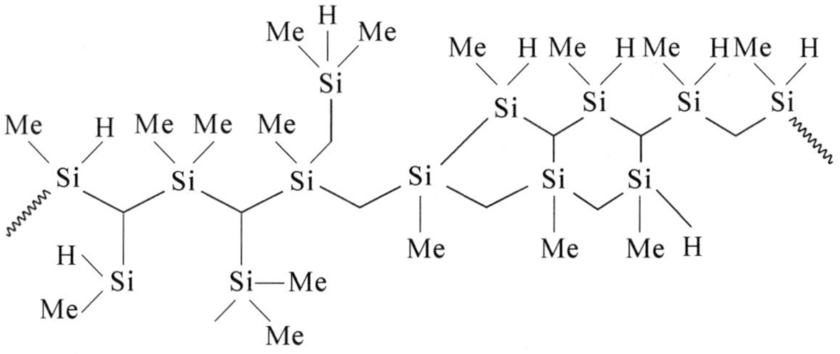

其分子中的活性基团是硅氢键，交联反应的效率较低，在高温下可发生缩聚反应，放出氢气或甲烷。为了提高 PCS 交联反应的活性，可采用交联剂二乙烯苯（DVB）与 PCS 混合，用氯铂酸为催化剂，使之发生硅氢化交联加聚反应。根据先驱体 PCS 和交联剂 DVB 的性质，在先驱体 PCS/DVB 体系中，可能发生如下交联反应：

$$\sim\!\!\!\sim\!\!\!\sim CH=CH_2 + \sim\!\!\!\sim\!\!\!\sim Si-H \longrightarrow \sim\!\!\!\sim\!\!\!\sim Si-CH_2-CH_2 \sim\!\!\!\sim\!\!\!\sim$$

$$(R6-4)$$

$$2CH_2=CH-Ph-CH=CH_2 \longrightarrow CH_2=CH-Ph-CH_2-CH_2-CH_2-CH_2-Ph-CH=CH_2$$

$$(R6-5)$$

$$\sim\!\!\!\sim\!\!\!\sim Si-CH_2 + \cdot H \longrightarrow CH_4 \uparrow + \sim\!\!\!\sim\!\!\!\sim Si \sim\!\!\!\sim\!\!\!\sim \quad (R6-6)$$

$$\sim\!\!\!\sim\!\!\!\sim Si-CH_3 + \cdot H \longrightarrow H_2 \uparrow + \sim\!\!\!\sim\!\!\!\sim CH_2-Si \sim\!\!\!\sim\!\!\!\sim \quad (R6-7)$$

$$\text{\small{wwwwww}} \ Si \cdot + \cdot CH_2 — Si \ \text{\small{wwwwww}} \longrightarrow \text{\small{wwwwww}} \ Si — CH_2 — Si \ \text{\small{wwwwww}} \quad (R6-8)$$

理想的 PCS/DVB 交联反应按式(R6-4)进行,但由于受交联反应条件和交联体系反应活性影响,可能按式(R6-5)~(R6-7)进行交联反应,PCS 和 DVB 各自交联,DVB 失去交联剂的作用,PCS 自交联生成的氢气气体造成陶瓷多孔,降低材料的致密度。

4.先驱体转化制备陶瓷基复合材料技术

在制备非连续相增强陶瓷基复合材料时,陶瓷先驱体能起到黏合剂的作用,可通过模压或注射方法成型。由于先驱体具有较高的陶瓷产率,从而避免了使用传统黏合剂(需要完全排除掉)存在的黏合剂排除工艺复杂且周期长、坯体容易变形和开裂的问题。在制备连续纤维增强陶瓷基复合材料时,先驱体具有可溶、可熔、可交联固化的特性,因此可借鉴纤维增强聚合物复合材料的缠绕、铺层模压、树脂传递模塑(RTM)、纤维编织成型-浸渍-裂解等技术来成型,成型之后再进行热解反应生成陶瓷基体。以"纤维编织成型-浸渍-裂解工艺"为例对此技术进行说明,该方法的主要工艺流程为

纤维预制体成型→浸渍先驱体→先驱体热解

其中,纤维预制体成型就是将增强纤维按照设计结构编织成要求的形状。之后将纤维预制体浸入液态先驱体中,在真空环境中进行真空浸渍,有时也采取压力浸渍的方法,即在浸渍过程中加压促进液体向纤维预制体内的浸渍。浸渍好的纤维预制体在高温下进行热处理,先驱体发生热解反应,生成需要的陶瓷相填充在纤维预制体的孔隙内。这三个工艺环节反复循环,直至密度达到要求。

6.2.4　化学气相渗积法

化学气相渗积法(Chemical Vapor Infiltration,CVI)起源于 20 世纪 60 年代中期,是在化学气相沉积法(Chemical Vapor Deposition,CVD)基础上发展起来的一种制备陶瓷基复合材料的新方法。与 CVD 法相比,CVI 法能将反应物气体渗入到多孔体内部,发生化学反应并进行沉积,因此特别适用于制备由连续纤维增强的陶瓷基复合材料。1962 年由 Bickerdike 等人提出了 CVI 法之后,首先成功地应用于 C/C 复合材料的制造。20 世纪 70 年代初期,Fitzer 和 Naslain 分别在德国 Karlsruhe 大学和法国 Bordeaux 大学利用 CVI 法进行 SiC 陶瓷基复合材料的制备。目前 CVI 法已经得到实用并商品化。当前从事这一领域研究工作的主要单位和机构有法国波尔多大学、欧洲动力协会、德国卡尔鲁斯尔厄大学、美国的橡树岭国家实验室等。从 20 世纪 80 年代开始,我国西北工业大学、中科院上海硅酸盐研究所、国防科技大学等单位相继开展了陶瓷基复合材料的 CVI 工艺研究,目前已经进入工程化阶段。

1.CVI 法的原理及特点

CVI 法原理:将具有特定形状的纤维预制体置于沉积炉中,通入的气态先驱体通过扩散、对流等方式进入预制体内部,在一定温度下由于热激活而发生复杂的化学反应,生成固态的陶瓷类物质并以涂层的形式沉积于纤维表面;随着沉积的继续进行,纤维表面的涂层越来越厚,纤维间的孔隙越来越小,最终各涂层相互重叠,成为材料内的连续相,即陶瓷基体。从化学反应的角度来说,化学气相渗积是 CVD 的一种特殊形式。在 CVI 中,预制体是多孔低密度材料,沉积多发生于其内部纤维表面;而 CVD 是在衬底材料的外表面上直接沉积涂层。

与粉末烧结和热等静压等常规工艺相比,CVI 工艺具有以下优点:①CVI 工艺在无压和相对低温条件下进行(粉末烧结通常在 2 000℃以上,CVI 法在 1 000℃左右),纤维类增强物的损伤较小,可制备出高性能(特别是高断裂韧性)的陶瓷基复合材料;②通过改变气态先驱体的种类、含量、沉积顺序、沉积工艺,可方便地对陶瓷基复合材料的界面、基体的组成与微观结构进行设计;③由于不需要加入烧结助剂,所得到的陶瓷基体在纯度和组成结构上优于常规方法得到的陶瓷基体;④可成型形状复杂、纤维体积分数较高的陶瓷基复合材料;⑤对用其他工艺制备的陶瓷基复合材料或多孔陶瓷材料可进行进一步的致密化处理,减少材料内部存在的开孔孔隙和裂纹。当然 CVI 法也存在一定的不足之处,主要是成型周期长,成本高。

2. CVI 法的动力学机制

CVI 的本质是一种气-固表面多相化学反应,这是一个极其复杂的化学、物理过程,涉及传热学、流体力学、无机化学、物理化学、结晶化学、固体表面化学和固体物理等一系列基础学科。在 CVI 工艺中,影响沉积动力学的主要因素包括以下两个方面:气体先驱体的输送和化学反应动力学。对沉积过程可作如下描述:①通过扩散或由压力差产生的定向流动,气体由预制体边界层向内部纤维表面渗透;②反应气体在纤维表面被吸附;③吸附物在纤维表面或表面附近发生化学反应,生成固体成晶粒子和气态副产物,成晶粒子经表面扩散排入晶格点阵;④副产物分子从表面解吸附;⑤气态副产物随主气流从系统排出。这些过程是依次发生的,最慢的一步决定着总沉积过程的速率。其中①和⑤是气体输送步骤,表示气体分子在主气流和生长表面间的迁移,由这两步控制的沉积过程称为“质量输送控制”;②③④是与固体表面沉积反应相关的步骤,由这些步骤控制的沉积称为“化学动力学控制”。图 6-5 所示为典型的 CVI 设备系统示意图,其中主要包括气体供给与控制系统、反应器系统、真空系统和尾气处理系统。此处以常用的 SiC 基复合材料为例进行说明。其气体供给系统主要是 Ar,H_2 和三氯甲基硅烷的供应系统;气体控制系统主要是压力及流量控制装置;反应系统主要是反应室及其内部的各种工装夹具、温度控制装置等;而真空系统和尾气处理系统主要是两个目的,即一是通过控制真空系统,获得需要的反应室压力,二是对排出的有毒尾气进行净化处理。

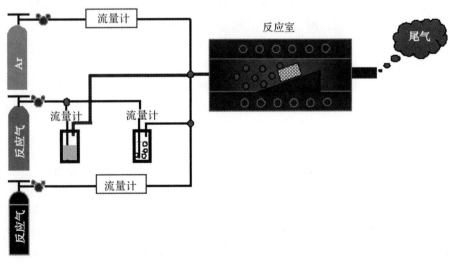

图 6-5　CVI 设备系统示意图

用 CVI 法制备陶瓷基复合材料的目的是尽可能提高基体的沉积速率和减少材料内部的密度梯度,以获取结构完整和密度均匀的制件。为实现这一目的,就要协调好气体的输送和反应温度这两个因素,使不同的沉积区域都能获得良好的沉积效果。但由于整个过程是在动态条件下进行的,很难用平衡态热力学描述,目前的工艺控制主要依赖于经验。

3. CVI 过程的控制

目前已经发展出多种 CVI 工艺,从基本的工艺控制原理来说,主要有等温 CVI(ICVI)、等温强制流动 CVI、热梯度 CVI、强制流动热梯度 CVI(FCVI)及脉冲 CVI。具体工艺原理将在第 7 章详细叙述。

在制备 SiC 复合材料的 CVI 工艺中,反应物先驱体 CH_3SiCl_3 以气态按一定比例进入 CVI 炉,随载气流经多孔纤维预制体时,借助于扩散或对流向多孔体转移,并在其表面及孔壁附着。吸附在壁面上的反应物发生如下表面化学反应:

$$CH_3SiCl_3 + 过量的\ H_2 = SiC + 3HCl + 过量的\ H_2$$

在生成 SiC 固体产物的同时放出气体副产物,从壁面上解附并借助传质过程进入主气流,随后排出沉积炉,从而完成整个沉积过程。对上述传质和化学反应两个过程的控制十分重要,如化学反应过程中,由 CH_3SiCl_3 转化为期望的 SiC 要经历一系列复杂的反应过程。其中可能涉及在气相进行的均相反应和在固体壁面上的非均相反应,并产生很多中间产物,最后才能得到所期望的沉积物。随着沉积条件的改变,CVI 各个分过程的相对速度发生改变,CVI 过程产物的结构及沉积速度也发生变化,从而决定了 CVI 产物结构的改变,同时 CVI 工艺也直接影响复合材料的致密化过程。此外,预制体的结构也是影响致密化过程的主要因素,这取决于纤维束的大小和编织方法。每束纤维一般具有 500~3 000 根单丝纤维。束内各单丝纤维之间的孔隙最小,约 1~10 μm;纤维束之间的孔隙较大,约 50~500 μm。而沉积炉的直径一般为 10~5 000 mm。在通常沉积条件下,预制体的外部特征尺寸远大于反应物气体的平均自由程,而内部孔洞的特征尺寸接近或小于反应物气体的平均自由程,这就决定了多孔预制体外部与内部物质的传输机制不同。外部为 Fick 扩散传质,而内部为分子流扩散传质,因此在预制体的不同位置传质速度与化学反应速度的相对值发生变化。可能外部处于化学反应动力学控制范围,而内部处于传质控制范围,这就使预制体外部沉积多而内部沉积少,常造成向内部孔洞传质通道堵塞的"瓶颈效应",从而使复合材料存在严重的密度梯度。因此,张立同等学者提出评价 CVI 致密化过程可用密度 ρ(或孔隙率)、致密化速度 v(或致密化周期)和渗透率 I 等参数来表征。用 L_{cf} 表示预制体纤维束内的单丝纤维周围 SiC 沉积物的厚度,用 L_{cs} 表示预制体内部纤维束边缘 SiC 沉积物的厚度,用 L_{ss} 表示预制体外表面 SiC 沉积物的厚度,则渗透率 I 的定义为

$$I = (L_{cf} + L_{cs})/(L_{cf} + L_{cs} + L_{ss})$$

I 值越大,预制体内部纤维束上沉积越多,复合材料的密度梯度越小,沉积物分布越均匀;反之,在预制体外部沉积越多,密度梯度越大。致密化速度越快,渗透率越高,材料密度越高,表明 CVI 技术也越先进。

CVI 工艺参数的优化目标是提高致密度、致密化速度和密度均匀性,而致密度是 CVI-CMC-SiC 性能的决定性影响因素。表 6-1 列出了致密度(用表观密度表征)对 C/SiC 性能的影响。从表 6-1 可以看出,致密度增加,材料的弯曲强度、断裂韧性和断裂功均有明显增加;致密度增加,基体与纤维之间的载荷传递效果提高,纤维的增韧补强作用得以充分发挥;致

密度增加,复合材料应力-应变中线弹性阶段的斜率增大,弹性模量增加。低致密度的复合材料断裂以纤维束拔出为主,应力-位移曲线表现为经过最大载荷后载荷下降很快;当致密度高时,基体与纤维之间的载荷传递效果好,断裂以纤维单丝拔出为主,纤维的拔出阻力大,复合材料的强度高,经最大载荷后载荷下降慢,此时增韧效果好。

表 6-1　致密度对 CVI-C/SiC 复合材料性能的影响

表观密度/$(g \cdot cm^{-3})$	1.60	1.74	2.05
弯曲强度/MPa	253	342	459
断裂韧性/$(MPa \cdot m^{1/2})$	8.3	14.7	20.0
断裂功/$(J \cdot m^{-2})$	1 983	5 142	25 170

4.CVI 工艺的适用性

CVI 工艺的应用广泛性是指该工艺适用范围极广,可以制备碳化物、氮化物、硼化物以及氧化物等各类陶瓷基复合材料基体(见表 6-2)。特别值得一提的是该工艺可以在较低温度下(1 000℃左右)制备出高熔点的陶瓷基体,这是传统烧结等方法无法比拟的。西北工业大学超高温结构复合材料重点实验室率先在国内开展了 CVI 工艺制备碳化硅陶瓷基复合材料研究,发展了沉积理论、沉积工艺和沉积设备等工艺技术。在此基础上,致力于其他多种陶瓷基基体的制备研究,包括氧化物基体(SiO_2,Al_2O_3 和莫来石)、氮化物基体(氮化硅和氮化硼)、碳化物系列(BC,ZrC),三元陶瓷(SiCN,SiBN,SiBC)等。

表 6-2　CVI 工艺制备的不同陶瓷种类、反应体系及其温度范围

基　体		典型反应	温度/℃
碳化物	SiC	$CH_3SiCl_3 + H_2 \rightarrow SiC + HCl$	1 000～1 400
	ZrC	$ZrCl_4 + CH_4 + H_2 \rightarrow ZrC + HCl$	900～1 000
	HfC	$HfCl_4 + CH_4 + H_2 \rightarrow ZrC + HCl$	
氮化物	Si_3N_4	$SiCl_4 + NH_3 + H_2 \rightarrow Si_3N_4 + HCl$	1 000～1 400
	BN	$BCl_3 + NH_3 + H_2 \rightarrow BN + HCl$	1 000～1 400
硼化物	TiB_2	$SiCl_4 + BCl_3 + H_2 \rightarrow TiB_2 + HCl$	800～1 000
氧化物	ZrO_2	$ZrCl_4 + CO_2 + H_2 \rightarrow ZrO_2 + CO + HCl$	900～1 200
	Al_2O_3	$AlCl_3 + NH_3 + H_2 \rightarrow Al_2O_3 + CO + HCl$	900～1 100

CVI 工艺的可控制性:具体到某个沉积体系,通过控制沉积工艺参数,可从分子尺度实现对陶瓷基复合材料基体的组成、物相、元素含量、成键、形貌和微结构等进行精确控制。通常通过研究沉积过程的热力学、动力学机理等,掌握沉积工艺参数对沉积机理和沉积产物质量的影响规律,以实现沉积过程的可控制性。

通过控制输入气体的 H_2/MTS 流量比和沉积温度,可以沉积获得不同的凝聚相产物 SiC、石墨以及 Si 等。H_2/MTS 流量比过大或过小均不利于 SiC 相的沉积。

CVI 工艺的可设计性是指通过交替沉积不同的陶瓷基体,可以实现对多种陶瓷基体层数和厚度的设计,从而实现对陶瓷基复合材料的微结构设计。多种陶瓷基体的交替沉积制备可以采用同一沉积炉体先后交替沉积来实现,也可采用不同炉体先后交替沉积来实现。通过控

制沉积体系,在同一炉体内可以实现 SiC 和 B_4C 基体的交替沉积,从而实现复合材料基体的自愈合功能。此外,SiC/SiBC 等基体的交替沉积也已实现。

CVI 工艺的可调整性是指对于三元甚至四元陶瓷基体,可以通过控制沉积体系来实现多元陶瓷的共沉积,根据结构和功能的要求,可以对沉积产物的组成、元素、形貌等进行调整。例如可以通过同时控制 $CH_3SiCl_3+H_2$ 和 $BCl_3+CH_4+H_2$ 体系的沉积,实现 SiC 和 B_4C 基体的弥散共沉积。同样对于 SiCN 和 SiBN 等三元陶瓷体系也可以进行 CVI 工艺调控沉积。

CVI 工艺的可兼容性是指 CVI 工艺可以与反应熔体渗透、先驱体浸渍热解等工艺有机结合起来,发挥各自优势,提高复合材料的综合性能,例如可以用 CVI+PIP 或者 CVI+RMI 制备 C/SiC 复合材料。

6.2.5　反应性熔体浸渗法

反应性熔体浸渗法(Reactive Melt Infiltration,RMI)起源于多孔材料的封填和金属基复合材料的制备。以制备 C 与 SiC 混合基体复合材料为例,首先制备出低密度的多孔碳/碳(C/C)复合材料,然后将硅融化,在毛细管力的作用下硅熔体渗入到多孔 C/C 复合材料内部,并同时与基体碳发生化学反应生成 SiC 陶瓷基体。

RMI 法的优点主要体现在:①较短的制备周期,是一种典型的低成本制造技术;②能够制备出几乎完全致密的复合材料;③在制备过程中体积变化小。从 RMI 的工艺过程可以看出,在硅熔体渗入到多孔 C/C 复合材料与基体碳反应的过程中,也不可避免地与碳纤维反应,从而造成对纤维的损伤,复合材料的力学性能较低。复合材料内部一定量的游离 Si 的存在,会降低材料的高温力学性能。

6.2.6　溶胶-凝胶法(Sol‑Gel 法)

溶胶-凝胶(Sol‑Gel)技术是指金属有机或无机化合物经溶液、溶胶、凝胶而固化,再经热处理生成氧化物或其他化合物固体的方法。该法产生于 19 世纪中叶,但在 20 世纪 30 年代至 70 年代材料学家才把胶体化学原理用于制备无机材料,提出了通过化学途径制备陶瓷的概念,并称该法为化学合成法或 SSG 法(Solution‑Sol‑Gel)。该法在制备材料初期就着重于控制材料的微观结构,使均匀性可达到微米级、纳米级甚至分子级水平。20 世纪 80 年代是溶胶-凝胶科学技术发展的高峰时期。目前溶胶-凝胶技术已用于制造粉末、块状材料、玻璃纤维和陶瓷纤维、薄膜和涂层及复合材料。

用溶胶-凝胶法制备复合材料是将基体组元形成溶胶基质,再加入增强体(颗粒、晶须、纤维),搅拌使其在液相中均匀分布,当溶胶基质组元形成凝胶后,这些增强体则稳定均匀分布在基质材料中,经干燥或一定温度热处理,再压制烧结即可形成复合材料。

溶胶-凝胶法的优点是基体成分容易控制,复合材料的均匀性好,加工温度较低;其缺点是所制得的复合材料收缩率大,导致基体常发生开裂,为增加致密性要求进行多次浸渍。此方法已用于制备 SiC 晶须增强 $SiO_2-Al_2O_3-Cr_2O_3$ 陶瓷。具体方法是将 SiC_w 加入到 $SiO_2-Al_2O_3-Cr_2O_3$ 系统溶胶中,经凝胶化、热处理和在 1 400℃烧结后,这种复合材料的 K_{IC} 达 4.3 MPa·$m^{1/2}$,维氏硬度大于 1 100,相对致密度达 90%。

6.3　陶瓷基复合材料的界面

　　构成陶瓷基复合材料的组分包括纤维、基体和界面。对陶瓷基复合材料而言,界面的材料及结构是影响复合材料性能的关键。陶瓷基复合材料的界面结合通常分为机械结合和化学结合;机械结合是靠纤维和基体表面粗糙度机械咬合或界面互锁实现的。陶瓷基复合材料的界面机械结合所占比重较大。化学结合是纤维和基体化学反应的结合,化学键的结合能约在 40～400 kJ/mol 的范围内。通常的界面结构在微观上又可以分为纤维和界面相之间的界面(F/I),界面相(I)和基体之间的界面(M/I)。

　　对于 CMC 而言,界面黏结性能影响着陶瓷基复合材料的断裂行为。CMC 的界面一方面应足够强,以保证基体和纤维之间传递轴向载荷并具有高的横向强度,另一方面也不能太强,以便在破坏过程中能发生界面脱黏、裂纹偏转及纤维拔出以吸收破坏能量,增加断裂韧性。因此 CMC 界面要有一个最佳的界面强度。这主要是因为过强的界面黏结往往导致脆性破坏。如图 6-6(a)所示,裂纹可以在复合材料的任一部位形成并迅速扩展至复合材料的横截面,导致脆性断裂。因此在断裂过程中,强的界面结合不产生额外的能量消耗。若界面结合适当,当基体中的裂纹扩展至纤维时,将导致界面脱黏,其后裂纹发生偏转、裂纹搭桥、纤维断裂以致最后纤维拔出(见图 6-6(b))。所有这些过程都要吸收能量,从而提高复合材料的断裂韧性,避免材料的脆性失效。

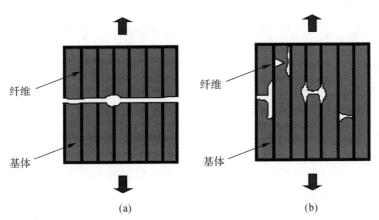

图 6-6　CMC 失效与界面结合的关系示意图
(a)强界面结合;　(b)弱界面结合

　　如上所述,为获得最佳的界面结合强度,常常希望完全避免界面间的化学反应,或尽量降低界面间的化学反应程度和范围。在实际应用中,除选择纤维和基体在制备和服役期间能形成热力学稳定的界面外,最常用的方法就是在与基体复合之前,在增强材料表面沉积一层薄的弱界面层。纤维界面涂层处理的主要作用是偏转裂纹、界面脱黏和滑移摩擦、改善材料的韧性,此外涂层对纤维还起到保护作用,避免机加工和处理过程中造成纤维的机械损坏。例如在纤维表面沉积一层厚度大约为 0.2～0.3 μm 的热解碳(PyC),这些热解碳层沿平行于界面方向排列,呈现出各向异性。热解碳沿垂直于纤维表面方向具有非常低的模量,界面较柔软,可以降低纤维与基体热膨胀差异引起的应力。当复合材料服役时,容易在此处脱黏,裂纹扩展到此处时也易于使此处开裂和裂纹偏转,消耗一定的能量,表现为韧性的增加。图 6-7 所示为采用 CVI 法制备的 3D C/SiC 复合材料的界面微观结构图。由图可看出,该界面相为热解碳,厚度约 200 nm。其电子衍射花样与图中 C 纤维衍射花样中的两小短弧相比,接近于圆环,显示出非常微弱的织构性。结合高分辨 TEM 观察,可确定界面相内为乱层石墨结构,呈现出各向同性。另外也有的界面层为 SiO_2 或 BN 过渡层,例如用 CVI 法制备 SiC/SiC 复合材料时,界面常用 CVD 法形成 BN 过渡层。

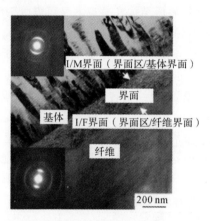

图 6-7　3D C/SiC 复合材料内部微观结构及界面相与纤维的电子衍射花样

6.4　陶瓷基复合材料的性能特点

陶瓷本身虽然具有硬度高、化学稳定性好和耐磨损等优点,但是固有的脆性限制了其作为结构材料的广泛应用。如果陶瓷和纤维、晶须或者颗粒复合在一起,不仅在相当宽的温度范围内提高了其强度、抗热震性能和抗冲刷性,而且其韧性得到了显著改善。这是因为纤维、晶须或者颗粒增强的陶瓷在经受局部损伤和非弹性变形时,不会发生灾难性破坏。外加纤维、晶须或颗粒"增强"的主要作用是改善了陶瓷的韧性。高温结构材料的工作环境严酷,长时间在高温下承受热机械载荷、冲蚀磨损、腐蚀介质作用,要求材料具有优越的高温强度、疲劳性能、蠕变性能、断裂韧性、抗热震性能、磨损性能、化学和腐蚀稳定性以及低密度等特点。陶瓷基复合材料恰好具有这些特征。

由于制备陶瓷基复合材料的增强体、基材和所用工艺方法均不同,获得的材料性能也各不相同。对于陶瓷基复合材料来说,人们不但关心它们的室温性能而且还关注它们的高温性能。

6.4.1　拉伸性能

与金属基和聚合物基复合材料不同,对于陶瓷基复合材料来说,陶瓷基体的断裂应变低于纤维的断裂应变,因此最初的失效往往是陶瓷基体的开裂,这种开裂是由基体中存在的缺陷引起的。单向连续纤维增强陶瓷基复合材料的拉伸失效有两种形式:①突然失效,如果纤维强度较低,界面结合强度较高,基体裂纹穿过纤维扩展,导致突然失效。复合材料的应力-应变行为如图 6-8 中(a)段曲线所示,可见材料失效前的应力-应变为线性关系。②如果纤维较强,界面结合相对较弱,基体裂纹沿着纤维扩展,纤维失效前,纤维-基体界面脱黏(在基体裂纹尖端和尾部)。因此基体开裂并不导致突然失效,复合材料的最终失效应变大于基体的失效应变,如图 6-8 中(b)段曲线所示。

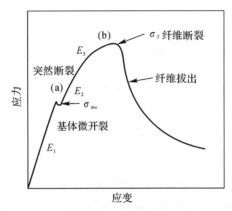

图 6-8 连续纤维增强 CMC 的拉伸应力-应变曲线

高温和室温下陶瓷基复合材料的拉伸断裂应变很小,一般低于 1%,但是由于有增强相和界面的存在,构成了复合材料的多种能量吸收机制,其韧性比单一陶瓷要高得多。另外,从其拉伸曲线可以看出,陶瓷基复合材料具有类似金属塑性的"假塑性"断裂模式,复合材料的拉伸应力达到最大承载应力后并没有突然失效。这并不是由于位错机制产生的,而是由其基体裂纹增加、界面脱黏及裂纹偏转、纤维断裂和纤维从基体拔出、纤维-基体界面的摩擦以及纤维与基体裂纹的桥联等能量耗散机制引起的。

3D C/SiC 复合材料的断裂应力 σ_f 随着温度的升高而增加,达到最大值后随温度增加而下降,这与传统材料随温度升高强度降低的规律是不一致的。这与陶瓷基复合材料残余应力、孔隙的应力集中和组织变化等有关。3D C/SiC 不同拉伸阶段应力和三个阶段应力、模量随温度的变化曲线如图 6-9 和图 6-10 所示。可以看出,3D C/SiC 复合材料的断裂应力在 1 100~1 300℃范围内出现最大值,某些多孔陶瓷也有类似的现象。

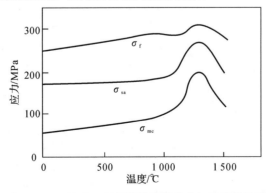

图 6-9 3D C/SiC 不同拉伸阶段应力与温度的关系

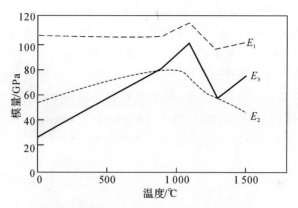

图 6 - 10   3D C/SiC 三个阶段模量与温度的关系

6.4.2   压缩及弯曲性能

对于脆性材料,用弯曲试验及压缩试验更能表征材料的性能。图 6 - 11 所示是 SiC 纤维增强 LAS - 1 玻璃陶瓷复合材料的压缩载荷-位移曲线。M 点表示曲线斜率的转折,即基体开始开裂,F 点时为纤维断裂,F 点以后为纤维脱黏及拨出。图 6 - 12 所示为碳布层叠增强 SiC 陶瓷材料的压缩试验曲线,试验得出压缩强度为 96.8 MPa,压缩弹性模量为 56.6 GPa。

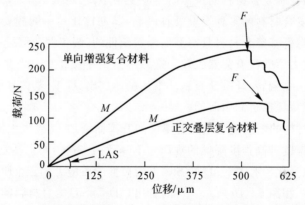

图 6 - 11   SiC 纤维增强 LAS - 1 玻璃陶瓷的压缩载荷-位移曲线

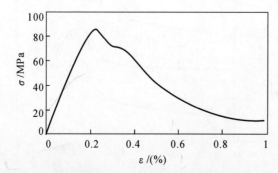

图 6 - 12   碳布层叠增强 SiC 陶瓷材料的压缩试验曲线

6.4.3　断裂韧性

断裂韧性反映含裂纹材料或构件的抗裂纹失稳扩展的能力,可用裂纹失稳扩展导致断裂时的应力强度因子 K_{IC} 来表示。单纯的陶瓷材料是脆性材料,抵抗裂纹扩展的能力非常低,虽然其具有相当于中低强钢的强度,但是断裂韧性却远低于金属材料(一般要比高强钢低 1 个数量级、比中低强钢低 2 个数量级)。连续纤维增强陶瓷基复合材料中纤维对基体裂纹的扩展起到了抑制作用,另外,复合材料中存在界面,裂纹沿界面扩展也要吸收能量,因此断裂韧性有大幅度的提高。表 6-3 给出了部分陶瓷和陶瓷基复合材料常温下的断裂韧性 K_{IC} 试验值。可以看出,相比于单纯的陶瓷材料,陶瓷基复合材料的断裂韧性得到了大幅度的提高。其中美国杜邦公司提供的 CVI 工艺制备的二维 C/SiC 和 SiC/SiC 复合材料的断裂韧度 K_{IC} 分别达到 35 MPa·$m^{1/2}$ 和 30 MPa·$m^{1/2}$。西北工业大学采用 CVI 工艺制备的三维 C/SiC 复合材料的断裂韧度 K_{IC} 达到 20.3 MPa·$m^{1/2}$,制备的三维 SiC/SiC 复合材料的断裂韧度 K_{IC} 达到 30.2 MPa·$m^{1/2}$,而碳化硅基体的断裂韧度 K_{IC} 仅为 4～6 MPa·$m^{1/2}$,几种晶须增强的陶瓷基复合材料的断裂韧性远低于连续纤维增强复合材料。

表 6-3　部分陶瓷和陶瓷基复合材料常温下的断裂韧性(K_{IC})

材　料	SiC	Si_3N_4	Al_2O_3	SiC_w/Si_3N_4	SiC_w/ZrO_2	二维 C/SiC	二维 SiC/SiC	三维 C/SiC	三维 SiC/SiC
断裂韧性 K_{IC}/(MPa·$m^{1/2}$)	4～6	5～6	3.5～5	8.8	12.0	35.0	30.0	20.3	30.2

6.4.4　疲劳性能

连续纤维增强陶瓷基复合材料的疲劳 $S\text{-}N$ 曲线均可简化为如图 6-13 所示的双线性曲线。水平部分直线对应的应力即为疲劳极限,高于疲劳极限时的斜直线较平坦。疲劳曲线应力范围较窄,大约只有几十兆帕,疲劳极限与材料的拉伸强度差值较小,疲劳极限与材料的断裂强度的比值大约在 0.65～0.9 范围内,这与金属材料是有明显区别的。

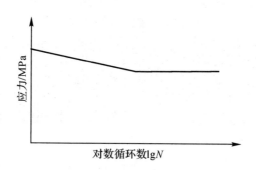

图 6-13　陶瓷基复合材料的 $S\text{-}N$ 曲线示意图

6.4.5　蠕变性能

　　室温下陶瓷基复合材料不存在蠕变问题，其高温下具有比金属更高的抗蠕变能力，而且其蠕变机理也与金属不同。基体和纤维微观组织演变、损伤演化以及界面剪切摩擦是陶瓷基复合材料蠕变的主要机理。陶瓷基复合材料蠕变应变随时间的变化曲线与金属材料相似，依赖于材料和试验条件，可表现出减速、稳态和加速三个蠕变阶段，也可能只有减速蠕变阶段。图6-14 所示是 SiC/SiC 复合材料最小蠕变速度与应力的关系曲线，可见，随着应力的降低，曲线的斜率即表观应力指数增加，最大应力指数达到 25，远大于纤维的蠕变应力指数。由此说明，基体的蠕变变形能力对复合材料的蠕变速度有重要影响。其低于纤维的蠕变速度，从而限制了纤维的蠕变，在基体材料的蠕变抗力远低于纤维（如 SiC/CAS）或基体中存在大量裂纹（如 SiC/Al_2O_3）的情况下，复合材料的蠕变几乎完全由纤维的蠕变抗力控制。

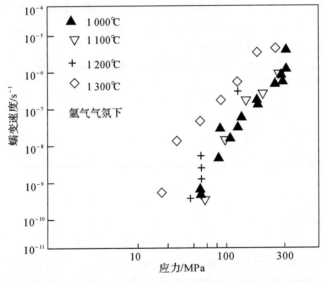

图 6-14　SiC/SiC 复合材料最小蠕变速度与应力的关系曲线

　　因为陶瓷纤维的抗蠕变性对复合材料的高温性能起决定性的作用，用耐蠕变的Hi-Nicalon纤维等可明显提高复合材料的高温疲劳和蠕变性能。但是，高温下的界面氧化仍然是致命的问题。为此，人们开发了用玻璃密封材料表面防止氧进入的方法，改进界面涂层材料的工艺，以及在基体中加入玻璃相的技术。但是，这些方法都存在缺点，长期的可靠性和寿命设计等都需要进一步研究。

6.5　陶瓷基复合材料的增强增韧机理

　　脆性是陶瓷材料的致命弱点，它主要来源于陶瓷晶体中的高键能引起的缺陷敏感性，因此，从结构上说，陶瓷材料的强韧化就是降低其对缺陷的敏感性。高模量是陶瓷材料的另一个显著特点，而高模量使陶瓷材料表现出较高的裂纹敏感性。因此，从损伤角度来说，强韧化就是要降低材料的裂纹敏感性。缺陷敏感性与增强体的尺度有关,裂纹敏感性与界面行为和增强体的长径比有关。为了实现陶瓷材料的强韧化,对陶瓷基复合材料提出两个基本的要求:①增强体具有高体积分数,相应的基体体积分数就较低,可以通过降低复合材料的缺陷敏感性而提高强度;②基体与增强体之间弱界面结合,以通过降低裂纹敏感性来提高韧性。

与陶瓷材料相比,陶瓷基复合材料中由于纤维的加入而使得纤维与基体之间产生了界面,界面的形成对于材料的韧性会产生较大的影响,造成材料的断裂方式发生变化,为材料增韧提供了更多的方法。同时由于存在不同尺度的界面,相应地,造成裂纹扩展方式也更加复杂,集中表现为裂纹大小的多尺度、扩展的多模式。

增强理论所涉及的弹性力学和材料强度概念中并不包含动力学的因素,材料破坏的强度指标中也没有反映时间快慢的动力学因素,而只有对应于应力-应变分布的空间因素。因此材料承载能力的衡量指标主要是依据应力-应变分布而建立起的各种材料破坏准则。这些准则仅从应力、应变的极限取值方面判断材料破坏的可能性,并没有反映出破坏的过程和快慢。

对于韧性来说,动力学因素就显得至关重要,因为韧性本身就是反映材料在抵抗破坏的进程中能否有效延长材料破坏时间的,所以测量材料韧性的许多指标都含有动力学因素,也就是速度问题。只有在材料韧性表征中才涉及应变发展速率、裂纹的扩展速率等与时间相关的参数。

材料的韧性在微观上就是材料抵抗裂纹扩展的能力,当裂纹能够在材料内快速扩展的时候,材料会发生迅速的突然断裂,就是脆性断裂。脆性断裂由于难以预计而显得破坏性与危险性很大。而裂纹扩展速度较慢的断裂过程就是韧性断裂的特征,此时材料的破坏是逐渐发生的。韧性断裂由于存在断裂的过程而成为可以预防的材料失效现象。

材料抵抗裂纹有两种方式,如图 6-15 所示。可以做这样的分析:首先把裂纹分解为有形的裂纹和无形的能量,裂纹是一种能量的携带者,携带了破坏性的能量,也就是我们常说的扩展能。因此,提高材料抗裂纹扩展能力可以从两个方面考虑:一是消灭有形的裂纹,二是使裂纹失去能量,也就是化解裂纹扩展的能量。某些塑性材料由于具有塑性变形能力,甚至能够使已经产生的裂纹进行自愈合;塑性材料也可能通过塑性变形吸收裂纹扩展能量。因此对于塑性材料来说,两种机理都有可能出现。

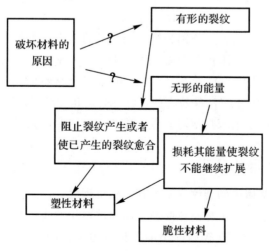

图 6-15　材料抵抗裂纹的两种方式示意图

陶瓷基体属于脆性材料,裂纹一旦产生就不可能消失,不会发生愈合。因此提高抗裂纹扩展的能力只能从化解裂纹能量入手,这意味着必须首先接受裂纹的存在,而后以合适的方法化解其能量,令其失去进一步扩展的能力。这同样能提高材料的韧性,增强材料抗裂纹扩展的能力。

陶瓷基复合材料中增强体对基体的增韧机理主要就是通过化解裂纹能量进行的,纤维或者界面不能令原有的裂纹消失,只能令裂纹失去扩展的能量、不能进一步扩展,从而达到提高基体材料抗裂纹扩展的能力、增加材料韧性的目的。

按照增强体的长径比,陶瓷基复合材料的增韧方式可以分为颗粒增韧、晶须增韧和纤维增韧三种,其中颗粒增韧按照颗粒的尺寸又可分为微米颗粒增韧和纳米颗粒增韧。由于纳米颗粒增韧主要是晶界的贡献,因而又可以称其为晶界增韧。晶须增强体的长径比介于颗粒长径比和纤维增强体长径比之间,而纤维增强体的长径比远大于临界值,可以分为短纤维和连续长纤维增韧。所谓临界长径比,就是增强体能够有效承载而且不发生断裂的最小长径比,它与增强体的强度和界面结合强度有关。由于短纤维很难分散且容易损伤,因而陶瓷基复合材料一般不用短纤维增韧。

颗粒、晶须和纤维三种增强体本身的尺寸和长径比不同,与陶瓷基体复合后对界面结合强度的要求不同,降低复合材料缺陷敏感性和裂纹敏感性的程度不同,因而强韧化机制也不相同。

6.5.1 纳米颗粒强韧化机理

6.5.1.1 强化机理

1. 晶界钉扎作用

根据 Hallpetch 关系,即

$$\sigma = \sigma_0 + kd^{-1/2} \tag{6-1}$$

可知当 d 减小时,σ 提高,即晶粒尺寸越小,材料的强度越高。弥散在基体粒子中的纳米颗粒可抑制晶粒的异常长大,形成较窄的晶粒尺寸分布,提高显微结构的均匀性。晶界第二相对晶界的钉扎作用可近似表示为

$$R \propto 3r/(4\varphi_f) \tag{6-2}$$

式中,R 为基体的平均半径,r 和 φ_f 分别为第二相粒子的半径和体积分数。即基体平均半径与第二相粒子的半径成正比,与体积分数成反比。Deock - Soo Chenong 等的研究发现:添加 30nm SiC 和 4%(质量分数)Y_2O_3 的 Si_3N_4/SiC 纳米复合材料的弯曲强度最高达 1.9 GPa。位于晶界的 SiC 纳米颗粒与 Si_3N_4 晶粒之间不存在玻璃相,是直接接触。可以认为,纳米复合材料高温强度的巨大提高是纳米颗粒对晶界滑移的抑制和在近晶界处 SiC 纳米颗粒的团聚形成空位引起的。

2. 位错网强化

减少纳米复合材料基体中的裂纹尺寸是其强化机理之一。降低基体晶粒尺寸相当于降低了临界裂纹尺寸。由于纳米粒子与基体晶粒及晶界玻璃相的线膨胀系数不同,在冷却过程中,内应力使基体晶粒形成位错并在较高的温度下扩展为位错网。这些位错网具有一定的畸变能,起到了强化基体的作用。

3. 制备缺陷尺寸减少

对四点弯曲试样断口组织的研究发现,在 Al_2O_3/SiC 纳米复合材料中纳米 SiC 的团聚,使材料缺陷形态由体积较大的气孔转变为小尺寸裂纹。颗粒复合材料对集中的大尺寸气孔具有较高的缺陷敏感性,而对分散的小尺寸裂纹敏感性较低。

4. 裂纹愈合

研究陶瓷裂纹的愈合和内应力释放后发现,在 1 300℃ 下、Ar 气氛中,对带有压痕的 Al_2O_3 陶瓷和 Al_2O_3/SiC 纳米复合材料热处理 2 h 后,Al_2O_3 的裂纹长大,而 Al_2O_3/SiC 纳米复合材料则呈现裂纹愈合,使得纳米复合材料热处理后的四点弯曲强度增加。

6.5.1.2　韧化机理

1. 裂纹偏转

由于纳米颗粒(p)与基体(m)之间热胀系数的差异 $\Delta\alpha = \alpha_p - \alpha_m$,导致其界面处存在较大的应力,如对 Al_2O_3/SiC 系($\Delta\alpha < 0$)测定结果表明,Al_2O_3 基体晶粒内存在高达 400 MPa 的拉伸应力,在 SiC 相内存在 1 100 MPa 的压缩压力。利用力学方法可以获得纳米颗粒与基体间这种因热胀系数失配引起的应力对裂纹扩展的影响规律。结果发现:当 $\Delta\alpha > 0$ 时,裂纹倾向于绕过颗粒继续扩展(即裂纹偏转);当 $\Delta\alpha < 0$ 时裂纹倾向于在颗粒处钉扎或穿过颗粒。因此第二相纳米颗粒周围残余应力的存在无论是引起裂纹偏转或是裂纹被钉扎,均会提高断裂功而使材料韧性提高。

2. "内晶型"次界面的增韧作用

在微米-纳米复合材料中,不像微米-微米复合材料那样,微米尺度的第二相颗粒(或晶须、纤维等)全部分布在基体晶界处,而是一定量的纳米颗粒分布在晶界处,大部分纳米颗粒分布在微米晶粒内部,形成"内晶型"结构,如图 6-16(b)所示。这是由于纳米颗粒与基体颗粒存在数量级的差异,而且纳米相的烧结活性往往高于基体、温度低于基体,因而在一定温度下基体颗粒以纳米颗粒为核发生致密化而将纳米颗粒包裹在基体颗粒内部,形成了"内晶型"结构。这样,材料结构中除基体颗粒间的主晶界外,在纳米相和基体晶粒间还存在着次界面。由于两种颗粒的热膨胀系数 α 和弹性模量 E 的失配,在次界面处存在较大的应力,引起裂纹偏转或被钉扎,使基体颗粒"纳米化",诱发穿晶断裂,使材料增强增韧。图 6-17 所示为内晶型结构、微米晶粒的纳米化以及穿晶断裂三者的密切关系。

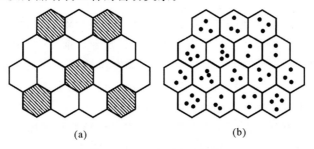

图 6-16　材料的复合结构

(a) 微米-微米复合结构；　(b) 微米-纳米复合中的内晶型结构

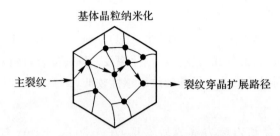

图 6 - 17　内晶型结构、纳米化效应和穿晶断裂的关系

3. 内应力增韧

在烧结后的冷却过程中,基体和弥散的纳米颗粒之间线膨胀系数的不匹配使纳米粒子产生很高的局部应力,这些应力沿着晶界的快速减弱造成在粒子附近区域产生位错,使纳米颗粒增强/增韧体系中较大尺寸的裂纹和其他缺陷难于产生。位错的进一步发展,造成大量的位错网和颗粒周围亚晶界形成。这种微结构使主裂纹尖端附近沿亚晶界产生大量纳米微裂纹,裂纹前沿的微损伤区域面积增大,材料的断裂韧性增加。

6.5.2　微米颗粒强韧化机理

6.5.2.1　强化机理

微米颗粒增韧是最典型的以牺牲强度为代价的增韧方式。由于其占据一定空间又不能有效承载,所以在增韧的同时强度明显下降,而且微米颗粒的体积分数越高,强度下降越明显。

6.5.2.2　韧化机理

在第二相颗粒与陶瓷基体之间不存在界面化学反应的前提下,第二相颗粒增韧机理主要是颗粒与基体之间的线膨胀系数 α 和弹性模量 E 的不匹配。在烧结过程冷却阶段存在一定温差,由于第二相粒子与基体粒子之间弹性模量和膨胀系数的差异,使得坯体内部产生径向应力和切向应力。这种应力与外力发生相互作用,使裂纹前进方向发生偏转、绕道,从而提高了材料抵抗裂纹扩展的能力,达到增韧目的。

1. 裂纹偏转机理

影响第二相颗粒复合材料增韧效果的主要因素为基体与第二相颗粒的弹性模量 E、热膨胀系数 α 以及两相的化学相容性。其中化学相容性是复合的前提,两相间不能存在过多的化学反应,同时必须保证具有合适的界面结合强度。弹性模量 E 只在材料受外力作用时产生微观应力再分布效应,且这种效应对材料性能影响较小。热膨胀系数差异在第二相颗粒及周围基体内部产生残余应力场是陶瓷得到增韧补强的重要根源。

假设第二相颗粒与基体之间不存在化学反应,第二相颗粒与基体之间存在热膨胀系数的差异,当一无限大基体中存在第二相颗粒时,由于冷却收缩的不同,颗粒将受到一个应力 p:

$$p = \frac{2\Delta\alpha\Delta T E_{\mathrm{m}}}{(1+\nu_{\mathrm{m}})+2\beta(1-2\nu_{\mathrm{p}})} \tag{6-3}$$

式中，$\Delta\alpha = \alpha_p - \alpha_m$；$\nu$ 和 E 为泊松比和弹性模量；下标 m 和 p 分别表示基体和颗粒；ΔT 为材料降温过程中开始产生残余应力的温度与室温之间的温度差；$\beta = E_m/E_p$。

这一内应力将在基体中距球形颗粒中心 R 处的基体中形成径向正应力 σ_r 及环向正应力 σ_t（见图 6-18）：

$$\left.\begin{array}{l} \sigma_r = p(r/R)^3 \\ \sigma_t = -1/2p(r/R)^3 \end{array}\right\} \tag{6-4}$$

式中，r 为球状颗粒半径；R 为距颗粒中心的距离。

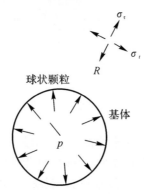

图 6-18　无限大基体中球形颗粒引起的残余应力场

在颗粒及周围基体中储存的弹性应变能分别为

$$\left.\begin{array}{l} U_p = 2\pi \dfrac{p^2(1-2\nu_p)}{E_p}r^3 \\[2mm] U_m = \pi \dfrac{p^2(1+\nu_m)}{E_m}r^3 \end{array}\right\} \tag{6-5}$$

储存的总应变能 U 为

$$U = U_p + U_m = 2\pi k p^2 r^3 \tag{6-6}$$

式中，$k = (1+\nu_m)/2E_m + (1-2\varphi_p)/E_p$。

由式（6-3）和式（6-4）可以看出，当 $\Delta\alpha > 0$ 时，如图 6-19 所示，$p > 0$，$\sigma_r > 0$，$\sigma_t < 0$，即第二相颗粒处于拉应力状态，而基体径向处于拉伸状态，环向处于压缩状态。裂纹扩展需要在尖端的拉应力，而压应力不利于裂纹的扩展，因此裂纹倾向于沿环向，穿过径向的拉应力区进行扩展。当应力足够高时，可能产生具有收敛性的环向微裂纹，裂纹倾向绕过颗粒继续扩展。这使得裂纹绕过增强体扩展。由于裂纹偏转扩展，使得裂纹较直线扩展增加了扩展距离，增加了裂纹面积，多产生的裂纹面表面能消耗了裂纹扩展的能量，延缓了裂纹扩展，使韧性增加，就是裂纹偏转增韧。

当 $\Delta\alpha < 0$ 时，$p < 0$，$\sigma_r < 0$，$\sigma_t > 0$，即第二相颗粒处于压应力状态，而基体径向受压应力，环向受到拉应力。当应力足够高时，可能产生有发散性的径向微裂纹，这时裂纹倾向于在颗粒处钉扎或者穿过颗粒。在后一种情况中，若径向微裂纹向周围分散，则更容易相互连通而形成主裂纹。但在同等条件下，由式（6-4）可知，σ_r 是 σ_t 的 2 倍，因此相对来讲易产生环向微裂纹。另外，还可以看出，当颗粒的直径大于某一临界值时，就会产生自发环向微裂纹或者自发径向微开裂。该临界值取决于 $\Delta\alpha$ 与微开裂所需要的断裂能，因此还须考虑颗粒及其周围基体中储存的弹性变形能,它与颗粒直径的立方成正比。当颗粒或者基体的弹性变形能达到微开裂所需的断裂能时,微开裂发生。径向微开裂容易导致微裂纹连通,对材料强度不利;环向微开裂使颗粒与基体脱开,相当于形成一个颗粒尺寸大小的孔洞,同样对材料强度不利;因此在采用第二相颗粒补强增韧时,一般要求颗粒的直径小于导致自发微开裂的临界颗粒直径。

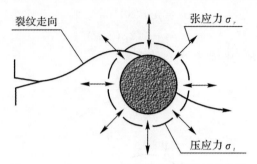

图 6 - 19　当 $\alpha_p > \alpha_m$ 时,应力场引起的裂纹偏转

在更加普遍的情况下,当裂纹尖端遇到诸如作为增强相的纤维或颗粒等高弹性模量物质(又称偏转剂)时,其扩展就会偏离原来的前进方向,而沿两相界面或在基质内扩展,如图6 - 20所示。这种方向偏转意味着裂纹的前行路径更长,裂纹尖端的应力强度则减小,这种非平面断裂比平面断裂有更大的断裂表面,需吸收更多能量因而起到增韧目的。这种裂纹尖端效应也可因裂纹尖端前方微裂纹的吸引而发生偏转,当裂纹向两种或更多方向倾斜、扭转时,即称为裂纹分枝(crack branching)。

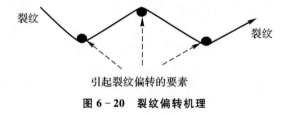

图 6 - 20　裂纹偏转机理

2. 裂纹桥联增韧

与前述的裂纹偏转机制不同,裂纹桥联是一种裂纹尖端尾部效应。当裂纹没有穿过而是围绕增强体时,裂纹尖端后方的颗粒、晶须或纤维(也称为桥联体)对连接的两个表面提供了一个使两个裂纹面互相靠近的应力 $T(u)$,即闭合应力。闭合应力阻碍裂纹的扩展。如图 6 - 21所示,当裂纹扩展过程中遇上颗粒时,颗粒有可能发生穿晶破坏(见图 6 - 21 中第 1 个颗粒),也有可能出现互锁现象(interlocking),即裂纹绕过颗粒沿晶界发展,裂纹偏转并形成磨擦桥,如图 6 - 21 中第 2 个颗粒所示,而在第 3、第 4 颗粒形成弹性裂纹桥联。研究表明,在纤维、晶须增强陶瓷材料、微晶陶瓷等中均发现了裂纹桥,可见裂纹桥联增韧机理是普遍存在的。

3. 相变增韧

相变增韧机制是由于第二相颗粒发生相变而产生的体积效应和形状效应吸收了大量的能量,从而使陶瓷基复合材料表现出异常高的韧性。而有关这种应力诱导相变韧化陶瓷的研究是由 Garvie 在 1975 年首先报道的。

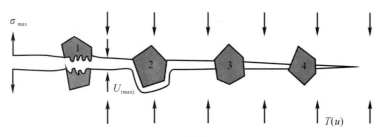

图 6 - 21　裂纹桥联机理

目前,该韧化机制主要应用于氧化锆增韧。如图 6 - 22 所示,ZrO_2 主要有种三种晶型,即单斜(m)、四方(t)和立方(c)晶型。而不同晶型之间可进行以下相互转化:在接近其熔点时为立方结构,低于 2 300℃时为四方结构,在 1 100~1 200℃ 范围内转变为单斜结构,即

$$\begin{array}{ccc} \text{单斜相 } ZrO_2 & \text{四方相 } ZrO_2 & \text{立方相 } ZrO_2 \\ (\text{m} - ZrO_2) & \xrightarrow[\substack{1\,200℃}]{1\,000℃} (\text{t} - ZrO_2) & \xrightarrow{2\,370℃} (\text{c} - ZrO_2) \\ \text{密度 } 5.65 \text{ g/cm}^3 & \text{密度 } 6.10 \text{ g/cm}^3 & \text{密度 } 6.27 \text{ g/cm}^3 \end{array}$$

图 6 - 22　氧化锆相变的温度及密度变化示意图

从密度变化可以看出,ZrO_2 在 1 100~1 200℃ 这个温度区间内,相变造成的体积效应与正常材料的"热胀冷缩"恰好相反,是"热缩冷胀"的。其中,四方相转变单斜相(t - m)具有马氏体相变的特征,伴随有 3%~5% 的体积膨胀。如果是单纯的氧化锆陶瓷烧结,在烧结后冷却过程中,经过 1 100~1 200℃ 的这个温度段时,会由于相变导致晶粒膨胀,使得制件发生碎裂,造成不利后果。

为了消除体积变化带来的破坏作用,通常在纯氧化锆中加入适量立方晶型氧化物,这类氧化物的金属离子半径与 Zr^{4+} 相近。如 Y_2O_3,MgO,CaO,CeO 与氧化锆形成立方固溶体,避免体积变化。根据添加剂加入量的不同就有了三种氧化锆(见图 6 - 23),以 Y_2O_3 的加入为例,这三种氧化锆陶瓷分别如下:

(1)稳定化氧化锆(FSZ)。Y_2O_3 加入量较高,使得相图中的氧化锆完全处于 c 相区,冷却后形成立方氧化锆。完全不出现 t 相及 m 相。

(2)部分稳定氧化锆(PSZ)。Y_2O_3 的加入量使得氧化锆在高温下处于 t 相和 c 相的并存区,冷却后其中的 t 相被亚稳保存下来。

(3)亚稳定氧化锆(TZP)。Y_2O_3 的加入量使得高温下氧化锆全部为 t 相,冷却后,t - ZrO_2 全部亚稳存在。

加入稳定剂使 t - ZrO_2 能够以亚稳态保存至室温,其原理可以通过图 6 - 24 所示的能量分析予以说明,促进氧化锆相变的能量和阻止氧化锆相变的能量之间的平衡关系为

$$\Delta U_{m/t} = -\Delta U_{chem} + \Delta U_T - \Delta U_a + \Delta S \tag{6-7}$$

式中,$\Delta U_{m/t}$ 为单位体积相变引起的自由能变化;ΔU_{chem} 为 m 相与 t 相之间的化学自由能差,是促进相变的能量;ΔU_T 为相变弹性应变能的变化,是阻止相变的能量;ΔU_a 为外力引发相变所消耗的能量,是促进相变的能量,由外界提供;ΔS 为 m 相与 t 相的界面能之差,与其他项相比,较小,可忽略。

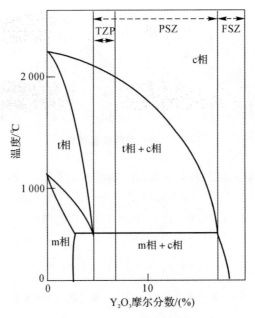

图 6-23　ZrO_2-Y_2O 二元相图的局部

当 $\Delta U_{m/t} \leqslant 0$ 时,促进相变的能量之和 $\geqslant$ 阻止相变的能量之和,此为发生相变的临界条件,即

$$\Delta U_{chem} + \Delta U_a \geqslant \Delta U_T \tag{6-8}$$

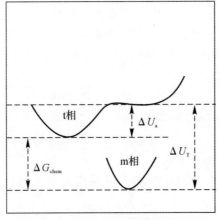

图 6-24　氧化锆相变能量关系示意图

从图 6-24 可知,加入 Y_2O_3 添加剂后,t 相向 m 相的转变温度降低。在此转变温度下,离子扩散活性降低,对于较小的亚稳态 t 相晶粒,储存于单个晶粒内的 ΔU_{chem} 不足以克服相变引起的弹性应变能 ΔU_T,也就是晶粒无法克服周围的区域对其体积膨胀的限制作用,导致相变被"冻结",从而使 t 相被保存到了室温,作为一种热力学不稳定相存在。如果控制工艺参数制备出大小合适的 t 相晶粒,则其可以在烧结后的冷却过程中不发生相变,作为亚稳态在室温存在。

根据式(6-8),t 相在室温亚稳存在,是因为缺了外界提供的相变能量 ΔU_a,如果有了这个外部驱动力,则相变随时可能发生。裂纹的扩展就恰恰提供了这种外部能量 ΔU_a。当裂纹扩展进入含有 t-ZrO$_2$ 晶粒的区域时,在裂纹尖端应力场的作用下,给亚稳的 t 相提供了额外的相变驱动能量——ΔU_a,导致式(6-6)的临界条件成立,过程区的 t-ZrO$_2$ 发生 t — m 相变。裂纹提供能量的同时,自身的传播能量也被相变吸收,因相变时的体积膨胀效应而吸收能量,导致裂纹扩展能力下降。此外,过程区内 t — m 相变粒子的体积膨胀还对裂纹产生压应力,阻碍裂纹扩展,如图 6-25 所示。如果裂纹传播过程中遇到足够多的 t — m 相变,将导致裂纹传播能量被完全吸收,不再扩展,就可以实现陶瓷的增韧。

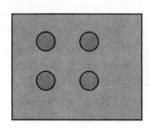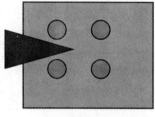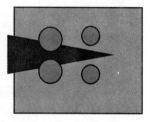

图 6-25　氧化锆相变增韧原理示意图

氧化锆的相变增韧不仅适用于其自身的增韧,也可以用亚稳 t-ZrO$_2$ 晶粒增韧其他陶瓷,在其他陶瓷或者陶瓷基复合材料中制备出亚稳 t-ZrO$_2$ 晶粒,其增韧原理与上述完全相同。例如在氧化锆增韧氧化铝(ZTA),即在氧化铝陶瓷中制备过程中,加入适当比例的 ZrO$_2$-Y$_2$O$_3$ 混合粉体进行烧结,控制粉体制备及陶瓷烧结条件,在烧结成的氧化铝陶瓷中形成大量亚稳 t-ZrO$_2$ 晶粒,同样可以实现 t-ZrO$_2$ 晶粒对氧化铝的增韧。一些典型的增韧效果见表6-4。其中增韧氧化铝效果最为显著,因为氧化铝热膨胀系数大,弹性模量高,烧结冷却后对 t-ZrO$_2$ 颗粒的束缚作用强,t-ZrO$_2$ 颗粒可以更多更有效地保留下来,增韧效果也比较明显。Si$_3$N$_4$ 热膨胀系数较小,冷却后对 t-ZrO$_2$ 颗粒的束缚比较弱,只有特别细的 t-ZrO$_2$ 颗粒可以有效地保留下来,因此增韧效果也比较差。

表 6-4　一些陶瓷及其相变增韧后的材料的断裂韧性(K_{IC})　　　　单位:MPa·m$^{1/2}$

材　料	Al$_2$O$_3$		Si$_3$N$_4$		SiC
	烧结	热压	烧结	热压	热压
不增韧材料	4	4～5	4～5	5～6	4～5
ZrO$_2$质量分数为 5%～15%	12	13～14	7	9	9

4. 微裂纹增韧机理

在前述的氧化锆相变增韧中,如果部分 t-ZrO$_2$ 颗粒在制备过程中已经发生相变,但是其体积膨胀量尚不足以导致材料破坏,而是在晶粒附近产生了众多的微裂纹,则可以实现微裂纹增韧机理。另外,在复合材料制备过程中,添加了增强体,在加工过程中,由于增强体与基体之间热物理性质的不同,常常会在增强体与基体间的界面上形成一些微裂纹,这些裂纹在增强体周围形成了一个微裂纹区。当材料在使用过程中,内部由于应力达到极限而出现一条扩展的裂纹时,因该裂纹是应变能的释放而带有能量,这条裂纹携带扩展的能量沿材料内部扩展,可以称其为主裂纹。当主裂纹扩展至增强体附近的微裂纹区域时,会与大量的微裂纹汇合,此时由于微裂纹为主裂纹的继续扩展提供了天然的通道,主裂纹会沿着这些微裂纹继续扩展,如图6-26所示。但是由于微裂纹数量众多,原来属于一条主裂纹的能量被分散分配给了多条微裂纹,从而使得主裂纹扩展的能量被多条微裂纹分散开。此时每一条裂纹所获得的能量都不足以令其继续扩展,因此,裂纹扩展就此停止。或者裂纹虽然继续扩展,但是能量已经大大降低,当再次遇到下一个微裂纹区的时候,就可能被进一步分散而终止。这样就大大延缓了裂纹扩展与材料破坏的进度,提高了材料韧性,这种通过多条微裂纹分散吸收一条主裂纹能量的机理就称为微裂纹增韧。

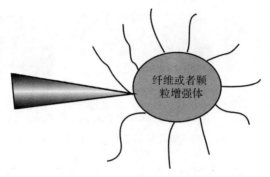

图6-26　复合材料中微裂纹增韧的机理示意图

微裂纹增韧的条件是微裂纹的尺寸不能过大,否则容易成为缺陷,令材料的静强度损失过大。

5. 延性颗粒增韧

在脆性陶瓷基体中加入第二相延性颗粒能明显提高材料的断裂韧性,其增韧机理包括由裂纹尖端形成的塑性变形区造成裂纹尖端屏蔽以及由延性颗粒形成的延性裂纹桥。研究表明,当基体与延性颗粒的线膨胀系数 α 和弹性模量 E 相等时,利用延性裂纹桥可达最佳增韧效果。如调节 Na-Li-Al-Si 玻璃的 α 和 E 值使其与金属 Al 的 α 和 E 值相等,当 Al 颗粒体积分数为 20% 时,复合材料的断裂能从 10 J/m^2 增加到 600 J/m^2,提高 60 倍。但当 α 和 E 相差足够大时,裂纹发生偏转绕过金属颗粒,金属颗粒增韧效果较差。

6.5.3　晶须强韧化机理

6.5.3.1　强化机理

(1)载荷转移。晶须与基体之间弹性模量的失配导致载荷转移效应。只有当 $E_w > E_m$(E_w,E_m 分别为晶须和基体的弹性模量)时,才能实现载荷从基体转移到晶须上,使施加到复合材料上的载荷大部分由晶须来分担。为了有效地实现这种载荷转移,最好 $E_w/E_m > 2$。并且还必须满足:①晶须均匀地分散于基体中;②晶须与基体的界面结合力应足够大,以保证能实现载荷转移效应;③基体断裂伸长率大于晶须断裂伸长率。

(2)基体预应力。晶须与基体之间线膨胀系数的失配在基体中可以产生压应力或者拉应力。如果 $\alpha_w > \alpha_m$(α_w,α_m 分别为晶须和基体的线膨胀系数),则产生压应力,基体内的预压应力起到阻止裂纹扩展的作用,提高了复合材料的强度。但是,如果线膨胀系数差别太大,则会造成过大应力以致产生界面分离和微裂纹,反而使复合材料的强度降低。

6.5.3.2　增韧机制

除了具有晶粒的微裂纹增韧、钉扎作用等强韧化作用外,晶须主要有裂纹偏转、裂纹桥联及晶须拔出三种增韧机理。

1. 裂纹偏转

在基体中扩展的裂纹遇到晶须时发生偏转的原因是在晶须周围沿晶须/基体界面存在着由于弹性模量或线胀系数不匹配而引起的应力场。裂纹与显微组织的相互作用形式取决于这种应力场的性质。如果 $\alpha_w > \alpha_m$,或者 $E_w > E_m$,则裂纹在晶须周围发生偏转,绕过晶须扩展;反之则裂纹可能被吸向晶须。由于裂纹发生偏转,使裂纹面不再垂直于外加应力,只有增加外加应力,提高裂纹尖端应力强度才能使裂纹进一步扩展。因此,裂纹的偏转可以形成明显的增韧。图 6 - 27 所示为裂纹沿晶须轴向和径向的扩展。

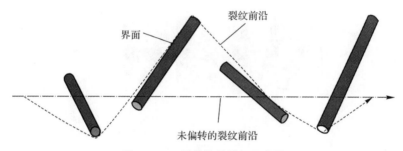

图 6 - 27　裂纹偏转增韧示意图

2. 裂纹桥联

晶须/基体界面的解离使裂纹扩展通过基体而且在裂纹尖端后面存在一个晶须仍然保持完整无损的区域成为可能。Evans 等的研究结果表明:当界面断裂能 v_i 与晶须断裂能 v_w 之比小于 1/4 时,界面解离总是可以发生的。晶须与基体弹性模量差别越大,晶须与裂纹夹角越小,界面解离越容易发生。

对 $ZrO_2 + SiC_w$ 和 $Al_2O_3 + SiC_w$ 材料的断裂行为的研究证实了晶须桥联区的存在。由于晶须的存在,紧靠裂纹尖端处存在晶须与基体界面开裂区域,如图 6 - 28 所示。在此区域内,晶须把裂纹桥联起来,并在裂纹的表面加上闭合应力,阻止裂纹扩展,起到增韧作用。

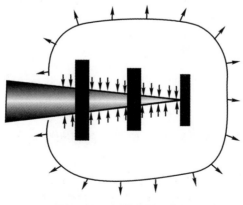

图 6 - 28　桥联增韧示意图

3.晶须拔出

拔出效应是指由于晶须在外界负载作用下从基体中被拔出,因界面摩擦消耗外界负载的能量而达到增韧目的。由于晶须的拉伸强度较高不容易断裂,所以当载荷由基体向晶须传递,当二者界面上产生的剪应力达到界面剪切强度时,晶须从基体中拔出。实际中增强相与基体相间界面有机械结合或化学结合,而界面摩擦力大小与化学结合力密切相关。通过改变增强相的表面性状,进而改变界面的特性。晶须的拔出常伴随着裂纹桥联。当裂纹尺寸微小时,晶须桥联对增韧起主要作用;而随着裂纹位移增加,裂纹尖端处的晶须进一步被破坏,晶须拔出则成为主要的增韧机制。如图 6-29,其中部分晶须已经拔出,还有部分晶须则是先断裂之后再拔出。

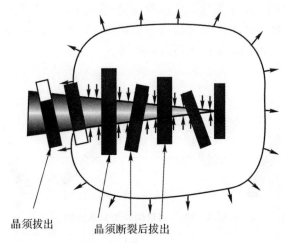

图 6-29　复合材料中拔出效应增韧的机理示意图

6.5.4　纤维强韧化机理

纤维的增韧较为普遍,其中包含了颗粒增强及晶须增强复合材料中存在的微裂纹增韧、相变增韧、裂纹偏转增韧、桥联增韧、拔出增韧,这些机理在纤维增强陶瓷基复合材料中都可以实现并起增韧作用。纤维既有类似大长径比的晶须,也有微米尺度的宏观增韧效应,另外不同于颗粒剂晶须的是使用纤维可以制备出连续纤维增强陶瓷基复合材料。因此其增韧也有自身的特色。

6.5.4.1　强化机理

根据混合法则,复合材料的强度可表示为

$$\sigma_c = \sigma_f \varphi_f \left(1 - \frac{1-\beta}{l/l_c}\right) + \sigma_m (1 - \varphi_f) \tag{6-9}$$

式中,α_f 为纤维的强度;σ_m 为基体的强度;φ_f 为纤维的体积分数;l_c 为临界纤维长度;l 为纤维长度。

显然纤维的强度越高,体积分数和长径比越高,复合材料的强度就越高。在陶瓷基复合材料中,高体积分数的纤维与高模量基体的热膨胀失配很容易在基体中产生裂纹等缺陷。因此,纤维的强化主要依靠高体积分数和高长径比的纤维承载来实现。从理论上讲,纤维的强化应该采用较细的高强高模纤维。但实际上,纤维的直径越小,制造和加载过程中纤维就越容易损伤。因此,纤维应该具有合适的所谓健康直径。

6.5.4.2　韧化机理

纤维增韧除了具有裂纹桥联、裂纹偏转和拔出三种机理外,还具有界面裂纹扩展和界面应力松弛两种机理。颗粒、晶须和纤维三种增韧方式对应着复合材料的基体承载为主、基体和增强体联合承载以及增强体承载为主。因此,纤维增强以界面裂纹扩展和界面应力松弛两种机理为主,而裂纹桥联和裂纹偏转的作用则相对较小。

1. 界面裂纹扩展

如果界面剪切强度大于基体的极限剪切应力,纤维和基体组成弹性界面,当纤维的长度大于临界长度 l_c 时,纤维可以最大限度承载。当施加载荷 P 使复合材料的应变达到最大时,纤维的应力达到极限强度,在纤维两端界面处的剪切应力最大,在剪切应力的作用下,纤维两端的基体将产生裂纹。如果裂纹不能沿界面扩展并导致纤维拔出,高模量的基体裂纹尖端应力不能得到松弛,复合材料的裂纹扩展与加载方向垂直(见图 6 - 30(a)),表现出脆性裂纹的特征。

如果界面剪切强度小于基体的极限剪切强度而大于增强体的脱黏强度,纤维和基体组成滑移界面,则:①尽管纤维的两端出现了界面滑移,但是纤维同样可以有效承载。②界面滑移必须克服界面脱黏的静摩擦力。③界面滑移的阻力为动摩擦力,与动摩擦系数和径向压力有关。由于界面滑移使复合材料的裂纹沿界面扩展,裂纹扩展方向与加载方向平行(见图 6 - 30(b)),这样不仅使裂纹的扩展路径大幅度增加,而且裂纹扩展的动力大幅度降低。因此,复合材料表现出韧性断裂特征。

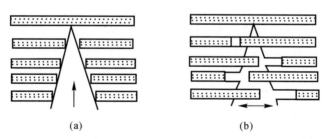

(a)　　　　　　　　　　　　　(b)

图 6 - 30　纤维增强陶瓷基复合材料的界面结合与裂纹扩展
(a)裂纹扩展方向垂直于加载方向;　(b)裂纹扩展方向平行于加载方向

2. 界面应力松弛

由于连续纤维的长径比远大于临界值,随着载荷的增加,纤维不断发生断裂,直到纤维的长径比小于等于临界值时,裂纹沿界面扩展产生界面脱黏和纤维拔出。当纤维发生断裂时,纤维中的正应力和界面上的剪切力得到释放。只有当复合材料的应变进一步增加时,纤维中和界面上的应力才得到积累,直到再一次发生断裂。因此,纤维不断断裂的过程实际上就是界面应力松弛、断裂应变或断裂韧性增加的过程。需要强调的是,界面滑移是界面应力松弛的必要条件,而界面应力松弛反过来抑制了界面滑移向界面裂纹扩展和脱黏的转变过程。

6.5.5　自愈合碳化硅陶瓷基复合材料

在各类新型耐高温(1 100℃以上)、低密度(3.0 g/cm³以下)材料中,连续纤维增强碳化硅陶瓷基复合材料(Silicon Carbide Ceramic Matrix Composite,CMC–SiC)具有独特的优势,克服了金属材料密度高和耐温低、结构陶瓷脆性大和可靠性差、C/C复合材料抗氧化差和强度低以及氧化物陶瓷基复合材料抗蠕变性差等缺点,成为推重比10以上航空发动机必备的热结构材料,具有大幅减重、提高使用温度和综合性能的潜力。CMC–SiC具有结构单元多、非均质、非致密和各向异性等特点。孔隙和裂纹对于CMC–SiC不可避免,而且利于复合材料的强韧化。但孔隙和裂纹也导致高温下氧化介质可以直接作用到材料内部,削弱了CMC–SiC的抗热力氧化能力,缩短使用寿命,从而制约CMC2SiC在高推重比航空发动机上的应用。

已经发展了多种改性途径提高CMC–SiC热力氧化寿命:①防氧化涂层,如玻璃涂层、SiC涂层、Si_3N_4涂层等;②防氧化界面,如BN界面。但涂层与界面只能在有限程度上提高复合材料热力氧化能力。提高CMC–SiC的热力氧化寿命的关键是保护纤维和界面。为了有效提高复合材料寿命,要求裂纹和孔隙在使用时能主动愈合,阻止氧化介质进入材料内部而损伤界面和纤维。

裂纹自愈合可以通过多种途径实现:①热膨胀自愈合,选择合适的纤维与基体,使基体服役时受压应力,愈合裂纹。如NASA研究的SiC/C材料,采用SiC纤维增强C基体,使C基体在高温下受压应力而愈合裂纹,但这种愈合方式可选的纤维与基体有限,而且C基体本身并不抗氧化。②引入自愈合组元,在材料的表面、基体、界面中引入能够形成液相的组元(自愈合组元),自愈合组元与侵入的环境介质(氧、水)快速反应生成玻璃封填剂,在环境介质对纤维和界面造成实质损伤之前,先期阻塞孔隙和裂纹的扩散通道,从而阻止环境介质继续渗入材料内部。自愈合组元的引入方式有两种:一是多元弥散自愈合。自愈合组元与SiC组元相互弥散在一起,或在SiC材料内掺入可以在高温服役环境下形成液相的组分,然后采用弥散的组元作为基体,如近期研究的Si–B–C材料。二是多元多层自愈合。自愈合组元、SiC及中间的过渡层(界面层)交替叠层构成多元多层微结构。多元弥散自愈合只处于探索研究阶段,未见应用报道,而多元多层自愈合已有很多的应用研究报道。实验考核和演示验证的结果都表明,多元多层自愈合碳化硅陶瓷基复合材料能够满足高推重比航空发动机高温氧化环境下的长寿命要求。

传统CMC–SiC的涂层、基体和界面都是由一种物质单层结构组成的,称为单元单层微结构。与单元单层微结构不同,多元多层微结构是指复合材料的涂层、基体和界面部分或全部由多种物质交互叠层为多层结构,包括多元多层涂层,多元多层基体,多元多层界面,以及涂层、基体和界面全部为多元多层的结构。

6.6　陶瓷基复合材料的应用

陶瓷基复合材料以其具有的高强度、高模量、低密度、耐高温和良好的韧性等优势,已在高速切削工具和内燃机部件上得到应用。而它潜在的应用领域则是作为高温结构材料和耐磨耐蚀材料,如航空燃气涡轮发动机的热端部件、大功率内燃机的增压涡轮、固体发动机燃烧室与喷管部件以及完全代替金属制成车辆用发动机、石油化工领域的加工设备和废物焚烧处理设备等。

1. 在切削工具方面的应用

SiC_w 增韧的细颗粒 Al_2O_3 陶瓷复合材料已成功用于工业生产切削刀具。由美国格林利夫公司研制、某些生产切削工具和陶瓷材料的厂家和美国大西洋富田化工公司合作生产的 WC-300 复合材料刀具具有耐高温、稳定性好、强度高和优异的抗热震性能,熔点为 2 040℃,比常用的 WC-Co 硬质合金刀具的切削速度提高了 1 倍。某燃汽轮机厂采用这种新型复合材料刀具后,机加工时间从原来的 5 h 缩短到 30 min,仅此一项,每年就可节约 25 万美元。用由东京工业大学研制生产的 SiC_w/Al_2O_3 复合材料刀具切削镍基合金时,不但刀具使用寿命增加,而且进刀量和切削速度也大大提高。除 SiC_w/Al_2O_3 外, SiC_f/Al_2O_3, TiO_{2p}/Al_2O_3 复合材料树也可用于制造机加工刀具。

2. 在火箭发动机上的应用

采用 C/SiC 和 SiC/SiC 陶瓷基复合材料制备液体火箭发动机推力室,可以减轻发动机结构质量,提高发动机工作温度,简化发动机结构设计,从而大幅度提高发动机整体性能。美国、法国、德国、日本等经济和科技强国已在国际上率先开展了陶瓷基复合材料推力室的制备及应用研究。

阿里安 4 第三级液氢/液氧推力室喷管是 SEP 公司以 NOVOLTEX 为预制增强体,采用 CVI 致密化工艺制造的 C/SiC 整体喷管。该喷管长 1 016 mm、出口锥直径为 940 mm,质量仅为 25kg。与质量为 75kg 的合金喷管相比,其惰性质量大大降低,为飞行器提供了大约 50kg 的有效载荷。1989 年该发动机成功地进行了两次高空模拟点火试验,喷管入口温度大于 1 800℃,工作时间 900 s,充分验证了 C/SiC 喷管的可靠性及潜在的应用前景。同时,SEP 公司用特殊螺旋形结构的 C 纤维织物与 SiC 基体制成了牌号为 SEPCARBINOX 的耐火陶瓷基复合材料(FR-CMC)叶片和内外喷管瓣,其材料密度达 2.1 g/cm³。这种材料抗热震性好,并可制成任意形状的制品。

3. 在刹车材料上的应用

C/SiC 陶瓷基复合材料是从 1998 年开始发展起来的一种新型刹车材料,与传统的金属和半金属刹车材料相比,C/SiC 复合材料具有密度低、摩擦因数稳定、磨损量小、制动比大和使用寿命长等突出优点。由德国 SGL 碳素集团公司与保时捷(Porsche)公司合作,已经将 C/SiC 陶瓷基复合材料刹车盘成功地用于汽车、载重汽车和高速列车,减重效果为 65%,使用寿命高达 $3×10^5$ km。除此之外,高性能 C/SiC 刹车材料在高速列车、重型汽车、石油钻井和工程机械等发面,具有极其广阔的推广前景。我国西北工业大学也已实现 C/SiC 陶瓷基复合材料在航空刹车材料上的工程应用。

4. 在航空发动机上的应用

先进军用飞机的发展目标是大幅度提高发动机的推重比,降低油耗,提高机敏性及作战能力。当发动机的推重比提高到 10 时,涡轮前进口温度高达 1 650℃,在这样高的工作温度下,现有的高温合金和金属间化合物材料已无法满足要求,只能选用陶瓷基复合材料和 C/C 复合材料。由于陶瓷基复合材料的密度只有高温合金的 1/4~1/3,因此能大大降低航空发动机的质量和油耗。由美国国防部(DOD)制定的高性能涡轮发动机综合计划(IHPIET)明确指出，陶瓷基复合材料的研制目标是将使用温度提高到1 650℃或者更高。与陶瓷材料相比，连续纤维陶瓷基复合材料具有韧性高、抗突发性破坏能力强、耐高温、密度低、线膨胀系数低等特点，被美国国防部列为20项关键技术之首。

陶瓷基复合材料在航空发动机上的主要应用目标部件是涡轮叶片、涡轮外环、导向叶片、火焰稳定器、燃烧室内衬和尾喷管调节片等。SiC/SiC陶瓷基复合材料在中等载荷静止件上的应用已经取得成功。在1 200℃没有气体冷却条件下，寿命已经达到1 000 h。法国Snecma公司于20世纪80年代初就尝试在M88发动机上应用陶瓷基复合材料的喷管内调节片。其研制的C/SiC复合材料尾喷管调节片于1989年装机试飞成功，1996年正式在阵风号战斗机的M88-2航空发动机上服役使用。与Inconel 718高温合金相比，使用C/SiC复合材料不仅减重效果达到50%，而且使用寿命更长。美国GEAE/Allison公司开发并验证了Hi-Nicalon纤维增强的(纤维占40%)碳化硅陶瓷基复合材料燃烧室火焰筒。该燃烧室壁可以承受1 589 K温度，并与由Lamilloy结构材料加工的外火焰筒一起组成了先进的柔性燃烧室。

5. 在航天飞行器热防护系统上的应用

在航天飞行器再入大气过程中，由于强烈的气动加热，飞行器的头锥和机翼前缘的温度高达1 650℃，所以在航天飞行器表面采用热防护系统是其可重复使用的有效方法。热防护系统是航天飞行器的四大关键技术之一。第一代热防护系统的设计师采用防热-结构分开的思想，即冷结构外部加热防护系统。近年来，抗氧化C/C和C/SiC复合材料的发展，使得飞行器的承载结构和防热实现了一体化(热结构设计)。这种新型设计思想有利于减轻结构质量和更新传统结构。尤其是哥伦比亚号热防护系统失效造成的机毁人亡事件后，C/SiC陶瓷基复合材料更受关注。在航天飞行器热防护系统上的应用部件是头锥、机翼前缘、控制舵前缘、机身襟翼和面板等。

6. 在核聚变第一壁上的应用

SiC/SiC复合材料具有优异的高温性能，作为核聚变第一壁结构材料，在以He作冷却介质的系统中运行于800℃左右的高温下，将极大地提高能源系统的热效率。SiC本身是一种固有的低中子活化材料，因此，与金属型结构材料相比，它具有安全、便于维护和放射性处理等优势。

7. 在导弹端头帽和卫星天线窗框上的应用

20世纪60年代后期，美国将碳纤维增韧石英玻璃基复合材料用在航天技术中；20世纪70年代初期，上海硅酸盐研究所率先在我国研制出碳纤维增韧石英玻璃基复合材料，并成功地用于导弹端头帽和卫星的天线窗框。20世纪90年代中期哈尔滨工业大学又成功研制出短切纤维增韧石英玻璃复合材料，它也用作透波型和不透波型导弹端头帽的候选材料，并解决了复合材料致密化和石英玻璃析晶之间的矛盾。

参 考 文 献

[1]　师昌绪，李恒德，周廉. 材料科学与工程手册：上、下卷[M]. 北京：化学工业出版社，2003.

［2］ 曾汉民. 高技术新材料要览［M］. 北京：中国科学技术出版社，1993.

［3］ 王零林. 特种陶瓷［M］. 长沙：中南工业大学出版社，1994.

［4］ David B M, John E R. Reliability of advanced structural ceramic and ceramic matrix composites — a review ［J］. Am Ceram Soc Bull, 1987, 66(2)：309.

［5］ 李理，杨丰科，侯耀永. 纳米颗粒复合陶瓷材料［J］. 材料导报，1996 (4)：67 - 73.

［6］ Sbeppard Laurel M. Superfine oxide powders - flame hydrolysis and hydrothermal synthesis ［J］. Am Ceram Soc Bull, 1992, 71：4.

［7］ Becher P F. Mechanical behavior of alumina - silicon carbide nano - composites ［J］. J Am Ceram Soc, 1991, 74(2)：115.

［8］ Ebvans A G. High toughness ceramics ［J］. Mater Sci Eng, 1988, A105 - 106(11 - 12)：65 - 75.

［9］ Ebvans A G. Perspective on the development of high toughness ceramics ［J］. J Am Ceram Soc, 1990, 73(2)：187 - 206.

［10］ 益小苏，杜善义，张立同. 中国材料工程大典：第 10 卷 复合材料工程［M］. 北京：化学工业出版社，2006.

［11］ 周玉. 陶瓷材料学［M］. 哈尔滨：哈尔滨工业大学出版社，1995.

［12］ Naslain R. Processing of ceramic matrix composites ［J］. Key Eng Mater, 1998, 164 -165：3 - 8.

［13］ Inghels E, Lamon J. An approach to the mechanical behavior of C/SiC and SiC/SiC ceramic matrix composites ［J］. J Mater Sci, 1991, 26：8403 - 8410.

［14］ Xu Y D, Zhang L T. Three - dimensional carbon/silicon carbide composites prepared by chemical vapor infiltration ［J］. J Am Ceram Soc, 1997, 80 (7)：1897 - 1900.

［15］ Piconi C, Maccauro G. Zirconia as a ceramic biomaterial ［J］. Biomaterials, 1999, 20 (1)：1 - 25.

［16］ Evans A G, Faber K T. Toughening of ceramics by circumferential microcracking ［J］. J Am Ceram Soc, 1981, 64(7)：394.

［17］ Haraguchi K, Sugano N, Nihii T, et al. Phase transformation of a zirconia ceramic head after total hip arthroplasty ［J］. J Bone Joint Surg Br, 2001, 83(7)：996 - 1000.

［18］ Faber K T, Evans A G. Crack deflection processes — Ⅰ theory［J］. Acta Matall, 1983, 1(4)：565 - 576.

［19］ Warren R. Ceramic Matrix Composites［M］. London：Chapman and Hall, 1992.

［20］ 张长瑞，郝员恺. 陶瓷基复合材料——原理、工艺、性能与设计［M］. 长沙：国防科技大学出版社，2001.

［21］ 贾成厂，李纹霞，郭志猛，等. 陶瓷基复合材料导论［M］. 北京：冶金工业出版社，1998.

［22］ Evans A G, Zok F W. Review：physics and mechanics of fiber - reinforced brittle matrix composites ［J］. J Mater Sci, 1994, 29：3857 - 3896.

［23］ Marshell D B, Cox B N. A J - integral method for calculating steady - state matrix cracking stress in composites ［J］. Mech Mater, 1998, 7：127 - 133.

［24］　Evans A G, Zok F W, Mcmeeking R M. Overview No 118：Fatigue of ceramic matrix composites ［J］. Acta metal Mater, 1995, 43(3)：859 – 875.

［25］　Wang H, Singh R N. Thermal shock behavior of ceramics and ceramics composites ［J］. International Materials Reviews, 1994, 39(6)：228 – 244.

［26］　鲁云, 朱世杰, 马鸣图,等. 先进复合材料［M］. 北京：机械工业出版社, 2003.

［27］　乔生儒. 3D – C/SiC 复合材料的拉伸蠕变损伤及蠕变机理［J］. 材料工程, 2004(4)：34 – 36.

［28］　郭海. 高韧性 Si_3N_4 基复合材料的结构设计及制备［D］. 北京：清华大学, 1998.

［29］　尹洪峰. LPCVI – C/SiC 复合材料结构及性能的研究［D］. 西安：西北工业大学, 2000.

［30］　Shin Y S, Rhee Y W, Kang S L. Experimental evaluation of toughening mechanism in alumina – zirconia composites ［J］. J Am Ceram Soc, 1999, 82(5)：1229 – 1232.

［31］　Xu H H, Quinn J B. Effect of silicon carbide whisker – silica heat treatment on the reinforcement of dental resin composites ［J］. J biomed mater res, 2001, 58(1)：81 – 87.

［32］　向毅斌, 陈敦军, 吴诗淳. 材料界面增韧的力学机理及其强韧化设计［J］. 材料工程, 2000, 45(7)：10 – 12.

［33］　Wildan Mohammed, Edrees H J, Hendry Alan. Ceramic matrix composites of zirconia reinforced with metal particles ［J］. Materials Chemistry and Physics, 2002, 75(1 – 3)：276 – 283.

［34］　尹衍升, 李嘉. 氧化锆陶瓷及其复合材料［M］. 北京：化学工业出版社, 2004.

［35］　孙康宁, 尹衍升, 李爱民. 金属间化合物-陶瓷基复合材料［M］. 北京：机械工业出版社, 2002.

［36］　张玉军, 张伟儒. 结构陶瓷材料及其应用［M］. 北京：化学工业出版社, 2005.

［37］　穆柏春. 陶瓷材料的强韧化［M］. 北京：冶金工业出版社, 2002.

［38］　陈岚, 李锐星. ZrO_2 陶瓷的制备及应用研究进展［J］. 功能材料, 2002, 33(2)：129 –132.

［39］　Deng Z Y, Shi J L, Lai T R, et al. Pinning effect of SiC particles on mechanical properties of Al_2O_3 – SiC ceramic matrix composite ［J］. J Euro Ceram Soc, 1998, 18(5)：501 – 508.

［40］　侯向辉, 李贺军, 刘应楼,等. 先进陶瓷基复合材料制备技术—— CVI 法现状及进展［J］. 硅酸盐通报, 1999, 2：32 – 36.

［41］　Naslain R. SiC matrix composite materials for advanced jet engines ［J］. MRS Bulletin, 2003, 654 – 658.

［42］　Kimmel J, Miriyala N, Price J. Evaluation of CFCC liners with EBC after field testing in a gas turbine ［J］. Journal of the European Ceramic Society, 2002, 22：2769 – 2775.

［43］　Hao J C, Westbrook J H. Ultrahigh temperature materials for jet engines ［J］. MRS Bulletin, 2003, 28(9)：622 – 630.

［44］　Schmidt S, Beyer S, knabe H, et al. Advanced ceramic matrix composite materials for current and future propulsion technology app lications [J]. Acta Astronautica，2004，55：409 - 420.

[45] 张玉龙. 先进复合材料制造技术手册[M]. 北京：机械工业出版社，2003.

[46] Naslain R R. The design of the fiber matrix interfacial zone inceramic matrix composites[J]. Composites：Part A，1998，29：1145 - 1155.

[47] 张立同，成来飞，徐永东. 新型碳化硅陶瓷基复合材料的研究进展[J]. 航空制造技术，2003（1）：23 - 32.

[48] Eaton H E, Linsey G D, Sun E Y, et al. EBC protection of SiC/SiC composites in the gas turbine combustion environmental continuing evaluation and refurbishment considerations[J]. American Society of Mechanical Engineers，2001，4(2A)：18 - 22.

[49] Tong M T, Jones S M, Arcara P C. A probabilistic assessment of NASA ultra - efficient engine technologies for a large subsonic transport[J]. Proceedings of the Turbo Expo，2004：149 - 156.

[50] 邹武，张康助，张立同. 陶瓷基复合材料在火箭发动机上的应用[J]. 固体火箭技术，2000，23(2)：60 - 68.

[51] Christopher E G, James N M. Aerothermodynamic characteristics in the hypersonic continuum-rare field transitional regime[J]. International Journal of Electronics，2001，38(2)：209 - 218.

[52] 陈华辉，邓海金，李明，等. 现代复合材料[M]. 北京：中国物资出版社，1998.

[53] 谭毅，李敬锋. 新材料概论[M]. 北京：冶金工业出版社，2004.

[54] 陈朝辉，等. 先驱体转化陶瓷基复合材料[M]. 北京：科学出版社，2012.

[55] 金志浩，高积强，乔冠军. 工程陶瓷材料[M]. 西安：西安交通大学出版社，2001.

[56] 张立同. 纤维增韧碳化硅陶瓷复合材料[M]. 北京：化学工业出版社，2009.

[57] 张玉龙. 纳米复合材料手册[M]. 北京：中国石化出版社，2005.

[58] 成来飞，张立同，梅辉，等. 化学气相渗积工艺制备陶瓷基复合材料[J]. 上海大学学报，2014，20(1)：15.

[59] 张立同，成来飞，徐永东，等. 自愈合碳化硅陶瓷基复合材料研究及应用进展[J]. 航空材料学报，2006，26（3）：226.

第 7 章 C/C 复合材料

7.1 C/C 复合材料的发展历程

C/C(碳/碳)复合材料是由碳纤维和基体碳所组成的多相材料,它是 20 世纪 60 年代后期发展起来的一种新型高温结构材料。C/C 复合材料的发现源于一次偶然的实验。1958 年美国 CHANCE – VOUGHT 航空公司实验室在测定氧化物纤维增强酚醛树脂基复合材料中的纤维含量过程中,由于实验的失误,树脂基体没有被氧化,反而被热解,意外得到了碳基体。该公司通过对碳化后的材料进行分析,并与美国联合碳化物公司共同经过了多次实验后发现所得到的复合材料具有一系列优异的物理和高温性能,但氧化物纤维限制了该材料的使用温度。随后采用黏胶基碳纤维替代氧化物纤维制备了全碳质的复合材料,即 C/C 复合材料。这是一种具有新型结构的复合材料。C/C 复合材料的基体碳可以是热解碳、树脂碳或沥青碳等,它的最大特点是由单一的碳元素组成,不仅具有碳及石墨材料优异的耐烧蚀性能、良好的高温强度和低密度,而且由于有了碳纤维的增强,在一定程度上改善了碳材料的脆性和对裂纹的敏感性,解决了传统热解石墨存在的各向异性和易于分层等难题,大大提高了碳材料的强度。

7.2 C/C 复合材料的成型工艺

C/C 复合材料的制造工序主要包括碳纤维的选择、预制体成型、致密化、石墨化、机械加工和最终产品的检测等(见图 7 - 1)。

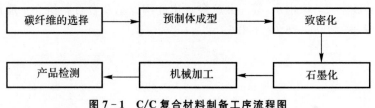

图 7 - 1 C/C 复合材料制备工序流程图

7.2.1 碳纤维的选择

碳纤维纱束的选择和纤维织物结构的设计是制造 C/C 复合材料的基础。通过合理选择纤维种类和织物的编织参数,如纱束排列取向、约束间距、纱束体积分数等,可以改变 C/C 复合材料的力学和热物理性能,进而满足产品性能设计的要求。

目前已有的碳纤维种类均可以作为 C/C 复合材料的增强体,其中主要包括黏胶基碳纤维、聚丙烯氰(PAN)基碳纤维和沥青(Pitch)基碳纤维。最常用的 PAN 基高强碳纤维(如 T-300)具有所需要的强度、模量和适中的价格。如果要求 C/C 产品强度与模量高、热稳定性好,则选用高模高强碳纤维;如果要求热传导低,则选用低模量碳纤维,如黏胶基碳纤维。目前黏胶基碳纤维应用已较少。

C/C 复合材料的碳基体是典型的脆性材料,同时具有高模量。根据复合材料的增强原理,纤维与基体承担的载荷之比正比于其模量比。碳基体本身的模量很高,为了保证纤维强度的充分发挥,往往需要选用高模量的纤维,这也是通常使用高模量纤维(如 M40)制备高强度 C/C 复合材料的主要原因。

对于应用的大多数 C/C 复合材料来说,在满足其他要求的同时,希望其有较好的强度、断裂应变以及较低的制备成本,因此多选用成本较低的高强碳纤维。但是,需要注意碳纤维的表面活性化处理和上胶问题。采用表面处理后表面活性过高的碳纤维会导致纤维与基体的界面结合过强,反而使 C/C 复合材料呈现脆性断裂,降低强度。因此,要注意选择合适的上胶胶料和纤维织物的预处理制度(一般>1 400℃),以保证碳纤维表面具有适中的活性。

7.2.2　预制体的成型

预制体的成型是指按产品的形状和性能要求先把碳纤维成型为所需结构形状的毛坯,以便进一步进行致密化的工艺。

预成型体按增强方式可分为单向(1D)纤维增强、双向(2D)织物和多向织物增强,或将预成型体分为短纤维增强和连续纤维增强。短纤维增强的预成型体常用压滤法、浇铸法、喷涂法和热压法。另外,整体碳毡也是短纤维增强的预成型体。

连续长丝增强的预成型体,其成型方法一是采用传统的成型方法,如预浸布、压层、铺层、缠绕等将其做成层压板、回旋体和异形薄壁结构;其成型方法二是近年来得到迅速发展的纺织技术——多向编织技术,如三向(3D),4D,5D,6D,7D 以至 11D 编织等。图 7-2 所示为几种典型多向编织 C/C 复合材料预制体结构示意图。

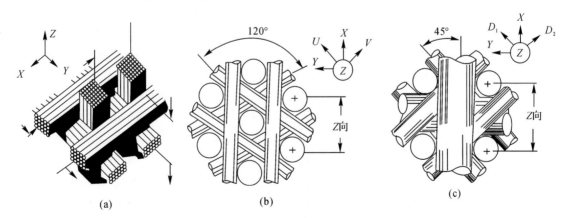

图 7-2　多向编织 C/C 复合材料预制体结构
(a)3D 结构;　(b)4D 结构;　(c)5D 结构

1D增强可在一个方向上得到拉伸强度最高的C/C复合材料。2D织物常常采用正交平纹碳布和8枚缎纹碳布。平纹结构性能再现性好,缎纹结构拉伸强度高,斜纹结构比平纹容易成型。由于2D织物生产成本较低,2D C/C在平行于碳布层的方向拉伸强度比多晶石墨的高,并且2D织物提高了抗热应力性能和断裂韧性,容易制造大尺寸形状复杂的部件,这些使得2D C/C复合材料继续得到发展。2D C/C复合材料的主要缺点是垂直布层方向的拉伸强度较低,层间剪切强度弱,因而易产生分层,常用于对力学性能要求不是很高的情况,如喉衬材料和飞机刹车材料等。

为了提高C/C复合材料结构的整体性,在三个正交的方向改进强度和刚度,发展了正交三向编织。3D C/C与2D C/C相比不仅剪切强度提高,而且可以获得可控烧蚀和侵蚀剖面,这对于再入飞行器鼻锥和火箭发动机喷管喉衬而言是十分重要的。

为了适应更为复杂的受力环境,人们已经发展了很多种多向编织方法。4D织物是将单向碳纤维纱束先用热固性树脂进行浸胶,用拉挤成型的方法制成硬化的刚性纱束(杆),再将碳纤维刚性杆按理论几何构形编织而得的。6D织物具有更为优良的各向同性结构。

穿刺织物也是一种三向织物,如AVCO公司的3D Mod3。如果用碳布代替正交三向织物中的 X-Y 向碳纤维,在 Z 向采用碳纤维刚性杆将碳布逐层穿刺在一起,即形成穿刺织物。

整体碳毡是短纤维增强的预成型体。利用传统的纺织针刺技术在专用的针刺机上可以把PAN预氧丝"纤网"制成平板毡、解锥体毡套或整体毡,然后对其碳化形成碳毡或整体碳毡。由于价格低廉,目前它已经获得了广泛应用,如用于飞机刹车盘、火箭发动机的喉衬等C/C复合材料构件的制备。

7.2.3　致密化工艺

致密化是制备C/C复合材料的关键技术。致密化方法主要分为两大类,分别为树脂、沥青的液相浸渍碳化工艺和碳氢化合物热解的CVI工艺。为获得高密度高性能C/C复合材料,实际中经常将CVI工艺与液相浸渍工艺结合使用。

7.2.3.1　液相浸渍碳化工艺

液相浸渍碳化(LPI)工艺是将碳纤维预制体及浸渍用的前驱体置于浸渍罐中,抽真空后充惰性气体加压使浸渍剂向预制体内部渗透,然后进行固化或直接在高温下进行碳化的方法,一般需重复浸渍和碳化5~6次而完成致密化过程,因而生产周期也很长。

液相浸渍剂应具有产碳率高、黏度适宜、流变性好等特点。许多热固性树脂,如酚醛和聚酰亚胺都具有较高的产碳率。某些热塑性树脂也可作为基体碳的前驱体,可有效减少浸渍次数,但需要在固化过程中施压以保持构件的几何结构。与树脂碳相比,沥青碳较易石墨化,在常压下沥青的产碳率为50%左右,而在100 MPa压力和550℃下产碳率高达90%。因此采用高压浸渍碳化工艺,可以大大提高致密化效率。压力还会影响碳的微观结构,低压下产生针状碳,高压下碳组织均匀粗大。

沥青的热解过程十分复杂,包括低分子化合物挥发、缩聚反应,分子结构的解理与重排(<400℃),碳的形核和长大(>400℃),形成基体碳过程。在热解过程中,具有芳香族结构的沥青小分子在液态下缩聚成大分子。由于液态环境中分子的自由运动,大的芳香族平面分子在范德华力作用下形成一定取向,而且层与层开始叠加,出现一个个类似液晶的小球体,这就是被称为中间相的液晶状态。由于反应历程的差异,一些分子不呈现取向性而形成玻璃态碳,如交联剂可使沥青分子在转变为中间相之前就发生交联反应而形成乱层结构状态。是否经过中间相状态通常决定着碳基体的显微结构。一般说来,液态沥青经过中间相-液晶态后所得碳的基体,经高温处理能够得到三维有序的石墨化组织。

由于 C/C 复合材料成本的 50% 来自致密化过程中的高温和惰性保护气体所需的复杂设备和冗长的工艺时间,所以研究新型前驱体以降低热解温度和提高产碳率是液相法的发展方向。

7.2.3.2　化学气相渗积(CVI)工艺

CVI 工艺是以丙烯或甲烷等碳氢气体为原料,使其在预制体内部发生多相化学反应的致密化过程。气体输送与热解沉积之间的关系决定了产物的质量和性能;沉积速率过快会因瓶颈效应而形成很大的密度梯度,进而降低材料的性能;沉积速率过慢则使致密化时间过长而降低生成效率。在保证均匀致密化的同时尽可能提高沉积速率是改进 CVI 工艺的核心问题。因此,在传统等温(ICVI)CVI 基础上,又发展了诸如热梯度 CVI、压力梯度 CVI、强制对流热梯度 CVI 和低温低压等离子 CVI 等多种新型高效工艺。其中,等温 CVI、热梯度 CVI、压力梯度 CVI、强制对流热梯度 CVI 的装置与制备陶瓷基复合材料的装置基本相同,所不同的是这些方法制备 C/C 复合材料一般使用烃类前驱体。

1. 等温 CVI(ICVI)

ICVI 是目前应用最为普遍的一种制备 C/C 复合材料的工艺,其工艺示意图如图 7-3 所示。该工艺首先将碳纤维先制成预成型体,放入沉积炉内(沉积炉一般采用石墨电阻加热或感应加热);然后对沉积炉抽真空排除炉内空气,加热到预定温度后,在一定的压力下,让碳氢气体不断地从坯体表面流过,完全通过扩散作用进入坯体内部。为控制反应速度,一般需要通入载气,载气通常为氢气、氮气或惰性气体。由于气体在坯体表面的输送状态远好于内部,使得热解碳在表面优先沉积下来,这就会过早地封闭了预制体表层的孔洞,切断了气体向预制体内部输送的输送通道,导致 C/C 复合材料密度不均匀。为改善这种状况,一般采用低温、低气体浓度,使沉积速度低于扩散速度。但是即使这样,仍会造成较大的密度梯度。通常的处理方法是借助表面机械加工,打开封闭的孔空洞,继续沉积。这样的过程往往需要多次循环,因而该工艺沉积周期很长,常为几周到几个月。尽管致密化周期长,ICVI 法仍是一种最通用的方法,这是因为该方法工艺稳定,同一炉内可制备形状大小各异、厚薄不等的各种部件。此外,采用大炉沉积,可形成规模效益。基于对热解碳沉积机理的深入研究,德国的 Hüttinger 和我国的张伟刚等提出并实现了可以控制气体滞留时间的 ICVI 工艺。

甲烷在高温下加热分解获得热解碳的过程,可以用图 7-4 所示的机理模型进行描述。甲烷气体在高温下发生热解和聚合反应,生成多种线形脂肪烃分子和自由基;随着反应时间延长,这些脂肪烃分子和自由基进一步合并、长大生成芳香化合物;随着反应的进行,芳环不断长大,相对分子质量也逐渐增大。相对分子质量越大的碳氢气体分子在固相表面吸附脱氢沉积热解碳的速率越大。然而,气体滞留时间的延长,将导致中间体相对分子质量的增大。根据扩散原理,相对分子质量越大,扩散系数越低,最终的结果就是滞留时间越长,气体扩散系数越低,气体扩散越困难。根据这一原理,在 ICVI 工艺中为了提高工艺效率和制件密度均匀性,必须严格控制气体的滞留时间。

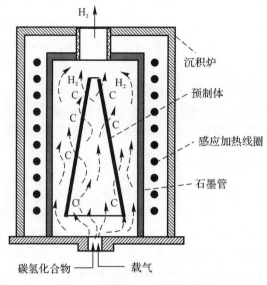

图 7 - 3　等温 CVI 工艺示意图

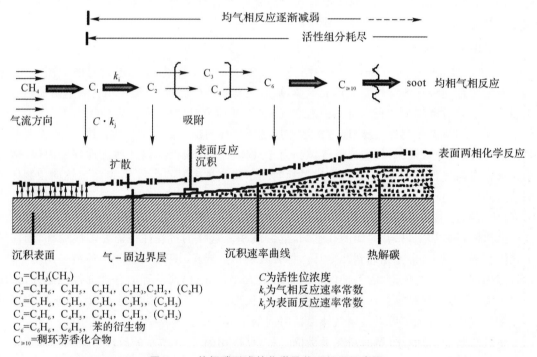

$C_1 = CH_3(CH_2)$
$C_2 = C_2H_6$, C_2H_5, C_2H_4, C_2H_3, C_2H_2, (C_2H)
$C_3 = C_3H_6$, C_3H_5, C_3H_4, C_3H_3, (C_3H_2)
$C_4 = C_4H_6$, C_4H_5, C_4H_4, C_4H_3, (C_4H_2)
$C_6 = C_6H_6$, C_6H_5, 苯的衍生物
$C_{\geqslant 10}$ = 稠环芳香化合物

C 为活性位浓度
k_i 为气相反应速率常数
k_j 为表面反应速率常数

图 7 - 4　热解碳形成的化学及物理机理示意图

　　为了控制气体的滞留时间,可以采用柱塞流反应器,使用柱塞流反应器可以保证气体在流动过程中保持层流状态。层流的特点(见图 7 - 5(a)),即沿垂直于管道壁面方向,边界层内的各质点流速为抛物线分布;边界层之外的质点流速相等。因此在垂直于壁面的截面上,各个质点的流动方向是相同的。而一旦发生湍流(见图 7 - 5(b)),部分质点发生回流,导致其流动方向改变,增加了这部分质点的滞留时间,使之与其他部分不同步,滞留时间就成为不可控的因

素。因此,设计层流的意义在于保证所有质点的流动方向相同,所有气体的滞留时间可以进行计算、控制。

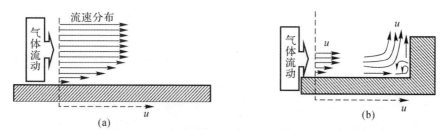

图 7 - 5　层流及湍流气体中的流速分布示意图

(a)层流气体中各质点的流速分布;　(b)局部湍流气体质点的流速分布

为了确保各处的气体都能以层流方式流动,设计了如图 7 - 6(a)所示的装置。由图可见,上、下石墨模具与预制体共同组成梭形体:上、下两端模具为石墨圆锥体,中间为圆柱形的纤维预制体。梭形体与外部的石墨模具之间是宽度均一的圆环形气流通道。气体从下端流入环形缝隙,沿着环形通道向上流动,当流经预制体外围时,气体在向上流动的同时向预制体内部扩散。扩散的同时发生热解,在预制体内部生成热解碳填充孔隙。为了确保气体滞留时间可控,采用了宽约 2～4 mm 的圆环形缝隙。根据滞留时间的定义,气体流经长度为 L、横截面积为 S 的通道,在该段通道内的滞留时间 τ 可表述为

$$\tau = \frac{LS}{Q} \tag{7-1}$$

式中,Q 为反应气体体积流量。当通道为圆环形,且缝隙 h 很窄且远小于圆的半径($h \ll R$)时,若圆的周长为 c,则式(7 - 1)可近似表达为

$$\tau = \frac{Lhc}{Q} \tag{7-2}$$

为了降低气体在进入预制体之前的滞留时间,可以提高流量,或者降低环形窄缝的截面积。在一定的气体流量范围内,通过设计狭窄的通道截面积,可以获得较低的滞留时间。

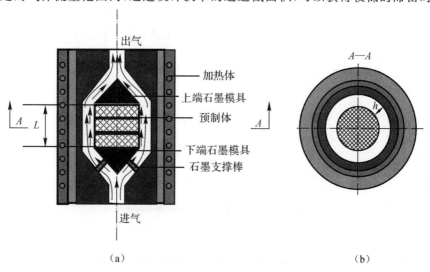

图 7 - 6　等温窄缝 CVI 工艺装置示意图

根据热解碳沉积的 particle‑filler 模型，从碳氢气体到热解碳的反应是一个分子逐渐长大的渐变过程。也就意味着，最大的沉积速率并不是发生在反应开始时，而是发生在反应进行到某个中间阶段时。在实际工艺控制中，如果能够控制气体的滞留时间，使得最大沉积速率发生在扩散终点——预制体的中心部位，则可以保持气体扩散通道的畅通，避免发生结壳现象，获得密度均匀的高密度 C/C 复合材料。据报道，该方法获得了最高密度高达 $1.9\ \mathrm{g/cm^3}$ 的碳/碳复合材料。

由于采用控制滞留时间的方法克服了 ICVI 工艺中存在的过早结壳问题，保留了 ICVI 工艺易于批量化生产的优点，同时 ICVI 工艺中由于沉积室内气体温度及总压力均匀分布，使得工艺参数控制比较简单，易于实现热解碳的织构控制。因此，ICVI 是目前工业应用最广泛的 C/C 复合材料致密化工艺。

2. 热梯度 CVI

热梯度 CVI 法如图 7‑7 所示，即将碳纤维的预制体放置于一个石墨支架上，然后装入沉积炉内。这个石墨支架既起支撑预制体的作用，同时也是发热体。反应气体以较高的流速通入，在石墨发热体的作用下，预制体内层温度迅速升高，达到沉积温度后，反应气体在一定的压力下到达预制体内层时开始分解并沉积。炉体采用水冷结构，具有很强的传热效率，预制体外侧流动气体通过对流传热方式将预制体表面的热量传递至炉体，可起到冷却预制体外层的目的，使外层温度低于反应气体的分解温度。这样在预制体的内、外表面形成一定的温度差，使热解碳的沉积先从其内层开始，沉积区由内向外逐渐推移，最后实现整个预制体的致密化。沉积可在常压下进行，热端温度一般控制在 $1\,000\sim1\,300℃$ 范围内。

该工艺可避免等温 CVI 法表面封孔现象，且不需要在沉积过程中对坯体表层进行机械切削。因此该工艺沉积速度快，制件密度较高。但由于沉积过程中存在较大的温度梯度，制品各部位基体碳的组织结构会存在一定差异，从而对性能产生一定的影响。

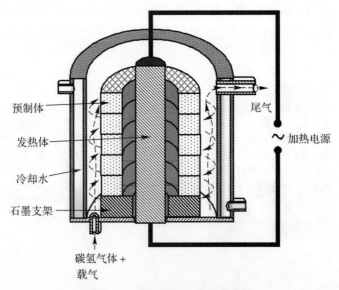

预制体

发热体

冷却水

石墨支架

尾气

加热电源

碳氢气体 + 载气

图 7‑7　热梯度 CVI 工艺示意图

3. 压力梯度 CVI

鉴于气体传输速度对整个致密化周期有很大影响,在等温 CVI 法基础上提出了压力梯度 CVI 法。它是利用压力的作用,强迫反应气体向预制体内对流传输的方法,如图 7-8 所示。将碳纤维预制体放入反应室的一端,使其封住反应室出口,反应气体以压力 P_1 从反应室的另一端通入。由于预制体对气流的阻力作用,其内部产生了压力梯度,出口处的压力 P_2 将小于入口处的压力 P_1。在整个沉积过程中,随着预制体密度的增加,对反应气体产生的阻力也增大,即预制体内的压力梯度随其密度的增加而增大,当压力梯度达到一定值时可结束沉积。

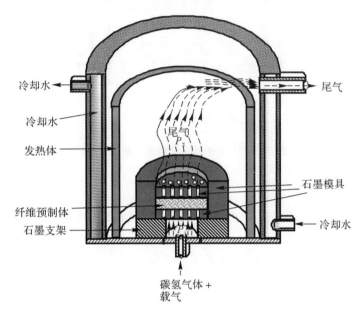

冷却水

冷却水

发热体

纤维预制体

石墨支架

尾气

尾气 P_2

石墨模具

冷却水

碳氢气体 + 载气

图 7-8　压力梯度 CVI 工艺示意图

与等温 CVI 法相比,压力梯度 CVI 工艺中坯体内部的输气状况有所改善,沉积较快,制品的密度较高。但由于坯体进气面的气体浓度高于内部,仍会出现表面封孔现象。在任何位置形成的封闭区域都会阻碍其下游低密度区的进一步致密化,导致致密化不均匀。另外,沉积炉要求能够密封而且要耐一定的压力,制品的形状不能太复杂,所以此法适用于沉积板状和筒状件,这使其应用受到限制。

4. 强制对流热梯度法(FCVI)

FCVI 法综合了热梯度法和压力梯度法的优点,其工艺原理如图 7-9 所示。在该工艺中,预制体置于石墨模具上,上端面加热,下端面冷却,反应气体由下端向上输送,高温区因温度最高而沉积速率最快,热解碳的沉积开始于高温面,随沉积过程的进行,沉积区向低温面推进,最终完成致密化。由于压力的存在,使反应气体在压力下强制流动,气体传质效率高,渗透时间大大缩短。通过工艺优化,有可能使沉积在整个预制体范围内同步进行。这样,就能有效提高沉积速率,且能保证密度的均匀性,内外表面密度梯度很小。FCVI 法因沉积效率高,制品性能好,发展潜力很大。其缺点是不适合形状复杂的制品。

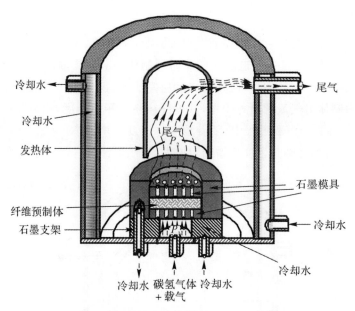

图 7 - 9　强制流动热梯度法工艺示意图

5.脉冲 CVI 法

在脉冲 CVI 工艺中,沉积室在前驱体气体压力与真空之间循环工作,即可迅速地将反应气体传入或将产生的气体排出预制体。在致密化过程中,预制体在反应气体中暴露几秒后抽真空排气,然后充气,如此循环。抽真空过程有利于反应副产物的排除,能减少制件的密度梯度。利用脉冲阀交替地充气和抽真空,反应气体能深入扩散到预制体内部孔隙。该工艺增加了渗透深度,故适宜制造不透气的石墨材料。影响脉冲 CVI 工艺因素除了反应温度、气体浓度以外,气体流动速度、气体填充整个沉积空间的时间以及被抽离沉积空间的时间,也是非常关键的因素。脉冲 CVI 法沉积速度快,沉积渗透时间短,沉积的碳均匀,制品不易形成表面结壳。脉冲 CVI 法可将密度为 1.86 g/cm³、总孔隙度为 18％的 C/C 复合材料继续增密至 1.94 g/cm³,说明这种工艺在坯体高密度增密阶段仍然能保持较高的沉积效率。但同时为了达到有效的沉积,必须重复上千次的抽真空-气流加压的操作,这对泵和加压系统提出了极其苛刻的要求,使得设备的维护费用高、沉积时间长、反应气体的利用率低。目前该法只限于实验室研究。

6.等离子体增强 CVI 法(PACVI)

等离子体是在低压辉光放电时产生的离子、电子、中性原子和分子的集合体,其主要特性是非平衡性和高能量。由于其非平衡性,等离子体不会加热气体和基体,也使沉积不再受平衡态热力学限制;由于其高能量,等离子体温度较高,如等离子体中的电子温度一般都超过10 000 K,因而可以在相当低的温度下激活化学反应。例如,以甲烷为碳源气体进行沉积,等离子体增强 CVI 可在 850℃下获得高出无等离子体增强 CVI 35 倍的沉积速率,而后者必须在1 000℃以上才开始沉积。由此可见,等离子体增强 CVI 的最大优点是沉积速度快,沉积温度低,因而能耗也低。但其缺点是,在沉积过程中,会造成预制体的表面密度高于内部的密度,从而必须中断沉积,将预制体进行机加工以打开孔隙,以致整个沉积时间较长,而且这种工艺沉积所得的基体碳微观结构多为非晶态,难以石墨化。

7. 限域变温压差 CVI 法(LCVI)

限域变温压差 CVI 工艺是一种制备 C/C 复合材料的快速致密化新技术,该工艺以 FCVI 工艺为基础,综合了热梯度 CVI 和等温 CVI 的优点,同时加入了致密化控制手段。采用一般的 CVI 法制备 C/C 复合材料时,材料不同部位的密度变化是不完全同步的,这样就可能造成制品的密度不均匀。为克服这一问题,发展了限域变温压差 CVI 工艺。该工艺通过分析在致密化进程中预制体不同位置受热环境的变化,对指定的区域进行加热,可有效控制沉积区域的温度,达到对整个致密化进程控制的目的,有利于在整个预制体内获得较为彻底的致密化效果。另外,通过控制合适的工艺参数,可以让致密化局限在一个很小的区域内,因此可以制备出具有特定密度梯度的 C/C 复合材料。

8. 自热式 CVI

在该方法中,预制体在电流作用下直接发热,由于辐射和气体对流,使坯体表面有热损失,造成坯体的内外表面形成了一定的温度梯度,沉积区由预制体内部向外部逐渐推进。由于预制体是直接通电加热的,因而这种冷壁自热式 CVI 升温、降温速度快(预制体的热容量较小)并且节能,对反应气体纯度和预制体的形状没有特殊要求,适用范围宽,可较自由地改变工艺参数,操作简单。此外,由内向外的沉积避免了表面封孔现象。但是其缺点是每炉制备的样品数量有限,且制品最终密度不高,并要求设备的电流电压在很大范围内可调节。

9. 微波加热 CVI

介质材料在微波电磁场的作用下会产生介质极化。在极化的过程中极性分子由原来的随机分布状态转向依照电场的极性排列取向,导致碰撞、摩擦和电流的产生,从而构成材料内部的能耗,将微波能转化为热能。将微波引入到 CVI 工艺中,旨在抑制预热解反应、提高气体扩散速率、促进表面沉积反应、弱化气体扩散与热解反应和表面沉积反应之间的矛盾,从而整体提高致密化效率。

微波加热 CVI 是把能量直接作用到预制体上,因此能量效率很高,而且能在理想条件下均匀加热。预制体整体被加热,由于辐射和对流,样品表面热量会损失,使得预制体本身产生内外温度梯度,反应气体优先在预制体内部高温处开始沉积,能减少表面孔隙过早地被封闭,沉积效率高。但是在沉积过程中,由于微波的跳动和内外温度的差异,造成沉积所得的热解碳存在结构差异,进而影响复合材料的整体性能。此外,该工艺对设备要求高,一次只能沉积一件预制体,且不适合对异型件的沉积。

10. 脉冲 FCVI

如果从气体流动状态分析脉冲 CVI,则可以认为脉冲 CVI 将气体的稳态流动改成非稳态流动,气体的非稳态流动造成反应室内气体压力的波动,预制体孔隙内的气体压力也作相应波动。在稳态流动下,由于孔隙内外的气体总压力相等($p_外 = p_内$),细小孔隙尤其一端封闭的盲孔(见图 7-10),孔隙内外的气体交换是很困难的。在非稳态流动下,孔隙内外的气体压力是波动的,在波动过程中,由于孔隙内外的传质存在速率限制,导致其压力波动不同步,常常存在压力差,如图 7-10 所示,即 $p_外 \neq p_内$。压力差的存在促进了孔隙内外的气体传质,进而提高了微观的孔隙填充效率,并有效提高了致密度以及微观的密度均匀性。因此从原理上,非稳态流动可以用于多数 CVI 工艺中,如果将其与 FCVI 结合,把 FCVI 工艺的气体流动从稳态改成非稳态,实现脉冲式流动,就产生了脉冲 FCVI。脉冲 FCVI 可以获得比 FCVI 更高的密度,孔隙填充更加充分。

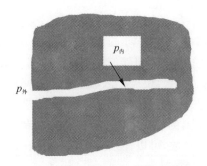

图 7-10　细小盲孔内外的压力示意图

11. 催化 CVI

由于碳氢气体在金属表面上的沉积速度远超其在碳表面上的沉积速度,因此可在预制体内部引入过渡金属催化剂,提高热解碳沉积速率。可以用作催化剂的金属有 Fe,Co 和 Ni 等。在沉积之前,必须先用催化剂处理碳纤维预制体毛坯。现在以 Ni 催化为例对此进行说明:毛坯在沉积前浸泡在 $Ni(NO)_3 \cdot 6H_2O$ 的甲醇溶液中;然后取出,在 95℃ 的空气中晾干 2h,将甲醇完全挥发;最后在 H_2/He 的混合气体中于 500℃ 保温 30 min 将 $Ni(NO)_3$ 还原为 Ni。若以 Fe 作催化剂,则需在沉积前将 Fe_3O_4 还原成 Fe 来进行催化。

催化 CVI 工艺目前仅局限于实验室,主要着眼于提高沉积速度。利用催化 CVI 法可制备较高密度的 C/C 复合材料,并且可通过调节工艺参数得到不同形态的基体碳组织,如网状结构的碳晶须和块状结构的基体碳。在催化 CVI 法制备 C/C 复合材料的过程中,各工艺参数对 C/C 复合材料最终密度的影响程度不同,其中温度的影响最大,其次为前驱体气体体积分数和催化剂体积分数,影响最小的是沉积时间。该工艺最大的优点:沉积温度低,可以在低于650℃下以丙烯为碳源进行沉积;沉积速度快,是等温等压 CVI 沉积速度的 3 倍。但它在实际操作中存在很大的局限性。例如,该工艺要求毛坯越薄越好,或最初孔隙度越大越好,这样才能使催化剂很好地渗入坯体。即使这样,催化剂仍难以分散均匀,所以造成这种工艺沉积的毛坯在厚度方向上存在较大密度梯度。

12. 液相汽化 CVI(CLVI)

CLVI 工艺有别于其他 CVI 工艺,其前驱体为液态,纤维预制体是通过辐射、传导、电磁感应及电阻来加热的。其工艺原理如图 7-11 所示,预制体浸渍于液相前驱体中,当温度足够高时,液相开始沸腾、汽化。汽化带走了预制体表面较多的热量,降低了表面温度,使得坯体内部的温度高于表面,形成由内至外的温度梯度。因此沉积从坯体内部开始,避免了表面过早的结壳。

CLVI 工艺的碳源通常为 C_6H_6,C_6H_{10} 或 $C_6H_5CH_3$,沉积温度一般在 1 000~1 300℃ 范围内,反应区从高温到低温分成 5 个部分。第一部分是石墨加热体和已致密化的预制体,热源保持恒定的温度,热量传输由 C/C 复合材料来完成;第二部分是致密化前沿,该区域很窄,温度梯度很大,所有的化学反应都在这一区域发生,形成大量的中间产物;第三部分处于前驱体热解温度以下,基本上不发生化学反应,但进行复杂的热质交换,结果是多组元气相共存;第四部分的温度分布在沸点附近,气相与液相碳驱体共存;第五部分处于制件的外边缘,保持液态,该区域可视为碳源前驱体的供应库。CLVI 法中,预制体浸泡在液态碳前驱体中,预制体直接与碳源接触,液相前驱体充分扩散进入到孔隙内部,使得碳纤维附近的碳源浓度很高。

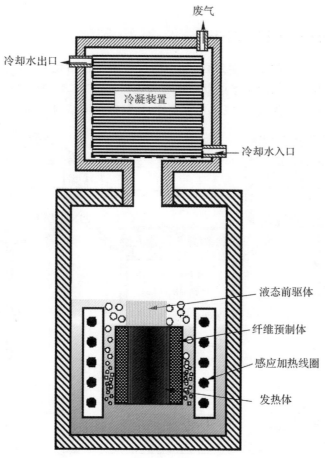

图 7-11　液相汽化 CVI 工艺示意图

　　CLVI 法结合了 CVI 法和液相浸渍法两种工艺的优点。与 CVI 法相比,所用碳源为液态,碳的浓度要远远高于气态的 CVI 法,单位时间内产生的沉积碳远高于 CVI 法;与液相浸渍法相比,低分子的有机化合物的黏度也远低于浸渍剂的黏度,这使其能充分渗入到预制体中更小的孔空隙中,使致密化效率大大提高。该工艺的优点是制备操作简单,在较短的时间内即可增密至理想的密度。但在沉积过程中,若反应器壁与预制体或者不同预制体之间靠得很近,容易产生"气阻"效应,不利于继续沉积。而且由于沉积是在常压下进行的,容易产生炭黑和其他副产物。另外,该工艺对设备的要求也较高。特别是冷却装置,要求确保将沸腾的前驱体蒸汽全部冷却回流,不产生污染、浪费和安全问题,需要冷却装置拥有足够的冷却效率。尤其是对于沸点较低的液态前驱体,冷却难度显著增加。

　　除 LPI 和 CVI 工艺外,近年来模压成型工艺也得到了较快发展。该工艺是采用短切碳纤维为增强体,以树脂或沥青为黏合剂,在一定的条件下经模压成型和碳化过程来制备 C/C 复合材料的一种简单、高效的手段。模压成型工艺的工艺参数主要有温度、压力、时间等。适当的温度使黏合剂具有良好的流动性,以实现黏合剂与纤维之间的充分黏合;模压的压力是实现坯体致密的有效手段,升高压力可使坯体密度增加,但过高的压力会导致预制体中黏合剂的挤出,进而使坯体产生裂纹,甚至破裂。经该工艺制备的 C/C 复合材料各向同性,可用作摩擦材料和防热材料。

7.2.3.3 典型 CVI 工艺特点总结

CVI 工艺是一个复杂的动力学过程,其中的过程主要包括化学反应过程、气体传质过程和热量传递过程。其相互间的关系可以简略地表达为如图 7 - 12 所示的示意图。其中,气体传质、传热、气体热解三者为过程,气体热解条件、预制体孔隙结构、气体成分则是状态。

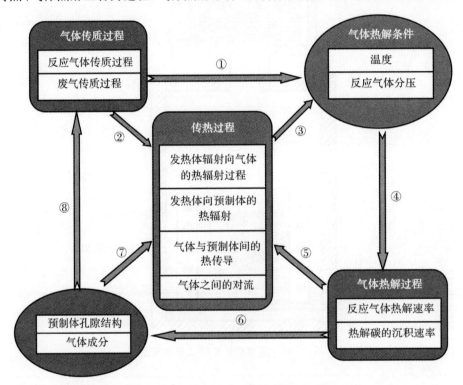

图 7 - 12 CVI 工艺的动力学过程示意图

①气体在预制体内的传质效率影响预制体内反应气体的分压。

②气体的流动以及在预制体内的扩散影响气体与预制体、气体与发热体之间的传热。

③传热过程决定气体的温度。

④反应气体的温度及分压决定气体热解速率的分布,进而决定整个热解过程。

⑤气体热解反应为吸热反应,影响传热过程。

⑥气体热解生成热解碳填充孔隙,改变了预制体的孔隙结构,同时,产生的废气导致气体成分发生变化。

⑦气体成分的变化导致气体的热物理参数改变,预制体密度的增加、孔隙结构的改变导致预制体热物理参数变化,这两者都影响了传热过程。

⑧预制体孔隙结构变化导致气体传质通道变化,气体成分变化导致气体流动及扩散的物理参数变化,这两者都影响气体的传质。

ICVI 工艺的温度分布及气体分压分布规律为温度均匀分布和分压不均匀分布。分压分布不均匀的原因在于气体传质与热解之间互相干扰。如图 7-13 所示,气体沿着孔隙由外向内传质,在传质过程中同时发生热解,热解会消耗反应气体,产生尾气,导致越靠近内部,气体中的反应气体所占比例越小,而尾气所占比例越大。因此,沿着气体传质方向的反应气体分压分布规律为越靠近外部分压越高,内部区域的分压最低。按照 Arrhenius 公式,在温度相同的情况下,分压越高则反应速率越高。因此相应地反应速率的分布规律也是越靠近外部反应速率越高,直接导致外部的热解碳沉积速率高于内部的沉积速率。相应地,孔隙填充速率也是外部高于内部,外部的孔隙优先得到填充而阻碍了气体向内部的扩散,形成了空心结构。这可以概括为气体传质和气体热解两个过程之间的竞争。如果热解速率过高、传质速率过低,就导致外部孔隙过早封闭。早期的 ICVI 工艺为了提高密度均匀性,采用较低的沉积温度以获得低的热解反应速率,保证气体向预制体内充分扩散。然而由于低速沉积延长了致密化周期,使得工艺成本增加,材料成本居高不下,所以 C/C 复合材料才有了“黑色黄金”之称。

图 7-13　CVI 工艺中的传质与热解相互影响关系示意图

为了改善 CVI 工艺制备 C/C 复合材料的密度均匀性、提高致密化效率、降低工艺成本,逐渐发展了众多的 CVI 工艺。可以归纳出如图 7-14 所示的发展主线,即以提高密度及其均匀性为目的,以优化沉积速率分布为着眼点,以反应温度及前驱体气体分压分布的调控为技术手段。采用创新的工艺方法,可获得最佳的工艺参数分布及变化规律。其中分布可以说是一种空间概念,而变化则是时间概念。因此,最终调整的对象就是温度及分压的空间分布及其随时间的变化。

图 7-14　CVI 工艺发展的主体思路

ICVI 工艺的时空特点见表 7-1。从空间分布来说,其温度分布均匀,气体压力分布均匀,由于化学反应导致反应气体的分压分布不均匀,所以最终导致了密度的分布不均匀。从时间角度来说,其温度、压力都是不随时间改变的,即使改变也是在较大尺度上的。例如前几十小时采用一种温度、压力和气体流量,之后改变,不存在分钟或者秒尺度上的工艺参数变化。因此等温工艺就可以总结为均匀恒定的温度、压力、流量,产生了不均匀的密度分布,见表 7-1。

表 7 - 1　ICVI 工艺的特点总结

工艺参数	空　间	时间（分秒尺度）
温度	均匀	恒定
压力	均匀	恒定
气体流量		恒定

　　按照上述的总结,可以认为改善工艺效果、提高密度均匀性,就要改变工艺参数。在空间分布方面,就是改变温度及压力的分布;在时间方面,就是改变温度、压力及流量的变化特点。根据这一思路,CVI 工艺发展可以归纳为如图 7 - 15 所示的框架图。

　　如图 7 - 15 所示,将等温 CVI 中的温度分布由均匀改为不均匀,就产生了热梯度 CVI;在实现热梯度的具体方法上继续改进,则产生了自热式、微波和 CLVI 工艺。它们的共同特点是都存在温度梯度,所不同的是实现温度梯度的方式。将 ICVI 中的气体总压力分布由均匀改为不均匀,就派生出压力梯度 CVI。将压力梯度 CVI 的原理与热梯度 CVI 的原理相结合,使预制体中兼具温度梯度和压力梯度,就产生了 FCVI。将 FCVI 中的实现方式进一步改进,则出现了限域变温压差 CVI。

　　在时间方面,如果把 CVI 工艺中的稳态流动改为非稳态流动,使气体流量和压力随时间而产生脉动式变化,就得到了脉冲 CVI。如果进一步将脉冲的原理用于 FCVI,将 FCVI 中的气体流动方式从稳态流动改为脉动变化,就形成了脉冲 FCVI。

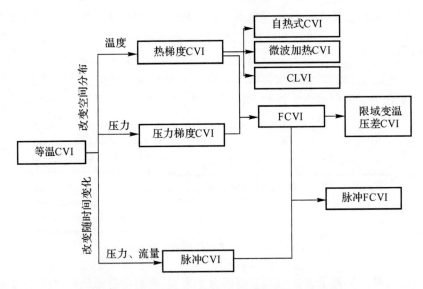

图 7 - 15　几种 CVI 工艺的工艺参数时空特点总结

　　催化 CVI 及等离子体增强 CVI 则是在热解反应原理方面所做的改善。其主要功能是提高热解反应速率,但是它不能有效改善最终的密度均匀性。因而它只限于实验室研究,尚未进入实际应用。

7.2.4　石墨化工艺

根据使用要求,通常需要对致密化后的 C/C 复合材料进行高温处理,常用的处理温度为 2 100~2 800℃,在这一温度下,N,H,O,K,Na,Ca 等杂质元素进一步逸出,碳发生晶格结构的转变,这一过程叫石墨化。通过石墨化处理,可以达到以下效果:实现基体碳相结构从过渡相向石墨结构相的转变;排除材料内部的杂质,提高纯度;提高和稳定材料的性能;改善和提高材料的可机加性;增加 C/C 复合材料的开孔率,有利于后期增密,提高致密化效率。正因为石墨化的上述作用,使其在 C/C 复合材料的成型加工中被大量采用。

7.2.4.1　石墨化机理

1.微晶成长理论

德拜和谢乐通过研究认为,无定形碳是由石墨微晶构成的。这些微晶石墨的晶体尺寸和大小有限,并且以不同的取向方式杂乱排列,因而在宏观上不能呈现有序排列。但是,可将这些微晶看作是一种有序排列的六角网络大分子,它们是碳素材料转化为石墨的基础。在对碳素材料进行高温处理时,当温度达到足以使这些分子中处于边界的原子或基团游离并形成空键时,原来互相平行定向的其他一些六角网格大分子便互相熔并,或定向熔接形成更大的六角平面分子,三维有序排列的石墨结构在此基础上形成。

2.再结晶理论

这一理论是从金属再结晶理论引申出来的,其主要论点:在一定温度下石墨化过程才能发生,并且在这些温度的再结晶很快达到极限,温度的保持对晶体的长大不产生效果;不同的碳素结构,其开始石墨化的温度也不同,且转化的石墨性质也不相同;杂质对石墨化没有影响,但一部分石墨是通过碳化物形成的;石墨晶体尺寸随温度升高而增大,但只是数量的变化,没有质的变化。

后来的研究表明,石墨化是一种比再结晶理论描述的远为复杂的多阶段过程。材料在石墨化过程中既有晶体尺寸、数量的增大,也有原子价键的改变和有序排列等质的变化。

7.2.4.2　石墨化的反应过程

石墨化过程可分为以下三个阶段:

第一阶段(1 273~1 700 K):主要是碳化过程后继续进行的化学反应阶段,以化学反应为主,伴随着吸热和部分物理变化。在这一阶段,有机物碳化后所有残留下来的脂肪族链、C—H 键、C=O 键先后断裂;乱层堆垛结构中层间的碳原子、氢、氧、氮、硫等单体或 H_2,CO,CO_2 等简单分子也先后逸出;杂散的平面分子逐步结合成具有六角网络的大分子;部分微晶边界消失,原来的界面能以热的形式放出。在这一阶段,碳素结构没有发生改变,如碳原子层堆积没有明显增大,微晶尺寸仍然保持原有水平,其有序排列仍然停留二维平面内,结构仍然为乱层堆集的结构。

第二阶段(1 700~2 400 K):这一阶段是体系结构朝有序化逐步转变的阶段。随着温度上升,碳原子热振动频率增加、振幅增大,网格层面向三维排列的有序排列过程转变,结构中的层间距离缩小；晶体平面上的有序排列程度加大，晶界消失，放出潜热。

第三阶段（2 400 K 以上）：晶粒长大和再结晶阶段。首先，随着第二阶段有序化的继续，易石墨化碳的晶粒沿 a 轴已长大到 $10\sim15$ nm，c 轴约为 20 nm；然后，通过再结晶机理使碳平面分子内部或分子间的碳原子发生移动，完善晶粒和三维排列，同时碳分子的各种蒸发物 C_1，C_2，$C_3(C_2+C)$，$C_4(C_3+C)$ 在固相和气相间进行物质交换和结合，再结晶过程加速，石墨结构得以形成。

上述是可石墨化或易石墨化的整个石墨化过程，而对于难石墨化碳而言，则需要更高的温度才能发生交叉键的断裂。

7.2.4.3　影响石墨化过程的因素

1. 温度对石墨化速度的影响

温度对石墨化速度的影响可以用阿累尼乌斯公式来描述，即

$$K = K_0 e^{-E/(RT)} \tag{7-3}$$

式中，K 为石墨化过程 T 温度下的反应速率；K_0 为为频率因子；E 为为活化能；R 为为气体常数；T 为反应温度。

对式（7-3）两边取对数并微分可得

$$d\ln K/(dT) = E/(RT^2) \tag{7-4}$$

从式（7-4）可以看出，$\ln K$ 随 T 的变化率与 E 成比例关系。高温有利于无定形的碳素结构向石墨结构转变。通常在 2 000℃ 以下，无定形碳的石墨化速度很低，只有达到 2 200℃ 以上，石墨化速度才能有明显的提高。

2. 处理时间对石墨化度的影响

早期，多数人认为石墨化度仅由最高石墨化温度决定，处理时间在 15 min 以上，石墨化程度与处理时间无关。但是，后来发现时间的影响也不能忽视。在高温下滞留时间的长短仍然起一定作用。可以这样认为，石墨化温度越高，材料完成石墨化程度需要的时间越短，在几分钟或十几分钟即可达到一定石墨化程度；而在较低的温度下，石墨化需要较长时间才能完成。在石墨化高温下逗留时间（t）的长短与石墨化程度（G）及速度常数 K 的关系可用下式表示：

$$G = 1 - e^{-Kt} \tag{7-5}$$

石墨化度在宏观上的含义是材料有多少比例达到了完整的石墨晶体结构，在微观上的含义是不同过渡状态的碳结构接近理想石墨晶体的程度。石墨是碳元素在自然界中最稳定的存在形式，碳素材料在常压下加热，其结构都渐渐地靠近石墨结构。

7.2.4.4　石墨化度的表征

表征碳／石墨材料石墨化度的方法主要有以下三种。

1. X 射线衍射线法（XRD 法）

该法直接用 XRD 法测量（002）面的层间距 d_{002} 来表征石墨化度，或者以此计算石墨化度值。其简化计算式为

$$d_{002} = 0.335\,4G + 0.344\,0(1-G) \tag{7-6}$$

当 G 值由 0 变化到 1 时，表示完全乱层结构转化为理想的石墨晶体，即 G 值越大，石墨化程

度越高。式(7-6)移项后可得

$$G = (0.344\,0 - d_{002})/(0.344\,0 - 0.335\,4) \tag{7-7}$$

式中,G 表示具有理想石墨晶格结构的概率;$0.344\,0$ 为完全未石墨化碳材料的层间距(nm),由富兰克林据经验规定;$0.335\,4$ 是理想单晶石墨的层间距;d_{002} 为 XRD 图谱上由石墨主要特征峰(002)峰计算出的层间距,根据布拉格公式计算,即 $d_{002} = \lambda/(2\sin\theta)$,式中 λ 为入射 X 射线波长(nm),θ 为衍射角。

通常都用式(7-7)来表示石墨化度,即不同过渡状态碳的结构接近理想石墨晶体的程度。对于均质单相石墨材料,用 XRD 测得的层间距是整个碳结构的统计平均值,因此 G 具有一定的物理意义,并作为石墨化度的衡量标准而广泛采用。

2. 激光拉曼光谱法

该法用激光拉曼光谱峰的强度比值来表征石墨化度。此方法获得的图谱上,存在两个峰:一个大约位于 1 580 cm⁻¹ 处,称作 G 峰;另一个峰大约位于 1 360 cm⁻¹ 处,称作 D 峰。G 峰被认为是对应石墨结构的峰,D 峰被认为是对应缺陷的峰,两峰的积分强度比率 $I_{\mathrm{D}}/I_{\mathrm{G}}$ 与平面上微晶的平均尺寸或无缺陷区域成反比关系。比值越小,微晶越大,结晶越完整,材料的石墨化度越高。

3. 磁阻法

磁阻是存在外加磁场时的电阻率相对于未加磁场时的电阻率的变化率,它由载流子的平均迁移率和磁感应强度决定,而载流子的迁移率强烈地依赖于晶粒大小和晶粒完整性,因此磁阻是一个反映材料结构的值,可以用作碳/石墨材料的结构参数。

除以上三种方法外,还有真比重法、石墨酸定量法等间接反映石墨化状态的方法。

7.2.4.5　石墨化对 C/C 复合材料组织与性能的影响

1. 石墨化对 C/C 复合材料组织结构的影响

C/C 复合材料的基本结构为乱层结构或介于乱层结构与石墨晶体结构之间的微晶型(见图 7-16)。石墨晶体是网平面的三维有序堆聚,而乱层结构仅在网平面上二维有序,其整体呈紊乱状态;层间距 d_{002} 较大,表观微晶尺寸 L_{c} 和 L_{a} 较小。随着热处理温度升至一定值,开始发生三维平面的排列;伴随着层间间距减小,表观微晶尺寸增加。

2. 石墨化对 C/C 复合材料性能的影响

随着石墨化度的升高,材料的电阻率呈下降的趋势,且电阻率 ρ 随石墨化度 G 的变化符合线性关系 $\rho = a \cdot G + b$,线性相关系数的绝对值大于 99%。但对于不同的材料,公式中参数 a,b 的取值不同。影响 a,b 值大小的因素主要有复合材料的结构和表观密度。具有类似结构的两种复合材料,a 值相等;复合材料的表观密度越高,则其 a 的绝对值、b 值越小,亦即在石墨化度相同时,表观密度较高的材料导电性能较好;由于石墨化度的升高对复合材料导电性能的提高较少,故导电性能对石墨化度的敏感程度较低。

随着石墨化度的提高,材料的抗弯强度呈加速下降的趋势(见图 7-17),当石墨化度为 77.3% 时,材料的抗弯强度仅为石墨化度为 28.4% 时抗弯强度的 60%。

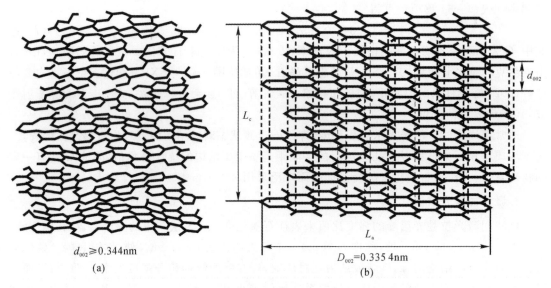

$$d_{002} \geqslant 0.344\text{nm}$$

(a)

$$D_{002} = 0.335\,4\text{nm}$$

(b)

图 7-16 碳的结构比较

（a）乱层结构； （b）3D 石墨晶格

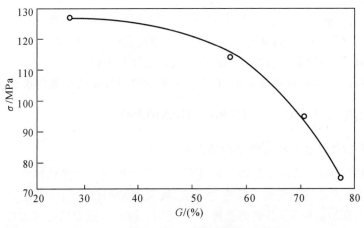

图 7-17 石墨化度 G 对抗弯强度 σ 的影响

石墨化对 C/C 复合材料的热学性能也有明显影响。一般地说，随着石墨化度的提高，材料的热导率提高，热膨胀系数减小，因此在同样孔径大小及孔率分布的情况下，高度石墨化材料有较好的耐烧蚀性能。喉衬材料的石墨化度对烧蚀率的影响尤其显著，即石墨化度较低时，碳的活性大，热导率低，受化学动力学支配的烧蚀率明显增大。

3. 石墨化工艺考虑的主要因素

进行石墨化的坯体是经过致密化工序后的 C/C 复合材料的毛坯，它们具有各种不同形式的增强相、密度、孔隙分布、基体碳，为了使不同类型的 C/C 复合材料毛坯获得较高的石墨化度，在制定石墨化工艺时应考虑以下因素：

1）对于由碳毡或 2D 碳布类增强的 C/C 复合材料，由于坯体的强度或层间强度低，应避免采用急剧的升温工艺制度。

2）对于碳化不完全的坯体，为防止未碳化的有机物或低分子化合物的急剧挥发，应在低温阶段采用较低的升温速率。

3）对于碳基体难石墨化的 C/C 复合材料，为达到较高的石墨化度，应采用催化石墨化的方法。

4）对于易石墨化的碳基体、强度较高的多维增强 C/C 复合材料坯体，为了缩短工艺周期和减小能耗，可采取较高的升温速度。

5）在易发生气胀或晶胀的温度区间内，为了消除坯体的尺寸变化或结构变化带来的不良效果，应采取适当的低升温速率或适当保温的措施。

6）石墨化的最高温度应根据坯体的特性、技术条件和用途来制定。易石墨化的沥青基体的最高石墨化温度约为 2 400～2 600℃，难石墨化的基体碳需高达 3 000℃ 的石墨化温度，催化石墨化的温度约为 2 200～2 400℃。

7）对于石墨化最高温度下的保温时间，碳素材料的石墨化主要取决于温度而不是在该温度下的保持时间，但为了保持坯体的整体温度均匀，应视坯体形状和尺寸给予相应的时间。

7.2.5　机械加工和检测

通常可以用一般石墨材料的机械加工方法对 C/C 复合材料制品进行加工。由于 C/C 复合材料成本昂贵，而且有些以沉积碳为基体碳的 C/C 复合材料质地过硬，需要采用金刚石丝锯或金刚石刀具进行下料和加工。

为了保证产品质量和降低成本，在 C/C 复合材料制造过程中，每道工序都应进行严格的工艺控制；同时在重要的工序之间要对织物、预成型体、半成品以及成品进行无损检测，检查制品中是否有断丝、纤维纱束皱折、裂纹等缺陷，不能将次品投入下道工序。无损检测中最常采用的是 X 射线无损探伤，近年来开始采用 CT 作为 C/C 复合材料火箭喷管的质量检测手段。对随炉试样和最终产品坯料上取样进行全面的力学及热物理性能的测试也是完全必要的。

7.3　C/C 复合材料的组织结构

C/C 复合材料的基体碳主要有三种获得方式：①由碳氢化合物裂解形成 CVI 沉积碳；②由沥青经脱氢、缩合，获得中间相沥青碳；③由树脂热解碳化得到各向同性玻璃态树脂碳。

7.3.1　CVI 热解碳的显微结构与沉积机理

1. 热解碳的显微结构

C/C 复合材料预制体一般是由碳纤维通过碳布叠层或多向编织制作而成的。在沉积过程中，以碳纤维预制体作为复合材料的骨架，热解碳直接沉积在碳纤维上，形成基体碳；随着沉积的进行，热解碳不断加厚，逐渐填充孔隙，使材料逐渐致密化。由此可见，致密化过程即为热解碳的不断生长加厚的过程，而某一位置的热解碳的生长状况决定了该处基体碳的形式。

CVI 的原理即通过气相物质的分解或反应生成固态物质，并在某固定基体上成核并生长。对于 C/C 复合材料,获取 CVI 碳的分解或反应的气体主要有甲烷、丙烷、丙烯、乙炔、天然气等碳氢化合物。固态碳的沉积过程十分复杂,与工艺参数的控制有密切关系。根据不同沉积温度沉积碳可为不同形态,如在 950～1 100℃ 为热解碳,在 1 750～2 700℃ 为热解石墨。

早期研究表明,热解沉积碳有以下三种不同的显微结构形态:

(1)光滑层(Smooth Laminar,SL)。这种结构一般在温度较低(＜1 400℃)、中等的气体浓度和压力、基材具有较大的表面积情况下得到。碳原子的平面在气相中形成,并沉积在基材表面上,最终形成带有生长锥的表面成核热解碳。通常这种结构表现为一种从基材表面向外的放射状,是一种乱层结构。

(2)粗糙层组织(Rough Laminar,RL)。这种结构一般在较低的反应气体压力,较低的温度或者是很高的温度下得到。生长锥既可以从表面的缺陷处也可以从成核于表面的小滴上生长。

(3)各相同性碳(Isotropic,ISO)。这种热解碳类型通常在高温(1 400～1 900℃),较高的气体压力和反应气体浓度,但气体流速较低的情况下得到。在这样的条件下,碳粒子在气相中生成,并沉积在表面上,形成多孔的碳沉积物。

近年来,基于 C/C 复合材料在正交偏光(PLM)下形貌特征,基体碳被分为粗糙层、光滑层、暗层和各向同性四种结构。以消光角(A_e)为指标将其分为粗糙层(RL:$A_e \geqslant 18°$),光滑层(SL:$12° \leqslant A_e < 18°$),暗层(DL:$4 \leqslant A_e < 12°$)和各向同性(ISO:$A_e < 4°$)。基于透射电子显微镜结合选区电子衍射(SAED)测定 C/C 复合材料基体碳的取向角(OA),可以将热解碳分为高织构(High Texture,HT:OA＜50°),中织构(Medium Texture,MT:50°≤OA＜80°),低织构(Low Texture,LT:80°≤OA＜180°),各向同性(OA ＝180°)。为了方便对这两种分类方法进行比较,德国学者 Boris Reznik 经过研究热解碳织构后,将这两类分类方法统一起来(见图 7 - 18)。

2. 热解碳的沉积机理

基体热解碳的织构直接影响 C/C 复合材料的性能,例如材料的力学性能、热性能以及摩擦磨损性能等。对热解碳沉积和形成机理的研究有助于指导沉积工艺的制定,实现快速致密化,并可按应用要求来控制织构。对热解碳沉积机理的研究已有百余年的历史,至今提出的机理很多,最具代表性的主要有单原子沉积机理、分子沉积机理、缩聚机理、表面分解机理、液滴机理、固体颗粒机理和黏滞小滴机理等。

单原子沉积机理是较早提出的一种热解碳沉积理论。该理论认为高温下气态的碳氢化合物在气相或基材表面直接游离出碳,这种碳可以是单个原子,也可以是小的原子簇团或碳环。单原子机理无法解释热解过程中产生较大的碳氢化合物分子这一现象。

分子沉积机理主要包含两种理论,C_3 分子理论与乙炔理论。它们的核心都是碳氢化合物在形成热解碳前,总是要先形成 C_3 分子或乙炔分子,然后再通过这些分子的进一步反应生成热解碳。

缩聚机理是根据热解过程中形成高相对分子质量的碳氢化合物这种现象提出的。通过自由基及各种中间产物的缩聚反应,经气相成核形成聚集体。这些聚集体如果与基材表面相接触,可经脱氢与碳化反应,形成热解碳。热解碳的取向取决于聚集体的黏度与形状。缩聚机理中基材表面对热解碳的形成起重要的作用,表面结构及表面催化作用会对沉积过程产生影响。

表面分解机理认为发生于基材表面的直接缩聚沉积是碳氢化合物热解时的主要反应,它抑制了气相形核生成炭黑的均相反应。其结果是在基材表面直接形成了热解碳。低分子碳氢化合物在不同基材上热解时的活化能都相同;而碳素表面由于内部缺陷、杂质及边缘未饱和碳原子等存在活性区,该活性区对加速烃在基材上的热解和成碳具有极大的催化作用。

液滴机理认为碳氢化合物在气相中先聚合成黏流液核,即液滴,液滴再碳化形成热解碳。若液滴的碳化发生于气相中,将形成各向同性碳;若液滴的碳化发生于基材表面,会得到规整性较好的层状碳。

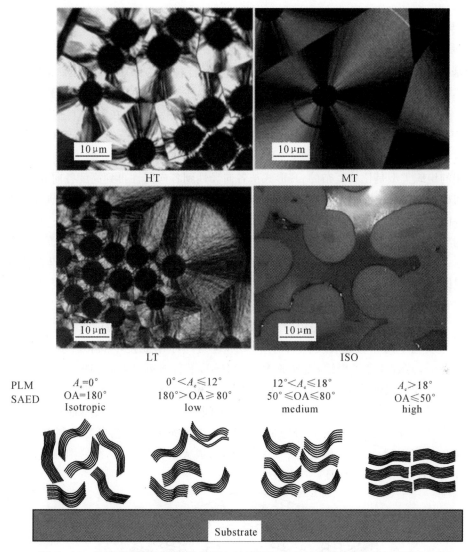

图 7 - 18　热解碳沿衬底表面择优取向以及基于偏光显微镜和电子选取衍射得到的消光角与取向角对应关系示意图

固体颗粒机理认为在一定工艺条件下,气相中会生成很多球状的固态粒子。固体粒子是中心发散的球状结构。固体粒子沉积于基材表面后可通过粒子间低分子碳氢化合物的碳化作用黏结在一起,得到规整性较差的热解碳结构;而规整性高的层状碳是通过分子沉积机理产生的。

黏滞小滴机理是在液滴机理与固态粒子机理的基础上提出的。该理论认为热解碳的形成都经历了一种黏滞性球状聚集体,之所以表现为固态粒子或液滴只是因为液滴黏度不同。

上述这些热解碳沉积机理的提出,一方面反映出热解碳沉积过程的复杂性,另一方面也表明研究学者对热解碳的生成过程及规律还缺乏统一的认识。各种沉积机理的局限在于仅根据某种沉积现象对一种沉积方式进行强调,试图用一种沉积方式解释整个沉积过程。而且许多关于热解碳沉积机理的研究,都集中于流化床或石墨表面的沉积,而对 C/C 复合材料热解碳基体形成的特殊性和复杂性缺乏足够的重视。

7.3.2 沥青碳的显微结构

沥青基 C/C 复合材料的微观结构与 CVI-C/C 复合材料的微观结构是截然不同的。相比之下,沥青基 C/C 复合材料的组织要疏松得多。前者在基体内存在着大量由于热解反应产生的空隙,基体通常由粒径不一的各向异性单元组成,这些单元通常在整体上显得比较杂乱,而不像 CVI-C/C 复合材料中的热解碳那样规则。当然,它的性能一般也低于 CVI-C/C 复合材料的性能。

沥青碳的组织类型是比较复杂的,其形式从各向异性到各向同性再到高度各向异性,变化很大。而中间相的生成与发展状况无疑是其中重要的决定因素之一。中间相沥青在碳化时形成各种形式的各向异性组织,因原料沥青中各种成分含量不同,其中间产物的形式也不一样。在此过程中沥青的黏度变化也不同:黏度过大不利于中间相的融并和生长,而且也不利于沥青对预制体的充分浸渍;黏度较小则有利于预制体的充分浸渍和中间相的融并发展,从而能产生较大区域的各向异性组织,获得较好的材料性能。一般,根据各向异性单元的尺寸划分沥青碳组织的类型,可粗略地将其分为域组织(Domain)、镶嵌组织(Mosaic)及各向同性组织(Isotropic)。

一般来说,沥青碳的显微组织是由沥青碳化特性所决定的。沥青向中间相转化时,原始的粗糙体转变成块状中间相。在转变点(约 430℃),应力的作用促使中间相转变为纤维结构。当中间相转化时,芳香环分子聚结,发展成大平面分子,平行排列成行,如图 7-19 所示,形成层片状结构。这层片状结构是一种长程有序的结晶结构。由于受碳纤维的表面状态、纤维束的松紧程度以及碳化和石墨化条件等因素的影响,中间相片层会形成扭转弯曲的条带叠层,并且条带结构会产生各种变形,如图 7-20(a)所示。受边界条件及工艺参数的限制,石墨层平行堆叠的完善程度不同,有的堆叠成大平面层结构,形成大浪花的形状,有的则堆叠成小花形,形似英文字母 O,U,Y 和 X(见图 7-20(b))。

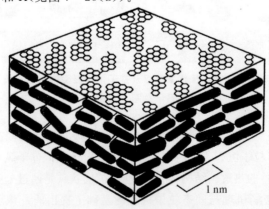

1 nm

图 7-19　沥青中间相结构示意图

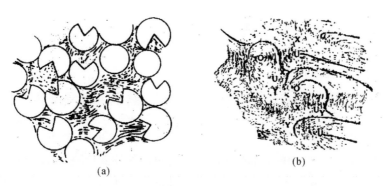

(a)　　　　　　　　　(b)

图 7 - 20　沥青碳中石墨层片条带结构示意图

7.3.3　树脂碳的显微结构

树脂碳是一种难石墨化碳,其显微结构主要取决于热处理温度。树脂碳化后,主要形成玻璃态各向同性碳,在偏光显微镜下其结构是无显微结构形态特征的光滑平面,X 射线衍射分析表明其没有显示石墨(结晶态)结构的特征谱线。经过 2 500℃ 石墨化后,在树脂碳/碳纤维界面上,首先出现了由各向同性树脂碳转变形成的各向异性石墨碳。

这种各向同性、非石墨化的树脂碳石墨化时的驱动力,是由纤维/树脂碳之间热膨胀系数差异而引起的应力积累。石墨/各向同性碳在热处理时的应力可达 300 MPa。因此,树脂碳转变为石墨的石墨化现象称为"应力石墨化"。

不同类型的碳纤维,出现这种石墨显微组织时的热处理温度不同。模量越高的纤维,所需的热处理温度越低。

在纤维/树脂碳界面出现后,树脂碳的石墨化随着时间与温度的增加,逐渐扩展到整个树脂碳中,直到 2 800℃,树脂碳全部转为石墨结构。

7.4　C/C 复合材料的性能特点

7.4.1　C/C 复合材料的基本化学和物理性能

C/C 复合材料经过高温热处理后,其化学成分基本是碳元素(>99%),因此它具有碳的优良性能,包括耐高温、抗腐蚀、较低的热膨胀系数和较好的抗热冲击性,并且与石墨一样具有耐酸、碱和盐的化学稳定性。C/C 复合材料在常温下不与氧作用。开始氧化的温度为 370℃(特别是当有微量 K,Na,Ca 等金属杂质存在时),当温度高于 500℃ 时将,会发生严重氧化。体积密度和气孔率随制造工艺的不同变化较大,密度最高时可以超过 2.0 g/cm³,而开口气孔率只有 2%～3%。

7.4.2　C/C复合材料的室温性能

1. C/C复合材料的强度和模量

C/C复合材料的强度既与增强纤维的方向、含量以及纤维与界面结合程度有关,也取决于碳基体本身(基体碳种类不同,强度也不同)。其弹性模量取决于平行纤维轴向的方向和碳基体,在平行纤维轴向的方向上拉伸强度和模量高,在偏离纤维轴向的方向上拉伸强度和模量低。表7-2给出了单向和正交碳纤维增强C/C复合材料的性能比较。表7-3给出了典型三维正交增强C/C复合材料在25℃时的性能比较。可以看出,C/C复合材料的高强、高模特性主要来自碳纤维。但由于C/C复合材料中纤维和基体的界面结合较弱,或在制备过程中碳纤维受到一定的损伤,应力不能在纤维中有效传递,致使碳纤维强度的利用率只有25%～50%。碳纤维在C/C复合材料中的取向明显影响材料的强度。一般情况下单向增强复合材料强度沿纤维方向拉伸时的强度最高,但其垂直方向性能较差。这是因为碳纤维长度方向的力学性能由碳纤维控制,垂直方向的力学性能主要由力学性能相对较弱的碳基体(主要原因是其中有大量的裂纹、孔隙和其他缺陷)控制,而正交增强可以减少纵、横向强度的差异。图7-21所示为单向与三向增强C/C复合材料在不同温度下弯曲强度的比较。可以看出,单向增强复合材料强度在试验温度下均优于三向增强时,而且C/C复合材料在强度上明显高于块状石墨。图7-22所示为C/C复合材料的弯曲强度、弹性模量与碳纤维、石墨等碳材料相应性能的比较。一般来说,C/C复合材料的弯曲强度介于150 MPa和800 MPa之间,而弯曲弹性模量介于50 MPa和200 GPa之间。

表7-2　单向、正交增强C/C复合材料性能

增强方式	纤维体积分数 %	密度 g・cm^{-3}	抗弯强度 MPa	抗拉强度 MPa	弯曲模量 GPa	热膨胀系数(0～1 000℃) /(10^{-6}/K)
单向	65	1.7	827	690	186	1.0
正交	55	1.6	276		76	1.0

表7-3　典型三维正交增强C/C复合材料在25℃时的性能

增强方向	密度 g・cm^{-3}	抗拉强度 MPa	拉伸模量 GPa	压缩强度 MPa	压缩模量 GPa	热膨胀系数 10^{-6}/K	热导率 W/(m・K)
Z	1.9	310	152	159	131		246
$X-Y$	1.9	103	62	117	69		149

C/C复合材料的抗拉强度与纤维含量之间的关系符合一般纤维增强复合材料的规律,即

$$\sigma_c(Z) \approx \varphi_f(Z) \cdot \sigma_f \text{(1D)} \tag{7-8}$$

$$\sigma_c(Z,X) \approx \varphi_f(Z,X) \cdot \sigma_f \text{(2D)} \tag{7-9}$$

$$\sigma_c(X,Y,Z) \approx \varphi_f(X,Y,Z) \cdot \sigma_f \text{(3D)} \tag{7-10}$$

式中,σ_c为复合材料的拉伸强度;φ_f为纤维的体积分数;σ_f为纤维的强度;X,Y,Z为纤维的方向。可通过控制X,Y,Z方向的纤维含量,制备三向纤维增强复合材料。

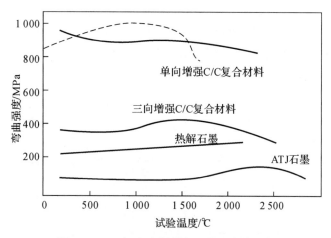

图 7 - 21　C/C 复合材料与石墨强度的比较

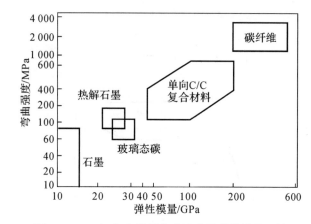

图 7 - 22　C/C 复合材料弯曲强度及弹性模量比较

2. C/C 复合材料的断裂韧性

C/C 复合材料中的碳纤维与碳基体的界面匹配性直接影响其力学行为。当纤维与碳基体的化学与机械键合形成界面强结合时,在较低的断裂应变下,基体中形成的裂纹扩展越过纤维/基体界面,将引起纤维的断裂。此时 C/C 复合材料属脆性断裂,复合材料的强度由基体断裂应变决定,如图 7 - 23(a)所示。但是,如果碳纤维和碳基体黏结力适中,形成的复合材料断裂韧性高,断裂功大。当基体/纤维界面结合相对较弱时,复合材料受载一旦超过基体断裂应变,基体裂纹就会在界面处转向引起基体与纤维脱黏,而不会穿过纤维。这时碳纤维仍能继续承受载荷,从而呈现出非脆性断裂方式,称为假塑性断裂,如图 7 - 23(b)所示。因此,虽然碳是脆性材料,但 C/C 复合材料在高强度下仍然具有比陶瓷、石墨更高的断裂韧性。

3. C/C 复合材料的摩擦磨损性能

C/C 复合材料具有优异的摩擦磨损性能,这是由于 C/C 复合材料中碳纤维的微观组织为乱层石墨结构,其摩擦因数比石墨高,因而碳纤维除起到增强碳基体作用外,也提高了复合材料的摩擦因数。众所周知,石墨因其层状结构而具有固体润滑能力,可以降低摩擦副的摩擦因数。改变基体碳的石墨化度,就可以获得摩擦因数适中而又有足够刚度和强度的 C/C 复合材料。图 7-24 所示为金属陶瓷-钢和 C/C-C/C 复合材料摩擦副的制动力矩与时间关系的对比,可以看出,C/C 复合材料摩擦制动时吸收的能量大。C/C 复合材料摩擦副的磨损率仅为金属陶瓷-钢摩擦副磨损率的 1/10～1/4。

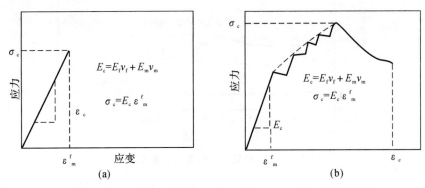

(a)

(b)

图 7-23　纤维/基体界面结合对复合材料应力-应变曲线的影响

(a)脆性断裂;　(b)假塑性断裂

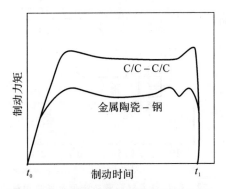

图 7-24　两种摩擦副摩擦制动曲线对比

7.4.3　C/C 复合材料的高温性能

C/C 复合材料在高温下强度保持率高、抗疲劳和抗蠕变能力强,是目前已知的惰性气氛下最为理想的高温结构材料,其力学性能在 2 000℃的高温下仍能保持不变甚至比室温还高。密度低的碳纤维和碳基体组成的 C/C 复合材料和金属基、陶瓷基复合材料相比,在 1 000℃以上高温时其比强度优于其他材料的比强度,如图 7-25 所示。同样,与树脂基复合材料相比,C/C 复合材料的高温性能更具优越性。除高温纵向拉伸强度外,C/C 复合材料的剪切强度与横向拉伸强度也随温度的升高而升高。

图 7-26 所示为三维整体编织 C/C 复合材料的室温与高温(1 700℃)情况下的弯曲断裂断口 SEM 照片。观察断口形貌,可见材料在室温时的弯曲断口中有大量的纤维束被拉出,纤维束以及纤维束中纤维的断口参差不齐,呈台阶状脆性断裂;高温测试时的断口则相对比较平整,纤维束以及纤维整齐断裂,表明纤维束间结合被强化,材料在高温下的整体性加强。与常温相比,三维整体编织 C/C 复合材料在高温下的弯曲断裂强度、模量以及最大载荷位移均有

大幅提高,这说明在1 700℃,不仅材料的承载能力显著提高了,而且材料的应变能力也有大幅增加。但三维整体编织C/C复合材料在1 700℃下的弯曲性能并不会随温度的升高而无限升高,当基体裂纹达到愈合状态时,强度将达到极限值。

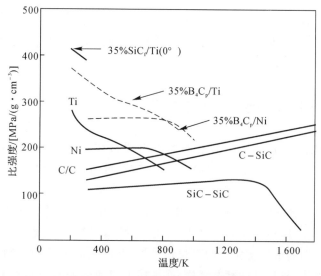

图 7 - 25 各种高温材料的比强度

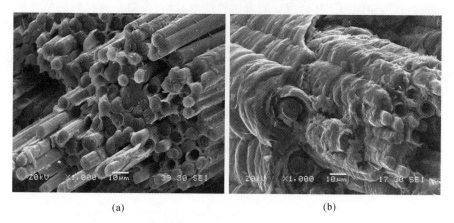

| (a) | (b) |

图 7 - 26 三维整体编织 C/C 复合材料的弯曲断口 SEM 照片

(a)室温; (b)高温

7.4.4 C/C 复合材料的热物理特性

1. C/C 复合材料的热导率

在 C/C 复合材料中,纤维和基体均由碳组成,因而该材料具有较高的热导率,其热传导机理与石墨导热机理一致。C/C 复合材料的热导率随着石墨化程度的提高而增加,并且与纤维(特别是石墨纤维)的方向有关。但是随着温度的升高,热导率减小。典型 3D C/C 复合材料的热导率在室温下为 100 W/m·K,而在 1 000℃时降为 50 W/m·K,在 2 000℃时降为 40 W/m·K。热导率高的 C/C 复合材料具有较好的抗热震性能。

2. C/C 复合材料的热膨胀系数

多晶碳和石墨的热膨胀系数主要取决于晶体的取向度,同时也受孔隙度率和裂纹的影响。因此,C/C 复合材料的热膨胀系数随着石墨化程度的提高而降低。在 C/C 复合材料中,沿纤维轴向的热膨胀系数主要由纤维控制。C/C 复合材料的平均热膨胀系数典型值为 0.54×10^{-6} K^{-1},随着加工工艺的不同,该数值也会改变。热膨胀系数小,使得 C/C 复合材料的结构在温度变化时尺寸稳定性特别好,抗热应力性能也比较好。

7.4.5　C/C 复合材料的疲劳性能

作为理想的高温结构材料,C/C 复合材料在服役过程中不可避免地涉及疲劳加载的情况,而疲劳损伤的逐步积累会在某一循环次数下导致材料的突然断裂,这种断裂往往无明显征兆,危害性极大,因此对其疲劳行为进行研究具有十分重要的意义。

金属材料等大多数各向同性材料,在受交变载荷作用时,一般将经历裂纹形成(萌生)和裂纹扩展(长大)两个阶段,即单一的疲劳主裂纹萌生、扩展至失稳断裂的疲劳机理。C/C 复合材料是以碳纤维或它们的编织物作为增强材料骨架,并埋入碳基体中而制成的复合材料。由于采用碳纤维作增强体,材料结构复杂多样,在本质上对疲劳的响应必然不同于金属材料,表现出不同的疲劳行为和损伤破坏机理。疲劳试验结果显示,多数金属材料的疲劳极限是静强度的 40%～50%,而 C/C 复合材料的疲劳极限则可达静强度的 80% 以上,这表明 C/C 复合材料具有强的抗疲劳性能,而强的抗疲劳性能又标志着该材料具有高的使用寿命,这也是 C/C 复合材料倍受青睐的原因之一。

图 7-27 所示为 C/C 复合材料的拉伸强度、弯曲强度与疲劳循环次数的关系。疲劳载荷使三维整体编织 C/C 复合材料的弯曲强度、拉伸强度均得以提高,它们随循环次数的增加而逐渐提高,可见,疲劳载荷对材料有显著的强化作用。但强度不会无限提高。随循环次数的增加,强度的提高幅度呈下降趋势。

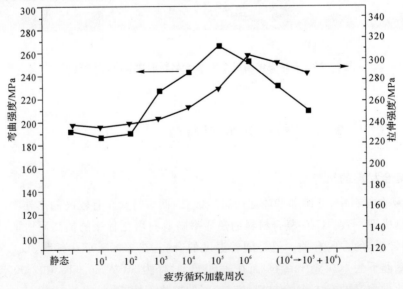

图 7-27　C/C 复合材料的拉伸强度、弯曲强度与疲劳循环次数的关系

三维整体编织 C/C 复合材料在疲劳加载过程中的微观结构演化,如界面的弱化、面间距的增大、碳晶粒的细化以及残余热应力的部分消除均造成了 C/C 复合材料性能的强化,也就是说疲劳加载产生的这些结构损伤对材料性能的发挥是有益的。但若这种损伤无限制地继续扩大,有益的结构损伤将会转化成有害的结构劣化,使 C/C 复合材料的承载能力降低。

7.4.6　C/C 复合材料的某些特殊使用性能

1. C/C 复合材料的抗热震性能

碳纤维的增强作用和材料结构中的孔隙,使得 C/C 复合材料对热应力并不敏感,使用时一旦产生损伤,也不会出现像石墨和陶瓷那样突然的灾难性损毁。衡量抗热震性好坏的参数是抗热应力系数(R),有

$$R = \frac{k\sigma}{\alpha E} \tag{7-11}$$

式中,k 为热导率;σ 为抗拉强度;α 为热膨胀系数;E 为弹性模量。

2. C/C 复合材料的抗烧蚀性能

烧蚀是在热流 F 作用下,由热化学和机械过程引起的固体表面材料损失的现象。通过表层材料的烧蚀带走大量的热,可阻止热流传入飞行器的内部。C/C 复合材料是一种升华-辐射型烧蚀材料,被烧蚀时吸收的热量高,向周围辐射的热流大,因而它具有优异的抗烧蚀性能,并且是现有抗烧蚀材料中性能最好的。当 C/C 复合材料的密度大于 1.95 g/cm³、开口孔隙率小于 5% 时,其抗烧蚀性能接近热解石墨的抗烧蚀性能。

3. C/C 复合材料的电磁性能

C/C 复合材料的导电性主要由密度和含孔隙在内的基体结构控制,和热导率相似,其电导率也是随温度的升高而减小。这不同于金属导体,原因是碳的导电机理与金属的导电机理不同。C/C 复合材料的三种 CVD 热解碳结构,特别是高温热处理后,表现出了不同的抗热磁性,其中粗糙层接近于稳定的石墨化碳。

7.5　C/C 复合材料的氧化及防氧化方法

作为热结构材料,C/C 复合材料一般均在高温有氧条件下工作。但未作抗氧化处理的 C/C 复合材料的起始氧化温度为 370℃,在 500℃ 以上它会迅速氧化。如不加以保护,在高温下 C/C 复合材料就难以满足使用要求,因此,如何解决 C/C 复合材料的高温易氧化难题成为热结构 C/C 复合材料应用的关键。

7.5.1　C/C 复合材料的氧化过程

同其他碳材料一样,C/C 复合材料中存在的一系列晶格缺陷、杂质以及碳化和石墨化过程中产生的内应力,使 C/C 复合材料存在一些活性点。这些活性点易吸附空气中的氧气,并

且在温度高于 370℃时开始发生氧化反应,生成 CO 和 CO_2:

$$2C+O_2 \Longrightarrow 2CO \tag{R7-1}$$
$$2CO+O_2 \Longrightarrow 2CO_2 \tag{R7-2}$$

即使在极低的氧分压下,Gibbs 自由能差也很大,能驱动反应快速进行,且氧化速度与氧分压成正比。

C/C 复合材料的氧化反应主要有以下几个步骤:①反应气体向碳材料表面传递;②反应气体吸附在碳材料表面;③在表面进行氧化反应;④氧化反应生成气体的脱附;⑤生成气体向相反方向的传递。

因为 C/C 复合材料是多孔材料,氧化性气体可以通过材料中的孔隙扩散到材料内部。气体一边向材料内部扩散,一边与孔隙壁上的碳原子发生反应。在低温下(400℃左右),氧化反应速度较低,扩散速度与其相比占优,整个试样均匀地发生氧化反应;随着温度的升高(450～650℃),碳的氧化反应速度增大,因反应气体在材料孔隙入口附近消耗较多,扩散至材料内部的氧化性气体减少,从而使试样内部的反应量降低;温度进一步升高(大于 650℃),碳材料的氧化反应速度进一步增大,氧化性气体在材料表面就被消耗,孔隙内的碳材料则不被氧化。

Shemet 等根据不同温度下控制环节的不同将 C/C 复合材料的氧化过程分为三类:当温度较低时,氧化过程的控制环节是氧与材料表面碳活性源发生的化学反应;随着温度的升高,氧化过程逐渐由氧元素在碳材料中的迁移速度控制;在高温条件下,氧化速度的大小由氧在材料表面附近的浓度边界层中的扩散速度控制。

纤维/基体界面的高能区域和活性点或孔洞是 C/C 复合材料中优先氧化的区域。C/C 复合材料的氧化失效是由于氧化对纤维/基体界面的破坏及纤维强度的降低,形成大量的热损伤裂纹,裂纹不断扩展,引起材料结构的破坏。C/C 复合材料的氧化过程在一定程度上还受到纤维及基体类型、纤维编织方式和石墨化程度的影响。不同工艺所制备的 C/C 复合材料的抗氧化性能也不尽相同。

7.5.2 C/C 复合材料的防氧化方法

目前所采取的提高 C/C 复合材料抗氧化性能的方式主要有两种:一是以材料本身对氧化反应进行反催化为前提的内部基体改性技术,即在 C/C 复合材料制备过程中就对碳纤维和基体碳进行改性处理,使它们本身具有较强的抗氧化能力;二是以防止含氧气体接触扩散为前提的外部抗氧化涂层技术,即在 C/C 复合材料表面制备耐高温氧化的涂层,利用高温涂层隔离氧和 C/C 基体来达到防氧化的目的。

7.5.2.1 改性技术

通过改性的方法来提高 C/C 复合材料的抗氧化性能主要包括纤维改性和基体改性两个方面。纤维改性通过在纤维表面制备各种涂层提高抗氧化能力,基体改性通过改变基体的组成以提高基体的抗氧化能力。到目前为止,改性技术的研究并没有取得突破性的进展,保护温度停留在 1 000℃左右,只能用于较低温度下的氧化保护。

1. 纤维改性技术

由于 C/C 复合材料的氧化优先发生于碳纤维与基体的界面处,因此在碳纤维与基体的界面处涂覆一层隔绝层,切断氧进一步向材料内部扩散的通道,在一定程度上可达到抗氧化的目的。

目前,纤维改性最常用的方法是纤维表面涂层技术。纤维表面涂层方法主要有化学气相沉积(CVD)、溶胶-凝胶等方法。采用 CVD 技术在碳纤维上沉积 B_4C,Si 和 SiC 涂层,再利用 CVI 技术进行致密。由于 B_4C 先于碳发生氧化,可形成 B_2O_3 薄膜,从而把碳与边界层的氧隔开,有效地遏制了界面处的氧化。当涂层厚度大于 $100\mu m$ 时其抗氧化效果较明显。由此可见,选择碳纤维涂层材料时应考虑以下性能要求:①涂层氧化优先于碳氧化;②涂层要具有一定的厚度;③涂层不与碳纤维反应;④涂层氧化后能形成稳定的氧化物。

纤维表面的涂层能防止纤维的氧化、改变纤维/基体界面特性和提高界面的抗氧化能力。但是,在碳材料内部和单根纤维上涂覆涂层相当困难;还存在因热膨胀系数差异太大使涂层易产生微小裂纹、涂层使纤维本身的强度下降等缺点;同时涂层影响纤维的柔性,不利于纤维的编织;由于基体没有得到保护,纤维改性抗氧化的寿命是很有限的。

2. 基体改性技术

基体改性技术是在制备 C/C 复合材料的过程中,在碳源前驱体中加入阻氧成分,使阻氧微粒和基体碳同时在纤维上沉积,形成具有自身抗氧化能力 C/C 复合材料的方法。基体改性技术的阻氧成分需满足如下条件:①与基体碳之间具有良好的物理化学相容性;②具备较低的氧扩散渗透率;③不能对氧化反应起催化作用;④不能影响材料原有的机械性能。

按照 C/C 复合材料致密化方法的不同,可将基体改性技术分为液相浸渍技术、固相复合技术和化学气相渗积技术。

(1)液相浸渍技术。液相浸渍技术是将抗氧化剂以液态前驱体的形式引入 C/C 复合材料基体内,通过加热分解得到抗氧化剂的方法。抗氧化剂可以是氧化物玻璃,也可以是非氧化物颗粒。形成氧化物玻璃的前驱体主要有硼酸、硼酸盐、磷酸盐、正硅酸乙酯等,形成非氧化物颗粒的先驱体主要是有机金属烷类。氧化物玻璃(玻璃抗氧化剂)是依靠封填孔隙来防氧化的,因此玻璃的黏度及其与碳基体的润湿性至关重要。浸渍形成的玻璃抗氧化剂主要有硼酸盐玻璃、磷酸盐玻璃和硅酸盐玻璃三种。

液相浸渍技术原材料的选择应考虑以下因素:①能阻止氧气向基体内部扩散;②原材料具有低挥发性,且与基体黏结良好;③能有效地阻止碳原子向外扩散,避免碳热还原反应;④应与 C/C 复合材料有较好的化学相容性和热膨胀系数匹配性。

(2)固相复合技术。固相复合是将抗氧化剂以固相颗粒的形式引入到 C/C 复合材料中。抗氧化剂可能是单质元素,如 Si,Ti,B 等,也可能是碳化物如 B_4C,TaC 和 SiC,硼化物如 TiB_2 和 ZrB_2,硅化物如 Ti_5Si_3 和 $MoSi_2$,还可能是有机硼硅烷聚合物等。这些抗氧化剂提高基体碳抗氧化性能的机理是利用单质元素或化合物与碳元素发生反应生成碳化物,生成的碳化物及添加的化合物氧化后生成的氧化物能有效阻止氧向 C/C 复合材料内部渗透,从而实现抗氧化的目的。

在低于 1 150℃的有氧环境下,硼及硼的化合物是最好的抗氧化物质,因为它们的存在可以降低碳与氧的反应驱动力。含硼化合物在 580℃有氧环境中氧化生成的 B_2O_3 为玻璃态物质,并且具有 250% 的体积膨胀和较低的黏度,可有效填充基体的孔隙和微裂纹,包覆基体碳材料上的活性点。利用 BN 改性碳基复合材料,当 BN 含量为 15% 时,材料具有较好的抗氧化性能和力学性能。

在以中间相沥青为基体先驱体，以 PAN-CF 为增强体的 C/C 复合材料中，以 Ti，W，Zr，Ta 等过渡区金属化合物为添加剂，以 Co，Ni 为助液相烧结剂，以 $TiCl_4$，$ZrOCl_2$ 等为助碳化剂，通过在材料内部生成多元金属碳化物，可形成一种多层梯度防护体系，较好地提高了 C/C 复合材料的抗氧化性能。在改性添加剂含量为 2%～3% 的情况下，C/C 复合材料的静态空气高温氧化失重率下降超过 80%。采用 Ti，W，Zr，Ta 等过渡区金属化合物为添加剂，通过在材料内部生成多元金属碳化物，可形成一种内部多层梯度防护体系，可较好地提高 C/C 复合材料的抗氧化性能。经过改性后的试样氧化烧蚀率相比未改性前降低了 75%，氧化起始温度提高近 200℃。

向材料基体中引入改性剂，往往会降低材料的强度。同时，向 C/C 复合材料中添加的陶瓷颗粒，在高温下很容易发生碎裂。采用纳米陶瓷颗粒改性则可以避免此类问题。例如，将 SiC 分散到碳的先驱体中，在一定温度下两者发生交联并伴随有微型碳球体的生成，最终得到纳米级 SiC 颗粒增强的碳球体。由于在碳球体的表面上，Si 与 C 元素结合得非常好，从而保证了碳材料的抗氧化性能。若以 Zr 盐为主要原料，配合适当的添加剂，采用原位反应法可在碳基体内形成均匀细化的 ZrC 弥散相，从而大大提高了 C/C 复合材料的高温抗烧蚀性能。3 000℃下 C/C 复合材料的烧蚀率降低 75% 以上。此外，将 $HfOCl_2 \cdot 8H_2O$ 溶液浸渗入 C/C 复合材料预制体中，经热解使 $HfOCl_2$ 转化为 HfO_2，再经热梯度 CVI 致密化、高温石墨化等工艺可使 HfO_2 与基体碳反应生成 HfC。当 HfC 质量分数为 6.5% 时，使材料的线烧蚀率得以大幅度降低。

(3) 化学气相渗积（CVI）技术。利用 CVI 技术可同时在预制体中共渗基体碳和抗氧化物质，达到提高材料抗氧化的目的。目前研究较多的是共渗 C 和 SiC，生成双基元复合材料。现代技术制备的 C 和 SiC 共渗复合材料，包括纳米基、梯度基、双元基等复合材料，由于它们突出的热物理性能和化学性能使其成为很有希望的高温材料。

采用两步 CVI 法可制备出 C-SiC 双元基复合材料，即以 C_2H_2 和 CH_3SiCl_3 为原料气体，分别以 Ar 和 H_2 为载流气体和稀释气体，首先在纤维预制体中少量渗入热解碳，然后在多孔碳/碳 C/C 毛坯上继续用 CVI 技术渗 SiC 直到材料致密。同样尺寸的 C/C 碳/碳和 C-SiC 双元基复合材料样品，在 1 000℃ 静态空气中氧化 30 min，C/C 复合材料失重率为 85%，而 C-SiC 双元基复合材料失重率仅为 55%，它们的氧化门槛值分别为 500℃ 和 600℃。

采用化学气相渗积（CVI）碳和硅蒸气与碳直接反应的化学气相反应（CVR）相结合，可获得针刺碳布增强 C/SiC 双元基复合材料。其制备过程如下：首先对预制体进行快速气相渗碳到一定密度，然后在高温下使硅蒸气渗入 C/C 碳/碳材料内部的孔隙中并与碳直接发生反应，反复上述循环，直至达到所需要的密度。制备的碳纤维增强 C/SiC 复合材料经 1 160℃，65 min 静止空气氧化后，失重率仅为 2.6%，而未经渗硅的 C/C 复合材料相同条件下的失重率高达 32%。

7.5.2.2 涂层技术

1. C/C 复合材料对抗氧化涂层的基本要求

与基体改性技术相比，抗氧化涂层技术可以提供更高温度下的防氧化能力，因而发展较快。该方法的基本原理是利用涂层阻挡氧气与基体的接触而达到高温抗氧化的目的。要使 C/C 复合材料在高温氧化气氛下长期、可靠地工作，并能承受从室温至高温的热冲击，在设计抗氧化涂层时应考虑的因素如图 7-28 所示。

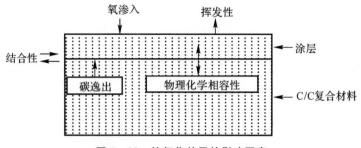

图 7-28　抗氧化效果的影响因素

由此可知,具有保护功能的涂层必须满足以下几项基本要求。

(1)涂层必须能有效抑制氧的扩散。若采用常用的抗氧化指标——有效工作时间为 100 h,允许 C/C 复合材料最大氧化失重率为 1%,经计算,涂层允许的最大氧扩散渗透率约为 3×10^{-10} g/cm·s。图 7-29 所示为高温下氧在一些氧化物陶瓷材料中的扩散速率,可见,在 1 000℃以上的高温下,ThO_2,Y_2O_3,HfO_2 和 ZrO_2 具有较高的氧渗透率,不能有效阻止氧的扩散,而 Al_2O_3 和 SiO_2 的氧渗透率较低,能满足抑制氧扩散的要求。粗略计算,$10 \mu m$ 致密 SiO_2 涂层可在 1 600℃下经 100 h 后仍可以阻止氧通过 SiO_2 涂层扩散至 C/C 复合材料表层。由于 SiO_2 与 C/C 复合材料的黏结性能差,难以直接将 SiO_2 作为涂层使用。可通过含 Si 的陶瓷氧化形成 SiO_2,进而获得低氧渗透率的涂层。

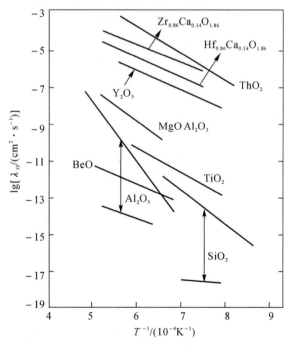

图 7-29　氧化物陶瓷材料的氧扩散系数

注:λ_O 为氧扩散系数

(2)涂层与 C/C 复合材料之间有适当的热膨胀匹配性。涂层与基体之间热膨胀不匹配可能导致涂层开裂或剥落。涂层材料的热膨胀系数一般要高于 C/C 复合材料的热膨胀系数。图 7-30 所示为常用的耐热材料的热膨胀系数。在实际防氧化涂层中,往往采用两种方式来缓解和补救:一是采用梯度涂层,即通过渗透物质向 C/C 复合材料表层适当扩散,在 C/C 表层形成一定浓度梯度的涂层;二是在 C/C 复合材料内引入硼或含硼抑制剂,使其在氧化后形成硼酸盐类玻璃物质,在高温下起封闭涂层中的裂纹作用,从而阻止氧从涂层裂纹中渗入。

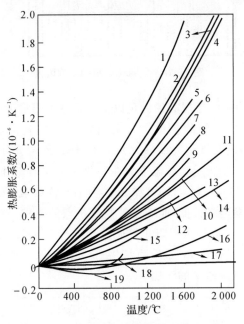

图 7-30　各种耐热材料热膨胀系数比较

1—稳定 ZrO_2；　2—稳定 HfO_2；　3—ThO_2；　4—Al_2O_3；　5—TiO_2；　6—Y_2O_3；　7—HfB_2；
8—HfC；　9—AlN；　10—$3Al_2O_3$；　11—SiC；　12—HfO_2SiO_2；　13—ATJ 石墨；　14—Si_3N_4；　15—Ta_2O_5；
16—C/C 沿纤维方向；　17—$Al_2O_3TiO_2$；　18—HfC；　19—HfO_2TiO_2

　　(3)涂层在使用温度范围内具有低挥发性。为避免高温下涂层自行退化和防止在高速气流中涂层很快被侵蚀,所选用涂层的材料的挥发性要小。图 7-31 所示为几种陶瓷材料在高温下的蒸气压,可以看出,耐火碳化物如 ZrC,HfC,耐火氧化物如 ZrO_2,HfO_2,ThO_2,Y_2O_3 在高于 2 000℃时仍具有较好的热稳定性,而氧渗透率低的 Al_2O_3 只能用于较低的温度(<1 800℃)。

　　(4)涂层与 C/C 复合材料具有相容稳定性。高温下保持涂层与 C/C 复合材料的化学相容性,主要考虑的问题是在高温下防止涂层材料与碳基体间的碳热还原反应。高温下碳可以与氧化物陶瓷反应生成 CO,导致涂层被碳还原而退化。如 C 与 SiO_2 在 1 450℃下反应生成 CO 和 SiO,1 500℃下 CO 的蒸气压将大于 0.1 MPa,导致碳在反应后向外扩散。故一般不采用

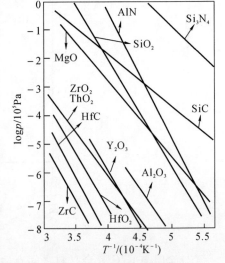

图 7-31　陶瓷材料蒸气压

氧化物陶瓷作为 C/C 复合材料内涂层。

(5)涂层与 C/C 复合材料间良好的界面结合。涂层与 C/C 复合材料间应形成良好的化学结合,以避免在热震或高温氧化下涂层脱落。

2.抗氧化涂层的制备方法

目前,制备 C/C 复合材料抗氧化涂层的方法主要有包埋法、化学气相沉积法、液相反应法、等离子喷涂法、料浆法等。

(1)包埋法。包埋法的基本工艺和成型机理是将 C/C 复合材料包埋于几种固体混合粉料中,然后在一定温度下进行热处理,使混合粉料与试样表面发生化学反应而形成涂层。与其他方法相比,其优点在于:①过程简单,只需要一个单一过程就可以制备出致密的涂层;②涂层制备前、后基体材料尺寸变化很小;③涂层和基体间能形成一定的成分梯度,涂层与基体的结合较好。但是其具有以下缺陷,使其推广受到限制:①高温下容易发生化学反应使纤维受损,从而影响 C/C 基体的机械性能;②涂层的均匀性很难控制,往往由于重力等因素使涂层上下不均匀;③工艺温度高,不适合于大型件。

(2)化学气相沉积(CVD)法。CVD 法是制备 C/C 复合材料抗氧化涂层的重要方法之一。其基本原理是在一定的温度下,通过反应物的一系列物理化学变化如分解、合成、扩散、吸附、表面铺展等过程在基体表面形成涂层。由于 CVD 法制备的材料致密、纯度高,可以实现对组织、形貌、成分的设计,并且沉积速度可控,所以 CVD 技术得到了人们的普遍关注。

CVD 法的主要优点是在相对较低的温度下,可沉积多种元素和化合物的涂层,可避免高温处理而造成基体材料的缺陷或力学性能损伤;同时,利用 CVD 法所获得的涂层化学成分和结构可控。但是 CVD 工艺过程较难控制,且需在真空或保护气氛下进行,对设备的气密性要求较高。

目前,利用 CVD 法在 C/C 复合材料表面沉积的涂层主要有 SiC,Si_3N_4,BN,ZrC,TiC,$MoSi_2$ 等,其中以 SiC,Si_3N_4 等硅化物涂层应用最为广泛。

(3)液相反应法。液相反应法是将 C/C 复合材料基体浸渍在金属有机化合物、烷氧基金属、金属盐溶液或胶体中,然后经过干燥或化学反应使之在加热时分解或反应生成涂层的方法。用这种方法制备涂层时,液相转化成涂层的产率较低,往往需要多次浸渍。这种方法不仅适用于特种陶瓷材料,如 SiC,$MoSi_2$,WSi_2 等,而且也同样适用于 B_2O_3,SiO_2 等玻璃涂层的制备。采用液相反应法制得的 Si－Mo 抗氧化涂层可在 1 650℃静态空气下工作 10 h。

液相法制备涂层的优点:涂层制备温度低,对基体强度损伤小,涂层具有较强的自愈合能力。其工艺缺点:涂层组成的变化受浸渍液体的组分与基体间的相互扩散过程的规律限制,需消耗大量的保护性气体;另外,利用液相法制备涂层是有条件的,即液相材料与基体要润湿且润湿角小于 60°,只有这样才能保证涂层与基体具有足够的结合强度。

(4)等离子喷涂法。等离子可以产生极高的温度,能将涂层物质加热至熔融态。在高温下等离子流将粉末加热和加速,喷向基体表面形成涂层。该方法的优点是涂层比较均匀,厚度可以控制,而且几乎可以喷涂各种高熔点、耐磨、耐热涂层。其缺点是得到的涂层气孔率较高,涂层与基体的界面结合较弱,在高温下热循环时容易剥落或开裂。采用等离子喷涂法可在 C/C 复合材料 SiC 内涂层的表面制备梯度组分的 $Y_4Si_3O_{12}/Y_2Si_2O_7/Y_2SiO_5$ 复合涂层,并可在硅酸钇涂层表面施加玻璃涂层,有效封填了硅酸钇涂层中的孔隙,从而克服了等离子喷涂法制备的涂层孔隙较多的缺陷。该涂层可分别在 1 500℃和 1 600℃下对 C/C 复合材料有效保护100 h 以上。

(5)溶胶-凝胶法。溶胶-凝胶法是将金属有机盐或金属无机盐配制成均匀溶液,在低温时经过水解、缩聚等化学反应,使溶胶转变为凝胶,然后在比较低的温度下对凝胶进行热处理而合成玻璃、陶瓷等涂层的方法。该方法的优点是设备简单,可以在材料表面整体镀膜而且镀膜均匀性较好,热处理温度低。但是,由该方法制备的涂层厚度较薄,要求多次浸涂,而且干燥时涂层容易开裂。利用此法可在 C/C 复合材料表面制备 Al_2TiO_5 涂层。而在涂有 SiC 涂层的 C/C 复合材料表面采用溶胶-凝胶法制备的 SiO_2 玻璃密封涂层,在 1 350℃下具有较好的氧化防护能力。利用溶胶-凝胶法容易实现成分梯度变化的特点,可在 C/C 复合材料多孔 SiC 内涂层的表面制备多层梯度成分过渡的 $ZrO_2 - SiO_2$ 复合涂层。在 1 500℃下该梯度复合涂层的有效防氧化时间比单层 SiC 涂层的增加了近十倍。研究发现,对涂层进行预分解处理,可有效解决溶胶-凝胶法制备的涂层容易开裂的问题,延长涂层的抗氧化寿命。

(6)超临界态流体技术。所谓超临界态流体,是指当一个化学体系的温度和压力超过一定的临界条件时,形成的一种气液共存的特殊物质。该状态流体有很强的溶解能力,而且具有低黏度和高扩散度,几乎没有表面张力的作用,因此它有很强的运送能力,可渗透亚微米级的孔隙。其基本原理是以超临界态流体作为溶剂和载体,帮助抗氧化前驱体对 C/C 复合材料进行浸渍,通过热解作用,填补 C/C 复合材料内部孔隙缺陷,并在外部形成抗氧化涂层。通常形成的涂层要在惰性气氛下进行热处理。目前采用该方法获得的涂层是 SiC 和 B_4C 涂层。该方法的优点是利用了超临界态流体的高运送能力,不仅在外部生成抗氧化涂层,还能深入内部,进行内部孔隙和缺陷的填补,由内而外地提高材料的抗氧化性能。其缺点是需要在高温高压下进行,对设备要求较高。

(7)料浆法。该方法的工艺原理是将涂层材料制成符合一定要求的粉料后与溶剂混合制成料浆,加入适当的分散剂和黏合剂,经充分搅拌后涂刷于基体材料的表面或将基体浸渍于料浆中形成涂层,在一定的温度下烘干后,于高温惰性气氛下进行热处理。该方法的优点是涂层工艺较为简单,涂层的厚度较易控制。其不足之处是涂层与基体材料的结合性较差,涂层的抗热震性差,涂层的致密性较难达到要求。

除了上述方法外,还有气相渗、原位反应、激光融化技术等涂层制备方法。而在实际应用中,通常是将以上方法结合使用,以获得理想的涂层。

7.5.3　C/C 复合材料抗氧化涂层研究进展

为防止 C/C 复合材料的氧化,国内外研究人员做了大量细致的理论和实验研究,开发出了多种涂层体系,包括单层、双层及多层抗氧化涂层体系。截至目前,国内外近 20 年研究的防护性较好的 C/C 复合材料的抗氧化涂层体系,根据涂层材料种类不同,可分为玻璃涂层、金属涂层、陶瓷涂层、复合涂层。

1. 玻璃涂层

早期研究的 C/C 复合材料涂层大多是玻璃涂层。玻璃在高温下具有低黏度、良好的润湿性及热稳定性等特点,可填补材料服役时由于机械或热变形而产生的裂纹。然而玻璃在高温下的易流动性和挥发性限制了其在高温冲刷条件下的应用,因此玻璃涂层只能在较低的温度下对 C/C 复合材料进行抗氧化保护,其抗氧化温度一般低于 1 000℃。近年来,玻璃涂层有了很大的发展,从早期的含硼玻璃质涂层发展出了硼酸盐玻璃、硅酸盐玻璃、磷酸盐玻璃以及复合玻璃涂层体系,在一定程度上提高了涂层的抗氧化性能。例如含有 B_2O_3,P_2O_5,ZnO,Li_2O,Na_2O,CuO 等氧化物的玻璃涂层具有 800℃ 的抗氧化能力;在涂有 β - SiC 的 C/C 复合材料表面采用料浆法制备 SABB 玻璃涂层,在 1 100℃ 氧化 55 h 后其失重率不超过 0.6%;磷酸盐涂层在静态空气中经 700℃ 氧化 66 h 后失重率仅为 1.1%,经 1 200℃ 氧化 5 min 后失重率不超过 0.8%;另外在涂覆有 SiC 涂层的 C/C 复合材料上制备了适用于 900℃,1 300℃ 和 1 500℃ 的硼硅酸盐涂层,它具有良好的抗氧化性能。

2. 金属涂层

许多金属如 Ir,Hf,Cr 等具有很高的熔点,特别是金属 Ir 熔点高达 2 440℃,其高温氧扩散系数很低,在 2 280℃ 与碳不反应,具有良好的高温抗氧化性。W. L. Worrel 等发明的 Ir - Al - Si 合金涂层在 1 550℃ 氧化环境下工作 280 h 后失重为 7.29 mg/cm^2,而 Ir - Al 涂层在 1 600℃ 氧化环境工作 200 h 后氧化失重仅为 5.26 mg/cm^2。但由于这类涂层成本太高,目前也只是处于研究阶段未推广使用。Terentiva 等研究的 Mo - Si - Ti 合金涂层可以经受 1 775℃ 氧化气氛 2 h 而无明显变化。该涂层在高温气流冲刷下表现出了良好的抗冲刷和抗热震性能。研究表明该涂层制备过程中产生的裂纹完全被 $MoSi_2$,$SiTi_{0.4-0.95}$,$TiSi_2$ 密封,因此它能在高温下阻挡氧气的渗透,进而提高抗氧化性能。黄敏等采用等离子喷涂及料浆法在 SiC - C/C 复合材料表面制备了 Cr(W,Ir)- Al - Si 合金涂层,所制备的涂层在 1 500℃ 静态空气具有长时间保护 C/C 复合材料的能力。

3. 陶瓷涂层

陶瓷涂层是目前研究得最深入,发展得最成熟的抗氧化涂层体系。普遍采用的是硅化物陶瓷。由于硅化物陶瓷具有与碳基体较好的热相容性和高温下较低的陶瓷氧化速率,尤其是高温氧化后生成薄的无定形 SiO_2 具有很低的氧扩散系数,并且能够填充涂层中的裂纹等缺陷,因此它能有效地对 C/C 复合材料提供抗氧化保护。

硅化物陶瓷中 SiC 和 Si_3N_4 是比较理想的抗氧化涂层材料。一般采用化学气相沉积和包埋法制备。由于单一陶瓷涂层的基体与涂层之间的热膨胀系数差异会在涂层中形成微裂纹等缺陷,因而其抗氧化性能较差,一般只有 1 300℃ 左右。付前刚利用包埋法制备出 Si - SiC 双相涂层,结构为 SiC 相分散于 Si 中,在 1 600℃ 氧化 128 h 后失重率仅为 0.43%;曾燮榕等以 $MoSi_2$ 和含 SiO_2,B_2O_3 等成分的玻璃黏合剂为渗料,利用包埋法制备出 Si - $MoSi_2$ 涂层,将 $MoSi_2$ 相分散于含硅玻璃相中,有效解决了与 C/C 基体的热膨胀匹配问题,所获得的涂层具有 1 500℃ 长时间的抗氧化能力,试样经过 242 h 的氧化后,氧化失重率仅为 0.57%。

4. 复合涂层

复合涂层主要包括双层涂层,多层涂层和梯度涂层等。

最简单的复合涂层是双层涂层,一般以 SiC 或 TiC 为过渡层或黏结层以缓解热应力,外层选用耐火氧化物、高温玻璃或高温合金等作为密封层。Yamamoto 等首先采用液态渗硅的方法制备了梯度 SiC 内涂层,然后采用溶胶-凝胶法制备了 $ZrSiO_4$ 外涂层,该涂层具有 1 400℃ 抗氧化能力。候党社等采用两步包埋法制备了 SiC - $TiSi_2$/$MoSi_2$ 涂层,研究表明,该涂层体系能在 1 500℃ 对 C/C 复合材料有效保护 326 h。曾燮榕等利用固相渗透-浸渍法先在 C/C 复合材料表面制备了疏松的 SiC 内涂层,再以 Si,$MoSi_2$ 等填充内层进而形成了 $MoSi_2$/SiC 双相涂层体系,其能够在 1 650℃ 下长期抗氧化,在 1 700℃ 抗氧化达 50 h。

多层复合涂层设计的概念是将功能不同的抗氧化涂层结合起来,让它们发挥各自的作用,以达到更满意的抗氧化效果。例如四层防氧化涂层(见图 7-32),由内向外依次为过渡层(用以解决 C/C 复合材料基体与涂层之间热膨胀系数不匹配的问题),阻挡层(为氧气的扩散提供屏障,防止材料氧化),封填层(提供高温玻璃流动体系,愈合阻挡层在高温下产生的热膨胀裂纹)和耐烧蚀层(阻止内层在高速气流下的冲刷损失、在高温下的蒸发损失以及在苛刻气氛的腐蚀损失)。这种四层结构的设计构思被认为是适合 1 800℃以上抗氧化防护的涂层技术之一。

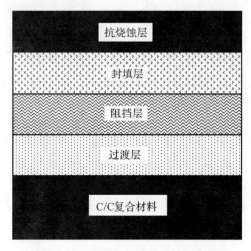

图 7-32　四层结构涂层设计示意图

为了拓宽涂层 C/C 复合材料的抗氧化温度、提高 C/C 复合材料的抗氧化性能,将具有优异热物理化学特性的超高温陶瓷硼化物相引入硅基陶瓷涂层中对其进行改性是目前研究的又一热点,国内西北工业大学在此方面研究成果较为突出。姚西媛等在 C/C 复合材料表面采用包埋、涂刷结合化学气相沉积等工艺制备的 SiC/ZrB_2 - SiC/SiC 抗氧化涂层,可以在 1 173 K 下有效保护 C/C 复合材料超过 300 h,在 1 773 K 下有效保护 C/C 复合材料超过 217 h;采用包埋法制备的 ZrB_2 改性硅基复合涂层,由于氧化过程中表面复合玻璃涂层的形成,可以在 1 773 K 下有效保护 C/C 复合材料超过 550 h。任宣儒等采用原位反应法制备出超高温陶瓷固溶体 $(Zr,Ta)B_2$ 相改性硅基陶瓷涂层,$(Zr,Ta)B_2$ 相改性硅基陶瓷涂层在氧化后,表面形成了一层由 SiO_2,ZrO_2,$ZrSiO_4$ 及多种钽氧化物等物相组成的 Zr-Ta-Si-O 玻璃。其在多重氧化环境下都显示出了比 Ta-Si-O 玻璃和 Zr-Si-O 玻璃更好的稳定性,可以在 1 773 K 静态空气中有效防护 C/C 基体 1 412 h,失重率仅为 0.1%(见图 7-33);Ta-Si-O 玻璃对裂纹的传播起到了一定的限制作用,提高了涂层和玻璃层的稳定性,同时由 ZrO_2 和 $ZrSiO_4$ 等相组成的"镶嵌结构",起到钉扎效应,诱导裂纹偏转,从而可以有效消耗裂纹的扩展能,减小裂纹的尺寸,最终减少氧气向 C/C 基体的渗透及氧化腐蚀(见图 7-34)。

C/C 复合材料基体与涂层之间因热膨胀差异产生的裂纹,除了可以采用前述的密封层来填补外,还可以通过制作梯度涂层从根本上消除。梯度涂层通过涂层中组织成分的连续变化,实现热膨胀系数梯度分布,达到缓和热应力、避免涂层开裂的目的。Kowbel 等用 CVI 方法制备的 Zr-BN 梯度涂层,内层 Zr-C 呈梯度变化,外层的涂层为 ZrC-BN 复合涂层,其可用于 1 500℃以上的抗氧化;Hsu. S. E 等采用料浆法制备了 SiC-(Si-ZrSi₂)-ZrSi₂ 复合梯度涂层,此涂层采用不同的 Si/Zr 比以实现成分的梯度分布,能在 1 650℃ 静态空气下保护 C/C 复合材料 120 h;黄剑锋等在 SiC 内涂层上利用溶胶-凝胶法制备了 9 层梯度成分过渡的 SiO_2-ZrO_2 复合涂层,较好地缓解了涂层之间的热膨胀不匹配问题,大大提高了涂层的防氧化性能;另外他又利用等离子喷涂法制备了 SiC/梯度硅酸钇复合涂层,研究表明此梯度涂层能在 1 500℃ 下对 C/C 复合材料有效保护 200 h。

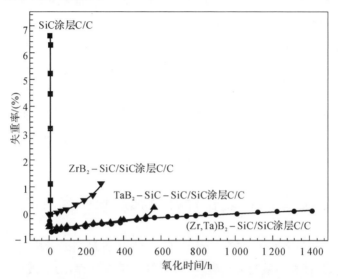

图 7-33　带有涂层的 C/C 试样在 1 773 K 静态空气中的等温氧化失重曲线

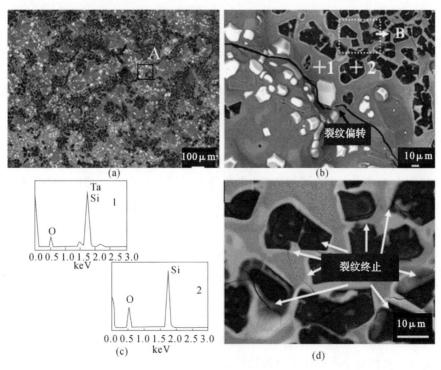

图 7-34　$(Zr,Ta)B_2$-SiC/SiC 涂层在 1 773 K 静态空气中氧化 1 412 h 后的表面背散射 SEM 照片

(a)SEM 照片；　(b)图(a)中部分 A 的放大图；　(c)图(b)的 EDS 能谱分析；　(d)图(b)中部分 B 的放大图

为了更好地避免涂层中穿透性裂纹的产生及扩展,一些研究人员利用增韧机理(主要有细化基体颗粒、裂纹转向和分叉等)来实现无贯穿裂纹涂层体系。早在1997年,Joshi和Lee在Si–Hf–Cr单层涂层的基础上,利用石墨颗粒与涂层中所含Si的原位反应,将SiC颗粒均匀地弥散在Si–Hf–Cr熔浆涂层中。研究表明SiC颗粒起到细化晶粒、阻止裂纹扩展的作用,在提高涂层工艺的同时也提高了涂层的抗氧化性能。Zheng等采用CVD法制备了碳纳米管增韧SiC涂层,提高了涂层与基体之间的结合强度,在1 200℃下的抗氧化寿命比单层SiC涂层的延长了近3倍。付前刚等采用料浆法与包埋法相结合,在C/C复合材料表面制备出SiC晶须增韧$MoSi_2$–SiC–Si多相涂层。研究结果显示,当晶须质量分数为10%时,所制备的涂层在1 500℃可有效保护试样200 h。褚衍辉等将化学气相沉积法和包埋法相结合,在C/C复合材料表面制备出SiC纳米线增韧SiC–Si涂层,研究表明SiC纳米线抑制了涂层中裂纹的产生和扩展,所制备的涂层在900℃可有效保护C/C试样313 h,在1 400℃可有效保护C/C试样达112 h。

7.5.4　基体改性C/C复合材料的抗烧蚀研究现状

基体改性技术是通过在C/C复合材料的基体中加入抑制剂或者抗烧蚀组元,减少碳材料表面的氧化活性点,提高材料氧化起始温度,减缓氧化反应进程,形成玻璃状覆盖层阻止氧气向基体内部扩散,同时提高材料表面的抗冲刷能力,从而提高C/C复合材料在高温烧蚀环境下使用寿命的方法。

1. SiC改性C/C复合材料

SiC改性C/C复合材料(C/C–SiC)综合了碳纤维、SiC基体以及纤维增强陶瓷基复合材料的优势,除具有低密度、高比强度、低热膨胀系数及良好的高温力学性能外,还克服了C/C复合材料在超过500℃迅速氧化的缺点,是一种将热防护、结构承载和抗氧化结合的新型功能一体化复合材料。

20世纪80年代,德国Firzer首先采用液态硅浸透C/C多孔材料制备了C/C–SiC复合材料,德国航空中心进一步发展了该工艺,并制备出了刹车盘产品。德国SHEFEX飞行器于2006年10月27日飞行试飞,其飞行速度为$7Ma$,飞行高度为20~90 km,其热结构中的陶瓷面板和前缘均使用采用液相渗硅方法制备的C/C–SiC复合材料。国内航天复合材料研究所采用CVI＋PIP制备出1 400~1 800℃抗氧化用SiC改性C/C复合材料。由该材料制备的燃烧室成功通过液体冲压发动机多次地面热试车以及10多次型号飞行试验考核,满足设计要求。

由于受到SiC基体抗氧化性能的局限,C/C–SiC复合材料在有氧环境中的最高使用温度一般低于1 700℃,即使在无氧环境中SiC基体也会在2 000℃开始软化,这极大地限制了C/C–SiC复合材料在耐超高温结构材料领域的广泛应用。C/C复合材料高温强度优异,但是其高温抗氧化性能差,极大限制了它的使用范围;C/C–SiC复合材料力学性能优异,但是SiC基体耐温性能不足,对于工作温度更高(2 000℃以上)的热防护部件,则需要采用超高温陶瓷改性 C/C-SiC 复合材料。因此发展以碳纤维为增强相,以耐超高温陶瓷相(UHTC)为功能相的陶瓷改性 C/C 复合材料受到了国内外研究学者的广泛重视。

2. 超高温陶瓷改性 C/C 复合材料的发展

国外关于 UHTC 改性 C/C 复合材料的研究较早,早在 1976 年,美国宇航局 NASA Glenn 研究中心的 Choury J. J. 就指出,在 C/C 复合材料中引入难熔金属化合物有望研制出能承受 3 700℃以上高温的喉衬材料。2004 年,该研究中心的 Sayir A. 报道了化学气相渗积工艺制备的 C/HfC 的相关性能,发现纤维基体间的热解石墨界面层能够使材料的断裂应变高达 2%。但其拉伸强度较低,加热至 2 200℃热处理 4 h 后材料结构保持不变,材料的抗氧化能力未见后续报道。俄罗斯用 CVI 工艺制备出的多维 C/C-TaC-HfC 复合材料渗铜喉衬,经 8.0 MPa,3 800℃,60 s 固体发动机地面点火试车考核,其线烧蚀率比多维编织 C/C 复合材料喉衬的低 1 倍多;NASA Glenn 中心通过 CVI 制了 C/HfC,C/TaC 及 HfC/TaC 共沉积复合材料。2010 年美国亚利桑那大学 Corral 等通过硼化锆有机金属前驱体、B_4C 颗粒和酚醛树脂形成的料浆浸渗分别制得 B_4C,ZrB_2-B_4C 改性的 C/C 复合材料,氧化测试显示:B_4C 可在较低温度下提高材料的抗氧化能力,1 500℃时对材料氧化起到促进作用;ZrB_2-B_4C 可以提高材料在 1 500℃环境中的抗氧化能力。帝国理工学院 Jayaseelan 等将 ZrB_2 前驱体的无机盐溶液和 ZrB_2 粉料制成料浆,通过真空浸渗将其引入到 C/C 复合材料的空心管中,微观形貌分析显示引入的陶瓷相主要分布在材料表面,2 190℃烧蚀 60s 后表面有 ZrO_2 聚集,性能一般,仍需进一步改进。2013 年 Paul 等通过料浆浸渗制备了多种 C/C-UHTC 复合材料,氧乙炔环境 30 s 和 60 s 烧蚀显示 Hf-基复合材料的抗烧蚀性能优于 Zr-基复合材料,SiC 和 LaB_6 的添加对于材料的抗烧蚀性能并无益处,C/HfB_2 的抗烧蚀性能优于 C/HfC。

国内相关研究起步较晚,近年来,中科院、西北工业大学、国防科学技术大学和中南大学等单位积极参与到了相关研究工作中。汤素芳等通过料浆浸渗法制备了包括 C/C-$4ZrB_2$,C/C-$4ZrB_2$-1SiC ,C/C-$2ZrB_2$-1SiC,C/C-$2ZrB_2$-1SiC-1HfC ,C/C-$2ZrB_2$-1SiC-1TaC 等多种 C/C-UHTC 复合材料。氧乙炔环境不同热流密度考核发现 C/C-ZrB_2 的抗烧蚀性能优于 C/C 和其他 C/C-UHTC 复合材料;随着热流密度降低,SiC 在 C/C-ZrB_2 中的添加逐步呈现出有益作用;HfC 能够提高 C/C-$2ZrB_2$-1SiC 的抗烧蚀性能,而 TaC 则起到相反作用。王一光等首先利用 CVI 制备多孔 C/C,然后采用反应熔渗的方法分别制备了 C/C-ZrC 和 C/C-SiC-ZrC 复合材料,所制备的材料表现出较好的力学、抗氧化和抗烧蚀性能。李照谦采用反应熔渗浸渍法在低密度 C/C 多孔体的基础上制得 C/C-SiC-ZrC 复合材料,研究了粉料配比、浸渍温度、多孔体结构等对 ZrC-SiC 改性 C/C 复合材料微观结构、力学性能和烧蚀性能的影响。

中南大学熊翔等采用 $TaCl_5-H_2-C_3H_6-Ar$ 体系以及 $MTS-H_2-Ar$ 体系,利用 CVI 技术在碳纤维表面沉积 TaC 以及 SiC-TaC 混合涂层,然后进行热固性树脂浸渍碳化得到 TaC 和 SiC-TaC 中间层改性的 C/C 复合材料,并对材料的力学性能进行了研究。结果表明:TaC,SiC-TaC 中间改性层的存在大大提高了 C/C 复合材料的平均强度和韧性,其抗弯强度分别达到 270 MPa 和 522 MPa;具有 TaC 层的材料表现为良好的假塑性断裂;而 SiC-TaC

层的复合材料为脆性断裂,但是经过 2 000℃ 高温热处理后,其断裂模式转变为假塑性断裂;此外,TaC/SiC-TaC 改性后材料的抗烧蚀性能得到了大幅度的提高。图 7-35 所示为 C/C-TaC 复合材料的微观形貌。

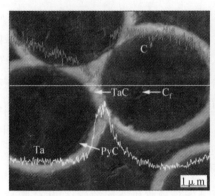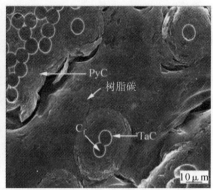

图 7-35 C/C-TaC 复合材料的 SEM 照片

西北工业大学 C/C 复合材料工程技术研究中心陈强、沈学涛、李淑萍等采用金属盐溶液浸渍法原位合成了 ZrC/HfC 改性 C/C 复合材料。其基本原理:利用碳纤维预制体在 ZrOCl$_2$·8H$_2$O/HfOCl$_2$·8H$_2$O 溶液浸渍过程中吸附金属盐,热处理后金属盐转化为金属氧化物,再利用 TCVI 工艺进行 C/C 复合材料的致密化,经高温热处理将金属氧化物转换为金属碳化物,实现了难熔碳化物在 C/C 复合材料的均匀分布,且提高了材料的力学性能。他们还研究了 ZrC/HfC 改性 C/C 复合材料在氧乙炔烧蚀条件下和固体火箭发动机低压强烧蚀环境下的烧蚀性能。结果表明,ZrC/HfC 具有抑制氧化和弥补缺陷的作用,可以有效提高 C/C 材料的抗烧蚀性能,并揭示了改性复合材料的烧蚀机理。

以 ZrC 改性 C/C 复合材料为例说明烧蚀机理。复合材料中的缺陷(孔洞、裂纹等)和界面(纤维-基体界面、基体间界面和 ZrC-C 界面)活性比较高。烧蚀开始时,这些缺陷和界面优先发生氧化,ZrC 被氧化成 ZrO$_2$,碳被氧化成 CO/CO$_2$,导致孔洞和裂纹变大,界面处有孔隙产生。随着烧蚀的进行,孔洞/裂纹变得更大,界面处孔隙变大。对于未改性 C/C 复合材料,纤维被烧蚀成针状/锥状,XY 向基体变的比较光滑,Z 向基体被烧蚀成光滑的壳状。

对于改性试样,因 ZrC 氧化吸热和产物 ZrO$_2$ 的蒸发作用,火焰对试样表面的冲蚀热量降低,又因 ZrO$_2$ 与碳反应导致 XY 向基体最后被烧蚀成蜂窝状,Z 向基体被烧蚀成厚壁壳状,且在壳状基体表面有凹坑生成;因 ZrO$_2$ 与碳的反应,低 ZrC 含量试样纤维被烧蚀成表面带有小凹坑的锥状试样,中等 ZrC 含量试样纤维除了表面出现大凹坑外仍保持着原有纤维的圆柱状特征。凹坑的出现大大降低了纤维的强度。随着进一步的烧蚀,在火焰的冲刷作用下纤维在凹坑处断裂,在基体上留下凹槽,导致了材料的机械剥蚀率增大。可见,ZrC 改性 C/C 材料的烧蚀过程比未改性 C/C 复合材料更复杂。为了形象地展示 ZrC 改性 C/C 复合材料的烧蚀过程,绘制了其烧蚀过程示意图,如图 7-36 所示。

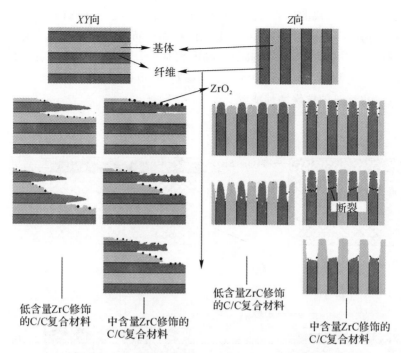

图 7 - 36　改性 C/C 复合材料的烧蚀过程示意图

近年来,随着国内在超高温陶瓷先驱体合成技术上的突破,国内研究学者对采用 PIP 法制备 UHTC 改性 C/C 复合材料进行了大量研究报道。中科院过程工程研究所武海棠等采用自制聚合有机锆与聚碳硅烷组成的共溶前驱体为原料,采用 PIP 工艺制备了 2D C/C - ZrC - SiC 复合材料,考察了复合材料在 2 200℃的等离子烧蚀性能。复合材料的质量烧蚀率和线烧蚀率随着 ZrC 含量的增加先减小后增大,当 ZrC 体积分数为 17.45% 时,经等离子焰烧蚀 300 s 后,其质量烧蚀率仅为 1.77 mg/s,线烧蚀率为 0.55 μm/s。研究发现,材料表层 ZrC 氧化生成的 ZrO_2 溶于 SiC 氧化生成的 SiO_2,形成的黏稠二元玻璃态混合物,能够有效阻止气氛进入基体内部,对抗超高温烧蚀起到协同作用。之后,西北工业大学等采用其超高温陶瓷先驱体在改性 C/C 复合材料上进行了大量研究。以有机 ZrB_2 和 PCS 为先驱体,采用浸渍裂解工艺制备了 C/C - ZrB_2 - SiC 复合材料,发现材料烧蚀率随烧蚀环境热流密度增大而增大,机械剥蚀的加剧是烧蚀率增大的主要原因。李克智等采用同样工艺以 PCS 和新近合成的有机锆聚合物(PZC)为陶瓷前驱体制备了 C/C - ZrC - SiC 复合材料,3 000℃氧乙炔烧蚀测试表明制备的改性复合材料的抗烧蚀性能优于 C/C 和 C/C - SiC 复合材料。其烧蚀机理:当氧乙炔燃气达到改性材料表面时,ZrC 和 SiC 优先被氧化生成 ZrO_2 和 SiO_2,在材料表面形成一层 ZrO_2 - SiO_2 的氧化层,如图 7 - 37(a)所示。SiO_2 的熔点为 1 670℃。随着烧蚀的进行,试样表面温度增高,SiO_2 开始熔化,与此同时,氧化产生的气体(CO,CO_2 等)也不断增加,导致 ZrO_2 - SiO_2 层蒸气压逐渐加大,当其大于外部周围蒸气压时,已经熔化的 SiO_2 就在蒸气压的作用下被挤压出来,形成 SiO_2 外部保护层,从而就构成了一个具有 SiO_2 外层 - ZrO_2 内层(包含少量 SiO_2)的双层保护结构(见图 7 - 37(b))。在烧蚀温度不高机械剥蚀也相对较弱的烧蚀边缘区域,SiO_2 可以有效抵挡外部烧蚀气流对材料内部的侵蚀。随着温度的进一步提高,SiO_2 黏度降低,机械剥蚀的增加导致一部分 SiO_2 剥落,内层的 ZrO_2 暴露出来,如图 7 - 37(c)所示。试样的烧蚀中心正对着氧乙炔的中心,此区域温度最高,燃气的机械冲刷力最大,SiO_2在自身蒸发及气流冲刷的作用下,完全被消耗掉,SiO_2无法在如此苛刻的烧蚀环境下存在,如图 7 - 37 (d)所示。而 ZrO_2 熔点高达 2 677℃,高温下黏度相对较大,可以黏附在试样表面,保护材料内部不被进一步烧蚀。同时 ZrO_2 是一种优异的热障材料,可以降低热量和含氧气氛向材料内部扩散,使材料表现出优异的抗烧蚀性能。

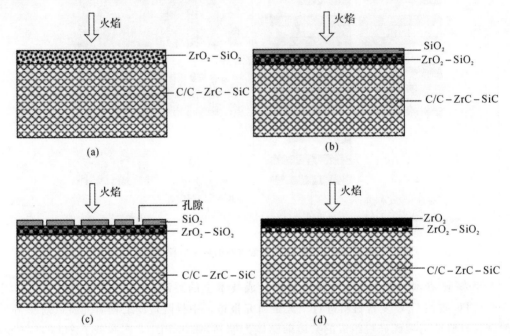

图 7 - 37 C/C - ZrC - SiC 复合材料的烧蚀机理示意图

7.6 C/C 复合材料的应用

7.6.1 在刹车材料方面的应用

刹车盘的功能是使在地面快速运动的飞机减速、静止。刹车盘通过相对滑动摩擦吸收飞机的巨大动能。飞机在刹车过程中静盘和动盘的表面温度超过 500℃,并要求刹车材料具有良好的抗热震性。C/C 复合材料优异的导热性和低的热膨胀系数使其成为理想的选择。

C/C 复合材料刹车盘的优越之处主要有三个方面,即减重、耐高温和良好的摩擦性。由 C/C 复合材料制成的刹车盘密度低,和金属陶瓷-钢摩擦副相比,它可以显著减少刹车盘的结构质量,减重可达 40%,使用后可使飞机质量大大减轻。如空中客车 A300 - 600 减重 590 kg,A330 及 A340 减重 998 kg。不仅如此,C/C 复合材料优异的高温性能也十分引人注目。飞机刹车时摩擦引起的温升高达 500℃以上,尤其是最苛刻的中止起飞,紧急刹车系统在起飞中紧急刹车时会产生 1.755×10^9 J 的功,一些刹车元件将达到熔点,此时 C/C 复合材料的耐高温性能就显示了极大的优越性。而且,C/C 刹车盘具有合适的摩擦因数和很好的耐磨性,由此使其使用寿命大幅度提高,更换周期则大大延长,一个周期可以达到 1 500～3 000 个起落,寿命提高 5～6 倍。此外,C/C 复合材料的比热和热容量大,可以吸收比金属陶瓷-钢刹车副更多的能量,一般可达 820～1 050 kJ/kg。除在飞机刹车装置作刹车盘外,C/C 刹车盘还用作一级方程式赛车、摩托车和高速火车的刹车材料。

7.6.2　在导弹领域的应用

导弹鼻锥帽采用烧蚀型 C/C 复合材料,如图 7-38 所示。该材料具有质量轻,高温强度高,抗烧蚀、抗侵蚀、抗热震性好的优点,可使导弹弹头再入大气层时免遭毁损。美国在战略导弹上主要采用具有良好耐烧蚀性能的细编穿刺三向复合材料,有效地提高了导弹弹头的命中率和命中精度。美国战略导弹的固体火箭发动机喷管喉衬采用多向编织的 C/C 复合材料,实现了防热和结构一体化功能,使喷管质量减轻 30％以上,其战略导弹上应用 C/C 复合材料的情况见表 7-4。美国 C/C 复合材料在战术导弹上主要用于导弹助推器喷管。大多数导弹选用 4D C/C 复合材料,少数导弹选用 3D C/C 复合材料。在导弹上,苏联主要把 C/C 复合材料用于导弹最前端的尖头,该部位大多数使用 3D C/C 复合材料,少数使用 4D C/C 复合材料。

表 7-4　美国 C/C 复合材料在战略导弹上的应用

导弹型号	使用部位	材料结构	使用军种
民兵Ⅲ号	MK-12A 鼻锥	细编穿刺 C/C 复合材料	空军
MX	MK-21 型鼻锥	3D C/C 复合材料或细编穿刺品	空军
	发动机喷管喉衬	3D C/C 复合材料	空军
SICBM	MK-5 型鼻锥	3D C/C 复合材料或细编穿刺品	空军
	发动机喷管喉衬	3D C/C 复合材料	空军
三叉戟Ⅰ号	MK-5 型鼻锥	3D C/C 复合材料	海军
	发动机喷管喉衬	3D C/C 复合材料或 4D C/C 复合材料	海军
SPI	反弹道导弹鼻锥	3D C/C 复合材料	陆军

7.6.3　在宇航领域的应用

世界各发达国家已成功将 C/C 复合材料用于航天飞机的机翼前缘(见图 7-39)、鼻锥、货舱门、火箭发动机尾喷管、喉衬等构件,这主要是青睐 C/C 复合材料十分优异的耐高温抗烧蚀性能。表 7-5 列出了世界上几个工业发达国家的 C/C 复合材料在航天飞机上的应用情况。由表 7-5 可以看出,国外,C/C 复合材料在航天飞机上主要用作高温区作热结构材料,应用目的是防热和抗氧化。

2004 年 3 月 27 日,美国成功发射了马赫数为 7 的高超声速飞行器 X-43A(见图 7-40),该飞行器的头部前缘和水平尾翼前缘使用的均为带有抗氧化涂层的 C/C 复合材料热防护构件。

表7-5 C/C复合材料在航天飞机上的应用

国 家	飞机名称	使用区域	具体部件	功 能
美国	Shuttle	最高温区	C/C复合材料薄壳热结构	抗氧化,防热
		较高温区	防热瓦C/C复合材料机头锥	抗氧化,防热
	NASP（超声速）	最高温区	C/C复合材料薄壁热结构	抗氧化,防热
		较高温区	C/C复合材料面板	抗氧化,防热
苏联	BypaH(暴风雪)	最高温区	C/C复合材料结构防热瓦	抗氧化,防热
欧洲	Hermes	最高温区	C/C复合材料薄壳热结构	抗氧化,防热
日本	Hope	最高温区	C/C复合材料薄壳热结构	抗氧化,防热
		较高温区	C/C复合材料支座式面板	抗氧化,防热
英国	Hotel	最高温区	C/C复合材料薄壳热结构	抗氧化,防热
		较高温区	C/C复合材料面板	抗氧化,防热

图7-38 C/C复合材料导弹鼻锥帽

图7-39 C/C复合材料机翼前缘

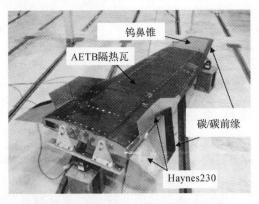

图7-40 X-43A飞行器模拟实验件

7.6.4 在工业领域的应用

(1)C/C复合材料在玻璃制造业中取代石棉,不仅无毒,而且与熔融的玻璃不浸润,使用寿命大大延长。美国已经把自己生产的K-Karb型C/C复合材料成功地用于玻璃工业中作

"热端"。

　　(2)发热元件和机械紧固件。C/C 发热元件由于有碳纤维的增强,机械强度高而不易破损,电阻高而能提供较更高的功率,因此可以制成大型薄壁发热元件,更有效地利用炉膛的容积。如高温热等静压机中采用的长 2 m 的 C/C 发热元件,其壁厚只有几毫米,这种发热体可工作到 2 500℃的高温。C/C 复合材料制成的螺钉、螺母、螺栓、垫片在高温下作紧固件,效果良好,可以充分发挥 C/C 复合材料的高温拉伸强度。

　　(3)吹塑模和热压模。由于具有质轻和难熔的性质,采用 C/C 复合材料代替钢和石墨来制造超塑成型的吹塑模和粉末冶金中的热压模可以减小模具厚度,缩短加热周期,节约能源和提高产量。C/C 热压模具已被实验用于 Co 基粉末冶金,它比石墨模具使用次数多,寿命长。

　　(4)涡轮发动机叶片和内燃机活塞。预氧化处理后的 C/C 复合材料用于制作涡轮发动机的叶片,可以明显减轻质量,提高燃烧室温度,从而大幅度提高热效率。与金属活塞相比,C/C 复合材料的辐射率高,热导率低,可去掉活塞外环和侧缘。而且 C/C 活塞能在更高的温度和压力下工作,可以提高内燃机的机械效率和热效率。

　　(5)在化学工业中,C/C 复合材料主要用于耐腐蚀设备、压力容器、密封填料和螺旋管(见图 7 - 41)等。

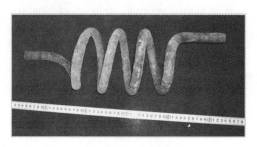

图 7 - 41　螺旋管

　　(6)在核反应堆中用于制造无线电频率限副幅器。

　　(7)利用 C/C 复合材料高导电率和良好尺寸稳定性,制造卫星通讯抛物面无线电天线反射器。

　　(8)在电子、电器方面,由于 C/C 复合材料是优良的导电材料,利用它的导电性能可制成电吸尘装置的电极板电池的电板、电子管的栅极等。

　　(9)在单晶硅领域,由于 C/C 复合材料具有高温稳定性,可以用于坩埚埚帮(见图 7 - 42)和籽晶夹头(见图 7 - 43),解决原有 Mo 夹头污染硅单晶的难题。

图 7 - 42　坩埚埚帮

图 7 - 43　籽晶夹头

7.6.5 C/C复合材料的发展趋势与应用前景

C/C复合材料的发展总方向将是从双元复合扩大到多元复合。C/C复合材料发展的主要趋势是结构材料,今后将呈现以结构C/C复合材料为主,向功能和多功能C/C发展的趋势。在编织技术方面,将从单向朝多向发展,细编穿刺工艺是发展的必然趋势。

当前C/C复合材料的研究主要集中在三个方面,即提高性能(特别是沿平面方向的剪切性能和沿垂直平面方向的拉伸性能),发展抗氧化技术(使其具有更高的使用温度和更长的使用寿命)和寻找低成本的生产方法。C/C复合材料的应用正在由航天领域进入普通航空和其他一般工业领域中。在21世纪上半叶,C/C复合材料将成为一种很有发展前景的高温应用复合材料。

参 考 文 献

[1] 贺福,王茂章. 碳纤维及其复合材料[M]. 北京:科学出版社,1995.

[2] 颜鸣皋,吴学仁,朱知寿. 航空材料技术的发展现状与展望[J]. 航空制造技术,2003(12):19-25.

[3] 李贺军,曾燮榕,李克智. C/C复合材料研究应用现状及思考[J]. 炭素技术,2001(5):5-17.

[4] 傅恒志. 未来航空发动机材料面临的挑战与发展趋向[J]. 航空材料学报,1998,18(4):52-61.

[5] Sheehan J E. Carbon-carbon composites [J]. Annu Rev Mater Sci,1994,24:19-44.

[6] Buckley J D. Carbon-carbon, an overview [J]. Am Ceramic Bulletin,1988,67(2):364-368.

[7] 朱小旗. 抗氧化碳/碳复合材料的制备及性能机理研究[D]. 西安:西北工业大学,1995.

[8] 陈华辉,邓海金,李明,等. 现代复合材料[M]. 北京:中国物资出版社,1998.

[9] 李云凯,周张健. 陶瓷及其复合材料[M]. 北京:北京理工大学出版社,2007.

[10] Labruquere S, Blanchard H, Pailler R, et al. Enhancement of the oxidation resistance of interfacial area in C/C composites Part I: oxidation resistance of B-C, Si-B-C and Si-C coated carbon fibers [J]. Journal of the European Ceramic Society,2002,(22):1001-1009.

[11] Loboiondo N E, Jones L E, Clare A G. Halogenated glass system for the protection of structural carbon/carbon composites [J]. Carbon,1995,33(4):499-508.

[12] Savage G. Carbon-carbon composites [M]. London:Chapman & Hall,1993.

[13] Sheehan J E. Oxidation protection for carbon fiber composites [J]. Carbon,1989,27(5):709-715.

[14] Napolitano A, Mucedo P B, Hawkins E G. Viscosity and density of boron trioxide

[J]. J Am Ceram Soc, 1965, 48: 613.

[15] 闫桂沈, 王俊, 苏君明. 难熔金属碳化物改性基体 C/C 复合材料抗氧化性能的影响 [J]. 炭素, 2002, (2): 3-6.

[16] 李翠艳, 李克智, 欧阳海波, 等. HfC 改性 C/C 复合材料的烧蚀性能[J]. 稀有金属材料与工程, 2006(增刊 2): 365-368.

[17] 刘文川, 邓景屹, 杜海峰, 等. C/C-SiC 梯度基、纳米基、双元基复合材料微观结构特征[J]. 中国科学: B 辑, 1998, 28(5): 471-476.

[18] Liu W C, Wei Y L, Deng J Y. Carbon fiber rreinforced C-SiC binary matrix Composites [J]. Carbon, 1995, 33(4): 441-447.

[19] 邓景屹, 刘文川, 杜海峰. C/C-SiC 梯度基复合材料氧化行为的研究[J]. 硅酸盐学报, 1999, 27(3): 357-361.

[20] 李瑞珍, 郝志彪, 李贺军, 等. CVR 法抗氧化处理对 C/C 复合材料抗氧化行为的影响 [J]. 复合材料学报, 2005, 22(5): 125-129.

[21] Ehrburger P. Inhibition of the oxidation of carbon-carbon composites by boron oxide [J]. Carbon, 1986, 24(4): 495-499.

[22] Buchanan F J. Particulate-containing glass sealants for carbon-carbon composites [J]. Carbon, 1996, 31: 649-654.

[23] Lynch R W, Morosin B. Thermal expansion, compressibility, and polymorphism in hfnium and zirconium titanates[J]. L Am Ceram Soc, 1972, 55(8): 409-413.

[24] Strife J R. Ceramic coating for carbon-carbon composites [J]. Ceramic Bulletin, 1988, 2: 369-374.

[25] Jacques T. Kinetics and mechanisms of oxidation of 2D woven C/SiC composites [J]. J Am Ceram Soc, 1994, 8: 2049-2057.

[26] Huang J F, Li H J, Zeng X R, et al. A new SiC/yttrium silicate/glass multi-layer oxidation protective coating for carbon/carbon composites[J]. Carbon, 2004, 42 (11): 2356-2359.

[27] 张长瑞, 郝元恺. 陶瓷基复合材料: 原理、工艺、性能与设计[M]. 长沙: 国防科技大学出版社, 2001.

[28] Stuecker J N, Hirschfeld D A, Martin D S. Oxidation protection of carbon-carbon composites by Sol-Gel ceramic coatings [J]. Journal of Materials Science, 1999, 34 (22): 5443-5447.

[29] Skowronski, Raymund P, Kramer, et al. Coating for carbon-carbon composites and method for producing same: US, 5955197[P]. 1989-08-15.

[30] Huang J F, Zeng X R, Li H J, et al. ZrO₂-SiO₂ gradient multilayer oxidation protective coating for SiC coated carbon/carbon composites [J]. Surface & Coatings Technology, 2005, 190(2-3): 255-259.

[31] Berneburg, Philip L, Krukonis, et al. Processing of carbon-carbon composites using supercritical fluid technology: US, 5035921[P]. 1991-07-30.

[32] Joshi A, Lee J S. Coating with particulate dispersions for high temperature oxidation

protection of carbon and C/C composites[J]. Composites：Part A，1997，28A(2)：181-189.

[33] Federico S，Monica F，Milena S. Multilayer coating with self-sealing properties for carbon-carbon composites [J]. Carbon，2003，41：2105-2111.

[34] Santon J. Laser coating extends applicability of C/C composites [J]. Materials Performance，2000，39(7)：47-49.

[35] Huang J F，Zeng X R，Li H J，et al. Mullite-Al_2O_3-SiC oxidation protective coating for carbon/carbon Composites [J]. Carbon，2003，41：2825-2829.

[36] 曾燮榕，郑长卿，李贺军，等. 碳/碳复合材料 $MoSi_2$ 涂层的防氧化研究[J]. 复合材料学报，1997，114(3)：37-40.

[37] 刘雄亚. 复合材料新进展[M]. 北京：化学工业出版社，2007.

[38] Hsu S E，Wu H D，Wu T M，et al. Oxidation protection for 3D carbon/carbon composites [J]. Acta Astronautica，1995，35(1)：34-41.

[39] Huang J F，Li H J，Zeng X R，et al. Preparation and oxidation kinetics mechanism of three-layer multi-layer-coatings-coated carbon/carbon composites [J]. Surface & Coatings Technology，2006，200(18-19)：5379-5385.

[40] 周玉. 陶瓷材料学[M]. 哈尔滨：哈尔滨工业大学出版社，1995：299-306.

[41] Cairo C A A，Grasa M L A，Silva C R M，et al. Functionally gradient ceramic coating for carbon-carbon antioxidation protection[J]. Journal of European Ceramic Society，2001，21：325-329.

[42] Sun L，Pan J S，Liu Y J. An improvement in processing and fabrication of SiC-whisker-reinforced $MoSi_2$ composites [J]. Journal of Material Science Letters，2001，20：1421-1423.

[43] Ye F，Zhou Y，Lei T C. Microstructure and mechanical properties of barium aluminosilicate glass-ceramic matrix composites reinforced with SiC whiskers [J]. Journal of Material Science，2001，36：2575-2580.

[44] 曾燮榕，李贺军，李龙，等. 碳/碳复合材料 $MoSi_2$/SiC 涂层在动态氧化环境下的性能研究[J]. 复合材料学报，2002，19(6)：43-46.

[45] Huang J F，Zeng X R，Li H J，et al. Oxidation behavior of SiC-Al_2O_3-mullite multi-coating coated carbon/carbon composites at high temperature [J]. Carbon，2005，43(7)：1580-1583.

[46] Huang J F，Zeng X R，Li H J，et al. SiC/yttrium silicate multi-layer coating for oxidation protection of carbon/carbon composites [J]. Journal of Materials Science，2004，39：7383-7385.

[47] Smeacetto F，Salvo M，Ferraris M. Oxidation protective multilayer coatings for carbon-carbon composites [J]. Carbon，2002，40(4)：583-587.

[48] Raj S V，Whittenberger J D，Zeumer B，et al. Elevated temperature deformation of Cr3Si alloyed with Mo [J]. Intermetallics. 1999，7(7)：743-755.

[49] Duan G，Wang H M. High-temperature wear resistance of a laser-clad γ/Cr_3Si

metal silicide composite coating [J]. Scripta Materialia, 2002, 46: 107 – 111.

[50]　Yin X W, Cheng L F, Zhang L T, et al. Microstructure and oxidation resistance of carbon/silicon carbide composites infiltrated with chromium silicide [J]. Materials Science and Engineering A, 2000, 290: 89 – 94.

[51]　尹衍升, 陈守刚, 李嘉. 先进结构陶瓷及其复合材料[M]. 北京: 化学工业出版社, 2006.

[52]　金志浩, 高积强, 乔冠军. 工程陶瓷材料[M]. 西安: 西安交通大学出版社, 2000: 162 – 163.

[53]　孙万昌, 李贺军, 白瑞成. 微观组织结构对 C/C 复合材料力学行为的影响[J]. 无机材料学报, 2005, 20(3): 671 – 676.

[54]　孙万昌, 李贺军, 张秀莲. 高温处理对液其相沉积碳/碳复合材料微观组织结构及力学性能的影响[J]. 航空学报, 2002, 23(3): 276 – 278.

[55]　廖晓玲, 李贺军, 李新涛, 等. 3D C/C 复合材料的弯曲行为[J]. 材料工程, 2006(6): 54 – 57.

[56]　赵建国, 李克智, 李贺军. 纤维含量和热处理对 C/C 复合材料性能的影响[J]. 材料研究学报, 2005, 19(3): 293 – 298.

[57]　Chen J D, Ju C P. Low energy tribological behavior of carbon – carbon composites [J]. Carbon, 1995, 33(1): 57 – 62.

[58]　Blanco C, Bermejo J, Marsh H, et al. Chemical and physical properties of carbon as related to brake performance [J]. Wear, 1997(213): 1 – 12.

[59]　Hutton T J, Johnson D, Mcenaney B. Effect of fibre orientation on the tribology of a model carbon – carbon composite [J]. Wear, 2001(249): 647 – 655.

[60]　Byrne C, Wang Z. Influence of thermal properties on friction performance of carbon composites [J]. Carbon, 2001, 39: 1789 – 1801.

[61]　Chen J D, Chern Lin J H, Ju C P. Effect of humidity on the tribological behavior of carbon – carbon composites [J]. Wear, 1996(193): 38 – 47.

[62]　罗瑞盈, 李贺军, 杨峥, 等. 湿度对碳/碳材料摩擦性能影响[J]. 新型碳材料, 1995(3): 61 – 64.

[63]　孙乐民, 李贺军, 张守阳. 沥青基碳/碳复合材料的组织特性[J]. 无机材料学报, 2000, 15(6): 1111 – 1116.

[64]　胡保全, 牛晋川. 先进复合材料[M]. 北京: 国防工业出版社, 2006.

[65]　张伟刚. 化学气相沉积: 从烃类气体到固体碳[M]. 北京: 科学出版社, 2008.

[66]　Delaval R, Palavit G, Rey J, et al. Method for protecting a porous carbon – containing material from oxidation, and material obtained thereby: US, 5714244[P]. 1998 – 02 – 03.

[67]　Thebault J, Laxague M, Rey J, et al. Method for applying an anti – oxidative coating on brake disks of a carbon – containing composite material: US, 5686144[P]. 1997 – 11 – 11.

[68]　Isola C, Appendino P, Bosco F, et al. Protective glass coating for carbon – carbon

composites [J]. Carbon, 36(7):1213 - 1218.

[69] Federico S, Monica F, Milena S. Multilayer coating with self - sealing properties for carbon - carbon composites [J]. Carbon, 2003, 41(11): 2105 - 2111.

[70] 付前刚, 李贺军, 黄剑锋, 等. 碳/碳复合材料磷酸盐涂层的抗氧化性能研究[J]. 材料保护, 2003, 38(3): 52 - 54.

[71] Fu Q G, Li H J, Shi X H, et al. A SiC/glass oxidation protective coating for carbon/carbon composites for application at 1 173 K [J]. Carbon, 2007, 45(4): 892 - 894.

[72] Fu Q G, Li H J, Shi X H, et al. Double - layer oxidation protective SiC/glass coatings for carbon/carbon composites [J]. Surface and Coating Technology, 2006, 200(11): 3473 - 3477.

[73] Fu Q G, Li H J, Shi X H, et al. Oxidation protective glass coating for SiC coated carbon/carbon composites for application at 1 773 K[J]. Materials Letter, 2006, 60 (3): 431 - 434.

[74] Worrell, Wayne L, Lee K N. High temperature alloys: US, 6127047[P]. 2000 - 10 - 03.

[75] Terentieva V S, Bogachkova O P, Goriatcheva E V. Method for protecting products made of a refractory material against oxidation, and resulting produced producted products: US, 5677060[P]. 1997 - 10 - 14.

[76] 黄敏, 李克智, 付前刚, 等. 等离子喷涂碳/碳复合材料 Cr - Al - Si 涂层显微结构及高温抗氧化性能. 复合材料学报[J]. 2007, 24(5): 109 - 112.

[77] 付前刚, 李贺军, 史小红, 等. 碳/碳复合材料高温长寿命 Si - SiC 抗氧化涂层[J]. 稀有金属材料与工程, 2005, 34(增刊 2): 261 - 263.

[78] 曾燮榕, 李贺军, 杨峥. 碳/碳复合材料 Si - MoSi$_2$涂层的抗氧化性能[J]. 航空工程与维修, 1997, 4: 25 - 26.

[79] Yamamoto O, Sasamoto T, Inagaki M. Antioxidation of carbon - carbon composites by SiC concentration gradient and zircon overcoating [J]. Carbon, 1995, 33(4): 259 - 365.

[80] 候党社, 李克智, 李贺军. C/C 复合材料 SiC - TaSi$_2$/MoSi$_2$抗氧化复合涂层研究[J]. 金属学报, 2008, 44(3): 331 - 335.

[81] 曾燮榕, 李贺军, 杨峥. 碳/碳复合材料表面 MoSi$_2$ - SiC 复相陶瓷涂层及其抗氧化机制[J]. 硅酸盐学报, 1999, 27(1): 8 - 15.

[82] 郭海明. C/C 复合材料防氧化复合涂层的制备及其性能[J]. 宇航材料工艺. 1998, 5: 31 - 40.

[83] Ruscher C H, Fritze H, Borchardt G, et al. Mullite coatings on SiC and C/C - Si - SiC substrates characterized by infrared spectroscopy [J]. American Ceramic Society, 1997, 80(12): 3225 - 3232.

[84] Wang R, Sano H, Uchiyama Y, et al. Oxidation behaviours of carbon/carbon composite with multi - coatings of LaB$_6$ - Si/polycarbosilane/SiO$_2$ [J]. Journal of Materials Science, 1996, 31(23): 6163 - 6169.

[85]　成来飞，张立同. 高温长寿命 C/C 防氧化复合梯度涂层研究[J]. 高技术通讯，1996，5：16 – 18.

[86]　Fu Q G，Xue H，Li H J，et al. Anti – oxidation property of a multi – layer coating for carbon/carbon composites in a wind tunnel at 1 500℃[J]. New Carbon Materials，2010，25(4)：279 – 283.

[87]　黄剑锋. 碳/碳复合材料高温抗氧化 SiC/硅酸盐复合涂层的制备、性能及机理研究[D]. 西安：西北工业大学，2004.

[88]　Feng T，Li H J，Fu Q G，et al. Influence of Cr content on the microstructure and anti – oxidation property of $MoSi_2$ – $CrSi_2$ – Si multi – composition coating for SiC coated carbon/carbon composites [J]. Journal of Alloys and Compounds，2010，501 (1)：20 – 24.

[89]　Yao X Y，Li H J，Zhang Y L，et al. SiC/ZrB_2 – SiC/SiC oxidation resistance multilayer coating for carbon/carbon composites [J]. Corrosion Science，2012，57：148 – 153.

[90]　Li H J，Yao X Y，Zhang Y L，et al. Anti – oxidation properties of ZrB_2 modified silicon – based multilayer coating for carbon/carbon composites at high temperatures [J]. Transcations of Nonferrous Metals Society of China，2013，23(7)：2094 – 2099.

[91]　Ren X R，Li H J，Li K Z，et al. Oxidation protection of ultra – high temperature ceramic $ZrxTa_{1-x}B_2$ – SiC/SiC coating prepared by in – situ reaction method for carbon/carbon composites [J]. Journal of the European Ceramic Society，2015，35(3)：897 – 907.

[92]　Hsu S E，Wu H D，Wu T M，et al. Oxidation protection for 3D carbon/carbon composites [J]. Acta astronautic a，1995，35(1)：34 – 41.

[93]　Zheng G B，Mizuki H，Sano H，et al. CNT – PyC – SiC/SiC duble – layer oxidation – protection coating on C/C composite [J]. Carbon，2008，46(13)：1792 – 1828.

[94]　Fu Q G，Li H J，Li K Z，et al. SiC whisker – toughened $MoSi_2$ – SiC – Si coating to protect carbon/carbon composites against oxidation [J]. Carbon，2006，44：1866 –1869.

[95]　Chu Y H，Li H J，Fu Q G，et al. Oxidation protection of C/C composites with a multilayer coating of SiC and Si ＋ SiC ＋ SiC nanowires [J]. Carbon，2012，50(3)：1280 – 1288.

[96]　Hilling W B. Making ceramic composites by melt infiltration [J]. American Ceramic Society Bulletin，1994，73(4)：56 – 62.

[97]　Christin F. Design，fabrication，and application of thermostructural composites (TSC) like C/C，C/SiC，and SiC/SiC composites [J]. Advanced Engineering Materials，2002，4(12)：903 – 912.

[98]　Schmidt S，Beyer S，Knabe H，et al. Advanced ceramic matrix composite materials for current and future propulsion technology applications [J]. Acta Astronautica，2004，55(3 – 9)：409 – 420.

[99] 崔红，闫联生，刘勇琼，等. 掺杂改性 C/C 复合材料研究进展 [J]. 中国材料进展，2011，30(11)：13-17.

[100] 闫联生，王涛，邹武，等. 碳/碳化硅复合材料快速成型工艺研究 [J]. 宇航材料工艺，1999，29(3)：38-41.

[101] 闫联生，李贺军，崔红，等. "CVI+压力 PIP"混合工艺制备低成本 C/SiC 复合材料 [J]. 无机材料学报，2006，21(3)：664-670.

[102] Sayir A. Carbon fiber reinforced hafnium carbide composite [J]. Journal of Materials Science, 2004, 39: 5995-6003.

[103] Corral E L, Walker L S. Improved ablation resistance of C-C composite using zirconium diboride and boron carbide [J]. Journal of the European Ceramic Society, 2010, 30(11): 2357-2364.

[104] Jayaseelan D D, Sa R G, Brown P, et al. Reactive infiltration processing (RIP) of ultra high temperature ceramics (UHTC) into porous C/C composite tubes [J]. Journal of the European Ceramic Society, 2011, 31(3): 361-368.

[105] Paul A, Venugopal S, Binner J G P, et al. UHTC-carbon fibre composites: Preparation, oxyacetylene torch testing and characterization [J]. Journal of the European Ceramic Society, 2013, 33(2): 423-432.

[106] Tang S F, Deng J Y, Wang S J, et al. Ablation behaviors of ultra-high temperature ceramic composites [J]. Materials Science and Engineering: A, 2007, 465: 1-7.

[107] Wang Y G, Zhu X J, Zhang L T, et al. Reaction kinetics and ablation properties of C/C-ZrC composites fabricated by reactive melt infiltration [J]. Ceramics International, 2011, 37(4): 1277-1283.

[108] Wang Y G, Zhu X J, Zhang L T, et al. C/C-SiC-ZrC composites fabricated by reactive melt infiltration with Si0.87Zr0.13 alloy [J]. Ceramics International, 2012, 38(5): 4337-4343.

[109] 李照谦. 不同密度碳/碳复合材料改性工艺及抗烧蚀性能研究 [D]. 西安：西北工业大学，2012.

[110] 熊翔，王雅雷，李国栋，等. CVI-SiC/TaC 改性 C/C 复合材料的力学性能极其断裂行为[J]. 复合材料学报，2008，25(5)：91-97.

[111] 王雅雷，熊翔，李国栋，等. 新型 C/C-TaC 复合材料的微观形貌及其力学性能[J]. 中国有色金属学报，2008，18(4)：608-613.

[112] Chen Z K, Xiong X, Huang B Y, et al. Phase composition and morphology of TaC coating on carbon fiber by chemical vapor infiltration [J]. Thin Solid Films, 2008, 516(23): 8248-8254.

[113] 陈强，张守阳，高拴平，等. 原位制备 ZrC 改性碳/碳复合材料及抗烧蚀性能研究 [J]. 机械科学与技术，2009，28(2)：218-221.

[114] 沈学涛，李克智，李贺军，等. 碳化铪改性碳/碳复合材料喉衬的热化学烧蚀[J]. 无机材料学报，2011，26(4)：427-432.

[115] Shen X T, Li K Z, Li H J, et al. Microstructure and ablation properties of zirconium carbide doped carbon/carbon composites [J]. Carbon, 2010, 48(2): 344 – 351.

[116] Shen X T, Li K Z, Li H J, et al. The effect of zirconium carbide on ablation of carbon/carbon composites under an oxyacetylene flame [J]. Corrosion Science, 2011, 53(1): 105 – 112.

[117] 李淑萍, 李克智, 郭领军, 等. HfC 改性 C/C 复合材料整体喉衬的烧蚀性能研究 [J]. 无机材料学报, 2008, 23(6): 1155 – 1158.

[118] 沈学涛. ZrC 改性 C/C 复合材料的制备及烧蚀机理研究 [D]. 西安: 西北工业大学, 2012.

[119] 武海棠, 魏玺, 于守泉, 等. 整体抗氧化 C/C – ZrC – SiC 复合材料的超高温烧蚀性能研究 [J]. 无机材料学报, 2011, 26(8): 852 – 856.

[120] Li H J, Yao X Y, Zhang Y L, et al. Effect of heat flux on ablation behaviour and mechanism of C/C – ZrB$_2$ – SiC composite under oxyacetylene torch flame [J]. Corrosion Science, 2013, 74: 265 – 270.

[121] Feng B, Li H J, Zhang Y L, et al. Effect of SiC/ZrC ratio on the mechanical and ablation properties of C/C – SiC – ZrC composites [J]. Corrosion Science, 2014, 82: 27 – 35.

[122] Li K Z, Xie J, Fu Q G, et al. Effects of porous C/C density on the densification behavior and ablation property of C/C – ZrC – SiC composites [J]. Carbon, 2013, 57: 161 – 168.

[123] Xie J, Li K Z, Li H J, et al. Ablation behavior and mechanism of C/C – ZrC – SiC composites under an oxyacetylene torch at 3 000℃ [J]. Ceramic international, 2013, 39(4): 4171 – 4178.

[124] Liu L, Li H J, Feng W, et al. Ablation in different heat fluxes of C/C composites modified by ZrB$_2$ – ZrC and ZrB$_2$ – ZrC – SiC particles [J]. Corrosion Science, 2013, 74: 159 – 167.

[125] Li H J, Liu L, Zhang Y D, et al. Effect of high temperature heat treatment on the ablation of SiC – ZrB$_2$ – ZrC particles modified C/C composites in two heat fluxes [J]. Journal of Alloys and Compounds, 2015, 621: 18 – 25.

第8章　纳米复合材料

8.1　纳米复合材料简介

8.1.1　纳米复合材料的发展及应用前景

当物体在某一维度上的尺寸处于纳米量级（1～100 nm）时,可将其称为纳米材料。由于其尺寸已接近光的波长,加之其具有极高的比表面积,纳米材料表现出奇异的物理性能/化学性质,如高弹性模量,高强度,高韧性,高热膨胀系数,高比热容,低熔点,奇特的磁性,极佳的吸波性能,自润滑性,耐磨性和超塑性等。这些特殊性能使得纳米材料倍受国际科研工作者的重视,在众多领域有着广泛的研究与应用。纳米材料的应用技术又被称为纳米技术。20 世纪 90 年代以来,纳米技术、信息和生物技术一同被视为引起第二次产业革命的三个关键技术。2000 年美国总统发表了关于纳米技术的报告,以后与纳米技术相关的研究预算增加了 1 倍,并形成了横跨各部委的机构,将政府、产业界、大学中的精英组织起来,开始了国家的战略研究。这直接影响了欧洲、日本及我国对纳米技术的研究。纳米复合材料作为纳米技术中的重要一环,也倍受重视。

复合材料的发展始终与材料科学的整体发展密切相关,纳米材料问世后,使用纳米材料作为结构或功能增强体的复合材料也应运而生。如果复合材料中的某相达到纳米材料的尺寸标准,则可将该复合材料称为纳米复合材料。由于纳米粉体的巨大表面积和相互作用力,使其极易团聚成粗大颗粒。若将其分散在某一基体中构成复合材料,就能阻止这种团聚倾向,可维持其纳米尺寸状态而充分发挥纳米效应。由于纳米材料自身的特异性能,再加上复合材料的优异性能,两者复合后在进一步提高材料性能的同时,亦可赋予材料新的功能。因此纳米复合材料逐渐成为复合材料研究领域的新热点。

纳米复合材料的发展也经历了一个由单一功能的改善到多功能、复合型改善的过程。用纳米复合可以得到一般微米复合不能实现的性能改善。例如,采用硬度、强度很低的六方 BN 纳米颗粒增强的陶瓷材料,可使陶瓷的强度和加工性都得到改善。而用磁性金属纳米颗粒与结构陶瓷材料复合,可以改善结构陶瓷的强度和韧性,同时赋予结构陶瓷优异的磁性。这种具有高性能和多种优异性能的纳米复合材料,在机械结构材料、光电子功能材料、磁性功能材料、化学和生物材料、医学功能材料、热学功能材料等方面具有广泛的应用前景。

8.1.2　纳米复合材料的分类

纳米复合材料包括很多类型。根据纳米增强相的尺寸维度,可以将纳米复合材料分为三类:①如果增强相的三维均为纳米尺寸,诸如颗粒、聚集体等,则称其为等轴纳米复合材料;

②如果纳米增强相的二维为纳米尺寸而另外一维较大,形成纤维状结构,则称其为纳米管或纳米纤维复合材料;③如果颗粒只有一维为纳米尺寸,则称其为片状纳米复合材料。纳米分散颗粒可以以非晶体、准晶体及结晶体的形式存在。纳米复合材料是将制备好的纳米颗粒或制备过程中形成的纳米颗粒分散在基体材料中得到的。因此在纳米复合材料中,除了纳米颗粒之间的相互作用外,还有纳米颗粒与基体间的界面作用;同时复合材料内纳米增强体本身除了具有特殊的纳米效应外,还在颗粒周围的基体相产生局部场效应而发生协同作用,表现出常规复合材料不具备的性质。

按照基体的特性和成分,纳米复合材料可分为四大类:①聚合物基纳米复合材料(聚合物/玻璃、聚合物/陶瓷、聚合物/非氧化物及聚合物/金属);②陶瓷基纳米复合材料(氧化物/氧化物、氧化物/非氧化物、非氧化物/非氧化物及陶瓷/金属);③金属基纳米复合材料(金属/金属、金属/陶瓷、金属/金属间化合物及金属/玻璃);④碳基纳米复合材料。同时,按照材料性能和应用特点,纳米复合材料也可以分为功能材料和结构材料两类。

纳米增强体主要包括纳米颗粒、纳米线、纳米管。常见的纳米颗粒主要包括一些无机颗粒,如层状硅酸盐、氧化物、碳化物、氮化物、石墨粉、炭黑等。纳米线及纳米管主要包括无机纳米线及纳米管,目前应用较多的是碳纳米管(CNT)和碳化硅等陶瓷纳米线。

纳米增强体独特的性质使其分散状态多样化。当材料处于纳米尺度时,表面效应增强,位于表面的原子比例远高于常规材料,极大的比表面积、大比例的表面原子、表面原子配位不足等因素造成了极高的表面能。对于纳米颗粒来说,由于纳米颗粒的表面原子具有极高的表面活性,颗粒之间很容易发生团聚而形成较大的纳米微粒团聚体。这些团聚体的尺寸通常远远超出纳米尺度,也就失去了纳米材料的小尺寸效应。另外范德华力、静电引力和毛细管力等较弱相互作用力的存在,经常导致纳米微粒形成超出纳米尺度的微粒团,其尺寸一般在 $10^{0} \sim 10^{2} \, \mu m$ 范围,这是一种相对松散的软团聚,在外力作用下较容易被拆开。因此,纳米增强体在聚合物基体中可以均匀分散,也可以非均匀分散,可以有序排列,也可以无序排列,甚至还可以由增强体聚集形成分形结构。

8.2　聚合物基纳米复合材料

聚合物基纳米复合材料可定义为以聚合物为基体相与纳米材料复合的体系,即纳米级(1~100 nm)的增强体系与聚合物基体复合所得到的材料。这类材料通常由聚合物和无机相通过复合(组装)得到。

表 8-1 列出了分散型聚合物分散体系的分类,从表中可以看出,聚合物基纳米复合材料的分散形态处于微细粒子分散体系与分子级分散体系之间。按照分散相的种类,可将聚合物基纳米复合材料分成聚合物/聚合物体系和聚合物/填充物体系。其中的填充物包括无机物、金属等除聚合物之外的一切物质。但在得到研究与开发最活跃的聚合物/黏土分散体系中,黏土被视为相对分子质量巨大的无机聚合物分子。聚合物纳米复合材料的性能优势主要有以下几项:

1)基体体系各种物性显著改性,如热变形温度、结晶速度、力学性能等。

2)采用主原料、无机物等不需使用新型物质,少量纳米材料的加入就能发挥复合效应,是典型的资源节约型复合。

3)保持原工艺路线,纳米复合材料不一定要改变原有聚合物的成型方法,因此易于工业化生产。

表 8 - 1 聚合物复合体系的分类

复合体系组合	分散相尺度大小			
	>1 000 nm	100~1 000 nm	1~100 nm	0.5~10 nm
聚合物/低分子		低分子增容剂	低分子流变改性剂	外部热塑性聚合物
聚合物/聚合物	宏观相分离型聚合物掺混物	宏观相分离型聚合物合金	分子复合物,完全相容型聚合物合金	
聚合物/填充物	聚合物/填充物复合体系	聚合物/填充物复合体系	聚合物/超细粒子填充复合体系	聚合物纳米复合体系

8.2.1 聚合物基纳米插层复合材料

8.2.1.1 层状化合物简介

无机层状化合物的微观结构以层状为主体结构,如无机硅酸盐,磷酸盐,钛酸盐,层状双氢氧化物,石墨,V_2O_5,MoO_3 等,层间距一般为几纳米,处于分子水平,层间存在可移动的带电离子或中性分子,而层片则带有相反的电荷以达到电荷平衡。无带电离子时,层间作用力是范德华力;有带电离子时,层间作用力是静电力。层内结合通过共价键。层间存在离子的层状化合物,它具有两个特殊的性质:①层间离子的可交换性(不改变层的主体结构);②交换后的产物具有较高的稳定性。层间离子可以被交换而不破坏整体的基本结构,这为基于层状化合物构筑复合材料打下了基础。

一般以层片及层间离子或分子是否带电将层状化合物划分为阳离子型、阴离子型及中性层状化合物。

(1)阳离子型层状化合物。阳离子型层状化合物层片由带负电的结构单元通过共用边、角、面形成层状框架或网络。层片带负电,其电荷的补偿是通过层间可移动的阳离子或中性分子来实现的。具有代表性的阳离子型层状化合物主要有层状磷酸盐、硅酸盐、钛酸盐以及过渡金属混合氧化物等。

(2)阴离子型层状化合物。阴离子型层状化合物的层状主体构架由带正电的结构单元组成,层间存在可自由移动的阴离子或中性分子,用来补偿电荷平衡。具有代表性的阴离子型层状化合物是水滑石矿物以及类水滑石结构的层状双氢氧化物(LDHs)。

(3)中性层状化合物。中性层状化合物是指层状主体结构呈电中性的层状材料。这类化合物中,得到研究较多的是石墨,层状双硫属化合物,V_2O_5,MoO_3 等。

由于层间与层内作用力的差别,层间的范德华力或者静电力小于层内的共价键。因此无机层状化合物存在明显的各向异性,沿平行于层板方向容易发生层间解离。表 8-2 列出了根据层板性质分类的一些典型的无机层状结构材料,层板厚度范围为 5~22 Å(1 Å(埃)=10^{-10} m)。

表 8 - 2　无机层状化合物分类列表

类　型			名称及分子式
不带电层	绝缘体	黏土矿	高岭石、地开石、叶腊石等
		氧化物	Hofmann 型化合物：$Ni(CN)_2NH_3$
			Hofmann 型化合物：$A^{II}Ni(CN)_4(NH_3)_2$，其中 $A^{II}=Cu,Zn,Cd$
	导电体	单元素	石墨
		金属二硫化物	MX_2 其中 $M=Sn,TiZr,Hf,V,Nb,Ta,Mo,W$；$X=S,Se,Te$
		氧化物	V_2O_5,MoO_3
带电层	正电荷层	黏土矿	水滑石
		层状双氢氧(类水滑石)	$[M^{II}_{1-x}M^{III}_x(OH)_2][A_{x/n}]mH_2O$；$M^{II}=Mg,Fe,Co,Ni,Mn,Zn$；$M^{III}=Al,Fe,Cr,Mn,V$；$A$ 为阴离子
		黏土	蒙脱石、皂石、蛭石、白云石
	负电荷层	绝缘体 金属氧化物	过渡金属的二氧化物：$M^IM^{III}O_2$（M^I 为碱金属离子，$M^{III}=Ti$，V,Cr,Mn,Fe,Co,Ni)
			层间为碱金属离子钛酸盐、铌酸盐以及铌钛酸盐铀酰钒酸盐 $Na(H_2O)_n[UO_2V_3O_9]$
		导电体 多元硫化物	AMS_2($M=Cr,V$；$A=Na,K$)
			$ACuFeS_2$($A=Li,Na,K$)
			Li_2FeS_2 和 $K_2Pt_4S_6$

　　无机层状化合物的性质主要取决于层片骨架的电荷种类及整体化合物的导电情况，因此这种分类方法更具系统性和科学性。由层片电导性的不同也可将无机层状化合物分成以下两类：一类结构的层片相是绝缘体或者半导体的能隙比较大，具有一定的惰性，常用作各种催化剂载体；另一类结构层片相具有导电性或者其半导体能隙较小，展示了很好的氧化还原性，常用作电极材料和传感材料等。

　　层状化合物层间以弱的静电力或范德华力相互作用。在特定条件下，某些原子、分子可以克服这种弱的作用力而可逆地插到层间空隙中，且不会破坏层片本身的结构，这种制备复合材料的方法称为插层法。截至目前，已经发展出了种类繁多的插层方法，比较典型的方法有直接反应法、离子交换法、分子嵌入法以及剥离重组法。

8.2.1.2　聚合物插层复合材料的制备方法

　　聚合物插层复合材料是利用物理和化学作用，先将聚合物单体或聚合物插入经插层剂处理过的层状硅酸盐片层间，并依靠层状硅酸盐和聚合物的相互作用，使硅酸盐片层逐步解离成基本纳米单元，并均匀分散到基体中，最终实现层状硅酸盐与聚合物在纳米尺度上复合得到的。按其插层复合过程，可分为聚合物插层法和插层聚合法两类。

1. 插层聚合法

　　此法先将聚合物单体分散、插层进入层状硅酸盐片层中，然后原位聚合，利用聚合时放出的大量热量克服硅酸盐片层间的库仑力，使其剥离，从而使硅酸盐片层与聚合物基体以纳米尺度相复合。本法广泛用于热塑性插层复合材料、热固性插层复合材料和弹性插层复合材料的制备。按照聚合反应类型的不同，插层聚合又分为缩聚插层反应和加聚插层反应。缩聚插层只涉及单体分子链中功能基团的反应性,受层状材料层间离子等因素的影响小。反应可较顺利进行,例如制备聚酰胺/蒙脱土纳米复合材料的缩聚反应。单体的自由基加聚插层反应涉及自由基引发、链增长、链转移和链终止等自由基反应历程,自由基活性受蒙脱土层间阳离子、pH 值及杂质影响较大。

插层聚合法按聚合反应方法的不同又可以分为单体熔融插层原位聚合和单体溶液插层原位聚合。

(1)单体熔融插层原位聚合法。利用单体熔融插层原位本体聚合方法制备聚合物插层复合材料的过程可分为两个主要步骤:第一是聚合物单体熔融后对层状硅酸盐的插层过程,第二是单体在有机硅酸盐层间和外部的原位本体聚合过程。

(2)单体溶液插层原位聚合法。单体溶液插层原位溶液聚合法是利用溶剂小分子和聚合物单体分子对有机层状硅酸盐进行插层,然后使聚合物单体在层状硅酸盐层间及溶剂中原位聚合反应,利用聚合反应过程中释放的聚合热和聚合物分子链的增长来破坏硅酸盐的片层结构,从而制备出插层复合材料的方法。

在这一工艺中,溶剂的作用就是通过有机硅酸盐片层将有机阳离子和聚合物单体两者的溶剂化作用,使聚合物单体能够顺利地插入硅酸盐片层之间。因此溶剂的选择在这里至关重要——既要求溶剂小分子自身能够对层状硅酸盐进行有效地插层,又同时要求溶剂与聚合物单体的溶剂化作用要大于与有机硅酸盐层间的有机阳离子的溶剂化作用,还要求它能溶解在层状硅酸盐间进行的聚合反应所生成的高分子中,保证在引发聚合反应后,所生成的聚合物分子链能够稳定增长,甚至依靠反应所释放的能量扩大硅酸盐的层间距,进一步破坏其有序结构。

2. 聚合物插层法

此法将聚合物熔体或溶液与层状硅酸盐混合,利用力学或热力学作用使层状硅酸盐剥离成纳米尺度的片层并均匀分散在聚合物基体中形成纳米复合材料。如聚合物链在蒙脱土中直接插层复合,使黏土层解理成单片层,就属于原位生成纳米片层单元法制备纳米复合材料。聚合物插层法分为聚合物溶液插层和聚合物熔融插层两种。聚合物溶液插层是聚合物大分子链在溶液中借助溶剂作用而插入蒙脱土硅酸盐片层空间,然后引发反应并挥发掉溶剂而得到纳米复合材料的方法。这种插层复合需要选择合适的溶剂来同时溶解聚合物并分散蒙脱土颗粒。大量的溶剂不易回收,不利于环保。聚合物熔融插层法是将聚合物在高于其熔点或流动温度下加热,在静止条件或在剪切力作用下直接插入蒙脱土的硅酸盐片层间的方法。聚合物熔融插层、溶液插层和单体聚合插层所得的复合材料都具有相同的分散结构。

(1)聚合物熔体插层复合法。聚合物熔体插层复合法是将混合后的层状硅酸盐和聚合物,在高于聚合物熔点 T_m(对于结晶聚合物)或玻璃化转变温度 T_g(对于非结晶聚合物)条件下,通过静止或剪切力作用将聚合物插入到层状硅酸盐层间的方法。其复合效果取决于聚合物分子链与有机黏土之间的相互作用程度,插层复合作用力必须强于两个组分自身的内聚作用,并能补偿插层复合过程熵的损失。插层温度过高对插层不利,因此只能选择略高于聚合物软化点温度。聚合物熔体插层复合法具有工艺简单、不用溶剂、对环境友好的特点,但黏土粒子的分散和剥离难度相对较大,只适于部分聚合物的复合。已报道采用此法具有较好复合效果的纳米复合材料有黏土/聚苯乙烯、黏土/聚氧乙烯(PEO)、黏土/尼龙 6(PA6)等。以上材料的性能与插层聚合法制得的材料性质基本相同,说明聚合物熔体插层法具有一定的实用性。

（2）聚合物溶液插层复合法。聚合物溶液插层复合法是将聚合物溶于有机溶剂后再与有机层状硅酸盐混合复合的方法。其插层过程分两个步骤：先是将溶剂分子插层到层状硅酸盐层间，其后是聚合物分子将层间溶剂置换出来。溶剂分子由自由态变为层间受束缚态，溶剂插层过程中层状硅酸盐的溶剂化热 ΔH_1 大小是决定溶剂分子插层步骤的关键。其后聚合物分子对插层溶剂进行置换。由于体系聚合物分子链受限损失的构象熵小于溶剂分子解束缚获得的熵，体系熵变 $\Delta S_2 > 0$，只有满足放热过程 $\Delta H_2 < 0$ 或吸热过程 $0 < \Delta H_2 < T\Delta S_2$ 二者之一，过程才能自发进行。因此，对于聚合物溶液插层法其溶剂的选择应考虑对有机层状硅酸盐溶剂化作用适当：太弱不利于溶剂分子对黏土插层，太强得不到聚合物插层产物。升高温度有利于聚合物插层而不利于溶剂插层。实际操作时宜选择：先在较低温度下使溶剂分子插层到层状硅酸盐层间，再在较高温度使聚合物置换溶剂，同时把溶剂分子蒸发出去。

已有报道利用氯仿作溶剂，采用室温将溶剂插入黏土，60℃用聚合物置换和蒸发回收溶剂，复合制备了黏土/聚二甲基硅氧烷纳米复合材料。也有用乙腈作溶剂的黏土/聚苯乙烯纳米复合材料的。用这种方法复合的纳米材料由于黏土片层剥离较好，热稳定性和尺寸稳定性均有显著提高。聚合物溶液插层复合较熔体插层复合条件温和，但溶剂的使用和回收较麻烦，也容易对环境造成污染。

3. 纳米前驱体的分散性

在制备纳米复合材料中能够如何防止纳米颗粒在分散过程中或者在分散后的团聚，是获得高性能材料的关键技术之一。纳米团聚体依其物理化学性质分为硬团聚和软团聚。硬团聚时，分散的粒子在分散后又重新结合回复到原来的块体状态。软团聚则是一种"假"团聚，是纳米粒子相互接触的状态。软团聚在纳米颗粒的制备中经常发生，而硬团聚在聚合复合反应制备纳米复合材料过程中经常发生。从实践看，软团聚很可能转化为硬团聚状态，但是硬团聚一旦形成后几乎不可能转化为软团聚。为了避免纳米分散体系中的团聚现象，要对纳米颗粒进行适当的表面处理。经常使用表面处理的分散技术。常见的处理技术如下：

1）选择合适的溶剂或溶液使粉末高度润湿。

2）选择高效的分散机械，尽可能打开已经发生的团聚，如采用超声振动、密炼、辊轧、球磨、气磨技术分散等。

3）选择合适的分散剂，阻止再团聚，如采用离子、表面活性剂及高分子稳定技术等。合成具有多种官能团的分散剂，满足分散稳定性的要求。

4. 原位聚合法

原位聚合法与插层聚合法有一定的相似之处，但原位聚合法的概念更广。它是指首先使用纳米尺度的无机填料（如 SiO_2，$CaCO_3$ 等）在单体中均匀分散，然后用类似于本体聚合的方法进行聚合反应，从而得到纳米复合材料的方法。通过这一方法，无机粒子能够比较均一地分散于聚合物基体中。用这一方法制备复合材料填充粒子分散均匀，粒子的纳米特性完好无损，同时填充过程只经过一次聚合成型，不需热加工，避免了由此产生的降解，保持了基体性能的稳定性。

5. 超声波法

超声波法的原理是使用超声波振荡破坏较大团聚体中小微粒之间的库仑力或范德华力，使小颗粒分散到基质中。用这种方法合成纳米复合材料在实验室中较常用。它在搅拌状态下把纳米粒子加入到混合液中,然后通过超声波传递能量并使能量作用于较大的纳米微粒团聚体,从而平衡纳米微粒之间的范德华力以及其他表面作用力,进而破坏纳米粉体的团聚。超声波足以使有机物在空气气泡内发生化学键断裂、水相燃烧或热分解,还能促进非均相界面间的扰动和相界面更新,从而加速界面间的传质和传热过程。化学反应和物理过程的超声强化作用主要是由于液体的超声空化产生的能量效应和机械效应引起的。

超声波用于微细颗粒悬浮体的分散效果虽然较好,但耗能大。从超声波的作用机理上分析,其对水性混合物的分散效果较好,对高黏度的聚合物混合物效果不是很明显。

6.机械共混法

机械共混法即纳米粒子直接分散法,是首先合成出各种形态的纳米粒子,再将其与有机聚合物混合的方法。为了防止粒子团聚,有时在共混前要对纳米粒子表面进行处理。共混法的优点是纳米粒子的制备与材料的合成分步进行,可控制纳米粒子的形态、尺寸。其不利之处是由于纳米粒子很容易团聚,共混时实现粒子的均匀分散有一定困难。因此,共混前对纳米粒子表面进行处理,或在共混时加入分散剂,以使其在基体中以原生粒子的形态均匀分散。这是应用该方法的关键。

8.2.2 其他聚合物基纳米复合材料

8.2.2.1 碳纳米管复合材料

碳纳米管(CNTs)自 20 世纪 90 年代初由日本学者 Iijima 发现后,立即引起科学界及产业界的极大重视,也是近年来国际科学研究的热点。碳纳米管由六元环组成的石墨片层结构卷曲而形成的同心圆筒构成,分为多壁碳纳米管(MWNTs)和单壁碳纳米管(SWNTs)。随直径和螺旋性的不同,碳纳米管可呈现金属或半导体特性。碳纳米管具有优异的力学性能,强度比钢的高 100 倍,相对密度只有钢的 1/6。此外碳纳米管具有优异的微波吸收特性,可用于电磁屏蔽或吸波材料等。自碳纳米管被发现以来,大量的研究集中在碳纳米管的合成、生长机理的探讨,物理性能的表征,应用领域的探索等方面。随着碳纳米管合成产率的提高,碳纳米管的提纯、开孔、切割和填充,碳纳米管的化学改性及碳纳米管与聚合物的复合等引起了人们广泛的关注。碳纳米管/聚合物复合材料在信息材料、生物医用材料、隐身材料、催化剂、高性能结构材料、多功能材料等方面有着广阔的应用前景。例如,碳纳米管与导电聚合物复合后可以用作光电纳米器件,超级电容器,传感器和场发射器件等。

由于碳纳米管独特的 1 维结构,导致碳纳米管与聚合物有以下几种不同的复合方式:①聚合物填充碳纳米管形成的 1-1 型复合材料;②聚合物包裹碳纳米管;③聚合物接枝碳纳米管;④1 维的碳纳米管分散于 3 维的聚合物基体中形成的 1-3 型复合材料。

(1)聚合物填充 CNTs 形成的 1-1 型复合材料。目前,碳纳米管内填充形成的 1-1 型复合材料主要局限在金属、金属氧化物、碳化物等,对与聚合物的复合研究很少。这主要是因为液相单体在纳米管内的填充效率不高,单体在碳纳米管内的聚合比较困难。提高聚合物的填充率仍面临着很大的挑战,需要发展新的技术和方法。

(2)聚合物包裹 CNTs。碳纳米管化学性质稳定,难溶不融,严重阻碍其潜在应用。聚合物包裹碳纳米管是改善和调控碳纳米管表面特性的一个重要途径。通过不同聚合物对碳纳管表面的包覆,可以调整其表面特性,提高其在不同基体中的相容性。另外,在碳纳米管表面包覆一层高分子后,可使碳纳米管具有特殊的组装能力,可在不同的基质上形成规则排列的结构或有序图案,这对碳纳米管在微电子领域的应用十分重要。

(3)聚合物接枝 CNTs。对碳纳米管进行接枝改性处理是改善碳纳米管表面特性的重要方法,现已成为研究的热点,目前的研究主要集中于一些小分子如长链烷基胺接枝碳纳米管。由于聚合物与碳纳米管之间存在着共价键合,因而性能更加稳定,应用前景更广。碳纳米管经纯化或功能化后,顶端可以含有一定数量的活性基团,如羟基、羧基等,通过与这些活性基团反应,聚合物可以接枝到碳纳米管上。Jin 等报道了聚氧乙烯(PEO)接枝 MWNTs 复合材料的制备。他们利用混合强酸(H_2SO_4 + HNO_3)对碳纳米管进行纯化后,得到表面含有羧基(—COOH)的碳纳米管。他们利用亚硫酰氯将羧基转化成酰氯,然后与 PEO 的末端基团反应,得到了 PEO 接枝碳纳米管。他们还研究了其非线性光学特性。

(4)1-3 型 CNTs/聚合物复合材料。此类材料一般通过溶液、熔融混合以及原位聚合制备。由于碳纳米管易于聚集和缠结,因此到目前为止,实验结果与理论预测仍相距甚远。需要解决的关键问题是碳纳米管在聚合物基体中的分散和取向问题。

8.2.2.2　石墨烯复合材料

目前已经发展了多种制备石墨烯的方法,如机械剥离法、晶体外延生长法、化学气相沉积法、液相直接剥离法、高温脱氧法和化学还原法等。为了很好地发挥石墨烯的特性,也可以对石墨烯进行修饰(方法有共价键功能化、非共价键功能化和掺杂功能化),使石墨烯的优点能够更好地在复合材料中体现出来。将石墨烯添加到聚合物或是无机纳米粒子中,可以很好地改善材料的热学、力学和电学性能,使之能够应用于电子器件、化学传感器、能量储存材料等。

1.石墨烯/聚合物复合材料制备工艺

在制备纳米石墨烯/聚合物复合材料时,不仅要求石墨烯在基体中形成均匀的单片层剥离分散,还要求其与基体有良好的界面相互作用,以保证石墨烯优异性能的发挥。目前制备纳米石墨烯/聚合物复合材料的方法主要有熔融共混法、溶液混合法和原位聚合法。

(1)熔融共混法。熔融共混法是在聚合物熔体中采用机械搅拌,利用高温和高剪切作用将石墨烯或氧化石墨烯(GO)分散于聚合物熔体中的方法。该法不需溶剂,适用于极性和非极性聚合物。Zhang 等利用熔融共混法制备出石墨烯/聚对苯二甲酸乙二醇酯(PET)复合材料。研究发现,石墨烯以单片层或少片层的形式在 PET 基体中均匀分散,石墨烯的卷曲和褶皱可以在 PET 基体中形成网络,从而有效提高了复合材料的导电性能。当石墨烯体积分数达到3.0%时,PET 复合材料的电导率最大可达到 2.11 S/m,足以满足其在电磁屏蔽领域的应用要求。狄莹莹等利用此法制备了隔离型的石墨烯-多壁碳纳米管超高相对分子质量聚乙烯(UHMWPE)导电复合材料,这种隔离型复合材料表现出更低的导电逾渗($\varphi=0.039\%$)和较高的导电性能(1.0×10^{-2} S/m,$w=1\%$)。然而由于大多数工业级聚合物的黏度高,熔融共混中石墨烯不易分散,阻碍了熔融共混法在石墨烯/工程塑料复合材料中的应用。此外,熔融共混法采用的石墨烯大多通过热还原,这也不利于石墨烯在熔体中的分散。

(2)溶液混合法。溶液混合法是利用溶剂的作用将聚合物分子插入到 GO 片层中,然后通过还原形成纳米石墨烯复合材料。常用的方式是将 GO 在超声作用下分散于水或有机溶剂中,然后加入聚合物,通过挥发或絮凝的方式除去溶剂。GO 表面的含氧官能团,有利于 GO

在有机溶剂中均匀分散，并能够提高 GO 与聚合物界面间的相互作用。

（3）原位聚合法。原位聚合法是将石墨烯或 GO 与聚合物单体混合，通过引发剂的引发作用，使单体在石墨烯片层间发生聚合得到复合材料的方法。与溶液混合法类似，原位聚合过程中，GO 或还原氧化石墨烯（rGO）容易剥离分散于单体之间，形成分子级分散。此外，由于聚合放热产生的膨胀作用使 GO 片层间距扩张，有利于进一步的剥离，因此，原位聚合法得到的石墨烯的分散性更均匀。

2. 石墨烯/聚合物复合材料的分类

根据石墨烯与聚合物的相互作用方式不同，可将石墨烯聚合物复合材料分为石墨烯填充聚合物复合材料、层状石墨烯聚合物复合材料和功能化聚合物复合材料。

（1）石墨烯填充聚合物复合材料。石墨烯是可替代碳纳米管的理想填充物，其分散性和与聚合物基体的相互作用是影响复合材料制备的两个关键因素。其制备方法主要有溶液混合、熔融共混和原位聚合等。石墨烯的引入可提高聚合物的玻璃化转变温度。在利用溶液混合法制备的石墨烯填充复合材料中，石墨烯分散性较好，复合材料具有较高的力学性能。然而此方法需要使用昂贵的分散液并且不能得到单层石墨烯分散液。与之相比，熔融共混法更加简单经济并且能制得增强效果更好的复合材料。但是大多数工业级聚合物的高黏度阻止了熔融共混法在石墨烯/工程塑料复合材料中的应用，而原位聚合法则不存在这种缺陷。

（2）层状石墨烯聚合物复合材料。与石墨烯随机分散在聚合物基体的石墨烯填充形成复合材料不同，石墨烯衍生物也可与聚合物复合形成层状结构材料。它可应用于定向负载承重膜和光伏器件等领域。

（3）功能化石墨烯聚合物复合材料。石墨烯及其衍生物也可通过聚合物修饰的共价或非共价功能化形成功能化石墨烯聚合物复合材料。石墨烯衍生物的共价功能化主要通过聚合物官能团和氧化石墨烯表面的含氧官能团发生反应实现。而发生反应的共价界面可以提高复合材料的力学和热学性能。

8.2.3　聚合物基纳米复合材料的性能及应用

对聚合物纳米复合材料的研究虽然起步较晚，但是由于纳米粒子优异的阻隔、电导、光学等特性而赋予了聚合物纳米复合材料许多新功能，从而引起了广泛的重视。

20 世纪 80 年代末，日本丰田研究中心的 Okada 等使用阳离子表面活性剂烷基季铵盐对黏土进行有机化处理，然后将有机化后的黏土与己内酰胺单体混合并引发聚合反应，从而通过插层聚合的方法制备出了尼龙 6 黏土杂化材料。由于这种材料真正实现了无机相在有机基体中的纳米级均匀分散、有机与无机相界面强的结合，因而与传统的聚合物/无机填料复合材料相比，它具有后者无法比拟的优点，即在仅加入少量蒙脱土的情况下，纳米复合材料的模量、拉伸强度、冲击强度均大幅提高，吸水率下降了 40%，热变形温度比尼龙 6 提高了 100℃以上。正是由于聚合物层状硅酸盐纳米复合材料所表现出的优异力学性能、热稳定性、阻隔性能、阻燃性能等，它成为近年来材料研究的热点领域之一。

与传统的聚合物复合材料相比，聚合物插层复合材料具有以下优点：

1）只需要很少的填料（质量分数＜5%）即可明显提高复合材料的强度、弹性、韧性及阻隔性能等，因此，与传统的聚合填充体系相比，聚合物插层纳米复合材料质量轻、成本低。

2)具有优良的热稳定性及尺寸稳定性。

3)其力学性能有望优于纤维增强聚合物体系,因为层状硅酸盐可以在二维方向上起增强作用。

4)由于硅酸盐呈片层平面取向,因此复合材料有很高的阻隔性。

5)由于达到了分子水平的相容,相的尺寸小于可见光的波长,因而某些聚合物插层复合材料反而比纯聚合物更透明。此外,它还可能具有原组分不具备的特殊性能和功能。

1. 力学性能

蒙脱土的结晶构造是由二氧化硅四面体/三氧化铝八面体/二氧化硅四面体组成的层状结构。其基本层的厚度为 1 nm,是玻璃纤维厚度的 $1/10^4$,边长为 100 nm,是玻璃纤维长度的 $1/10^3$,非常细小。其基体有尼龙系、聚稀烃类、聚丙乙烯、环氧树脂、聚己酰胺等。此处以尼龙 6 为例进行介绍。蒙脱土和尼龙低分子的混合物通过插层-聚合得到纳米复合材料。蒙脱土的层片在尼龙 6 基体中均匀分散。当蒙脱土的添加量(质量分数)为 4.2% 时,与尼龙 6 基体相比,其拉伸强度提高 1.5 倍,弹性模量提高 2 倍,而冲击韧性基本上没有变化。另外,由于层片与尼龙 6 的结合为比较强的离子结合,再加上层片是以分子状态分散而减少了应力集中源,从而延长了其疲劳寿命。可用它来制作对刚性要求较高的汽车部件。

在汽车上使用聚丙烯作为保险杠和指示表盘等比较多。虽然不能用前面的插层-聚合法来合成,但通过溶化剂也可形成纳米复合材料。添加质量分数为 4.8% 的蒙脱土,可使复合材料弹性率达到基体弹性率的 1.3~1.6 倍,这种弹性率的提高可增强部件的刚性。

碳纳米管具有优异的力学性能,将它作增强材料可以制造出强度特别高的复合材料。将 1%(质量分数)的碳纳米管添加到聚苯乙烯中,可使复合材料的弹性模量提高 36%~42%,拉伸强度提高 25%。采用传统的碳纤维作增强材料,得到相同的增强效果需要 10%(质量分数)的添加量。这为制备超常弯曲、模量、强度的新型碳纤维提供了新方法。正如传统的纤维增强复合材料,碳纳米管在基体中的均匀分散和较高的界面黏合强度是影响增强作用的重要因素。

石墨烯有优异的力学性能,添加到聚合物基体中,理论上能很好地改善材料的力学性能,如拉伸强度、断裂伸长率、硬度等,也有很多报道证实石墨烯的加入对力学性能的改善贡献很大。S. Vadukumpully 等用溶液混合法制备了聚氯乙烯(PVC)/石墨烯复合材料,发现当石墨烯质量分数为 2% 时,复合材料的拉伸弹性模量提高 58%,拉伸强度提高 130%。可见,石墨烯单独分散到基体中就能对材料力学性能有较好的改善。

石墨烯在复合材料中性能的体现与其在基体中的分散有关,如果分散不好或出现团聚,不一定能把石墨烯的优异性能很好地体现在复合材料中。因此有很多研究者会先对石墨烯进行修饰,使其能更好地分散在体系中。

2. 电学性能

许多聚合物基纳米复合材料有较好的电学性能。将绝缘高聚物、导电高聚物和高聚物电解质等高聚物与绝缘体、半导体、离子导体等不同电学特性的层状无机物复合,制得的高聚物/无机物层插型纳米复合材料,具有多种新的电学性能,可以作为电气、电子及光电产品的材料。

贾志杰等测定了制备的 PMMA/CNTs 的导电性能。发现当加入 5% 碳纳米管时,体积电阻率和表面电阻率分别降低 3 个和近 4 个数量级。Coleman 和 Dalton 等对制备的 PmPV/碳纳米管复合材料的导电性的研究结果表明,这种复合材料的导电性比 PmPV 的导电性增大 8～10 个数量级,它还能提高发光二极管在空气中的稳定性。Sandler 等制备了碳纳米管/环氧树脂抗静电复合材料,碳纳米管的添加量为 0.1%(体积分数),电导率可达 10^{-2} S/m,比用炭黑填充的环氧树脂复合材料逾渗阀值低。李宏建等制备了碳纳米管/石墨/环氧树脂的复合型电磁波屏蔽膜,其体积电阻率为 0.1～10 $\Omega \cdot cm$,具有优良的屏蔽性能和加工性能,在一定条件下具有负的温度系数。Grimes 等制备了聚甲基丙烯酸乙酯/碳纳米管复合膜,该材料的导电逾渗阀值约为 3%(质量分数);测定了材料在 500 MHz～5.50 GHz 下的复合介电频谱,发现碳纳米管的加入显著提高了材料介电常数。

石墨烯除了本身有很好的力学性能外,还有优异的电学性能,可以添加到复合材料中,使绝缘体成为可以导电的材料,而且效果非常明显。A. S. Wajid 等只添加了体积分数为 0.27%的石墨烯到聚乙烯吡咯烷酮(PVP)中,即发现材料的导电率成数量级增加。可见,石墨烯对材料的电学性能有明显的改善作用。

当然,对石墨烯进行修饰同样可以使石墨烯在材料中的电学性能有良好改善。V. Eswaraiah等采用修饰的石墨烯和聚偏氯乙烯(PVDF)制得的复合材料,发现石墨烯质量分数仅为 0.5% 即可使导电率由原来的 10^{-16} S/m 转变到 10^{-4} S/m,且修饰后的石墨烯也能在材料中形成良好的导电网络。而 N. A. Kumar 等先修饰石墨烯微片再将其添加到 3,4 -丙烯二氧基噻吩中通过氧化聚合得到复合材料,常温下的导电率为 22.5 S/m,比电容值为 158 F/g,这种性能使材料有应用在超级电容器上的潜力。

3. 阻燃性能

提高聚合物材料的阻燃性,对人类和环境都非常重要。一般来说,若在高分子中分散有不燃的无机物,在燃烧中高分子熔融分解后的挥发性液体会在无机物表面扩散,反而增大了其燃烧性。但是,当无机物的形态为纳米级时,即使少量的添加,也能使高分子燃烧时维持其状态。研究表明,尼龙单独加热时,400℃开始着火,其后急速达到 1 100 kW/m² 的最大燃烧值。而添加质量分数为 5%的蒙脱土制得的纳米复合材料的燃烧值不到 500 kW/m²。燃烧时形状能否保持对防止延烧极其重要。细小分散的无机颗粒熔融产生架桥效应,使高分子黏合在一起。这个特性只有当颗粒小到 10 nm 以下时才具有。这些难燃材料可用于家庭、旅馆、火车和汽车等。

4. 光学性能

许多聚合物基纳米材料有很好的光学性能和非线性光学性能。如聚合物复合 ZnS:Cu 纳米微粒,由于铜的掺杂,其光致发光峰位相对于纯 ZnS 微粒左移,得到具有较窄带宽的紫色光致荧光,实现了聚合物基纳米复合材料的电致发光。金属、铁氧体等纳米粒子与高聚物形成复合材料,能够吸收和衰减电磁波和声波,减少反射和散射,在电磁隐身和声波隐身方面有重要应用。

Shaffer 等研究了 PPV/MWNTs 复合材料的光学性能。他们发现由于 MWNTs 的影响,复合材料的光致发光效应有大幅度的降低,光致发光谱的振动结构发生改变。光致发光效应的降低可能是由 PPV 分子链到 MWNTs 的能量传递和局部空穴传递以及 MWNTs 的散射和吸收引起的。唐本忠等发现 PPA/CNTs 复合材料的荧光光谱与 PPA 的相似,但量子效率降低。Curran 等发现 PmPV/CNTs 复合材料的荧光比纯聚合物微弱,但光致发光效应提高了 35%。Jin 等制备了聚丙烯酸/表面活性剂/MWNTs 三元复合物,并研究了其非线性光学特性。

5. 气密性能

与单纯高聚合物相比,添加层状黏土的纳米复合材料具有更高的气密性。这是由于层片的阻碍作用,即气体透过材料时的路径相对延长、透过困难造成的。其用于食品包装可以防止氧气的透过,用于汽车的燃料管和燃料箱可防止油料的泄漏。

6. 生物降解性能

高分子材料在自然界中很难分解,极易给自然界造成污染。美国军方的一个材料研究小组将纳米复合材料用于部队包装用的具有生物降解功能的薄膜。其研究目标是不但使材料具有生物降解性,还要能改善其气密性、机械特性及耐热特性。它的应用还包括士兵需携带的器具、垃圾袋、包装、盘子及杯子。研究试验中用许多成分来制作这种高聚合物黏土纳米复合材料可降解薄膜,比如采用颗粒和粉末的 Bionelle 及蒙脱土的纳米复合材料,都表现出了高的生物降解性。

8.3　陶瓷基纳米复合材料

8.3.1　陶瓷基纳米复合材料的制备

就原理而言,任何可以制备非常细的晶粒尺寸材料的方法,都可以用来制备纳米复合材料。用能够使晶体相成核却抑制其生长的方法,都可以成功地制备纳米复合材料。现在介绍一些陶瓷基纳米复合粉末及材料的制备方法。

1. 等离子相合成

等离子相合成需要等离子或气体高离子化(物质的第四态)的存在。离子化的气体有助于导电,从而增强反应动力。用于热等离子的反应器包括直流、交流或高频反应器。这些反应器都可以高效地进行粉末合成。冷等离子反应器结合了高频或微波反应器。因为粉末产出率低,它们更适合用于烧结目的或制作表面薄膜。同时它们的污染少而且工艺参数可以控制。在纳米复合材料研究领域,用微波冷等离子反应器已合成出 $La-CeO_{2-x}$ 和 $Cu-CeO_{2-x}$ 复合材料,用冷等离子反应器制备已获得了 Al_2O_3 覆盖的 ZrO_2 颗粒及 $Al_2O_3-ZrO_2$ 纳米复合材料。

2. 化学气相沉积

化学气相沉积是一种制造纳米复合材料的有效手段。其最大优点是利用多成分的气相反应容易控制沉积材料的成分和组织;其缺点是过程周期长,原材料价格昂贵。另外,碳氢物的污染也是一个问题。利用这个方法在大气压和 1 223 K 的温度下,用 $TiCl_4-SiH_2Cl_2-C_4H_{10}-H_2$ 气体系统,在碳素材料上可沉积出 $SiC-TiC-C$,$SiC-TiC$ 和 $SiC-TiSi_2$ 纳米复合材料。

3. 离子溅射

离子溅射是将纯金属、合金及化合物用冷蒸发技术,一层或几层地沉积到合适的物质基底上。反应溅射可产生原位反应的离子溅射,如氧气、氮气及惰性气体的导入可产生氧化物或氮化物的薄膜。这些薄膜有时是一些陶瓷或金属的纳米复合材料,具有一些特殊的光学、电学及磁学特性。由镍铝化物在氮气等离子体中的反应溅射,可制作出 Ni_3N 及 AlN 纳米复合材料薄膜。

4. 溶胶-凝胶

溶胶-凝胶是纳米复合材料领域最常用的液相工艺。该工艺的最大优点是,在低温就可将高熔点材料加入到非晶的干凝胶体中。其缺点是原材料特别是有机金属比较昂贵。利用此工艺,用不同的烃氧化合物可合成出 $TiO_2 - Al_2O_3$ 纳米复合材料。用溶胶-凝胶工艺也可以合成莫来石-TiO_2 及 $ZrO_2 - Al_2O_3$ 纳米复合材料。非氧化物基纳米复合材料也可以采用该工艺合成,比如在氮气或氨气中可合成 AlN/BN 复合材料。

5. 有机金属热分解

该技术通过将有机金属前驱体热分解得到陶瓷材料,适合制作陶瓷纤维、涂层或反应性无定形粉末。通过这种方法合成的纳米复合材料有 TiC/Al_2O_3,TiN/Al_2O_3 和 AlN/TiN。其反应物为丁氧醇钛、糠醛树脂和丁氧醇铝。

6. 燃烧合成

燃烧合成是用前驱体来合成纳米晶体陶瓷的方法。期望的晶体相由离子的重排列而直接从非晶态固体中形成。这个方法适应于各种纳米级单相、多相及复合材料的合成,产物纯度高并含有松散的团聚。

7. 固态方法

机械合金化是一种在高能量球磨中,使元素或合金粉末不断反复结合、断裂、再结合的固态合金化方法。这种方法主要使用振动球磨,其主要问题是污染。污染主要来源于容器、球或空气,往往会导致产品力学性能的降低。例如,采用铁和氧化铝粉球磨,或氧化铁和铝的混合物球磨,可制备 $Fe/\alpha - Al_2O_3$ 纳米复合材料。

由于纳米材料在晶界处含有大量的分子(离子或原子),大比例的晶界为分子(离子或原子)扩散提供了一个短的回路,因此它们与传统材料相比具有高扩散率。与粗晶材料相比,烧结可以在一个较低的温度进行。纳米材料及纳米复合材料的制备需要注意以下几个方面问题:①对非氧化物粉末的坯体压制要注意防止氧化。②由于尺寸细小,纳米材料具有大的内部摩擦,同时,粉料和模具内壁的摩擦较大,从而影响了材料的流动和填充。为了克服这一问题,可采用高压及使用黏合剂,使用润滑剂也有明显效果。③致密化时常伴随着晶粒生长,导致最终产品失去了纳米材料的效能。可采用以下两种方法来达到致密化,并保留纳米晶粒尺寸:①采用活化烧结;②采用一些添加相或加入到别的基体中,形成纳米复合材料。但由于纳米相的阻碍作用,纳米复合材料有时反而更难于烧结。

常用的陶瓷材料烧结致密化方法,都可以用于制备陶瓷基纳米复合材料,致密化方法主要有以下几种。

(1)无压烧结。由于无压烧结不受模具的限制,装炉量大,产量高,因此很适合于工业化生产。无压烧结的一个典型实例是氧化物/非氧化物系统的 Al_2O_3/SiC。SiC 颗粒强烈阻碍 Al_2O_3 的晶粒生长,但也阻止其致密化。无压烧结的另一个应用是 Si_3N_4/SiC 纳米复合材料。当以 $MgAl_2O_4 - ZrO_2$ 作烧结助剂时,纳米 SiC 颗粒的添加在低温下有助于 $\beta - Si_3N_4$ 的成核,但在高温会阻止其进一步长大。

(2)反应烧结。反应烧结也是制备纳米复合材料的一种方法。利用该方法可制备 $Si_3N_4/$

莫来石/Al_2O_3 纳米复合材料。其过程是在 Si_3N_4 表面先部分氧化获得 SiO_2，再使 SiO_2 与 Al_2O_3 反应产生莫来石。这种方法的优点是可以减少杂质相，并由于氧化反应使烧结时的体积增加，减小了烧结过程中的体积收缩，且致密化可在低温下进行。

（3）热压烧结。虽然纳米陶瓷的烧结性能可以得到明显改善，但在致密化前仍然会发生晶粒生长。一个阻止晶粒生长的方法就是在烧结中使用压力，以期增强致密化过程的动力和活力。通过热压烧结法可制备致密的 Si_3N_4/SiC 纳米复合材料。热等静压也可被用来制作 Si_3N_4 - SiC 纳米复合材料。组合使用无压烧结和热等静压，可结合两者的优点，使材料完全致密化，还可以省去玻璃包套，从而提高生产效率。这种方法要求在无压烧结时，使气孔都变为闭气孔。这些闭气孔在热等静压时可被完全挤出。利用此方法制备的 Si_3N_4/SiC 纳米复合材料，具有优异的性能。

（4）等离子放电烧结。1960 年等离子放电烧结技术产生于日本。20 世纪 90 年代，随着新材料制作技术和焊接技术的发展，这种方法再度受到重视。这种方法是借助直流脉冲电流时的放电和自发热作用，在低温及短时间内完成烧结的。与热压烧结及热等静压烧结相比，它不但装置简单、设备费用低，而且能制备出其他方法难以制作的材料，如利用这种技术，可制备出氧化物基纳米复合材料。这项技术的主要问题是实际烧结温度的控制较难，目前还没有能确定实际温度的有效方法。另外，烧结时有没有等离子出现也是一个存在争议的问题。

8.3.2　陶瓷基纳米复合材料的开发动向

截至目前，在陶瓷材料设计中，所做的研究一般都是单一性能的改善。这种改善对于了解材料的性能以及将陶瓷材料应用于实际都是非常重要的。但是，为了突破现在人类面对的能源及地球环境问题，陶瓷材料由以往的单一功能型向多功能型的转化是非常必要的。纳米复合材料的出现，使这种复合功能材料，即高度功能调和型材料的设计开发变为可能，理由如下：①无论采用何种纳米增强相，纳米复合材料的力学性能的改善都是可能的，即使是软的和弱的分散相也可以改善力学性能。②使分散纳米相可使电气及磁性能的改善。③为结构陶瓷材料赋予前所未有的新功能，并使进一步改善力学性能成为可能，同时使具有各种敏感功能的高强度陶瓷设计成为可能。④同样的考虑方法，应用于各种功能性陶瓷材料，卓越的磁性能和力学性能使多功能调和型陶瓷材料的设计成为可能。⑤也可能对结构陶瓷材料赋予光学性能。

以下介绍几种陶瓷基纳米复合材料的开发实例。

（1）Al_2O_3/SiC，MgO/SiC 纳米复合材料。由于高硬度、高耐磨性及化学稳定性，Al_2O_3 和 MgO 陶瓷为获得最广泛应用的陶瓷材料。但由于其低强度、断裂韧性及抗热震性和高温蠕变性差，它们的应用也受到了制约。将纳米 SiC 颗粒加入其中，材料力学性能和高温性能可得到大幅度改善。这种材料在实际应用中将有更广泛的用途。

（2）Si_3N_4/SiC 纳米复合材料。Si_3N_4 陶瓷材料具有优良的韧性及高温性能，是非常有前途的一种材料。SiC 纳米颗粒的介入，使得材料在低温及高温均具有高硬度、高强度和韧性；它还可赋予这种材料光学功能。像金刚石一样具有强共价键的 Si_3N_4 和 SiC 的纳米/纳米复合，成功地实现了在低应力下的超塑性变形性能。可以预料这种材料在超精密特殊材料中具有广泛的用途。同时，无压烧结法制备这种材料的成功实现也使其广泛应用成为可能。

（3）长纤维强化 Sialon/SiC 纳米复合材料。将 Sialo/SiC 纳米复合材料进一步用微米的纤维进行强化,通过微米/纳米的复合强化,开发出了能与超硬材料匹配的超韧性、1GPa 以上的超强度及优良的高温性能的调和材料。用这种材料制作的高效气轮机部件可用于 1 500℃的高温环境。

(4)ZrO_2/Mo,Ce - TZP/Al_2O_3 系两方向纳米复合材料。ZrO_2/Mo 系的材料中,微米的 ZrO_2 晶粒中分散纳米的 Mo,同时微米的 Mo 晶粒中分散纳米的 ZrO_2,该双方向纳米复合材料具有与超硬材料相匹配的强度及韧性。具有同样构造的 CeO_2 稳定 ZrO_2(Ce - TZP)和 Al_2O_3 的系统也已开发成功。这种新材料已经成功地应用于专业理发推子的刃部。

(5)Si_3N_4/BN 系纳米复合材料。BN 材料具有低的弹性模量(Si_3N_4 的 1/5)、低硬度和强度(Si_3N_4 的 1/10)。用 BN 作第二相,可以降低陶瓷的弹性模量,使之与金属相匹配。另外加入 BN 还可以提高陶瓷的抗热震性能。按照复合规则,BN 颗粒分散入 Si_3N_4 中,会导致其强度大幅度下降。为此开发了将纳米 BN 加入 Si_3N_4 的方法。通过这种方法得到了纳米 BN 分散于 Si_3N_4 中的 Si_3N_4/BN 纳米复合材料。这种纳米复合材料具有以下特性:①即使是少量的 BN 分散,复合材料的强度也不降低。和通常的复合材料的预测相反,体积分数为 5%~10% BN 的添加,可使 Si_3N_4 强度有所增加。②BN 的热膨胀系数很大,但复合材料的热膨胀反而减小。③弹性模量按照一般的复合法则减小。基于上述特性的变化,这种复合材料可以承受从 1 600℃的高温迅速投入水中的热震试验。这种材料的最大特性是,可表现出与金属一样优异的机械加工性能。而且这种体系的纳米复合材料,在具有良好高温强度的同时,还具有优良的耐熔融金属的腐蚀性。

(6)Al_2O_3/Ni,MgO/Fe,ZrO_2/Ni 系纳米复合材料。具有强磁性的 Ni,Fe,Co 等金属纳米颗粒分散到氧化物陶瓷中,不但可以提高现有的氧化物陶瓷的性能,还可以赋予陶瓷材料优异的强磁性,所用的方法是原位(In - Situ)析出法。以 Al_2O_3 为例,将 Al_2O_3 粉末和第二相的金属氧化物粉末,或 Al_2O_3 粉末与金属粉末经混合和空气中预烧后的粉末,用球磨法充分混合。所得到的 Al_2O_3/氧化物混合粉末再在还原气氛中烧结,只有所需的金属氧化物在 Al_2O_3 中原位还原成金属,从而得到纳米氧化物/金属复合材料。研究表明,这种新材料还具有可检测外部应力的特性。

(7)MgO/$BaTiO_3$,MgO/PZT 系纳米复合材料。由强介电体的 $BaTiO_3$ 和 PZT 的分散,不但获得高强度,同时也赋予检测破坏的功能。

(8)Pb(Zr,Ti)O_3(PZT)/金属系纳米复合材料。PZT 是最典型的压电陶瓷,获得了广泛的应用,但其力学性能较差。为提高器件的性能可靠性,必须提高其力学性能。由于添加纤维、晶须及细化晶粒都会损害其压电特性,因此用纳米复合来调和其功能性和机械特性就备受重视。将少量的银或白金通过化学方法导入 PZT 中,可获得具有优异力学性能及更高压电特性的材料。

8.3.3 陶瓷基纳米复合材料的性能

8.3.3.1 力学性能

选择具有不同物性的相,通过工艺控制获得了具有期望的纳米组织结构的陶瓷基纳米复合材料。它们的力学性能也有显著的提高。

当添加的纳米尺寸的第二相颗粒体积分数均为 5%～20% 时,其断裂强度与单相材料相比有大幅度的改善,断裂韧性大致为单相断裂韧性的 1.5～1.7 倍。少量的纳米尺寸颗粒可造成裂纹尖端有效的架桥作用,从而使得在极短的裂纹扩展范围内破坏阻力的增加。由于这种增加在控制材料的强度的潜在缺陷范围内发挥作用,结果使得韧性比断裂强度有更明显的改善。这种效果也使材料的耐磨性提高。另外,即金属分散的材料中,断裂韧性的改善依赖于金属的塑性变形,即添加的金属颗粒越多,韧性的提高越明显。纳米材料力学性能的一个重要的特性是高温强度和耐蠕变特性的改善。这是因为位于晶界的硬质纳米颗粒与母相形成了强界面,阻止了晶界扩散和滑移。

构成纳米复合材料的组织特征的相组成的多样化,使得有些材料也具有了与力学性能相关联的功能性。纳米/纳米复合构成的材料,比如 Si_3N_4/SiC,ZrO_2/Al_2O_3 等纳米复合材料,在高温下可产生塑性变形。陶瓷材料的晶粒细化后,高温下晶界原子活动激化,颗粒间的晶界滑移可以导致巨大的超塑性变形。用有机化合物先驱体及溶液化学法调制的粉末得到的纳米复合材料,在保持母相陶瓷特性的同时,也得到了和金属一样的可加工性。这是由于软的纳米尺寸分散相的存在,赋予了材料准塑性变形能,同时有效抑制了导致宏观破坏的微观裂纹的生成和传播。

8.4.3.2　物理性能

1. 电气功能

作为代表性的压电陶瓷材料的锆钛酸铅(PZT),可用于各种压电振子和压电转换。为提高器件的可靠性,要求材料有高的力学性能。但由于 PZT 陶瓷本身的强度和韧性很低,而通过添加纤维和晶须及细化晶粒等方法来强化,对材料的压电特性有很大损害。通过纳米复合,可使 PZT 材料具有综合的电气功能和力学性能,因而受到了广泛的注意。

(1)纳米复合化对 PZT 特性的改善。到目前为止,这方面的工作主要是用体积分数为 0～10% 的 Ag 或 Pt 纳米颗粒分散于 PZT 基体。这是因为这两种金属颗粒在大气中烧结时不会氧化,并且和基体的 PZT 基本不反应。其制备方法:先将硝酸银或氯化铂的水溶液与 PZT 粉末混合,在溶液中加入氨水,变成氨水金属液体的溶液;再投入还原剂的甲醛水溶液,在 100℃ 数小时进行电镀处理,可在 PZT 粉末表面析出金属纳米颗粒;得到的粉末在大气中常压烧结,即可得到纳米金属分散的强介电纳米复合材料。和单相的 PZT 材料相比,纳米复合材料的烧结温度低、强度高、韧性高及介电特性高。一般单相 PZT 材料的断裂韧性为 $0.7\ MPa \cdot m^{1/2}$,强度为 50～100 MPa。而添加 Ag 的纳米复合材料的断裂韧性为 $1.1\ MPa \cdot m^{1/2}$,强度为 170 MPa,都比单相材料高出很多。用纳米 Ag 颗粒添加的 PZT 陶瓷,室温比介电率、最大介电率温度及居里温度的比介电率,都随 Ag 的添加量的增加而上升。介电率的上升机理可以理解为具有导电性的金属颗粒在 PZT 中分散,在金属周围形成了有效的介电场的影响。

(2)由纳米复合化赋予结构陶瓷材料压电特性。若分散颗粒具有强介电、压电性,与结构陶瓷材料复合得到的纳米复合材料就可具有压电性。这使得材料的破坏可通过电信号来检测与控制。制作了 MgO 陶瓷材料添加 $BaTiO_3$ 及 PZT 强介电体颗粒构成的纳米复合材料,在高温下 MgO 不与 $BaTiO_3$ 及 PZT 反应。其制备过程:选用平均粒径为 300 nm 的 $BaTiO_3$ 和 PZT 粉,与 MgO 原料粉湿法球磨混合、干燥。$BaTiO_3$ 分散的粉末在氮气氛下热压烧结后,在大气中退火。退火可使烧结过程中半导体化的 $BaTiO_3$ 相再度氧化。PZT 分散的粉末 CIP 成型后,在大气中常压饶结。得到的 $MgO/BaTiO_3$ 和 MgO/PZT 纳米复合材料都含有强介电相。在电场中进行处理后,可使材料具有压电性。其力学性能随纳米介电性颗粒的添加而提高。这种结构与功能的复合将具有广泛的应用。为此需要技术的进一步发展,使其能用于各种结构材料。这方面的技术包括低温烧结技术和为强介电颗粒引入保护层。

2. 磁性功能

(1)磁性金属颗粒分散的陶瓷材料。如前所述,在结构陶瓷材料中添加磁性金属颗粒,可改善结构材料的力学性能,同时也赋予了结构陶瓷材料良好的磁性能。$Al_2O_3/5\%$(体积分数)Ni 纳米复合材料的保磁力为 4.0 kA/m,比一般完全退火的 Ni 金属的保磁力(约 0.08 kA/m)高两个数量级。材料中 Ni 的平均粒径为 100 nm,由线膨胀系数的差异引起的内部应力,可推测材料中的单磁区临界尺寸为 200 nm,复合体中含有大量的 Ni 颗粒成为单磁区构造而使保磁力的提高。这个解释也可以从 Ni 颗粒尺寸的生长,造成保磁力的大幅度下降而得到验证。同时含有微细磁性金属的纳米复合材料,在施加外界应力下具有大的磁变化率。这些现象也在其他陶瓷/磁性金属纳米复合材料中得到了证实。

(2)磁性陶瓷材料基纳米复合材料。金属和合金磁性材料具有电阻率低、损耗大的特性,尤其在高频下更是如此,已经无法满足现代科技发展的需要。相比之下,陶瓷磁性材料有电阻率高、损耗低、磁性范围广泛等特性。陶瓷磁性材料的代表为铁氧体,即一种含铁的复合氧化物。通过对成分的严格控制,可以制造出软磁材料、硬磁材料和矩磁材料。铁的氧化物广泛应用于磁记录媒体。比表面积大的纳米氧化物具有高化学稳定性。高密度读写磁头要求能够把微弱的磁信号变换为电信号,电子的旋转因受电导相和磁性体的磁矩方向的影响而导致电导率的变化。电导电子的特征长度为 10 nm,磁头使用的器件要求为具有电导相和磁性体两者的纳米构造。这种材料的新功能不但来自于磁性体自身,也源于与无磁性相接触的界面。热磁转换是在外部磁矩的作用下,由整齐排列与无序排列的磁畴状态的变化转化为热量的过程。纳米复合材料作为热磁能量转换材料正在研究中。使用纳米复合材料的优点是由于将在单磁区具有高磁导率 μ 的强磁性纳米颗粒复合到合适的基体中,即使小的外部磁场 H 也可满足 $Mh \gg kT$,而使得材料中的磁畴容易整齐排列。

3. 光学功能

材料的光学功能可分为透过光和反射光的特殊性能。比如激光、光开关、光门等都是利用透射光的。纳米复合在光功能材料中的优势,主要是利用透射光的材料。在无机玻璃、陶瓷薄膜等宽的波长范围内,当透明的基体内分散有纳米金属、半导体、磁性体、荧光体等的结晶时,纳米级的结晶可抑制入射光的散乱,使材料保持透明。此外,量子尺寸效应及结晶表面的特异的电子状态和格子振动等纳米结晶的特征,可赋予整体材料没有的特殊光性能。

红宝石的优异光学功能来源于 Cr^{3+} 光活性离子。$0.01\% \sim 3\%$ 的 Cr^{3+} 离子可置换氧化铝的 Al^{3+} 离子。这些 Cr^{3+} 离子吸收紫外线和可视光,使晶体发出红光。添加 Cr^{3+} 的透过性玻璃陶瓷不但可改善其发光强度,还可以引起特殊的变化。对于 10 nm 的 $ZnGa_2O_4$,Cr^{3+} 结晶分散的硅酸盐玻璃,在室温可明确地观察到 R 线。稀土类离子的导入,使氧化物玻璃中析出氟化物晶体,改善转换荧光特性的同时也改善了材料的耐水性。

4. 生物功能

羟基磷灰石[Hydroxyapatite,简称为 HA 或 HAP,化学式为 $Ca_{10}(PO_4)_6(OH)_2$]烧结体和 A－W 结晶玻璃,通常作为生体活性陶瓷材料而广泛用于新型骨和牙的修复及替换材料。植入生物内,这些陶瓷材料通过在表面生成与骨头的磷灰石的构造、组成类似的磷灰石与生体将其骨结合。但是,与人体的致密骨相比,这些生物活性材料的机械强度低、弹性模量非常高。通过形成复合组织,可以使这些材料同时具有高的生物功能和力学性能。

改善生物活性陶瓷材料强度的一个方法是添加 ZrO_2 颗粒,使用热压烧结或热等静压烧结,形成了生物活性相和 ZrO_2 复合的纳米复合显微结构。ZrO_2 的晶粒尺寸为 $100~\mu m$。30% ZrO_2 添加的复合材料的强度为 600 MPa,$50\%ZrO_2$ 添加的复合材料强度可达 800 MPa(结晶化玻璃强度的 $3\sim5$ 倍)。为达到与生物骨同样的弹性模量,可在磷灰石中添加高强度低模量的 $\beta-Ca(PO_3)_2$ 纤维,得到的复合材料的强度达 190 MPa,高于人体骨,而其弹性模量为 43 GPa,比一般陶瓷材料低一个数量级,接近人体的致密骨(约 30 GPa)。

8.4　金属基纳米复合材料

金属基纳米复合材料以颗粒、晶须、纤维增强金属基体,具有原组分不具备的特殊性能或功能,此材料的开发为设计和制备高性能的功能材料提供了新的机遇。因此,金属基纳米复合材料已成为纳米材料工程的重要分支,世界上各发达国家已经把金属基纳米复合材料的研究放在重要地位。近年来,因金属基纳米复合材料具备金属和非金属材料的优良特性,其已经成为纳米复合材料的一个研究热点。

另外,还有一些比较特殊的金属纳米复合材料,其中的金属并不充当基体。如金属/聚合物纳米复合材料研究也是当今的一个热点,已经报道的金属离子有金、银、铁、铜、铝、铟以及锡,而高聚物则有四氯乙烯、乙烯、聚氯乙烯、聚酰(亚)胺、尼龙等。由于金属/高聚物纳米复合材料具有独特的光学吸收特性和磁学性能,所以作为导电薄膜材料、X 射线光刻掩膜材料、光子滤波材料和催化介质材料等材料,得到广泛应用。张宾临等用激光沉积法制备了铜/尼龙纳米复合膜,国外 MadhariGitay 等则制备了铟/聚酰胺纳米复合膜。

8.4.1　金属基纳米复合材料的制备

制备金属基纳米复合材料的方法有机械合金化法(Mechanical Alloying,MA)、粉末冶金法(Powder Metallurgy,PM)、熔融纺丝(MeltSpun,MS)法、机械诱发自蔓延高温合成(Self-propagating High temperature Synthesis,SHS)反应法、真空蒸发惰性气体凝聚及真空原位加压法(Inert gas Condensation method combined with Vacuum Coevaporation and in-Situ Compaction,ICVCSC)等。这些工艺中应用比较广泛的一种是机械合金化法。

1. 机械合金化(MA)法

MA 法起源于制备氧化铝增强镍合金技术。它是一个由对组成颗粒反复地进行冷焊接和断裂的过程构成的高能球磨工艺。这种方法使用高能量的机械研磨机,如振动球磨机。有时在保护气氛下，通过钢球或陶瓷球之间的相对碰撞，使颗粒不断细化而达到目的。使用这个方法可以制备高度亚稳定的材料，如非晶态合金及纳米结构材料。制成的纳米粉末可在较低的温度下使用热压、热等静压、热挤压等技术制成纳米复合材料。这种方法很有希望用于大规模工业生产。

除了研磨和团聚，高能球磨还能导致化学反应。这些化学反应可以影响球磨过程及产品的质量。利用这个现象，通过机械诱发金属氧化物与一个更活泼金属之间的置换反应，可以制备磁性氧化物/金属纳米复合材料。这种方法的优点是工艺简单、增强体分布均匀、增强体体积分数范围较大、制品质量较好、产量高、能制备高熔点的金属和合金纳米材料。其缺点是在制备过程中易引入杂质、晶粒尺寸不均匀、球磨及氧化会带来污染。8.3.3节所叙述的陶瓷纳米材料的制备也使用了这种方法。

采用MA方法制备金属基纳米材料的过程如下：将按合金粉末金属元素配比配制的粉料放入立滚、行星或转子高能球磨机中进行高能球磨，制得纳米晶的预合金混合粉末，为防止粉末氧化，球磨过程中采用惰性气体保护；球磨制得的纳米晶混合粉经烧结致密化形成金属基纳米复合材料。在球磨过程中，大量的碰撞现象发生在粉末与磨球之间，被捕获的粉末在碰撞作用下发生严重的塑性变形，使粉末反复的焊合和断裂。经过"微型锻造"作用，元素粉末混合均匀，晶粒尺度达到纳米级，层状结构尺寸达到 $1\ \mu m$ 以下，比表面积大大增加。由于增加了反应的接触面积，缩短了扩散距离，元素粉末间能进行充分扩散，扩散速率对反应动力的限制减小，而且晶粒产生高密度缺陷，储备了大量的畸变能，使反应驱动力大大增加。实验研究表明，在球磨阶段元素粉末晶粒度达到 $20\sim50$ nm，甚至达到几纳米，球磨温升在 $30\sim40$ K。MA可使互不相溶的 W，Cu 等合金元素，或溶解度较低的合金粉末如 W，Ni，Fe 等发生互扩散，形成具有一定溶解度或较大溶解度的 W-Cu，W-Ni-Fe 超饱和固溶体和 Ni 非晶相。研究学者用行星式高能球磨机制备了 $Al_{80-x}Cu_xFe_{20}(x=20\sim40)$ 三元非晶纳米合金粉末。发现成分为 $Al_{40}Cu_{40}Fe_{20}$ 的粉末球磨时逐步非晶化，球磨 33 h 后，非晶化程度最大，最小颗粒尺寸达到 5.6 nm；进一步球磨，非晶化，颗粒尺寸增大。通过对 Al-Ti 系和 Al-TiO$_2$ 系进行高能球磨和压制烧结可制备固态原位反应生成的纳米晶块体 Al$_3$Ti/Al 复合材料，发现 Al-Ti 合金系高能球磨后，各组元晶粒得到细化，并且 Ti 在 Al 中发生了强制超饱和固溶，烧结时原位反应形成纳米晶 Al$_3$Ti/Al 复合材料，而 Al-TiO$_2$ 反应体系高能球磨仅发生组分晶粒细化，烧结时 TiO$_2$ 部分还原并和 Al 原位反应生成纳米晶（Ti$_2$O$_3$ + Al$_3$Ti）/Al 复合材料。El-Eskandaray用高能球磨法成功合成了有纳米晶特性的 SiC 颗粒增强的 Al 基纳米复合材料。

通过机械研磨 Mg，Ti 和 C 粉末合成了 Mg-Ti-C 纳米复合材料，磨制过程中 Mg-Ti-C 混合物的 XRD 图谱表明随磨制时间的增加有 TiC 晶粒生成，TEM 图像显示纳米晶 Mg 晶粒尺寸在 $25\sim60$ nm 范围，TiC 纳米微粒尺寸在 $3\sim7$ nm 范围。经热处理的 Mg 晶粒轻微增大到 $28\sim90$ nm 范围，TiC 微粒约为 8 nm。从图 8-1 可以看出，TiC 纳米微粒随机地分布在基体中，一些在 Mg 晶粒内，一些在晶粒的边界，这些在晶粒边界的纳米微粒阻碍了晶粒边界滑移，从而增加了流动应力。而且这些纳米微粒随晶界的滑移而移动，不会在基体中产生断裂。因此，Mg-Ti-C 纳米复合材料具有比 Mg-TiC 纳米复合材料更高的屈服强度和与纳米晶 Mg-Ti 合金相似的高延展性。

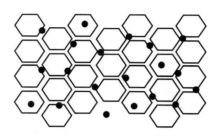

图 8 - 1 Mg - Ti - C 纳米复合材料的微结构模型

2. 挤出法

高强度纳米铝合金可用挤出法来制作,以 Al - Ni - Mn 合金为例说明。其代表组成为 $Al_{88}Ni_8Mn_3Zr_1$。利用氯气喷雾法可以制作粒径小于 72 μm 的球状粉末。将这些粉末填入管中,真空脱气后封管,以挤出比 10 在 400℃左右的温度下挤出,可制作出直径 20~100 mm 的材料。挤出材料的组织为 30~50 nm 的 Al_3Ni 及直径为 10 nm 的 $Al_{11}Mn_2$ 均匀分散于 Al 母相中的纳米复合相。这些化合物的体积分数为 30%~40%。

3. 非晶态合金晶化法

用非晶态合金的结晶化处理可得到晶体-非晶态纳米组织。此方法可以分为三类:对能够得到非晶态相的合金组成的短相,在急冷时控制冷却速度的冷却速度控制法;调整合金的成分使 C 曲线左移,以降低非晶态相的形成能力的成分控制法;将快冷得到的含有非晶态相的合金再进行热处理的热处理控制法。其中热处理控制法是比较常用的方法,它先将合金各组分混合熔融,由单辊法等超急冷法得到非晶态的金属薄带,再在结晶温度以上进行热处理。这些方法也可以组合起来使用。用非晶态合金纳米结晶化的方法,可以制备用其他方法不能实现的高强度材料。

4. 循环塑性变形细化晶粒法

变形-再结晶是金属成型的常用方法。大量晶界及亚晶界的产生,为再结晶提供了大量形核位置,使得成核数量增多,晶粒细小。可以想象,如此循环多次的塑性变形可以得到纳米级的组织。日本京都大学用 Ag - Cu70%(质量分数)循环加压变形 100 次得到细小组织的过饱和合金。将 Cu - Fe 多次反复加压,制成了块状金属层状复合材料,每一层的厚度大约是 5~30 nm。这种复合材料由于是磁性金属和非磁性金属的纳米层状复合,具有巨大的磁阻力。使用这种循环压延法,由于得到了纳米层状复合材料,测试表明其沿与层垂直方向随磁场变化的电阻是沿水平方向随磁场变化的电阻的 10 倍,得到了磁阻力值 10 倍的各向异性材料。材料的热电能随层厚的变化也有很大变化,同时也具有各向异性。

5. 粉末冶金法

对于陶瓷颗粒分散的金属基纳米复合材料,少量的无机颗粒可大幅度降低材料的塑性,使上述塑性变形的工艺无法使用。而使用烧结法可以制备金属基纳米复合材料。其过程为先将金属与陶瓷的混合粉末在低温下球磨细化,利用低温球磨可使铝和氮化铝的颗粒尺寸降低至 30~40 nm;然后将制备好的混合粉末在高压下进行热压烧结,制备出高密度的纳米复合材料。由于金属的晶粒生长倾向,烧结温度应尽可能低。

6.熔融纺丝(MS) 法

MS 法是先在氩气氛围中熔融合金元素,熔融体在以 40 m/s 的线速度旋转的铜轮上熔融纺丝而快速固化,在预热的管式炉中一密封的真空石英管中对带状样品进行退火处理。Akhtar 等用 MS 法制备了一种包含高饱和软化相和硬磁相的三相纳米复合材料,其具有相邻晶粒间交互连接的微结构。用适宜的相比例可制备高剩磁三相纳米复合材料。

7.机械诱发自蔓延高温合成(SHS) 反应法

SHS 法的具体工艺见 5.2.4 节。Uenishi 等对机械合金化的粉末进行燃烧合成制备了 Ti - Al 和 Ti - Al - TiB$_2$ 合金,并对比热处理温度和时间对相应的烧结过程和晶粒生长行为进行了研究。在球磨 2 880 ks 条件下,混合好的 Al 和 Ti 粉末转变为无定形相 Al - Ti 合金,TiB$_2$ 很好地弥散入无定形合金形成 Al - Ti - TiB$_2$ 粉末;对 MA 粉末样品进行热处理,当退火时间超过 1.804 ks 时,发现长时间机械合金化的 Al - Ti - TiB$_2$ 粉末的晶粒长大显著降低,这归因于均匀弥散 TiB$_2$ 颗粒相的存在。

8.真空蒸发-惰性气体凝聚及真空原位加压(ICVCSC) 法

ICVCSC 是在高真空反应室中惰性气体保护下使金属受热升华并在液氮冷却镜壁上聚集、凝结为纳米尺寸的超微粒子后,用刮板将收集器上的纳米微粒刮落进入漏斗并导入模具,在真空下原位加压使纳米粉烧结成块的方法。秦等用真空蒸发惰性气体凝聚及真空原位加压方法制备出粒度均匀,平均尺寸在 10 nm 以下的纳米 NiAl 合金固体。纳米 NiAl 合金具有较大的晶格畸变(1.2%),退火实验显示当退火温度低于 800 K 时,晶格畸变没有明显下降且晶粒度没有明显长大。当用多晶 NiAl 合金制成纳米结构后(晶粒尺寸小于 10 nm),磁特性由弱磁性向强磁性转变。最近,Nakayama 等用共蒸发和惰性气体凝聚、原位氧化、原位压实技术合成了由铁氧体和银组成的磁性纳米复合材料。

制备金属基纳米复合材料的方法还有喷射与喷涂共沉积法、原位反应复合法、加盐反应法、反应喷雾沉积法、反应低压等离子喷射沉积法等。

8.4.2 金属基纳米复合材料的性能特点和应用

8.4.2.1 力学性能

力学性能包括弹性模量、弹性延伸、拉伸强度(或压缩强度)、伸长率和冲击韧性。现在介绍纳米复合材料组织和力学性能的关系及性能改善机理。

金属基纳米复合材料的弹性模量基本符合复合法则。许多研究者报告了用复合法则不能解释的弹性延伸。纳米复合材料的弹性延伸,由担当变形的母相的弹性延伸决定。当母相为结晶相时,第二相即使是非晶态、准结晶或化合物,材料的弹性延伸也为 0.4%,基本和母相一致。但当母相为非晶态,析出物为结晶、准结晶基化合物时,弹性延伸可达 2%,并且不随第二相体积率的变化而变化。当非晶态母中析出的颗粒为准结晶和陶瓷时,一般准结晶的体积分数为 70%、粒径为 30~50 nm,陶瓷的体积分数为 10~30%、粒径为 2~3 μm。相比复相材料,其压缩强度最大提高 15%,塑性伸长率也显著增加。在这类纳米复合材料中,只有非晶态母相产生塑性变形。最后非晶态相中产生多轴应力状态,以及由于变形集中在局部而使非晶态相的局部温度上升,导致非晶态的母相容易变形,使材料表现了高的伸长率。

随着母相种类、粒径以及分散相的种类、尺寸、形状及母相/分散相的界面原子配列状态的不同,纳米复合材料的屈服强度和破坏强度有很大变化。当母相为结晶相时,母相晶粒尺寸以 30～40 nm 为界线:粒径大于 30～40 nm 时,Hull - pitch 关系成立,即伴随晶粒尺寸减小,屈服强度增加。晶粒尺寸在 30～40 nm 以下时,Hull - pitch 关系不成立,而是倾向于其反关系——晶粒尺寸减小导致屈服应力的减小。这是当母相的晶粒尺寸在 30～40 nm 以下时,晶界滑移起支配作用,晶界不是晶内的滑移位错的聚集点,反而是位错的消灭点。在 30 nm 以下的晶粒内基本不存在位错,即使存在也很容易在晶界消减。

当母相粒径在 30～40 nm 以上时,第二相在晶界及晶内均匀分散的纳米复合材料的屈服强度增加,可以理解为是由母相晶粒的细化和第二相的分散强化造成的。另外,当母相为非晶态并由纳米结晶和准结晶均匀分散强化时,其屈服强度比非晶态单相时上升了 30%～40%。金属结晶相硬度一般要比非晶态硬度低,很难用作强化相。而由纳米金属颗粒析出而造成的这种异常强化现象,由以下原因造成:①约 10 nm 以下的微小金属颗粒内部不能产生位错,为不含缺陷的完整晶粒,且具有与理想强度相近的强度;②金属纳米颗粒可以有效地抑制非晶态相的剪切变形;③非晶态/结晶界面可以认为是液态/固态界面,其界面能比固态/固态界面能低一个数量级,处于一种不含过剩孔的高密度原子排列状态,导致裂纹不易产生。

8.4.2.2　高比强度铝合金

主成分为 Al - Ni - Mn 系铝合金经过挤出成型,形成纳米复合材料。挤出材的性能与挤出条件关系很大。其主要性能:密度为 2.9～3.2 g/cm³,弹性模量为 85～94 GPa,2% 屈服应力 600～850 MPa,塑性伸长率 1.5%～10%,V 形缺口冲击韧性为 5～8 J/cm²,200℃强度为 500 MPa,300℃强度为 250 MPa,10^7 次循环后的疲劳强度室温时为 270 MPa,150℃时强度为 220 MPa,在 3% 的 NaCl 中耐腐蚀性为 10 mm/a 以下。这种纳米结晶的铝合金的比强度和比钢性超过商用的铝合金、不锈钢甚至 Ti 合金。利用这些特性,可以制作高速运动的机械部件、机器人部件、体育用品及模具。其使用量和生产量也在逐年增加。

8.4.2.3　磁性能

由纳米复合可使磁性能改善,代表材料有软磁性材料的金属-非金属纳米颗粒软磁材料、硬磁性材料的纳米复合材料磁石。

1. 金属-非金属纳米颗粒软磁材料

软磁材料要求有高饱和磁力、高磁导率和透磁率、低保磁力和无磁致伸缩。一般软磁材料为硅钢片、铁镍合金、铁硅铝合金等金属材料及铁氧体等氧化物材料。非晶化、纳米结晶化、金属-非金属颗粒化可以提高其性能。金属-非金属颗粒化软磁纳米复合材料,是由 Fe,Co 等强磁性金属相,与 SiO_2,Al_2O_3 等绝缘相在纳米尺寸微细混合而构成的磁性材料,同时具有由强磁性金属相得到的软磁性和由绝缘相的绝缘效果得到的高电阻特性。

2. 纳米复合材料磁石

烧结 Nb 磁石在 MRI 诊断装置、电动机、通信、音响等方面被广泛使用。为了制作强磁铁,需要有高的自磁化和保磁力。稀土类磁铁兼有这两方面的特性。其中最有代表性的是

1982 年日本佐川博士和其合作者发现的 $Nd_2Fe_{14}B$。到目前为止,通过改进制造工艺和成分,已经发挥出其理论最大能量值 90% 的潜力,再提高磁能量已很困难。而纳米复合的理论最大能量积 BH_{max} 可达 100 MGOe,因而倍受注目。

近年来,由硬磁相和软磁相构成的纳米复合材料新型永磁体受到广泛关注。设想利用硬磁相的高结晶磁各向异性和软磁相的高饱和磁化构成的特殊显微组织,通过两相相互作用而得到高的磁特性。硬质相为 $Nd_2Fe_{14}B$,软质相为 $\alpha - Fe$ 或 Fe_3B,为提高居里点添加 Co,为提高保磁力添加微量的 Nb,V,Mo。纳米复合永久磁石的做法与烧结 Nb 磁石的制法不同:首先做成预定成分的合金铸锭,然后在惰性气氛中,从金属辊挤出得到带状的急冷薄板。为提高保磁力,进一步将得到的薄板进行适当的热处理。制成粉末后,如果这些粉末与树脂混炼注射,再压缩可得到着磁的黏结磁铁。

1990 年,Coey 等人发现了 $Sm_2Fe_{17}N_3$ 化合物,它具有比 $Nd_2Fe_{14}B$ 化合物更高的居里点和磁各向异性。Sm - Fe - N 系化合物也可与软磁相的 Fe 构成纳米复合材料。此复合磁石的制造工艺与 Nb - Fe - B 磁石相近:将 Sm,Fe,Zr,Co 等原料金属混合粉在高温用单辊法急冷,得到微细的 $SmFe_7$ 微合金组织;粉碎后在 $600\sim800℃$ 热处理,使 $\alpha - Fe$ 相析出,再在 $400\sim500℃$ 氮化处理形成磁石粉;通过与树脂混炼、成型得到纳米复合磁石。

纳米复合黏结磁铁具有高的残留磁密度,但保磁性比较低,相当于铝镍钴永磁铁的平均性能。薄板纳米磁铁的磁特性超过铝镍钴永磁铁。纳米磁铁的一个特征是具有大的回复磁导率。通常的烧结 Nd 磁铁的回复磁导率大致为 1.04,而纳米磁铁的磁导率可达 2.0。这种纳米磁铁的另一个特征是弹性特性。这种磁铁,即使施加过一定程度的负磁场,这个磁场消失后,原来的磁性还可以回复,这种特性是别的磁铁所没有的。这也是这种磁铁被叫作弹性磁铁的原因。另外,由于纳米磁铁存在硬质相和软质相的交互作用,残留磁密度与饱和磁密度之比也很高:通常的磁铁为 0.5,而纳米复合磁铁可达 $0.7\sim0.8$ 或更高。由于纳米复合磁铁的组织为均匀的纳米细小组织,使得磁性能的分散性很小,有望用于微小机器等的传感器。现在的烧结 Nd 磁铁中,Nd 质量比为 30%,而纳米复合磁铁由于含有 Fe 及 Fe_3B 相,Nd 的质量可减少一半。由于 Nd 的减少,和现在的稀土磁铁相比,不但耐氧化性和耐腐蚀性都有大的提高,而且还节省了宝贵的稀土材料。最后,纳米复合磁铁可以制作成薄板。烧结磁铁机械加工的下限是 0.7 mm,而用蒸着法的薄膜磁铁厚度的上限是 0.05 mm。纳米复合磁铁可以采用制造一般磁铁很困难的急冷带状法,制作 $40\sim300~\mu m$ 的带状磁铁。可以预见这种磁铁将具有广泛的应用前景。

日本三荣化成株式会社开发了另外一种纳米复合材料磁石:先将 $Nd_2Fe_{14}B$ 磁性颗粒与纳米级的氧化锌微粉混合,再在氧化锌的加热分解温度以上进行真空热处理。分解的锌以气态的形式排出材料,放出的氧优先与易氧化的稀土金属反应,在晶内和晶界原位形成纳米级的稀土氧化物,而多余的 Fe 和 B 也残留在材料内部。最终形成了在稀土磁性体内部分散有纳米级的稀土氧化物的组织结构,晶粒也被一层氧化物所覆盖。由于纳米级氧化物的分散,产生钉扎效果而使磁保持力提高。每个颗粒都由氧化物覆盖,也提高了抗氧化性。此专利技术已用于大批量生产。

8.4.3　石墨烯增强金属基纳米复合材料

相对于石墨烯增强聚合物复合材料,虽然石墨烯增强金属基纳米复合材料(Gr - MMCs)

的研究发展缓慢,但近几年来其相关研究报道逐渐增加。其中,在石墨烯/金属纳米复合材料的制备中最关键的是实现强化相在金属中均匀分散、形成强界面结合以及维持其结构的稳定性。目前用于制备 Gr - MMCs 的方法主要包括熔体搅拌法、粉末冶金法和化学合成法。此外,分子水平混合法、半粉末冶金法和搅拌摩擦法等新型加工方法也被开发出来。

1. 熔体搅拌法

熔体搅拌法是一种将搅拌均匀的强化相-合金熔体混合物铸造成型的加工技术,其工艺过程在保护气氛下用熔炉将金属或合金熔化,然后通过机械、电磁或超声搅拌法使熔体与强化相混合,最后经铸造成型。采用这种加工方法可制备出石墨烯纳米片(GNPs/GNSs)增强镁复合材料。加工过程中,在 700℃ 时将 GNPs 添加到熔融镁中,同时采用高能量超声波探针分散 GNPs。由于石墨烯密度远低于金属密度,在加工过程中易于漂浮在熔融金属表面,一般需要搅拌产生涡流,促使强化相悬浮于液相金属中,达到均匀分散的目的。

熔体搅拌法能够发挥传统铸造技术的优点,是一种大批量制备 Gr - MMCs 的方法。然而,该方法在加工过程中依靠外部机械能分散石墨烯,需要熔体快速冷却"冻结"分散状态,没有从根本上解决石墨烯的分散性及其与金属润湿性差的问题,所以分散能力有限,而且加工过程中易形成对材料机械性能有害的界面产物。

2. 粉末冶金法

粉末冶金法是一种较为成熟的复合材料制备技术。其工艺过程:首先在混粉器中将增强相和金属或合金粉末混合均匀,然后利用模压或等静压预压成型,最后采用热压、热等静压或者放电等离子烧结等方法制备出块体复合材料。一些研究者还采用热挤压、热锻、热轧、摩擦搅拌处理或等径角挤压等二次机械加工技术使烧结体进一步致密化。传统粉末冶金过程中的球磨工艺对石墨烯的分散效率低并可能会破坏其结构,因此研究者对粉末冶金法进行了改进,他们主要在溶液中混合原料,并对石墨烯表面处理以提高其分散程度和结构稳定性。

基于浆料的粉末冶金法能够制备出性能良好的 Gr/Al 纳米复合材料。该方法首先将球形铝粉球磨至片状,然后用 3%(质量分数)聚乙烯醇处理。利用亲水聚乙烯醇吸附于铝片表面,大幅提高铝与碳的润湿性,在铝和氧化石墨烯(GOs)之间产生强氢键,从而抑制石墨烯的再团聚。半粉末冶金法也能制备出性能良好的 GNPs/Al 和 GNPs/Mg 复合材料。此方法工艺过程:首先将 GNPs 在丙酮中超声分散 1 h,同时金属粉末在丙酮中机械搅拌;然后将 GNPs 悬浊液缓慢加入到金属粉末浆料中,持续机械搅拌;最后在 70 ℃ 下真空干燥获得均匀的复合粉末。该方法省略了传统粉末冶金法中的球磨混粉的步骤,避免了机械研磨破坏石墨烯结构。

粉末冶金法具有简便、快捷和近净成型的特点。改良传统球磨工艺,如在有机溶剂中湿法球磨混料,在石墨烯表面与金属之间形成化学键,能够从分子尺度上阻止石墨烯团聚。在石墨烯类材料中,GOs 由于在溶液中分散性好而在粉末冶金法中广泛使用,但后期还原过程难以控制,而且还原后石墨烯结构的变化也会影响材料性能。

3. 化学合成法

通过化学合成法可以在过渡金属纳米颗粒上点缀碳质纳米材料,这些点缀的纳米颗粒作为前驱体材料可用于合成 MMCs。研究者利用 GOs 和乙二醇第一反应,再与硝酸钴、无水醋酸钠和聚乙二醇反应制备 GOs/Co 复合材料。钴盐中的 Co^{2+} 与 GOs 的负离子官能团通过静电相互作用,能够吸附于石墨烯表面。最后将溶剂热处理使 Co^{2+} 转变为钴,同时使 GOs 还原为石墨烯层。

电化学沉积法可以实现石墨烯均匀分散。由于能够控制电流大小、持续时间和周期大小等关键参数，因此反向脉冲电沉积相比于直流沉积效果更好，能够制备出硬度高达 2.5 GPa 的 Cu - Gr 复合薄片（其导电率与纯铜相近）。此方法所制备的材料中石墨烯片均匀分散，有效地增强了基体并抑制了退火处理时晶粒的长大。

近来，有关研究者利用化学气相沉积法制备出金属-石墨烯纳米分层复合材料。化学合成法对石墨烯的分散能力较强，所制备出的复合材料性能优异，但是其工艺过程较复杂，制备周期较长，适用于制备小尺寸的薄膜产品。

4. 分子水平混合法

分子水平混合法（MLM 法）最初被用于分散碳纳米管，目前该方法已经应用于在铜中分散石墨烯。其工艺过程：首先将通过 Hummers 法制备的 GOs 和铜盐溶液均匀分散于去离子水中，在 Cu^{2+} 和 GOs 的官能团间形成化学键；然后采用氢氧化钠溶液氧化 GOs/Cu；通过氢气将 GOs/Cu 还原，形成还原氧化石墨烯（RGO）/Cu；最终利用粉末冶金烧结法制备 RGO/Cu 纳米复合材料。这种方法能够很好地将石墨烯分散于金属基体中，所获得的 RGO/Cu 复合材料的弹性模量和拉伸强度相比于纯铜分别提高了 30％ 和 80％。

相比于湿法球磨混料，MLM 法基于溶液混合，使金属离子更广泛地吸附于石墨烯薄片表面，抑制石墨烯团聚能力更强，能够获得性能优异的 Gr - MMCs。

5. 石墨烯/金属纳米复合材料的性能

石墨烯对机械性能的影响很大程度上取决于其能否均匀分散以及实现两相界面紧密结合。增强相的形状系数以及界面反应产物均决定着复合材料界面间的载荷传递效率。纳米材料尺度因素，如晶粒细化引起的霍尔佩奇效应、基体与碳纳米材料间的热错配引起的奥罗万机制和位错增殖同样影响强化效率。最近，研究者利用高能球磨法制备了 Gr/Cu 复合材料，结果表明石墨烯的添加能够有效地减小晶粒尺寸，该复合材料屈服强度和弹性模量分别提高了 114％ 和 37％。在铜表面镀镍层的硬度和弹性模量分别为 1.81 GPa 和 166.70 GPa，而采用沉积法制备的 Gr/Ni 复合涂层分别达到 6.85 GPa 和 252.76 GPa，硬度大约提高 3 倍。化学气相沉积法制备的铜-石墨烯和镍-石墨烯纳米分层复合材料的强度分别高达 1.5 GPa 和 4.0 GPa，展现出超强的机械性能。

石墨烯具有优异的热导性和低的热胀系数，能够作为先进微电子系统的热沉材料，而且单层石墨烯的热胀系数为负数，在室温下为 $(-8.0 \pm 0.7) \times 10^{-6}$ K^{-1}。因此，将石墨烯添加到金属中能够显著提高它们的热导率，降低其热膨胀系数。对于电镀镍涂层和 0.12％（质量分数）Gr/Ni 复合涂层热性能的研究结果表明，两种样品的热导率都随温度的升高而降低，而复合涂层在各个温度下的热导率都明显高于镍涂层的。

石墨烯具有优异的电子迁移率（超过 2×10^5 $cm^2 \cdot V^{-1} \cdot s^{-1}$，约为硅的 140 倍），电导率可达 10^6 $S \cdot m^{-1}$，是目前室温下导电性最佳的材料，被用于构建高性能场效应管。导电性能优异的石墨烯被广泛添加到陶瓷和聚合物中，使它们由绝缘体变为导体。但是关于 Gr - MMCs 电性能的研究较少。电化学沉积 Gr/Cu 复合薄层导电性测试结果表明，当在电解铜中添加 8％～11％ 热还原石墨烯时，电阻率降低了 10％～20％。由于金属基体本身具有良好的导电性，Gr - MMCs 的导电性与基体保持在同一数量级便可满足大多数工程应用领域的需求。石墨烯具有二维结构特征,平面内导电性优异,若能实现石墨烯在复合材料基体中定向排列,所获得的材料性能将呈明显的方向性。

8.5　碳纤维-CNTs 多尺度增强技术

通过不同的处理工艺将碳纳米管(CNTs)涂覆或嫁接到碳纤维表面可形成一种新的从微米尺度跨越到纳米尺度的多尺度增强体,即碳纤维-CNTs 多尺度增强体。这种新型增强体的使用,可以很好地解决传统碳纤维复合材料内部微结构单元(如纤维/基体界面、束内基体、束间基体、层间基体等)缺乏实质性强韧的问题,使复合材料力学性能得以成倍提高;同时,亦可赋予复合材料新的功能性,如导电、压敏、传感、阻尼、电热性能等,为先进结构功能一体化复合材料的制备奠定了基础。因此,碳纤维-CNTs 多尺度增强技术已成为当前复合材料研究领域的新宠。目前,科研工作者已先后开发了碳纤维-CNTs 多尺度增强的树脂基、陶瓷基、碳基、水泥基等新型复合材料。

8.5.1　碳纤维-CNTs 多尺度增强体的制备方法

目前,碳纤维-CNTs 多尺度增强体的制备方法包括浸渍法、电泳沉积法、化学接枝法、催化化学气相沉积法(CCVD)等。

1. 浸渍法

将碳纤维毡层浸渍于 CNTs 有机分散液中,一定时间后取出,待有机液体挥发后,CNTs 留存于毡层内,从而制备出碳纤维-CNTs 混杂毡层;之后将每层纤维毡进行叠层、压制,最终制得碳纤维-CNTs 多尺度增强体。在该方法制备的增强体中 CNTs 分散不均匀,且呈现明显的团聚状态(见图 8-2),不利于 CNTs 优异增强作用的发挥。

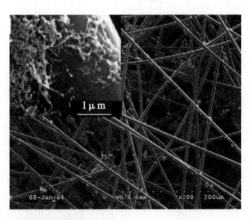

图 8-2　浸渍法制备碳纤维-CNTs 多尺度增强体的 SEM 形貌

2. 电泳沉积法

电泳沉积(EPD)法是指借助电场力的作用,促使 CNTs 在其分散液中定向运动并最终沉积在碳纤维织物表面的方法(见图8-3(a))。美国特拉华大学复合材料中心的 Bekyarova 等最早利用 EPD 制备了 CNTs 在碳纤维表面分散均匀的多尺度增强体(见图8-3(b)),并论证了该方法在实现多尺度增强体工程规模生产的优势。通过 CNTs 表面功能化和 EPD 工艺优化可进一步提高 CNTs 在碳纤维织物内的分布均匀性。例如,An 等通过将 CNTs 表面胺化,降低了 CNTs 之间的团聚程度,在纤维表面电泳沉积了分散均匀且致密的 CNTs 涂层;Wang 等则借助 Taguchi method 优化了 EPD 工艺,在碳纤维织物中均匀引入了 CNTs。

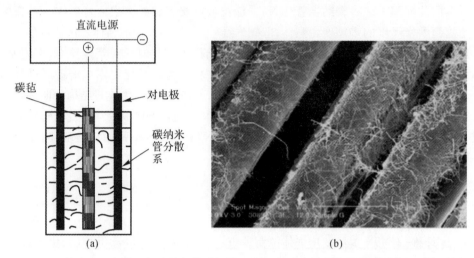

图8-3　电泳沉积法制备的碳纤维-CNTs 多尺度增强体及其 SEM 形貌

3. 化学接枝法

化学接技法原理是在 CNTs 和碳纤维表面分别修饰以不同种类的化学官能团,并凭借化学官能团之间的键合反应实现 CNTs 和碳纤维之间的结合。例如,分别在碳纤维和 CNTs 表面修饰以胺基官能团和羧基官能团,利用胺基和羧基之间的缩聚反应连接碳纤维和 CNTs(见图8-4)。化学嫁接法制备的碳纤维-CNTs 多尺度增强体中 CNTs 不但分散均匀,而且与碳纤维有较强的结合力,但 CNTs 的分布密度较低、含量较小。

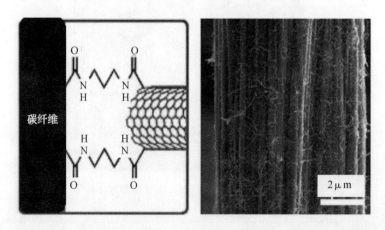

图8-4　化学接枝法制备碳纤维-CNTs 多尺度增强体及其 SEM 形貌

4. 催化化学气相沉积法

催化化学气相沉积（CCVD）法是目前文献报道中涉及最多、最常用的一种制备碳纤维-CNTs多尺度增强体的方法。其原理是在高温下借助金属颗粒（Fe，Co，Ni等）的催化能力，催化热解含碳气体分子在碳纤维表面沉积生长CNTs。

美国特拉华大学复合材料中心的Thostenson等首次使用CCVD在碳纤维表面生长了CNTs。随后，科研人员进行了大量关于沉积条件，如生长温度、催化剂种类等，对CNTs生长形貌影响的研究。CNTs的CCVD生长可分为两个过程，即催化剂在碳纤维表面负载和CNTs生长。碳纤维负载金属催化剂通常使用以下方法：溶液浸渍法、聚合物-金属混合物沉积法、溅射法、电子束法、蒸镀法、浮游法、电沉积法等。生长CNTs的碳源一般选用甲烷、乙烯、乙炔、丙烯、一氧化碳等气态物质和甲苯、二甲苯、乙醇、丙酮等液态物质。CCVD可较好地实现对CNTs曲直度、取向、体积分数等形貌参数的控制，为复合材料性能的设计与性能调控奠定了基础。较早的研究表明，直接在碳纤维表面生长的CNTs多呈现卷曲状、随机取向的分布特征，这严重影响了CNTs对基体的增强效果。为了实现CNTs生长的定向性，科研工作者在碳纤维表面预先涂覆了无定形Si和SiO_2涂层，借助这类高模量涂层对催化剂颗粒的强吸附能力，提高了CNTs生长密度，进而实现了生长定向性。但对于碳纤维/陶瓷和碳纤维/热解碳等无机复合材料而言，Si和SiO_2的引入会改变其界面结构，对材料性能造成影响。Song等通过对催化剂球化处理和适度提高生长温度，实现了径向直立CNTs在碳纤维表面的直接生长（见图8-5）。实验证明，径向直立的分布形貌可大幅提高CNTs对复合材料的增强效果，这为增强体用CNTs形貌的优化控制指明了方向。

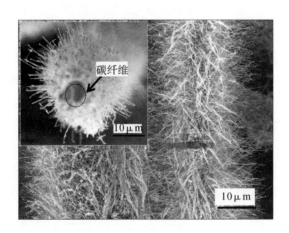

图 8-5　碳纤维表面生长径向直立 CNTs 的 SEM 形貌

5. 其他方法

除上述方法外，碳纤维-CNTs多尺度增强体的制备方法还包括溶剂喷涂法和上浆法。溶剂喷涂法是将处理过的碳纳米管分散到易挥发的溶剂（如乙醇等）中，利用高压喷枪将碳纳米管分散液均匀、等量地喷射在碳纤维织物表面，待溶剂挥发以后便得到碳纤维-CNTs多尺度增强体的方法。近年来,随着 3D 打印技术的发展,该方法已可实现 CNTs 在碳纤维织物表面定形(宏观尺度)、定量地分布。上浆法则是借助挂浆工艺,将 CNTs 悬挂在碳纤维表面,实现其与碳纤维的掺杂。该方法与浸渍法的主要差异在于其能更好地实现对 CNTs 掺杂位置和掺杂量的控制。

6. 上述各种方法的优、缺点

浸渍法是制备碳纤维−CNTs 多尺度增强体最简单的方法,但它不能实现 CNTs 在碳纤维表面的均匀分散;同时 CNTs 的浸渍效率依赖于预制体的孔隙特征,小尺寸孔隙(微米尺寸以下)中很难有 CNTs 的掺入,造成多尺度增强体内 CNTs 在微观和宏观尺度上的分布不均匀。EPD 工艺在制备多尺度增强体上表现出诸多优势,如可实现 CNTs 的快速掺入、CNTs 分散均匀性良好、不会损伤碳纤维表面结构等。但该方法也存在一些不足。如 CNTs 与碳纤维间的结合力差,两者间为简单的物理附着;同时,EPD 较难实现 CNTs 在大厚度碳纤维毡体内部的掺入,且 EPD CNTs 多呈现面内随机分布的形貌特征,致使其对基体的强韧作用范围变小。另外,电泳沉积前需要预先做好 CNTs 的分散工作,这增加了多尺度增强体制备工作的难度,不过,随着商业化 CNTs 分散液产品的出现,该问题将得到彻底解决。化学接枝法的主要优点是实现了 CNTs 与碳纤维之间的化学键合。但是整个的接枝过程需要大量的酸处理以及其他化学试剂的使用,不仅损伤碳纤维,而且实验周期较长,可长达数天,较难实现工业化。同时,化学接枝 CNTs 的分布密度较小,从一定程度上限制了 CNTs 对复合材料增强效果的调控。

CCVD 可极大地改善碳纤维表面 CNTs 生长的均匀性,同时,通过参数(如催化剂形状、温度、碳源流场、异质掺杂等)调节,还可实现对 CNTs 形貌和结构的调控,这是 CCVD 在制备碳纤维−CNTs 多尺度增强体上的特有优势。近年来,西北工业大学的相关研究发现,借助 CCVD 系统中人为引入的温度梯度,可实现 CNTs 在大尺寸、高密度碳纤维毡体内部的宏观均匀生长,这为碳纤维−CNTs 多尺度增强体的工程实用化奠定了基础。不过,CNTs 生长中使用的金属催化剂会在高温条件下与碳纤维发生化学反应(即碳原子固溶到金属颗粒中,形成金属碳化物),从而侵蚀纤维表面结构,降低纤维的拉伸强度,这直接导致碳纤维−CNTs 混杂增强的复合材料在表现出显著改善的基体主宰力学性能外(包括压缩性能、层间剪切性能等),又表现出降低的碳纤维主宰的力学特性,如复合材料的单向拉伸性能、三点弯曲性能等。因此,在 CCVD 制备碳纤维−CNTs 多尺度增强体的工作中,开展碳纤维表面结构的主动保护,以维持 CNTs 生长后碳纤维拉伸性能是未来研究的重点。

8.5.2 碳纤维与 CNTs 间结合力的评价研究

碳纤维表面引入的 CNTs 通过提高界面处载荷的传递能力间接改善复合材料的力学性能。在该过程中,CNTs 与碳纤维间结合力的强弱在很大程度上决定了载荷的传递效力。因此,针对碳纤维和 CNTs 间结合力的评价研究成为一个重要的研究方向。近年来,哈尔滨工业大学在该领域做了较为系统的研究,他们使用配套在场发射扫描电镜下的微弱力测量系统,将单根碳管从碳纤维表面直接拉拔,从而测定二者间的结合力。该测试可直接观察到碳管从碳纤维上剥离的全过程(见图 8-6),并获得到拉拔力-位移曲线,为碳纤维-CNTs 多尺度增强体的界面评价工作奠定了实验基础。

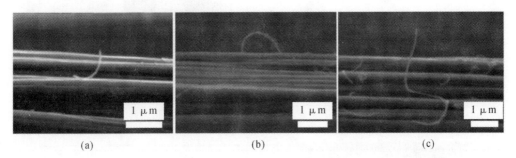

(a)　　　　　　　　(b)　　　　　　　　(c)

图 8-6　场发射扫描显微镜下 CNTs 的原位拉拔实验(AFM tip 为原子力显微镜探针)

研究发现,不同结构的多尺度增强体具有不同的碳纤维/CNTs 结合力。对于化学接枝法制备的碳纤维-CNTs 多尺度增强体,王超等将 CNTs 与碳纤维的结构构型分为三种:第一种接技构型为 CNTs 轴向与碳纤维轴向平行,其一端伸出纤维表面;第二种接枝构型为 CNTs 的两端接枝到碳纤维表面形成环形状;第三种接枝构型为碳纳米管多部分接枝到碳纤维表面。三种接技构型如图 8-7 所示。基于上述三种接枝构型 CNTs 的原位拉拔实验可知,CNTs 从碳纤维表面剥离分为三个过程,即 CNTs 自由部分的伸长、CNTs 与碳纤维之间的脱黏以及 CNTs 从碳纤维表面的剥离。其失效机理包括切向失效和正向失效两种。CNTs 与碳纤维之间的接枝力及接枝强度分别为 57~950 nN 和 5~90 MPa,其值大小主要受到 CNTs 的接枝长度以及接枝类型的影响。而对于 CCVD 制备的碳纤维-CNTs 多尺度增强体,由于 CNTs 只有端部接枝到纤维表面,其拉拔过程分成两部分,即 CNTs 的拉伸与失效(见图 8-8)。失效模式主要包括 CNTs 从纤维表面的拉脱以及自身拉断。两种失效模式下 CNTs 与碳纤维之间的平均接枝力接近,分别为 61 GPa 和 63 GPa。高倍电镜分析表明,CCVD CNTs 与碳纤维之间的强接枝力归因于二者之间由催化剂诱导形成的一种叫作"石墨墙"的 C—C 共价键结构。对比可知,CCVD 法可得到强的碳纤维/CNTs 接枝力以及高的 CNTs 接枝密度,可大幅度提高碳纤维与基体之间的界面强度。

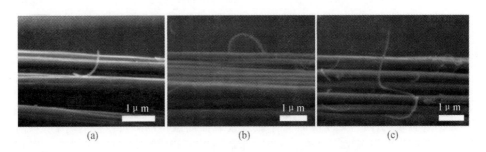

(a)　　　　　　　　(b)　　　　　　　　(c)

图 8-7　CNTs 与碳纤维之间的三种接枝构型

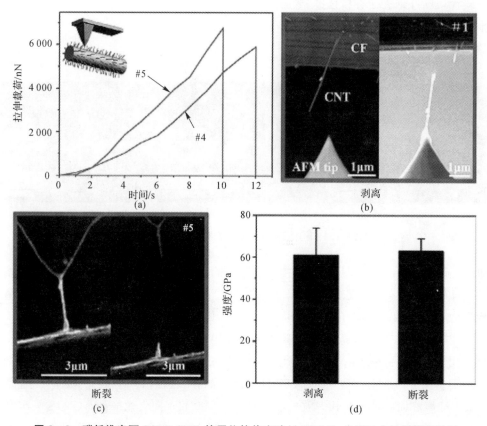

图 8-8　碳纤维表面 CCVD CNTs 的原位拉伸实验((AFM tip 为原子力显微镜探针))

8.5.3　碳纤维–CNTs 多尺度增强的复合材料

1. 碳纤维–CNTs 多尺度增强的树脂基复合材料

碳纤维–CNTs 多尺度增强体最早应用于高性能树脂材料的开发。在该类复合材料中，CNTs 的掺入主要分为两种方式，即树脂基体内混合和碳纤维表面嫁接（见图 8-9）。两种掺入方式下，CNTs 对复合材料碳纤维主宰力学性能的贡献均近乎为零（CNTs 的掺入量小于 $w=2\%$），这充分体现了多尺度增强体系中碳纤维增强作用的决定性地位。对于 CNTs 掺入到树脂基体而制得的多尺度复合材料，CNTs 可改善了基体主宰的力学性能，包括层间剪切性能和 I，II 型断裂韧性等，受复合材料制备工艺的影响，其提高幅度分别在 $8\%\sim69\%$ 和 $30\%\sim150\%$ 范围。通过对 CNTs 分布取向优化和表面官能化处理可提高其对基体增强的效果，对应的增强机制分别为"提高了 CNTs 之间载荷传递的协同性"和"加大了 CNTs 与树脂基体的界面结合强度"。对于 CNTs 嫁接于碳纤维表面而制得的多尺度复合材料，当前的研究主要集中于单丝复合材料水平，力学评价集中于碳纤维/树脂基体界面的结合状态，测试工作主要基于单纤维断裂法（single-filament composite fragmentation tests）、微滴脱黏实验（microdroplet test）、单丝顶出法（single fiber push-out）和单丝拔出方法（single fiber pullout)开展。借助上述测试手段,科研工作者获得了 CNTs 对界面结合强度的提高幅度在 60%～475%范围。通过研究 CNTs 的长度、取向、缺陷结构等对单丝复合材料界面结合强度的影响,发现杂乱取向、长度较短、微观缺陷较多的 CNTs 能够更好地改善复合材料的界面结合力度。需要指出地是,CCVD CNTs 对单丝复合材料界面结合的贡献还表现出对测试方式的依赖。例如,Qian 等研究发现,当采用单丝拔出测试时,CCVD CNTs 对界面结合的贡献可达 100%以上,而在单丝顶出测试下,该值则小于 1%。这种差异的产生主要归结于 CCVD 生长 CNTs 中碳纤维表面结构的损伤及其导致的纤维载荷传递方式的改变。

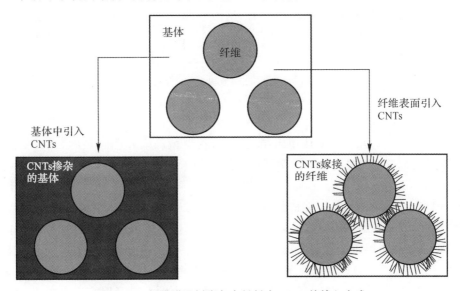

图 8-9　纤维增强树脂复合材料中 CNTs 的掺入方式

此外,CNTs 在树脂复合材料内部的掺入还改变了材料的导电性能,且该性能会随复合材料受力状态而改变。利用这种特性,科研工作者能够准确地在线监测复合材料的服役状态,使得复合材料构件的失效预测成为可能。

2. 碳纤维-CNTs 多尺度增强的碳基复合材料

CNTs 与碳/碳复合材料均属于碳质材料,拥有与碳基体和碳纤维相近的热膨胀系数及相似的物理性能,因此,CNTs 也被用来二次增强碳/碳复合材料,构造碳纤维-CNTs 多尺度增强的碳基复合材料(简称为 CNT-C/C)。

西北工业大学李贺军团队和中南大学巩前明团队较早报道了 CNT-C/C 的制备与微观结构。结果发现,CNTs 的掺入提高了热解碳基体的石墨化度、改善了碳纤维/碳基体的界面结合。随后,科研工作者开展了更为细致的研究。Chen 等研究了在 1D 碳纤维预制体中原位生长毛绒状 CNTs 对热解碳形貌和 C/C 导热行为的影响,发现 CNTs 诱导了高织构热解碳在界面区域的沉积,从而大幅提高了 C/C 导热性能。Xiao 等研究了原位生长卷曲状 CNTs 对 C/C 致密化的影响,发现碳纤维表面原位生长 CNTs 显著提高了碳纤维预制体的致密化速率。Li 等研究了碳纳米纤维杂交碳纤维预制体的致密化速率,发现不同加入量的碳纳米纤维均会显著提高预制体致密化初期的速率,而仅当纳米纤维含量适当时才会降低 C/C 的孔隙率。在复合材料力学研究方面,Li 等研究了碳纳米纤维毡层对 C/C 力学性能的影响,发现在加入碳纳米纤维后 C/C 的弯曲强度、模量及层间剪切强度分别提高了 21.5％,33.5％, 40.7％。Lim 等人采用碳化含 CNTs 的树脂在 C/C 复合材料表面制备出了含 CNTs 的增强涂层,并测试了其摩擦磨损性能。实验结果显示,CNTs 的引入提高了 C/C 复合材料的抗摩损性能。Gong 研究了悬浮沉淀的卷曲团聚状 CNTs 对 C/C 复合材料的摩擦磨损性能的影响,发现 CNTs 的加入不但增加了材料的抗磨损性能还使材料在不同的制动载荷下保持较为稳定的摩擦因数。Xiao 等研究了卷曲状 CNTs 对 C/C 力学性能的影响,发现 CNTs 的加入使 C/C 抗弯强度提高了 30％～60％。Song 等采用原位生长法在碳纤维上定向生长了径向直立的 CNTs,研究了其对 C/C 力学性能的影响。结果发现,径向直立 CNTs 使得 C/C 层内压缩强度、层外压缩强度和层间剪切强度分别提高了 138％,275％ 和 206％,同时降低了复合材料力学性能的各向异性程度,提高了石墨化后力学强度的保持率。

　　CNT－C/C 复合材料的制备和研究正处于初期阶段,当前虽有一定量的研究报道,但不够系统和深入。例如,CNT－C/C 复合材料作为一种潜在的新型高强结构材料,对其力学性能、强化机制的研究较少。已报道的强化机制以复合材料纤维/基体界面的结合力变化为出发点加以阐述,而 CNT 对热解碳基体组织结构、复合材料微缺陷和孔隙等的影响、复合材料不同组元之间的协同关联对复合材料力学性能的影响均未考虑其中。再者,现有工作主要利用团聚、卷曲状 CNT 对 C/C 复合材料进行强化,该工作存在明显的不足。一方面,限于取向和长度特征,团聚卷曲状 CNT 并不能向热解碳提供厚度方向上的加固,不能有效缝合环状开裂的碳基体,因此,其对碳基体的补强效果、对复合材料的强化效果有限。同时,CNT 作为一种纳米增强体,其强化作用通过自身的拔出实现,而卷曲形貌则会大大抑制 CNT 的拔出,不利于 CNT－C/C 复合材料力学性能的显著改善。另一方面,CNT 的形貌,包括曲直度、取向、长度、含量、位置等,在不同方式和程度上影响着碳纤维预制体的空间结构,进而造成了复合材料致密化过程、微观组织和力学性能的差异。因此,从 CNT－C/C 复合材料结构和性能的调控角度出发,系统探究不同形貌 CNT 对 C/C 复合材料致密化过程、碳基体组织结构、力学性能和强化机制的影响是必要的。

3. 碳纤维－CNTs 多尺度增强的陶瓷基复合材料

　　近年来,利用 CNTs 增强 C_f/SiC(或 SiC_f/SiC)复合材料的研究工作逐渐受到科研工作者重视。Yu 将 CNTs 分散在聚碳硅烷液态先驱体中,利用 PIP 工艺制备了 CNTs 强化的 C_f/SiC 复合材料,CNTs 的添加量为 0.765％。研究发现,CNTs 的引入使复合材料的弯曲强度和断裂韧性均提高了 25％,室温热导率提高了 30％。Taguchi 对 CNTs 分散到聚碳硅烷中,利用 PIP 的方法制备了 SiC_f/SiC 复合材料,其弯曲强度比纯 SiC_f/SiC 复合材料有所降低,但是复合材料的热导率随 CNTs 含量提高而增大。Wang 对 CNTs 进行了化学处理以便将其分散在聚碳硅烷液体中,并利用 PIP 的方法制备了 Cf－CNTs/SiC 复合材料,研究了 CNTs 含量对复合材料力学性能的影响,结果表明,随着 CNTs 含量的增加,复合材料的弯曲强度和断裂韧性都逐渐增加,当 CNTs 质量分数为 1.5％时,弯曲强度和断裂韧性分别提高了 29.7％和 27.9％,在断口中观察到了 CNTs 的拔出、裂纹偏转等增韧途径,而且发现 CNTs 以 sword－in－sheath 的方式断裂。Sun 利用 CVD 在 SiC 纤维表面生长 CNTs 并来强化 SiC,结果显示复合材料的弯曲强度、弯曲模量和断裂韧性分别提高了 16.3％,90.4％ 和 106.3％。胡建宝研究了 CVD 压力和气体滞留时间对碳纤维预制体中 CNTs 生长渗透性的影响,得出了优化的 CNTs

生长压力和前躯体滞留时间;他还研究认为碳纤维和 CNTs 之间构筑热解碳/碳化硅层状界面可促进 CNTs 对复合材料的增强作用,而 CNTs 表面沉积热解碳界面则可促进碳管本身拔出,使得 CNTs 掺杂复合材料的弯曲强度得到进一步的提高。

8.6　纳米复合材料的应用前景

纳米复合材料是在复合材料的特征上叠加了纳米材料的优点,使材料的可变结构参数及复合效应得到充分发挥,产生出更加优异的宏观性能。纳米复合材料的发展已经成为纳米材料工程的重要组成部分。纵观世界发达国家发展新材料的战略,他们都把纳米复合材料的发展摆在重要的位置。纳米复合材料研究的热潮已经形成。

1. 纳米复合涂层材料

纳米涂层材料具有高强、高韧、高硬度等特性,在材料表面防护和改性上有着广阔的应用前景。近年来纳米涂层材料发展的趋势已经由单一的纳米涂层材料向纳米复合涂层材料发展。例如,日本的仲幸男、牧村铁雄等研究了包覆处理过的 MoVNi 粉体的低压等离子喷涂膜,试验表明粒子复合技术提高了喷涂膜的致密度和结构的均匀性,使得喷涂层与基体间的亲和力、抗震性能大大提高。由此制备的涂层工具材料的耐磨、耐高温等性能大大提高。还有人用真空等离子喷涂制备了 WC - Co 纳米涂层,在其涂层组织中,可以观察到纳米颗粒散布于非晶态富 Co 中,结合良好,涂层显微硬度明显增大。美国纳米材料公司用等离子喷涂的方法获得纳米结构的 Al_2O_3/TiO_2 涂层,其致密度达 95%~98%,结合强度比商用粉末涂层结合强度提高 2~3 倍,抗震粒磨损能力提高 2 倍,抗弯模量提高 2~3 倍,这些表明纳米复合材料涂层具有良好的性能。

西北工业大学将纳米线增韧涂层技术用于 C/C 复合材料的抗氧化涂层制备,在抗氧化陶瓷涂层中制备了竹节状 SiC 纳米线(见图 8 - 10、图 8 - 11),借助纳米线在拔出的过程中其节点与周围陶瓷涂层基体形成的机械连锁效应,使涂层与纳米线之间形成良好连通性,将涂层中的载荷有效转移至纳米线,进一步提高了涂层的性能。经竹节状 SiC 纳米线增韧后,HfC 涂层与 C/C 复合材料的界面结合强度由 0.35MPa 提高至 10.73MPa,涂层硬度、弹性模量、断裂韧性分别提高 36%,56%和 159%,线烧蚀率降低 77.8%。在此基础上,首次采用包埋固渗和高温热处理两步法在 SiC 陶瓷表面成功制备出碳化硅纳米带,实现了纳米线/纳米带在 C/C 复合材料内、外涂层中的同步增韧。

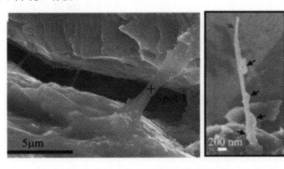

图 8 - 10　纳米线塑性变形形貌

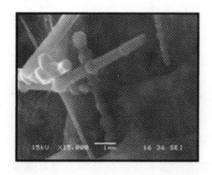 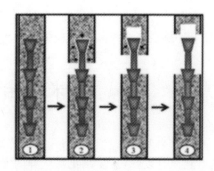

图 8-11　竹节状纳米线形貌及其拔出过程示意图

2. 高韧性、高强度的纳米复合陶瓷材料

将纳米尺度的碳化物、氧化物、氮化物等弥散到陶瓷基体中可以大幅度改善陶瓷材料的韧性和强度，获得高韧性、优良的热稳定性及化学稳定性。Niihara 将纳米 SiC 弥散到莫来石基体中，大大提高了材料的力学性能，使材料断裂强度高达 1.5 GPa，断裂韧性达 7.5 MPa·m$^{1/2}$。这些高性能的纳米陶瓷复合材料将在结构材料领域得到广泛的应用，如已有人制备出纳米陶瓷颗粒增强的 Si$_3$N$_4$ 陶瓷复合材料，它具有优异的力学性能，并被制作陶瓷刀具。

3. 纳米隐身材料

隐身技术也称为目标特征信号控制技术，它的技术途径有两种：一是由外形设计隐身，二是应用吸波材料隐身。纳米复合材料是新一代吸波材料，它具有频带宽、兼容性好、质量轻及厚度薄的优点。美国最近开发出含有一种名为"超黑粉"的纳米复合材料，它的雷达波吸收率高达 99%。

4. 光学材料

纳米材料的发光为设计新的发光体系、发展新型发光材料提出了一个新的思路，纳米复合很有可能为开拓新型发光材料提供一个途径。Colvin 等利用纳米 CdSe 聚亚苯基已烯（PPV）制得一种发光装置。随着纳米颗粒大小的改变，此装置发光的颜色可以在红色到黄色范围内变化。

5. 用于化妆品工业的纳米复合材料

利用纳米粒子复合材料，将滑石、云母、高岭土、TiO$_2$ 等包覆于化妆品基体上，不仅降低了化妆品的生产成本，而且使得化妆品具有良好的润湿性、延展性、吸汗油及抗紫外线辐射等性能。

6. 用于医药工业的纳米复合材料

利用纳米粒子复合技术可开发出新型的药物缓冲剂，例如对母粒子实行表面包覆，母粒子尺寸可减小到 0.5 μm，缓释效果大大提高。

综上所述，纳米复合材料同时综合了纳米和复合材料的优点，展现了极广阔的应用前景。

参 考 文 献

[1]　张立德. 纳米材料[M]. 北京：化学工业出版社，2000.

[2]　张立德，牟季美. 纳米材料和纳米结构[M]. 北京：科学出版社，2001.

[3]　鲁云，朱世杰，马鸣图，等. 先进复合材料[M]. 北京：机械工业出版社，2003.

[4]　徐国财，张立德. 纳米复合材料[M]. 北京：化学工业出版社，2002.

[5]　Park J H, Jana S C. The relationship between nano‐and micro‐structures and mechanical properties in PMMA‐epoxy‐nanoclaycomposites[J]. Polymer, 2003, 44 (7):2091‐2100.

[6]　周曦亚. 复合材料[M]. 北京：化学工业出版社，2004.

[7]　鹿海军，梁国正，陈祥宝，等. 高性能树脂基纳米复合材料的发展新动向[J]. 航空材料学报，2004, 24 (4)：57‐62.

[8]　高延敏，汪萍，王绍明，等. 聚合物基纳米复合材料的研究进展[J]. 材料科学与工艺，2008, 16(4)：551‐554.

[9]　漆宗能，尚文宇. 聚合物/层状硅酸盐纳米复合材料理论与实践[M]. 北京：化学工业出版社，2002.

[10]　龚荣洲，沈翔，张磊，等. 金属基纳米复合材料的研究现状和展望[J]. 中国有色金属学报，2003, 13(5)：1311‐1320.

[11]　吴人洁. 复合材料[M]. 天津：天津大学出版社，2000.

[12]　柯扬船. 聚合物纳米复合材料[M]. 北京：科学出版社，2009.

[13]　张玉清. 插层复合材料[M]. 北京：科学出版社，2008.

[14]　Mai Y W, Yu Z Z. 聚合物纳米复合材料[M]. 杨彪，译. 北京：机械工业出版社. 2010.

[15]　杜善义. 纳米复合材料研究进展[J]. 上海大学学报：自然科学版，2014, 20(1)：1‐14.

[16]　邱桂花，夏和生，王琪. 聚合物/碳纳米管复合材料研究进展[J]. 高分子材料科学与工程，2002, 18(6)：20‐28.

[17]　王登武，王芳，危冲. 聚合物/碳纳米管复合材料的研究进展[J]. 中国塑料，2013, 27 (12)：12‐16.

[18]　张翼，颜红侠，李朋博，等. 热固性树脂/碳纳米管复合材料的研究进展[J]. 中国塑料，2009, 23(10)：10‐14.

[19]　匡达，胡文彬. 石墨烯复合材料的研究进展[J]. 无机材料学报，2013, 28(3)：235‐246.

[20]　李萍，季铁正，张教强，等. 含石墨烯复合材料的研究进展[J]. 工程塑料应用，2013, 41(12)：118‐121.

[21]　戈明亮，陈萌. 麦羟硅钠石的制备与表征[J]. 硅酸盐学报，2013,41(12):1704‐1708.

[22]　Bao N, Feng X, Shen L. Calcination syntheses of a series of potassium titanates and their morphologic evolution [J]. Crystal Growth & Design, 2002, 2(5):437‐442.

[23] 程云飞,赵海雷,王治峰,等.钙钛矿型透氧膜材料的结构特点与研究进展[J].稀有金属材料与工程,2008,37(12):2069-2074.

[24] 梁振华.新型层状钙钛矿氧化物的合成和结构表征[D].北京:中国科学院大学,2009.

[25] Allmann R. The crystal structure of pyroaurite[J]. Acta Crystallographica, 1968, 24(7):972-977.

[26] 朱继平.硫酸石墨插层化合物的物性研究[J].合肥工业大学学报:自然科学版,2001,24(6):1158-1162.

[27] Peng Q, Li Y, He X, et al. Graphenenanoribbon aerogels unzipped from carbon nanotube sponges[J]. Advanced Materials, 2014, 26(20):3241-3247.

[28] 秦日建.多尺度碳基水泥复合材料的导电、压敏及电热性能研究[D].哈尔滨:哈尔滨工业大学,2014.

[29] 胡建宝.多级增强 Cf/SiC 复合材料的结构与性能研究[D].北京:中国科学院大学,2013.

[30] Thostenson E T, Li W Z, Wang D Z, et al. Carbon nanotube/carbon fiber hybrid multiscale composites[J]. Journal of Applied Physics, 2002, 91(9):6034-6037.

[31] Esawi A M K, Farag M M. Carbon nanotube reinforced composites: Potential and current challenges[J]. Materials & Design, 2007, 28(9):2394-2401.

[32] Thostenson E T, Ren Z, Chou T W. Advances in the science and technology of carbon nanotubes and their composites: a review[J]. Composites Science & Technology, 2001, 61(13):1899-1912.

[33] Spitalsky Z, Tasis D, Papagelis K, et al. Carbon nanotube - polymer composites: Chemistry, processing, mechanical and electrical properties[J]. Progress in Polymer Science, 2010, 35(3):357-401.

[34] Qian H, Greenhalgh E S, Shaffer M S P, et al. Carbon nanotube-based hierarchical composites: a review[J]. Journal of Materials Chemistry, 2010, 20(23):4751-4762.

[35] Chou T W, Gao L, Thostenson E T, et al. An assessment of the science andtechnology of carbon nanotube - based fibers and composites[J]. Composites Science & Technology, 2010, 70(1):1-19.

[36] Veedu V P, Cao A, Li X, et al. Multifunctional composites using reinforced laminae with carbon - nanotube forests. [J]. Nature Material, 2006, 5(6):457-62.

[37] Zeng Y, Ci L J, Carey B J, et al. Design and reinforcement: vertically aligned carbon nanotube-based sandwich composites [J]. ASC nano, 2010,4(11):6798-6804.

[38] Garcia E J, Wardle B L, Hart A J, et al. Fabrication and multifunctional properties of a hybrid laminate with aligned carbon nanotubes grown in situ[J]. Composites Science & Technology, 2008, 68(9):2034-2041.

[39] Wicks S S, Villoria R G D, Wardle B L. Interlaminar and intralaminar reinforcement of composite laminates with aligned carbon nanotubes[J]. Composites Science & Technology, 2010, 70(1):20-28.

[40] Garcia E J, Wardle B L, Hart A J. Joining prepreg composite interfaces with aligned carbon nanotubes[J]. Composites Part A: Applied Science & Manufacturing, 2008, 39(6):1065 - 1070.

[41] Qian H, Bismarck A, Greenhalgh E S, et al. Synthesis and characterisation of carbon nanotubes grown on silica fibres by injection CVD [J]. Carbon, 2010, 48 (1): 277 -286.

[42] Gong Q M, Li Z, Bai X D, et al. The effect of carbon nanotubes on the microstructure and morphology of pyrolytic carbon matrices of CC composites obtained by CVI[J]. Composites Science & Technology, 2005, 65(7):1112 - 1119.

[43] Gong Q M, Li Z, Zhang Z, et al. Tribological properties of carbon nanotube - doped carbon/carbon composites[J]. Tribology International, 2006, 39(9):937 - 944.

[44] Besra L, Liu M. A review on fundamentals and applications of electrophoretic deposition (EPD) [J]. Progress in materials science, 2007,52(1):1 - 61.

[45] Bekyarova E, Thostenson E T, Yu A, et al. Multiscale carbon nanotube - carbon fiber reinforcement for advanced epoxy composites [J]. Langmuir, 2007, 23 (7): 3970 -3974.

[46] An Q, Rider A N, Thostenson E T. Electrophoretic deposition of carbon nanotubes onto carbon - fiber fabric for production of carbon/epoxy composites with improved mechanical properties [J]. Carbon, 2012,50(11):4130 - 4143.

[47] Wang Y Q, Byun J H, Kim B S, et al. The use of Taguchi optimization indetermining optimum electrophoretic conditions for the deposition of carbon nanofiber on carbon fibers for use in carbon/epoxy composites [J]. Carbon, 2012,50 (8): 2853 - 2859.

[48] He X, Zhang F, Wang R, et al. Preparation of a carbon nanotube/carbon fiber multi -scale reinforcement by grafting multi - walled carbon nanotubes onto the fibers [J]. Carbon, 2007, 45(13):2559 - 2563.

[49] Mei L, He X, Li Y, et al. Grafting carbon nanotubes onto carbon fiber by use of dendrimers[J]. Materials Letters, 2010, 64(22):2505 - 2508.

[50] Peng Q, He X, Li Y, et al. Chemically and uniformly grafting carbon nanotubes onto carbon fibers by poly(amidoamine) for enhancing interfacial strength in carbon fiber composites[J]. Journal of Materials Chemistry, 2012, 22(13):5928 - 5931.

[51] Peng Q Y, Li Y B, He X D, et al. Interfacial enhancement of carbon fiber composites by poly (amidoamine) functionalization [J]. Composites Science and Technology, 2013, 74(24): 37 - 42.

[52] Zhao F, Huang Y, Liu L, et al. Formation of a carbon fiber/polyhedral oligomericsilsesquioxane/carbon nanotube hybrid reinforcement and its effect on the interfacial properties of carbon fiber/epoxy composites[J]. Carbon, 2011, 49(8): 2624 - 2632.

[53] Zhao F, Huang Y. Preparation and properties of polyhedral oligomeric silsesquioxane

and carbon nanotube grafted carbon fiber hierarchical reinforcing structure [J]. Journal of Materials Chemistry, 2011, 21(9):2867 - 2870.

[54] Li Y, Li Y, Ding Y, et al. Tuning the interfacial property of hierarchical composites by changing the grafting density of carbon nanotube using 1,3 - propodiamine[J]. Composites Science & Technology, 2013, 85(8):36 - 42.

[55] He X, Wang C, Tong L, et al. Direct measurement of grafting strength between an individual carbon nanotube and a carbon fiber [J]. Carbon, 2012,50(10):3782 -3788.

[56] Downs W B, Baker R T K. Novel carbon fiber - carbon filament structures [J]. Carbon, 1991, 29(8):1173 - 1179.

[57] Mathu R B, Chatterjee S, Singh B P. Growth of carbon nanotubes on carbon fibre substrates to produce hybrid/phenolic composites with improved mechanical properties [J]. Composites Science and Technology, 2008,68(7 - 8):1608 - 1615.

[58] Zhu S, Su C H, Lehoczky S H, et al. Carbon nanotube growth on carbon fibers [J]. Diamond and Related Materials, 2003,12(10 - 11):1825 - 1828.

[59] Ito S, Saito T, Tada A. Growth of carbon nanofibers on carbon fabric with Ni nanocatalyst prepared using pulse electrodeposition[J]. Nanotechnology, 2008, 19 (29):2123 - 2131.

[60] Cesano F, Bertarione S, Scarano D, et al. Connecting carbon fibers by means of catalytically grown nanofilaments: formation of carbon - carbon composites [J]. Chemistry of Materials, 2005,17(20):5119 - 5123.

[61] Zhao J, Liu L, Guo Q, et al. Growth of carbon nanotubes on the surface of carbon fibers[J]. Carbon, 2008, 46(2):380 - 383.

[62] 赵建国,刘朗,郭全贵,等. 碳纤维表面生长碳纳米管 [J]. 新型炭材料,2008,23 (1):12 - 15.

[63] Qian H, Bismarck A, Greenhalgh E S, et al. Hierarchical composites reinforced with carbon nanotube grafted fibers: the potential assessed at the single fiber level [J]. Chemistry of Materials, 2008,20(5):1862 - 1869.

[64] Qian H, Bismarck A, Greenhalgh E S, et al. Carbon nanotube grafted carbon fibres: a study of wetting and fibre fragmentation [J]. Composites: Part A, 2010,41(9):1107 - 1114.

[65] Hung K H, Kuo W S, Ko T O, et al. Processing and tensile characterization of composites composed of carbon nanotube - grown carbon fibers [J]. Composites: Part A, 2009,40(8):1299 - 1304.

[66] Shafranska O, Voronov A, Kohut A, et al. Polymer - metal complexes as a catalyst for the growth of carbon nanostructures [J]. Carbon, 2009,47(13):3137 - 3139.

[67] Zhang Q, Qian W, Xiang R, et al. In situ growth of carbon nanotubes on inorganic fibers with different surface properties [J]. Materials Chemistry and Physics, 2008, 107(2 - 3):317 - 321.

[68] Chen J, Xiong X, Xiao P. The effect of carbon nanotube growing on carbon fibers on

the microstructure of the pyrolytic carbon and the thermal conductivity of carbon/carbon composites [J]. Materials Chemistry and Physics，2009，116(1)：57－61.

[69]　Xiao P，Lu X，Liu Y，et al. Effect of in situ grown carbon nanotubes on the structure and mechanical properties of unidirectional carbon/carbon composites [J]. Materials Science and Engineering：A，2011，528(7)：3056－3061.

[70]　Houll M，Deneuve A，Amadou J，et al. Mechanical enhancement of C/C composites via the formation of a machinable carbon nanofiber interphase [J]. Carbon，2008，46(1)：76－83.

[71]　Gong Q，Li Z，Zhou X，et al. Synthesis and characterization of in situ grown carbon nanofiber/nanotube reinforced carbon/carbon composites [J]. Carbon，2005，43(11)：2426－2429.

[72]　周建伟，廖寄乔，王占峰. 原位生长碳纳米管对碳/碳复合材料导热性能的影响[J]. 中国有色金属学报，2008，18 (3)：383－387.

[73]　王超. 碳纳米管/碳纤维多尺度复合材料界面增强机理研究[D]. 哈尔滨：哈尔滨工业大学，2013.

[74]　戈明亮，陈萌. 麦羟硅钠石的制备与表征[J]. 硅酸盐学报，2013，41(12)：1704－1708.

[75]　Rousse G，DoMPabl M. Rationalization of intercalation potential and redox mechanism for $A_2Ti_3O_7$（A＝Li，Na）[J]. Chemistry of Materials，2013，25：4946－4956.

[76]　Bao N，Feng X，Shen L. Calcination syntheses of a series of potassium titanates and their morphologic evolution [J]. Crystal Growth & Design，2002，2：437－442.

[77]　程云飞，赵海雷，王治峰，等. 钙钛矿型透氧膜材料的结构特点与研究进展[J]. 稀有金属材料与工程，2008，37(12)：2069－2074.

[78]　梁振华. 新型层状钙钛矿氧化物的合成和结构表征 [D]. 北京：中国科学院大学，2009.

[79]　Allmann R. The crystal structure of pyroaurite[J]. Acta Crystallographica，1968，24(7)：972－977.

[80]　He J，Wei M，Li B，et al. Preparation of layered double hydroxides[M]. Layered Double Hydroxides，Springer，2006，119：89－119.

[81]　朱继平. 硫酸石墨插层化合物的物性研究[J]. 合肥工业大学学报：自然科学版，2001，24(6)：1158－1162.

[82]　张丹丹，郭长虹，勾兴军，等. 石墨烯增强金属基纳米复合材料的研究进展 [J]. 燕山大学学报，2014，38(6)：484－490.

第9章 功能复合材料

功能复合材料是指除提供力学性能以外还提供其他物理性能的复合材料,如导电、超导、磁性、压电、阻尼、吸波、透波、摩擦、屏蔽、阻燃、防热、吸声、隔热等性能。功能复合材料主要由功能体、增强体和基体组成。多元功能体的复合材料可以具备多种功能,同时还可能由于复合效应而产生新的功能。

功能复合材料涉及信息技术、生物工程技术、能源技术、纳米技术、环保技术、空间技术、计算机技术、海洋工程技术等现代高新技术及其产业,它不仅对高新技术的发展起重要的推动和支撑作用,还对我国相关传统产业的改造、升级以及跨越式发展起着重要的促进作用。功能复合材料种类繁多,用途广泛,正在形成一个规模宏大的高技术产业群,有着十分广阔的市场前景和极为重要的战略意义。世界各国均十分重视功能材料的研发和应用,它已经成为世界各国新材料研究发展的热点和重点,也是世界各国高技术发展中战略竞争的热点。在全球新材料研究领域中,功能材料约占 85 % 。我国高技术计划、国家重大基础研究计划、国家自然科学基金项目中均安排了许多功能材料技术项目,并取得了大量研究成果。

9.1 聚合物基导电复合材料

9.1.1 聚合物基导电复合材料的简介

聚合物基导电复合材料是在基体聚合物中加入另外一种导电聚合物或导电填料,采用物理或化学方法复合后得到的既具有一定的导电功能,又具有良好力学性能的多相复合材料。它是导电复合材料的研究重点。常用的聚合物基导电复合材料的种类及其用途见表 9-1。

聚合物基导电复合材料的导电机理可分为以下两类。

当基体为导电聚合物时,由于导电聚合物是本身具有导电功能的聚合物材料(主要包括共轭导电聚合物和电荷转移型导电聚合物),因此此类导电复合材料的导电是靠基体本身的电荷转移,与所用增强材料或填料关系不大。

表 9-1 聚合物基导电复合材料的种类及用途

种　类	体积电阻率/($\Omega \cdot cm$)	用　途
半导电性复合材料	$10^7 \sim 10^{10}$	传真电极板、低电阻带、静电记录纸、感光纸
防静电复合材料	$10^4 \sim 10^7$	防静电外壳、罩板、电波吸收件、导电轮胎、防爆电缆
导电复合材料	$10^0 \sim 10^4$	面状发热体、CV 电缆、导电薄膜
高导电复合材料	$10^{-3} \sim 10^0$	印刷电路、电极板、电磁屏蔽材料、导电涂料、导电胶黏剂

　　当基体为非导电聚合物时,主要通过在这类聚合物中添加抗静电剂或导电填料来制备导电复合材料。由于加抗静电剂的导电复合材料导电性不稳定,因此目前主要利用加导电填料来制备各种聚合物基导电复合材料。其导电机理有以下几种理论。

　　(1)导电通道理论。此理论认为在导电填料加到聚合物中后,它们不可能达到真正的多相均匀分布,总有部分带电粒子相互接触而形成链状导电通道,使复合材料得以导电。

　　(2)渗滤理论。此理论认为复合材料的电导率在一定导电填料浓度范围内的变化是不连续的,在某一温度下材料电阻率会发生突变,表明此时导电粒子在聚合物基体中的分散状态发生了突变,即当导电填料达到一定值时,导电粒子在聚合物基体中形成了导电渗滤网络。导电粒子的临界体积分数称为渗滤阈值。渗滤阈值的大小不仅依赖于导电填料和聚合物基体的类型,而且依赖于导电填料在聚合物基体中的分散状况和聚合物基体的形态。若复合体系的渗滤阈值较高,则必须在聚合物基体中加入大量的导电填料才能使材料获得较好的导电性,而过多无机填料的加入会较大程度地破坏高分子基体的力学性能及其他原有性能。渗滤理论虽然可以解释在临界浓度处材料电阻率的突变现象,但它还存在许多不足。严格来讲,渗滤理论只能应用于绝缘介质电导为零或导电相电阻为零的体系,但在实际体系中,二组分相的电导率比率一般不够高,这使得渗滤方程不能够准确地运用到实际体系中。另外渗滤理论是一种统计方法,大部分从渗滤方程得到的数据是通过纯数学模拟计算得到的。对于点渗滤和键渗滤而言,渗滤阈值的模拟计算只适用于二维导电网络,而更低或更高维度导电网络的渗滤阈值则难以得到。基于这一点,许多用来预测渗滤阈值的经验公式被提了出来,Balberg 将复合材料出现的渗滤现象和导电填料的几何形状联系起来,提出了排斥体积理论,认为渗滤阈值与导电粒子的排斥体积相关。

　　(3)隧道效应理论。在二元组分导电复合材料中,当高导组分含量较低(在渗滤阈值附近)时,隧道导电效应对材料的导电行为影响较大。隧道理论认为,材料导电依然有导电网络形成的问题,但不是靠导电粒子直接接触来导电的,而是通过电子在粒子间的跃迁导电的。隧道电流是间隙宽度的指数函数,因此隧道效应几乎仅发生在距离很近的导电粒子之间,间隙过大的导电粒子之间无电流的传导行为。

　　(4)电场发射理论。此理论认为粒子填充导电复合材料的导电行为是由隧道效应造成的,但它认为这是导电粒子内部电场发射的特殊情况。

　　聚合物基导电复合材料的实际导电机理是相当复杂的,但现阶段主要认为导电性能是导电填料的直接接触和间隙之间的隧道效应的综合作用。

9.1.2　聚合物基导电复合材料主要种类

　　聚合物基导电复合材料主要包括碳系填料填充导电复合材料和金属系填料填充导电复合材料。

　　碳系导电填料有炭黑、碳纤维和石墨等。目前,炭黑在聚合物基导电复合材料中的应用最为广泛,因为它不仅价格低,而且加入量少,导电性也好。大量研究表明,炭黑粒子的尺寸越小,结构越复杂,炭黑粒子比表面积越大,表面活性基团越少,极性越强,所制备的导电复合材料导电性就越好。如用粒度为 $30~\mu m$ 的乙炔炭黑填充玻璃纤维增强的树脂时,仅需 0.4%(体积分数),导电复合材料的体积电阻率就能下降到 $10^3 \sim 10^4~\Omega \cdot cm$;但随着炭黑含量的增加,其弯曲强度下降,这是由于炭黑与树脂的相容性差,加入后影响了树脂与玻璃纤维界面黏结,加入量越多,这种影响越明显。炭黑有多种品质,而能够赋予材料导电性的炭黑必须具有结构发达、粒度小、表面积大、捉 π 电子的不纯物少及可进一步石墨化等五个基本特征。现在对炭黑填充聚合物基导电复合材料的研究已从传统的改变炭黑的用量转向通过提高炭黑的质量来提高其导电复合材料的导电性能。如对炭黑进行高温处理,不仅可以增加炭黑的比表面积,而且可以改变其表面化学特性;用钛酸酯偶联剂处理炭黑表面,在改善复合材料导电性能的同时,还能提高熔体流动性和材料的力学性能。另外,新型导电炭黑也在进一步的研究之中。

石墨也是常用的导电填料之一。石墨的导电性不如炭黑的优良,而且加入量较大,对复合材料的成型工艺影响比较大,但它能提高材料的耐腐蚀能力。石墨主要有石墨粉和片状石墨两种,石墨粉的分散性较好,易形成导电通道;而片状石墨体积较大,虽会对树脂起增强作用,但不易形成均匀体系,材料的稳定性不易控制,某些性能重现性差,而且加入量过大时,片状石墨与树脂形成的界面处容易产生应力集中而使材料强度下降。

碳纤维也是一种较好的导电填料,其导电性介于炭黑和石墨之间,而且它具有高强度、高模量、耐腐蚀、耐辐射、耐高温等多种优良性能,已广泛应用于航空航天、军用器材及化工防腐领域。随着碳纤维制造成本的降低,目前其正迅速向民用领域扩展。

金属系填料包括金属粉末和金属纤维,但当金属粉末含量一般为 50%(体积分数)左右时,才会使材料电阻率达到导电复合材料的要求,这必然使复合材料的强度下降。另外,由于金属的密度远大于非金属的密度,因此在复合材料的成型过程中容易出现分层或不均匀现象,影响材料质量稳定性。常用的金属粉末有铝粉、铁粉、铜粉、银粉和金粉等。铝粉价格低,但铝的活性太大,其粉末在空气中极易被氧化,形成导电性极差的 Al_2O_3 氧化膜,即使加入量很大时也不易形成导电通道。银粉、金粉虽然导电性优良,但价格昂贵,因此限制了其广泛应用。现阶段应用最广的粉末为铁粉、铜粉。金属粉末粒径的大小对导电复合材料的电阻率影响也较大;相同条件下,金属粉末粒径越小,越易形成导电通道,达到相同电阻率所需金属粉的体积分数越小。

与金属粉相比,金属纤维的应用更为广泛。将金属纤维填充到基体聚合物中,经适当工艺成型后,可以制成导电性能优异的复合材料,其体积电阻率为 $10^{-3} \sim 10^{0}$ $\Omega \cdot cm$。它们不仅可以在较少加入量的条件下达到理想的导电效果,还能较大幅度地提高复合材料的强度。并且该复合材料比传统的金属材料质量轻、易加工,因此它们被认为是最有发展前途的新型导电材料和电磁屏蔽材料,已广泛用作电子计算机及其他电子设备的壳体材料。金属纤维中应用较多的是黄铜纤维,其次是不锈钢纤维和铁纤维。黄铜纤维导电性能优良,仅需 10%(体积分数)就能使体积电阻率小于 10^{-2} $\Omega \cdot cm$,电磁屏蔽效果达 60 dB。不锈钢纤维作为填料不仅强度高,成型时不易折断,能保持较大的长径比,而且抗氧化性好,能使导电性能持久稳定。

9.1.3　聚合物基导电复合材料导电性能的影响因素

影响复合型导电高分子材料导电性能的因素有很多,如填料种类、形状、树脂种类、填料分散状态及导电填料的用量。不同种类导电填料的导电性能各不相同,而对同一类型的导电填料来讲,由于生产方式和工艺条件的不同,各个品种的导电性能又各有差异。

1. 导电填料的种类

仅就单一物质的导电性而言,使用金属粉末或金属片是既有效又经济的选择。当需要特别高的电导率时,最好选用银粉或金粉作导电填料。但由于银粉或金粉价格昂贵,它们仅限于某些特殊场合下使用。金属中,铜是优良的导电体,且价格适中,但它容易被氧化而降低导电性能,为了解决这一问题,通常采用抗氧化剂对铜粉进行表面处理。铝片具有密度小、颜色浅、价格低等优点,并具有较大的长径比,容易在高分子基体中形成导电网络,但是铝的导电性不太高。炭黑是一种天然的半导体材料,是一种由许多类似于石墨晶体结构的微晶体作无规则、紧密排列而形成的半结晶体,其体积电阻率约为 $0.1 \sim 10 \ \Omega \cdot cm$。它不仅原料丰富,导电性能持久稳定,而且可以大幅度调整复合材料的电阻率($1 \sim 10^8 \ \Omega \cdot cm$)。除能赋予材料优良的导电性能外,它还兼有防老化、改性等多种功能。其缺点在于色彩单一、生产环境较差等。石墨具有类似黏土的片层结构,膨胀石墨片层可以以纳米级尺寸分散在橡胶基体中,其厚度在 $10 \sim 50 \ nm$。同炭黑微粒相比,膨胀石墨片层具有更大的长径比和比表面积,故可有效提高纳米复合材料的导电性能。

2. 导电填料的形态和尺寸

导电填料的形态对高分子导电复合材料的效能有显著的影响。它们的形状有球状、薄片状、针状等。薄片状的比球状的更有利于增大导电粒子之间的相互接触,且长径比越大,导电性越好。金属薄片填充的复合材料的导电性能好,且金属薄片越薄,复合材料的导电性能越好。为了改善聚合物与碳的界面黏结强度和促进碳颗粒分散,使碳在基体中形成较好的网络状导电结构,往往要对炭黑颗粒进行表面处理。对炭黑进行表面处理后,还可以有效防止炭黑表面氧基团增多,以减少炭黑颗粒间的接触电阻,提高导电性能。

3. 导电填料用量

导电填料用量随填料种类、形状、基体树脂种类等变化,当填料与基体树脂的比例达到临界值时,整个系统形成导电通路。炭黑的浓度对材料电阻率的影响可以用渗流理论解释。当炭黑的浓度较低时,炭黑颗粒在基体中的间距较大,不能形成导电网络,电阻率很高;随着浓度的增加,炭黑颗粒间的距离减少,当浓度达到阈值时,分散的炭黑在基体中依靠化学作用形成网络状结构,这样在电场作用下,电子可以通过隧道效应导电形成电流,电阻率迅速下降,渗流转变发生;经过渗流区,随着炭黑浓度的进一步增加,增加的粒子进入导电网络,填料颗粒间的距离进一步减少,部分炭黑颗粒开始接触,导电通路导电替代隧道效应导电,电阻下降逐渐慢下来,最终达到饱和。

4. 基体材料

高分子结构对材料导电性能有极大的影响。从结构上看聚合物主链的规整度、柔顺性、聚合度、表面张力、黏度、结晶性等都会对复合材料导电性产生影响。聚合物结晶越大,电导率越高,使得聚合物体系中导电填料先分散在无定形相中。当结晶相比例增大时,在相同填料用量的情况下,无定形相中的填料比例增大,从而复合材料电导率增大。聚合度越高,材料价带和导带间的能隙越小,导电性越好,但聚合度太高会影响体系的相容性。聚合物链的柔顺性决定分子运动能力,链的运动又直接影响抗静电剂或炭黑等导电填料分子在聚合物的非晶部分靠布朗运动向表面迁移。当聚合物处于熔融状态温度以上时,这一运动是活跃的,因此导电的表面活性剂、导电填料等导电分子靠表面的迁移运动加快,导电性能提高。

对于以同一种类聚合物为基体的复合材料而言,其导电性能随聚合物黏度降低而升高;采用结晶度高的聚合物要比采用结晶度低的聚合物得到的导电性能要好。前者主要是因为聚合物的黏度越低,导电填料与聚合物基体的界面作用就越弱,导电填料在树脂基体中的分散性就越好,在较低添加量下就能达到足够的相互接触或彼此靠近;后者是因为导电填料在结晶性聚合物树脂基体中主要分布在非晶区,聚合物晶区的存在使得导电填料的可填充空间减少,因此聚合物的结晶度越高,聚合物非晶区中导电填料的浓度就越高,粒子间的间距就越小,形成空间导电网络的概率就越大。以不同种类聚合物树脂为基体的复合材料的导电性能随聚合物表面张力减小而升高。作为基体的高分子材料可以是橡胶、热固性树脂、热塑性树脂等。一般为了使电阻率稳定,减少电阻值的分散性,需要选用硬度大、热变形温度高的树脂,以使导电粒子不易迁移。对热固性树脂而言,在一定温度范围内,随着固化温度的提高,固化时间的延长,且导电高分子的电阻值越小,稳定性越好。

5. 环境

环境气氛及环境温度对复合材料的导电性有影响。当聚合物基体吸收有机溶剂蒸气时,聚合物晶区溶解,聚合物黏度降低,炭黑的导电网络容易被溶解的聚合物晶区切断,电阻急剧上升几个数量级。随后,有机溶剂蒸气的吸收仍继续缓慢地进行,而电阻却有稍微下降(或上升)的变化趋势。这时电阻是由两个竞争的过程决定的:一是溶解的晶区切断炭黑导电网络,导致电阻增加;二是复合材料的黏度降低,使得炭黑粒子更容易聚集,导致电阻下降。

复合材料在存在乙酸乙酯蒸气条件下的电阻响应程度与炭黑含量的关系曲线如图 9-1 所示。当炭黑质量分数小于 8.0% 时,复合材料的电阻响应程度随炭黑含量的升高而增大;当此值超过 8.0% 时,复合材料的电阻响应程度随炭黑含量的升高而减小。此外,该复合材料的电阻率随着温度的升高而增大,但当温度达到某一数值后再继续增加,电阻率反而会下降。其原因在于高分子基体在 40~140℃ 范围内,线膨胀系数远远大于炭黑粒子的线膨胀系数,导致炭黑形成的导电网络遭到破坏,造成在常温下形成的导电回路大量断路,造成复合材料的电阻显著上升。但温度再继续增加,电阻率反而会下降。这是因为随着温度继续升高,聚合物晶体熔融后,体系的流动性增强,导电粒子更容易迁移。于是原来已被隔开的粒子重新形成网络状导电结构。同时粒子的温度急剧升高,粒子中的电子受热得到足够的能量,而使其表面能增加,活性增加,而使材料导电性能提高。

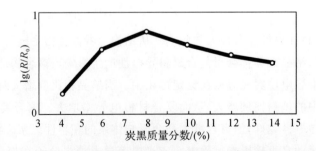

图 9-1 炭黑含量对炭黑/PMMA 复合材料的电阻响应程度的影响

9.2　吸波复合材料

隐身技术作为提高武器系统生存能力和突防能力的有效手段,越来越受到世界各国的高度重视。从目前来看,雷达吸波涂层、结构吸波材料和外形隐身技术是实施隐身的三项主要技术措施。隐身技术的关键是三者有机的结合,但外形设计因受到气动要求的制约,其作用潜力有限,故新型隐身材料的研制及吸波材料的结构设计与应用日趋重要。吸波材料是指能够有效地吸收入射雷达波并使其散射衰减的一类功能材料,它可以降低作战武器系统的雷达散射截面(RCS),从而降低被雷达发现的可能性。结构型吸波材料是在先进复合材料基础上发展起来的双功能复合材料,它既能吸波又能承载,还可成型各种形状复杂的部件,如机翼、尾翼、进气道等,具有涂覆材料无可比拟的优点,是当代吸波材料主要发展方向。

9.2.1　吸波复合材料简介

高技术战争条件下,信息的获取和反获取成为敌我双方较量的焦点,高效的吸波性能对提高装备的战场生存能力具有重要意义。结构型吸波复合材料是一种多功能复合材料,它既能作为承载结构件,具备复合材料轻质高强的特点,又能吸收电磁波。结构型吸波复合材料的研究始于第二次世界大战期间,起源在德国,发展在美国并扩展到英、法、俄罗斯及日本等发达国家。

从 1950 年起,美国开展结构型吸波复合材料技术研究,经过 20 多年的发展,20 世纪 70 年代开始研制隐身飞机,20 世纪 80 年代隐身飞机装备部队并投入使用。现已装备的 F-117A 隐形攻击机、B-2 战略轰炸机以及 F/A-22 先进战术隐身战斗机,均在不同部位大量使用了结构型吸波复合材料技术。20 世纪 90 年代以来,结构型吸波复合材料的技术研究取得了丰硕的成果,很多国家研制出了多种高性能雷达吸波结构,并成功应用于第四代战机的研制,而相关雷达吸波结构材料的研制已经达到了批量化生产状态。从各国结构型吸波复合材料发展历程可以看出,研制出既能承载又能吸波,同时具备有宽频带、高效率和高强度的结构型吸波复合材料必将成为今后研究的主要方向。

9.2.2　吸波复合材料的研究现状

1. 热塑性混杂纱吸波复合材料

研究发现,把热塑性 PEEK,PEK,PPS,PEKK,PET,PBT,LCP 等树脂纺成单丝或复丝,分别与不同的特殊纤维(如碳纤维、玻璃纤维、石英纤维、芳酰胺纤维、陶瓷纤维等)按一定比例交替混杂成纱束,再把混杂纱编织成各种织物、轻质夹芯或粗网格布,最后将混杂织物与同类的树脂制成的复合材料,具有优良的吸透波性能,又兼具复合材料质量轻、比强度高、韧性好等特点。用它来制造隐身飞机机身、机翼、导弹壳体等部件,能大大减少隐身飞行器雷达散射截面(RCS)。另外,采用异型碳纤维和 PEEK 等树脂的单丝或复丝混杂织物制成的复合材料,对雷达波的吸收非常有效。这种材料具有极好的吸波性能,能使频率为 0.1～50 GHz 的脉冲大幅度衰减,现在已用于先进战斗机(ATF)的机身和机翼,其型号为 APC(HTX)。美国海军采用混杂纱 PEEK 结构隐身材料制造潜水艇艇身,其吸收和屏蔽电磁波效果很好。SiC 纤维与 PEEK 混杂增强的结构材料,特别适宜制造隐身巡航导弹的头锥、火箭发动机壳体等部件。混杂纱吸波复合材料是一类很有发展前途的结构型吸波复合材料,它将成为 21 世纪新型的航空材料。

2. 多层结构型和多层夹芯结构型吸波复合材料

复合材料的一大优点是良好的可设计性,因此在结构设计中可以根据需要调节材料的电性能。国外利用计算机辅助设计每一层的介电性能,采用自动铺层、数控缠绕、编织等新技术,把复合材料制成多层结构和多层夹芯结构。这种结构具有很好的吸波性能,同时大大减轻结构质量,特别适宜制造隐身飞机蒙皮。

英国 Plessey 公司和美国杜邦公司都开发了 Nomex 蜂窝结构吸波材料。Plessey 公司研制的 K-RAM 是一种新型的可承受高应力的宽频结构型雷达吸收材料,其主要性能特点是力学强度高。该材料由含损耗填料的芳纶组成,并衬有碳纤维反射层,可在 2~40 GHz 内响应 2~3 个频段。日本东丽工业公司和美国赫格里斯公司联合开发下一代隐身飞机 APC-2/Nomex 蜂窝结构材料,两公司还准备用东丽的 T800/3900 碳纤维和经韧化的环氧或经韧化的双马来酰亚胺制造蜂窝结构型吸波复合材料。据称,日本隐身战斗机 FSX 机翼蒙皮是采用三菱公司研制的一种 150 层碳纤维整体式结构型吸波复合材料。预计未来几年,各种超轻型隐身飞行器都将广泛采用这类轻型高强度的多层夹芯结构型吸波复合材料制造。

3. 耐高温结构型吸波复合材料

通常隐身武器,飞行器某些特殊部位和高温部位,如头锥、发动机、喷嘴等,需要耐高温和耐高速热气流的冲击。因此积极开发耐高温结构型吸波复合材料具有很强的现实意义,它在赋予武器系统隐身性能的前提下,同时具备承载功能,不会增加武器系统的自重。目前耐高温材料主要有陶瓷基复合材料和 C/C 材料。在耐高温结构型吸波复合材料中,陶瓷基复合材料具有优势。它具有高比强度、高比模量、抗烧蚀、耐氧化等优点,并且基体和增强相的介电性能可调,容易实现介电性能匹配,具有较强的可设计性。近几年,国外先后开发了 SiC 纤维、Al_2O_3 纤维、Si_3N_4 纤维和硼硅酸铝纤维。这些连续纤维都像棉纱一样可以缠绕或编织成各种织物。目前,SiC 纤维是发展最快和最成熟的吸波材料。SiC 纤维可在 1 200℃下长期工作。当 SiC 纤维电阻率为 $10^1 \sim 10^3$ $\Omega \cdot cm$ 时,具有最佳的吸波性能。目前,洛克希德公司已用 SiC 纤维编织物增强铝板,制造隐身战斗机 YF-2 的 4 个直角尾翼。含钛的 SiC 纤维具有更突出的耐氧化性能,它与铝复合后,电阻率从 103 $\Omega \cdot cm$ 降为 10^{-1} $\Omega \cdot cm$,具有选择吸收和透过一定雷达波的特性。美国 3M 公司研制出一种新型陶瓷纤维(Nestel480),它是由质量分数 70% 的氧化铝、28% 的二氧化硅以及 2% 的氧化硼组成的全结晶陶瓷纤维,这种韧性优良的陶瓷纤维可用于带缠绕或单向预浸带,用它制造的复合材料不仅具有吸波性能,且耐高温。法国隆玻利公司在开发氮化硅(Si_3N_4)和碳氮化硅纤维制造陶瓷结构型吸波复合材料。

4. 智能结构型吸波复合材料

智能材料与结构系统是近年来发展起来的新型的高科技材料。它是用具有独特物理和化学性质的材料作传感器,在具有传感和驱动功能的材料中加上控制功能,赋予材料感知功能(信号感受功能或传感器功能)、信息处理功能(处理器功能)、自我指令并对信号做出最佳响应的功能(作动器功能或执行功能)。目前这种材料已被广泛应用于军事与航空领域,它将在隐身方面有突出作用与应用。美国是最早从事这一领域研究的国家,军方和一些政府机构直接参与了这项工作。目前,美国奥本大学和空军怀特实验室首先提出了直升机旋翼采用智能吸波材料的设计方案,其吸波能力可提高 20 倍。美国海军军械实验室正在研究利用智能结构型吸波复合材料制造发动机罩,以减少噪声信号,从而达到对声波进行隐身的目的。

9.2.3　吸波复合材料的发展趋势

吸波复合材料呈现以下发展趋势:①材料形态的低维化。研究对象集中在纳米粒子、纳米纤维、颗粒膜和多层膜。②材料组成的复合化。需要将多种材料进行各种形式的复合以达到最佳效果。③材料设计的智能化。智能化是指具备感知功能、信息处理功能和自我指令,可以根据周围环境调整自身结构。

9.3　功能梯度复合材料

9.3.1　功能梯度复合材料的简介

随着航空航天工业的发展,材料的隔热和导热成为亟待解决的问题。而航空航天的特殊服役环境使得一般的均质材料面临着高温和大温度梯度的挑战,即使采用陶瓷基或者金属基复合材料,由于增强相和基体相之间的热膨胀系数差异,在航空航天的服役环境中也会因为巨大的热应力而导致这些材料出现剥落或者开裂现象。

针对这一问题,日本科学技术厅航空宇航研究所和东北大学的材料研究者们于 1987 年提出了一种全新的复合材料概念,即将金属和超耐热陶瓷梯度化结合得到的,"梯度功能材料"(Functionally Graded Materials,FGM)。如图 9-2 所示,它一侧是具有高强度、高韧性的金属材料,另一侧则是具有耐高温特性的陶瓷材料,并使材料的组成、结构等从一侧到另一侧连续变化。这种非均质的复合材料能使材料内部产生的热应力得到缓和,减小或克服热应力产生的材料破坏。

梯度功能材料的基本思想是根据具体要求,选择两种具有不同性能的材料,通过连续地改变两种材料的组成和/或结构,使界面消失,从而得到物性和功能相应于组成和/或结构的变化而缓慢变化的非均质材料。其结构/性能与通常的均质材料和复合材料的对比如图 9-3 所示。由图可知,均质材料(见图 9-3(a))内陶瓷与金属均匀分布,其主要物理性能如耐热性、热导率、热膨胀系数均不随空间变化;复合材料(见图 9-3(b))有一明显界面,其主要性能在空间上呈台阶状分布,这种复合材料在高温下由于热膨胀系数相差加大,易发生剥落损伤;而梯度材料(见图 9-3(c))则显示出金属与陶瓷间无明显界面,材料内部金属与陶瓷呈梯度分布,材料的成分和结构在每一处都是逐渐连续改变的,其主要物理性能较复合材料有了明显缓和,故其内应力得到缓解,克服了复合材料存在的问题,为高温耐热材料提供了一种可能的选择。从材料的组合方式来看,梯度功能材料可分为金属/陶瓷、金属/非金属、陶瓷/陶瓷、陶瓷/

非金属及非金属/塑料等多种结合方式。从组成变化来看,梯度功能材料可分为 3 类,即梯度功能整体型(组成从一侧到另一侧呈梯度渐变的结构材料),梯度功能涂覆型(在基体材料上形成组成渐变的涂层)和梯度功能连接型(连接两个基体间的接缝组成呈梯度变化)。以航天飞机用的超耐热材料构件为例:在承受高温的表面,设计和配置耐高温陶瓷;在冷却气体接触的表面,设计采用导热性和强韧性良好的金属;在两个表面之间,采用先进的材料复合技术。通过控制金属和陶瓷的相对组成及组织结构,使其无界面地、连续地变化,就得到一种性能呈梯度变化的材料。从陶瓷过渡到金属的过程中,耐热性逐渐降低,在材料中部热应力达到最大值,从而实现热应力缓和。梯度化为全面利用现有材料制造特殊构件提供了可能,同时还避免了由于外加应力和(或)温度变化而在不同材料间的界面上引起的应力和(或)应变集中。梯度功能材料能够通过这样几种方式来改善一个构件的热机械特征:①热应力值可减至最小,而且可适当地控制热应力达到峰值的临界位置;②对于已给定的热机械载荷作用,推迟塑性屈服和失效的发生;③抑制自由边界与界面交接处的严重应力集中和奇异性;④与突变的界面相比,可以通过在成分中引入连续的或逐级的梯度来提高不同固体(如金属和陶瓷)之间的界面结合强度;⑤可以通过对界面的力学性能梯度进行调整来降低裂纹沿着或穿过一个界面扩展的动力;⑥通过逐级的或连续的梯度可以方便地在延性基底上沉积厚的脆性涂层(厚度一般大于1 mm);⑦通过调整表面层成分中的梯度,可消除表面锐利压痕根部的奇异场或改变压痕周围的塑性变形特征。

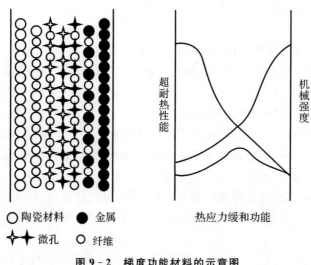

○陶瓷材料　●金属

✦✦微孔　○纤维

图 9 - 2　梯度功能材料的示意图

早在 1987 年,日本就制定了有关功能梯度材料研究的庞大计划。该项计划包括适合于金属和陶瓷功能梯度的各种无机复合体系的制备、设计和评估。这项计划于 1991 年完成。在这最初的尝试之后,日本于 1993 年又提出另一项以能量转化系统为重点的研究计划,并将其列入日本科学厅资助的重点研究开发项目。由于日本政府的重视,一些科研单位及公司取得了许多科研成果:日本东北大学金属材料研究所使用 CVD,通过控制原料气体的碳化硅和碳的比例,合成了厚度为 0.4 mm 的 SiC - C 系功能梯度材料,激光冲击实验结果证明,该材料具有优良的耐热冲击性能。大森守等采用放电等离子烧结工艺研制出 WC 系梯度切削工具材料。大口爱子等用放电等离子烧结法研制出具有高的热导率、电绝缘性和优异的平面内电导率的

$Cu/Al_2O_3/Cu$ 对称型梯度材料。

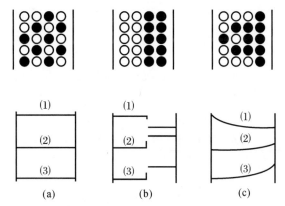

图 9 - 3　功能梯度材料与均质材料和复合材料的比较

○物质 A；　●物质 B

(1)电导率；　(2)热导率；　(3)热膨胀

　　梯度功能材料的出现也引起了世界其他国家材料工作者的极大兴趣。从 20 世纪 80 年代末到 90 年代初,在德国、瑞士、美国、中国和俄罗斯等国,对功能梯度材料的研究迅速成为研究热点。如美国于 1993 年在国家标准技术研究所开始开发以超高温耐氧化保护涂层为目标的大型功能梯度材料研究项目;1995 年德国发起了一项 6 年国家协调计划,这项计划的一个主要特征就是把公认的重点放在功能梯度材料的制备上。自 20 世纪 90 年代起,我国的许多高校和科研院所也开始了对功能梯度材料的研究。武汉工业大学采用真空烧结与热压烧结技术分别制得了 24 mm×5.6 mm 和 30 mm×5 mm 的 PSZ - Mo 系无宏观缺陷的 FGM 试样和 MgO - Ni 系 FGM;采用烧结工艺制得了完整的、无宏观缺陷的 Ni - Ni_3Al - Ti 系 FGM 试样。北京科技大学成功研制出新一代开发核聚变能的关键材料——"耐高温等离子体冲刷功能梯度材料",该材料在物理和化学溅射、热解吸特性和高热负荷性能等方面都达到了预期的研究目标,为我国研制新一代核聚变托克马克实验室装置提供了模块和大尺寸试样,并为中试和产业化准备了坚实的材料体系和工艺技术基础。该大学通过热压法还成功地研制了 FGM。中国科学院上海硅酸盐研究所采用烧结方法制得 FGM。河北工业大学采用等离子喷涂法制得 45 mm×45 mm 的 FGM 试样,采用涂层剥离称量法测出其气孔率为 0.5%～5%,按日本工业标准 JISH 8666 — 1990 进行热震试验,25 次后基体已经脱落但涂层完好无损,热震性能非常优异。

　　西北工业大学、华中理工大学、清华大学、中南大学、哈尔滨工业大学、天津大学和中国科学院金属研究所等单位也相继进行了这方面的工作,并且在材料设计、工艺合成和评估等方面做了大量工作,取得了可喜的成果。

9.3.2　功能梯度复合材料的制备方法

　　FGM(功能梯度复合材料)制备的最重要目标是实现成分、结构和其他必要元素分布的良好控制(与设计有关)。其方法较多,按制造 FGM 时原料的状态可分为气相法、液相法和固相法(见表 9 - 2)。

表 9－2　FGM 的制备方法

相	反应性质	方　法
气相	化学	化学气相沉积(CVD)
	物理	物理气相沉积(PVD)、等离子喷涂、磁控溅射、分子束外延、离子注入等
液相	化学	电沉积(水溶性电解析出、熔融性电解析出)、氧化还原反应
	物理	溶射法、共晶反应法、溶液凝固法、离心浇铸法
固相	化学	自蔓延高温合成法、热分解法、涂布法
	物理	粉末烧结法(激光倾斜烧结法、等离子放电烧结法)、部分结晶化法、扩散法

1. 气相法

气相法分为物理气相沉积法(PVD 法)和化学气相沉积法(CVD 法)两种,合成的材料结构致密,但是目前该方法只局限于制备薄膜材料(通常厚度小于 1 mm)。PVD 法也称为物理蒸镀法,它是通过物理方法(直接通电加热、电子束轰击、离子溅射等)使源物质加热蒸发进而在基板上沉积成膜的一种制备方法。日本科技厅金属材料研究所利用真空阴极放电(HCD)型 PVD 装置制备了 Ti/TiC,Ti/TiN,Cr/CrN 系 FGM 薄膜。该装置利用 Ta 作为阴极产生氩等离子,使水冷铜坩埚内的蒸发源金属(Ti,Cr 等熔点低于 2 000℃易蒸发金属)蒸发,导入气体(N_2,C_2H_2等)与金属蒸气发生化学反应,生成 TiN,TiC,CrN,CrC 等与未反应的金属蒸气一同沉积在上部基体材料表面。通过控制导入气体的流量和流速,可以得到最佳成分分布。PVD 法的特点是可以制备多层不同物质的膜。由于 PVD 法得到的膜较薄,并且每层膜只能是某单纯物质,所以用 PVD 法来制备梯度功能材料时,往往要和 CVD 法结合使用。该方法的优点是物系的可选择面宽,原则上可以合成各种金属和包括氧化物、氮化物、碳化物在内的陶瓷以及金属/陶瓷的复合物,而且产物纯度高、组成控制精度高。但其成厚膜很困难。

用于制备梯度材料的 CVD 装置与一般的 CVD 装置是相同的,主要由原料导入系统、反应腔体、排气系统、废气处理和加热系统、测温及控制系统构成。但在制备梯度材料时,原料导入系统和反应腔体是最重要的。原料导入系统的核心是调整气体与载体气体的流量和它们的混合比。如果用液体作原料,则通过控制水浴或油浴的温度来调整液体的蒸气压,并由载体气体导入反应腔体。反应腔体的任务是通过加热基板,使各反应气体在基板上反应沉积,形成目的物质。反应腔体有两种:一种是通过发热体对基板加热的热壁式,另一种是直接加热基板而反应腔体温度不上升的冷壁式。前者适于在形状复杂的基体上镀层而且沉积速度很快,其缺点是易在壁上沉积物质;后者则适于小规模试验及原料气体间存在相互反应的情况。

等离子喷射沉积法又称等离子喷涂法,是用喷枪发射出等离子射流,将陶瓷和金属粉末有控制地送入等离子射流中,以熔融状态直接喷射到基体上,形成梯度膜层的方法,如图 9－4 所示。通过连续调节陶瓷与金属及其他组分的比例、输入条件及等离子射流的温度与流速等可以得到所需的组成梯度分布。PS 法又可分为异种粒子单独喷射的双枪法和异种粒子同时喷射的单枪法。双枪法比较容易精确控制粉末的混合比和喷射量,但双枪喷射时易发生互相干扰,喷射条件变化不同步也可产生异种粒子黏结力差的问题。Kawasaki 和 Watanabe 等将喷涂法进一步发展,开发了粉末喷涂技术,该工艺的主要特点是将组成梯度功能材料的原料粉末和有机溶剂配成稳定的悬浮液,然后通过计算机控制转子泵将悬浮液按预先设计好的比例喷涂在预热的基体上。这种工艺只适合用于 FGM 生坯的制备,需要再利用热等静压将其烧结成型。

等离子喷涂法的缺点是材料的孔隙率较高,层间结合力较差,易剥落,材料强度较低,梯度层较薄。其优点是调节比较方便,沉积效率高,较易制得大面积的块材。

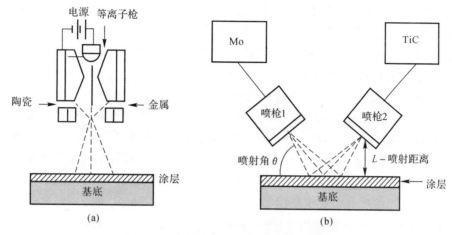

(a)   (b)

图 9-4　离子喷涂制备 FGM 方法示意图

(a)单枪法;　(b)双枪法

2. 液相法

液相法主要包括离心铸造法、沉积法和电镀及电泳法。离心铸造技术是目前制造梯度材料的一种新方法,首先在日本兴起,其前提条件是必须具备密度不同的固-液两相物质:在离心力场作用下,密度不同的两相发生分离,固相偏聚并沉积于试样一侧,含量呈梯度分布,凝固后形成梯度复合材料。日本学者系统研究了 Al-Al$_3$Ni 系梯度材料的制备工艺、组织分布及性能特点,随后国内一些高校及科研单位也纷纷开始了这方面的探索。近年来的研究表明,过渡金属与 Al 形成的金属间化合物,如 Al$_3$Fe,TiAl$_3$,TiAl 等均具有极好的耐热、耐蚀及耐磨性。尽管 Fe 在 Al 合金中一直被当成杂质元素,但 Fe 元素的确能有效地改善 Al 合金的耐热和耐磨性,且 Fe 来源广、成本低,以 Al-Fe 合金作为研究对象开发新材料将有广阔的应用前景。

用该法制备梯度材料过程如下:离心力使得熔融复合材料旋转体由平行于离心机的轴线方向转为垂直于离心机的轴线方向,由于强化相与液态金属的密度不同,将沿离心力向外表面移动,控制工艺参数即可控制强化相成分梯度分布。试验装置如图 9-5 所示。

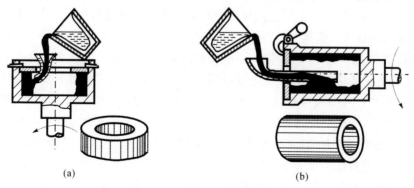

(a)   (b)

图 9-5　离心铸造法示意图

(a)立式;　(b)卧式

D. P. Miller 等通过沉积法,利用金属和陶瓷粉末之间悬殊的密度和形貌差异,配制了金属/陶瓷粉末悬浊液,并通过向悬浊液中加入特殊添加剂的办法使悬浊液不会很快分层,沉积制备出了 $NiAl/Al_2O_3$ 系梯度功能材料。

电镀即通常所说的直流电镀,是通过电解的方法在固体表面获得金属(或合金)沉积层的一种电化学过程。电镀的目的在于改变固体材料表面的特性,电镀可以改善材料外观,提高耐腐蚀性能、抗磨损、减摩擦、增大硬度,还可以使材料具有特殊的磁、电、光、热和焊接等表面特性以及其他物理性能,并且电镀可以改善机械配合,修复已磨损的零件和加工报废的零件。因此,电镀应用极为广泛。使用该工艺可成功地制备出 FGM,大大地促进 FGM 的工业应用进程。利用合金电镀的方法,通过改变各镀槽间的镀液组成或镀液流速和电流密度等来连续改变镀层的组成,可制得 Zn/Ni,Zn/Fe 及 Sn/Pb 梯度镀层。镀层的耐蚀性能、加工性能及耐热震性能良好。日本学者利用镀液循环方法,通过控制镀液中粒子浓度或电流密度,得到 ZrO_2 或 YSZ(摩尔分数为 3‰Y_2O_3 稳定的 ZrO_2 混合物)含量从内侧的零到外侧的 $\varphi=25\%$ 渐次变化的 Ni/ZrO_2 梯度镀层。当基体使用 Ni/ZrO_2 复合烧结体时,应用该工艺规范还能得到使 ZrO_2 质量分数在 0～100% 范围内变化的 FGM。立陶宛 L. Orlovskaja 等利用该方法制备出了 Ni/SiC 梯度镀层。电镀最近的发展是利用调制电流制备功能梯度材料,L. Orlovskaja 等在瓦特型电解槽中通过调制电流制备出了不同成分梯度分布的 Ni/SiC 梯度材料。镀液成分及工艺条件:硫酸镍为 280 g/L,氯化镍为 45 g/L,硼酸为 30 g/L,硅烷胺为 1.8 g/L,温度为 60℃,pH 值为 3.5,电流频率为 0.05 Hz,SiC 为 250 g/L(粒径 1 和 10 μm),搅拌方式为压缩空气搅拌 500 L·h^{-1}。所得镀层的 SiC 体积分数为 68.5%～100%,即使表层含体积分数为 17%SiC 的梯度功能材料也具有较高的硬度和塑性、较低的内应力,该材料在 800℃ 和 1 000℃ 时的抗氧化性能相当优良。

电泳法是 20 世纪 50 年代出现 20 世纪 70 年代发展起来的一项新技术,它也是电沉积金属的一种工艺方法。加拿大的 Partho Sarkar 等报道了用此方法制备 FGM。其具体操作:在 $w=15\%$ 的 YSZ 悬浮液中以 30～60 V/cm 电压进行电泳沉积,沉积过程中连续地注入 $w=10\%$ 的 Al_2O_3 悬浮液,90 min 后得到 6 mm 厚的镀层,揭下镀层,在空气中以 1 525℃ 无压烧结 6 h,所得镀层的性能优良。

3. 固相法

固相法主要有自蔓延高温合成法和粉末冶金法。用自蔓延高温合成技术合成梯度功能材料时,在参加反应的原料粉中按一定的梯度分布混入不参加反应的金属和陶瓷粉,并通过冷等静压等加压成型后装入反应器中,从形成体的一端点火燃烧,反应自行向另一端传播,最终烧结成梯度功能材料(见图 9-6)。因此,该法又称为自燃烧合成法。日本大阪大学将 Ti,B 和 Cu 粉按一定梯度比例填充压实后点火燃烧 Ti 和 B 生成 TiB_2,Cu 则不参加反应,最后制成 TiB_2/Cu 梯度材料。SHS 反应迅速、耗能少、纯度高。并且燃烧过程中,金属一侧发热量小,陶瓷一侧发热量大,形成一种具有温度梯度的烧结,使制品在冷却到室温后,金属侧处于压应力状态,陶瓷侧处于拉应力状态,更利于梯度功能材料的热应力松弛。该法的缺点是制品的孔隙率较大,机械强度较低和反应不易控制。针对这些缺点,国外开展了 SHS 法的反应控制技术、加压致密化技术和宽范围控制技术研究。如在合成 TiB_2/Cu 和 TiC/Ni 系梯度材料时预先添加 TiB_2 和 TiC,以抑制过量反应热的生成。我国武汉理工大学傅正义等也报导了用 SHS

法制得含 $TiAl_3$ 金属间化合物的 TiB_2/Al 系梯度材料。

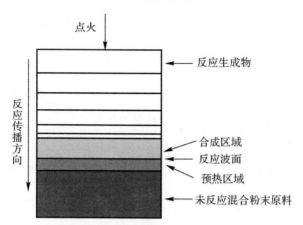

图 9 - 6　自蔓延高温合成方法示意图

粉末冶金法(Powder Metallurgy,PM)是制备 FGM 最常用、最简单的方法,一般是先成型后烧结,通过控制原料粉末的粒度分布、烧结温度、烧结时间和烧结收缩的均匀性获得热应力缓和的 FGM。其优点是设备简单、易于操作、成本低;其缺点是难以实现料层组分的连续变化,不能完全消除层间界面。按成型工艺可将其分为叠层法、喷射积层法、泥浆浸染法、涂挂法等。

叠层法是将两种以上的粉末原料按照设计的成分比例混合,然后将其逐层填入压模中加压成 FGM 生坯,再用常压或者加压烧结工艺烧结成型的方法。这是一种比较传统的成型技术,工艺简单,不需要专门设备,特别适用于实验室规模的梯度功能材料研究。采用此方法制备的梯度功能材料的成分不连续,呈层状分布。而且每层的厚度受实验室技术的熟练程度制约,一般很难达到 50 μm。武汉工业大学采用该方法制备了 MgC/Ni,PSZ/Mo 系 FGM。日本东北大学采用该方法制备出 ZrO_2/W,PSZ/Mo 系等各种 FGM。日本富城工业高等专科学校用该方法研究了 SUS316L/3Y - PSZ 系 FGM。

喷射积层法可解决叠层法的层与层之间不连续的问题,按照喷射原料不同,可分为干式和湿式两种。干式是将原料粉混合后,用喷嘴喷出积层的方法;湿式是将原料粉末配制成均匀粉浆悬浮液,然后经喷头喷射到基底上的方法。两种方法可通过连续改变原料粉末的配比,来控制喷射积层的成分。日本东北大学通过试验验证,证明相对于叠层法该方法制备出的材料性能的连续性得到了很大的改善。

泥浆浸染法是预先配制好不同成分的泥浆,然后将基体逐渐浸入不同的泥浆中后提出而成型的方法。浸染的厚度可以通过泥浆的黏度和提出速度来控制。另外,还可以增加在同一泥浆的浸染次数来增加厚度。泥浆浸染法简单方便,适合于制备 FGM 人造牙根。泥浆浸染法还可以用来制备具有 FGM 内衬的管材。加拿大工业材料研究所用该方法制备了 Al_2O_3/ ZrO_2 系 FGM。

涂挂法是将原料粉末配制成悬浮液,涂挂在基体上,调整悬浮液的成分,可改变材料的成分,然后经过脱脂、烧结得到 FGM 的方法。A. Neubrand 等采用该法已经制备出 SiC/C 系的梯度材料。

以上方法在烧结过程中采用热压、热等静压等加压烧结技术可提高材料致密度。

9.3.3 功能梯度复合材料的应用

FGM 具有传统复合材料无法比拟的结构连续变化、适应环境的优点。FGM 通过金属、陶瓷、塑料等不同有机和无机物质的结合,在航空航天、生物医学、电磁、光学等领域都有广泛的应用。表 9-3 列出了 FGM 的应用。

表 9-3　FGM 的应用

应用领域	应用范围	功　能
航空航天	飞机机体、发动机燃烧室内壁	耐热、耐热冲击、耐热疲劳、热引力缓和
生物工程	人造骨骼、人造心脏、人造牙齿、仿生物制品	高比强度、高比模具、耐腐蚀、耐疲劳、耐磨损、生物相容性
机械工程	拉丝导轮、气轮机排气门和轴承等零部件	耐热、耐腐蚀、耐磨损、高强度、韧性好
光电工程	大功能激光棒、复印机透镜、光纤接口	热应力缓和、光电效应、梯度功能
电磁工程	陶瓷滤波器、超生波振荡器、磁盘、高密度封装基板、超导材料电磁屏蔽材料、永久磁铁、硅、化合物半导体混合 IC、长寿加热器	压电梯度功能、电磁梯度材料、导电及绝缘梯度功能
民用及建筑	纸、纤维、衣物、食品、炊具和建材等	耐热、防寒、营养保健、减震降噪
能源工程	热电工程、地热发电、太阳能电地、塑料电池	耐热、耐腐蚀、耐热冲击性

9.4　生物复合材料

9.4.1　生物复合材料简介

生物复合材料又称为生物医用复合材料,它是由两种或两种以上不同材料复合而成的生物医学材料。此类材料主要用于修复及替换人体组织、器官或增进其功能。长期临床应用发现,传统医用金属材料和高分子材料不具生物活性,与组织不易牢固结合,在生理环境中或植入体内后受生理环境的影响,导致金属离子或单体释放,造成对机体的不良影响。而生物陶瓷材料虽然具有良好的化学稳定性和相容性,高的强度和耐磨、耐蚀性,但材料的抗弯强度低,脆性大,在生理环境中的疲劳与破坏强度不高,在没有补强措施的条件下,它只能应用于不承受负荷或仅承受纯压应力负荷的情况。因此,单一材料不能很好地满足临床应用的要求。利用不同性质的材料复合而成的生物医用复合材料,不仅兼具组分材料的性质,而且可以得到单组分材料不具备的新性能,为获得结构和性质类似于人体组织的生物医学材料开辟了一条广阔的途径。生物医用复合材料必将成为生物医用材料研究和发展中最为活跃的领域。

9.4.2　生物复合材料的选材要求

生物医用复合材料根据应用需求进行设计,由基体材料与增强材料或功能材料组成,复合材料的性质将取决于组分材料的性质、含量和它们之间的界面。常用的基体材料有医用高分子、医用碳素材料、生物玻璃、玻璃陶瓷、磷酸钙基或其他生物陶瓷、医用不锈钢、钴基合金等医用金属材料;增强体材料有碳纤维、不锈钢、钛基合金纤维、生物玻璃陶瓷纤维和陶瓷纤维等纤维增强体,另外还有氧化锆、磷酸钙基生物陶瓷、生物玻璃陶瓷等颗粒增强体。植入体内的材料在人体复杂的生理环境中,长期受物理、化学、生物电等因素的影响,同时各组织以及器官间普遍存在着许多动态的相互作用,因此,生物医用复合材料必须满足下面几项要求:①具有良好的生物相容性和物理相容性,保证材料复合后不出现有损生物学性能的现象;②具有良好的生物稳定性,材料的结构不因体液作用而有变化,同时材料组成不引起生物体的生物反应;③具有足够的强度和韧性,能够承受人体的机械作用力,所用材料与组织的弹性模量、硬度、耐磨性能相适应,增强体材料还必须具有高的刚度、弹性模量和抗冲击性能;④具有良好的灭菌性能,保证生物材料在临床上的顺利应用。此外,生物材料要有良好的成型、加工性能,不因成型加工困难而使其应用受到限制。

9.4.3　生物复合材料的研究现状

9.4.3.1　生物医用羟基磷灰石材料

羟基磷灰石(HA)作为磷酸钙中的一种,其成分与天然骨中的无机成分几乎是相同的(占了天然骨成分的 65%,而占天然牙釉质的的比例更是高达 95%以上),因此它具有良好的生物相容性和生物活性,不仅无毒副作用,而且能够诱导病变部位新骨组织的形成并为其提供支架,与骨组织直接形成良好的骨性结合。另外,HA 广泛应用于生物大分子分离的层析剂、作为载体用于抗菌材料的制备,纳米 HA 对艾滋病毒和癌细胞亦有抑制作用。因此,HA 一直被人们认为是目前发现的最有前途的、生物相容性最好的生物医学材料。

不同结晶形貌的 HA 晶体具有不同的表面特性和生物活性,并且对 HA 生物陶瓷材料的性能有着不同的影响。因此,在 HA 合成方面,人们已经不满足于通过各种合成方法得到 HA 粉体,而是希望通过对 HA 形貌进行调控,达到优化 HA 生物陶瓷使用性能的目的。目前已获得的 HA 主要有针状、棒状、球状及片状等。棒状 HA 相比针状 HA 进一步降低了颗粒尺寸,与人体骨磷灰石的结构更相近。球状纳米 HA 的比表面积较大,亲水性好,吸附能力强,具有良好的离子吸附和交换性能,主要用于环境功能材料。从仿生学角度讲,获得的 HA 晶体与人体内的越相似,则骨结合和骨诱导性越好。人体内的 HA 晶体呈不规则形状,基本呈片状,平均长为 40~60 nm,宽为 20 nm,厚为 2~5 nm。人工合成生长的 HA 晶体多数为棒状或针状,形貌的差异使 HA 用作骨修复材料时受到很大制约,故片状 HA 的合成更具仿生学意义。生物骨组织的多孔结构能够保持血液流通,保证骨组织正常代谢,同时还可以适应一定范围的应力变化。因此,HA 陶瓷由致密向多孔化发展,具有重要的仿生学意义。高致密度的 HA 具有较高的强度,但是植入体内后,成骨细胞只能在其表面附着,而内部贯通、呈网状孔结构特点的多孔 HA,将有利于新生组织的长入,这样便可以获得良好的界面结合,达到降低多孔 HA 的脆性和提高抗弯强度的双重目的。因此多孔 HA 更适合用于修复骨缺损部位。

尽管目前人类已经制造出纯度极高的 HA,并且制造出了与天然骨骼和牙齿成分极为相似的 HA,但是由于其在力学性能方面存在着不足(如脆性高、韧性差、强度低),影响了它在人体承力部位的使用。为了在利用 HA 生物相容性的同时完善材料的力学性能,通过各种开发制备出多种 HA 的复合材料,如碳纤维/HA,碳纳米管/HA,胶原/HA 等复合材料。此外,在金属机体表面和碳材料表面通过各种不同的工艺涂覆上 HA 涂层,这样不仅发挥了 HA 生物相容性好的优点,而且使得复合材料皆具有强度高、韧性好的力学性能,成为最理想的承力硬组织修复和替代材料。

9.4.3.2 高分子基生物复合材料

高分子基生物复合材料是将生物陶瓷与高分子材料进行复合,制备出兼具羟基磷灰石优良生物活性和高分子材料良好力学性能的无机/有机复合材料。

1.HA 与明胶的复合材料

天然骨是由低结晶度的纳米羟基磷灰石和胶原组成的。根据"纳米效应"理论,单位质量的纳米粒子表面积明显大于微米级粒子,使得处于粒子表面的原子数目明显增加,提高了粒子的活性,从而有利于组织的结合。因此,与微米羟基磷灰石/胶原蛋白复合材料相比,纳米羟基磷灰石/胶原蛋白复合材料具有生物可降解性高、表面能较大、生物活性更好,生物相容性良好等特点。

冯庆玲等研究发现将制备的纳米相羟基磷灰石/胶原复合材料压制成致密种植体植入骨髓腔后,致密圆柱状种植体被降解,形成众多陷窝管道甚至在种植体内部形成空腔。种植体表面及内部被吸收的过程,伴随有新骨的沉积,可使种植体整合入活体骨的新陈代谢中并最终为自体骨组织所取代。羟基赖氨酸含量较高的骨胶原对羟基磷灰石具有优良的化学亲和力,这是因为羟基磷灰石中的 Ca^{2+} 与羟基赖氨酸中羧基间的共价键相互作用。根据生物系统在分子水平上的存贮和程序信息理论,Chang 和其合作者已经采用仿生过程开发了人造骨成分。人造骨材料是由在可溶性胶原或明胶中的磷灰石纳米晶体的共沉淀反应制成的。Chang 发明了用高活性 $Ca(OH)_2$ 作为 Ca^{2+} 的来源的共沉淀反应法。纳米羟基磷灰石/明胶复合材料一般是通过 $Ca(OH)_2$ 悬浮液和溶有明胶的 H_3PO_4 溶液共同沉积方法合成的。由于这是一种固液反应,所形成的羟基磷灰石颗粒有包裹 $Ca(OH)_2$ 颗粒的可能,因而它影响反应产率和产物中羟基磷灰石的纯度;此外,产物的颗粒尺寸较大,容易脱离、移位引发炎症。为了克服上述不足,可选择两种易溶盐,即 $Ca(NO_3)_2$ 和 $(NH_4)_2HPO_4$ 作为起始原料,采用原位合成羟基磷灰石/明胶复合材料。其作用是提高羟基磷灰石的纯度,得到的羟基磷灰石颗粒尺寸细小,有利于羟基磷灰石颗粒在明胶连续相基体上沉积;同时羟基磷灰石与明胶形成良好的键性结合,能有效防止羟基磷灰石颗粒的脱落,有助于提高复合材料的力学性能。

2.HA 与非降解医用高分子的复合材料

非降解医用高分子材料种类繁多,主要为医用聚烯烃类、医用聚甲基丙烯酸甲酯和医用聚醚醚酮等热塑性高分子材料。一般,加入羟基磷灰石的目的在于使生物惰性材料具有生物活性,用于临床骨修复。

Smolko 等制备了不同比例的 HA/PE 复合材料,利用 γ-辐照来提高复合物之间的交联,提高复合物的力学性能。结果表明随 HA 量的增加,HA/PE 复合材料的杨氏模量随之增大,断裂伸长量呈下降趋势。国外研究人员等通过对 HA 增强 PE 复合材料的动态力学进行分析,发现随着 HA 量的增加,HA/PE 复合材料储能模量增加与杨氏模量呈线性关系。Silvio 等制备了 HA 增强 PE 复合材料并研究了其体外成骨细胞相容性,实验表明此复合材料的细胞增殖情况和碱性磷酸酶活性良好。聚甲基丙烯酸甲酯(PMMA)俗称有机玻璃,是最早应用于医学上的人工合成高分子材料。为改善 PMMA 的生物活性,Dalby 等制备了 PMMA 与不同含量 HA 的复合材料,并在细胞水平上分析无机相和有机相之间的相互作用。Harper 等研究了加入硅烷偶联剂的 HA 增强有机骨水泥 PMMA 在溶液中浸泡后的力学性能,对复合材料植入生物体内的研究具有参考价值。Kim 等制备出不同比例的羟基磷灰石、壳聚糖和 PMMA 三元复合材料,全面地研究了其在生理盐中的形态变化、降解性能及组织相容性等。聚醚醚酮(PEEK)是一种半结晶热塑性生物惰性材料,具有轻质、耐疲劳性、耐摩擦性、耐腐蚀性强等优点,因此可用 PEEK 树脂代替金属来制造人体骨骼替代材料。Baker 等研究了不同羟基磷灰石含量对复合材料生物活性的影响,制备的复合材料具有约 60% 的孔隙率,孔尺寸为 $300 \sim 600 \ \mu m$。聚乙烯醇水凝胶(PVA)的含水量、黏弹性能与人体软骨相近,而且具有低摩擦因数和较高的力学强度等特点,因此在软骨修复和替代方面应用广泛。Pan 等采用硅烷偶联剂改性的纳米羟基磷灰石(nHA)颗粒与 PVA 结合,通过冷冻-解冻法制备出的 nHA/PVA 凝胶复合材料具有与自然关节软骨相似的多孔网络结构。Xu 等通过微粒滤除法,制备了纳米羟基磷灰石晶体与聚乙烯醇复合水凝胶。实验表明 nHA 中 Ca^{2+} 与 PVA 分子间发生了相互作用,以更强的分子间复合部分取代了 PVA 本身的分子间氢键作用,同时 nHA 与 PVA 间的氢键作用造成 PVA 分子链排布规整度降低。

3. HA 与可降解医用高分子的复合材料

常用的降解型医用高分子材料主要有聚乳酸(PLA)、聚羟基乙酸(PGA)、聚 ε-己内酯(PCL)、聚酸酐、聚乙二醇(PEG)、聚氨酯(PU)、聚醚类高分子。聚乳酸(PLA)类高分子包括聚左旋乳酸(PLLA)和聚外消旋乳酸(PDLLA)等,是一种重要的生物降解材料,在生物体内可以降解、无毒、生物相容性好,在临床和医学领域得到了广泛的应用。Verheyen 等对 HA/PLA 骨折内固定复合材料进行大量研究,包括该复合材料的制备、力学性能、界面组织结构、生物相容性及生物降解行为等。Thomson 等利用纤维复合法制备了 HA/PLGA 三维泡沫支架材料,HA 包埋在 PLGA 基质中,致孔剂的用量决定了孔径大小与孔的形状,孔隙率控制在 $47\% \sim 85\%$。Nazhat 等先用 HA 增强 PDLLA,再用半结晶的 PLLA 纤维二次增强复合材料,制备了新型的生物活性聚乳酸复合材料,动态力学分析表明,PLLA 纤维和 HA 加入使复合材料的杨氏模量增加。聚甲基丙烯酸羟乙酯(PHEMA)具有亲水性,对肌体具有亲和性,所以 PHEMA 被用于多种药物控制释放体系的建立和研究。Casaletto 等制备 HA 改性 PHEMA 涂层材料,并利用 X 射线光电子能谱在不同时期对涂层进行定量及定性分析,体外实验表明,PHEMA 的表面经过 HA 修饰使得成骨细胞在材料表面黏附力增强。Lin 等通过溶液滴定的方法,使纳米 HA 涂覆于 PHEMA 膜表面,当分散剂与 HA 的比例为 1.25 时,细胞培养实验观察到材料和角膜纤维细胞结合良好,这表明 HA 纳米涂层 PHEMA 复合膜有望用于人工角膜。聚氨酯通常由多元醇和异氰酸酯进行加成反应获得,主链上含有氨基甲酸酯基团的聚合物。Liu 等采用共混法和溶剂挥发法制备 HA/PU 复合材料,并且综合聚醚型聚氨酯和聚酯型聚氨酯的优点,将聚酯和聚醚混合,得到聚醚酯型聚氨酯材料,使复合材料具有较高的力学强度和较好的降解性能。Dong 等采用蓖麻油作为合成聚氨酯的原料来制备 HA/聚氨酯复合材料,通过蓖麻油的易发泡性,制备出多孔 HA/PU 复合支架材料。支架中纳米羟基磷灰石晶体和多孔结构为组织生长提供了良好的生物活性和结构空间,体外评价表明,复合支架有利于成骨样细胞的黏附、铺展和增殖。

9.4.3.3 碳基生物复合材料

根据骨修复碳素增强生物复合材料中碳素材料和其他组分材料使用的不同,可将其大致分为碳纤维增强非可吸收生物复合材料、碳纤维增强可吸收生物复合材料、仿生涂层碳纤维增强生物复合材料、碳纳米管和碳纳米纤维增强生物复合材料几类。按照相应的成型工艺方法,可制备出适用于各种骨组织损伤疾病并能够有效治愈的骨修复材料。

1. 碳纤维增强生物复合材料

碳纤维增强非可吸收生物复合材料是指复合材料中的基体材料在生物体内具有良好的生物活性,但不能通过自身降解而被机体吸收。这类基体材料主要有聚醚醚酮(PEEK)、聚甲基丙烯酸甲酯(PMMA)、纳米碳化硅陶瓷等。Thomas 等制备出编织碳纤维增强聚醚醚酮(CF/PEEK)复合材料人工骨板,将试样在生理盐水中浸泡超过 12 周后,试样的抗弯曲强度和弹性模量没有发生显著的变化,并远远超过了常用的 316L 不锈钢合金的疲劳寿命,因此 CF/PEEK 复合材料具有优异的耐疲劳性。Sandra 等将碳纤维增强聚醚醚酮(CF/PEEK)复合材料与作为人体膝关节修复用到的标准轴承材料超高相对分子质量聚乙烯(UHMWPE)作对比,分别植入动物体内以研究材料磨损产生的细小颗粒对受体生物活性的影响。病理学检查发现,复合材料在受体内磨损产生的细小颗粒没有使受体产生炎症和排异现象,CF/PEEK 复合材料作为膝关节替代轴承材料是完全可以和 UHMWPE 相媲美的。黄剑锋等采用原位杂化法,制备了短切碳纤维增强壳聚糖(CS)-HA 基生物复合材料。随着纤维含量的增加,复合材料的抗弯曲强度呈现先增大后减小的变化趋势,断裂面也由平整向多层断裂变化,材料的韧性有所提高。徐文峰等利用溶液共混法及冷冻干燥法制备了三维多孔碳纤维/聚乳酸/壳聚糖(CF/PLA/CS)复合生物支架材料,利用相差显微镜和扫描电子显微镜检测了鼠骨髓基质细胞(BMSCs)与该材料的生物相容性,并评价了材料的细胞毒性。实验结果表明,三维多孔 CF/PLA/CS 复合材料没有细胞毒性,并对细胞有良好的黏附、增殖能力,是一种潜在的骨修复材料。Morawska 等研制出短切碳纤维增强聚(乳酸-乙醇酸)(PGLA)/HA 生物复合材料。通过对兔子体内植入实验发现,纯 PGLA 比复合材料的降解时间要长,这是由于 HA 的加入改善了复合材料在动物体内的亲水性,使得 PGLA/HA 组分的降解速度加快,便于生物体对组分的吸收。同时羟基磷灰石还促进了骨组织的再生,加快了受损骨骼的修复。刘涛等采用熔融挤出法制备了短碳纤维/聚乳酸(CF/PLA)复合材料,研究结果表明,在实验范围内,复合材料的力学性能随着纤维含量的增加而逐渐提高,体积电阻率却逐渐下降。Shen 等采用溶液共混法制备了碳纤维增强羟基磷灰石/聚乳酸(CF/HA/PFA)三元生物复合材料,并研究了该复合材料的的力学性能和体外降解性能。在体外降解 3 个月后,复合材料的强度和模量有所减小,但其强度和模量仍能够满足骨折内固定材料技术指标的要求。

C/C 复合材料是基体相和增强相均由碳元素组成的复合材料,继承了碳材料固有的生物相容性。由于纤维增强相的存在,克服了单一碳材料的脆性,赋予了复合材料高韧性、高强度等特点。另外,其耐疲劳、摩擦性能优越,质量轻,具有一定的假塑性,微孔有利于组织生长,特别是其弹性模量与人骨相当,能够有效地缓解应力遮挡效应,减少骨吸收行为。此外,碳纤维预制体的结构可以编织,因而可以设计其力学性能。因此 C/C 复合材料是一种综合性能优异的髋关节假体材料,具有较好的应用前景。1978 年,D. Adams 等首次尝试将 C/C 复合材料用作骨骼植入材料,将 C/C 复合材料植入大鼠股骨内进行了不同时间的组织学切片观察。结果发现,在种植的前 8 周内,种植体周围被纤维状组织包裹,在第 10 周后,纤维组织内化成骨骼并最终在 C/C 复合材料和骨组织之间形成了骨性结合。另外,对比研究 C/C 复合材料与钛合金对骨组织的反应发现,C/C 复合材料与骨骼的界面剪切强度明显大于钛合金与骨骼的界面剪切强度,C/C 复合材料表面能快速形成骨吸附,没有形成任何过渡软组织层,也没有出现任何炎症反应,而钛表面则存在软组织层。P. Christel 等详细考察了 C/C 复合材料用作人体髋关节的可行性。通过股骨植入实验、疲劳实验及有限元法评价了 C/C 复合材料髋关节假体的生物力学性能,结果表明,与金属假体相比,C/C 复合材料假体具有更好的应力传递能力、无疲劳损伤。另外,他们采用模拟生理体液考察了 C/C 复合材料的抗疲劳性能,首先对其施加 5×10^6 次幅度为 $800 \sim 8\,000$ N 范围内的循环压缩载荷,再施加 2.5×10^6 次幅度为 $1\,000 \sim 10\,000$ N 范围内的循环压缩载荷,然后测试其静态强度,发现施加循环负载后,C/C 复合材料强度无明显降低,说明其具备良好的抗疲劳性能。后续研究人员深入探讨了 C/C 复合材料髋关节的生物学行为。R. Silva 等采用电化学方法研究 C/C 复合材料在生理溶液中的腐蚀行为,并与 316L 不锈钢、Co-Cr-Mo 合金作比较,结果发现 316L 不锈钢腐蚀较严重,C/C 复合材料具有较好的缝隙抗腐蚀行为,长期浸泡实验显示了 C/C 复合材料不会发生降解。C. Baquey 等采用放射示踪法研究发现血小板都能聚集在 C/C 复合材料表面,红细胞却不在其表面黏附,从而证明了 C/C 复合材料的血液相容性。M. Szumiely 等将不同孔隙率的 C/C 复合材料植入老鼠股骨评价其组织相容性。结果表明,经过 45 周的移植,在大部分 C/C 复合材料与骨组织的界面直接紧密接触,在植入体界面发现新骨组织能填充到 C/C 复合材料的孔隙之中。M. Levandowsk 等将 HA、C/C 复合材料和不锈钢分别植入新西兰白兔股骨内,并检测了三种植入体的拔出力和 C/C 复合材料植入前后的抗压缩强度。结果发现,拔出力的大小依次为 HA>C/C 复合材料>不锈钢;另外,植入后的 C/C 复合材料的抗压强度比植入前降低,其原因在于 C/C 复合材料在植入过程中碳微粒的脱落。G. I. Howling 等研究了 22 种不同基体和增强相的 C/C 复合材料和的 UHMWPE 的生物摩擦学特性和磨粒的生物学反应。结果发现,C/C 复合材料与 UHMWPE 相比具有较低的体积摩擦因子,磨损颗粒更小;将磨损颗粒、L929 成纤维细胞和 U937 单核细胞共培养可以发现 C/C 复合材料磨损颗粒不刺激 TNF-α 细胞因子的释放,无潜在的毒性。乌克兰国家科学中心哈里科夫技术物理研究院已经先后开发了 C/C 复合材料人工骨、C/C 复合材料髋关节球头、C/C 复合材料接骨板等,并进行了 100 多例骨组织替换手术,取得了良好的使用效果。另外,实验研究发现 C/C 复合材料和钛的电化学反应电势差较小,两者在模拟体液环境中几乎没有电化学腐蚀发生,因而有利于 C/C 复合材料和钛内固定材料的联合使用。

2. 碳纳米管和碳纳米纤维增强生物复合材料

碳纳米纤维(CNFS)由于优异的机械强度、化学稳定性、高的长径比以及易于表面官能团化等性能逐渐成为生物复合材料研究的热点。Peirce 等研究发现碳纳米纤维与生物体的无机成分 HA 微晶在尺度上相差不多,纳米级纤维比普通纤维具有更高的比表面积和更粗糙的表面,更利于细胞的黏附、铺展和增殖,因此在用于骨修复材料时能起到特殊的效果。Satoshi 等研究了碳纳米纤维对提高羟基磷灰石断裂韧性的影响。实验结果表明,碳纳米纤维/羟基磷灰石复合材料的断裂韧性强度是纯羟基磷灰石的 1.6 倍。Liu 等结合溶胶-凝胶与静电纺丝技术,制备出 β-磷酸三钙(β-TCP)/纳米碳纤维(CNFS)复合材料。检测复合材料的细胞相容性发现,所得材料细胞相容性好,无明显细胞毒性。通过细胞培养和 SEM 观察,细胞在复合材料上能够完全铺展,并且细胞沿平行纤维方向生长,细胞与材料结合紧密,生长状态良好并分泌大量细胞外基质。

碳纳米管(CNTS)特殊的纳米纤维结构,较适合于构建细胞生长的环境。CNTS 像一个惰性框架,细胞可以在其表面生长繁殖并沉淀新的活性物质,再转变成正常的功能性的骨组织。CNTS 展现出较好的细胞增殖率、附着率、骨传导性和骨诱导性。Renato 等以单壁碳纳米管(SWCNT)具有生物活性的透明质钠酸(HY)水凝胶制备了骨修复生物材料。实验结果证明,SWCNT 不仅增强了 HY 在亲水环境中的稳定性,用来保持 HY 在骨修复过程的生物学特性,而且 SWCNTS 复合材料与纯 SWCNT 在成骨细胞诱导方面相比,前者对成骨细胞的增殖影响远远大于后者。此外,在 SWCNT/HY 复合材料中能够观察到 I 型胶原和 III 型胶原的表达。可见,这是一种潜在的用于骨修复的生物材料。Jorge 等采用等离子喷涂技术制备了 HA 涂层碳纳米管/氧化铝(CNT/Al_2O_3)复合材料。与(HA/Al_2O_3)涂层复合材料相比,($CNT/Al_2O_3/HA$)涂层复合材料的断裂韧性提高了 300%。通过与成骨细胞的培养实验发现,由于涂层表面的粗糙度,成骨细胞有较高的黏附率和增殖率。Sushma 等用放电等离子烧结法制备了 $CNT/Al_2O_3/HA$ 复合材料。用 MTT 法评估了复合材料在老鼠成纤维细胞 L929 细胞株中的体外生物相容性。研究表明 $CNT/Al_2O_3/HA$ 复合材料能够促进细胞的黏附和增殖并且 CNT 的加入能够极大地提高复合材料的强度。

9.4.4 生物复合材料的发展趋势

对生物材料来说,生物相容性、力学适应性和抗血栓性,都是不可缺少的条件。单一结构的生物材料由于其本身的结构特点,很难满足人体环境的要求。而单纯的几种材料复合,虽然比单一生物材料在使用性能上有所提高,但其界面是一个薄弱环节,一系列性能在此发生突变而导致失效。因此,应研究生物复合材料在人体系统的各种受力状态下的力学行为,从生物力学方面指导材料的结构设计与加工处理。研究生物复合材料多相结构与多孔性机体组织的力学相容性、疲劳过程以及损伤的影响因素,调整其结构及有关相的组成,使得整体材料性能按梯度规律变化,从而研制出具有生物相容性和力学适应性、生物活性和生物惰性、抗血栓性等一系列生物复合材料。此外,最为理想的生物复合材料就是机体自身的组织,天然生物材料经过亿万年的演变进化,形成具有结构复杂精巧、效能奇妙多彩的功能原理和作用机制。因此,要参照自然规律,从材料科学的观点对其进行观察、测试、分析、计算、归纳和抽象,找出有用的规律来指导复合材料的设计与研究,制备成分、结构与天然骨组织相接近的复合替代材料,获得生物相容性好、具有良好生理效应和力学性能的生物复合材料。

参 考 文 献

[1] 师昌绪，李恒德，周廉. 材料科学与工程手册：上、下卷[M]. 北京：化学工业出版社，2003.

[2] 曾汉民. 高技术新材料要览[M]. 北京：中国科学技术出版社，1993.

[3] 王零林. 特种陶瓷[M]. 长沙：中南工业大学出版社，1994.

[4] Jasim K M, Rawling R D, West D R F. Metal ceramic FGM produced by laser processing [J]. J Mater Sci, 1993, 128(10): 2820 - 2826.

[5] 黄旭涛，严密. 功能梯度材料：回顾与展望[J]. 材料科学与工程，1997，15(4)：35 - 38.

[6] Mortensen A，Suresh S. Functionally graded metal ceramic composites：part 1 processing [J]. International Material Reviews，1995，40(6)：239 - 265.

[7] Government Industrial Research Institute Tohoku. Proceedings of functional gradient materials [J]. Japan, Metallurgia, 1990, 57(7): 302 - 304.

[8] 张宇民，赫晓东，韩杰才. 梯度功能材料[J]. 宇航材料工艺，1998.5：5 - 11.

[9] 新野正之. 渐变功能材料的开发[J]. 工业材料，1990，38(12)：18.

[10] 新野正之，平井敏雄，渡边龙三. 功能梯度材料[J]. 日本复合材料学会志，1987，13(6)：257.

[11] 马如璋，蒋民华，徐祖雄. 功能材料学概论[M]. 北京：冶金工业出版社，1999.

[12] Noda N. Thermal stresses in functionally graded materials [J]. Journal of thermal stresses，1999，22(4 - 5)：477 - 512.

[13] Markworth A J，Ramesh K S，Parks W P. Modelling studies applied to functionally graded materials[J]. Journal of Materials Science, 1995, 30(9)：2183 - 2193.

[14] 赵军，艾兴，张建华. 功能梯度材料的发展及展望[J]. 材料导报，1997(4)：57 - 60.

[15] Lee Y D，Erdogan F. Interface cracking of FGM coatings under steady - state heat flow [J]. Engineering fracture mechanics，1998，59(3)：361 - 380.

[16] Li J，Sun W，Ao W，et al. Al_2O_3 - FeCrAl composites and functionally graded materials fabricated by reactive hot pressing [J]. Applied science and manufacturing：A，2007，38(2)：615 - 620.

[17] Sang O C，Klein D，Liao H，et al. Temperature dependence of microstructure and hardness of vacuum plasma sprayed Cu - Mo composite coatings[J]. Surface & Coatings Technology, 2006, 200(20 - 21)：5682 - 5686.

[18] Pines M L，Bruck H A. Pressureless sintering of particle - reinforced metal - ceramic composites for functionally graded materials Part Ⅰ：Porosity reduction models[J]. Acta Materialia, 2006, 54(6)：1457 - 1465.

[19] 韩杰才，徐丽. 梯度功能材料的研究进展及展望[J]. 固体火箭技术，2004，27(3)：207 - 215.

[20] 王引真，孙永兴，阎国超. 功能梯度材料的研究动态[J]. 机械工程材料，1997，21(4)：35 - 37.

[21] 杨云志，陈志清. 梯度材料设计的现状与展望[J]. 兵器材料科学与工程，1998，21(6)：49 - 54.

[22] 徐智谋. 新型功能梯度材料研究现状及发展方向[J]. 材料导报，2000，14(4)：13 -15.

[23] 腾立东，王福明，李文超. 梯度功能材料数值模拟进展[J]. 稀有金属，1999，23(4)：298 - 303.

[24] 许杨健，李现敏，文献民. 不同变形状态下变物性梯度功能材料板瞬态热应力[J]. 工程力学，2006，23(3)：49 - 56.

[25] 许杨健，涂代惠. 不同力学边界下梯度功能材料板稳态热应力[J]. 宇航材料工艺，2004，34(6)：38 - 44.

[26] 曹志远，程红梅. 非均质材料板的微结构优化设计[J]. 应用力学学报，2005，22(3)：373 - 376.

[27] 章娴君，郑慧雯，张庆熙，等. MOCVD法制备金属-陶瓷功能梯度材料的研究[J]. 西南师范大学学报，2005，30(4)：682 - 686.

[28] 晏鲜梅，熊惟皓，杨勇，等. Ti(C，N)基金属陶瓷功能梯度材料的制备[J]. 功能材料，2006，37(2)：238 - 240.

[29] Bever M B, Duwez P E. Gradients in composite materials[J]. Materials Science & Engineering，1972，10(72)：1 - 8.

[30] Wang C，Zhang L，Shen Q，et al . Preparation of flier plate materials with graded impedance used for hyper velocity launching [J]. Materials Science Forum，2003 (423 - 425)：77 - 80.

[31] Jung Y G, Choi S C, Oh C S, et al. Residual stress and thermal properties of zirconia/metal functionally graded materials fabricated by hot pressing[J]. Journal of Materials Science，1997，32(14)：3841 - 3850.

[32] 唐新峰，张联盟，袁润章. PSZ - Mo 系功能梯度材料的热应力缓和设计与制备[J]. 硅酸盐学报，1994，22(1)：44 - 48.

[33] 沈强，张联盟，袁润章. $Ni/Ni_3Al - Ni$ 系梯度功能材料的组成结构设计与制备[J]. 硅酸盐学报，1997，25(4)：406 - 411.

[34] 曹文斌，武安华，李江涛，等. SiC/C 功能梯度材料的制备[J]. 北京科技大学学报，2001，23(1)：32 - 34.

[35] 王引真，孙永兴，郑修麟，等. 功能梯度材料的研究动态[J]. 机械工程材料，1997，21(4)：35 - 37.

[36] 李耀天. 梯度功能材料研究与应用[J]. 金属功能材料，2000，17(4)：15 - 23.

[37] 范秋林，胡行方，郭景坤. $Ni - ZrO_2$ 精细功能梯度材料的设计、制备和分析[J]. 无机材料学报，1996，11(4)：696 - 702.

[38] Ravichandran K S. Thermal residual stresses in a functionally graded material system [J]. Mater SciEng A，1995，A201(1 - 2)：269 - 276.

[39]　Pekshev P Y，Tcherniakov S V，Arzhakin N A，et al. Plasma - sprayed multilayer protective coatings for gas turbine units[J]. Surface & Coatings Technology，1994，64(1):5 - 9.

[40]　Wakashima K，Tsukamoto H. Micromechanical approach to the thermomechanics of ceramic metal gradient materials [J]. Mater SciEng，1991，146:291.

[41]　Neubrand A，Becker H，Tschudi T. Spatially resolved thermal diffusivity measurements on functionally graded materials [J]. Journal of Materials Science，2003，38(20):4193 - 4201.

[42]　胡保全，牛晋川. 先进复合材料[M]. 北京:国防工业出版社,2006.

[43]　谭毅，李敬锋. 新材料概论[M]. 北京:冶金工业出版社,2004.

[44]　Miyamoto Y. Functionally graded material manufacture properties [J]. American Ceramic Society，1997，54(3):567 - 572.

[45]　Zhu J，Lai Z，Yin Z，et al. Fabrication of ZrO_2 / NiCr functionally graded material (FGM) by power metallurgy [J]. Mater Chem Phys，2001，68(123):130 - 135.

[46]　张幸红，韩杰才，董世运，等. 梯度功能材料制备技术及其发展趋势[J]. 宇航材料工艺，1999(2):1 - 5.

[47]　郭成，朱维斗，金志浩. 梯度功能材料的研究现状与展望[J]. 稀有金属材料与工程，1995，24(3):18 - 25.

[48]　邹俭鹏，阮建明，周忠诚，等. 功能梯度材料的设计与制备以及性能评价[J]. 粉末冶金材料科学与工程，2005，10(2):78 - 87.

[49]　解念锁. 梯度功能材料的性能评价研究[J]. 陕西工学院学报，2003 ，19(2):4 - 7.

[50]　Becker J，Cannon R M，Ritchie R O. Statistical fracture modeling:crack path and fracture criteria with application to homogeneous and functionally graded materials [J]. Engineering Fracture Mechanics，2002，69(14):1521 - 1555.

[51]　周瑾，薛克兴. 功能复合材料结构的发展[J]. 玻璃钢/复合材料，1994(2):40 - 44.

[52]　赵浩峰. 物理功能复合材料及其性能[M].北京:冶金工业出版社,2010.

[53]　龚文化，曾黎明. 聚合物基导电复合材料研究进展[J]. 化工新型材料，2002,30(4):38 - 40.

[54]　董先明，符若文，章明秋,等. 炭黑/聚合物气敏导电复合材料研究进展[J]. 高分子材料科学与工程，2004,20(2):14 - 18.

[55]　杜仕国，高欣宝.电磁屏蔽导电复合材料[J]. 材料开发与应用，2009,24(3):61 - 67.

[56]　袁华，陈卢松. 聚合物基磁性功能复合材料研究进展[J]. 玻璃钢/复合材料，2006(6):38 - 41.

[57]　白向贞. 聚丙烯/炭黑 PTC 导电复合材料的研究[D]. 兰州:西北师范大学,2006.

[58]　卢金荣，吴大军，陈国华. 聚合物基导电复合材料几种导电理论的评述[J]. 塑料，2004,33(5):43 - 47.

[59]　王焕英，王燕，张萍,等. 纳米医用生物陶瓷的制备研究进展[J]. 硅酸盐通报，2008,27(6):1190 - 1194.

[60]　孙艳荣，范涛，黄勇,等. 羟基磷灰石生物陶瓷材料的研究趋势及展望[J]. 硅酸盐学

报，2010，38(6):1145 - 1150.

[61] 郝孝丽，龙剑平，林金辉. 镁基羟基磷灰石涂层生物复合材料的研究现状[J]. 中国非金属矿工业导刊，2011(4):7 - 11.

[62] 朱广燕，黄剑锋，吴建鹏，等. 碳/碳复合材料表面羟基磷灰石生物涂层的研究进展[J]. 稀有金属材料与工程，2007，36(z2):749 - 753.

[63] 沈娟，金波，蒋琪英，等. 羟基磷灰石/合成高分子复合材料的制备方法、性能及其应用研究进展[J]. 化工进展，2011(8):1749 - 1755.

[64] 柯华，宁聪琴，贾德昌，等. 羟基磷灰石及钛作为骨替代材料的研究进展[J]. 有色金属工程，2001，53(4):8 - 14.

[65] 熊信柏，李贺军，曾燮榕，等. 碳/碳复合材料表面声电沉积磷灰石动力学研究[J]. 稀有金属材料与工程，2006，35 (9): 1418 - 1423.

[66] 郭小芳，王长征，吴世洋. 吸波材料的研究现状与发展趋势[J]. 甘肃冶金，2010，32 (4):47 - 50.

[67] 翟言强，李克智，李贺军，等. 碳/碳复合材料声电沉积钙磷生物活性涂层的生长机理[J]. 稀有金属材料与工程，2006，35 (7): 1096 - 1100.

[68] Adams D, Williams D F. The response of bone to carbon - carbon composites[J]. Biomaterials, 1984, 5(2):59 - 64.

[69] Adams D, Williams D F, Hill J. Carbon fiber - reinforced carbon as a potential implant material[J]. Journal of Biomedical Materials Research, 1978, 12(1):35 - 42.

[70] Silva R A, Barbosa M A, Jenkins G M, et al. Electrochemistry of galvanic couples between carbon and common metallic biomaterials in the presence of crevices[J]. Biomaterials, 1990, 11(5):336 - 40.

[71] Baquey C, Bordenave L, More N, et al. Biocompatibility of carbon - carbon materials: blood tolerability[J]. Biomaterials, 1989, 10(7):435 - 440.

[72] Szumiely M, Komender J, Chlyopek J. Interaction between carbon composites and bone after intrabone implantation[J]. Journal of Biomedical Materials Research, 1999, 48 (4): 289 - 296.

[73] Levandowsk M, Lomender J, Gorecki A, et al. Fixation of carbon fiber - reinforced carbon composite implanted into bone[J]. Journal of Materials Science: Materials in Medicine, 1997, 8 (2): 485 - 488.

[74] Howling G I, Sakoda H, Antonarulrajah A, et al. Biological response to wear debris generated in carbon based composites as potential bearing surfaces for artificial hip joints[J]. Journal of Biomedical Materials Research Part B: Applied Biomaterials, 2003, 67B(2):758 - 764.

[75] Howling G I, Ingham E, Sakoda H, et al. Carbon - carbon composite bearing materials in hip arthroplasty: analysis of wear and biological response to wear debris [J]. Journal of Materials Science Materials in Medicine, 2004, 15(1):91 - 98.

[76] 曹宁. 表面改性医用碳-碳复合材料及其性能研究[D]. 济南:山东大学，2010.

[77] Yen S K, Lin C M. Cathodic reactions of electrolytic hydroxyapatite coating on pure

titanium[J]. Materials Chemistry and Physics. 2003，77（1）：70－76.

[78] 翟言强. 超声电沉积制备碳/碳复合材料生物活性涂层的研究[D]. 西安：西北工业大学，2008.

[79] 彭先高，高林，马铃，等. 羟基磷灰石表面改性碳/碳复合材料牙根种植体的研制[J]. 新型炭材料，2000，15（2）：71－73.

[80] 高林，林家瑞. 羟基磷灰石表面改性碳/碳复合材料牙种植体植入猪股骨内观察[J]. 口腔医学研究，2002，18（4）：245－247.

[81] 付涛，憨勇，宋忠孝，等. 碳/碳复合材料表面诱导沉积生理磷灰石[J]. 无机材料学报，2002，17（1）：189－192.

[82] 付涛，憨勇，徐可为. 热处理对碳/碳复合材料上碱液处理氧化钛镀层诱导沉积磷灰石和结合强度的影响[J]. 稀有金属材料与工程，2005，34（6）：946－949.

[83] 曹宁，隋金玲，李木森，等. C/C复合材料表面表面等离子喷涂 HA 涂层在 SBF 中的试验[J]. 生物骨科材料与临床研究，2005，2（1）：5－11.

[84] 熊信柏，李贺军，黄剑锋，等. 医用 CVI C/C 复合材料表面仿生沉积生物活性钙磷涂层[J]. 高等学校化学学报，2004，25（7）：1363－1367.

[85] 熊信柏，李贺军，曾燮榕，等. 碳/碳表面改性电沉积工艺制备磷酸钙涂层[J]. 稀有金属材料与工程，2006，35（A02）：57－60.

[86] 熊信柏，李贺军，李克智，等. 电流密度对声电沉积生物活性透钙磷石涂层结构和形貌的影响[J]. 稀有金属材料与工程，2004，32（11）：923－926.

[87] 张宏泉，闫玉华. 生物医用复合材料的研究进展及趋势[J]. 北京生物医学工程，2000，19（1）：55－59.

[88] 马楚凡，熊信柏，李贺军，等. CVI C/C 复合材料及其表面 HA 涂层成骨细胞体外响应行为对比研究[J]. 稀有金属材料与工程，2004，33（12）：1275－1277.

[89] PesakovaV，SmetanaK，SochorM，et al. Biological properties of the intervertebral cages made of titanium containing a carbon－carbon composite covered with different polymers[J]. Journal of Materials Science：Materials in Medicine，2005，16（2）：143－148.

第10章 复合材料的界面

10.1 界面的概念、分类及界面结合

10.1.1 界面的概念

复合材料由增强相与基体相构成,在增强相与基体相之间的接触区域存在大量的界面相。之所以称其为界面相,是因为复合材料中的界面是一个区域,而不是一个面。它指的是增强体与基体之间形成的过渡区域(见图10-1),这个区域包括了基体/增强体接触面附近的部分基体和增强体。在界面相中,微观结构和某些材料性质都与基体和增强体不同,常常表现为从增强体到基体之间的过渡状态。因此界面相的范围以材料微观结构和性质为依据划分,是在增强体/基体接触面两侧附近,结构与性质区别于增强体和基体的整个区域。

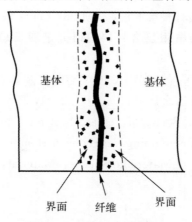

图10-1 界面结构示意图

10.1.2 界面的分类

既然界面属于性质或者结构过渡区域,其范围大小往往取决于所代表的性质类型或者微观结构尺度,因此可以分为以下界面划分方法:

1)依据力学性质的划分;
2)依据热学性质的划分;
3)依据电学性质的划分。

其中,力学性质主要指弹性模量、泊松比等,热学性质主要指比热容、热膨胀系数等,电学性质则是电阻率、介质损耗等属性。按照这些属性的划分原则,这些性质从基体到增强体逐渐

过渡的区域即界定为界面区。理论上,这样划分是可以实现的,但是实际上由于微观区域内的力/热/电学性能的测试目前还难以实现。因此,这种划分方法在实际研究中不具备可测量性,但是在理论分析中,则常常会针对不同的研究对象而采用相应的界面划分方法进行论述。

按照微观结构尺度可以进行如下划分:

1)光学显微尺度:亚微观尺度;

2)电子显微尺度:微观尺度;

3)光谱分析尺度:化学成分。

微观结构的观察方法主要基于材料在可见光、各种射线、电子束照射下的吸收、反射、透射等特征,借助各种微观分析仪器,可以实现对界面区的直接观察和成分、晶型的表征。基于这种划分方法,可以进行界面结构显微分析及表征。

按照增强体类型,界面可以分为以下四类:

1)颗粒与基体间的界面;

2)纤维与基体间的界面;

3)纳米线(管)与基体间的界面;

4)晶须与基体间的界面。

从界面的形成来说,材料中的界面是围绕增强体形成的,是伴随在增强体周围的一个过渡区域,界面总是伴随在增强体表面而存在。增强体的形状、位置、排列方式、化学成分、微观结构等因素都将对界面的性质产生关键影响。因此,界面改性技术一般是从改变增强体的表面入手的。

按照基体类型,界面可以分为以下四类:

1)树脂基复合材料界面;

2)金属基复合材料界面;

3)陶瓷基复合材料界面;

4)碳基复合材料界面。

在复合材料中,基体所起的作用是在增强体之间传递应力。对于增强体来说,基体起到了将增强体黏合而成为一个整体的作用,而界面区也是在材料成型过程中形成的,复合材料的成型工艺主要取决于基体种类。因此复合材料的研究方向划分往往基于基体种类而划分,界面研究也就相应地在其各自的研究方向内进行。界面也就按照基体的不同而根据不同的研究方法进行研究。

按照界面的刚性,界面可以分为以下两类:

1)刚性界面;

2)柔性界面。

按照界面的刚性进行分类主要是为了解释复合材料承载过程中的某些力学行为,比如材料的韧性、断裂模式、破坏机理,都与界面的刚性相关。一般认为刚性界面有助于传递应力,而柔性界面则可以提高韧性。

界面的结合力可以分为以下五类:

1)范德华力;

2)机械锚合力;

3)化学键;

4)氢键;

5)静电力。

界面区是由基体和增强体相互结合而形成的,结合力的种类和大小决定了界面结合的强弱,也决定了界面的多种物理和化学属性,最终在材料破坏过程中表现为不同的断裂模式。结合力的种类则取决于界面的结合机理,复合材料中常见的结合机理包括吸附和润湿、静电吸引、元素或分子扩散、机械锚合、范德华力、化学基团以及化学反应形成新的物相等。

按照界面结合力的强弱,界面可以分为以下两类:

1)强界面结合;

2)弱界面结合。

界面结合的强弱主要是指其结合力的大小。在强界面结合中,增强体与基体之间结合紧密,在材料破坏过程中,较少发生界面破坏,而弱界面结合的复合材料在破坏过程中则可以发现大量的界面破坏。

早在 20 世纪 60 年代,学术界就已经开始关注界面研究,其后的半个多世纪中,对界面的结构与性质以及它们与总体性能之间的关系进行了广泛研究。相关研究主要集中在界面的几何特征、化学键合、界面结构、界面的化学缺陷与结构缺陷、界面反应与界面稳定性及其影响等。在相关理论研究成果指导下发展出一些具有特色的界面技术,因而形成了"界面工程"这一独立的研究方向。

界面的作用是将增强体与基体材料黏结在一起,由于把界面单独作为一个相来对待,这样,复合材料中就包括了三个相,即增强体、基体、界面。其中,增强体的作用是承担载荷;基体的作用是在增强体之间传递应力,在各增强体之间合理地分配应力,实现增强体的协同承载;而界面的作用则是在增强体与基体之间传递应力,确保基体传递应力的有效性。但是在多数情况下,界面的破坏方式对复合材料的力学性能及破坏机理产生关键性的影响,因而在研究复合材料破坏机理的时候,界面破坏成为主要的研究对象。通过对界面破坏机理的研究,逐渐开发出多种界面改性方法,通过界面的改性甚至界面的设计来实现材料的增强或者增韧。

对于以增强为主要目的的复合材料,则需要对界面进行强化,实现强界面结合,以便界面有效传递应力。在这种情况下,材料表现为高的界面剪切强度和横向拉伸强度。强界面结合导致材料在使用和破坏过程中难以发生界面损伤,因此对恶劣的环境(力学、温度和湿度等)有较强的抵御性能。

对于以增韧为主要目的的复合材料,如陶瓷基复合材料,增强体的加入是为了改善材料的韧性。复合材料的界面结合就需要适当减弱以便通过界面破坏来吸收裂纹能量从而达到增韧的目的。为了获得弱界面结合,必须避免增强体/基体间的界面反应,当基体和增强体之间有化学反应的可能性时,常用的方法是在增强体表面涂覆一层覆盖物以阻隔并避免反应。

界面区的形成是一个物理和化学的综合过程,界面研究主要涉及物理学、化学和力学等学科。研究方法则主要包括力学分析、微观结构表征、化学成分及晶体结构表征等。

10.1.3 复合材料的界面结合

10.1.3.1 界面结合的分类

复合材料的界面黏结强度与界面的黏结作用力密切相关,纤维与树脂基体的相互作用力可以分为三类:第一类为静力,如"抛锚"作用和摩擦作用所产生的力。所谓"抛锚"作用是由于基体在成型过程中与纤维粗糙的表面贴合紧密,粗糙纤维表面凹凸不平,使得基体和纤维也形成彼此镶嵌的结构。其作用与轮船的抛锚作用相类似,即使基体嵌入黏结纤维的表面,因此称为抛锚作用或机械嵌合作用。此作用力的大小与纤维表面的粗糙程度有关。第二类为界面分子间作用力,即当基体与纤维表面相互贴合,间隙为 3～5 Å 时,由 London 色散、偶极与氢键等作用而产生的力。第三类为化学键力,即当基体分子与纤维表面的分子相互贴合间隙为 1～3 Å 时,发生化学反应而在纤维表面形成的化学键合作用。对于一个界面体系,这三类作用力可能同时存在,但各种作用力对界面黏结性能贡献的大小存在差别,很多学者就此进行了大量的研究工作,提出了许多解析复合材料的界面黏结作用的理论,目前具有代表性的有以下几种。

1. 化学键

化学键主要适用于界面处基体中的官能团与增强纤维表面的官能团发生化学反应的情况,由于反应而形成共价键结合的界面区。这一理论被应用于各种纤维表面处理技术中,如纤维表面等离子体处理、偶联剂处理、阳极氧化处理增强界面。这些纤维表面处理方法在纤维表面产生大量的活性基团,这些活性基团在复合材料成型过程中与基体间反应形成化学键,改善纤维与基体间的界面黏结性能。一系列的实验结果也证明了化学键理论的正确性。尤其重要的是,界面有了化学键合相互作用,使复合材料的耐湿热性能和抗介质侵蚀的能力有了显著提高。此外,界面化学键的形成对复合材料抵抗应力破坏,防止裂缝扩展的能力也有积极作用。

基体与增强物之间发生化学反应的典型代表为 Al-C 和 Ti-B 系金属基复合材料。但在这两个体系中,如果工艺参数控制不当,没有采取相应的措施,将会在界面上生成过量的脆性反应产物,导致材料强度极低。像这一类不能提供有实用价值的复合材料的结合,不能称之为反应结合。可见反应结合中必须严格控制界面反应产物的数量。

界面反应结合存在一种特殊情况。例如 Ni-Al_2O_3 复合材料的结合本来是机械结合,但在氧化性气氛中 Ni 氧化后,与 Al_2O_3 作用形成 $NiO \cdot Al_2O_3$。变成了反应结合。又如铝-硼、铝-碳化硅复合材料,由于铝表面上的氧化物膜与硼纤维上的硼氧化物,或碳化硅纤维上的硅氧化物间发生相互作用,形成氧化物结合。正是这种氧化物膜提供了复合材料的表观稳定性。

陶瓷基复合材料中也存在界面反应的可能性,例如 Nicalon-SiC/glass-ceramic 体系。对于基体由碱金属或碱土金属硅酸盐组成的材料体系,在制造过程中纤维和基体间发生反应生成富碳相和 SiO_2 产物层,这种反应相对于纤维轴来说是以平行面的形式向前推进的,在纤维中不会产生格林菲斯裂纹,因而一般不会影响纤维的强度,相反这样的产物层会使复合材料的韧性提高。类似的体系有 SiC/BN/SiC/glass-ceramic,Al_2O_3/spinel/mica/spinel/Al_2O_3,mica 和 BN 为脱黏层,SiC 和 spinel 为反应阻挡层。

2. 机械作用

机械作用最早由 Mc Bain 于 20 世纪 30 年代首先提出,他认为纤维表面具有一定的粗糙度,由粗糙的增强物表面及基体的收缩产生的摩擦力形成机械结合。与其他固体表面一样,纤维表面存在高低不平的峰谷或疏松孔隙结构,在成型过程中有利于基体的填充,成型后的基体和被黏纤维表面发生镶嵌而固定。根据该理论,纤维表面粗糙度越高,树脂与被黏纤维表面相互镶嵌的部位越多,复合材料的界面黏结强度也越高。机械结合存在于所有的复合材料中。

由于材料中总有范德华力存在,纯粹的机械结合很难实现。

机械作用所提出的规律是需要一定前提条件的。如果纤维表面粗糙度过高,会导致在成型过程中,基体与纤维无法完全贴合,造成界面间隙,反而降低界面黏结。因此在以机械作用理论为指导进行界面改性的时候,尤其要注意界面机械作用的适用条件,充分考虑由于纤维表面粗糙度变化而在成型过程中带来的界面缺陷变化。

3. 浸润-吸附

基于浸润-吸附机理的界面黏结性能取决于成型过程中基体对纤维表面的浸润性能。基体对纤维的浸润性能好,则纤维和基体分子之间由于紧密接触而发生吸附,在界面处形成较强的分子间作用力,同时减少界面缺陷,从而提高了界面的黏结强度。因此人们常把纤维的浸润性作为预测和分析复合材料黏结效果的一个重要指标。

纤维与基体之间是否能完全浸润以及浸润的效果如何,取决于浸润热力学和动力学过程。液体在固体表面润湿的过程涉及气、液、固三个相界面的变化,当液滴在固体表面达到平衡后,将在固体的表面形成“气-液”“气-固”“液-固”的三相平衡状态。纤维的浸润性能与接触角密切相关,当纤维与基体之间的接触角比较小时,基体容易在纤维表面发生润湿,因而降低复合材料的界面缺陷,提高其力学性能。

浸润理论的使用也存在一定的局限性,它主要适用于在成型过程中基体以液态浸渍增强体的情形。因此它主要用于树脂基复合材料、金属基复合材料,对于陶瓷基和碳基复合材料,仅在前驱体热解法制备工艺中适用。在 CVI 工艺制备的复合材料中,由于基体是从气相中直接热解产生的固体,没有产生明显的宏观液体状态,因而浸润理论的适用性受到限制。

根据浸润理论,可以发展出基于提高浸润性的界面改性技术,例如,在 Al_2O_{3p}/Ni 复合材料制备中,添加 Ti 以增强液体 Ni 对 Al_2O_3 颗粒的润湿性。图 $10-2$ 所示为润湿角随 Ti 含量的变化规律。相应地 Ti 含量也就改变了复合材料体系的致密度和力学性能,具体结果见表 $10-1$。从表中可见,通过改善相界面润湿、强化相界面结合可显著提高 Al_2O_3/Ni 复合材料的力学性能。

4. 扩散理论

扩散理论认为界面处因分子(或链段)的热运动而在纤维与基体间形成扩散区,使纤维与树脂基体通过扩散的分子或者链段的内聚力相黏结。分子的扩散程度由参与扩散的分子结构、组分以及分子热运动等因素共同决定。

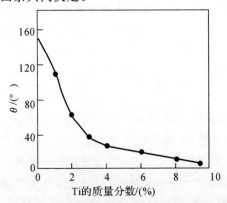

图 10-2　Ti 含量对 Al_2O_{3p}/Ni 体系润湿角的影响

表 10-1 Ti 含量对 Al_2O_{3p}/Ni 复合材料致密度及力学性能的影响

样品号	Ti 的质量分数/(%)	表观致密度 ρ_i/(%)	三点弯曲强度 σ_i/MPa	断裂韧性 K_{IC}/(MPa·m$^{-1/2}$)
1	0	85.5	193.8	3.7
2	2	93.6	267.0	4.9
3	3	96.3	345.6	6.2
4	5	96.8	353.3	5.6
5	7	97.2	358.2	5.4

5. 弱界面层理论

弱界面层理论认为由于基体、增强体、纤维表面处理剂及环境因素(空气、水、油污或其他低分子物)彼此间共同作用,通过吸附、扩散、迁移、聚集甚至键合等途径,在部分或全部黏合界面形成低分子物富集区,即弱界面层,它有利于消除界面区域的应力,减少应力集中。在复合材料断裂过程中,弱界面有利于产生纤维拔出、纤维桥联等增韧机理,有效提高复合材料的韧性。因此弱界面常常用于复合材料增韧。尤其对于界面黏结过强、脆性较大的复合材料,可以使用纤维表面处理来弱化界面以提高韧性。

6. 电子(静电)理论

当复合材料中的两相物质对电子的亲和力相差较大时(如金属与聚合物),在界面区容易产生接触电势并形成双电层。静电吸附力是界面黏合力产生的直接因素之一,如氢键就可以看成是一种静电作用。

界面的形成和作用机理非常复杂,任何界面的物理及化学因素的改变都会影响界面的形成、界面的结构及其稳定性,到目前为止,还没有哪一种理论能够解释所有界面现象,对这方面的研究仍在进行中。

10.1.3.2 金属基复合材料中的界面结合方式

对于金属基复合材料而言,存在增强体与金属之间的反应、浸润、溶解等可能性。上述几种界面结合形式(机械结合、溶解与润湿结合、交换反应结合、氧化物结合和混合结合)可以分成Ⅰ,Ⅱ,Ⅲ三种类型:Ⅰ型界面表示增强体与基体金属既不溶解也不反应(包括机械结合和氧化物结合);Ⅱ型界面表示增强体与基体金属之间可以溶解,但不反应(包括溶解与润湿结合);Ⅲ型界面表示增强体与基体之间发生反应并形成化合物(包括交换反应结合和混合结合)。金属基复合材料的界面类型见表 10-2。

表 10-2 金属基复合材料的界面类型

界面类型	体 系
Ⅰ型	C/Cu,W/Cu,Al_2O_3/Ag,B(BN)/Al,B/Al[①],SiC/Al[①],不锈钢/铝[①]
Ⅱ型	W/Cu(Cr),W/Nb,C/Ni[②],V/Ni[②],共晶体[③]
Ⅲ型	W/Cu(Ti),C/Al,Al_2O_3/Ti,B/Ti,SiC/Ti,Al_2O_3/Ni,SiO_2/Al,B/Ni,B/Fe,B/不锈钢

注:①表示伪Ⅰ型界面;②该体系在低温下生成 Ni_4V;③当两组元溶解度极低时划为Ⅰ型。

根据热力学表 10-2 中,Ⅰ 型(pseudo-class Ⅰ system)界面的含义:该种体系的增强体与基体之间应该发生化学反应,但基体金属的氧化膜阻止反应的进行,反应能否进行,取决于氧化膜的完整程度。当氧化膜尚完整时,属于 Ⅰ 型界面;当工艺过程中温度过高或保温时间过长而使基体氧化膜破坏时,组分之间将发生化学反应,变为 Ⅲ 型界面。具有伪 Ⅰ 型界面特征的复合材料系在工艺上宜采用固态法(如热压、粉末冶金、扩散结合),而不宜采用液态浸渗法,以免变为 Ⅲ 型界面而损伤增强体。

Petrasek 等对 W/Cu 复合材料界面的研究结果表明,在基体铜中加入不同合金元素,会出现以下四种不同的界面情况:

(1)W_f/Cu 系。在 W 丝周围未发生 W 与 Cu 的相互溶解,也未发生相互间的化学反应。

(2)$W_f/Cu(Co,Al,Ni)$ 系。由于基体中的合金元素(Co,Al,Ni)向 W 丝中扩散导致其再结晶温度下降,使 W 丝外表面晶粒因再结晶而粗大,结果导致 W 丝变脆。

(3)$W_f/Cu(Cr,Nb)$ 系。合金元素(Cr,Nb)向 W 丝中扩散、溶解并合金化,形成 W(Cr,Nb)固溶体。此种情况对复合材料性能影响不大。

(4)$W_f/Cu((Ti,Zr)$ 系。W 与合金元素 Ti 与 Zr 均发生反应,并形成化合物。使复合材料的强度和塑性均下降。

因此要制备高性能纤维增强金属基复合材料,必须阻止或减小纤维和金属之间的界面反应、改善基体与纤维之间的浸润性。解决这两个关键技术的主要途径有以下几种方法:

(1)纤维表面涂层处理。用化学气相沉积(CVD)、化学镀、离子镀、电镀、有机金属溶液法等表面涂层处理方法在纤维表面覆上一层薄而均匀的陶瓷($TiC, SiC, B_4C, BN, SiO_2$ 等)或金属(Ni,Cu,Cr,Ta,Mo 等)涂层,改善纤维与液态金属的浸润性,形成阻止界面反应的涂层。例如,用 CVD 法在碳纤维表面沉积厚度约为 10nm 的 Ti/B 涂层,可有效改善碳纤维和液态铝的浸润性,阻止纤维与界面的反应,制备出高性能的碳/铝复合材料。

(2)采用特殊的制备装置,有效控制工艺参数。金属基复合材料的界面反应程度取决于制备方法和工艺参数。利用高压将液态金属强行压入纤维之间形成复合材料是解决纤维和金属浸润性差的有效方法。同时严格控制工艺参数——液态金属温度、纤维预制体预热温度、浸渗压力和冷却速度,可以防止严重的界面反应,获得高性能纤维增强金属基复合材料。例如,可以采用真空压力液态金属浸渗装置及工艺,制备出高性能的金属基复合材料。

(3)金属基体合金化。在基体金属中添加合适的金属元素以改善液态金属与纤维的浸润性、阻止金属与纤维的界面反应,形成稳定的界面结构,是一种有效、经济的优化界面及控制界面反应的方法。如在碳纤维/铝复合材料的制备过程中,在铝合金基体中加入适量的 Ti,Zr,Mg 等元素,可以降低元素的活化能,抑制碳纤维和铝合金之间的反应,降低反应速度,形成良好的界面结构,获得高性能的复合材料。

(4)开发新的制备工艺。原位反应合成技术因其工艺简单、材料性能优异、制备成本低、可近净成型等特性成为当今复合材料研究领域的前沿课题之一。另外利用超声在增强体/金属混合熔体中独特的声学效应,改变增强体、金属液及界面的表面能,提高了界面润湿性,从而使增强体与金属间达到一种强迫润湿的结合状态。此方法不失为一种快速、低成本、高性能的复合材料制备工艺。

10.2　界　面　结　构

10.2.1　界面结构概述

以微观结构解释性质是材料研究的基本方法之一。基于这一研究方法,界面相的种种性质产生的根源是其微观结构,例如,界面的强弱可以通过观察复合材料断面上的增强体表面状态而进行定性评价。在匀质材料的性能研究中,常常使用结构缺陷来解释材料破坏。在缺陷表征方面,由于有了界面,界面缺陷相应地成为复合材料结构缺陷表征的重要组成部分。在复合材料成型过程中,诸如小孔、杂质、微裂纹等缺陷常倾向于富集在界面区,从而引起材料性能的恶化。另外,在材料使用过程中,由于湿气和其他腐蚀性气体的侵蚀,常常沿着界面区向材料内部蔓延,优先使界面区发生损伤,从而引起材料性能的劣化。特别是玻璃纤维增强的树脂基复合材料对湿热的环境比较敏感,周围环境的水分能够引起纤维与树脂基体发生化学变化,并可通过扩散进入复合体系的界面,引起界面脱黏,导致材料力学性能的降低。因此,界面结构的表征是解释材料性能演化、损伤乃至破坏的重要依据,界面结构的表征中必然包含了界面微结构、化学成分、晶体结构及其缺陷的表征。

10.2.2　界面结构的表征

界面结构表征的具体内容主要涉及表面形貌、化学成分、晶相结构和化学键等。根据需要表征的参数,按照材料科学分析手段中的对应方法及仪器,可以对纤维表面状态的表征技术进行总结(见表 10-3)。这些表征技术可用于表征纤维的原始表面,或者是经过表面处理后的纤维表面状态。

表 10-3　纤维表面状态的表征技术

表征内容	测试方法与技术
表面形貌(微结构、粗糙度、孔隙率、比表面积、微裂纹、结晶结构)	气相色谱,小角 X 射线衍射(SAXS),激光拉曼光谱,扫面电镜(SEM),扫描隧道显微镜(STM),原子力显微镜(AFM)等
浸润性	表面张力,接触角测定
活性基团、表面吸附等	化学滴定,介质吸附,流动量热,热分析,反相色谱,表面能谱(SILS,TOF-SIMS,TDF-SIMS,ISS,XPS,AES),红外光谱(IRS,FT-IR),拉曼光谱等
界面化学反应,反应活性及活性点分布,化学官能团结构	GPC,MNR 断层扫描,ESCA(XPS),FT-IR,DSC,放射性示踪原子,原子吸收光谱,俄歇电子图像及成分显示(SAM),扫描二次离子质谱(SSIMS),EELS,扩展 X 射线吸收微细结构谱(EX-AFS)等

界面的断口形貌观察是界面表征中最常用也是最简便的方法,是对断口处的界面几何形态的表征,根据表 10-3 列出的方法,主要选择扫描电镜(SEM)对其进行观察,其分析精度与

放大倍数直接相关。随着 SEM 放大倍数的不断提高,尤其是高分辨 SEM 的出现,使得形貌表征从粗略的观察逐步走向对界面结构的精细表征。图 10－3 所示为一个 C/C 复合材料样品的断口照片。虽然 C/C 复合材料基体和纤维均由碳元素构成,但是,其碳的微结构差异较大。碳纤维的微结构取决于纤维类型,相关结构已经在第 3 章叙述过;碳基体也随制备工艺的不同而分成了很多类型,如 CVD 碳(也称热解碳)、沥青碳、树脂碳。其中根据制备工艺参数的不同,每一种碳的微结构也可以分成几种,即热解碳分为高织构、中织构、低织构、各向同性碳、暗层,沥青碳分为镶嵌结构、域结构等。碳的物理性能和力学性能随其微结构的不同而不同。因此虽然 C/C 复合材料完全由碳元素构成,但是不同类型的碳之间依然存在着界面,存在着界面应力,存在着界面破坏等。图 10－3(a)中存在大量拔出的纤维,纤维以束为单位整体拔出,因此可以评价其界面为弱界面。而在图 10－3(b)中可以看到纤维拔出后的表面整体光滑无基体黏附,进一步证明纤维/基体之间的界面黏合较弱,以至纤维拔出时并未将基体黏附带出。同时还可以看到一个比较特殊的现象,即"二次界面"现象,这一现象最早由西北工业大学侯向辉、李贺军等发现,即在界面破坏的过程中,紧贴纤维的基体界面层中发生基体本身的脱层破坏。这种现象多发生在片状基体构成的复合材料中。由于基体本身的微晶结构为层片状,且微晶片层在界面区附近主要沿平行于纤维表面方向排列,这种情况下,当界面区发生破坏时,一方面会发生纤维与基体之间的界面脱黏,另一方面也会发生基体本身的片层之间的剥离,导致基体分层。在图 10－4 中可以明显看到基体片层之间的裂纹,并且可以发现基体以纤维为轴心,沿平行于纤维表面的方向成环形排列。通过界面的 SEM 观察,发现了一种特殊的界面现象——多重界面。由于基体本身是一种层状物质,因此形成的复合材料中不仅包含了纤维/基体界面,也包含了基体本身内部的层间界面。

界面的类型也包含了前面 10.1 节所提到的各种纤维/基体界面、不同织构的基体之间的界面。界面破坏方式则包含了纤维/基体间的二次界面破坏、基体片层间的二次界面破坏。界面黏结也存在着强界面和弱界面,其对应的断裂损伤模式也随界面强弱而分成了脆性断裂和假塑性断裂。一般强界面对应于脆性断裂,弱界面则对应于假塑性断裂。

与图 10－3(a)相比,图 10－5(a)所示的断口形貌中纤维拔出较少,表明其界面黏合较 10－3(a)中试样的界面黏合强。而 10－5(b)中的单根纤维附近的形貌更进一步说明纤维断裂的界面区比较平整,这表明在断裂过程中,裂纹在此纤维附近的界面区基本没有发生偏转,界面破坏较少,因此该纤维周围的界面区属于强界面。

(a)　　　　　　　　　　　　　　　(b)

图 10－3　某 C/C 复合材料试样的断口形貌((b)为(a)的局部放大图)

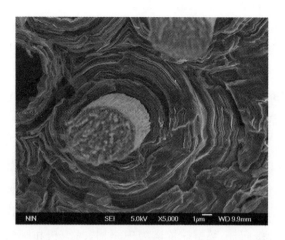

图 10 – 4 某 C/C 复合材料试样断口中拔出的单根纤维附近形貌

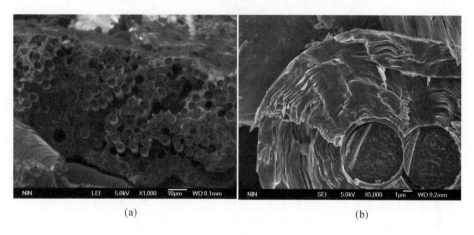

(a)   (b)

图 10 – 5 某 C/C 复合材料试样断口形貌

10.2.3 界面层的厚度与模量表征

利用扫描电子显微镜(SEM)、透射电子显微镜(TEM)、高分辨透射电子显微镜(HETEM)、SAM(或 AES)、SSIMS、热分析等方法都可以研究界面层的厚度。模量的表征则一般使用基体材料的模拟测量方法,根据界面层组分含量及变形温度,评价界面层模量的方法也很多。采用微小探针对包埋于基体中的单根碳纤维周围的界面区进行探测,也可以得到界面相模量及厚度分布参数。

10.2.4 复合材料界面区域的微结构表征

界面微结构主要是指界面区域的结晶学结构和其他聚集态结构。透射电子显微镜

（TEM）是研究界面微结构的最常用手段。在某些特殊环境下，也可以采用光学显微镜对界面微结构进行较粗略地表征，再使用 TEM 进行精细表征，进一步的精确表征（纳米级别）则可以使用高分辨透射电镜（HRTEM）。下面以 C/C 复合材料为例来说明其结合使用的分析方法。

　　为全面研究 C/C 复合材料界面及多种织构特征，采用偏光显微镜、TEM 和 HRTEM 从微米尺度和纳米尺度研究试样的结构。图 10-6 所示为热解碳的偏光显微照片，可明确看出碳纤维周围生长的依次是中织构、高织构和暗层热解碳。图 10-7 所示是试样在垂直于纤维方向的低倍 TEM 照片。沿纤维表面向外依次做选区电子衍射（SAED），衍射的光圈直径为110 nm。利用程序采集 002 衍射弧的方位角光强数据，基于最小二乘法用高斯函数对这些数据点进行拟合，高斯曲线的半峰高宽度（FWMH）对应的角度值即为取向角（OA）。对应不同织构的衍射花样和测量的 OA 值分别如图 10-7(a)～(d)所示。根据取向角的大小和热解碳的分类准则可以判断由纤维向外，热解碳依次为中织构、高织构和暗层，与图 10-6 所示的光学偏光显微分析结果对应。为了进一步研究不同织构热解碳以及它们的界面的精细结构，在高倍下将 1,2 和 3 三个区域放大，得到各层热解碳界面的高分辨晶格条纹图像。图 10-8 所示为试样中，纤维、中织构之间的晶格像，可见纤维的晶格条呈卷曲状，随机定向。中织构的晶格条纹具有固定的取向，但不是很平行，有一定的曲度，属于短程有序，长程无序。界面区的晶格条纹的定向程度介于纤维与光滑层的晶格条纹之间而且界面没有微裂纹存在，说明中织构基体与纤维的结合很好。

　　原子力显微镜（AFM）可用于表征几纳米至几百微米区域的表面结构的高分辨像，可用于表面粗糙度的高精度分析，表面物质的组分分布分析，高聚物的大分子、晶粒和层状结构以及微相分离等物质微观结构观察，还可以表征物质局部力学性质（硬度、吸附性和黏弹性等），电学和磁学性质。尤其是对于碳纤维/树脂复合材料，由于纤维和基体的模量及硬度差别悬殊，即使是经验丰富的操作者也难以制得界面区域保留完整的切片减薄 TEM 试样；即使是切片顺利，在离子减薄阶段，也会由于纤维和基体在离子束轰击下的减薄速度差异过大而难以获得满足要求的界面观察薄区域。而 ATM 则具有检测此类复合材料界面微区的潜力。

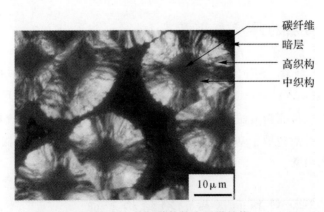

图 10-6　热解碳的偏光显微结构

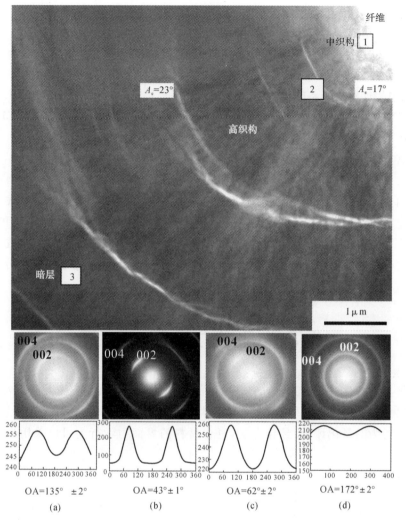

图 10 - 7　试样低倍 TEM 形貌,插入相应织构的衍射环及取向角
(a)暗层;　(b)粗糙层;　(c)光滑层;　(d)纤维

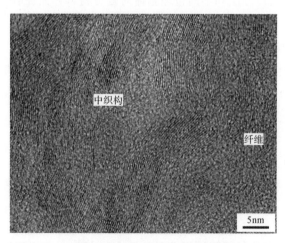

图 10 - 8　中织构、纤维以及二者之间的界面区的晶格像

10.2.5　复合材料界面区域的成分分析

界面的成分分析主要是检测界面的化学元素组成及其分布状况,常用的方法为 X 射线能谱(EDX),使用的仪器为装备能谱仪的 SEM 或 TEM。一般是在进行 SEM 或 TEM 分析的同时,对特定微区进行成分分析。其他界面成分分析方法还有电子能量损失谱(EELS)、二次离子质谱(SIMS)、俄歇电子谱(AES)和 X 射线电子能谱(XPS)等。

拉曼光谱主要用于组成材料的化合物鉴定,组成物的定性和定量分析,分子结构和结晶学结构分析以及分子取向的确定等。由于显微拉曼技术的进步,使得对材料进行微区分析成为可能。结合扫描技术,可以沿一给定直线逐点测定其拉曼光谱。观察各拉曼峰或某一特征峰沿直线的变化,可推测试样微观结构的变化。进行逐行扫描就能获得整个扫描面的拉曼信号,将微观结构分析从点分析扩展到一维直线分布,乃至二维面分布。分析某一个或者几个特征峰的强度或宽度就能获得与之相对应的试样结构信息。目前拉曼光谱已经用于分析界面晶粒大小和分布的有序度、界面组成物的形成、界面组成物的物相分布。

10.3　细观力学实验方法

复合材料界面的黏合,强弱界面的划分,界面刚度的表征都涉及界面力学行为。仅仅通过微观结构观察只能对界面的强弱、刚性给予定性的对比,而无法获得量化指标。为了实现复合材料界面力学行为的量化评价,最佳方法,复合材料的界面力学行为可以采用多种方法进行评价。

10.3.1　单纤维拉出试验

纤维单丝包埋于基体中,可将其拉出,以模拟复合材料的界面破坏过程。纤维拉出试验可用于定量比较不同表面处理方法和不同包埋基体对复合材料界面黏合性能的影响规律。纤维拉出试验能给出界面结合情况的直接测量结果。

1.试验装置和试样制备

图 10－9 所示为单纤维拉出试验示意图,沿纤维轴向施以拉伸载荷,同时记录载荷-位移曲线,试验通常可以在小型万能试验机中进行。该方法可适用于对树脂基、金属基、陶瓷基和碳基复合材料中界面黏性性能的评价。为使单纤维从基体中拔出而不发生纤维断裂,必须使纤维的包埋长度小于临界纤维拔出长度。因此试样的制备很关键。

2.数据处理和分析

在最常用的数据处理方法中,界面剪切应力 τ 沿整个界面近似均匀分布。对图 10－9 所示的试样进行受力分析,有下式成立:

$$F = 2\pi r L \tau \tag{10-1}$$

可以根据载荷-位移曲线计算得到界面脱黏结合剪应力 τ_d 和界面摩擦剪应力。图 10－10

所示为典型单根硼纤维／环氧树脂体系的载荷-位移曲线。但是,实际界面剪应力分布的不均匀性常常导致计算结果与实际情况存在较大的偏离。

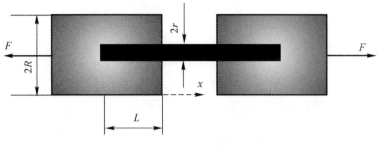

图 10-9　单纤维拉出试验示意图

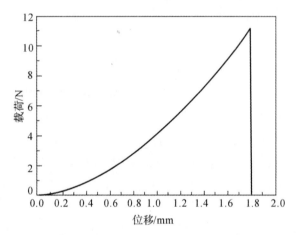

图 10-10　典型单根硼纤维／环氧树脂体系的载荷-位移曲线

实际应用中常用剪切滞后分析,假设基体和纤维都具有弹性行为,而且在从基体向纤维进行应力传递的过程中,不发生屈服或滑移,也不考虑纤维端面可能受到的应力,则包埋于基体内的纤维段任意一点的拉应力 σ_f 为

$$\sigma_f = \sigma_{fe} \frac{\sinh[n(L-x)/r]}{\sinh(ns)} \tag{10-2}$$

式中,$s = L/r$;L 是被包埋纤维的长度;r 是纤维半径;σ_{fe} 是基体表面处纤维的应力。各个几何参数含义如图 10-9 所示。n 对给定的复合材料是个常数,由下式给出:

$$n^2 = \frac{E_m}{E_f(1+\nu_m)\ln(R/r)} \tag{10-3}$$

式中,E_f 和 E_m 分别为纤维和基体的杨氏模量;ν_m 为基体的泊松比;R 为有效界面半径。根据力学平衡原理,界面剪切应力 τ_i 可以表示为

$$\tau_i = \left(\frac{r}{2}\right)\frac{\mathrm{d}\sigma_f}{\mathrm{d}x} \tag{10-4}$$

将式(10-4)代入式(10-2)可得

$$\tau_i = n\sigma_{fe} \frac{\cosh[n(L-x)/r]}{2\sinh(ns)} \tag{10-5}$$

界面破坏主要包括两种可能的模式,其中一种是界面剪切应力达到界面强度 τ_{iu} 引起的破坏。已知在 $x=0$ 处,界面剪应力达到最大值,界面脱黏结合力 F_d 可以表示为

$$F_d = \pi r^2 \sigma_{fe} \tag{10-6}$$

由式(10-5)、式(10-6)两式可得

$$F_d = \frac{2\pi r^2 \tau_{iu} \tanh(ns)}{n} \tag{10-7}$$

另一种破坏模式是当界面剪切应力达到界面屈服强度 τ_{iy} 时,发生破坏。在这种情况下,可以假定界面剪切应力沿包埋纤维长度分布为定值,则有

$$F_d = 2\pi r L \tau_{iy} \tag{10-8}$$

如果是瞬间破坏,与最大应力失效准则相比,这种模式多发生在脆性破坏中。在 $x=0$ 处存在应力集中,以此为起始点,迅速传播,遍及整个界面。这时,用断裂能来分析更为合适。

设储藏在长度为 L 的包埋纤维的伸长应变能为 U_L,临近纤维的基体的剪切应变能为 U_m,则有

$$U_L + U_m = \frac{\pi r^3 \sigma_{fe}^2 \coth(ns)}{2nE_f} \tag{10-9}$$

总应变能也可表示为 $2\pi L G_e$,其中 G_e 为界面的单位断裂能,令其与式(10-9)右侧相等,即可解得界面脱黏结合负载为

$$F_d = 2\pi r \sqrt{E_f G_e y(ns) \tanh(ns)} \tag{10-10}$$

G_e 的大小取决于材料、试样制备、残余应力和试样几何形状。

典型的载荷-位移曲线中,第一个峰的出现,缘于界面脱黏和对开始滑移的摩擦阻抗,而随后的许多小峰则来自于界面摩擦作用,因此曲线的形状一般是锯齿形。由于纤维自由段和包埋段的松弛,从载荷-位移曲线斜率求得的界面剪切应力实验值 τ_{exp} 只是实际值 τ_i 的近似,需要采用下式予以修正:

$$\tau_i = \frac{\tau_{exp}}{1 + \frac{2\tau_{exp}(1+2L)}{E_f r}} \tag{10-11}$$

10.3.2　微滴包埋拉出试验

在单纤维拔出试验中,如果纤维包埋长度超过临界长度,纤维会在拉出之前发生断裂,因而制备具有很短"包埋长度"的试样困难较大。微滴包埋拔出试验是对单纤维拔出试验的一种改进(将块状基体变为微滴状基体),即在纤维表面上滴入树脂微滴,尽量减少纤维段的埋入长度,而且用阻挡或推移微滴的方式替代对基体的夹持。这种方法能有效地解决单纤维拔出试验试样制备的困难,并能减小实验结果的误差。

1. 试验装置和试样制备

图 10-11 所示为微滴包埋拉出试验的简图。微滴两端都有向外凸出的弯月形区域,其形状受基体成型工艺影响,凸出区域沿纤维轴向的长度与被包埋的纤维长度有关,较长的包埋长度通常有较短的弯月区长度,弯月区的大小对微滴拉出试验的测定结果会产生一定影响。纤维受到向右的拉伸载荷 F,从微滴中逐渐拔出。Liu 等针对不能像传统方法制备微滴包埋试样

的低黏度基体,提出了一种微滴包埋试样制备方法。如图 10-12 所示,首先把纤维垂直固定在一个挖有小洞的薄板上,然后在薄板上的洞内用细针滴入水性聚氨酯。实验发现,把薄板去除后,形成了与传统椭圆微滴形状不一样的圆形微滴;进一步用有限元素分析法分析实验中的圆形微滴与传统的椭圆微滴的界面剪切应力的分布,结果显示两者的界面剪切应力曲线是非常吻合的,证明了这种微滴制备方法的可行性。

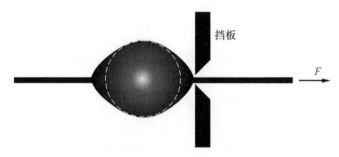

图 10 - 11　微滴包埋拉出试验简图

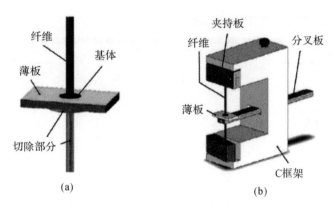

图 10 - 12　微滴包埋拉出试验装置示意图

(a) 微滴制备的原理图;　(b) 改进微滴实验装置

2. 测试方法及数据处理

微滴包埋拉出试验在万能试验机上进行。如图 10 - 11 所示,使用 10 N 左右的测力传感器,挡板向左移动,移动速率约 0.1 mm/min,移动过程中,当挡板开始接触微滴的时候,产生应力,测量,同时记录载荷-位移曲线。

设剪应力在整个界面上均匀分布,纤维为圆柱形,则界面剪切强度 τ_d 为

$$\tau_d = \frac{F_d}{\pi d_f x} \tag{10-12}$$

式中,F_d 为载荷位移曲线中的最大载荷;d_f 为纤维直径;x 为包埋长度。

微滴包埋拉出试验能方便测定脱黏瞬间的力,但其使用领域也受到限制,主要包括:

(1) 脱黏力 F 与包埋长度有关,弱纤维直径为 $5 \sim 50 \ \mu m$,最大包埋长度应为 $0.05 \sim 1.0 \ mm$。纤维过长易导致断裂。

(2) 试验参数测定存在误差,如弯月区的存在使纤维包埋长度难以测定,且会导致界面应

力复杂。微滴内的应力分布受挡板与微滴接触点的位置影响。甚至微滴的力学性质也会随其大小而变化。

（3）难以用于金属基、陶瓷基和碳基复合材料。

10.3.3 单纤维断裂试验

1.试样制备和试验装置

纤维断裂试验也称为纤维的临界长度测量，最早用于金属丝／金属基体复合材料界面性能的研究，是由 Kelly 等提出的一种分析测试方法。其基本原理是将一根纤维伸直包埋于基体中，制成哑铃状试样，然后沿纤维轴向对基体进行拉伸，载荷将通过界面传递到纤维，并使纤维连续地发生断裂。这一现象会一直进行到载荷不能因小段纤维周围界面力的传递使纤维再发生断裂为止。利用光学显微镜或声发射装置对断裂后的碎片长度进行观察和测量，各个断裂纤维段中最长的那段纤维的长度称为临界长度 L_c；利用界面模型，即可得到界面的剪切强度 τ。图 10-13 所示为纤维断裂试验示意图。

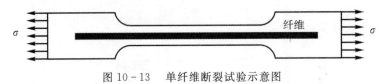

图 10-13　单纤维断裂试验示意图

2.数据分析和处理

如果试验过程中产生的界面剪应力沿临界纤维长度均匀分布，则界面剪切强度 τ 为

$$\tau = \frac{\sigma_{fu}d}{2L_c} \tag{10-13}$$

式中，d 为纤维直径；σ_{fu} 为纤维强度在临界纤维长度下的值；临界纤维长度 L_c 为

$$L_c = \frac{4}{3}I \tag{10-14}$$

式中，I 为各个纤维断裂后的长度平均值。

试验中会产生的数据量较大，需要以统计方法来处理，因此，可用于研究环境条件对复合材料界面力学性能的影响。

该方法要求基体材料断裂应变至少是纤维断裂应变的 4 倍以上。基体材料应有较高的韧性，以避免因基体断裂而引起纤维断裂。此外，如果存在较高的横向垂直应力，就会引起不可忽略的附加界面剪应力，导致数据分析处理困难。

10.3.4 纤维压出试验

1.试验方法

单纤维压出实验法，主要用于树脂基和陶瓷基复合材料，是在单纤维拔出法的基础上发展起来的单纤维实验技术，最初是由 Mandell 于 1987 年提出的。与前述方法不同的是该方法使用的试样是真实的复合材料,而不是单根纤维／基体体系。首先将复合材料试样沿垂直于纤维方向切割成片状,再将切割面抛光。如果要在 SEM 下进行,还需要对不导电的复合材料进行喷金处理以提高导电性。如图 10‐14 所示,在纤维的末端用一个非常尖的金刚石锥将纤维从基体中压出脱黏,持续增加压力直至纤维发生剥离压出为止。在这一过程中,记录压出载荷‐位移曲线。因试样为真实的复合材料,纤维分布的复杂性以及纤维之间的相互影响,所以目前它仅用于测定界面的剪切强度。它可与 SEM 联用,在 SEM 上加装单纤维压头,方便进行全程显微观察。图 10‐15 所示为硼纤维／环氧树脂中硼纤维压出及压出后留下的空洞 SEM 图。这种方法的一个显著优点是可以直接从复合材料部件上切下一小片进行实验,得出与实际相接近的值,操作简单。

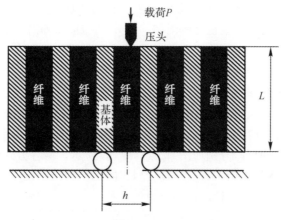

图 10‐14　纤维压出试验示意图

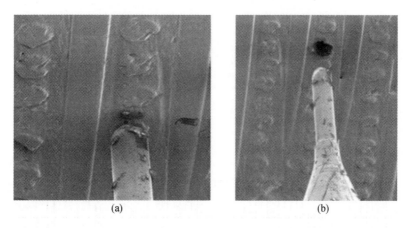

图 10‐15　硼纤维／环氧树脂中硼纤维压出及压出后留下的空洞 SEM 图

2. 数据处理方法

如图 10‐14 所示,假定界面剪应力沿界面均匀分布,则界面剪切应力 τ 为

$$\tau = \frac{P}{\pi d L} \tag{10‐15}$$

式中,d 为纤维直径;L 为纤维顶出长度;P 为载荷。

由式(10-15)计算出的是界面平均剪应力,与真实界面剪切强度有很大差异。例如,纤维与基体之间残余应变失配会引起试样两端面附近界面很大的剪切应力,这种应力有时会大到足以在施加压出负载之前就使界面脱黏。尤其是对于较薄的试样,其对测试结果的影响较大。另外,对于韧性材料和薄试样,压出负载可能使试样弯曲,引起两端头出现垂直应力,导致界面应力的不均匀。

压出试验测试的对象是真实的复合材料,因而更能反映出复合材料实际的制备工艺和服役环境对材料界面性能的影响。压出试验也能用于测定材料使用过程中疲劳或环境因素作用下的界面剪切强度变化,检测界面性质的变化。

压出试验不仅适用于树脂基复合材料,也适用于陶瓷基、金属基复合材料,但它不适用于聚合物纤维类的低模量的韧性纤维增强复合材料。而对于脆性材料,施压过程中常常发生纤维崩碎的情况,因而对使用的纤维也有所限制。此外,在压出试验中难以观察界面的破坏或者脱黏位置。

10.3.5　横向弯曲试验

横向弯曲试验属于三点弯曲试验,纤维排列方向与试样长度方向相垂直,因此称为横向弯曲试验。纤维排列方向有两种,分别如图10-16(a)(b)所示。两种方式的试验中,破坏都发生在试样最外层表面。在载荷作用下,该层材料受拉伸应力,使得纤维/基体界面处于拉应力状态,因此,测量的结果是界面承受横向拉伸能力的表征。界面横向强度可由下式计算:

$$\sigma = 3PS/2bh^2 \qquad (10-16)$$

式中,P 是载荷;S 是支点间距;b 是试样宽度;h 是试样高度。

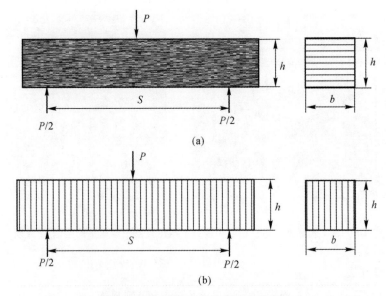

图 10-16　横向支点弯曲试验示意图

(a)纤维排列方向垂直于载荷方向;　(b)纤维排列方向平行于载荷方向

10.3.6　层间剪切强度试验

层间剪切强度试验也属于三点弯曲试验,但是此试验改变了纤维排列方向,纤维排列方向与长度方向平行,如图 10-17 所示。试验中,最大剪应力发生在试样的中间平面,可用下式表达:

$$\tau = 3P/4bh \tag{10-17}$$

最大张应力则出现在试样最外层表面,可用式(10-16)计算,由式(10-16)、式(10-17)可得

$$\tau/\sigma = h/2S \tag{10-18}$$

由式(10-18)可以看出,如果跨距 S 很小,可以使剪应力 τ 达到最大值,以致该试样在剪应力作用下,裂缝在中间层延伸,导致破坏。

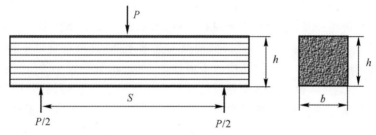

图 10-17　层间剪切强度试验示意图

如果在剪切引起破坏之前发生了纤维由于拉伸引起的破坏,则试验无效。剪切与拉伸同时破坏,试验也无效,因此在试验之后需要仔细考察断面,以确定裂纹是沿界面而非基体延伸。

与前面几种微观力学测试不同,采用横向弯曲试验和层间剪切试验测试的不是界面强度的实际值,但是它们也可用于比较界面黏合强弱。

10.3.7　纳米压痕测试技术

纳米压痕测试技术的发展允许在纳米尺度上测试复合材料中微小区域的力学性能,尤其是硬度和弹性模量。其通过连续控制样品上压头加载和卸载过程并记录载荷和位移数据,再对这些数据进行分析得出材料的力学性能指标,如弹性模量、硬度等。该测试方法优点在于可以从载荷-位移曲线中直接测出材料的力学性能而不需要测量压痕的面积。故即便压痕深度在纳米范围,只要载荷和深度位移的测量精度足够高也可以得到材料的力学性能。通过压入载荷和深度可测得材料弹性模量和硬度。纳米压痕技术与 SEM 和 TEM 等联用可实现原位纳米压痕/划痕测试,对材料微观力学行为进行原位观测,如材料变形、表面损伤机制等。

10.3.8　界面剪切强度的拉曼光谱分析

由于拉曼散射光谱对材料结构中的偏移对称性十分敏感,同时拉曼光谱分析具备所需样品少、样品无需制备、时间短、对样品无损伤等优点,使其成为探测复合材料界面微观力学性能

的理想手段。

由于拉曼光谱方法所得结构信息源于分子受到激发后产生的非弹性光散射,所以它不仅成为表征界面和界面层结构的有效方法,而且已经用于研究碳纤维、高性能有机纤维等的应变机理及其在相应的单纤维复合材料体系中的界面应力分布。将拉曼光谱与纤维拔出、纤维断裂及纤维压出三种试验方法结合,利用拉曼光谱的特征谱位移,可在线测定出实验过程中纤维各段所受的应力,从而得出纤维应力分布图,方便研究界面性质与界面和界面层结构的关系。结合扫描技术,可沿给定区域逐点测定其拉曼光谱,观察各拉曼峰或某一特征峰的变化,推测样品结构的变化。

Young 等将拉曼光谱与纤维拔出试验相结合,测试聚对苯撑苯并双噁唑(PBO)纤维增强复合材料在拉伸载荷下的纤维轴向应变分布。首先用胶黏剂把试样固定于自制的便携式加载装置,然后对试样进行轴向拉伸。图 10-18 所示为试样和加载装置示意图。采用夹具把加载装置固定于拉曼显微镜载物台上,通过物镜的三维移动,对纤维聚焦,再对未包埋树脂纤维端进行拉伸,同时用拉曼光谱测试包埋在树脂中纤维的应变。当纤维处于低应变(0.45%)时,纤维应变分布情景与剪切-滞后理论所预测的相一致,表明纤维发生弹性形变。然而,纤维进入高应变(大于 0.64%)后,界面行为与纤维低应变时显著不同,此时纤维已不再表现为弹性行为。在纤维进入树脂位置处,界面剪切应力不再是最大值,而是一较小的值,随后才增大达到最大值,接着又减小达到零值。这表明界面已经发生了部分脱黏。他们还对纤维增强复合材料断裂中的纤维桥联应变分布、界面脱黏与摩擦应力传递等进行了拉曼实验测试。

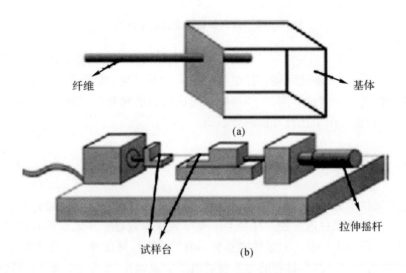

图 10-18 试样和加载装置示意图
(a)单纤维拔出试样; (b)微拉伸装置

Kong 等同时利用拉曼光谱和荧光光谱研究再生纤维素纤维/玻璃纤维混合制得的哑铃试样在受力时的形变微观机理,图 10-19 所示为试样制备示意图。对基体施加应变,玻璃纤维断裂将导致在生纤维素纤维处产生应力集中。用应力集中因子(SCF)描述断裂玻璃纤维断口引起的再生纤维素纤维的过负载,利用荧光光谱扫描测试断裂玻璃纤维应变,同时用拉曼光谱监测玻璃纤维断口处再生纤维素纤维的应变,从而能充分地了解在混合纤维增强复合材料体系中,玻璃纤维与植物纤维之间的相互作用。

　　Zafar 等用拉曼光谱在线测定水分对碳纤维轴向应变的影响及浸泡时间对复合材料界面应力传递的影响。Deng 等用拉曼光谱和微滴试验研究在碳纤维和树脂之间接枝嵌段共聚物后,碳纤维增强复合材料界面热应力和界面剪切应力的变化。Li 等用拉曼光谱分析受力时,碳纳米管(CNTs)纤维形变机理及应力变化。实验表明纤维形变只是单个 CNTs 的弹性形变,并没明显的 CNTs 断裂或键的脱离,进而推测出 CNTs 的屈服及断裂是由 CNTs 滑落导致的。他们同时提出若要充分利用 CNTs 的优异性能,提高不同 CNTs 之间的剪切强度是非常有意义的。

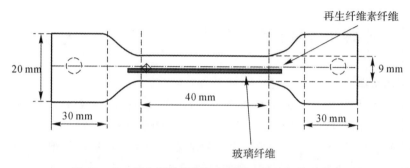

图 10 - 19　混合纤维增强复合材料哑铃形状的示意图

　　曹莹等运用拉曼光谱与纤维断裂试验结合研究碳纤维/环氧树脂试样的应力-应变关系及界面剪切强度,并根据应力传递理论建立了应力传递模型。亢一澜等利用拉曼光谱技术定量并分析 PPTA 纤维/环氧树脂微滴包埋试样的几何形状(通常用纤维进入基体处的端部角来表征)对界面局部应力分布及界面剪切应力峰值的影响。实验结果表明,端部角对界面剪切应力分布及峰值有较大影响。雷振坤等用拉曼光谱技术研究不同应变下芳纶纤维/环氧树脂微滴基体界面间的应力传递行为。实验结果显示,从微滴端部到内部,由于微滴基体的体积局部变化导致纤维轴向应力和界面剪切应力逐渐降低成梯度分布;在大应变下纤维具有较大的轴向应力分布、较小的界面剪切应力分布和较低的应力传递效率。还有其他研究利用拉曼光谱测试了基体受压情况的纤维轴向应变分布、纤维断裂受压状态下的纤维轴向应力、纤维碎断界面应变能释放率和纤维形变过程等。

10.4　界面改性技术

　　界面是复合材料极为重要的微观结构,它作为增强体与基体连接的“桥梁”,对复合材料的物理、机械性能有重要的影响。随着对复合材料界面结构及优化设计研究的不断深入,研究材料的界面力学行为与破坏机理是当代材料科学、力学、物理学的前沿课题之一。复合材料一般由增强相、基体相和它们的中间相(界面相)组成。它们各自都有其独特的结构、性能与作用:增强相主要起承载作用,基体相主要起连接增强相和传载作用,界面是增强相和基体相连接的桥梁,同时是应力传递的桥梁。对增强相和基体相的研究已取得了许多成果,而对作为复合材料三大微观结构之一的界面问题的研究却不够深入,其原因是测试界面的精细方法运用起来较困难,其理论尚不完整,尤其从力学的角度研究界面的性质、作用及其对复合材料力学性能的影响和破坏机理等方面的工作还正在开展。界面的性质直接影响着复合材料的各项力学性能,尤其是层间剪切、断裂、抗冲击等性能,因此随着复合材料科学和应用的发展,复合材料界面及其力学行为越来越受到重视。热塑性复合材料不仅有优越的力学性能、耐腐蚀、无毒性和低价格指数,还具有热固性复合材料所不具备的可重复加工和使用的特点,避免产生"三废",有利于环保,因而倍受人们的重视,发展很迅速。对于增强热塑性复合材料来说,由于基体本身缺乏可反应的活性官能团,很难与纤维产生良好化学键结合,因而界面结合的问题就显得更为重要。

10.4.1 玻璃纤维的表面处理技术

1. 酸碱刻蚀处理

刻蚀处理是通过酸、碱在纤维表面进行化学反应形成一些凹陷或微孔,使玻璃纤维表面产生大量的 Si−OH 键,待纤维与聚合物基体复合时,一些聚合物的链段进入到空穴中,起到类似锚固作用,增加玻璃纤维与聚合物界面之间的结合力同时增加玻璃纤维表面具有反应性硅烷醇的数量的方法,此种方法的最终处理效果主要与酸碱种类、浓度、处理时间和处理温度有关。

2. 玻璃纤维的表面偶联剂处理

玻璃纤维在复合材料中主要起承载作用。为了充分发挥玻璃纤维的承载作用,减少玻璃纤维和树脂基体差异对复合材料界面的影响,提高其与树脂基体的黏合能力,有必要对玻璃纤维的表面进行处理,使之能够很好地与树脂黏合,形成性能优异的界面层,从而提高复合材料的综合性能。

Zisman 于 1963 年发表了关于黏结的表面化学与表面能研究结论,他认为要获得完全的表面润湿,黏合剂起初必须是低黏度的且其表面张力须低于无机物的临界表面张力。其结果引发了对采用偶联剂处理玻璃纤维表面的研究。偶联剂主要用于增强玻璃纤维表面处理,其种类很多,包括硅烷偶联剂、铝酸酯偶联剂、钛酸酯偶联剂等。通过偶联剂能使两种不同性质的材料很好地"偶联"起来,从而使复合材料获得较好的黏结强度。

(1)硅烷偶联剂处理。在用偶联剂对玻璃纤维表面处理中,得到研究较多的是硅烷偶联剂。硅烷偶联剂的水解产物通过氢键与玻纤表面作用,在玻纤表面形成具有一定结构的膜。偶联剂膜含有物理吸附、化学吸附和化学键作用的三个级分,部分偶联剂会形成硅烷聚合物。在加热的情况下,吸附于玻纤表面的偶联剂将与玻纤表面的羟基发生缩合,在两者之间形成牢固的化学键结合。氨基硅烷偶联剂是偶联剂的一种,研究结果表明,含有氨基的偶联剂比不含氨基的偶联剂对玻璃纤维的表面处理效果好,因为偶联剂的氨基与基体中的氨基有亲和性,使界面较好黏结;氨基还能与接枝的酸酐官能团反应,提高复合材料的性能。Plueddemann 采用含羧基的化合物改性聚丙烯,并用含氨基的硅烷偶联剂来处理玻璃纤维,使玻璃纤维增强聚丙烯复合材料的力学性能得到极大提高。Crespy 等采用含有双键的乙烯基-三乙氧基硅氧烷和正丙稀-三甲氧基硅氧烷以及相容助剂混合物处理玻璃纤维的表面,使玻璃纤维增强聚丙烯复合材料的冲击强度、拉伸强度和弯曲强度得到大幅度地提高。Park 等采用 C−氨氧丙基三乙氧基硅烷(APS)和 C−(甲基丙烯酰氧基)丙基三甲氧基硅烷(MPS)的不同浓度的溶液处理玻璃纤维,并测量了 UPR/玻璃纤维的层间剪切强度、临界应力强度因子以及经硅氧烷处理过的玻璃纤维的接触角。结果表明,经硅氧烷处理过的玻璃纤维的表面自由能增加了。

(2)铝酸酯偶联剂处理。铝酸酯偶联剂具有处理方法多样化、偶联反应快、使用范围广、处理效果好、分解温度高、价格性能比好等优点而被广泛地应用。陈育如发现,采用铝锆偶联剂对玻璃钢中玻璃纤维的表面处理效果比用沃兰(甲基丙稀酰氯化铬络合物)、硅烷偶联剂处理的效果要好,其弯曲强度、拉伸强度、弯曲模量都高于后者处理的结果。

(3)偶联剂和其他助剂协同处理。由于偶联剂的独特性质,利用偶联剂和其他物质的协同效应对玻璃纤维的表面进行处理,如运用氯化物和硅烷偶联剂混合处理玻璃纤维的表面,可显著改善 PP/GF 复合材料强度,特别是采用具有热稳定性的氯化二甲苯,获得的性能最优异。硅烷偶联剂与其他助剂一起使用,能够显著提高处理效果。

3. 玻璃纤维表面接枝处理

聚烯烃类基体缺乏活性反应官能团,难以与偶联剂形成化学键,用偶联剂不能起到应有的效果。为了使玻璃纤维在聚烯烃类基体中发挥很好的应用,需要寻找一种方法使聚烯烃类基体与玻璃纤维产生良好的界面黏合。国内外的学者用不同的方法使高分子链接枝到玻璃纤维的表面上,使玻璃纤维在界面处产生一个柔性界面层。柔性界面层的引入使复合材料能在成型以及受到外力作用时所产生的界面应力得到松弛,使复合材料具有较高的冲击性能。Salehi 等用两种方法对玻璃纤维的表面接枝处理:①采用界面缩聚的方法处理玻璃纤维的表面;②玻璃纤维表面经含有过氧键硅烷偶联剂处理后,再用缩聚的方法处理。两种方法都可以得到柔性界面层。薛志云利用臭氧对表面涂有 MAC(一种玻璃纤维表面处理剂)试剂的玻璃纤维进行预处理,使玻璃纤维表面产生活化中心,引发甲基丙烯酸甲酯在玻璃纤维上进行接枝聚合。接枝甲基丙烯酸甲酯的玻璃纤维与树脂基体具有很大亲和性,处理后的玻璃纤维与树脂有充分的相容性,接枝聚甲基丙烯酸甲酯的玻璃纤维与树脂基体之间形成了过渡层,可极大地提高复合材料的力学性能。杨卫疆采用的是先在玻璃纤维的表面涂上过氧键的偶联剂,再接枝苯乙烯等高分子链的方法。经接枝处理的玻璃纤维作为复合材料的增强体,得到粘合力更好的复合材料界面,减少了界面的应力,达到了界面优化的目的。

4. 等离子体处理

用等离子体对碳纤维表面处理的报道很多,而用等离子体对玻璃纤维表面处理的报道却不多,这是由于玻璃纤维和碳纤维的表面性质不同。等离子体表面处理在提高复合材料强度的同时造成了其模量下降。用适当的处理方式也能获得好的玻纤表面。李志军研究了等离子体对玻璃纤维处理的机理,即等离子体会使玻璃纤维表面的官能团发生变化,并在纤维表面产生轻微刻蚀,提高了基体对玻璃纤维的浸润状况,使复合材料界面黏合增强。采用等离子体处理的玻璃纤维,其复合材料力学性能比未处理的高 2~3 倍,其耐湿热稳定性也得到改善。

5. 稀土元素处理

稀土元素通过化学键合与物理吸附被吸附到玻璃纤维表面并在靠近纤维表面产生畸变区,吸附在玻璃纤维表面上的稀土元素改善了玻璃纤维与基体的界面结合力。但是过多的稀土元素,会减弱界面结合力并导致复合材料拉伸性能下降。

除此之外,可联用几种方法处理玻璃纤维表面,这样可以集几种处理方法的优点于一体。因此,要在玻璃纤维增强的树脂基复合材料中获得良好的界面,最好的方法是对增强体进行表面处理,在其表面接上一定长度的高分子链,使其与基体有良好的相容性,获得优良的界面层。程先华和薛玉君研究了 SGS(含 1.0%氨基硅烷偶联剂 SGSi900 的酒精溶液)、RES(含稀土元素 0.1%~0.8%的酒精溶液)和 SGS/RES(含 1.0%SG-Si900 和稀土元素的酒精溶液)三种表面改性剂处理玻璃纤维的最佳用量及其对玻璃纤维增强 PTFE 复合材料冲击磨损和拉伸性能的影响。结果发现 RES 比 SGS/RES 和 SGS 能更好地提高玻璃纤维与 PTFE 之间的界面结合力和提高复合材料的摩擦磨损性能,且当稀土元素在表面改性剂中的质量分数为 0.3%时,复合材料的拉伸性能最佳。

10.4.2　碳纤维的表面处理技术

碳纤维增强树脂基复合材料(CFRP)由于具有密度小、比强度高、比模量高、热膨胀系数小等一系列优异特性,在航天器结构上已得到广泛的应用。碳纤维表面惰性大、表面能低,缺乏有化学活性的官能团,反应活性低,与基体的黏结性差,界面中存在较多的缺陷,这些直接影响了复合材料的力学性能,限制了碳纤维高性能的发挥。为了改善界面性能,充分利用界面效应的有利因素,采用对碳纤维进行表面改性的办法来提高其对基体的浸润性和黏结性。国内外对碳纤维表面改性的研究进行得十分活跃,主要有氧化处理、涂覆处理、等离子体处理法等。经表面改性后的碳纤维,其复合材料层间剪切强度有显著提高。

1. 氧化处理

(1)气相氧化法。气相氧化是用氧化性气体来氧化纤维表面而引入极性基团(如-OH等),并给予适宜的粗糙度来提高复合材料层间剪切强度的。如将碳纤维在 450℃下空气中氧化 10 min,可提高复合材料的剪切强度和拉伸强度;采用浓度为 0.5~15 mg/L 的臭氧连续导入碳纤维表面处理炉对碳纤维进行表面处理,处理后碳纤维复合材料的层间剪切强度为 78.4~105.8 MPa。在采用臭氧的处理过程中,臭氧分子首先发生热分解,生成活性极强的新生态氧,进而与碳纤维表面不饱和碳原子发生反应,生成含氧官能团,使其含氧官能团大幅度增加。其中增加最多的是羧基,而羧基可与树脂的活性基团结合生成较强的化学键,增强界面结合。该方法的优点是设备简单、操作方便、反应迅速、处理效率高、可持续处理;其缺点是氧化反应的程度不易控制,容易向纤维纵深氧化,导致纤维强度的严重下降,因此需要严格控制好工艺参数。除这种对纤维直接进行表面气相氧化外,还可以对经涂覆处理的纤维进行氧化改性。气相氧化虽易于实现工业化,但它对纤维拉伸强度的损伤比液相氧化大。此外随纤维种类的不同(高模量碳纤维、高强度碳纤维)、处理温度的不同,气相氧化处理效果也不尽相同。

(2)液相氧化法。液相氧化处理对改善碳纤维/树脂复合材料的层间剪切强度很有效。硝酸、酸性重铬酸钾、次氯酸钠、过氧化氢和过硫酸钾等都可以用于对碳纤维进行表面处理。硝酸是液相氧化中研究较多的一种氧化剂。用硝酸氧化碳纤维,可使其表面产生羧基、羟基和酸性基团,这些基团的量随氧化时间的延长和温度的升高而增多。氧化后的碳纤维表面所含的各种含氧极性基团和沟壑明显增多,这有利于提高纤维与基体材料之间的结合力。

由于液相氧化法较气相氧化法温和,不易使纤维产生过度的刻蚀和裂解,而且在一定条件下得到的含氧基团数量较气相氧化多,因此它是实践中常用的处理方法之一。

(3)电化学氧化法。电化学氧化法也称为阳极氧化法,其处理过程利用了碳纤维的导电性,装置如图 10 - 20 所示。将碳纤维作为阳极置于电解质溶液中,在电解液中由于 OH⁻ 离子具有比较低的氧化电位,因而首先在阳极放电,发生的电极反应如下:

$$4OH—4e \longrightarrow 2[O]+2H_2O \longrightarrow O_2 \uparrow +2H_2O$$

利用电解产生的初生态氧对碳纤维表面进行氧化、刻蚀。纤维阳极化处理的结果:一方面使碳纤维表面变得粗糙,表面沟槽加深,增加了纤维表面对基体的机械锚合作用;另一方面,在纤维表面形成了许多含氧官能团,使得纤维表面可与树脂基体发生化学反应,增加了界面化学键合作用,从而增强界面黏合。

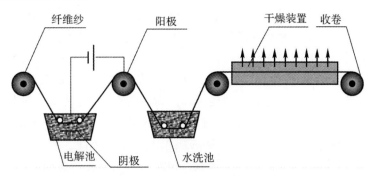

图 10 - 20　阳极氧化法处理装置示意图

与其他氧化处理相同,电化学氧化使纤维表面引入各种功能基团从而改善纤维的浸润、黏附特性及与基体的键合状况,增强碳纤维复合材料的力学性能。房宽峻等通过正交试验的方法对碳纤维在酸、碱、盐三类电解质中的电化学氧化进行研究,认为在氧化过程中,电解质种类是影响处理后碳纤维表面酸性官能团的最主要因素,其次是处理时间和电流密度,电解质浓度的影响不显著。

阳极氧化法所采用的电解质可以分为酸、碱、盐三种。采用不同的电解质对纤维表面处理的效果不同,如采用铵盐的水溶液进行处理,可以在纤维表面引入含氮基团,而选用钠盐水溶液处理,可在纤维表面引入—CO—,—COO—等含氧基团。因此可以根据所选用基体的不同,适当选择电解质溶液,使得处理后的纤维与基体间达到最佳界面结合。阳极氧化法不仅适用于单束碳纤维,也适用于纤维编织体。它具有处理时间短,处理效果均匀等特点,是目前工业上对碳纤维进行处理比较普遍采用的方法之一。其缺点在于纤维表面残存的电解质对复合材料的界面黏合性能存在消极影响,因此阳极化处理后纤维需要进行表面清洗、干燥,这使得纤维表面处理工艺较为复杂,处理成本增加。

(4)气液双效氧化法。气液双效氧化法是指先用液相涂层,后用气相氧化,使碳纤维的自身抗拉强度及其复合材料的层间剪切强度均得到提高。该方法兼具液相补强和气相氧化的作用,是新一代的碳纤维表面处理方法。但它存在与气相氧化法相同的缺点,即反应激烈,反应条件难以控制。

2. 表面涂层处理

(1)气相沉积处理。用气相沉积技术对碳纤维进行涂覆处理是碳纤维改性的一个重要方面,在高模量结晶型碳纤维表面沉积一层热解碳来提高其界面黏结性能。涂层方法主要有两种:一是把碳纤维加热到 1 200℃,用甲烷(乙炔、乙烷)-氮混合气体处理,甲烷在碳纤维表面分解,形成热解碳的涂层。处理后所得到的复合材料层间剪切强度可提高两倍。另一种方法是先用喹啉溶液处理碳纤维,经干燥后在 1 600℃下裂解,所得到的复合材料层间剪切强度可提高 2～7 倍。另外还可以用羧基铁、二茂铁和酚醛等热解后的沉积物来提高界面性能。气相沉积处理是在碳纤维和树脂的界面引入活性炭的塑性界面区来松弛应力,从而提高复合材料界面性能的技术。

也可以使用在碳纤维表面沉积一层 SiC 层的方法,这样在提高纤维抗氧化能力同时增强其界面黏合。沉积 SiC 主要使用三氯甲基硅烷作为前驱体,在高温在分解生成 SiC 而沉积在碳纤维表面。该工艺需要精确控制工艺参数以获得致密的 SiC 涂层。利用化学气相浸渍制备 C/SiC 时,热解碳界面相可以减轻 HCl 气氛对碳纤维的侵蚀;多层涂层组成的界面相各层可起到不同的作用、完成不同的功能,使界面相的保护功能增强,使界面相的化学相容性更易实现。

纤维的引入可提高陶瓷基复合材料的韧性,这主要由于纤维的脱黏、拔出和桥联等增韧机制。纤维引入的增韧效果在很大程度上取决于纤维与基体之间的界面性能。为达到纤维增韧的目的,复合材料界面相应满足界面断裂能与纤维断裂能之比、脱黏面上的滑移阻力、纤维与基体热膨胀系数之差均在一个合适的范围内,以确保断裂过程发生界面脱黏、纤维拔出,达到增韧目的。然而在陶瓷基复合材料中很难同时满足上述三个条件。常表现为界面结合太强,使陶瓷基复合材料脆性断裂,或由于热膨胀系数相差太大使基体产生裂纹。为此常借助于界面区域改性处理来调节界面性能,取得了相当好的效果。其中纤维涂覆是可行的方法,也是目前陶瓷基复合材料研究最活跃的领域之一。纤维涂覆方法可以通过对界面相材质的选择、结构和厚度的控制调节界面性能,使复合材料具有较理想的性能。

(2)表面电聚合。表面电聚合技术是近年来发展起来的一项碳纤维表面改性新技术。它是在电场的引发作用下使物质单体在碳纤维表面进行聚合反应,生成聚合物涂层,从而引入活性基团,使纤维与基体的连接强度大幅提高。

(3)偶联剂涂层。偶联剂提高复合材料中界面黏结性能的应用非常广泛,用硅烷偶联剂处理玻璃纤维的技术已有较成熟的经验。用它处理碳纤维(低模量)同样可以提高碳纤维增强树脂基复合材料的界面强度。但对高模量碳纤维效果不明显。偶联剂为双性分子,一部分官能团能与碳纤维表面反应形成化学键,另一部分官能团与树脂反应形成化学键。这样偶联剂就在树脂与碳纤维表面起化学媒介的作用,将二者牢固地连在一起。但由于碳纤维表面的官能团数量及种类较少,用偶联剂处理的效果往往不太理想。

(4)聚合物涂层。碳纤维经表面处理后,再使其表面附着薄层聚物,即为所谓的上浆处理。其涂覆层既保护了碳维表面,又提高了纤维对基体树脂的浸润性。此法采用的聚合物有聚乙烯醇、聚醋酸乙烯、聚缩水甘油醚酯环族环氧化合物等。这些聚合物都含有两种基团,能同时与碳纤维表面及树脂结合。树脂浆料的用量一般为碳纤维质量的 0.4％～5％,最佳含量为 0.9％～16％。

3. 表面生成晶须法

在碳纤维表面,通过化学气相沉积生成碳化硅、硼化金属、TiO_2、硼氢化合物等晶须,能明显提高复合材料的层间剪切强度,并且晶须质量只占纤维质量的 0.5％～4％(晶须含量为 3％～4％时,层间性能达到最大)。生长晶须的过程包括成核过程以及在碳纤维表面生长非常细的高强度化合物单晶的过程。尽管晶须处理能获得很好的效果,但因其费用昂贵、难以精确处理,故工业上无法采用。

4. 碳纤维表面原位生长定向碳纳米管改性界面

在碳纤维表面沿垂直于纤维方向定向生长碳纳米管,制成碳纤维/CNTs 多尺度增强体,之后再进行 CVI 致密化,可以实现在微米和纳米尺度的多尺度增强,也可以有效改善碳纤维与基体碳之间的界面性能。采用这种技术制备的 C/C 复合材料,弯曲强度提高 25%,断裂韧性提高 100%。通过微纳多尺度增强,使材料强度与韧性同步提高,解决了航空、航天薄壁构件成型难题。

5. 等离子体处理

用等离子体对碳纤维表面进行辐射,可以使碳纤维表面发生化学反应,从而引入活性基团,改善碳纤维的表面性能。等离子体处理包括高温和低温处理两种。高温处理时温度为 4 000~8 000 K,设备功率为 10 kW(8 MHz),在含有 5%~15% 氩气的混合气中产生等离子体。低温处理是在惰性气体中,0~150℃,1×10^5~3×10^5 Pa 下产生等离子体。等离子体处理能明显改善碳纤维表面与树脂基体的结合力,且不影响其他性能。

对于等离子体改性碳纤维表面的理论有不同的解释。有人提出碳纤维表面经等离子体辐射后生成了 SP^3 杂化的碳及 $-C-O-C-$ 结构,破坏并降低表面层的石墨化结构,形成三维交联结构,增加纤维表面层的剪切能力。还有另外一种解释:低温等离子体生成的活性体与高分子或碳纤维表面反应生成游离基,这些游离基在表面层氧化、交联、分解及接枝,与基体树脂形成化学键、范德华力、氢键等提高了层间剪切强度。作为一种新兴的处理手段,等离子体处理有以下优点:

1)可以在低温下进行,避免了高温对纤维的损伤;

2)处理时间短,几秒钟就能获得所需要的效果;

3)经改性的表面厚度薄,可达到几微米,因此可以做到使材料表面性质发生较大变化,而本体相的性质基本保持不变。

除了上述的表面处理方法之外,碳纤维的表面处理技术正处于快速发展时期,新的处理方法不断出现,例如:一种新的碳纤维表面改性方法——分子自组装,即在表面金属化的碳纤维上进行有机分子的自组装。表面增强拉曼散射光谱(SERS)分析证实了含氮或含硫的芳杂环化合物化学吸附在银的表面,并形成了平躺取向的自组装膜结构。

用分子自组装技术可改性碳纤维表面。通过 SERS 和 XPS 分析,发现两种含硫或含氮的芳杂环化合物(MBT,BTA)化学吸附在镀银碳纤维基底上,并形成了接近平躺和完全平躺的吸附取向。

MBT,BTA 两种组装分子改性碳纤维后其环氧复合材料的界面剪切强度分别提高约 25%,30%。BTA 改性效果略好于 MBT,这是由于 BTA 在复合材料界面上有着更大的覆盖度和更好的致密性。

6. 石墨插层改性界面

可将柔性石墨制备中的石墨插层技术用于 C/C 复合材料界面改性,即采用石墨插层技术首先在碳纤维表面制备一个柔性石墨层,再进行致密化,获得具有纳米级孔隙的界面结构,将刚性界面改为柔性界面,提高了材料韧性。采用这种方法制备可将 C/C 复合材料的断裂韧性提高 24.5%。

7. 中间相沥青碳过渡层改性界面技术

使用中间相沥青,在界面处构建平行于纤维表面排列的沥青碳微晶结构,再进行 CVI 致密化,可有效提高 C/C 复合材料断裂时抵抗裂纹扩展能力,达到增韧的目的。采用该技术可使 C/C 复合材料冲击韧性提高 2 倍。

10.4.3 芳纶纤维的表面处理方法

芳纶纤维以其高比模量、高比强度、耐疲劳等特异性能在航空航天领域得到了广泛的应用。但是从结构可知,它是刚性分子,分子对称性高,横向分子作用力弱,且分子间氢键弱,在压缩及剪切力作用容易产生断裂。因此,为了充分发挥芳纶优异的力性能,对芳纶表面进行改性处理,改善芳纶增强复材料的界面结合状况成为材料科学界研究的一个重点。

目前,针对芳纶的表面改性技术,主要集中在利用化学反应改善纤维表面组成及结构,提高芳纶与基体树脂之间的浸润性。

10.4.3.1 表面涂层法

表面涂层法是在纤维表面涂上柔性树脂,而后与基体复合的方法。涂层可以钝化裂纹的扩展,增大纤维的拔出长度,从而增加材料的破坏能。这类处理技术主要是改善材料的韧性,同时又使材料的耐湿热老化性能提高。目前用于芳纶的涂层主要是饱和、不饱和脂肪族酯类树脂,包括 SVF - 200 硅烷涂层、Estapol - 7008 聚氨酯涂层等。涂层的方法可采用界面聚合和溶液浸渍涂层。

1. 化学改性技术

化学改性方法是利用化学反应,在纤维表面引入可反应的基团,从而在与基体复合时产生共价键,增加材料的界面性能的方法。化学改性方法一般分为表面刻蚀和表面接枝。

2. 表面刻蚀技术

表面刻蚀技术是通过化学试剂处理芳纶,引起纤维表面的酰氨键水解,从而破坏纤维表面的结晶状态,使纤维表面粗化的方法。一般表面刻蚀技术采用的化学试剂为酰氨。Tarantili,Andreopoulos 等采用甲基丙烯酸酰氨的 CCl_4 溶液对芳纶进行了处理,并研究了表面刻蚀芳纶后芳纶/环氧复合材料的力学性能。经过丙烯酰氯处理后的纤维,一方面表面粗糙度增加,纤维与基体的啮合增大,同时弱界面层消除,纤维/基体间的接触面积增加;另一方面纤维的表面能得到提高,树脂更有效地润湿纤维,改性后的芳纶/环氧复合材料韧性提高了 8%。另外 CY Yue 采用乙酸酐刻蚀芳纶表面也使界面剪切强度从 38 MPa 提高到 63 MPa。但是这类化学试剂都属于高反应活性的物质,反应速度快,很难控制反应仅在纤维表面发生,极易损伤纤维,降低纤维的本体强度,使复合材料的拉伸强度降低。因而在要求拉伸强度较高的复合材料制品的制备过程中,不宜采用这种方法。

3. 表面接枝技术

表面接枝技术改性芳纶是化学改性方法中得到研究最多的技术。根据接枝官能团位置的不同,可将表面接枝技术分为两大类:一类是发生在苯环上的接枝反应,另一类则是取代芳纶表面层分子中酰氨键上的氢的接枝反应。

(1)苯环上的接枝反应。芳纶中苯环的邻-对位具有反应活性,可与某些亲电取代基团发生 H 的取代反应,因此可在芳纶表面引入一些具有反应活性的极性基团,增加与基体的反应,提高材料的界面强度,从而达到改善界面的目的。目前利用发生在苯环上的反应改善芳纶的方法有两类:一类是硝化还原反应引入氨基;另一类则是利用氯磺化反应引入氯磺酸基团,以便进一步引入活性基团。

硝化还原反应是将芳纶浸在硝化介质中,在苯环上引入硝基,随后在一定介质中用硼氢化钠等还原剂将硝基还原成氨基,从而在纤维表面引入极性基团,促进树脂对纤维的润湿,提高界面黏结性能。Ramazan 等研究了不同硝化介质、不同还原试剂处理方法对芳纶的影响。通过研究发现,在一定条件下处理芳纶,制成的复合材料界面剪切强度提高了 33%。

氯磺化反应是发生在苯环上的另一类取代反应,即在芳纶表面引入$-SO_2Cl$ 基团,随后与含有反应活性官能团的反应物反应,在芳纶表面接枝上极性基团。芳纶表面发生的氯磺化反应,反应速度快,且极易引入其他极性基团,很适于芳纶的改性处理。但是氯磺化反应也存在着反应不易控制、易损伤纤维的缺点。

发生在苯环的硝化还原反应、氯磺化反应在改变芳纶表面结构、增加纤维润湿的表面积、降低表面自由能、提高界面强度方面都是很有效的。但这两种方法都存在着控制反应程度、以纤维表面引入的官能团不超过 1.0 Å 为极限的问题(否则将进入纤维内部发生反应,使纤维本体强度降低)。

(2)酰氨上 H 的取代反应。芳纶表面酰氨基团的 H 可以被其他亲电基团所取代而在纤维表面引入极性基团。L.S Penn 等研究了 PPTA 表面与二异氰酸酯反应在纤维表面接枝上己胺技术,发现纤维表面引入的胺基并不与环氧基反应,改性后材料的黏结性能提高主要是由界面附近基体的模量提高以及界面处起始裂纹的尺寸降低而引起的。并且在其后的研究中发现,在纤维表面上接枝的分子链,可显著提高材料的界面强度,芳纶表面接枝上$[(CH_2)_6 NHCONH]_2-(CH_2)_6NH_2$ 时可使界面剪切强度提高 43%,接枝六异氰酸酯可使界面剪切强度提高 65%。国内采用 2,4-甲苯二异氰酸酯与芳纶进行接枝反应,也使短支梁剪切强度从 40MPa 提高到 54.4MPa。

化学处理芳纶的效果比较显著,可以改善复合材料的韧性,提高材料的界面剪切性能,但是这种方法只能处理少量的纤维。此外,己胺等接枝反应改性的时间较长,不适宜连续制备的复合材料;利用硝化还原、氯磺化反应等化学改性技术的反应速度很快,不易控制,很难保证化学反应仅在纤维表面发生,极易损伤纤维,使材料的拉伸性能降低。因此,化学方法改性芳纶只适用于复合材料界面控制的理论研究,而很难在工业上实现连续化处理。

10.4.3.2　等离子体表面改性技术

等离子体处理技术是目前在芳纶表面改性技术中研究最多的一种方法。目前,用于芳纶表面改性的多为冷等离子体。其能量只有几十电子伏特,且有作用强度高、穿透力小的特点。

1. 冷等离子体表面改性

冷等离子体表面改性是利用等离子体引发高聚物的自由基反应而进行的。由等离子体引发产生的自由基随后可进行裂解、自由基转移、氧化、歧化和耦合等反应。其中氧气、氨气气氛中的等离子体改性,主要是通过增加纤维的表面极性,改善纤维的润湿性,使芳纶增强复合材料的力学性能获得较大幅度提高的,特别是在氨气气氛中 5 min 等离子体处理后,层间剪切强度和韧性强度分别提高了 60%和 50%。

　　图 10 - 21 所示为在氧气气氛下,在射频电感耦合等离子体腔体中处理不同时间后的 Twaron 纤维表面原子力显微镜照片。可以看出,经等离子体处理后,纤维表面较未处理时有了明显变化,且随着处理时间的延长,其表面越来越粗糙。这说明等离子体对纤维表面产生了刻蚀作用。图 10 - 22 所示的表面粗糙度测试结果也证明了这一点。图 10 - 23 所示的官能团含量测试结果表明,经等离子体处理后,纤维表面引入了新的极性官能团－COO－,其含量随等离子体处理时间的延长而呈现先增大后减小的趋势。

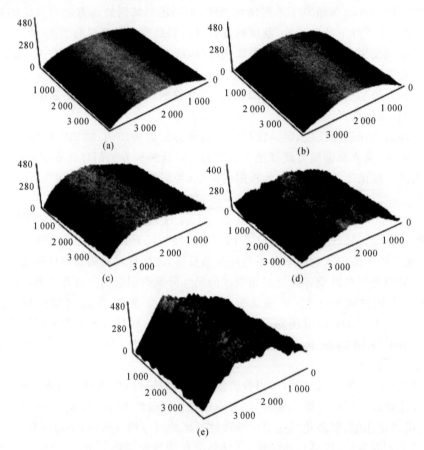

图 10 - 21　等离子体处理前后的 Twaron 纤维的表面原子力显微镜照片

(a)未处理;　(b)处理 5 min;　(c)处理 10 min;　(d)处理 15 min;　(e)处理 20 min

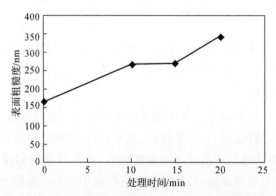

图 10 - 22　纤维表面粗糙度随处理时间的变化规律

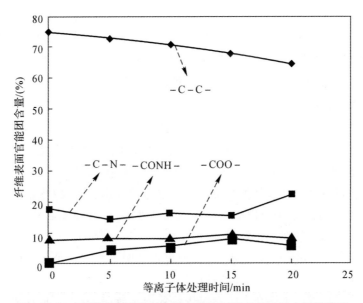

图 10 - 23　纤维表面官能团含量与等离子体处理时间之间的关系

图 10 - 24 所示的表面自由能测试结果表明:在等离子体处理 5 min 时,纤维表面的浸润性得到了明显的改善,其表面自由能从未处理时的 49.9 mJ/m² 增加到了 58.6 mJ/m²。因此,在氧气等离子体处理后,纤维表面粗糙度的增加和极性官能团的引入都促使表面浸润性提高。

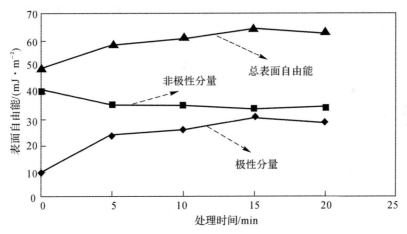

图 10 - 24　纤维表面自由能随处理时间的变化规律

Tamargo - Martínez 等将拉曼光谱与纤维断裂试验结合研究等离子体处理后芳纶(PPTA)纤维和 PBO 纤维与环氧树脂复合材料的界面性能。当基体在低应变时,等离子体处理 PPTA 和 PBO 纤维的应变和剪切应力分布曲线与未处理纤维对应的曲线相似。然而,当基体处于应变时(PPTA 纤维复合材料基体所受应变 3.5%,PBO 纤维复合材料基体所受应变 2.5%),等离子体处理纤维与未处理纤维的应变曲线有明显差别了。对于 PPTA 纤维复合材料,当基体受到 3.5% 应变时,未处理纤维已经开始断裂了,而等离子处理纤维却未断裂。而 PBO 纤维增强复合材料,在基体发生 2.0% 的应变时,未处理纤维几乎全部脱结合了,等离子体处理纤维却没有。这表明纤维等离子体处理后,复合材料界面的黏结性能有效提高。进一步通过拉曼扫描及监测纤维的变形过程来估计界面性质的化学结合和断裂力,推测出 PPTA 和 PBO 纤维增强复合材料微观断裂机理,证明 PPTA 纤维复合材料界面的断裂是由纤维断裂所导致的,而 PBO 纤维复合材料界面的断裂是由纤维脱结合导致的。

2. 等离子体表面接枝

低温等离子体接枝聚合反应一般分为两个阶段:首先芳纶表面经等离子体处理产生的活性自由基和官能团形成活性中心;然后与气体接触,引发单体进行接枝聚合反应。

X. Wang 等在研究芳纶/环氧微复合材料的破坏行为中,采用等离子体处理芳纶表面后,与丙烯酸单体反应进行液固相接枝聚合反应。通过单丝拔出实验发现,芳纶表面接枝的聚丙烯酸-乙基丙烯酸酯共聚物不但可以提高界面的黏结性能,而且还能起到保护芳纶,防止断裂的作用。并且他们在随后的研究中发现,等离子体接枝后,芳纶的冲击强度得到提高,从未处理的 36 J/m 提高到 55 J/m。C X Zhang 等的研究也证明了芳纶表面接枝 PPA 形成能量吸收层有利于提高芳纶/环氧复合材料的界面性能。

M. Shaker 等采用等离子体在芳纶表面接枝烯丙基胺时,发现在最佳等离子体作用参数处理下可以在不损伤纤维力学性能的前提下,在芳纶增强复合材料的界面引入能量吸收层提高界面的黏附强度。

以上等离子体改性技术采用液相法接枝,接枝率很高,但是存在着单体自聚现象。

Q. Wang 等采用了一种新型技术处理 Kevlar 纤维:首先用 O_2 等离子体处理纤维;然后与 $TiCl_4$ 反应;以 Ziegler - Natta 催化剂的引发剂,以 $Al(C_2H_5)_3$ 为助催化剂,在乙烯的己烷溶液中引发乙烯在纤维表面的催化聚合。改性后的 Kevlar 纤维增强复合材料的力学性能得到大幅度提高。

10.4.3.3　γ射线辐射方法

利用 γ 射线对芳纶进行表面处理,使其表面活化,产生活性基团、接枝以及纤维内部微纤交联反应,可提高纤维润湿性及其与基体之间的黏合强度;同时,若辐射吸收量控制适当,此方法还可以使纤维内部结构更加致密,从而提高纤维的本体强度。辐照过程中有以下两方面作用:

1)辐射交联,利用 γ 射线辐射引发光化学自由基反应,使纤维皮层与芯层之间发生交联反应,提高纤维的横向拉伸强度。

2)辐射接枝,利用 γ 射线促进芳纶纤维与表面涂覆物发生自由基反应,增大纤维表面极性基团的数量,从而提高芳纶纤维的润湿性和黏合性,改善界面结合。

若在辐照过程中将纤维放入一定的单体溶液环境中,还可能将某些单体接枝到纤维表面,在界面形成较强的化学键结合。并且由于纤维表面不再光滑,表面能升高,物理锚合作用得到加强,也促使界面黏合增强。有研究表明,它是近年来一种新型的改进技术,这种方法不需催化剂或引发剂,可在常温下进行反应,是很有发展前途的一种改性技术。

若在 γ 射线辐照过程中将纤维放入一定单体的溶液环境中,还可将某些单体接枝到纤维表面,在界面形成较强的化学键结合。而且由于接枝使纤维表面能升高,物理镶嵌作用也相应地得到加强。因而,γ 射线辐照接枝技术可以提高芳纶增强复合材料的力学性能。

Zhang Y H 等利用 $^{60}Co-\gamma$ 射线分别在 N_2 和空气中对芳纶纤维表面进行辐照交联改性，并发现当辐照计量为 600 kGy 时，复合材料的层间剪切强度达到最大值，界面黏结性能得到了提高。通过单丝强度测定，发现辐射剂量为 600 kGy 时，其强度略有提高；通过 XRD 测试，发现纤维的晶体结构有了轻微的变化。这是由于 γ 射线是一种高能量电磁波，有较强的穿透力，通过康普顿效应作用于纤维，首先在 N,O 周围的基团断键，产生高能自由基，然后这些自由基发生重排形成交联，随着交联程度的增大，区域网络结构逐渐形成，最后形成整体的网络。γ 射线的辐射还使得纤维表面变得粗糙，形成了含氧极性官能团。这些都导致了纤维表面浸润性的增加以及与树脂间的黏合力的提高。如果将 Armoc(芳纶的一种)纤维浸入不同浓度的酚醛树脂/乙醇溶液中，密封后进行 γ 射线辐射，发现酚醛树脂可以接枝到纤维表面，增加纤维表面的 $-C-O$ 基团含量，同时处理后材料表面粗糙度增加。这些都有利于纤维与树脂基体之间黏合力的提高。

10.4.3.4　超声浸渍改性技术

在连续纤维浸胶后，可采用超声波对纤维带进行处理，来改善连续纤维缠绕成型复合材料的界面结合质量。俄罗斯首先对超声改性技术进行了研究，指出超声辐射技术主要通过超声在液体中引起气泡破裂时产生的高温、高压及局部作用引起树脂浸渍纤维的变化。该方法的实质是如下所述的物理强迫浸润机制：

1)超声波的空化作用去除了纤维表面吸附的气泡，此外，空化作用产生的瞬间高温、高压，将树脂打入纤维表面的空隙中，从而有效降低了复合材料的界面缺陷。

2)超声波的声流和激波的作用去除了纤维表面吸附的杂质和污染物，使纤维表面浸胶均匀，进而浓缩，改善树脂沿界面分布不均匀以降低缺陷程度，因而减少了界面区的薄弱点，相对增大了黏结界面。

3)空化、声流和激波的共同作用，刻蚀了纤维表面，使表面凹凸不平，粗糙度增加，增大了纤维与树脂之间的机械锚合力，因而复合材料的界面黏结得以增强。

4)作用于胶液，有利于提高胶黏剂的活性，改善工艺加工特性；利用超声的空化作用消除槽中多余的空气夹杂物及局部多余的热量，并提高树脂基体的强度。

在芳纶增强复合材料的制备过程中，超声主要通过降低树脂体系的黏度和表面张力，增强对芳纶的浸润性；超声空化作用产生的高压强迫树脂浸渗芳纶，可以大大地改善两者的浸润性，使其初始浸润速度提高 90% 以上。经超声处理后，芳纶增强复合材料的力学性能得到了提高。

10.4.4　纳米材料改性界面

在纤维增强复合材料基础上，加入纳米增强体改性界面也是一种常用的界面改性方法。与微米级以上尺度的增强体相比，纳米增强体增强的聚合物基复合材料界面的特殊性主要表现在以下方面：

1)随着纳米增强体的加入，界面的面积增加，界面对材料性能影响作用更加显著。而且纳米增强体尺寸更小，比表面积更大，使界面比例迅速提高。

2)在复合材料成型过程中，微米以上尺度的增强体一般是在亚微观尺度上与基体复合的，对于结晶聚合物而言,它们一般不会进入晶体内部。而纳米增强体由于尺度介于聚合物分子和晶体之间,有可能会被晶体包裹而进入晶体内部,其形成的界面也与亚微观尺度的界面有所不同。

3)纳米增强体可以用于改性微米以上增强体的界面性能,例如,在碳纤维表面生长碳纳米管,可以用于增强碳纤维与基体之间的界面黏结性能。在这种情况下,就形成了多尺度界面,即纤维与基体间的界面、纳米材料与基体间的界面。目前,关于采用化学气相沉积法(CVD)、化学接枝法以及电泳沉积(EPD)来制备碳纤维/碳纳米管多尺度增强纤维的研究已有报道,且以此制备的复合材料中,碳纤维与树脂基体的机械啮合作用明显改善,从而复合材料的界面性能得到提高。

参 考 文 献

[1]　杨序纲. 复合材料界面[M]. 北京:化学工业出版社,2010.

[2]　余剑英,周祖福,晏石林,等. GMT - PP 复合材料的界面状态与湿热稳定性关系[J]. 武汉工业大学学报, 2000, 22(3):13 - 16.

[3]　于祺,陈平,陆春. 纤维增强复合材料的界面研究进展[J]. 绝缘材料,2005,38(2):50 -56.

[4]　陈平,陈辉. 先进聚合物基复合材料界面及纤维表面改性[M]. 北京:科学出版社. 2010.

[5]　刘文博,王荣国,矫维成,等. CF/PPEK 复合材料界面结构与性能[J]. 复合材料学报,2008,25(4):45 - 50.

[6]　刘文博,王荣国,贾近,等. CF/PPEK 和 CF/PPES 复合材料界面研究[J]. 航空材料学报,2004,24(6):38 - 41.

[7]　黄玉东,魏月贞. 复合材料界面研究现状(中)[J]. 纤维复合材料,1994,1(1):1 - 6.

[8]　赵玉涛,戴起勋,陈刚. 金属基复合材料[M].北京:机械工业出版社,2007.

[9]　尹洪峰,徐永东,张立同. 纤维增韧陶瓷基复合材料界面相的作用及其设计[J]. 硅酸盐通报,1999(3):23 - 28.

[10]　何柏林,孙佳. 碳纤维增强陶瓷基复合材料界面的研究进展[J]. 材料导报,2009,23(21):72 - 75.

[11]　宋强. 原位生长 CNT 掺杂碳/碳复合材料的组织和力学性能[D]. 西安:西北工业大学,2014.

[12]　李继光,孙旭东,李荣久. Ti 对 Al_2O_3/Ni 复合材料相界面润湿及力学性能的影响[J]. 东北大学学报:自然科学版,1996(3):274 - 277.

[13]　华文深,吴杏芳,陆华,等. TiC_x/Ni_3Al 复合材料相界面显微结构及界面纳米硬度与弹性模量分布[J]. 金属学报,2002,38(10):1109 - 1114.

[14]　伍章健. 复合材料界面和界面力学[J]. 应用基础与工程科学学报,1995(3):80 - 92.

[15]　米杰. 原位纳米压痕/划痕测试装置的设计与试验研究[D]. 吉林:吉林大学,2013.

[16]　曹淑伟,张大海,管艳丽,等. 玻璃纤维表面处理技术研究进展[J]. 宇航材料工艺,

2009，39(1)：5－7.

[17] 李艳，徐卫平，张兴龙. 碳纤维表面处理的研究进展[J]. 化纤与纺织技术，2013，42(3)：22－25.

[18] 张晓燕，郎风超，邢永明，等. 基于单纤维压出实验分析硼纤维/环氧树脂复合材料的界面剪切强度[J]. 内蒙古工业大学学报：自然科学版，2014(3)：182－187.

[19] 文思维，曾竟成，肖加余，等. 单纤维拔出试验表征硼纤维/环氧界面剪切强度研究[J]. 湖南大学学报：自然科学版，2007，34(5)：53－57.

[20] 秦文贞，于俊荣，贺建强，等. 纤维增强复合材料界面剪切强度及界面微观结构的表征[J]. 高分子通报，2013(2)：14－22.

[21] 李熙. 碳纳米管纤维及其复合材料界面力学性能的实验与数值研究[D]. 北京：北京工业大学，2014.

[22] 李娜，王志平，刘刚，等. 含碳纳米管上浆剂的制备及对碳纤维/环氧树脂复合材料界面的影响[J]. 高分子材料科学与工程，2015(3)：147－152.